土木工程科技创新与发展研究前沿丛书

基于高延性水泥基复合材料的结构性能提升技术——试验、理论和方法

潘金龙　著

中国建筑工业出版社

图书在版编目（CIP）数据

基于高延性水泥基复合材料的结构性能提升技术：试验、理论和方法/潘金龙著. —北京：中国建筑工业出版社，2020.4（2021.1 重印）
（土木工程科技创新与发展研究前沿丛书）
ISBN 978-7-112-24995-4

Ⅰ.①基…　Ⅱ.①潘…　Ⅲ.①水泥基复合材料-结构性能-研究　Ⅳ.①TB333.2

中国版本图书馆 CIP 数据核字（2020）第 050787 号

高延性水泥基复合材料（Engineered Cementitious Composites，简称 ECC）具有应变硬化和多缝开裂特性，与传统混凝土脆性、易开裂、抗拉强度低等特性具有本质的差别，是一种新型高性能工程结构材料，已受到全世界各国学者和土木工程技术人员的关注，其推广应用可大幅提升工程结构的安全性和耐久性。

本书详细介绍了东南大学潘金龙教授课题组近些年来基于高延性水泥基复合材料提升工程结构力学和抗震性能方面的成果。本书的主要内容包括：绪论、ECC 材料基本力学性能和本构关系、ECC 材料与钢筋的粘结性能、钢筋增强 ECC 梁或 ECC/混凝土组合梁的力学性能、钢筋增强 ECC 柱及 ECC/混凝土组合柱的力学性能、钢筋增强 ECC 组合节点力学性能、ECC/混凝土组合框架结构抗地震倒塌能力分析、装配式 ECC/混凝土组合构件抗震性能、装配式 ECC/混凝土组合框架结构抗震性能。

本书可供从事高延性水泥基复合材料工程应用和研究的相关人员参考。

责任编辑：仕　帅　王　跃
责任校对：党　蕾

土木工程科技创新与发展研究前沿丛书
基于高延性水泥基复合材料的结构性能提升技术——试验、理论和方法
潘金龙　著
*
中国建筑工业出版社出版、发行（北京海淀三里河路 9 号）
各地新华书店、建筑书店经销
北京鸿文瀚海文化传媒有限公司制版
北京建筑工业印刷厂印刷
*
开本：787×960 毫米　1/16　印张：26½　字数：534 千字
2020 年 4 月第一版　2021 年 1 月第二次印刷
定价：**88.00** 元
ISBN 978-7-112-24995-4
（35744）

■前　　言■

近几十年来，我国基础设施建设突飞猛进，已经建成一大批举世瞩目的重大工程，如三峡大坝、港珠澳大桥、高速铁路、上海中心大厦、秦山核电站等。目前我国每年混凝土的用量达到 70 亿吨，占全球用量的 45%。但普通混凝土材料抗拉强度较低、脆性、易开裂、耐久性相对不足，大大降低了结构的安全性和耐久性，一直是土木工程领域亟须解决的重大难题。近些年来，我国正大力推进建筑工业化，推广装配式建筑，逐步实现建筑业的转型升级。推广装配式建筑符合建筑业“四节一环保”的要求，具有生产效率高、产品质量好、建设周期短、劳动条件好、节能环保等优势，符合我国建筑业可持续发展的战略需求。2013 年 1 月，国务院在《绿色建筑行动方案》中明确提出：推广工业化生产的预制装配式混凝土、钢结构等建筑体系，加快发展建设工程的预制和装配技术。装配式建筑是由预制构件现场拼装或浇筑而形成的整体结构，新型装配式结构体系和预制构件间的连接技术是当前装配式建筑研究的热点问题。另外，我国是一个多地震国家，2000 年后不少地区的地震活动较为频繁和活跃，仅汶川地震就造成数以万计的房屋倒塌，近 7 万人遇难，37 万多人受伤，经济损失高达上千亿。因此，提升装配式建筑的抗震安全性和耐久性是我国基础设施建设所面临的重大挑战，这对混凝土材料的高性能化提出了更高的要求。

本书从材料、构件、结构三个层面，介绍了应用高延性水泥基复合材料（ECC）提升混凝土框架结构及装配式混凝土框架结构的力学及抗震性能方面的试验和理论研究成果。第 1 章为绪论，主要介绍了高延性 ECC 材料的设计方法和基本性能、ECC 构件力学性能及其工程应用等。第 2 章主要介绍 ECC 材料在不同受力状态下的力学性能、本构模型和破坏准则。第 3 章主要介绍了钢筋与 ECC 粘结性能及其粘结滑移本构关系，分析了不同参数对钢筋与 ECC 粘结强度的影响。第 4 章主要介绍了 ECC 梁和 ECC/混凝土组合梁的受弯性能、抗震性能以及抗剪性能，澄清了其破坏机理，并分析不同参数对其力学或抗震性能的影响。第 5 章主要介绍了 ECC 柱和 ECC/混凝土组合柱的受力或抗震性能，分析了不同参数对其受力或抗震性能的影响，并提出了基于退化三线型的 ECC 柱恢复力模型。第 6 章主要章介绍了 ECC/混凝土组合梁柱节点的抗震性能，分析了 ECC 材料对梁柱节点抗震性能提升的内在机理。第 7 章主要介绍了 RC/ECC 组合框架结构弹塑性时程分析，并基于增量动力法分析了组合结构抗倒塌易损性。第 8 章主要介绍了装配式 RC/ECC 组合柱和组合节点的装配连接方案、抗震性能试验和数值模拟。第 9 章主要介绍了装配式 ECC/混凝土组合框架结构的拆分和装配方案、子结构低周反复荷载试验、装配式 RC/ECC 组合框架结构的振动台试验及装配式 RC/ECC 组合框架结构静力推覆模拟分析。

本书是在我国大力推进建筑工业化和建筑业转型升级的背景下编写，基于装配式混凝土结构抗震性能提升的技术需求，结合试验、数值模拟和理论模型等方法对 ECC 材料的力学本构、ECC 构件和结构的力学或抗震性能进行深入系统研究，具有较高的创新性及实践指导和应用价值。

本书在撰写的过程中得到了许多同行专家的宝贵意见和建议，在此深表感谢！同时，感谢课题组博士生周甲佳、袁方、许荔和硕士生罗敏、王路平、周青山、米渊、董洛廷、何佶轩、陈俊函等为本书研究工作所做出的重要贡献。编写过程中，博士后蔡景明，博士生许荔、顾大伟、姜波、杨筱、韩进生，硕士生徐华生等协助做了大量工作，在此一并感谢！

本书得到了国家自然科学基金项目（50808043、51278118）、国家重点研发计划课题（2017YFC0703705、2016YFC0701907）、江苏省杰出青年基金项目（BK20160027）和中央高校基本科研业务费专项资金的资助，在此表示感谢！

虽然在研究和编写的过程中，我们付出了很多的努力和汗水，但由于时间和水平所限，书中的疏漏和不足之处在所难免，敬请读者批评指正。

编者

东南大学土木工程学院

2020 年 2 月 10 日

目　录

第1章　绪论 …… 1
1.1　研究背景和意义 …… 1
1.2　ECC材料的设计方法及基本性能 …… 4
1.2.1　ECC材料的组成及设计方法 …… 5
1.2.2　ECC材料基本性能 …… 10
1.3　ECC构件及ECC/混凝土组合构件力学性能 …… 16
1.3.1　R/ECC梁及RC/ECC组合梁的受弯性能 …… 16
1.3.2　钢筋增强ECC柱的受力和抗震性能 …… 19
1.3.3　梁-柱节点抗震性能 …… 20
1.4　ECC材料工程应用 …… 22
1.5　本书主要内容安排 …… 25
1.6　参考文献 …… 27
第2章　ECC材料基本力学性能及本构关系 …… 37
2.1　单轴受力下ECC的本构关系 …… 37
2.1.1　ECC单轴拉伸应力-应变关系 …… 37
2.1.2　ECC单轴受压应力-应变关系 …… 38
2.2　双轴应力状态下ECC的力学性能 …… 45
2.2.1　双轴压试验 …… 46
2.2.2　双轴拉-压试验 …… 52
2.2.3　双轴拉试验 …… 57
2.3　双轴应力状态下破坏准则 …… 63
2.3.1　普通混凝土双轴应力状态下的破坏准则 …… 63
2.3.2　ECC双轴压应力状态下的破坏准则 …… 66
2.3.3　ECC双轴拉-压应力状态下的破坏准则 …… 68
2.3.4　ECC双轴拉应力状态下的破坏准则 …… 70
2.4　双轴应力状态下ECC的本构关系 …… 73
2.4.1　混凝土多轴应力状态下的本构关系 …… 73
2.4.2　ECC双轴压应力状态下的本构关系 …… 76
2.4.3　ECC双轴拉-压与双轴拉应力状态下的本构关系 …… 82
2.5　循环荷载作用下ECC的本构关系 …… 87
2.6　本章小结 …… 93

2.7 参考文献 …… 93
第3章 ECC与钢筋的粘结性能 …… 95
3.1 钢筋与ECC粘结性能试验 …… 95
3.1.1 试验方案设计 …… 95
3.1.2 试验结果及分析 …… 99
3.1.3 钢筋与ECC粘结性能影响因素分析 …… 113
3.2 钢筋与ECC粘结滑移本构关系 …… 122
3.2.1 试验方案设计 …… 122
3.2.2 试验结果及分析 …… 123
3.2.3 钢筋与ECC粘结滑移本构关系 …… 129
3.3 本章小结 …… 134
3.4 参考文献 …… 135
第4章 钢筋增强ECC梁或ECC/混凝土组合梁的力学性能 …… 137
4.1 钢筋增强ECC梁和ECC/混凝土组合梁受弯性能 …… 137
4.1.1 组合梁受弯承载力计算模型 …… 137
4.1.2 钢筋增强ECC梁或RC/ECC组合梁受弯性能试验 …… 145
4.1.3 试验结果与分析 …… 146
4.1.4 R/ECC梁及RC/ECC组合梁受弯性能数值分析 …… 150
4.1.5 R/ECC梁塑性铰性能 …… 157
4.2 R/ECC梁或RC/ECC组合梁构件的抗震性能 …… 169
4.2.1 试验设计与实施 …… 169
4.2.2 试验结果与分析 …… 170
4.2.3 抗震性能数值分析 …… 184
4.3 BFRP增强ECC及ECC/混凝土组合梁抗剪性能 …… 190
4.3.1 试验设计与实施 …… 190
4.3.2 试验结果与分析 …… 192
4.3.3 组合梁抗剪性能数值分析 …… 207
4.4 本章小结 …… 218
4.5 参考文献 …… 220
第5章 R/ECC柱及RC/ECC组合柱构件的力学性能 …… 222
5.1 R/ECC受压构件正截面承载力分析 …… 222
5.1.1 轴心受压构件正截面承载力 …… 223
5.1.2 偏心受压正截面承载力 …… 224
5.1.3 ECC柱正截面性能参数分析 …… 241
5.2 RC/ECC组合柱压弯性能数值分析 …… 246

5.2.1 模型建立 …… 246
5.2.2 模拟结果及分析 …… 247
5.2.3 RC/ECC组合柱压弯性能参数分析 …… 249
5.3 RC/ECC组合柱构件抗震性能 …… 252
5.3.1 试验设计与实施 …… 252
5.3.2 试验结果与分析 …… 254
5.3.3 RC/ECC组合柱抗震性能数值分析 …… 260
5.3.4 基于退化三线型的ECC柱恢复力模型 …… 264
5.4 本章小结 …… 277
5.5 参考文献 …… 277
第6章 钢筋增强ECC组合节点力学性能 …… 278
6.1 钢筋增强ECC组合节点抗震性能试验 …… 279
6.1.1 试验方案 …… 279
6.1.2 试验结果与分析 …… 283
6.2 钢筋增强ECC组合节点抗震性能数值分析 …… 294
6.2.1 模型建立 …… 294
6.2.2 模拟结果与分析 …… 294
6.3 钢筋增强ECC组合节点抗剪承载力计算 …… 299
6.3.1 节点核心区受力机理分析 …… 299
6.3.2 计算模型建立 …… 302
6.3.3 计算模型验证 …… 307
6.4 本章小结 …… 308
6.5 参考文献 …… 309
第7章 RC/ECC组合框架结构抗地震倒塌能力分析 …… 311
7.1 RC/ECC组合框架连续倒塌过程计算分析 …… 311
7.1.1 数值模型 …… 311
7.1.2 模拟结果与分析 …… 315
7.2 RC/ECC组合框架抗倒塌能力分析 …… 320
7.2.1 模型建立 …… 320
7.2.2 以地震波峰值加速度为地面强度指标的抗倒塌性能分析 …… 326
7.2.3 以基本周期对应谱加速度为地面强度的抗倒塌性能分析 …… 331
7.3 本章小结 …… 335
7.4 参考文献 …… 336

第 8 章　装配式 RC/ECC 组合框架基本构件抗震性能 …… 338
8.1　采用灌浆套筒连接钢筋的装配式柱抗震性能试验 …… 338
8.1.1　试验设计与实施 …… 338
8.1.2　试验结果与分析 …… 341
8.1.3　灌浆套筒装配式柱力学性能数值分析 …… 346
8.2　装配式 RC/ECC 组合节点抗震性能试验 …… 353
8.2.1　试验设计与实施 …… 353
8.2.2　试验结果与分析 …… 358
8.2.3　RC 及 RC/ECC 组合节点抗震性能数值分析 …… 368
8.3　本章小结 …… 373
8.4　参考文献 …… 374
第 9 章　装配式 RC/ECC 组合框架结构抗震性能 …… 375
9.1　装配式框架结构的拆分及连接方案 …… 375
9.1.1　装配式框架结构的拆分方案 …… 375
9.1.2　装配式框架构件的连接方案 …… 376
9.1.3　装配式框架结构中 ECC 材料的应用 …… 380
9.2　装配式 RC/ECC 组合框架抗震性能试验 …… 382
9.2.1　试验设计与实施 …… 382
9.2.2　试验结果与分析 …… 385
9.2.3　抗震性能数值分析 …… 390
9.3　装配式 RC 框架及 RC/ECC 组合框架振动台试验 …… 394
9.3.1　试件设计与实施 …… 394
9.3.2　试验结果与分析 …… 399
9.3.3　基于推覆分析的装配式 RC 及 RC/ECC 组合框架抗震性能评估 …… 407
9.4　本章小结 …… 415
9.5　参考文献 …… 416

第 1 章 绪　论

高延性纤维增强水泥基复合材料，也称为工程水泥基复合材料，英文 Engineered Cementitious Composites（简称 ECC），是一种在拉伸荷载下具有假应变硬化和多缝开裂特性的高性能水泥基材料，与传统的混凝土具有本质的不同，将其用于工程结构可以大幅提升结构的安全性和耐久性等性能。为了让读者更加深刻了解 ECC 材料相关研究进展及其工程应用，本章将从以下几个方面来逐一介绍：（1）研究背景和意义；（2）ECC 材料的设计方法及基本性能；（3）ECC 构件及 ECC/混凝土组合构件力学性能；（4）ECC 材料的工程应用。

1.1 研究背景和意义

地震是地球上经常发生且对人类危害极大的自然灾害之一。近一个世纪以来，世界范围内许多地方都遭受了严重的地震灾害，7 级以上的强烈地震达 30 余起，造成了巨大的人员伤亡和财产损失。我国处在环太平洋地震带，地震活动频繁，强度大，范围广。1976 年 7 月 28 日，河北省唐山市发生 7.8 级地震，震中位于唐山市区，造成 24 万人死亡，16 万多人伤残，直接财产损失达 30 亿元以上。2008 年 5 月 12 日 14 时 28 分 04 秒，四川汶川发生里氏 8.0 级地震，此次地震为新中国成立以来破坏性最强、波及范围最广、总伤亡人数最多的地震。地震造成 69227 人遇难，374643 人受伤，17923 人失踪，4624 万人受灾，直接严重受灾地区达 10 万平方公里，经济损失难以估量，其中，很大一部分人员伤亡和财产损失源于灾区大量建筑物的倒塌和损坏[1,2]。根据汶川震害调查情况，灾区广泛应用的结构体系之一——钢筋混凝土框架结构（简称 RC 框架结构），在强震作用下出现了大量柱铰，最终导致框架结构的整体倒塌。我国《建筑抗震设计规范》GB 50011—2010（2016 年版）[3] 提出了“小震不坏，中震可修，大震不倒”三水准抗震设防目标，保证“强柱弱梁”“强剪弱弯”的设计原则，确保 RC 框架结构在设防烈度地震作用下的安全性和可靠性。然而，地震强度和特性具有不确定性，汶川地震中极震区实际烈度要高出规范设防烈度 3～4 度[4]，从汶川地震中出现的大量框架结构震害可以看出，目前我国规范对大震甚至超越规范的强震作用下的框架结构抗震性能缺乏有效设计和评估手段，而如何提高框架结构在强震下的抗倒塌安全储备系数，就成为抗震研究的一项重要工作。

混凝土作为现代工程建设中使用最为广泛的建筑材料，具有原材料来源广泛、防火、适应性强、抗压强度高及应用方便等优点。目前我国每年混凝土的用量大约70亿吨，成为世界的“混凝土工厂”，混凝土在我国基础设施建设中发挥了重要的作用[5]。但与此同时，混凝土仍有许多不足之处，主要包括以下三个方面：（1）抗拉强度低，容易产生裂缝；（2）普通混凝土延性差，不利于结构抗震；（3）RC结构耐久性差，混凝土开裂导致钢筋锈蚀，而钢筋锈蚀反过来加剧混凝土的开裂和剥落。普通RC框架的抗震性能主要取决于梁、柱及节点等主要受力构件及部位的承载力和变形能力。对于RC受弯构件，延性系数为构件达到极限荷载时的变形与纵向钢筋屈服时变形的比值[6]，是构件塑性变形能力的主要评价指标。要使RC受弯构件具有足够的延性，必须对构件塑性铰区域进行合理设计，即保证受压区基体良好的约束作用，保证构件具有足够的抗剪承载力，防止纵向受力钢筋的屈曲失效以及保证钢筋具有足够的锚固长度等。

对于合理设计的普通RC构件，一般都能满足抗弯强度和延性等基本的安全性要求。但是，RC受弯构件需要配置足量的箍筋来保证构件具有足够的抗剪承载力，为核心混凝土提供足够的约束作用以及防止纵向钢筋的屈曲失效，以确保构件的延性变形。致密的横向钢筋不仅给梁、柱，特别是梁-柱节点的施工造成困难，而且会对混凝土浇筑质量产生不利影响。另外，增加箍筋数量虽能有效改善受弯构件的延性，但构件的整体性仍然难以得到保证。钢筋与混凝土之间的变形行为存在较大差异，钢筋的极限拉应变能够达到0.2，而混凝土的极限拉应变通常只有0.00015。在弯曲荷载作用下，受拉区混凝土在应力水平很低的情况下便发生开裂，裂缝处的应力由纵向受拉钢筋单独承担，部分拉力需要通过界面粘结力传递给混凝土，界面粘结应力的非均匀分布容易引起钢筋与混凝土的相对滑移、纵向劈裂裂缝和混凝土剥离，进而影响构件的整体性和塑性能量耗散能力。从另外一个角度来讲，因建筑特殊功能及使用的需要，在设计过程中，RC短柱及深梁（如连梁）的设置有时不可避免，这类构件在地震荷载作用下极易发生脆性剪切破坏，能量耗散能力很低。因此，要提高建筑结构在强震下的抗倒塌安全储备系数，保证建筑结构在高于设防烈度强震下的安全性，普通RC框架结构还面临巨大挑战。

近年来，我国正大力推行建筑工业化，希望运用现代工业化的组织和生产手段，对建筑生产全过程的各个阶段及各个生产要素进行技术集成和系统整合，形成有序的工厂化流水式作业，做到建筑设计标准化、构件生产工厂化、住宅部品系列化、现场施工装配化、土建装修一体化，其中构件的预制与装配是实现建筑工业化的核心。与传统现场浇筑的建筑相比，装配式建筑具有以下优越性[7]：

（1）生产效率高，建设周期短。装配式建筑通常采用系列化和标准化的预制构件，这些预制构件可以通过生产线进行工业化生产；预制构件的现场安装可充分利用现代化的机械系统和先进的生产技术，从而加快了施工进度，提高生产效率。

（2）产品质量好。预制构件工厂化、标准化生产，降低人为因素对构件质量的影响。

（3）环境影响小，可持续发展。工厂制作预制构件可以严格控制各项污染。现场安装时湿作业少，施工工期短，现场材料堆放少，这些都减少了对施工现场及周围环境的污染。预制构件节省了大量的模板工程，并通过合理的设计和施工大大减少了材料用量。同时装配式结构的拆除也相对容易，一些预制构件拆除后还可以循环利用，促进了社会的可持续发展。

（4）经济效益高。装配式建筑的施工周期短，极大地缩短了投资回收周期。在技术成熟之后，装配式建筑会进一步走向通用化和标准化，降低生产成本，具有显著的经济效益。

鉴于以上优点及我国当前形势，推广装配式建筑势在必行。装配式建筑结构体系种类较多，其中装配式混凝土结构与装配式钢结构的应用最为广泛[8,9]。装配式混凝土框架结构通常是指梁、柱、楼板部分或全部采用预制构件，再进行连接形成整体的结构体系。其中，梁、柱、楼板的连接方式是装配式混凝土结构与现浇混凝土结构的根本区别，也是区分各类装配式混凝土框架结构的主要依据，它直接决定了装配式混凝土框架结构的整体力学性能。与传统的现浇混凝土框架相比，装配式混凝土框架结构的整体性及抗震性能较差[10,11]。若未能精心设计预制构件的连接节点并保证施工质量，就很容易出现结构整体性和冗余度差的问题。多次地震灾害表明，发生整体倒塌的装配式混凝土框架结构中，预制梁、柱构件破坏较轻，主要倒塌原因是框架结构内各个预制构件间的连接破坏。这些连接节点必须具有足够的强度来抵御地震作用力，并且必须具有足够的延性和耗能能力，从而保证上下柱以及左右梁之间的应力传递[12-15]。

我国是一个多地震国家，提升装配式结构的抗震性能具有重要的意义。众所周知，混凝土材料的固有缺陷也阻碍了装配式混凝土框架结构在抗震设防区域的应用。因此，有必要在充分吸取历史地震经验和教训的基础上，结合现有的装配式混凝土框架结构体系，在构件的材料组成、节点连接做法、构造措施和结构整体性能等多方面，研究并优化装配式混凝土框架的设计方法，提高其抗震性能，促进装配式混凝土框架结构在实际工程中的应用。

要提升混凝土框架结构或装配式混凝土框架结构的抗震性能，一个重要的手段就是改善混凝土的性能。为了改善混凝土的脆性特性，在混凝土中加入适量的纤维，可以限制裂缝的开展，提高混凝土的强度、延性、韧性、抗疲劳、抗冲击等性能[16]。从材料角度来说，低纤维掺量的纤维混凝土（FRC）可有效改善混凝土的韧性，但是对裂缝开展的控制能力仍不够理想，在拉伸荷载下仍然表现为应变软化特性。工程水泥基复合材料（Engineered Cementitious Composites，简称 ECC）材料是一种具有假应变硬化特性和多裂缝开展机制的高延性纤维增强水泥基复合材料，在单轴拉伸荷载作用下，极限拉伸应变能够达到 3%～12%（是普通混凝土的 300～1200 倍），且极限状态下最大裂缝宽度仅为 100μm 左右[17,18]。ECC 材料是基于细观力学，通过分析纤维、基体及界面的力学行为来进行设计[19-22]，以超高延性为目标而“策划”出来的新型建筑材料，能够产生类似于钢材的弹塑性延性变形行为和能量吸收能力[23]。之所以称之为“假应变硬化”，是因为 ECC 的高延性是通过细密裂缝的开展来实现的，有别于钢材真正的应变硬化。采用 ECC 材料替代混凝土不仅能够显著提高构件的变形能力，而且在塑性变形阶段，由于钢筋与 ECC 之间变形协调，界面粘结应力大大降低，从而减少纵向劈裂裂缝和混凝土剥落的发生，提高了结构的整体性和后期刚度[24]。相比于普通 RC 受弯构件，钢筋增强 ECC（R/ECC）受弯构件具有更高的承载力、延性和能量耗散能力，并且在减少箍筋甚至不配箍筋的情况下仍能表现出更好的抗震性能[25-31]。

本书从 ECC 材料基本力学性能和本构关系出发，在材料力学性能研究的基础上研究了 ECC 材料与钢筋的粘结性能、ECC 基本构件（包括梁、柱、节点）及其组合构件的静力和抗震性能，进而对钢筋增强 ECC/混凝土（RC/ECC）组合框架结构的抗震性能和抗倒塌易损性进行研究，最后对装配式 ECC/混凝土组合柱和梁柱节点及其钢筋增强 ECC/混凝土组合框架结构抗震性能开展研究。在混凝土框架结构关键部位使用 ECC 材料代替普通混凝土后，能够显著提高结构延性，增强结构在地震中的能量耗散能力。在弹塑性变形阶段，钢筋与 ECC 之间可以协调变形，从而减少纵向劈裂裂缝和混凝土剥落的发生，确保结构或构件即使在发生较大的变形时仍能保持较好的刚度和强度，有效提升了结构的整体性和抗震性能。本书基于 ECC 材料、构件及结构三个层面开展系统的试验及理论研究，最终提出 RC/ECC 组合框架及装配式组合框架结构抗震性能评估和设计方法。

1.2 ECC 材料的设计方法及基本性能

在过去的二十多年内，国内外学者对 ECC 材料进行了深入的试验和理论研究，首先基于细观力学，对 ECC 材料纤维、基体和界面特性之间的关系进行了深入的研究，提出了获得高延性性能相应设计理论；然后在材料基本力学性能、施工工艺和满足不同功能需求的配比设计等方面进行了大量试验研究，促进了

ECC材料制备技术的快速发展；最后对R/ECC构件及结构的力学性能进行了试验和理论研究，为ECC材料的工程应用奠定了基础。ECC材料在拉伸、剪切和弯曲荷载下的细密裂缝开展机制，有效控制了裂缝宽度，防止外界有害物质的侵蚀，大大提高了结构的耐久性；同时ECC材料的拉伸应变硬化特性和较混凝土更高的抗压变形能力，使得R/ECC构件具有高强度、高延性和高耗能能力，从根本上解决了混凝土固有的脆性易开裂等问题。为了便于读者对本书后续章节的理解，下面将从ECC材料的组成及设计方法、基本力学性能、构件、结构力学性能及工程应用等方面作详细介绍。

1.2.1 ECC材料的组成及设计方法

1.2.1.1 ECC材料的组成

图1.1为混凝土、FRC及ECC典型拉伸应力-应变关系曲线，分别表现出了3种不同的破坏模式：脆性、伪脆性和延性破坏。大量混凝土结构的劣化和失效均源于混凝土天然的脆性特性。对于水泥砂浆和混凝土等脆性材料，拉伸应力先随应变线性增长，在初裂后（拉伸应变达到0.01%左右时），应力便急剧下降，并随即发生破坏，如图1.1所示。在基体中添加纤维是提高混凝土韧性的有效方法之一。在拉伸荷载作用下，纤维增强混凝土（FRC）在达到极限强度后进入应变软化阶段，下降段较普通混凝土更长更平缓，材料的断裂韧性能提高一个数量级，但即便如此，材料的极限拉应变提高幅度仍很小。针对如何实现水泥基复合材料的应变硬化特性，许多学者进行了一系列的探索。有学者提出了一种高性能纤维增强水泥基复合材料（HPFRCC），其抗拉强度高于初裂强度并且可形成多裂缝开展机制[32,33]，其中具有代表性的是注浆纤维增强混凝土（SIFCON）[34]和注浆纤维编织网增强混凝土（SIMCON）[35]，在拉伸荷载下极限应变可达到3%以上，但这两种材料需要添加大量的纤维（占基体体积的5%～10%），大大增加了材料成本，同时它们都需要特殊的制备工艺，限制了材料的应用范围。

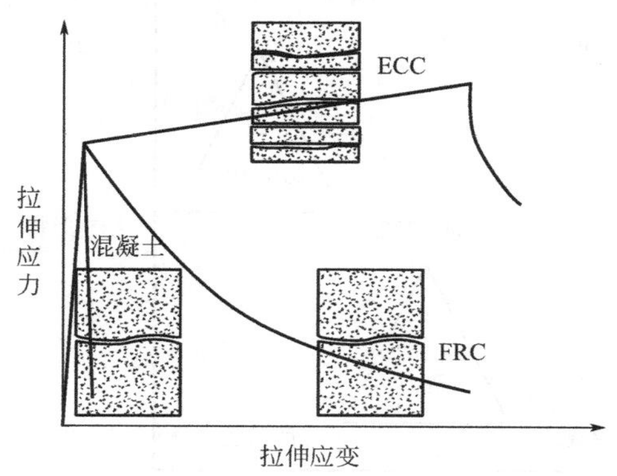

图1.1 混凝土、FRC及ECC典型拉伸应力-应变曲线

20 世纪 90 年代初，Li 和 Leung 基于细观力学和材料微观结构分析[36]，提出了高延性水泥基材料的设计理论，成功制备出了高延性纤维增强水泥基复合材料（ECC）[37]。它是一种具有假应变硬化特性和多裂缝开展机制的高性能水泥基材料，在 2%的纤维体积掺量下极限拉应变稳定地超过 3%（混凝土的 300 倍左右），发生极限破坏前平均裂缝宽度控制在 100um 以内，具有优越的拉伸延性和耐久性。ECC 的材料基本组分包括水、水泥、粉煤灰、石英砂、纤维和化学添加剂等。由于粗骨料会影响复合材料的延性，因此 ECC 材料中不包含粗骨料。通常来说，1.5%～2%的纤维含量能够满足 ECC 材料达到应变硬化性能的要求。对于高延性 ECC 材料，初始裂缝出现后，裂缝截面的荷载可以通过纤维桥连作用传递给基体，在基本不断形成新的裂缝，承载力仍能缓慢上升，直至裂缝达到饱和状态，出现拉伸主裂缝后即达到极限抗拉承载力，整个拉伸过程表现出了明显的应变硬化特性，如图 1.1 所示。ECC 材料中的纤维随机乱向分布，且体积含量仅为 2%，通过普通的制备工艺即可获得具有应变硬化特性和多缝开裂机制的高性能材料，便于在工程结构中推广应用。国内外学者已对 ECC 材料的基本性能进行了深入研究，如直接拉伸性能[38]、抗压性能[39]、弯曲性能[40]、抗剪性能[41]、断裂性能[42]、自愈合性能[43]、耐久性能[44]等。不难预见，ECC 材料的应用对于结构的延性、灾害抵御能力和灾后可修复性都具有重要贡献，考虑到 ECC 材料的价格较高，将 ECC 材料部分替代混凝土用于工程结构，用于结构的受力不利或关键部位，在节约成本的同时实现工程结构性能的大幅提升。

1.2.1.2 ECC 材料的设计方法

ECC 材料的设计采用了 ISMD（Integrated Structural-Materials Design）设计方法[45]（图 1.2），该方法把基于性能的设计方法和受性能驱使的设计方法有机结合起来，全盘考虑了材料和结构设计的关联性。基于性能的设计方法 PBDC（Performance Based Design Concept），即指运用结构力学等方法来设计满足结构

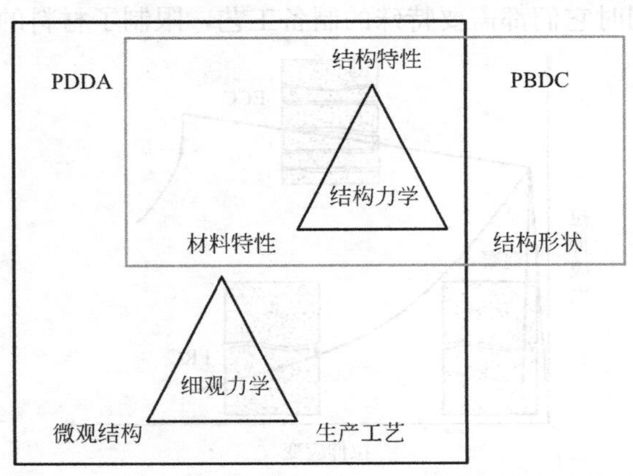

图 1.2 ISMD 的设计方法[45]

性能、材料特性和结构形状的材料。受性能驱使的设计方法 PDDA（Performance Driven Design Approach）提出把结构性能视为约束材料性能、微观结构和生产工艺的目标，该设计方法以细观力学为基础，通过材料微观结构、生产工工艺的改进提升材料性能，进而实现既定的结构特性目标。因此，材料性质是结构工程（结构力学及其联结的三者）和材料工程学（细观力学及其联结的三者）的自然分界面。ECC 中最重要的材料性质是桥联应力-裂缝张开位移关系，即 σ-δ 关系（用于材料工程）和复合材料的拉伸应力-应变关系曲线（用于结构设计）。σ-δ 关系曲线是连接复合材料各组分与其抗拉性能的纽带。因此，不难理解，ECC 的假应变硬化特性是通过对纤维、基体以及纤维-基体界面性质的优化来实现的，具体关系见图 1.3。

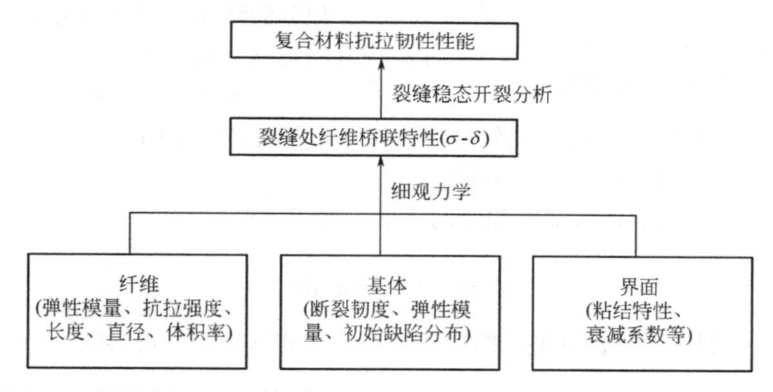

图 1.3 材料特性、裂缝处纤维桥联特性和复合材料抗拉韧性之间的关系

ECC 材料是基于细观力学进行设计的，即复合材料在荷载作用下纤维、基体及界面力学行为的定量计算。其中最重要的材料性质是桥联应力-裂缝张开位移（σ-δ）关系。由 ECC 的定义可知，ECC 需要满足两个特性：超高延性（极限拉伸应变大于 3%）和多裂缝开展机制（极限荷载下裂缝宽度小于 100um，裂缝间距 3～5mm）。ECC 在拉伸荷载作用下的稳态裂缝开展模式需同时满足以下两个准则[46]：

1. 强度准则

该准则要求基体初裂强度 σ_{fc} 必须小于裂缝截面纤维最大桥联应力 σ_0，即桥联应力决定了其所能承受的荷载。若基体初裂强度大于纤维最大桥连应力，材料出现裂缝后纤维即断裂或者拔出，之后便立即进入拉伸软化阶段，无法获得拉伸应变硬化性能；初始裂缝不断扩展而不会再有新的裂缝产生，难以获得多裂缝开展特性。该准则表达式如下：

$$\sigma_{fc} \leqslant \sigma_0 \tag{1.1}$$

初裂强度由基体内部缺陷尺寸控制，在大多数情况下，基体初始缺陷尺寸过

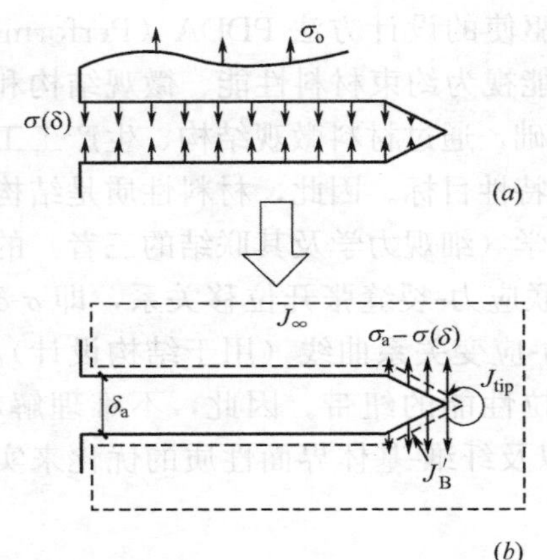

图 1.4 稳态开裂裂缝表面应力及 J 积分示意图

小或者基体断裂韧度过高，常常会导致基体初始开裂强度过高而无法满足强度准则。

2. 能量准则

基于 Marshall 和 Cox 的研究理论[47]，使用 J 积分可推导材料裂缝尖端能量表达式。图 1.4（a）为稳态开裂裂缝表面应力示意图。裂缝表面的应力可以表示为：

$$\sigma=\sigma_a-\sigma(\delta) \tag{1.2}$$

式中 σ_a——施加的远场均布应力；

$\sigma(\delta)$——裂缝处纤维桥连应力。

由 J 积分的线路无关性可知，闭合回路的 J 积分的贡献之和应为 0，即有：

$$J_\infty+J'_B+J_{tip}=0 \tag{1.3}$$

式中 J_∞——无穷远处的 J 积分，对积分值无贡献，故为 0；

J_{tip}——裂缝尖端的 J 积分值；

J'_B——裂缝表面应力对积分的贡献，见式（1.4）。

$$J'_B=-2\int_0^{\frac{\delta_a}{2}}\sigma(\delta)\mathrm{d}\delta \tag{1.4}$$

式中 δ_a——裂缝张开位移值，结合式（1.2）～式（1.4），可得式（1.5）。

$$J_{tip}=\sigma_a\delta_a-\int_0^{\delta_a}\sigma(\delta)\mathrm{d}\delta \tag{1.5}$$

基于稳态开裂的能量平衡分析，Li 和 Leung[48,49] 指出，要实现应变硬化特性和多裂缝开展机制，必须要同时满足以下能量准则：

$$J_{tip}\leqslant J'_B \tag{1.6}$$

$$J'_B=\sigma_0\delta_0-\int_0^{\delta_0}\sigma(\delta)\mathrm{d}\delta \tag{1.7}$$

式中 σ_a——稳态开裂应力；

δ_a——稳态开裂应力对应的裂缝张开位移；

σ_0——最大纤维桥连应力；

δ_0——最大桥联应力对应的裂缝张开位移；

J_{tip}——裂纹尖端基体断裂韧度；

J'_B——纤维桥连作用的余能。

要获得多裂缝稳态开裂，必须同时满足强度准则（式 1.1）和能量准则（式 1.6）。强度准则相对容易理解，只有在基体初裂应力小于纤维最大桥连应力的条件下，裂缝处纤维承担的应力才能传递给基体，为基体形成新的裂缝提供前提条件。关于能量准则，可以通过基于能量原理的纤维桥连作用（σ-δ）示意图

（图1.5）加以说明。若纤维与基体的粘结作用过弱，纤维轻易被拔出，裂缝处纤维最大桥连应力 σ_0 则会较小，导致纤维桥连作用的余能 J'_B 过小而不能满足能量准则（式1.6）；若纤维与基体的粘结作用过强，那么纤维容易被拉断而不是拔出，最大桥联应力对应的裂缝张开位移 δ_0 会很小，同样会导致纤维桥连作用的余能 J'_B 过小而不能满足能量准则（式1.6）。由式（1.6）可知，降低基体的断裂韧度（J_{tip}）能够提高稳态开裂的富余程度，但过多降低基体的断裂韧度对复合材料的抗拉强度会造成负面影响。因此，在保证基体断裂韧度不太强的同时，必须对纤维与基体之间的界面进行处理，使得纤维的桥连作用保持在一个合适的范围内。

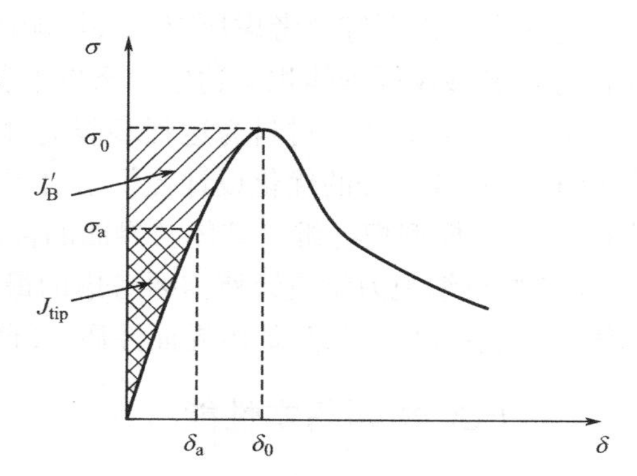

图1.5 基于能量原理的纤维桥连作用（σ-δ）示意图

1998年，Kanda和Li[46] 基于Aveston等[50] 的研究工作，使用 X_d^{test}/X_d 作为表征ECC产生细密裂缝饱和程度的指标，并将其与细观力学模型参数 J'_B/J_{tip} 和 σ_0/σ_{fc} 建立联系。其中，X_d 是利用计算得到的裂缝间距，X_d^{test} 是对应的实测裂缝间距。J'_B/J_{tip} 是基于能量的性能指标，对应于材料满足稳态开裂准则的富余程度。σ_0/σ_{fc} 是基于应力的性能指标，对应于材料满足初始开裂应力准则的富余程度。Aveston认为，X_d^{test}/X_d 在1～2之间是保证准应变硬化性能出现的必要条件。因此，把材料的 X_d^{test}/X_d 大于1小于2视为稳态开裂机制的先决条件。

如果能量指标和应力指标未同时大于1，那么尽管材料暂时具有假应变硬化性能，但这种性能是不稳定的。如果两个指标都仅稍大于1，对应材料可产生不饱和的多条细密裂缝，此时材料仅具备很小的拉应变能力，稳态应变硬化性能仍难以获得。因此，要获得稳定的假应变硬化性能，能量指标和应力指标必须同时大于1，并且具有相当程度的富余。J'_B/J_{tip} 和 σ_0/σ_{fc} 的参考值受到材料以及试验细节的影响，不同的龄期、纤维体积含量具有不同的性能参考值。对于ECC，由于对应复合材料在受力开裂过程中，纤维易发生断裂破坏，纤维最大桥联应力离散性大，因此要获得较高的储备系数，取 σ_0/σ_{fc} 大于1.45，能量指标 J'_B/J_{tip} 大于3较为合适[51]。

众所周知，纤维增强水泥基复合材料的性能取决于其三个组成部分：纤维、基体和界面的性质。纤维的属性包括弹模、抗拉强度、长度、直径、体积率，基体的性质包括断裂韧度、弹性模量、初始缺陷分布；界面特性包括化学胶结力、机械咬合力及滑移硬化等。纤维的体积率只是控制材料性能的因素之一，复合材料的优化设计需要综合考虑所有相关影响因素，经过合理设计，纤维增强水泥基复合材料能够在纤维体积率适中的条件下获得优越的性能。

前文提到的 ECC 材料为达到多裂缝开展机制所必须满足的强度和能量准则为 ECC 材料各组分的优化设计提供了目标。由于裂缝处纤维桥联应力-裂缝张开位移（σ-δ）模型把纤维、基体及界面的性质和纤维桥连作用的余能 J'_B 串联起来，是 ECC 材料细观力学设计所需要考虑的最重要的因素。σ-δ 曲线的形状可以通过基体的断裂韧度、纤维-基体界面性质、纤维性能参数等加以调控。

1.2.2 ECC 材料基本性能

1.2.2.1 拉伸性能

ECC 材料的单轴拉伸试验可用如图 1.6 所示狗骨试件。在单轴拉伸荷载作用下，混凝土开裂后便随即发生破坏，表现出明显的脆性破坏特征。图 1.7 为 ECC 材料的单轴拉伸应力-应变曲线，可以看出，ECC 在单轴拉伸试验过程中经历了初裂、应变硬化和裂缝集中之后的软化三个阶段。图 1.7 中的试验结果表明，ECC 狗骨试件的极限拉伸应变稳定达到 4.5%以上（大约是混凝土拉伸应变的 450 倍，钢筋屈服应变的 20 倍），极限抗拉强度约为 4.8MPa，拉伸弹性模量约为 20MPa，极限破坏时裂缝平均间距大约为 2mm，对应裂缝宽度可以控制在 100μm 以内。ECC 材料的应变硬化特性是通过在试件表面大量细密裂缝的出现而实现的。ECC 的初裂强度取决于基体配合比和内部缺陷，约为 2.0～3.0MPa，在出现初始裂缝后，细裂缝都能稳定开展到一定的宽度（100μm 以下），裂缝处纤维承担的荷载会传递给基体，承载力还能够继续缓慢上升，继续增加的外部荷载不会使得原有裂缝宽度继续显著增大，而是会导致基体其他较薄弱处产生新的裂缝。基于此应力传递机理，拉伸试件表面会出现大量的细密裂缝，直至达到饱和状态（图 1.7）。曲线在应变硬化阶段的抖动起伏是试件中新微裂缝或者裂缝宽度和深度在不断增加引起的。最终，当外部拉伸荷载大于某一裂缝截面纤维最大桥连力时，试件开始进入拉伸软化阶段。

图 1.6 狗骨拉伸试件及试验装置

1.2.2.2 受压性能

ECC 材料的受压性能与普通混凝土也不尽相同。ECC 材料的抗压强度与普通混凝土类似（30～120MPa），但是其受压变形能力明显高于普通混凝土。国内外学者对高延性纤维增强水泥基复合材料的受压性能（强度、弹性模量及应力-应变关系）开展了相关研究。Li[39] 对比了 ECC 与 FRC 在单轴受压性能，发现 ECC 材料的极限压应变比混凝土或 FRC 要高出 50%～100%，而由于缺乏粗骨

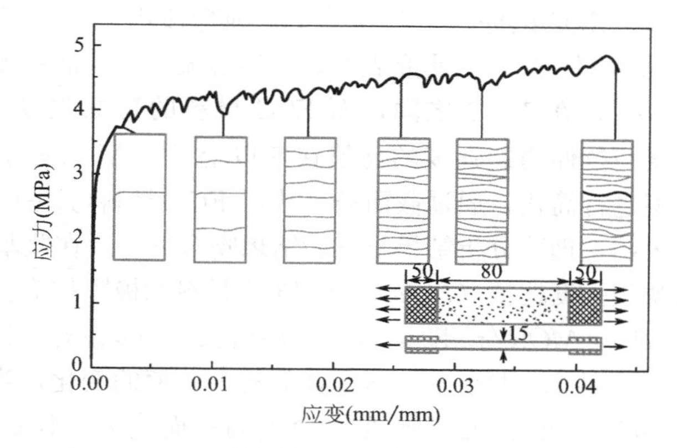

图 1.7 ECC单轴拉伸应力-应变曲线及开裂形态

料，材料的弹性模量比普通混凝土低 30%～40%。徐世烺等[52] 对超高韧性纤维增强水泥基复合材料（UHTCC）的抗压性能进行了研究，提出了材料的受压本构模型，上升段采用的是 CEB 模型[53]，下降段采用的是过镇海[54] 提出的模型，对试验数据进行了拟合。Kittnum[55] 对高性能纤维增强水泥基复合材料的角柱体和圆柱体试件进行了单轴压试验，结果表明，试件的形状对抗压强度和峰值荷载后的应力-应变行为有重要影响，但对弹性模量影响很小。Hassan[56] 研究了超高性能纤维增强水泥基复合材料在不同龄期下（7～28 天）的抗压性能，发现龄期对材料的抗压强度和弹性模量等性能指标几乎没有影响。以上学者的研究主要集中在材料的抗压性能参数方面，关于 ECC 材料完整本构模型的相关报道还相对较少。本课题组对 ECC 材料的抗压性能和受压本构模型进行了系统研究，详细见第 2 章。

1.2.2.3 弯曲性能

一般而言，水泥基材料具备拉伸硬化性能必定能保证其具有足够的弯曲延性，但是材料具有弯曲延性反过来却不能保证其具有拉伸硬化性能。材料受弯性能还与梁的高度密切相关，例如梁高较小的 FRC 梁同样能获得较高的弯曲延性[57]，因此挠度延性是一种结构属性而不是材料属性。文献 [58, 59] 通过四点弯试验对 ECC 材料的抗弯性能进行了研究。图 1.8 为 ECC 与 FRC 弯曲应力-挠度曲线对比结果，相比于 FRC，ECC 材料能够获

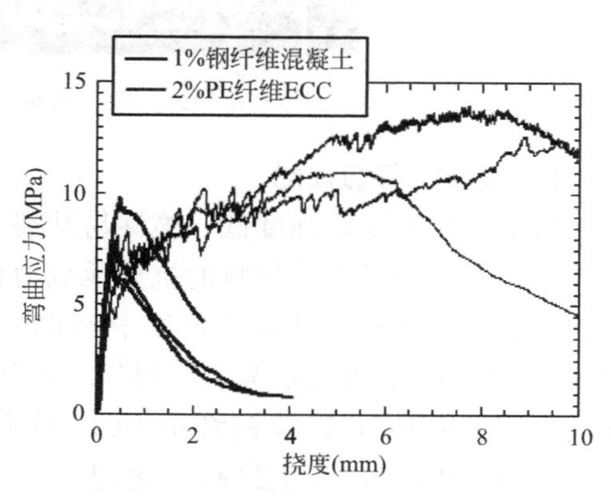

图 1.8 ECC 与 FRC 弯曲应力-挠度曲线对比[58]

得优越的弯曲韧性。ECC试件在极限荷载下，纯弯段出现了大量细密裂缝，裂缝宽度约为3～5mm（图1.9）。研究表明，普通混凝土的弯曲强度与拉伸初裂强度的比值（MOR/σ_{tc}）在1～3之间，而ECC材料的弯曲强度能够达到11～16MPa，弯曲强度与拉伸初裂强度的比值在5以上[58]。Maalej等[59]对ECC材料的拉压本构模型进行简化，通过截面条带法对ECC材料弯矩-曲率关系进行了理论推导，结果表明，理论分析结果与试验结果吻合良好。在此基础上，以ECC材料拉伸强度与初裂强度比值（σ_{tu}/σ_{tc}）和ECC材料的极限拉应变为参数进行了数值分析，结果表明，MOR/σ_{tc}随σ_{tu}/σ_{tc}线性增长，当σ_{tu}/σ_{tc}在1～4范围内变化时，MOR/σ_{tc}值会从2.7增长至8.3。对于σ_{tu}/σ_{tc}值的变化，当σ_{tu}增大而σ_{tc}保持不变时，MOR/σ_{tc}值和抗弯强度都会提高；而当σ_{tu}不变而σ_{tc}减小时，MOR/σ_{tc}值会提高但抗弯强度都降低。若以材料的极限拉应变（ε_{tu}）为参数，当ε_{tu}小于0.01的情况下，MOR/σ_{tc}随着ε_{tu}线性增长，而当ε_{tu}大于0.01时，再增大ε_{tu}对MOR/σ_{tc}的影响很小，此时抗弯强度可以通过提高ECC的初裂和极限抗拉强度来实现。Pan等[60]通过四点弯试验研究了不同配合比ECC梁的受弯性能，并基于JSCE和PCSM方法评价了ECC梁的弯曲韧性，分析了减水剂用量、砂率、纤维掺量等对ECC梁弯曲韧性的影响。

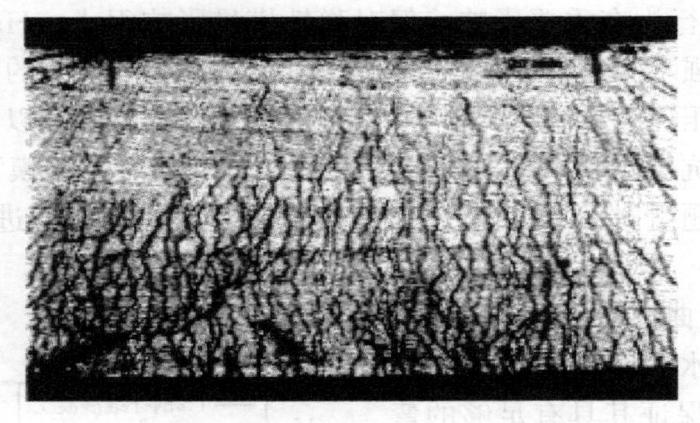

图1.9 ECC极限荷载下纯弯段裂缝形态[58]

1.2.2.4 剪切性能

由于混凝土抗剪强度低、脆性易开裂，混凝土结构在剪切荷载作用下容易发生脆性破坏。通过改善材料的抗剪承载力和延性来提高构件的抗剪性能是行之有效的方法。Li等[61]进行了ECC材料的Ohno梁剪切试验研究，对比了PE纤维ECC（SPECC）、普通混凝土（PC）、有腹筋混凝土（RC）、纤维掺量1%的钢纤维混凝土（SFRC）以及钢纤维ECC（DR/ECC）的剪切性能。试验结果表明，SPECC的极限剪切应变最高，达到2.6%，DR/ECC的极限剪切强度最高，达到9.7MPa。同时，SPECC的剪切强度也高达5.09MPa，远高于普通混凝土及钢纤维混凝土，与腹筋配筋率0.75%的RC梁相当。这些结果表明ECC材料在抗剪强度及延性性能方面较混凝土及普通纤维增强混凝土有巨大优势。Gideon等[62]采用在Ohno梁基础上改进的Iosipescu梁进行了ECC材料的剪切试验研究，在梁的中截面开角度为90°的槽，使得构件中截面剪应力均匀分布。试验结果表明，ECC的剪切强度比拉伸强度高出约50%。剪切初裂后，由于具有应变硬化特性，其拉应力能够继续增加，使得主应力方向随着荷载的增加发生旋转，所以ECC具有远高于普通混凝土的剪切强度和剪切应变。研究结果表明，ECC能够大幅提高构件的抗剪承载能力、延性、耐久性。Kanda等[63]进行了ECC短梁在周期往复荷载作用下的剪切性能研究。试验发现，ECC短梁的承载能力高出RC梁50%以上。在往复加载后，ECC梁表现出典型的多缝开裂模式，裂缝数量约为RC梁4倍之多。在相同荷载下，ECC梁的裂缝宽度也远小于RC梁。在经历较大的塑性变形后，ECC梁塑性铰区仍能保持较好的整体性，而RC梁则出现了严重的保护层脱落。此外，ECC梁在经历多次大于其屈服位移的往复加载后，承载能力仍能基本保持不退化，表现出优异的耗能能力。

课题组何佶轩[64]采用Ohno梁对3种不同强度等级的PVA-ECC进行了剪切性能试验，并提出了简化的ECC剪切本构模型。试验发现，混凝土材料的剪切应力-应变曲线为线弹性，没有塑性段，而ECC的剪应力-剪应变关系表现出双折线特性，并且具有“应变硬化”的特性。

1.2.2.5 收缩性能

由于ECC中不含粗骨料，胶凝材料的含量高并且水灰比很大，普通的ECC的干燥收缩要远高于普通混凝土。Li等[65]比较了在温度为20～30℃、相对湿度25%～55%环境下，ECC、SFRC和混凝土三种材料的干燥收缩随时间的变化关系（图1.10）。从图1.10中可以看出，在龄期30天以后，ECC的干燥收缩稳定在1800μm/m左右。Martinola等[66]指出用粉煤灰部分替代水泥能够有效降低

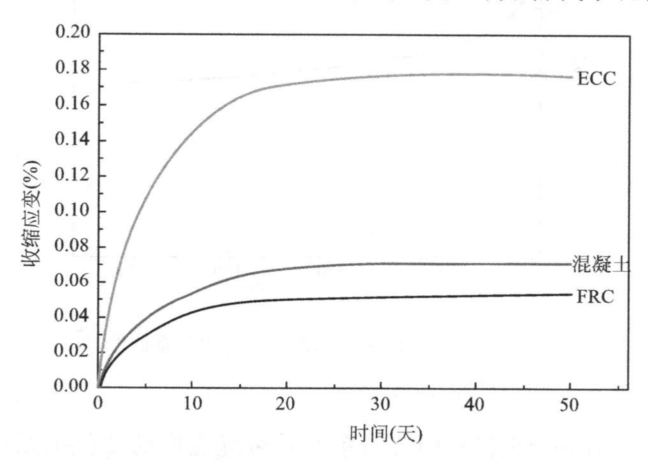

图1.10 混凝土、SFRC和ECC在不同龄期下的干燥收缩

干燥收缩程度，当2/3的水泥被粉煤灰替代时，在相对湿度为60%、龄期为60天时ECC的干燥收缩降至1000μm/m。张君等[67] 基于硫铝酸盐水泥等制备出了一种低收缩ECC材料，试验结果表明，28天龄期时的干燥收缩量仅为109～242μm/m，而材料的极限拉应变仍能达到2.5%以上。

1.2.2.6 耐久性

混凝土的抗拉强度低且易于开裂，因此混凝土结构的耐久性差一直是工程界面临的重要挑战。混凝土结构裂缝的开展易导致钢筋的锈蚀和混凝土保护层的剥落，严重影响结构的耐久性。ECC材料优越的裂缝控制能力对提高结构的耐久性具有重要意义。国内外许多学者对ECC材料的耐久性进行了研究，下面将从长期拉伸应变能力、渗透性、冻融性能和碱硅酸反应等耐久性指标逐一进行介绍。

1. 长期拉伸硬化性能

由于ECC材料的拉伸应变能力取决于基体、纤维及界面的性质，而基体与界面的性质又与水化过程密切相关，因此，ECC的应变能力会随着材料的水化过程及龄期而发生变化[69]。图1.11为ECC的极限拉应变随龄期变化的关系曲线，可以看出，材料的拉伸应变能力随着龄期的增加而降低。在龄期为10天左右的时候达到最大应变能力（约5%），此时基体、纤维及界面的性质达到最理想的状态。随着水泥水化过程的继续进行，水泥浆体的孔隙率减小、基体的断裂韧度增加以及纤维-基体界面粘结作用增强，导致材料延性的逐步降低。当水泥水化过程基本结束，材料处于稳定状态之后（50天），极限拉应变-龄期曲线进入平缓阶段，此时的极限拉应变稳定在3%左右。

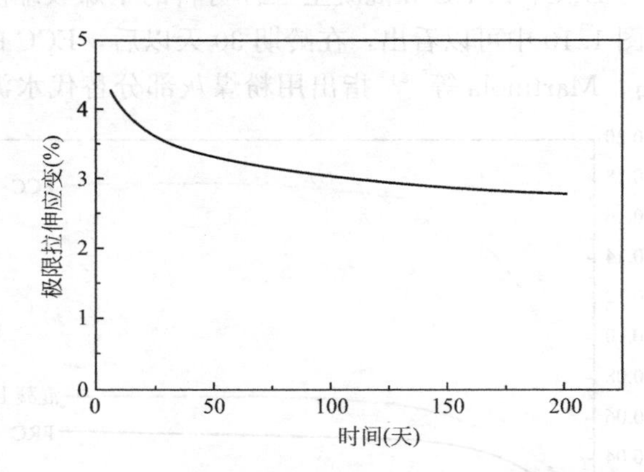

图1.11 拉伸应变能力随龄期变化的关系曲线[68]

2. 渗透性

Wang等[70] 对混凝土材料的抗渗系数随裂缝宽度的变化关系进行了试验研究。结果表明，在当裂缝宽度小于50μm时，裂缝宽度对混凝土的抗渗性影响很小；当裂缝宽度在 50～200μm 范围变化时，混凝土的渗透系数随着裂缝宽度的增大迅速增长。Lepech 和 Li[71] 研究了 ECC 和配筋砂浆在拉伸荷载作用下的裂缝宽度发展过程，在拉伸应变为 1.5%时，ECC 试件表面出现了大量的细密裂缝，裂缝宽度约为 60μm；然而配筋砂浆的裂缝宽度随着配筋率的不同在 150μm～2.5mm 范围内变化。ECC 材料在开裂状态的抗渗性类似于未开裂的砂浆，而开裂后的配筋砂浆因裂缝宽度迅速增大，抗渗性也显著降低。对于耐久性要求较高的工程结构，ECC 因其较普通混凝土更优越的抗渗性而具有更强的适用性。

3. 冻融耐久性

Li 等[72] 对比了混凝土和 ECC 在冻融循环下材料的性能。图 1.12 为材料动态模量随冻融循环次数的变化曲线，混凝土材料在 100 次冻融循环后动态模量下降至初始值的 20%左右，而 ECC 在 300 次冻融循环后动态模量仍没有发生明显变化，并且其极限拉应变仍旧能够达到 3%左右，与普通环境下的 ECC 材料差别很小。ECC 的冻融耐久性系数为 100，而混凝土只有 10，说明在冻融循环下，ECC 较混凝土具有显著优势。

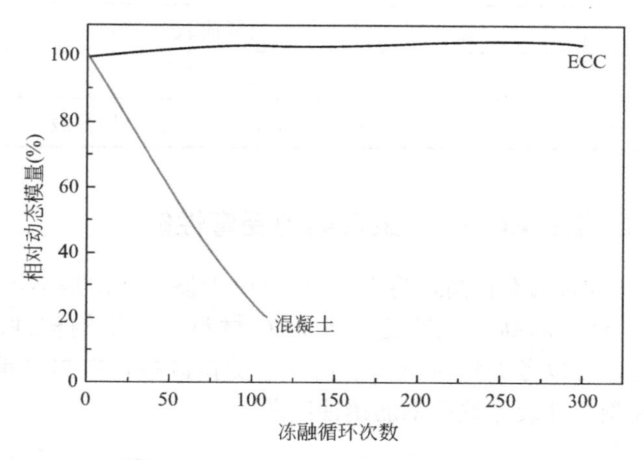

图 1.12 ECC 与普通混凝土相对动态模量随冻融循环次数变化曲线对比[72]

4. 碱硅酸反应

Sahmaran 和 Li[73] 将 ECC 试件浸在 80℃的碱溶液中，对材料的抗碱硅酸反应性能进行了试验研究。结果表明，含 F 类和 C 类粉煤灰的 ECC 试件在浸泡 30 天后，均未发生明显的体积膨胀。石英砂的晶体性质使得其在碱环境下具有良好稳定性，而粉煤灰的火山灰反应能够降低溶液的 pH 值，降低了碱硅酸反应发生的可能性。另外，PVA 纤维的存在也能够有效控制基体的开裂和膨胀。因此，ECC 材料能够有效避免因碱硅酸反应而导致的材料性能的劣化。

1.3 ECC构件及ECC/混凝土组合构件力学性能

许多学者对ECC抗震及非抗震构件或结构的力学性能进行了试验研究，表1.1汇总了钢筋/FRP筋增强ECC构件/结构在不同类型荷载作用下力学性能的研究进展。下面将分别对ECC梁、柱、梁-柱节点及框架结构的力学性能进行介绍。

钢筋/FRP筋增强ECC构件/结构研究成果总结 **表1.1**

构件/结构类型	荷载类型
受弯构件	反复荷载（CFRP筋）[74]；单调荷载（FRP筋）[75,76]；疲劳荷载[77]
柱构件	反复荷载[78]
剪切梁构件	单调荷载[79,80]
梁-柱节点	反复荷载[81,82]
墙体	反复荷载[83]
框架结构	反复荷载[84]
钢筋/ECC相互作用	单调弯曲荷载[85]；单调剪切荷载[86]

1.3.1 R/ECC梁及RC/ECC组合梁的受弯性能

由于ECC材料的成本较高，将ECC材料用于整个结构是不经济的，因此需要充分利用ECC材料的高延性性能，将ECC材料用于结构构件的关键受力部位。对于梁构件，可以考虑将材料用于构件的受拉区域，在提高承载力的同时，还能够避免因混凝土开裂导致的钢筋锈蚀问题。

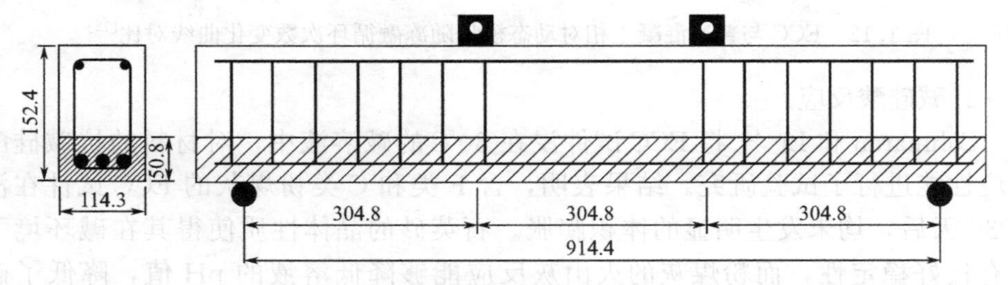

图1.13 组合梁截面及配筋情况示意图[87]

Maalej和Li[87] 考虑利用ECC良好的裂缝控制能力和延性来提升钢筋混凝土结构的耐久性，采用极限拉应变高达5.4%的PE-ECC材料来替换受拉区混凝

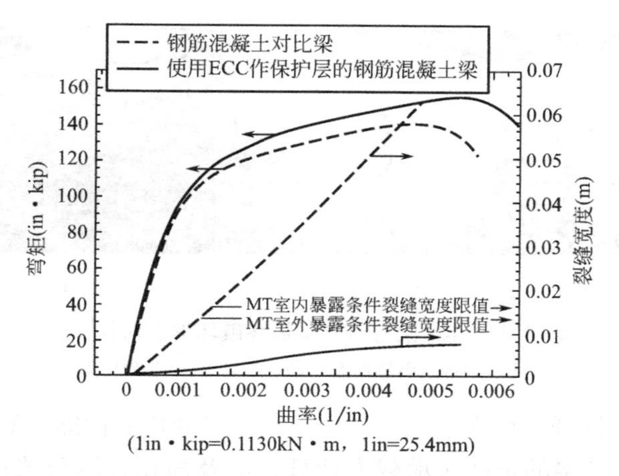

图 1.14 RC 梁及 RC/ECC 组合梁弯矩和最大裂缝宽度随曲率变化关系[87]

土，ECC 层厚度取为 2 倍梁底至受拉纵筋中心点的距离，对 RC/ECC 组合梁进行了四点弯试验，并与普通 RC 梁进行了对比。梁跨度为 914.4mm，截面尺寸为 152.4mm×114.3mm，受拉纵筋配筋率为 1.47%，纯弯段不配置箍筋，试件的截面尺寸及配筋如图 1.13 所示。图 1.14 为 RC 梁及 RC/ECC 组合梁弯矩和最大裂缝宽度随曲率变化情况。从图 1.14 中可以看出，RC/ECC 组合梁的极限承载力和曲率比 RC 梁高出 10%左右，裂缝宽度随荷载的增长速率远低于 RC 梁。RC/ECC 组合梁在整个加载过程中的最大裂缝宽度可以控制在 0.2mm 以内，而 RC 梁在极限荷载下的裂缝宽度超过了 1.5mm，说明采用 ECC 材料替代部分受拉区混凝土，可以获得良好的裂缝控制能力，进而防止钢筋的锈蚀，提高结构的耐久性。构件的最终破坏形态如图 1.15 所示，从图 1.15（*a*）中可以看出，RC 梁破坏时，梁底裂缝数量少且宽度大；相比之下，RC/ECC 组合梁在梁底 ECC 与混凝土的交界处出现了明显的裂缝分化现象，即混凝土中的裂缝在交界处分化成细密裂缝延伸至 ECC 层（图 1.15*b*）。

张君等[88-90] 对不同 ECC 层厚度的 ECC/混凝土组合梁进行了静载和疲劳加载情况下的四点弯曲试验，结果表明 ECC 可以将混凝土梁的脆性破坏模式转变为延性破坏模式，提高构件的承载力和变形，而且构件在循环加载下具有较高的承载力，裂缝宽度并不随着疲劳加载而变宽；Shin 等[91] 对不同 DFRCC（高延性纤维增强水泥基复合材料）层厚度的组合梁的弯曲性能进行了数值模拟和试验研究，其中数值模拟中还考虑了材料的极限应变的参数变化，结果表明 DFRCC 增强层可以有效提高构件的承载力和延性，并最终发生延性破坏模式；Li 等[92,93] 研究了 ECC 修补材料在老混凝土材料约束下的收缩性能，试验结果表明，在限制干燥收缩的情况下，ECC 的裂缝宽度可以控制在 30μm，从而避免了两种材料界面的剥离，提高了结构的耐久性；张秀芳等[94,95] 研究了 R/UHTCC

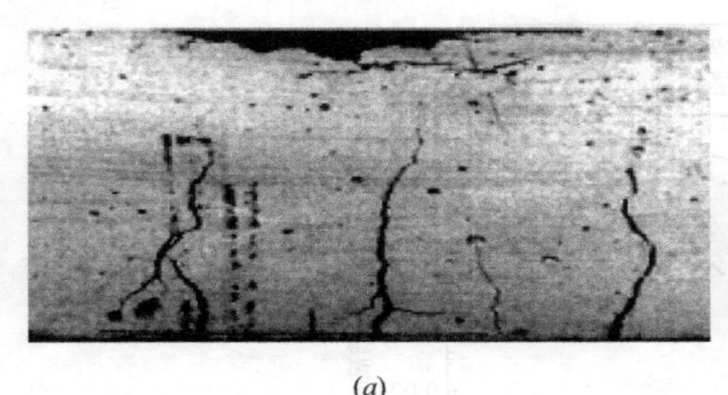

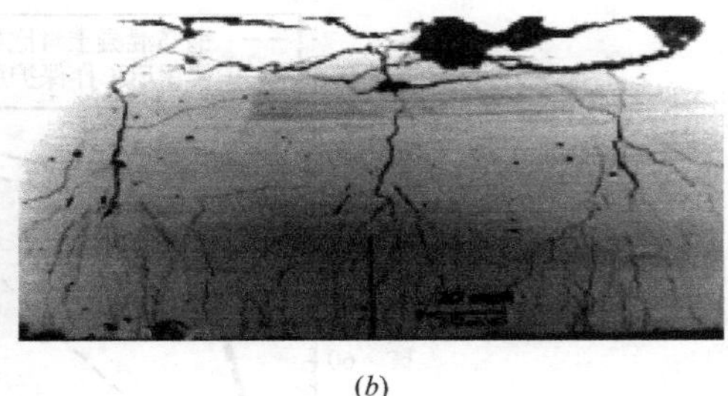

(*a*)　　　　　　　　　　　　(*b*)

图 1.15　RC 梁与组合梁最终破坏形态对比[87]

(*a*) RC 梁最终破坏形态；(*b*) 组合梁最终破坏形态

(钢筋增强超高延性纤维增强水泥基复合材料) 梁的弯曲性能。利用平截面假定，给出了 R/UHTCC 梁的正截面承载力计算方法及简化计算公式；李庆华等[96,97]将 RC 梁的受拉区部分混凝土替换为 UHTCC 材料，并对组合梁进行了正截面承载力计算公式的推导及受弯性能分析。

Yuan 等[76] 对 FRP 筋增强 ECC 梁或 ECC/混凝土组合梁的受弯性能进行试验研究，分析了纵筋和箍筋配筋率、ECC 厚度等参数对梁受弯性能的影响，研究结果表明 ECC 梁相比于混凝土梁具有更高的承载力、延性和容损伤性。不配箍 ECC 梁发生剪切破坏，仍然与发生弯曲破坏的配箍混凝土梁的承载力和延性相当，这主要是得益于 ECC 材料拉伸应变硬化性能。ECC/混凝土组合梁中无论将 ECC 布设在梁的受拉区还是受压区，其承载力和变形都比同样配筋的混凝土梁高，受拉区布设 ECC 可以较好地控制裂缝的开展。为了澄清 FRP 筋增强 ECC 梁或 ECC/混凝土组合梁的受弯破坏机理，基于条带法提出了其承载力计算模型。Yuan 等[98] 还通过有限元方法研究了钢筋增强 ECC 梁及 ECC/混凝土组合梁的受弯性能，分析了 ECC 弹模、ECC 极限应变、ECC 厚度及布设位置等对梁受弯性能的影响，详细结果可见本书第 4 章。

由于混凝土材料延性差，RC 构件在地震荷载下易发生剪切脆性破坏，延性差及耗能能力低，不利于结构抗震。ECC 材料抗剪承载力高，且在剪切破坏过程中表现出了延性变形行为。将 ECC 材料用于抗剪构件中能够有效提高构件的延性和灾害抵御能力。Shimizu[79] 以配箍率和纤维掺量为参数，对 R/ECC 梁在单调荷载作用下抗剪性能进行了试验研究，并对 R/ECC 梁的抗剪承载力进行了预测，理论分析结果与试验结果符合良好。Kanda 等[63] 采用 Ohno 试验方法对 R/ECC 剪切梁受力性能进行了研究，构件表现出了延性破坏特征，试验过程中未出现剪切破坏和劈裂破坏等典型的脆性破坏特征，说明用 ECC 替代混凝土能够有效提高构件的抗剪性能。Canbolat 等[25] 对钢筋增强 HPFRCC 连梁的抗震性能进行了试验研究，结果表明，在不配置横向钢筋的情况下，HPFRCC 连梁仍能表现出良好的延性和损伤容忍能力。侯利军[99] 等对有腹筋 ECC 梁的剪切性能进行了试验研究。试验发现，在配置较少纵筋时，ECC梁配置少量箍筋就能使破坏模式从脆性的剪切破坏变为有一定延性的弯剪破坏。当配箍率增大时，ECC梁斜裂缝数量略微减少，斜裂缝总宽度降低，说明较多的箍筋减小了梁腹部ECC的剪切变形。试验结果还发现，无腹筋ECC梁的抗剪承载力高于同样条件下配箍的普通混凝土梁，表明ECC材料相对于混凝土材料自身的抗剪能力更强。杨忠[100] 等对3根R/ECC连梁构件和1根RC连梁构件进行了低周反复试验，研究了小剪跨比ECC连梁的滞回性能。试验发现，随着剪跨比的增加，小剪跨比ECC连梁的破坏形态从脆性的剪切破坏向弯曲破坏转变。相比普通钢筋混凝土连梁，ECC连梁能够在承载能力不降低的情况下，大幅提升变形性能和耗能性能，滞回曲线更加饱满。试验中还发现，各构件的箍筋应变在斜裂缝出现之前均较小，但在剪切开裂后，ECC构件的箍筋应变随着荷载的增加稳定增长，并且在构件屈服后能够继续增大。而普通混凝土连梁箍筋应变则在构件屈服前就有较快的增长，而构件屈服之后几乎没有发展构件就破坏。这说明ECC材料能够与钢筋更好地共同变形，而普通钢筋混凝土梁在开裂后裂缝处的作用力完全由钢筋承担，在构件屈服后混凝土出现剥落现象，构件随之破坏。

课题组何信轩[64] 对BFRP筋增强ECC梁和ECC/混凝土组合梁进行了四点弯静载抗剪性能试验和数值模拟计算，分析了基体材料、配箍率、剪跨比、ECC层厚度及布设位置、ECC极限拉应变等参数对梁抗剪性能影响。详细结果参考本书第4章。

1.3.2 钢筋增强ECC柱的受力和抗震性能

Fischer和Li等[26] 研究了无轴压下R/ECC无箍筋构件在低周反复荷载作用下的力学性能，并与配置箍筋的RC构件进行了对比。图1.16为构件在低周反复荷载作用下的荷载-变形角曲线

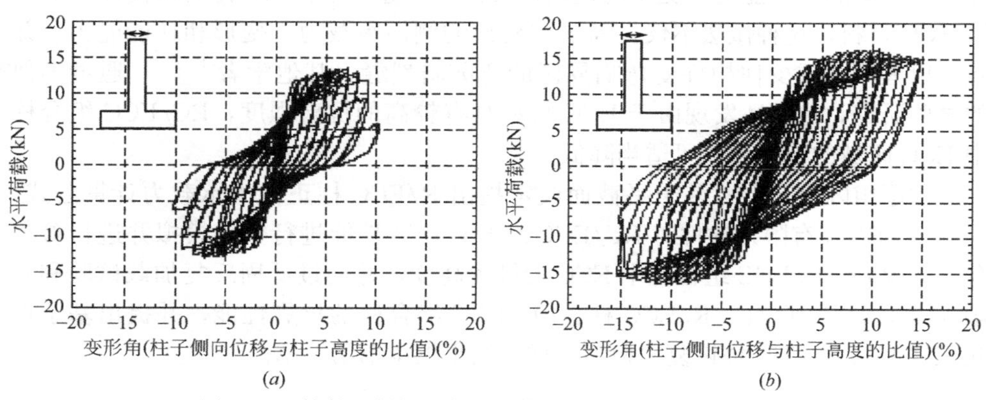

图1.16 构件在低周反复荷载作用下的荷载-变形角曲线

(a) RC柱；(b) R/ECC柱[26]

复荷载作用下的荷载-位移曲线对比图，可以看出，R/ECC构件较RC构件具有更高的承载力、更大的极限变形和更饱满的滞回曲线。试件的最终破坏形态如图1.17所示，从图1.17中可以看出，R/ECC构件裂缝数量多、宽度小且分布广泛，未出现ECC剥落现象；然而，RC构件钢筋外露，混凝土剥落现象严重，可见R/ECC构件具有更好的抗震能力。

图1.17 构件在低周反复荷载作用下的破坏形态[26]
(a) RC柱；(b) R/ECC柱

在结构中使用全ECC柱显然是不经济的，因此可以在RC柱的塑性铰区域使用ECC材料代替混凝土。Billington和Yoon[101] 将ECC应用于预制柱的潜在塑性铰区域，经试验研究发现在低周反复荷载的作用下RC/ECC组合柱比传统RC柱耗散更多的能量，且截面保持了更好的完整性。Saiidi等[102] 将ECC材料和超弹性形状记忆合金一起应用于RC柱的塑性铰区，发现该柱与传统RC柱相比具有更高的变形能力和更小的残余位移。Cho等[103] 在RC柱的塑性铰区应用了ECC材料，这种做法不仅提高了柱构件的侧向承载力、变形和耗能能力，并且可以大幅度减少柱构件受弯临界区的弯剪斜裂缝。其他学者[104,105] 通过类似的试验研究，他们还发现由于ECC材料具有较高的抗剪强度，RC/ECC组合柱中ECC区域的箍筋用量可适当降低。

课题组陈俊涵[106] 基于平截面假定提出R/ECC柱正截面承载力计算公式，采用ATENA有限元软件对RC/ECC组合柱压弯性能进行数值模拟并进行参数分析，得到RC/ECC组合柱中ECC的最优高度，并通过低周反复加载试验和有限元模拟研究RC柱、R/ECC柱、RC/ECC组合柱的抗震性能，并提出基于退化三线型的R/ECC柱恢复力模型。详细结果见本书第5章。

1.3.3 梁-柱节点抗震性能

框架结构的节点区是地震中容易受损部位，会引起比较严重的震害，甚至发生结构倒塌，因此"强节点，弱构件"是结构抗震设计的重要原则之一。由于ECC抗剪强度高，可以降低箍筋配置量，并将ECC用在节点区域避免其过早发生剪切破坏。Parra-Montesinos和Wight等[27] 研究了钢梁-ECC柱节点的抗震性能，节点处未使用箍筋，由ECC来单独承担剪力。图1.18为含箍筋钢梁-RC柱节点与无箍筋钢梁-R/ECC柱节点滞回曲线对比结果，不难看出，ECC节点在没有配置箍筋的情况下，依然具有比配置箍筋的混凝土节点更饱满的滞回曲线。试验中ECC和混凝土构件都出现了垂直交叉裂缝，但是ECC构件的裂缝分布更多更密，宽度更小；而混凝土构件出现了明显的剥落现象，钢筋外露，破坏现象严重，如图1.19所示。ECC在节点中的使用可以起到减少甚至取消箍筋使用的作用，便于节点区ECC的浇筑。

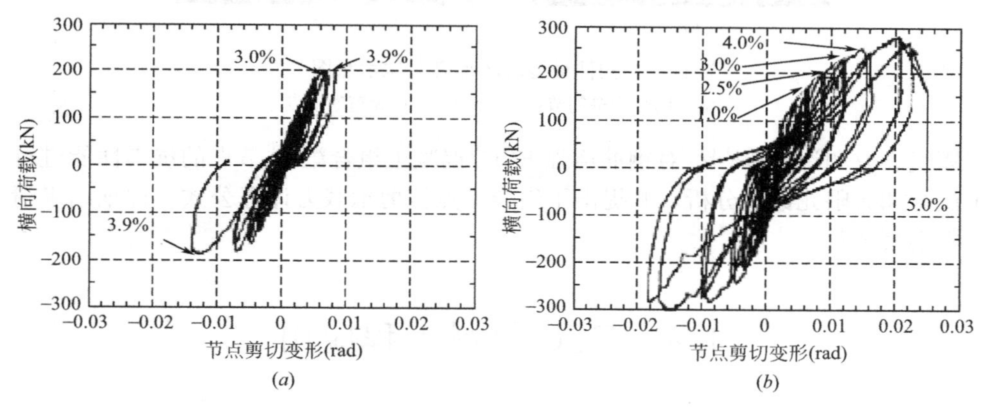

图1.18 构件滞回曲线[27]

(*a*) RC含箍筋节点；(*b*) R/ECC无箍筋节点

程彩霞等[107] 对PVA-ECC框架中节点进行低周反复荷载试验，结果发现ECC节点在反复荷载作用下节点核心区的裂缝细密开展，表现出较高的延性和耗能性能。在保证结构的抗剪强度和延性的前提下，ECC材料的使用可以减少节点区箍筋的用量。苏骏等[108] 研究了ECC局部增强框架节点的抗震性能，对8个ECC局部增强框架节点和1个对比节点进行了低周反复荷载试验和非线性有限元分析，结果表明：ECC材料具有良好的裂缝控制能力，能显著改善框架节点的抗震性能，较高的轴压比可提高节点的抗剪能力但会降低其变形能力，所提出的有限元模型能够较为准确地模拟ECC框架节点的低周反复滞回曲线。路建华等[109] 研究了在节点核心区及附近用ECC替代传统混凝土，对9个钢筋混凝土框架节点进行了低周往复加载试验。结果表明，ECC在梁柱节点处的关键部位代替传统混凝土后能够提高节点的极限承载能力，即使在节点少配一半箍筋的情况下，试件的抗震性能仍然能够优于普通混凝土试件。

为了澄清ECC材料对钢筋混凝土梁柱节点受力和抗震性能提升的内在机理，

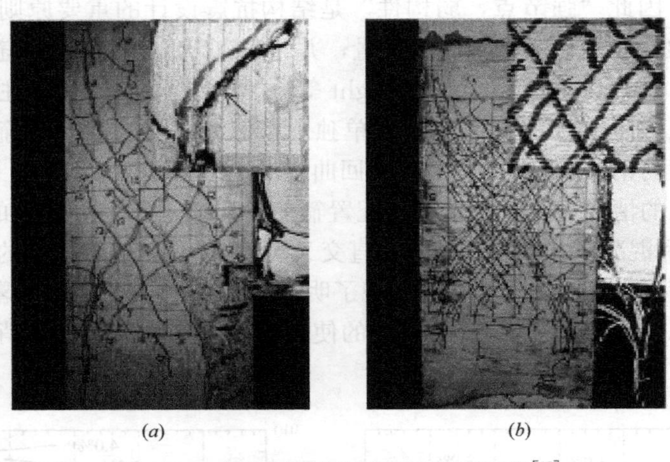

(*a*) (*b*)

图 1.19 构件最终破坏形态对比示意图[27]

(*a*) R/C 含箍筋节点；(*b*) R/ECC 无箍筋节点

课题组袁方和许准等[110] 对钢筋增强 ECC/混凝土组合梁-柱节点的抗震性能进行了试验和有限元数值分析，并提出了组合节点抗剪承载力计算公式。详细结果请见本书第 6 章。

1.4 ECC 材料工程应用

ECC 是一种高性能水泥基复合材料，通过合理设计，在纤维体积掺量为 2% 左右时可获得稳定的应变硬化和多缝开裂特性，根据工程应用需求 ECC 材料可以设计成满足各种功能需求的特种材料，包括自密实 ECC 材料[111]、自愈合 ECC 材料[112]、加固用喷射 ECC 材料[113,114] 和防火 ECC 材料[115] 等。ECC 材料因其优越的力学性能和裂缝控制能力，在结构工程、交通工程、水利工程等领域具有广泛的应用前景，可大幅提升结构的安全性和耐久性。ECC 材料除了可以应用于新建工程结构外，还可以用于结构加固和修复。

ECC 材料具有优越的变形性能和耗能能力，将 ECC 材料用于建筑结构的主要耗能构件，能够有效提高结构的抗震性能。在高层建筑中，特别是剪力墙或筒体结构中，连梁是结构抗第一道抗震防线，其变形能力和能量耗散能力对整体结构的抗震性能提升至关重要。一般而言，高层结构中的连梁设计较为复杂，配箍率很高，钢筋致密，很难保证混凝土的浇筑质量，在发生大的地震作用时，混凝土开裂严重，后期的修复费用很高。因此高层结构的连梁设计一直是困扰工程设计人员的一大难题。而 ECC 材料抗剪强度高、变形能力强，并具有优越的裂缝控制能力，将其代替混凝土用于连梁的设计具有很好的潜力。在日本，东京 27

层 Glorio Tower、横滨的 41 层 Nabule Yokohama Tower 和大阪 60 层的 Kitahama Tower 中都采用了预制 ECC 连梁与剪力墙整体现浇来提升结构的抗震性能（图 1.20）[116]，都经受了 2011 年东日本大地震（Tohoku earthquake），没有发现明显的损伤，应用效果良好，并节约了建设成本。

图 1.20 ECC 连梁用于日本东京 Glorio Toweri 和横滨 Nabule Yokohama Tower 高层建筑[116]

近些年来，我国的装配式结构的应用得到了快速发展，在一些抗震设防烈度高的地区，我们需要提高结构的抗震安全性，防止结构在大震或特大地震下发生严重的震害。一般情况，我们可以通过加强配筋来满足结构或构件的抗震性能需求，但是这并不能从根本解决问题，因为致密的配筋会影响混凝土的浇筑密实性，同时混凝土的脆性易开裂的固有特性，仍然会给结构抗震带来许多挑战；另外一条途径，我们选择用高延性 ECC 材料来预制梁、柱、墙等基本构件，并将其用于结构受力不利或关键部位，连接节点的后浇区也可采用 ECC 材料来浇筑形成整体结构。课题组尝试将 ECC 材料用于南京某教学楼装配式框架结构的梁柱节点后浇连接区（图 1.21），来解决预制梁底部纵筋伸入节点区导致钢筋致密混凝土难以浇筑的问题，同时也增强了节点区的抗剪承载力。还有学者将其用于建筑外墙外保温的保护层，通过优化设计解决好 ECC 保护层与墙体的连接，这种方法可避免外墙的开裂剥离，提高外墙保温的安全性。Fischer 提出采用 ECC 材料浇筑免配筋板材，通过预埋件与钢桁架组合制备轻质模块化房屋，安装快捷方便并节约成本。

ECC 材料具有优越的变形能力和裂缝控制能力，还可以用作结构加固和修复材料。典型的工程实例为日本广岛的 Mitaka 大坝的修复[32]，如图 1.22 所示。该大坝服役已经超过 60 年，表面的混凝土剥落现象严重，出现严重的渗漏问题，影响了大坝的正常使用并存在较大安全隐患。2003 年该大坝进行了全面的修复，对上游坝面采用喷射 30mm 厚的 ECC 对其进行了加固修复，取得了良好的效果。

图 1.21 ECC 用于装配式框架结构的梁柱节点后浇连接区

图 1.22 日本广岛 Mitaka 大坝表面喷射 ECC 加固面层

日本为了修复灌溉水渠混凝土开裂、表层剥落等问题，采用粉刷或喷射 6～10mm 的 ECC 对水渠的表面进行修复，比传统的修补砂浆和超高强聚合物砂浆抗裂效果还好[117]。Rokugo 等人为了修复由于碱骨料反应而严重开裂的混凝土挡土墙，在其表面先用高压水枪冲刷挡土墙表面，形成粗糙面，然后用聚氨酯密封胶填补裂缝，再在挡土墙表面铺设钢筋网片等加强材料，最后用喷射 ECC 进行表面加固修复，取得比普通修补砂浆更好的效果[118]。

在交通领域，ECC 还在桥梁路面修复、桥面板、桥梁连接板修复、隧道衬砌修复等实际工程中得到应用，并取得了良好的效果。如杭金衢高速公路常山港特大桥的桥梁底板局部出现了肉眼可见裂缝，ECC 被运用于桥梁底板的耐久性修补，喷射的 20mm 厚 ECC 避免了原有裂缝进一步扩展。该修补施工操作简便，可以在不中断交通的情况下进行施工，不仅提高了施工效率，而且减少了限制交通的各项手续与费用，降低了修复成本。另外，高速公路桥梁伸缩缝由于长期受到车辆的冲击荷载作用，再加上经年累月的温度变化、干湿交替和冻融循环，伸缩缝混凝土很容易发生开裂和破损，在后续车辆荷载的作用下会加速劣化，降低行车的舒适性，甚至会导致交通事故。课题组研发了超早强 ECC 材料，早期强度 3 小时可达到 30MPa 以上，完成多个伸缩缝快速维修和更换，单条伸缩缝的维修更换可控制在 8 小时以内。图 1.23 给出了高速公路桥梁伸缩缝修复中和修复后的形态。

图 1.23 早强型 ECC 用于高速公路桥梁伸缩缝

另外，ECC 的超高延性和细密裂缝开展特性使得其具有优越的防水性能。ECC 材料即使在拉伸应变达到 3%时其渗透系数仍小于 5×10^{-10} m/s，在不开裂状态其抗渗性能更加优越。因此，ECC 材料还可用于解决地下室、屋面、水池等的抗渗问题，避免传统防水卷材的老化，是一种与结构同寿命的防水措施。课题组已经成功将 ECC 材料用于在浙江宁波观海卫文化中心剧场的屋面防水工程，该屋面面积达到 2100m²，具体施工和应用效果如图 1.24 所示。

图 1.24 ECC 用于屋面防水

1.5 本书主要内容安排

相对于普通混凝土而言，ECC 材料具有超高的延性和裂缝控制能力，在土木工程领域具有广阔的应用前景。本书在 ECC 材料基本力学性能及其本构关系研究基础上，开展ECC构件、ECC/混凝土组合构件及结构的力学性能研究，并将ECC材料用于装配式结构，提升装配式结构的安全性和耐久性。本书旨在基于材料、构件、结构三个层面的研究，通过试验、理论研究和数值模拟等方法，提出了应用高延性ECC材料提升混凝土框架结构及装配式混凝土框架结构的力学及抗震性能的关键技术和设计方法。

本书共分为9章，各章的内容主要包括：

(1) 第1章，从结构抗震和建筑工业化发展需求出发，分析传统混凝土材料优越性和不足之处，提出高延性ECC材料应用对我国建筑工业化和结构抗震性能提升的重要意义，进而对ECC材料的设计方法和基本性能、ECC构件或组合构件的力学性能、ECC材料的工程应用进行了综述。

(2) 第2章，主要介绍ECC材料在单轴拉、单轴压、双轴压、双轴拉压、双轴拉等不同受力状态下的力学性能、本构模型和破坏准则，进而介绍了ECC材料在循环荷载下的本构关系，为ECC构件和结构在循环荷载下的力学性能分析提供依据。

(3) 第3章，主要介绍了钢筋与ECC粘结性能试验，澄清了钢筋与ECC的粘结滑移破坏机理，分析了锚固长度、钢筋类别、保护层厚度及配箍率对钢筋与ECC粘结强度的影响；基于钢筋开槽内贴应变片的方法，开展了钢筋与ECC粘结性能试验，得到了界面剪应力-滑移量之间关系，并获得了锚固区内位置函数，最后建立考虑锚固位置影响的钢筋与ECC粘结滑移本构关系。

(4) 第4章，主要介绍钢筋增强ECC梁、ECC/混凝土组合梁的受弯性能、抗震性能以及抗剪性能，并与普通钢筋混凝土梁进行对比，综合评估ECC材料对梁构件力学性能的影响。考虑到ECC增强层的存在改变了传统钢筋混凝土梁的变形和受力特征，本章将基于ECC材料参数，运用有限元分析方法对钢筋增强ECC或ECC/混凝土组合梁的力学性能进行数值模拟，分析不同参数对组合梁力学性能的影响。

(5) 第5章，主要介绍了钢筋增强ECC柱正截面承载力计算模型、ECC/混凝土组合柱压弯性能及ECC柱和ECC/混凝土组合柱的抗震性能，分析了不同参数对其受力性能的影响，并提出基于退化三线型的ECC柱恢复力模型，为结构抗震分析提供理论依据。

(6) 第6章，主要章介绍了钢筋增强ECC/混凝土组合梁-柱节点的抗震性能试验、组合节点抗震性能数值分析和抗剪承载力计算模型，澄清ECC材料对梁柱节点受力和抗震性能提升的内在机理，为ECC结构或组合结构抗震分析提供理论依据。

(7) 第7章，主要介绍了RC/ECC组合框架结构中ECC材料的布设方案，并基于纤维模型法对RC/ECC组合框架结构在地震作用下的倒塌过程进行模拟，通过对楼层侧移分布、层间剪力分布以及各楼层柱构件累计能量耗散等抗震性能指标的分析，考察ECC材料对框架结构倒塌过程和破坏机理的影响；进而基于增量动力法分析结构抗倒塌易损性，定量评价RC/ECC组合框架结构的抗倒塌能力和抗倒塌安全储备，并提出建筑结构抗震性能提升技术及相关建议。

（8）第8章，主要介绍了装配式RC/ECC组合柱和组合节点的装配连接方案、抗震性能试验和数值模拟，分析装配式RC/ECC组合柱和组合节点的力学性能和破坏机理，并对其影响因素进行参数分析，为装配式RC/ECC组合框架结构的抗震性能研究提供依据。

（9）第9章，主要介绍了既有装配式框架结构的拆分和连接方案，明确ECC材料在装配式框架中的使用位置；然后，介绍了装配式RC/ECC组合框架的抗震性能试验和数值模拟，探讨了组合框架在低周反复荷载下力学性能和破坏机理，分析不同参数对装配式RC/ECC组合框架抗震性能的影响；介绍了装配式RC/ECC组合框架结构的振动台试验，研究了其动力特性和损伤机理；最后，基于有限元方法对装配式RC/ECC组合框架结构进行静力推覆分析，对其进行抗震性能评估。

1.6 参考文献

［1］汶川地震建筑震害调查与灾后重建分析报告［R］. 北京：中国建筑工业出版社，2008.

［2］清华大学，西南交通大学，北京交通大学震害调查组. 汶川地震建筑震害分析［A］. 建筑结构学报，2008，29（4）：1-9.

［3］中华人民共和国住房和城乡建设部. 建筑结构抗震设计规范 GB50011—2010（2016年版）. 北京：中国建筑工业出版社，2016.

［4］王亚勇. 汶川地震震害启示：抗震概念设计问题［A］. 北京：中国建筑工业出版社，2008.

［5］吴中伟，廉惠珍. 高性能混凝土［M］. 北京：中国铁道出版社，1999.

［6］Paulay T，Priestley M J N. Seismic design of reinforced concrete and masonry buildings［M］. Jersey，John Wiley & Sons，Inc.，1992.

［7］吴刚，潘金龙. 装配式建筑［M］. 北京：中国建筑工业出版社，2019.

［8］郭学明. 装配式混凝土结构建筑的设计、制作与施工［M］. 北京：机械工业出版社，2017.

［9］中国建筑金属结构会钢结构专家和委员会. 装配式钢结构建筑技术研究及应用［M］. 北京：中国建筑工业出版社，2017.

[10] Mitchell D, Devall R H, Saatcioglu M, et al. Damage to concrete structures due to the 1994 northridge earthquake. Can J Civil Eng, 1995, 22 (2): 361-377.

[11] Park R. Seismic design and construction of precast concrete buildings in New Zealand. PCI J, 2002, 47 (5): 60-75.

[12] Korkmaz H H, Tankut T. Performance of a precast concrete beam-to-beam connection subject to reversed cyclic loading. Eng Struct, 2005, 27 (9): 392-1407.

[13] Cheok G S, Lew H S. Model precast concrete beam-to-column connections subject to cyclic loading. PCI J, 1991, 36 (3): 56-67.

[14] Restrepo J I. Tests on connections of earthquake resisting precast reinforced concrete perimeter frames of buildings. PCI J, 1995, 40 (4): 44-61.

[15] Xue W, Yang X. Seismic tests of precast concrete, moment resisting frames and connections. PCI J, 2010, 55 (3): 102-121.

[16] Afroughsabet V, Biolzi L, Ozbakkaloglu T. High-performance fiber-reinforced concrete: a review [J]. Journal of materials science, 2016, 51 (14): 6517-6551.

[17] Li V C. On engineering cementitious composites (ECC) [J]. Journal of Advanced Concrete Technology, 2003, 1 (3): 215-230.

[18] Zhang J, Leung C K Y, Gao Y. Simulation of crack propagation of fiber reinforced cementitious composite under direct tension [J]. Engineering Fracture Mechanics, 2011, 78 (12), 2439-2454.

[19] Li V C, Wang Y, Backer S. A micromechanical model of tension-softening and bridging toughening of short random fiber reinforced brittle matrix composites [J]. Journal of Mechanics and Physics of Solids, 1991, 39 (5): 607-625.

[20] Leung C K Y, Li V C. Effect of fiber inclination on crack bridging stress in brittle fiber reinforced brittle matrix composites [J]. Journal of Mechanics and Physics of Solids, 1992, 40: 1333-1362.

[21] Li V C. Post-crack scaling relations for fiber reinforced cementitious composites [J]. ASCE Journal of Materials in Civil Engineering, 1992, 4 (1): 41-57.

[22] Arain M F, Wang M, Chen J, et al. Study on PVA fiber surface modification for strain-hardening cementitious composites (PVA-SHCC) [J]. Construction and Building Materials, 2019, 197: 107-116.

[23] Li V C. From micromechanics to structural engineering—the design of cementitious composites for civil engineering applications [J]. Journal of Structural Mechanics and Earthquake Engineering，1993，10 (2)：37-48.

[24] Fischer G，Li V C. Influence of matrix ductility on tension-stiffening behavior of steel reinforced engineered cementitious composites [J]. ACI Structural Journal，2002，99 (1)，104-111.

[25] Canbolat B A，Parra-montesinos G J，Wight J K. Experimental study on the seismic behavior of high-performance fiber reinforced cement composite coupling beams [J]. ACI Structural Journal，2005，102 (1)，159-166.

[26] Fischer G，Li V C. Effect of matrix ductility on deformation behavior of steel reinforced ECC flexural members under reversed cyclic loading conditions [J]. ACI Structural Journal，2002，99 (6)，781-790.

[27] Parra-montesinos G J，Wight J K. Seismic response of exterior RC column-to-steel beam connections [J]. Journal of Structural Engineering，2000，126 (10)，1113-1121.

[28] Yuan F，Pan J L，Xu Z，et al. A comparison of engineered cementitious composites versus normal concrete in beam-column joints under reversed cyclic loading [J]. Materials and Structures，2013，46 (1-2)，145-159.

[29] Kesner K E，Billington S L. Investigation of infill panels made from engineered cementitious composites for seismic strengthening and retrofit [J]. Journal of Structural Engineering，2005，131 (11)，1712-1720.

[30] Ficsher G，Li V C. Intrinsic response control of moment resisting frames utilizing advanced composite materials and structural elements [J]. ACI Structural Journal，2003，100 (2)，166-176.

[31] Billington S L，Yoon J K. Cyclic response of unbonded posttensioned precast columns with ductile fiber-reinforced concrete [J]. Journal of Bridge Engineering，2004，9 (4)，353-363.

[32] Rokugo K，Kanda T，Yokota H，et al. Applications and recommendations of high performance fiber reinforced cement composites with multiple fine cracking (HPFRCC) in Japan [J]. Materials and structures，2009，42 (9)：1197.

[33] Naaman A E，Reinhardt H W. Characterization of high performance fiber reinforced cement composites-HPFRCC [C]. Proc. Of High Performance Fiber Reinforced Cement Composites 2 (HPFRCC 2)，1995，1-23.

[34] Breitenbucher B. High-performance fiber concrete SIFCON for repai-

ring environmental structure [C]. Proceedings of the 3rd RILEM/ACI Workshop: High-Performance Fiber Reinforced Cement Composites, London, 1999, 585-594.

[35] Krstulovic O N, Malak S. Tensile behavior of slurry infiltrated mat concrete (SIMCON) [J]. ACI Material Journal, 1997, 94 (1): 39-46.

[36] Li V C, Leung C K Y. Steady-state and multiple cracking of short random fiber composites [J]. Journal of engineering mechanics, 1992, 118 (11): 2246-2264.

[37] Li VC, Wu H C. Conditions for pseudo strain-hardening in fiber reinforced brittle matrix composites [J]. Journal Applied Mechanics Review, 1992, 45 (8): 390-398.

[38] Li V C, Wang S, Wu C. Tensile strain-hardening behavior of polyvinyl alcohol engineered cementitious composites (PVA-ECC) [J]. ACI Materials Journal, 2001, 98 (6): 483-492.

[39] Li V C. A Simplified micromechanical model of compressive strength of fiber-reinforced cementitious composites [J]. Cement and Concrete Composites, 1992, 14 (2): 131-141.

[40] Maalej M, Li V C. Flexural strength of fiber cementitious composites [J]. ASCE Journal of Materials in Civil Engineering, 1994, 6 (3): 390-406.

[41] Zhang J, Maalej M, Quek S T. Performance of hybrid-fiber ECC blast-shelter panels subjected to drop weight impact [J]. Journal of Materials in Civil Engineering, 2007, 19 (10): 855-863.

[42] Spagnoli A. A micromechanical lattice model to describe the fracture behavior of engineered cementitious composites [J]. Computation Materials Science, 2009, 46: 7-14.

[43] Yang Y Z, Lepech M D, Yang E H, et al. Autogenous healing of engineered cementitious composites under wet-dry cycles, Cement and Concrete Research, 2009, 39: 382-390.

[44] Sahmaran M, Li V C, Andrade C. Corrosion resistance performance of steel-reinforced engineered cementitious composite beams, ACI Materials Journal, 2008, 105 (3): 243-250.

[45] Lepech M D, Li V C, Keoleian G A. Sustainable infrastructure material design [C]. In Proceedings of The 4th International Workshop on Life-Cycle Cost Analysis and Design of Civil Infrastructures Systems, Cocoa Beach, Florida, 2005, 83-90.

[46] Kanda T, Li V C. Multiple cracking sequence and saturation in fiber reinforced cementitious composites [J]. Concrete Research and Technology, Japan Concrete Institute, 1998, 9 (2) : 1-15.

[47] Marshall D B, Cox B N. A J-integral method for calculating steady-state matrix cracking stresses in composites [J]. Mechanics of Material, 1988, 7 (2): 127-133.

[48] Li V C. Engineered cementitious composites - tailored composites through micromechanical modeling [J]. Fiber Reinforced Concrete: Present and the Future, Eds: N. Banthia, A. Bentur, and A. Mufti, Canadian Society of Civil Engineers, 1998.

[49] Leung C K Y. Design criteria for pseudo ductile fiber reinforced composites [J]. Journal of Engineering Mechanics, ASCE, 1996, 122 (1): 10-18.

[50] Aveston J, Cooper G A, Kelly A. The properties of fiber composites [C]. London: IPCScience and Technology Press Ltd, UK, 1971, 15-26.

[51] Wu C. Micromechanical tailoring of PVA-ECC for structural applications [D]. Doctoral Dissertation. Michigan: University of Michigan, 2001.

[52] Xu S L, Cai X R. Experimental study and theoretical models on compressive properties of ultra high toughness cementitious composites [J]. ASCE Journal of Materials in Civil Engineering, 2010, 22 (10), 1067-1077.

[53] Comite Euro-International du Benton (CEB). CEB model code 90. Paris, Bulletin d'information, 1990.

[54] 过镇海. 混凝土的强度和变形：试验基础和本构关系 [M]. 北京：清华大学出版社，1997.

[55] Kittinun S, Sherif E T, Gustavo P M. Behavior of high performance fiber reinforce cement composites under multi-axial compressive loading [J]. Cement and Concrete Composites, 2010, 32 (1), 62-72.

[56] Hassan A M T, Jones S W, Mahmud G H. Experimental test methods to determine the uniaxial tensile and compressive behavior of ultra high performance fiber reinforced concrete (UHPFRC) [J]. Construction and Building Materials, 2012, 37, 874-882.

[57] Stang H. Scale effects in FRC and HPFRCC structural elements [J]. High Performance Fiber Reinforced Cementitious Composites, RILEM Proceedings Pro, 30, 2003, 245-258.

[58] Wang S, Li V C. Polyvinyl alcohol fiber reinforced engineered cementitious composites: material design and performances [C]. Proceedings of Interna-

tional workshop on HPFRCC in Structural Applications, Havaii, 2005.

[59] Maalej M, Li V C. Flexural/tensile strength ratio in engineering cementitious composites [J]. ASCE Journal of Materials in Civil Engineering, 1994, 6 (4): 513-528.

[60] Pan Jinlong, Yuan Fang, Luo Min and Leung KinYing. Effect of composition on flexural behavior of engineered cementitious composites, Science China (Technological Science), 2012, 55 (12): 3425-3433.

[61] Li V C, Mishra D K, Naaman A E, et al. On the shear behavior of engineered cementitious composites [J]. Advanced Cement Based Materials, 1994, 1 (3): 142-149.

[62] Gideon PAG, van Zijl. Improved mechanical performance: Shear behaviour of strain-hardening cement-based composites (SHCC) [J]. Cement and Concrete Research, 2007, 37 (8): 1241-1247.

[63] Kanda T, Watanabe S, Li V C. Application of pseudo strain hardening cementitious composites to shear resistant structural elements [J]. AEDIFICATIO Publishers, Fracture Mechanics of Concrete Structures, 1998, 3: 1477-1490.

[64] 何佶轩. FRP 增强 ECC 梁及 ECC/混凝土组合梁抗剪性能研究 [D]. 东南大学, 2016.

[65] Li M, Li V C. Behavior of ECC/concrete layer repair system under drying shrinkage conditions [C]. Proceedings of ConMat'05, Vancouver, Canada, 2005, 22-24.

[66] Martinola G, Bäuml M F. Optimizing ECC in order to prevent shrinkage cracking [C]. Proceedings of the JCI Internationl Workshop on DFRCC - Application and Evaluation, 2002, 143-152.

[67] Zhang J, Gong C X, Guo Z L, et al. Engineered cementitious composite with characteristic of low drying shrinkage [J]. Cement and Concrete Research, 2009, 39 (4): 303-312.

[68] Li V C. Engineered Cementitious Composites (ECC): Bendable Concrete for Sustainable and Resilient Infrastructure [M]. Springer, 2019.

[69] Lepech M, Li V C. Durability and long term performance of engineered cementitious composites [C]. Proceedings of International workshop on HPFRCC in Structural Applications, Havaii, 2005, 23-26.

[70] Wang K, Jansen D C, Shah S P. Permeability study of cracked concrete [J]. Cement and Concrete Research, 1997, 27 (3): 381-393.

[71] Lepech M, Li V C. Water permeability of cracked cementitious com-

posites [C]. In Proceedings of Eleventh International Conference on Fracture, 2005, 20-25.

[72] Li V C, Fischer G, Kim Y Y, et al. Durable link slabs for jointless bridge decks based on strain-hardening cementitious composites [R]. Report for Michigan Department of Transportation RC-1438, 2003.

[73] Sahmaran M, Li V C. Durability of mechanically loaded engineered cementitious composites under high alkaline environment [J]. Cement and Concrete Composites, 2008, 30 (2): 72-81.

[74] Fischer G, Li V C. Deformation behavior of fiber-reinforced polymer reinforced engineered cementitious composite (ECC) flexural members under reversed cyclic loading conditions [J]. ACI Structural Journal, 2003, 100 (1): 25-35.

[75] Li V C, Wang S. Flexural behaviors of glass fiber-reinforced polymer (GFRP) reinforced engineered cementitious composite beams [J]. ACI Materials Journal, 2002, 99 (1): 11-21.

[76] Yuan F, Pan J L, Leung C K Y. Flexural behaviors of ECC and concrete/ECC composite beams reinforced with basalt fiber-reinforced polymer [J]. ASCE Journal of composites for construction, 2013, 17 (5): 591-602.

[77] Kim Y Y, Fischer G, Li V C. Performance of bridge deck link slabs designed with ductile ECC [J]. ACI Structural Journal, 2004, 101 (6): 792-801.

[78] Xu L, Pan J, Chen J. Mechanical behavior of ECC and ECC/RC composite columns under reversed cyclic loading [J]. Journal of Materials in Civil Engineering, 2017, 29 (9): 04017097.

[79] Shimizu K, Kanakubo T, Kanda T, et al. Shear behavior of PVA-ECC Beams [J]. Strain, 2005, 35 (30).

[80] Yang X, Gao W Y, Dai J G, et al. Shear strengthening of RC beams with FRP grid-reinforced ECC matrix [J]. Composite Structures, 2020: 112120.

[81] Said S H, Razak H A. Structural behavior of RC engineered cementitious composite (ECC) exterior beam-column joints under reversed cyclic loading [J]. Construction and Building Materials, 2016, 107: 226-234.

[82] AbdelAleem B H, Ismail M K, Hassan A A A. Structural Behavior of Rubberized Engineered Cementitious Composite Beam-Column Joints under Cyclic Loading [J]. ACI Structural Journal, 2020, 117 (2).

[83] Fukuyama H，Suwada H，Mukai T. Test on high-performance wall elements with HPFRCC [C]. Proceedings of the International RILEM Workshop HPFRCC in Structural Applications，2006，365-374.

[84] Xu L，Pan J，Leung C K Y，et al. Shaking table tests on precast reinforced concrete and engineered cementitious composite/reinforced concrete composite frames [J]. Advances in Structural Engineering，2018，21 (6)：824-837.

[85] Walter R，Li V C，Stang H. Comparison of FRC and ECC in a composite bridge deck [C]. Proceedings of the 5th PhD Symposium in Civil Engineering，2004，477-484.

[86] Qian S，Li V C. Influence of concrete material ductility on the shear response of stud connection [J]. ACI Materials Journal，2006，103 (1)：60-66.

[87] Maalej M，Li V C. Introduction of strain-hardening engineered cementitious composites in design of reinforced concrete flexural members for improved durability [J]. ACI Structural Journal，1995，92 (2)：167-176.

[88] Zhang Jun，Christopher K Y L，Cheung Y N. Flexural enhancement of concrete beam with ECC layer. Cement and Concrete Research，2007，37 (5)：743-750.

[89] Leung C K Y，Cheung Y N，Zhang J. Fatigue enhancement of concrete beam with ECC layer [J]. Cement and Concrete Research，2007，37 (5)：743-750.

[90] Cheung Y N. Investigation of concrete components with a pseudo-ductile layer，MPhil. Thesis，Hong Kong University of Science and Technology，2004.

[91] Shin S K，Kim J J H，Lin Y m. Investigation of the strengthening effect of DFRCC applied to plain concrete beams. Cement and Concrete Composites，2007，29 (6)：465-473.

[92] Li V C，Fischer G and Lepech M D. Shotcreting with ECC. Spritzbeton-Tagung. 2009，1-16.

[93] Li V C. Strategies for high performance fiber reinforced cementitious composites development. In：the international workshop on advanced fiber reinforced concrete at Bergamo，Italy during sept. 2004，24-25.

[94] 张秀芳，徐世烺. 采用超高韧性水泥基复合材料提高钢筋混凝土梁弯曲抗裂性能研究（Ⅰ）：基本理论 [J]. 土木工程学报，2008，41 (12)：48-54.

[95] 徐世烺，张秀芳. 钢筋增强超高韧性水泥基复合材料 RUHTCC 受弯梁的计算理论与试验研究 [J]. 中国科学 E 辑：技术科学，2009，39 (5)：878-896.

［96］徐世烺，李庆华. 超高韧性水泥基复合材料控裂功能梯度复合梁弯曲性能理论研究［J］. 中国科学 E 辑：技术科学，2009，39（6）：1081-1094.

［97］李庆华，徐世烺. 超高韧性水泥基复合材料控裂功能梯度复合梁受弯性能试验研究［J］. 中国科学 E 辑：技术科学，2009，39（8）：1391-1406.

［98］Yuan Fang，Pan Jinlong，Wu Yufei. Numerical study on flexural behavior of steel reinforced engineered cementitious composite（ECC）and ECC/concrete composite beams，Science China（Technological Science），2014，57（3）：637-645.

［99］Hou L，Xu S，Zhang X，et al. Shear behaviors of reinforced ultrahigh toughness cementitious composite slender beams with stirrups［J］. Journal of Materials in Civil Engineering，2013，26（3）：466-475.

［100］杨忠，叶献国. 小跨高比超高韧性水泥基复合材料连梁抗震性能研究［J］. 工业建筑，2015，45（10）：79-83.

［101］Billington S L，Yoon J K. Cyclic response of unbonded posttensioned precast columns with ductile fiber-reinforced concrete. J Bridge Eng，2004，9：353-363.

［102］Saiidi M S，O' Brien M，Sadrossadat-Zadeh M. Cyclic Response of Concrete Bridge Columns Using Superelastic Nitinol and Bendable Concrete. ACI J，2009，106（1）：69-77.

［103］Cho C G，Kim Y Y，Feo L，Hui D. Cyclic responses of reinforced concrete composite columns strengthened in the plastic hinge region by HPFRC mortar. Compos Struct，2012，94（7）：2246-2253.

［104］Liang X W，Xing P T，Xu J. Experimental and numerical investigations of the seismic performance of columns with fiber-reinforced concrete in the plastic hinge region. Adv Civ Eng，2016，19（9）：1484-1499.

［105］Hosseini F，Gencturk B，Aryan H，et al. Seismic behavior of 3-D ECC beam-column connections subjected to bidirectional bending and torsion［J］. Engineering Structures，2018，172：751-763.

［106］陈俊函. R/ECC 柱和 ECC/RC 组合柱力学性能和抗震性能试验和理论研究［D］. 东南大学，2014.

［107］程彩霞. PVA 纤维增强水泥基复合材料增强框架节点抗震性能研究［D］. 湖北工业大学，2009.

［108］苏骏，李威，张晋. UHTCC 局部增强框架节点抗震性能试验［J］. 华中科技大学学报：自然科学版，2015，43（9）：110-3.

［109］路建华，张秀芳，徐世烺. 超高韧性水泥基复合材料梁柱节点的低周

往复试验研究［J］. 水利学报，2012（S1）：135-44.

［110］许准，ECC/RC组合梁柱边节点的抗震性能试验和理论研究［D］. 东南大学，2012.

［111］Kong H J，Bike S G，Li V C. Constitutive rheological control to develop a self-consolidating engineered cementitious composite reinforced with hydrophilic poly（vinyl alcohol）fibers［J］. Cement and Concrete Composites，2003，25（3）：333-341.

［112］Kan L L，Shi H S，Sakulich A R，et al. Self-healing characterization of engineered cementitious composites materials［J］. ACI Materials Journal，2010，107（6）：617-624.

［113］Kanda T，Saito T，Sakata N，et al. Fundamental properties of directed sprayed retrofit material utilizing fiber reinforced pseudo strain hardening cementitious composites［C］. Proceedings of the Japan Concrete Institute，2001，223（1）：475-480.

［114］Kim Y Y，Kong H J，Li V C. Design of an engineered cementitious composite（ECC）suitable for wet-mix shotcreting［J］. ACI Materials Journal，2003，100（6）：511-518.

［115］Yang G，Yu J，Luo Y. Development and Mechanical Performance of Fire-Resistive Engineered Cementitious Composites［J］. Journal of Materials in Civil Engineering，2019，31（5）：04019035.

［116］Kanda T，Tomoe S，Miyamoto K. Experimental Investigation for Fire Safety of Full Scale ECC Coupling Beam［J］. Strain-Hardening Cement-Based Composites，2017：718-724.

［117］Kunieda，M.，Rokugo，K. Recent progress on HPFRCC in Japan required performance and applications［J］. Journal of Advanced Concrete Technology，2006，4（1）：19-34.

［118］Rokugo，K.，Kunieda，M.，Lim，S. C. Patching repair with ECC on cracked concrete surface［A］. To appear in Proceeding. CONMAT5［C］，2005.

第2章

ECC材料基本力学性能及本构关系

为了满足工程结构设计和应用的需求，探究ECC材料在不同受力状态下的力学性能并建立相应的本构模型就显得尤为重要。所谓ECC的本构模型主要是描述ECC材料在不同应力状态下的应力-应变关系。针对ECC材料的特点建立准确的材料本构模型，并与有限元方法相结合，可以准确模拟ECC构件或结构力学行为，因此建立材料本构模型是连接材料和结构设计最为重要的一环。通过数值模拟，我们可以减少试验量，并有助于我们更好地理解ECC的延性和抗裂等特性如何实现结构性能的提升，促进ECC材料在工程结构中的推广应用。本章将主要介绍ECC材料在不同受力状态下的力学性能试验以及力学本构模型，包括了单轴拉压、双轴拉压以及循环荷载作用下的ECC材料应力-应变关系等。

2.1 单轴受力下ECC的本构关系

2.1.1 ECC单轴拉伸应力-应变关系

在单轴拉伸荷载作用下，ECC试件首先在初始缺陷最大的截面上出现裂缝。此时试件上的裂缝处于稳态开裂阶段，新的裂缝不断出现，但裂缝宽度控制在几十微米并基本维持不变，试件上呈现若干条细密裂缝。随着拉伸荷载的继续增加，裂缝逐渐达到饱和状态，裂缝间纤维提供的桥连应力不足以使ECC基体产生新的裂缝。此时，在试件最薄弱截面处的裂缝宽度不断变大，直至试件最终破坏。图2.1给出了ECC材料在单轴拉伸下的应力-应变关系曲线，呈现明显的应变硬化特性。

KandaT.等[1] 曾提出采用双线性模型来描述单轴拉伸荷载作用下ECC的应力-应变关系，如图2.2所示，该模型有两个基本假定：

（1）在裂缝到达开裂应力 σ_{tc} 之前，即第一条裂缝出现前，应力-应变关系曲线为直线段，该部分曲线确定材料的弹性模量、开裂应力和应变。

（2）材料发生应变硬化阶段亦可用直线段表示。

此模型可根据试验过程中测得的峰值应力、峰值应力对应的拉应变、初裂应力、初裂应力对应的拉应变计算得到应变硬化阶段任意拉应变对应的应力值，该

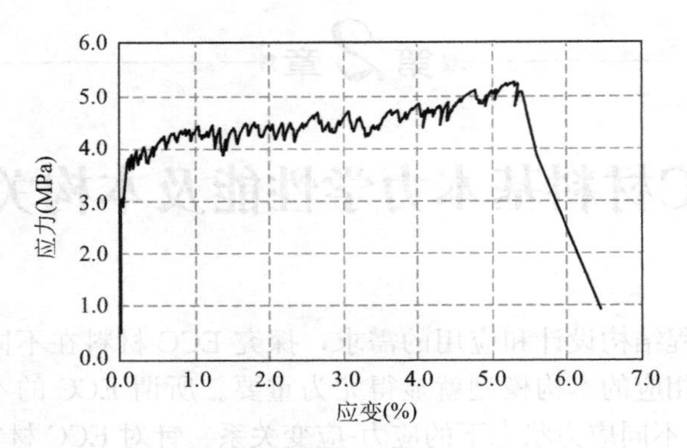

图 2.1 ECC 单轴受拉应力-应变曲线

阶段应力应变关系可表示为：

$$\sigma(\varepsilon)=\begin{cases}\dfrac{\sigma_{tc}}{\varepsilon_{tc}}\varepsilon, 0\leqslant\varepsilon\leqslant\varepsilon_{tc}\\ \sigma_{tc}+\dfrac{\sigma_{tu}-\sigma_{tc}}{\varepsilon_{tu}-\varepsilon_{tc}}(\varepsilon-\varepsilon_{tc}), \varepsilon_{tc}<\varepsilon\leqslant\varepsilon_{tu}\end{cases} \tag{2.1}$$

由图 2.3 可知，ECC 单轴拉伸本构拟合结果与试验数据有较高的吻合度。

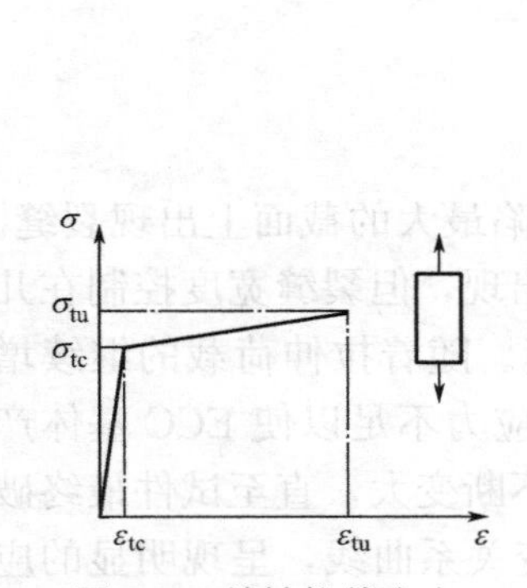

图 2.2 单轴拉伸应力-应变的双线性模型

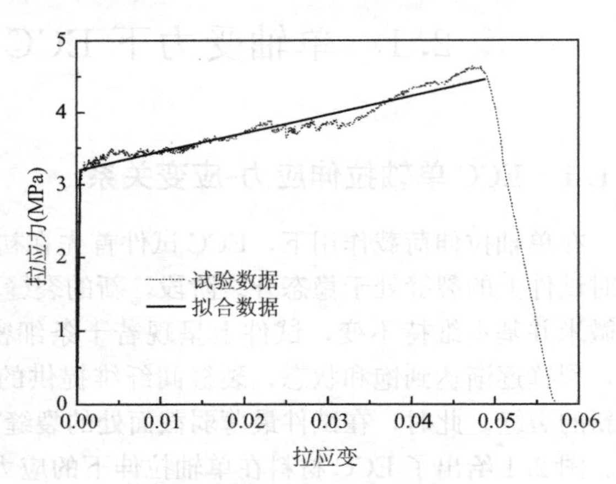

图 2.3 ECC 单轴拉伸拟合曲线与试验曲线对比

2.1.2 ECC 单轴受压应力-应变关系

东南大学周甲佳和潘金龙等[2]对 5 种不同强度的 PVA-ECC 圆柱形试件和相应强度的水泥砂浆试件进行了单轴压试验，就 ECC 材料和水泥砂浆的抗压强度、弹性模量和变形能力等进行了对比分析，试验测量方案如图 2.4 所示。

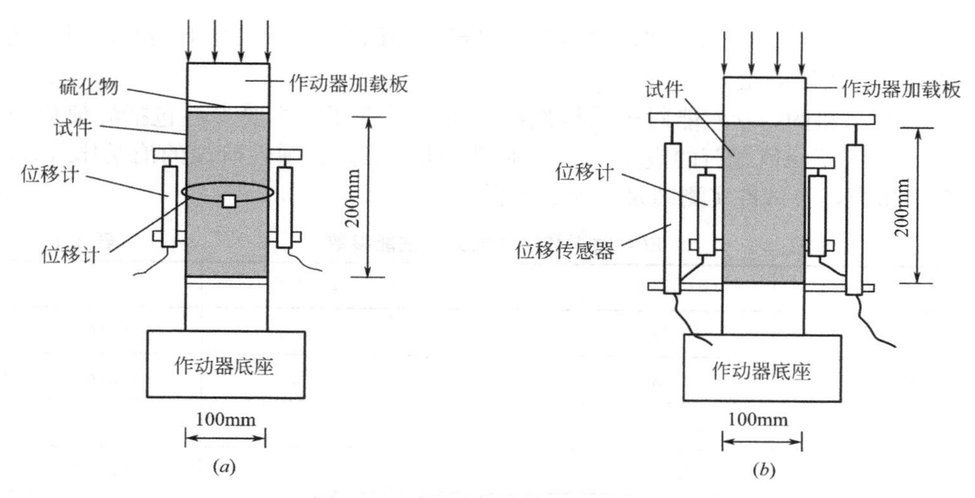

图 2.4 不同试件单轴压试验装置

（*a*）测量弹性模量；（*b*）测量应力-变形曲线

图 2.5（*a*）显示了 ECC 单轴压荷载下的典型应力-变形曲线。对于每个试件，曲线可分为四个阶段，即弹性上升阶段、非线性上升阶段、破坏阶段和残余软化阶段。在线弹性阶段，ECC 试件随着应力的增加呈现弹性变形行为。在施加的载荷达到抗压强度约 40%之后，由于试件内部缺陷和微裂纹的出现和发展，曲线开始呈现出明显的非线性行为，和普通混凝土及纤维混凝土相似。而过了峰值应力，各强度等级 ECC 的应力-变形曲线则以不同的斜率下降到一定的应力水平。当应力降低到极限强度的大约 50%时，应力-变形曲线上会出现明显的拐点。将拐点之后的应力-变形曲线定义为残余软化阶段，其中应力随着变形的增大而稳定下降，直至发生最终破坏。图 2.5（*b*）显示了 ECC 和砂浆试样在单轴压下

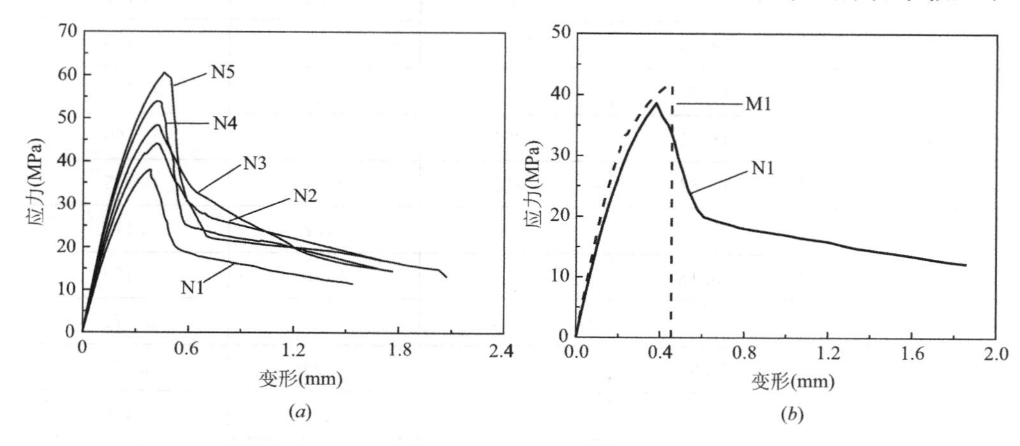

图 2.5 ECC 试件的单轴压应力-变形曲线

（*a*）不同强度 ECC 试件的单轴压应力-变形曲线；（*b*）ECC 与砂浆试件的单轴压应力-变形曲线

的应力-变形曲线。可以发现，掺加 PVA 纤维对开裂前的行为影响很小，但对试样的峰后行为影响很大。

ECC 材料的力学性能对于结构性能分析至关重要，主要参数包括峰值应力（f'_{cr}）、对应于峰值载荷的应变（ε_0）、弹性模量（E_0）、弹性阶段的泊松比（ν_0）和韧性指数，各试件实测结果如表 2.1 所示。

ECC 材料和砂浆的力学性能参数 **表 2.1**

系列	f'_{cr}(MPa)	ε_0($\mu\varepsilon$)	E_0(GPa)	ν_0
ECC-N1	37.28	3800	15.1	0.155
	42.63	4595	16.0	0.160
	41.71	4021	15.7	0.160
ECC-N2	44.12	4237	16.5	0.164
	43.01	4264	16.3	0.166
	45.46	4406	17.0	0.160
ECC-N3	48.56	4153	17.8	0.171
	46.86	4145	17.5	0.170
	48.38	4323	18.0	0.170
ECC-N4	52.92	4201	19.0	0.172
	53.91	4429	19.4	0.173
	54.41	4450	19.7	0.170
ECC-N5	60.55	4570	20.9	0.171
	61.52	4692	21.0	0.174
	59.86	4517	20.8	0.170
砂浆-M1	41.63	4547	17.4	0.162
	47.11	4230	17.8	0.160
	44.82	4312	17.4	0.165
砂浆-M4	57.0	4494	21.2	0.172
	63.15	4458	21.5	0.170
	62.26	4603	22.0	0.171
砂浆-M5	72.97	4578	22.4	0.171
	65.83	4503	21.9	0.170
	67.74	4495	22.5	0.175

ECC 材料的弹性模量和抗压强度的关系如图 2.6 所示，弹性模量随抗压强度的增加而增加。图 2.6 还给出了不同混凝土规范或标准中弹性模量预测值，发现预测所得 ECC 弹性模量远高于试验结果，表明混凝土材料弹性模量的计算公式并不适合于 ECC 材料。根据试验结果回归分析，可以得到：

$$E_0 = 1.5(f'_{cr})^{0.638} \tag{2.2}$$

式中　f'_{cr}——峰值应力；

E_0——材料的弹性模量。

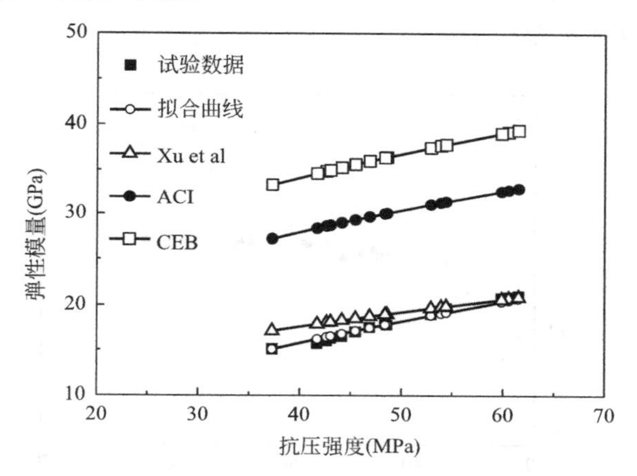

图 2.6　弹性模量与抗压强度的关系

对于每个试样，峰值荷载对应的应变与抗压强度的关系如图 2.7 所示。结果表明，对于不同强度的试件，峰值荷载下的应变在 0.004～0.005 之间，与 ECC 的抗压强度几乎没有相关性，表明 PVA 纤维的添加对水泥基材料受压峰值荷载对应的应变几乎没有影响。

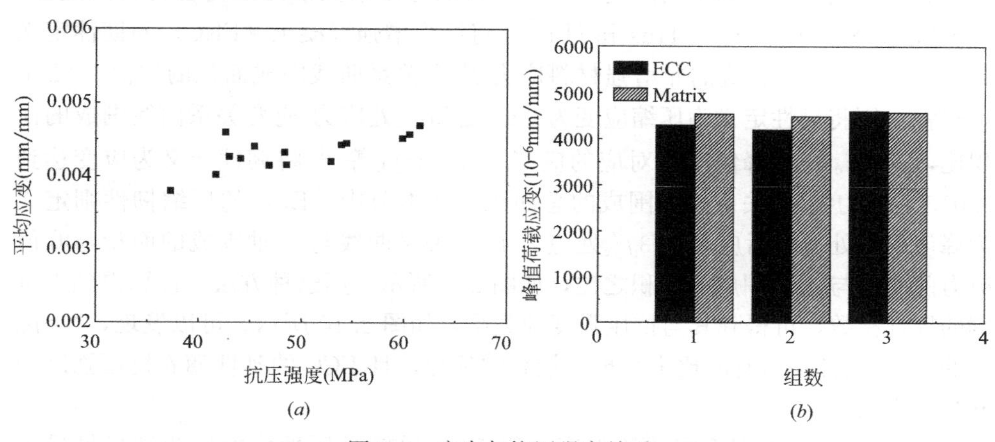

图 2.7　应变与抗压强度关系

(*a*) ECC 峰值荷载应变与强度的关系；(*b*) ECC 与砂浆峰值荷载应变对比

如上所述，应力在上升阶段达到峰值应力（f'_{cr}）的大约40%之后，应力-应变曲线表现出明显的非线性行为，此时泊松比不再为常数。考虑到开裂对ECC上升阶段非线性应力-应变行为的影响，泊松比分为ν_0和ν_{cr}两部分。其中，ν_0定义了由于弹性变形而产生的泊松比，ν_{cr}定义了ECC开裂泊松比。图2.8给出了ECC弹性阶段的泊松比（ν_0）与抗压强度的关系图。对于抗压强度低于50MPa的ECC材料，ν_0随着抗压强度的增加而略有增加。当抗压强度超过50MPa时，ν_0几乎保持恒定在0.17。为简化起见，ECC的ν_0可以认为与抗压强度无关，其值可以定义为0.17。

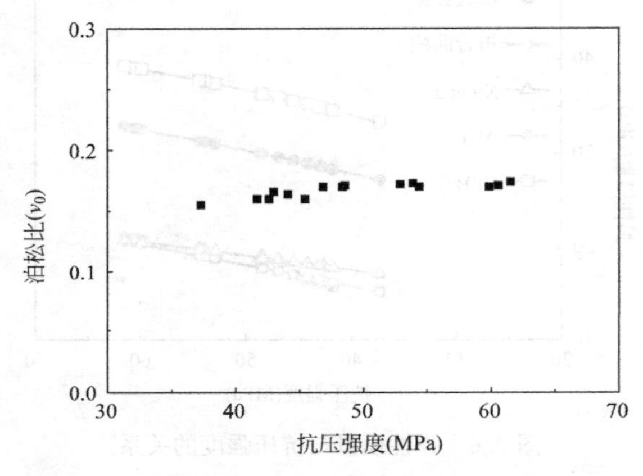

图2.8 泊松比（ν_0）与ECC试件抗压强度的关系

韧性指数是评估ECC压缩性能的另一个重要参数。它代表了材料的耗能能力，通常用于表征材料在失效前的延性。研究人员针对受压荷载下材料的韧性指数（TI）提出了一系列不同的定义，用以表征纤维增强水泥基复合材料的延性。Fanella和Naama[3]以及Hus和Hus[4]将纤维增强混凝土（FRC）的韧性定义为纤维增强材料和相应的非增强材料应力-应变关系曲线围成面积的比值。Mansur等[5]则将韧性定义为压缩应变为3ε_0处和ε_0处应力-应变关系曲线围成的面积比，其中ε_0是与峰值应力对应的应变。Nataraja等[6]将韧性定义为应变达到0.015时应力-应变关系曲线围成的总面积。在本节中，ECC的压缩韧性则定义为峰值应力处与峰后应力0.3f'_{cr}处应力-应变关系曲线与x轴围成的面积与峰值应力前曲线与x轴围成的面积之比，如图2.9所示。用这种方法，计算得到无量纲的韧性指数，可得到其与抗压强度的关系，如图2.10所示。可以发现，N1配比的ECC试件在所有配比中表现出最高的延性，且ECC的延性随着抗压强度的升高而降低。

周甲佳等[2]根据不同抗压强度等级ECC单轴受压性能的试验结果推导了ECC受压本构模型。对于上升段，当内部微裂纹开始形成时，应力-应变关系曲

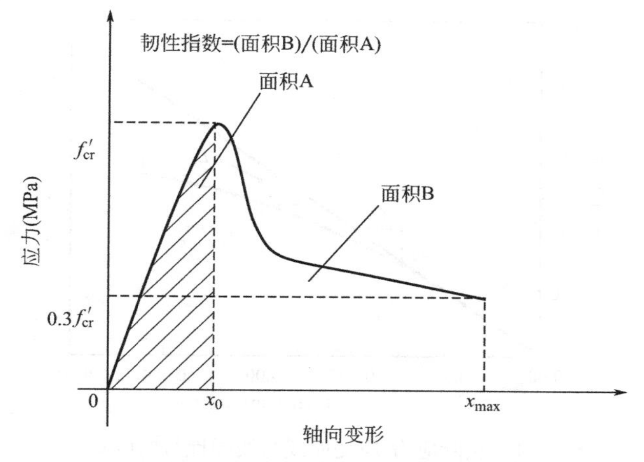

图 2.9　ECC 定义的韧性指数

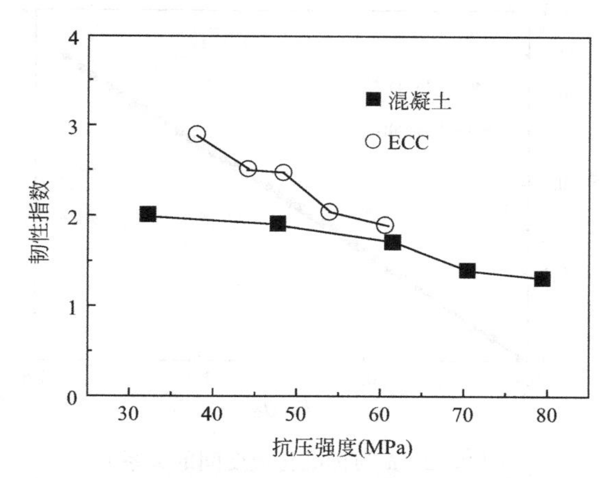

图 2.10　ECC 试样的韧性指数与抗压强度的关系

线在约 40％峰值应力处开始表现出非线性行为。为了描述上升阶段的非线性行为，引入弹性模量的折减系数 α，如图 2.11 所示。

上升阶段的应力和应变关系可以表示为：

$$\sigma=\begin{cases}E_0\varepsilon & (0<\varepsilon<\varepsilon_{0.4})\\ E_0\varepsilon(1-\alpha) & (\varepsilon_{0.4}<\varepsilon<\varepsilon_0)\end{cases} \tag{2.3}$$

其中，$\varepsilon_{0.4}$ 是应力达到 40％峰值应力时的应变，$\alpha=a\dfrac{\varepsilon E_0}{f'_{cr}}-b$。系数 a、b 可通过试验结果的线性回归分析得到，分别为 0.308 和 0.124。如图 2.12 所示，该模型与试验结果吻合良好。

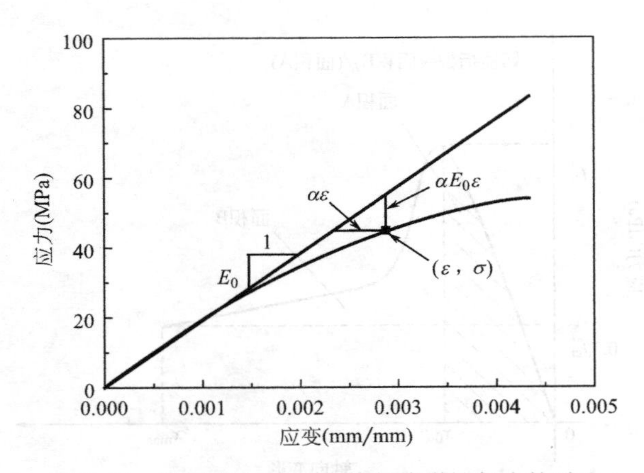

图 2.11　实际应力-应变曲线与线弹性行为的对比

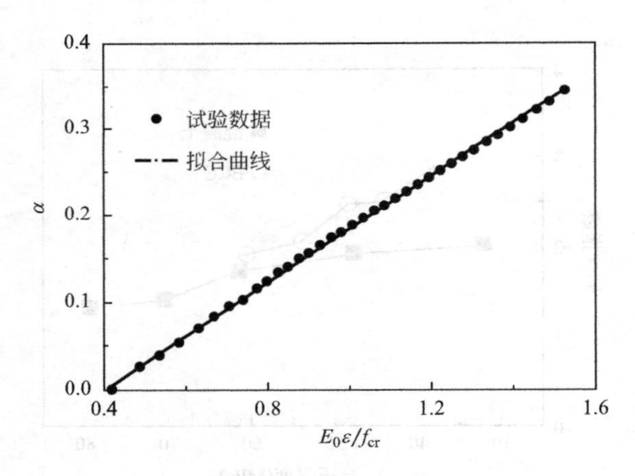

图 2.12　α 与标准化应变间的关系

为考虑 ECC 应力-应变关系曲线中下降段的特征，引入双线性曲线：

$$\sigma=\begin{cases}m(x-x_0)+f'_{cr}(x_0<x<x_l)\\n(x-x_l)+\sigma_l(x_l<x<x_{max})\end{cases}\tag{2.4}$$

其中，x_l 和 σ_l 是曲线软化段拐点处的变形和应力，而 x_0 和 f'_{cr}是峰值载荷下的变形和应力。通过这种方法，可选取试验曲线三点处的实测数据生成下降曲线，即峰值荷载处的应力和变形，拐点处的应力和变形以及从曲线中任意一点处的应力和变形。根据测试结果的统计分析，x_l 和 σ_l 的值分别为 $x_l=1.5x_0$ 和 $\sigma_l=1.5f'_{cr}$。所提出的模型与相同配比的其他两个测试数据的比较如图 2.13 所示。试验结果和预测结果之间的相关系数 R_2 在 0.9～0.99 之间。

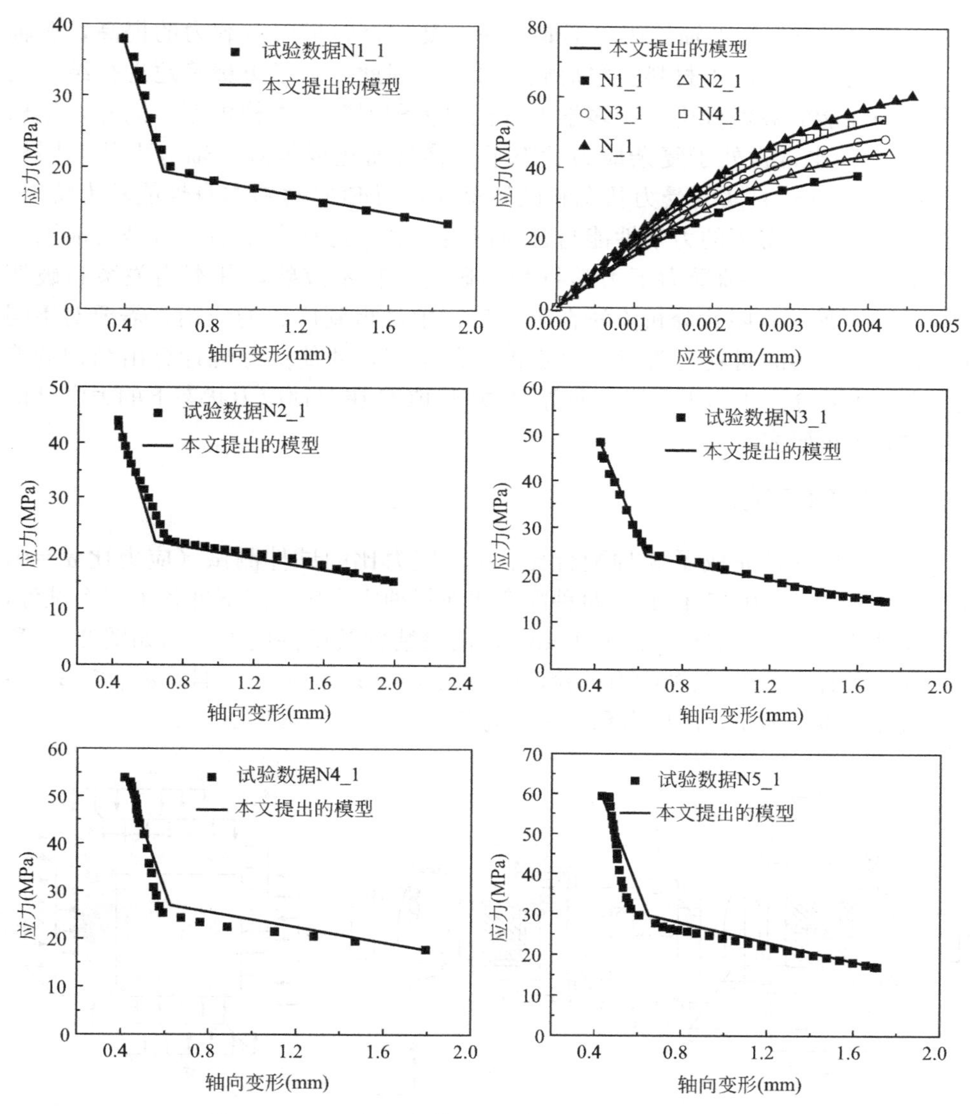

图 2.13　下降段曲线模型预测结果与试验结果的比较

2.2　双轴应力状态下 ECC 的力学性能

在实际工程应用中，混凝土构件可能处于复杂应力状态下，例如梁柱节点、双向板和剪力墙、核安全壳、海洋平台、大跨桥梁等。在结构设计计算时，这些构件的受力状态一般是简化为等效单轴应力状态。但这种简化并不能反映混凝土的真实受力状态，在多轴受压时不能反映混凝土材料极限承载力的提高，多轴拉压时不能反映混凝土材料极限荷载的减小。因此，为了更精确地进行结构设计和结构性能的数值分析，许多学者曾提出多种混凝土本构模型。同样，结构中 ECC 构件也常常处于复杂应力状态下，将其简化成等效单轴应力状态同样也不能反映 ECC 真实的受力状态和破坏机理，而 ECC 材料本身性能较为特殊，其在复杂应力状态下的力学性能与普通混凝土也一定存在差别。但是目前国内外对 ECC 材料在多轴受力下力学行为的研究还很不成熟，其本构关系和破坏准则尚不完善。有限元分析方法在土木工程中已得到广泛的应用，需要对不同应力状态下真实的材料行为有一个更准确的描述，才能更好地计算出结构的响应。本节主要介绍王路平和潘金龙等[7] 关于 ECC 在双轴应力状态下的力学性能的试验和理论研究。

2.2.1 双轴压试验

本批试验共计完成了 3 种配合比、6 个应力比的试件测试（应力比 $\alpha=0$，0.1，0.25，0.5，0.75 和 1），每种配合比在每种应力比状态下准备了三个试件，试件尺寸为 100mm×100mm×100mm，试验装置及试件应力状态如图 2.14 所示，规定所有的 ECC 双轴应力试验，应力比 $\alpha=|\sigma_2|/|\sigma_1|$，且 $|\sigma_2|\leqslant|\sigma_1|$；拉应力和拉应变为正，压应力和压应变为负。

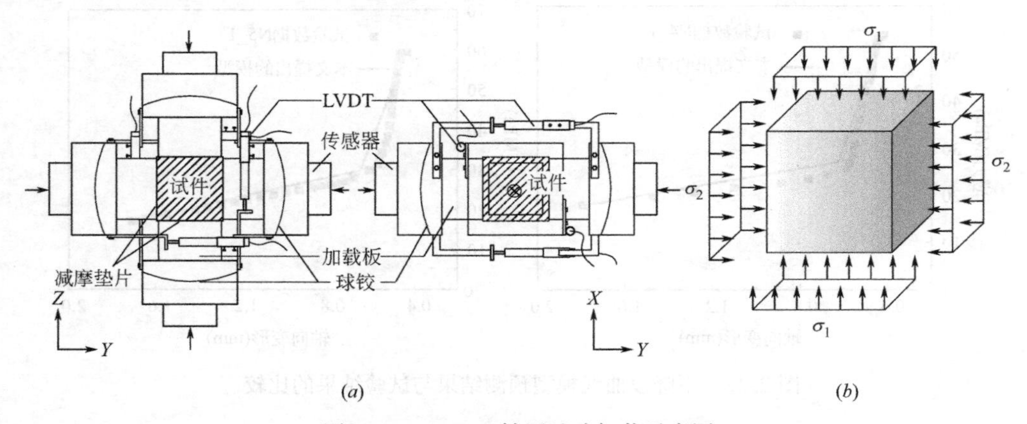

图 2.14 ECC 双轴压试验加载示意图

（a）ECC 双轴压试验装置示意图；（b）ECC 双轴压应力状态

双轴加载系统由两个方向的伺服控制系统组成，其中 Z 方向为主轴方向，Y 向为从轴方向，采用主从控制的模式进行加载。主轴方向采用位移控制的模式，从轴方向采用荷载控制的模式。在每个加载方向各安装两只位移计（LVDT）来测量试件在加载方向的变形。在主轴方向，安装的 LVDT 的变形值以数字信号的形式反馈给伺服控制系统，并作为主轴方向的加载控制模式。

主轴方向的荷载传感器的反馈值则以数字信号的形式反馈给控制中心，并由控制中心转换命令信号形式再反馈给从轴方向，从而使得从轴方向实现载荷控制的加载模式。

表2.2～表2.4分别列出了三种配合比ECC试件在不同应力比下的极限强度值，f_c为ECC立方体单轴抗压强度。图2.15给出了各配合比ECC的双轴压试验强度包络图，σ_1/f_c为应力比α的关系曲线见图2.16。

配合比为E-Ⅰ的ECC试件双轴压试验极限强度汇总表　　表2.2

应力比	F_{1max} (kN)	F_{2max} (kN)	σ_1 (MPa)	σ_2 (MPa)	σ_1 平均值 (MPa)	σ_1/f_c	σ_2/f_c	σ_1/f_c 平均值	σ_2/f_c 平均值
0	−210.297	0.000	−25.963	0.000	−25.721	−1.009	0.000	−1.000	0.000
	−217.896	0.000	−26.901	0.000		−1.046	0.000		
	−196.838	0.000	−24.301	0.000		−0.945	0.000		
0.1	−270.081	−27.100	−33.343	−3.346	−31.619	−1.296	−0.130	−1.229	−0.123
	−244.629	−24.445	−30.201	−3.018		−1.174	−0.117		
	−253.629	−25.183	−31.312	−3.109		−1.217	−0.121		
0.25	−251.221	−62.897	−31.015	−7.765	−31.035	−1.206	−0.302	−1.207	−0.291
	−240.967	−59.784	−29.749	−7.381		−1.157	−0.287		
	−261.974	−59.509	−32.342	−7.347		−1.257	−0.286		
0.5	−238.770	−118.561	−29.478	−14.637	−32.548	−1.146	−0.569	−1.265	−0.629
	−246.368	−122.223	−30.416	−15.089		−1.183	−0.587		
	−305.786	−152.252	−37.751	−18.797		−1.468	−0.731		
0.75	−239.868	−178.894	−29.613	−22.086	−30.567	−1.151	−0.859	−1.188	−0.886
	−279.419	−208.740	−34.496	−25.770		−1.341	−1.002		
	−223.480	−166.168	−27.590	−20.515		−1.073	−0.798		
1	−225.220	−223.663	−27.805	−27.613	−29.361	−1.081	−1.074	−1.142	−1.134
	−260.376	−258.453	−32.145	−31.908		−1.250	−1.241		
	−227.875	−226.502	−28.133	−27.963		−1.094	−1.087		

配合比为E-Ⅱ的ECC试件双轴压试验极限强度汇总表　　表2.3

应力比	F_{1max} (kN)	F_{2max} (kN)	σ_1 (MPa)	σ_2 (MPa)	σ_1 平均值 (MPa)	σ_1/f_c	σ_2/f_c	σ_1/f_c 平均值	σ_2/f_c 平均值
0	−261.108	0.000	−32.236	0.000	−34.274	−0.941	0.000	−1.000	0.000
	−274.750	0.000	−33.920	0.000		−0.990	0.000		
	−296.997	0.000	−36.666	0.000		−1.070	0.000		

续表

应力比	F_{1max} (kN)	F_{2max} (kN)	σ_1 (MPa)	σ_2 (MPa)	σ_1 平均值 (MPa)	σ_1/f_c	σ_2/f_c	σ_1/f_c 平均值	σ_2/f_c 平均值
0.1	−322.998	−32.318	−39.876	−3.990	−37.537	−1.163	−0.116	−1.095	−0.110
	−309.723	−30.853	−38.237	−3.809		−1.116	−0.111		
	−279.419	−28.107	−34.496	−3.470		−1.006	−0.101		
0.25	−326.569	−80.566	−40.317	−9.946	−39.451	−1.176	−0.290	−1.151	−0.285
	−326.294	−81.482	−40.283	−10.059		−1.175	−0.294		
	−305.786	−75.714	−37.751	−9.347		−1.101	−0.273		
0.5	−322.907	−160.584	−39.865	−19.825	−42.683	−1.163	−0.578	−1.245	−0.620
	−383.881	−191.437	−47.393	−23.634		−1.383	−0.690		
	−330.414	−164.612	−40.792	−20.322		−1.190	−0.593		
0.75	−314.117	−234.375	−38.780	−28.935	−40.905	−1.131	−0.844	−1.193	−0.891
	−336.548	−251.404	−41.549	−31.038		−1.212	−0.906		
	−343.323	−256.165	−42.386	−31.625		−1.237	−0.923		
1	−296.448	−295.075	−36.598	−36.429	−37.318	−1.068	−1.063	−1.089	−1.083
	−282.990	−281.433	−34.937	−34.745		−1.019	−1.014		
	−327.393	−325.195	−40.419	−40.148		−1.179	−1.171		

配合比为 E-Ⅲ的 ECC 试件双轴压试验极限强度汇总表　　表 2.4

应力比	F_{1max} (kN)	F_{2max} (kN)	σ_1 (MPa)	σ_2 (MPa)	σ_1 平均值 (MPa)	σ_1/f_c	σ_2/f_c	σ_1/f_c 平均值	σ_2/f_c 平均值
0	−442.474	0.000	−54.626	0.000	−57.633	−0.948	0.000	−1.000	0.000
	−466.461	0.000	−57.588	0.000		−0.999	0.000		
	−491.547	0.000	−60.685	0.000		−1.053	0.000		
0.1	−552.979	−55.115	−68.269	−6.804	−65.865	−1.185	−0.118	−1.143	−0.115
	−467.560	−47.241	−57.723	−5.832		−1.002	−0.101		
	−579.987	−58.044	−71.603	−7.166		−1.242	−0.124		
0.25	−590.881	−146.942	−72.948	−18.141	−66.099	−1.266	−0.315	−1.147	−0.285
	−468.658	−116.913	−57.859	−14.434		−1.004	−0.250		
	−546.661	−135.590	−67.489	−16.739		−1.171	−0.290		
0.5	−618.439	−307.800	−76.350	−38.000	−69.403	−1.325	−0.659	−1.204	−0.600
	−507.935	−253.143	−62.708	−31.252		−1.088	−0.542		
	−560.120	−279.053	−69.151	−34.451		−1.200	−0.598		
0.75	−525.513	−392.853	−64.878	−48.500	−65.349	−1.126	−0.842	−1.134	−0.848
	−549.133	−410.614	−67.794	−50.693		−1.176	−0.880		
	−513.336	−383.514	−63.375	−47.347		−1.100	−0.822		
1	−516.724	−514.069	−63.793	−63.465	−62.599	−1.107	−1.101	−1.086	−1.082
	−464.264	−463.074	−57.317	−57.170		−0.995	−0.992		
	−540.161	−538.696	−66.687	−66.506		−1.157	−1.154		

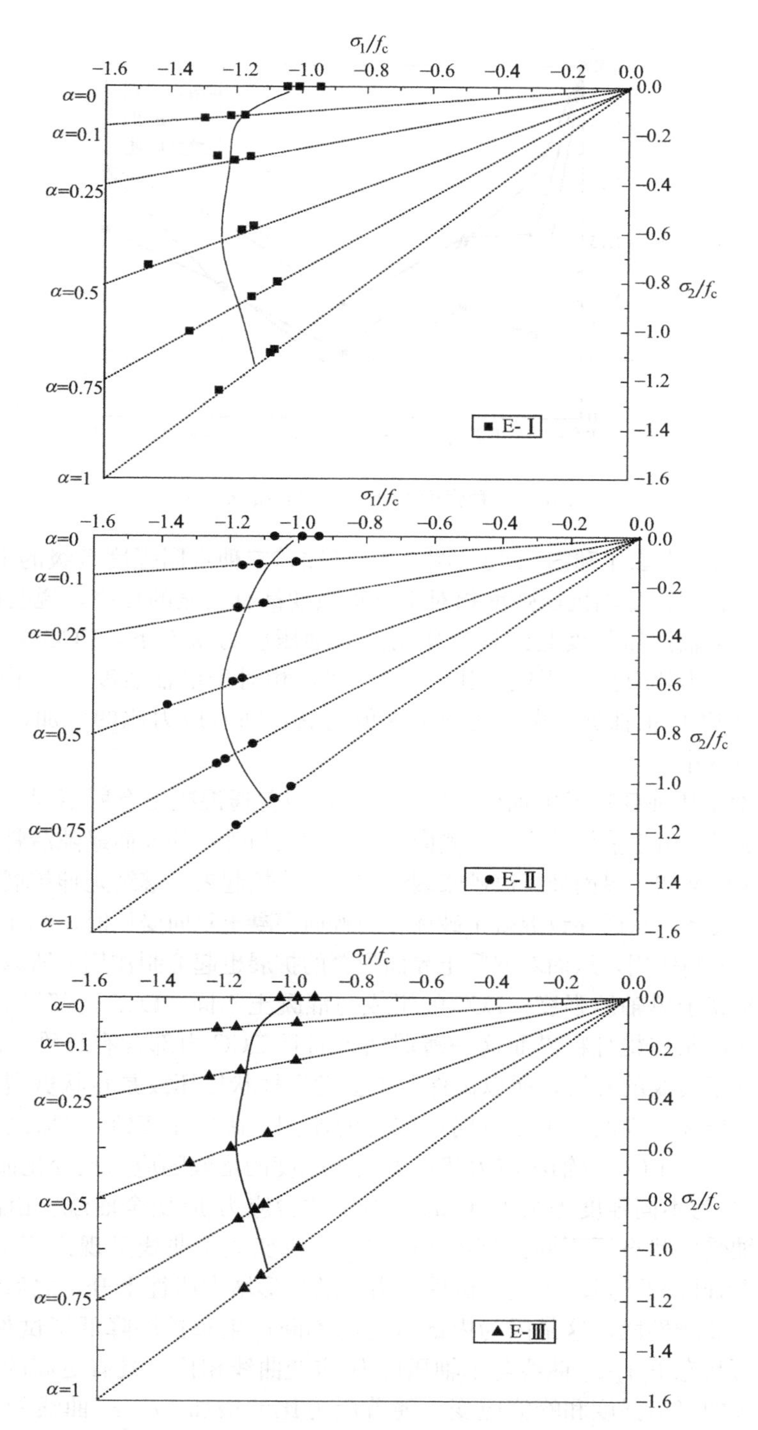

图 2.15 三组不同强度等级的 ECC 双轴压强度包络图

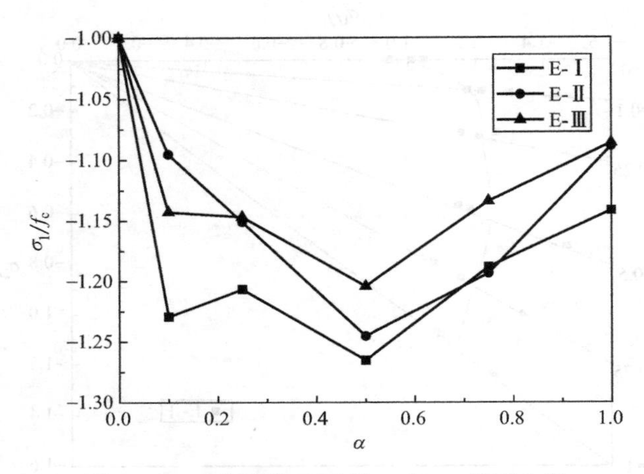

图 2.16　三种强度 ECC 的 σ_1/f_c-α 关系曲线

从表 2.2～表 2.4 和图 2.15、图 2.16 可知，三种不同强度等级的 ECC 在双轴压应力状态下，主轴抗压强度相对于单轴强度都有明显的提高，说明侧压力提供的约束对主轴抗压强度起到提升作用。双轴压应力状态下，ECC 主轴抗压强度的增幅与应力比有关。当应力比 $\alpha=0.5$ 时，相对于单轴强度，主压强度的增幅最大。当 ECC 主轴抗压强度达到最大值之后，随着应力比的增加，主压强度的增幅逐渐减小。

ECC 双轴压强度高于单轴压强度，其机理与普通混凝土有所不同。普通混凝土单向受压时，由于泊松效应发生侧向变形，砂浆与骨料的界面缝隙沿骨料表面扩展。随着荷载增加，界面裂缝以砂浆裂缝的形式连接起来，继续延伸扩展形成平行于主压力的裂缝，从而导致混凝土破坏。当普通混凝土双向受压时，侧压力对侧向膨胀变形有抑制作用，从而对混凝土界面裂缝的扩展也起抑制作用。所以混凝土双轴压强度要高于单轴压强度。ECC 的组成与混凝土不同，ECC 内部没有粗骨料，也就不存在砂浆与粗骨料界面这一薄弱面。而且 ECC 内部含有纤维，纤维的桥连作用限制了裂纹的开展，所以试件并不会发生柱状压坏或是片状劈裂破坏，而是发生斜剪破坏。而两个主压方向压应力的比例，决定了 ECC 内部最大剪切应力的大小，所以 ECC 双轴压应力状态下主压强度的增幅随应力比变化而变化。

图 2.17 为不同强度等级 ECC 的双轴压试验应力-应变全曲线。由图所示的结果，双轴受压状态下不同强度的 ECC 应力-应变关系曲线呈现出相似的特点，曲线均由上升段和下降段组成。试件应力先随变形增大线性上升，之后随荷载增加逐渐进入非线性段，这是因为内部裂缝的不断产生和扩展降低了试件的刚度。双轴压应力状态下 σ_1-ε_1 曲线与单轴压应力-应变曲线相比，具有更高的弹性比例极限、更大的峰值强度和峰值应变。随着应力比的增加，σ_1-ε_1 曲线的初始斜率逐渐增大，说明随着侧压应力的逐渐增大，试件主压方向的刚度逐渐增加。

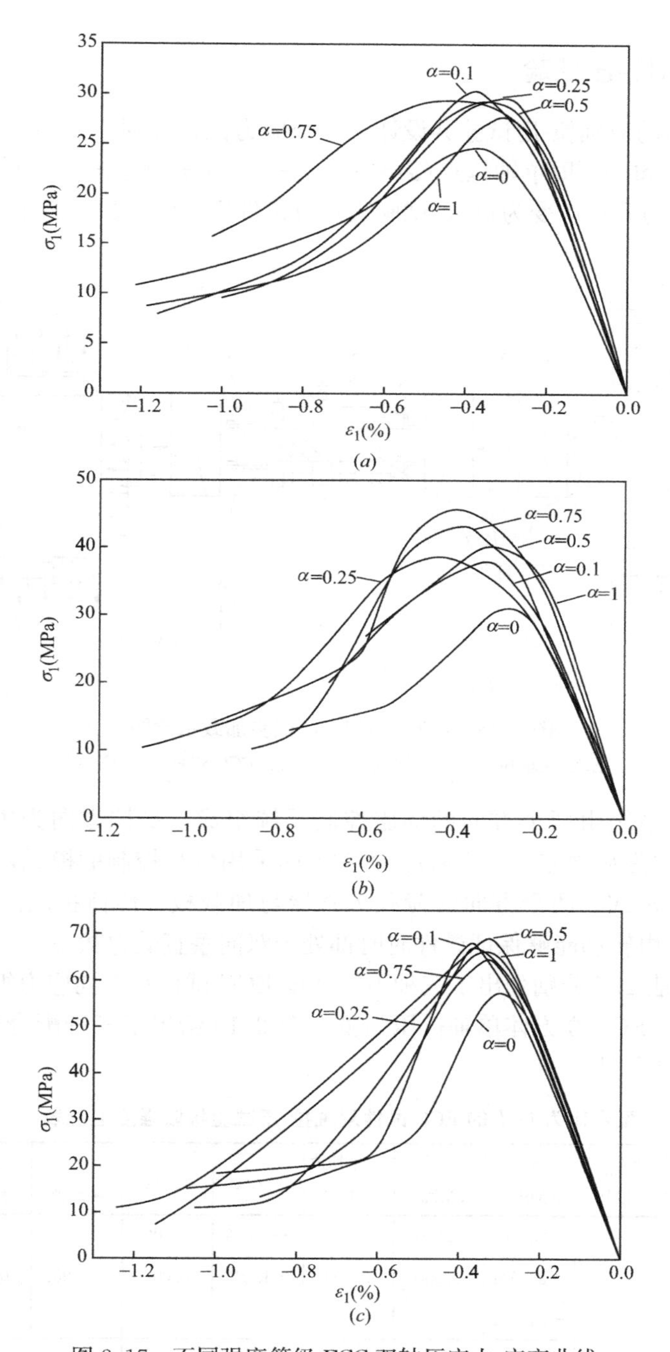

图 2.17　不同强度等级 ECC 双轴压应力-应变曲线

(a) 配合比为 E-Ⅰ的 ECC 双轴压试验 σ_1-ε_1 全曲线；(b) 配合比为 E-Ⅱ的 ECC 双轴压试验 σ_1-ε_1 全曲线；(c) 配合比为 E-Ⅲ的 ECC 双轴压试验 σ_1-ε_1 全曲线

2.2.2 双轴拉-压试验

ECC材料的双轴拉-压试验共设计了5个应力比，分别为$\alpha=0$（即单轴压），0.25，0.5，1和∞（即单轴拉）（$\alpha=|\sigma_2|/|\sigma_1|$，$|\sigma_2|\leqslant|\sigma_1|$，拉应力和拉应变为正，压应力和压应变为负），试验装置及试件应力状态如图2.18所示。

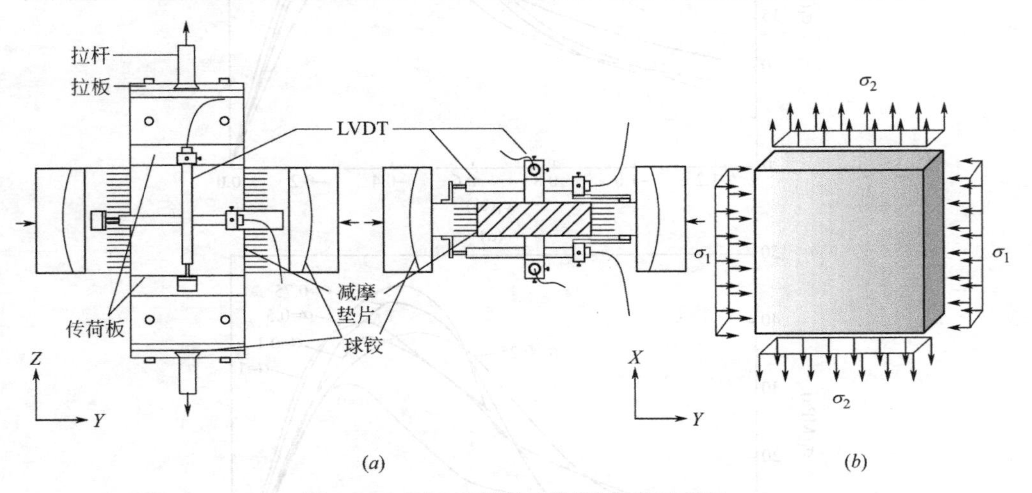

图2.18　ECC双轴拉-压试验加载示意图

(*a*) ECC双轴拉-压试验装置示意图；(*b*) ECC双轴拉-压应力状态

双轴加载系统由两个方向的伺服控制系统组成，受拉方向为主轴方向（Z轴），受压方向为从轴方向（Y轴），主轴方向采用位移控制的模式，从轴方向采用荷载控制的模式。两个方向的荷载传感器与加载板、传荷板之间都用球铰连接，球铰的自由转动能够保证试件时时都处于双向垂直受力状态。

表2.5～表2.7分别列出了三种不同强度ECC试件在不同应力组合下的极限强度值，f_c为ECC立方体单轴抗压强度。图2.19给出了三种配合比ECC的双轴拉-压强度包络图。

配合比为E-Ⅰ的ECC试件双轴拉-压试验极限强度汇总表　　表2.5

应力比	F_{1max} (kN)	F_{2max} (kN)	σ_1 (MPa)	σ_2 (MPa)	σ_2平均值 (MPa)	σ_1/f_c	σ_2/f_c	σ_1/f_c平均值	σ_2/f_c平均值	σ_2/f_t平均值
	-	-	−25.963	0.000		−1.009	0.000			
0	-	-	−26.901	0.000	0.000	−1.046	0.000	−1.000	0.000	0.000
	-	-	−24.301	0.000		−0.945	0.000			
	−85.602	21.149	−11.414	2.820		−0.444	0.110			
0.25	−81.207	20.416	−10.828	2.722	2.791	−0.421	0.106	−0.436	0.109	1.307
	−85.236	21.240	−11.365	2.832		−0.442	0.110			

续表

应力比	F_{1max} (kN)	F_{2max} (kN)	σ_1 (MPa)	σ_2 (MPa)	σ_2 平均值 (MPa)	σ_1/f_c	σ_2/f_c	σ_1/f_c 平均值	σ_2/f_c 平均值	σ_2/f_t 平均值
0.5	−35.797	17.944	−4.773	2.393	2.584	−0.186	0.093	−0.202	0.100	1.209
	−38.635	18.951	−5.151	2.527		−0.200	0.098			
	−42.755	21.240	−5.701	2.832		−0.222	0.110			
1	−21.515	21.973	−2.869	2.930	2.614	−0.112	0.114	−0.100	0.102	1.224
	−16.937	17.304	−2.258	2.307		−0.088	0.090			
	−19.232	19.540	−2.564	2.605		−0.100	0.101			
∞	-	-	0.000	2.216	2.136	0.000	0.086	0.000	0.083	1.000
	-	-	0.000	2.124		0.000	0.083			
	-	-	0.000	2.069		0.000	0.080			

配合比为 E-Ⅱ的 ECC 试件双轴拉-压试验极限强度汇总表 表 2.6

应力比	F_{1max} (kN)	F_{2max} (kN)	σ_1 (MPa)	σ_2 (MPa)	σ_2 平均值 (MPa)	σ_1/f_c	σ_2/f_c	σ_1/f_c 平均值	σ_2/f_c 平均值	σ_2/f_t 平均值
0	-	-	−32.236	0.000	0.000	−0.941	0.000	−1.000	0.000	0.000
	-	-	−33.920	0.000		−0.990	0.000			
	-	-	−36.666	0.000		−1.070	0.000			
0.25	−73.883	18.494	−9.851	2.466	2.498	−0.287	0.072	−0.291	0.073	0.910
	−77.545	19.409	−10.339	2.588		−0.302	0.076			
	−73.151	18.311	−9.753	2.441		−0.285	0.071			
0.5	−39.825	20.142	−5.310	2.686	2.706	−0.155	0.078	−0.157	0.079	0.986
	−41.657	20.874	−5.554	2.783		−0.162	0.081			
	−39.551	19.867	−5.273	2.649		−0.154	0.077			
1	−19.688	20.142	−2.625	2.686	2.636	−0.077	0.078	−0.076	0.077	0.960
	−19.794	20.645	−2.639	2.753		−0.077	0.080			
	−19.267	18.530	−2.569	2.471		−0.075	0.072			
∞	-	-	0.000	2.637	2.747	0.000	0.077	0.000	0.080	1.000
	-	-	0.000	2.893		0.000	0.084			
	-	-	0.000	2.710		0.000	0.079			

配合比为 E-Ⅲ的 ECC 试件双轴拉-压试验极限强度汇总表 表 2.7

应力比	F_{1max} (kN)	F_{2max} (kN)	σ_1 (MPa)	σ_2 (MPa)	σ_2 平均值 (MPa)	σ_1/f_c	σ_2/f_c	σ_1/f_c 平均值	σ_2/f_c 平均值	σ_2/f_t 平均值
0	-	-	−54.626	0.000	0.000	−0.948	0.000	−1.000	0.000	0.000
	-	-	−57.588	0.000		−0.999	0.000			
	-	-	−60.685	0.000		−1.053	0.000			

续表

应力比	F_{1max} (kN)	F_{2max} (kN)	σ_1 (MPa)	σ_2 (MPa)	σ_2 平均值 (MPa)	σ_1/f_c	σ_2/f_c	σ_1/f_c 平均值	σ_2/f_c 平均值	σ_2/f_t 平均值
0.25	−73.883	21.240	−9.851	2.832	3.003	−0.171	0.049	−0.196	0.052	0.956
	−84.320	21.698	−11.243	2.893		−0.195	0.050			
	−95.490	24.628	−12.732	3.284		−0.221	0.057			
0.5	−45.319	24.628	−6.042	3.284	3.101	−0.105	0.057	−0.105	0.054	0.987
	−50.903	24.994	−6.787	3.333		−0.118	0.058			
	−40.375	20.142	−5.383	2.686		−0.093	0.047			
1	−27.603	28.509	−3.680	3.801	3.378	−0.064	0.066	−0.057	0.059	1.075
	−21.881	22.614	−2.917	3.015		−0.051	0.052			
	−24.069	24.875	−3.209	3.317		−0.056	0.058			
∞	-	-	0.000	2.792	3.140	0.000	0.048	0.000	0.054	1.000
	-	-	0.000	3.049		0.000	0.053			
	-	-	0.000	3.580		0.000	0.062			

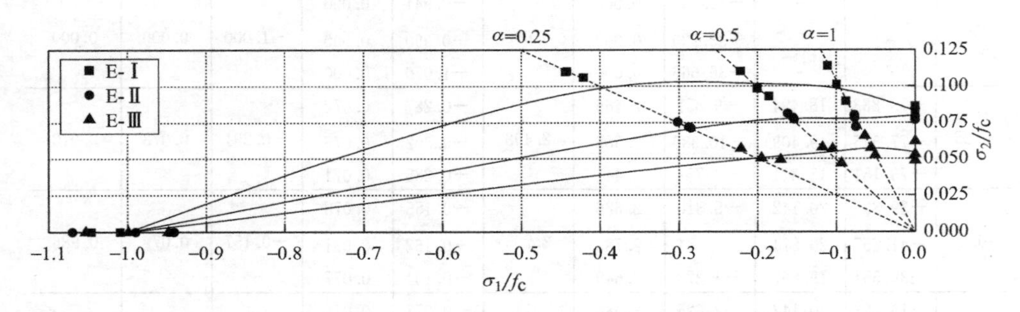

图 2.19 三种不同强度等级的 ECC 双轴拉-压强度包络图

图 2.20 为三种强度 ECC 的 σ_2/f_c-α 关系曲线和 σ_2/f_t-α 关系曲线。可以看出，当应力比 α 在 0.25～∞的范围时，除了 E-Ⅰ的 σ_2/f_c 值随应力比的减小（即侧向压力的增大）有所增加，E-Ⅱ和 E-Ⅲ的 σ_2/f_c 值几乎不随应力比的变化而变化，即主拉强度对于应力比的变化并不敏感。这是由于 ECC 内部没有粗骨料，并不存在如普通混凝土中骨料与砂浆界面这样的受压破坏薄弱面，而 ECC 内部纤维又对受拉时微裂缝的扩展有抑制作用，内部微裂缝并不易受压应力影响而迅速扩大从而降低 ECC 的主拉强度，所以当侧向压力不是很大的时候，侧压应力作用对 ECC 的抗拉强度影响不大。然而当应力比 α 在 0～0.25 的范围时，侧向压应力已经引起拉伸方向的裂纹扩展，三条曲线的 σ_2/f_c 值都随应力比的减小（即侧向压力的增大）而降低。

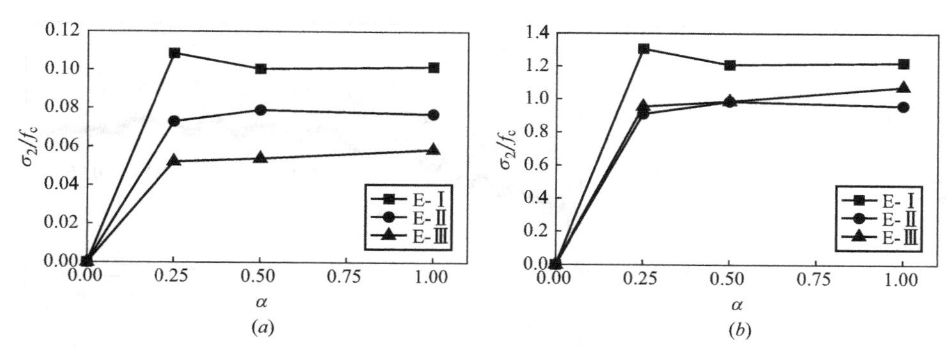

图 2.20　三种不同强度 ECC 的归一化强度与应力比关系曲线

(a) σ_2/f_c-α 关系曲线；(b) σ_2/f_t-α 关系曲线

由表 2.5～表 2.7 中数据可以发现，双轴拉-压应力状态下，σ_2/f_c 值与 ECC 的单轴抗压强度有关，同应力比作用下，单轴抗压强度越高的 ECC，其 σ_2/f_c 值越小。双轴拉-压应力状态下，σ_2/f_t 值与 ECC 的单轴抗拉强度有关，同应力比作用下，单轴抗拉强度越高的 ECC，σ_2/f_t 值越小。说明抗拉强度越高的 ECC，内部缺陷对抗拉强度的影响越大，开裂的可能性更大。

图 2.21 为三种不同强度等级 ECC 双轴拉-压试验的应力应变全曲线。由图 2.21 可以看出，双轴拉压应力状态下，σ_2-ε_2 曲线的发展趋势与单轴拉 σ_2-ε_2 应力状态下类似，都由两段组成：第一段线性上升；第二段应力有微小上升，应变迅速增大，曲线布满细小的锯齿。这是由于当 ECC 基体的应变到达最大抗拉极限应变时，基体中出现微裂缝，裂缝处随机分布的纤维有的被拔出，有的发生了

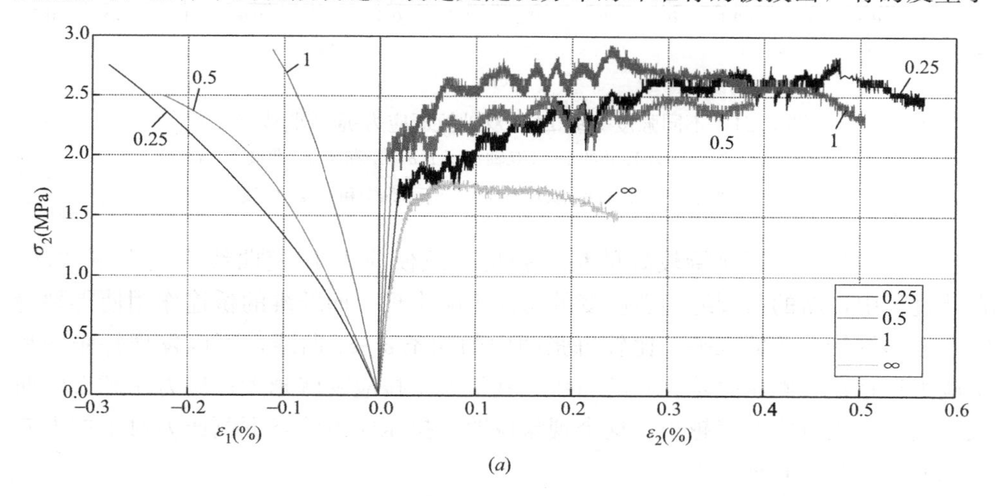

图 2.21　不同强度等级 ECC 双轴拉压应力-应变曲线（一）

(a) 配合比为 E-Ⅰ的 ECC 双轴拉压下 σ_2-ε_1 和 σ_2-ε_2 曲线；

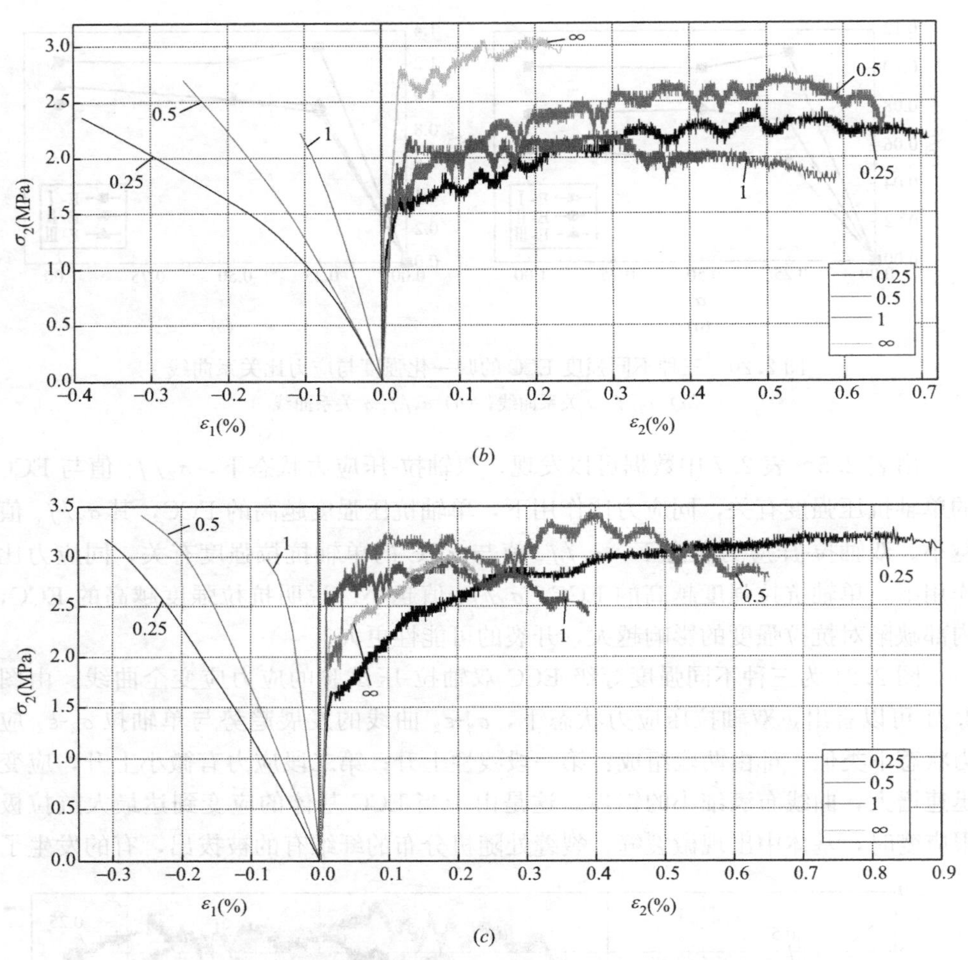

图 2.21　不同强度等级 ECC 双轴拉压应力-应变曲线（二）

(*b*) 配合比为 E-Ⅱ的 ECC 双轴拉压下 σ_2-ε_1 和 σ_2-ε_2 曲线；

(*c*) 配合比为 E-Ⅲ的 ECC 双轴拉压下 σ_2-ε_1 和 σ_2-ε_2 曲线

滑移，有的与基体还保持较好的粘结强度，致使应力-应变曲线产生上下波动。在此过程中，新的微裂缝随着应变的增加不断出现，而纤维的桥连作用使得裂缝宽度能够维持在较低水平。比较每张图中的四条 σ_2-ε_2 曲线，可以发现每张图片中应力比越小（侧压力越大）的曲线，其最大主拉应变就越大；应力比越大的曲线，其最大主拉应变就越小。这个现象说明在拉压应力状态下侧压力对主拉方向延性的发展起了有利作用。

试件的 σ_2-ε_1 曲线为一条应力 σ_2 先随应变 ε_1 线性上升，之后逐渐进入非线性的曲线。比较每张图中的三条 σ_2-ε_1 曲线，可以发现应力比为 1 的曲线，其初始斜率（绝对值）是三条曲线中最大的，最大主压应变是三条曲线中最小的；应力比为0.25的曲线，其初始斜率（绝对值）是三条曲线中最小的，最大主压应变是三条曲线中最大的。当主拉应力 σ_2 一定时，随着主压应力 σ_1 的增大（即应力比 σ_2/σ_1 的减小），主压方向的应变 ε_1 随之增大。所以 σ_2-ε_1 曲线的初始斜率（绝对值）会随应力比（σ_2/σ_1）的减小而减小，最大主压应变随应力比（σ_2/σ_1）的减小而增大。

由ECC双轴拉-压应力-应变曲线获得的主拉方向拉伸力学指标列于表2.8中，表中 f_{cr} 为开裂强度，ε_{cr} 为开裂拉应变，f_t 为抗拉强度，ε_u 为试验结束时测得的最大拉应变。

ECC双轴拉压试验主拉方向拉伸力学性能指标 **表2.8**

配合比	α	ε_{cr}(%)	f_{cr}(MPa)	f_t(MPa)	ε_u(%)
E-Ⅰ	0.25	0.0187	1.660	2.832	0.5665
	0.5	0.0071	2.051	2.527	0.3895
	1	0.0128	2.136	2.930	0.5045
	∞(单轴拉)	0.0195	1.584	1.822	0.2421
E-Ⅱ	0.25	0.0104	1.587	2.466	0.7097
	0.5	0.0062	1.575	2.783	0.6396
	1	0.0169	1.954	2.246	0.5891
	∞(单轴拉)	0.0226	2.792	3.076	0.4894
E-Ⅲ	0.25	0.0148	1.648	3.284	1.0189
	0.5	0.0165	2.488	3.442	0.6495
	1	0.0092	2.502	3.015	0.3901
	∞(单轴拉)	0.0140	2.170	3.049	0.2242

分析表2.8中数据，可以发现随着应力比的增加，也就是侧压力的减小，ECC的开裂强度 f_{cr} 呈逐渐增加的趋势。ECC开裂强度的这个变化规律与已有研究结果中普通混凝土在双轴拉压状态下抗拉强度的变化规律一致。由于普通混凝土受拉时一开裂即破坏，所以ECC的开裂强度与普通混凝土的抗拉强度是相对应的。已有的研究表明，普通混凝土在双轴拉压应力状态下，其抗拉强度随着压应力所占比例的增大而呈凹线型降低，而ECC在双轴拉压应力状态下，其开裂强度也呈现类似的变化特点。

2.2.3 双轴拉试验

ECC双轴拉试验中试件所采用的材料和配合比与双轴压、双轴拉-压试验相同，三组配合比的试件分别用E-Ⅰ、E-Ⅱ和E-Ⅲ表示，5个应力比分别为 $\alpha=0$，

0.25，0.5，0.75 和 1（$\alpha=|\sigma_2|/|\sigma_1|$，$|\sigma_2|\leqslant|\sigma_1|$，拉应力和拉应变为正，压应力和压应变为负），试验装置及试件应力状态如图 2.22 所示。

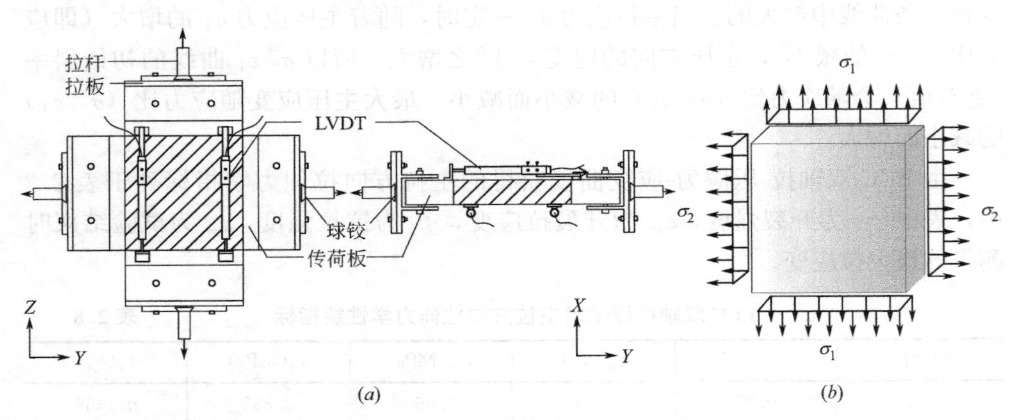

图 2.22　ECC 双轴拉试验加载示意图

(*a*) ECC 双轴拉试验装置示意图；(*b*) ECC 双轴拉应力状态

试件的受拉方向与加载板采用粘贴的连接方式，与双轴拉压试验的拉力实现方式相同。加载由两个方向的伺服控制系统组成的，主轴方向（*Z* 轴）采用位移控制的模式，从轴方向（*Y* 轴）采用荷载控制的模式。在每个加载方向的对称位置各安装两只 LVDT 来测量试件在加载方向的变形。

表 2.9～表 2.11 分别列出了三种配合比 ECC 试件在不同应力状态下的极限强度值，f_c 为 ECC 立方体单轴抗压强度，f_t 为 ECC 单轴抗拉强度。图 2.23 显示了各配合比 ECC 的双轴拉强度包络图。由于应力较小，试验过程中，从轴方向的荷载相对主轴方向存在滞后现象，导致实际应力比小于设计应力比。此处图表中的应力比指的是实际应力比。

配合比为 E-Ⅰ的 ECC 试件双轴拉试验极限强度汇总表　　表 2.9

应力比	F_{1max} (kN)	F_{2max} (kN)	σ_1 (MPa)	σ_2 (MPa)	σ_1 平均值 (MPa)	σ_1/f_c	σ_2/f_c	σ_1/f_c 平均值	σ_2/f_c 平均值	σ_1/f_t 平均值
0	22.156	0.000	2.216	0.000	2.136	0.086	0.000	0.083	0.000	1.000
	21.240	0.000	2.124	0.000		0.083	0.000			
	20.691	0.000	2.069	0.000		0.080	0.000			
0.25	26.093	6.867	2.609	0.687	2.441	0.101	0.027	0.095	0.024	1.143
	24.170	5.859	2.417	0.586		0.094	0.023			
	22.961	5.625	2.296	0.563		0.089	0.022			
0.41	24.628	12.177	2.463	1.218	2.195	0.096	0.047	0.085	0.036	1.028
	22.705	8.698	2.271	0.870		0.088	0.034			
	18.530	6.546	1.853	0.655		0.072	0.025			

续表

应力比	F_{1max} (kN)	F_{2max} (kN)	σ_1 (MPa)	σ_2 (MPa)	σ_1 平均值 (MPa)	σ_1/f_c	σ_2/f_c	σ_1/f_c 平均值	σ_2/f_c 平均值	σ_1/f_t 平均值
0.72	20.874	15.472	2.087	1.547	2.014	0.081	0.060	0.078	0.056	0.943
	19.409	13.458	1.941	1.346		0.075	0.052			
	20.142	14.465	2.014	1.447		0.078	0.056			
0.92	16.754	15.930	1.675	1.593	1.662	0.065	0.062	0.065	0.060	0.778
	17.592	16.098	1.759	1.610		0.068	0.063			
	15.509	13.998	1.551	1.400		0.060	0.054			

配合比为 E-Ⅱ的 ECC 试件双轴拉试验极限强度汇总表　　表 2.10

应力比	F_{1max} (kN)	F_{2max} (kN)	σ_1(MPa)	σ_2(MPa)	σ_1 平均值 (MPa)	σ_1/f_c	σ_2/f_c	σ_1/f_c 平均值	σ_2/f_c 平均值	σ_1/f_t 平均值
0	26.367	0.000	2.637	0.000	2.747	0.077	0.000	0.080	0.000	1.000
	28.931	0.000	2.893	0.000		0.084	0.000			
	27.100	0.000	2.710	0.000		0.079	0.000			
0.19	25.269	5.310	2.527	0.531	2.249	0.074	0.015	0.066	0.012	0.819
	22.339	3.662	2.234	0.366		0.065	0.011			
	19.867	3.754	1.987	0.375		0.058	0.011			
0.44	24.353	11.627	2.435	1.163	2.350	0.071	0.034	0.069	0.030	0.856
	25.269	10.529	2.527	1.053		0.074	0.031			
	20.874	8.789	2.087	0.879		0.061	0.026			
0.64	21.881	14.832	2.188	1.483	2.060	0.064	0.043	0.060	0.038	0.750
	19.043	12.543	1.904	1.254		0.056	0.037			
	20.874	12.177	2.087	1.218		0.061	0.036			
0.92	19.867	18.219	1.987	1.822	2.103	0.058	0.053	0.061	0.056	0.766
	19.959	17.578	1.996	1.758		0.058	0.051			
	23.254	22.064	2.325	2.206		0.068	0.064			

配合比为 E-Ⅲ的 ECC 试件双轴拉试验极限强度汇总表　　表 2.11

应力比	F_{1max} (kN)	F_{2max} (kN)	σ_1(MPa)	σ_2(MPa)	σ_1 平均值 (MPa)	σ_1/f_c	σ_2/f_c	σ_1/f_c 平均值	σ_2/f_c 平均值	σ_1/f_t 平均值
0	27.924	0.000	2.792	0.000	3.140	0.048	0.000	0.054	0.000	1.000
	30.487	0.000	3.049	0.000		0.053	0.000			
	35.797	0.000	3.580	0.000		0.062	0.000			

续表

应力比	F_{1max} (kN)	F_{2max} (kN)	σ_1(MPa)	σ_2(MPa)	σ_1 平均值 (MPa)	σ_1/f_c	σ_2/f_c	σ_1/f_c 平均值	σ_2/f_c 平均值	σ_1/f_t 平均值
0.18	22.888	4.028	2.289	0.403	2.202	0.040	0.007	0.038	0.007	0.701
	21.149	3.937	2.115	0.394		0.037	0.007			
	22.018	3.983	2.202	0.398		0.038	0.007			
0.36	24.902	8.698	2.490	0.870	2.496	0.043	0.015	0.043	0.016	0.795
	26.733	10.162	2.673	1.016		0.046	0.018			
	23.236	8.487	2.324	0.849		0.040	0.015			
0.63	18.768	11.993	1.877	1.199	2.048	0.033	0.021	0.036	0.022	0.652
	20.325	12.543	2.032	1.254		0.035	0.022			
	22.339	14.099	2.234	1.410		0.039	0.024			
0.91	21.240	19.043	2.124	1.904	2.121	0.037	0.033	0.037	0.033	0.675
	21.149	20.966	2.115	2.097		0.037	0.036			
	21.240	17.853	2.124	1.785		0.037	0.031			

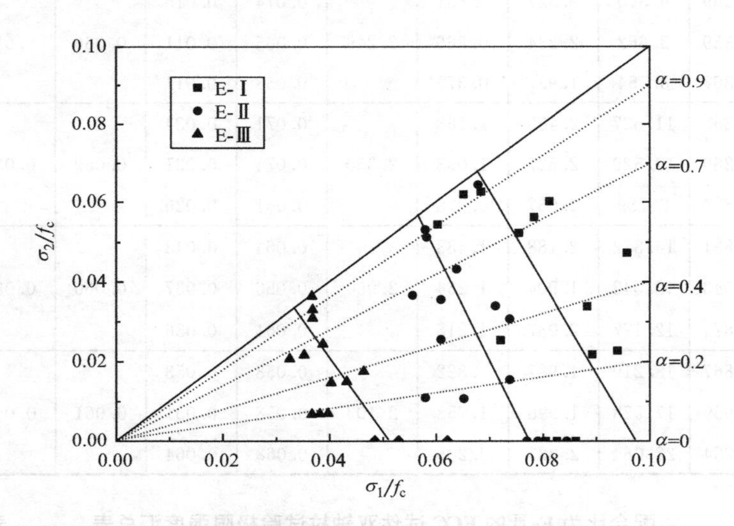

图 2.23　三组不同强度等级的 ECC 双轴拉强度包络图

比较三种强度 ECC 单轴拉伸状态下的 σ_1/f_c 值，E-Ⅰ为 0.083，E-Ⅱ为 0.080，E-Ⅲ为 0.054，说明单轴抗压强度越高的 ECC 材料，其单轴抗拉强度与单轴抗压强度的比值越小，这个特点与普通混凝土一致。

从表 2.9～表 2.11 可以看出，三种强度等级 ECC 的主拉强度（σ_1/f_c、σ_1/f_t）的整体趋势都是随应力比的增加而缓慢降低。对于配合比为 E-Ⅰ的试件，当应力比为 0.25 时，主拉强度与单轴拉强度的比值（σ_1/f_t）为 1.143；当应力比为0.41时，该值为1.028；当应力比为0.72时，该值降为0.943；当应力比为0.92时，该值降为0.778。对于配合比为E-Ⅱ和E-Ⅲ的试件，主拉强度与单轴拉强度的比值也有类似的变化规律。

ECC主拉强度（σ_1/f_c、σ_1/f_t）随应力比变化而变化的特点与普通混凝土不同。普通混凝土在拉应力状态下开裂即破坏，所以应力比对普通混凝土双轴拉强度影响不大，一般认为其双轴拉伸强度与其单轴拉强度相当。而ECC与混凝土不同，ECC受拉时并非脆性断裂，其在双轴拉应力作用下发生多条细微裂缝，裂缝之间乱向分布的纤维具有显著的桥连作用，ECC的抗拉强度在微裂缝形成的过程中还可以继续增加，所以应力比对ECC双轴拉强度的影响会比较显著。试件在主拉力作用下，侧向由于泊松效应发生收缩变形，侧拉力的作用将阻碍这种变形，这使得ECC内部缺陷较单轴受拉时更容易得以扩展延伸从而形成裂缝，所以侧拉力对主拉强度的发展是不利的，主拉强度会随侧拉力应力比的增加而降低。

此外，在双轴拉应力状态下，主拉强度与单轴压强度的比值（σ_1/f_c）与ECC单轴抗压强度的大小有关，同应力比情况下，单轴抗压强度越高的ECC，其σ_1/f_c值越小。例如，当应力比为0.2～0.25左右时，配合比为E-Ⅰ的试件其σ_1/f_c值为0.095，配合比为E-Ⅱ的试件该值为0.066，配合比为E-Ⅲ的试件该值为0.038；当应力比为0.65～0.7左右时，配合比为E-Ⅰ的试件其σ_1/f_c值为0.078，配合比为E-Ⅱ的试件该值为0.060，配合比为E-Ⅲ的试件该值为0.036。类似，σ_1/f_t值也与ECC的单轴抗拉强度有关，同应力比情况下，单轴抗拉强度越高的ECC，σ_1/f_t值越小。说明强度越高的ECC，其基体强度越高，脆性越大，其内部缺陷在双向拉力作用时更加容易扩展而形成裂缝。

图2.24为三种强度ECC的σ_1/f_c-α关系曲线和σ_1/f_t-α关系曲线，可直观反映主拉强度随应力比的变化趋势。

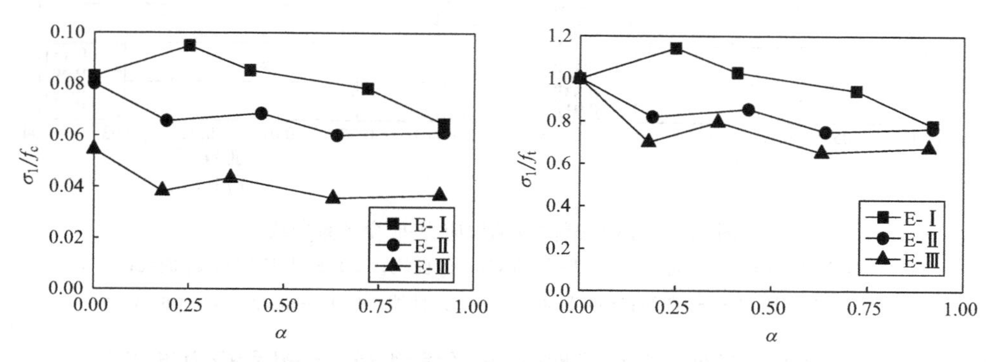

图2.24　三种强度ECC的σ_1/f_c-α关系曲线和σ_1/f_t-α关系曲线

图2.25是ECC试件双轴拉应力状态下的σ_1-ε_1关系曲线和σ_1-ε_2关系曲线。从σ_1-ε_1关系曲线图中可以看出，ECC双轴拉试验的σ_1-ε_1关系曲线与ECC单轴

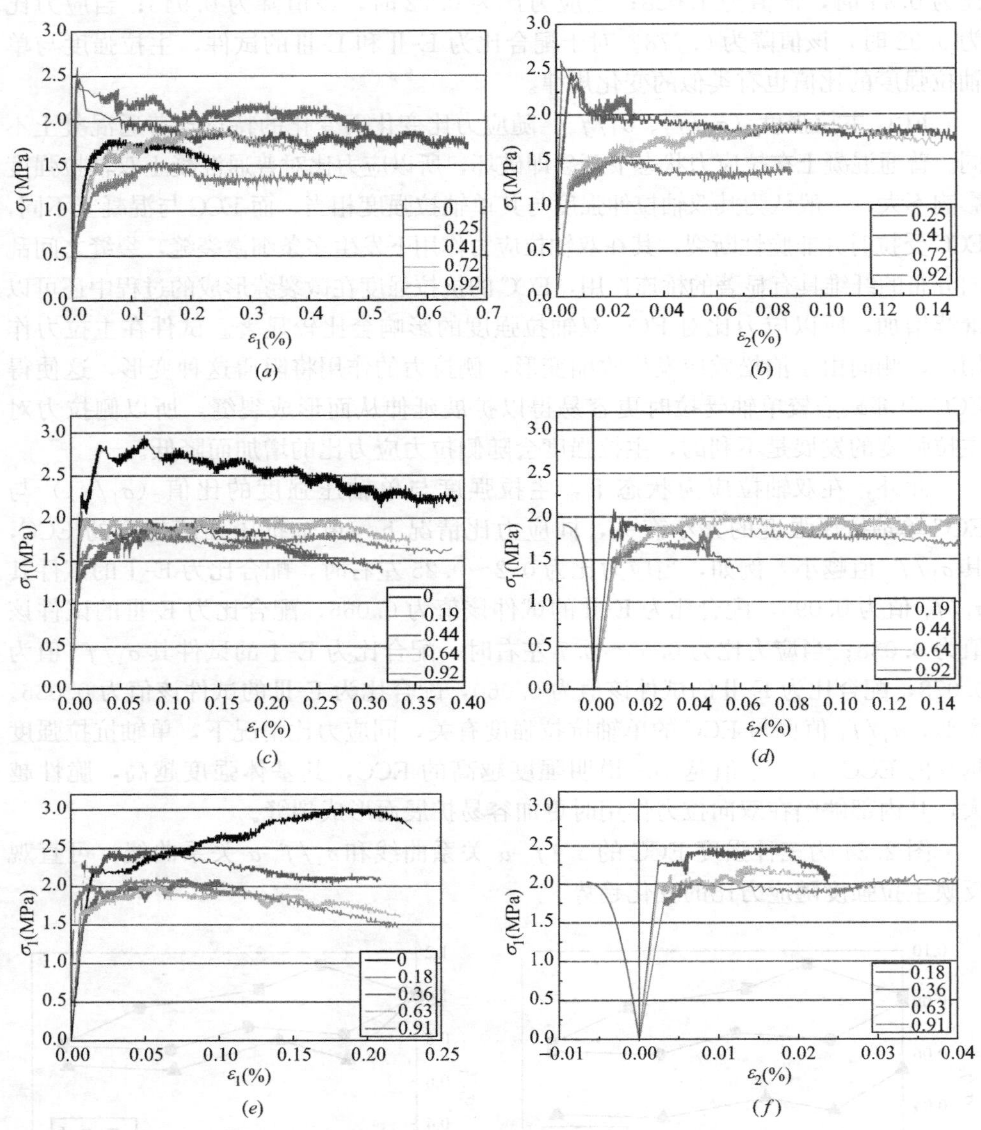

图 2.25 ECC 试件双轴拉应力-应变关系曲线

(*a*) E-Ⅰ ECC σ_1-ε_1 曲线；(*b*) E-Ⅰ ECC σ_1-ε_2 曲线；(*c*) E-Ⅱ ECC σ_1-ε_1 曲线；
(*d*) E-Ⅱ ECC σ_1-ε_2 曲线；(*e*) E-Ⅲ ECC σ_1-ε_1 曲线；(*f*) E-Ⅲ ECC σ_1-ε_2 曲线

拉应力应变关系曲线类似，都由线性段和硬化段组成，线性段应力迅速上升，硬化段应变迅速增大。从三张 σ_1-ε_1 曲线图中可以发现，ε_1 的极限应变随着 ECC 强度的增大而逐渐减小，说明随着强度的增加，ECC 的变形能力在逐渐减弱。在双轴拉应力状态下，ECC 试件的主拉强度 σ_1 随侧拉力的变化趋势是随着侧拉力的增加而逐渐减小，说明了侧拉力对主拉强度的发展是不利的。由于侧拉力所产生的泊松效应将减小主拉应力方向的拉伸变形，所以随着侧拉力（应力比）的逐渐增大，σ_1-ε_1 曲线线性段的初始斜率将逐渐增大。ECC试件的双轴拉 σ_1-ε_2 曲线均由线性段和硬化段组成，说明在侧拉力的作用下，ECC中的纤维在 σ_2 方向也发生了滑移或者拔出。由图2.25可见，这些曲线线性段的初始斜率随着应力比的增大逐渐减小。这是因为随着侧拉应力比的增大，第一主拉应力 σ_1 的泊松效应对 ε_2 的影响在逐渐减弱，导致了 σ_2 方向的刚度逐渐降低。

2.3 双轴应力状态下破坏准则

2.3.1 普通混凝土双轴应力状态下的破坏准则

2.3.1.1 Kupfer经典破坏准则

目前普通混凝土双轴强度破坏准则中最常用的是Kupfer和Gerstle[8]依据试验结果建立的基于应力空间的破坏准则（图2.26），其破坏包络线的表达式如下：

1. 双向受压

$$\left(\frac{\sigma_1}{f_c}+\frac{\sigma_2}{f_c}\right)^2-\frac{\sigma_1}{f_c}-3.65\frac{\sigma_2}{f_c}=0 \quad (0\geqslant\sigma_2\geqslant\sigma_1) \tag{2.5}$$

此式可转化为下述应力比的形式：

$$\left.\begin{aligned}\sigma_1\leqslant\sigma_{1c}&=\frac{-1-3.65\alpha}{(1+\alpha)^2}f_c\\ \sigma_2\leqslant\sigma_{2c}&=\alpha\sigma_{1c}\\ \alpha&=\frac{\sigma_2}{\sigma_1}\quad(0\leqslant\alpha\leqslant1.0)\end{aligned}\right\} \tag{2.6}$$

2. 一向受拉，一向受压

当 $\alpha\leqslant-0.3048$ 时，

$$\sigma_2\geqslant f_t \tag{2.7}$$

当 $\alpha\geqslant-0.3048$ 时，

$$\left.\begin{aligned}\sigma_1\leqslant\sigma_{1c}&=\left(\frac{-1-3.28\alpha}{(1+\alpha)^2}\right)f_c\\ \sigma_2\geqslant\sigma_{2t}&=\left(1-0.8\frac{\sigma_2}{f_c}\right)f_t\\ \alpha&=\frac{\sigma_2}{\sigma_1}\quad(-0.3048<\alpha\leqslant0)\end{aligned}\right\} \tag{2.8}$$

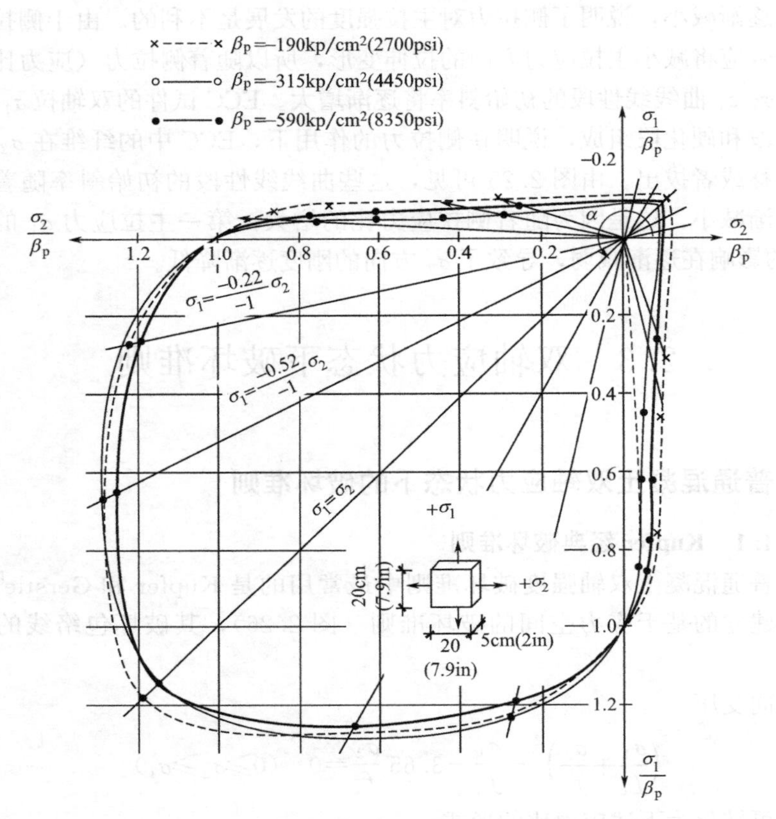

图 2.26 双轴应力下混凝土强度包络图[8]

3. 双向受拉

$$\left.\begin{aligned} \sigma_1 &\geqslant f_t \\ \sigma_2 &= \alpha f_t \\ \alpha = \frac{\sigma_2}{\sigma_1} &\quad (0 \leqslant \alpha \leqslant 1.0) \end{aligned}\right\} \tag{2.9}$$

式中 f_c——混凝土的单轴抗压极限强度，取正值；

f_t——混凝土的单轴抗拉极限强度，取正值；

σ_1、σ_2——混凝土的双轴极限强度，拉应力为正，压应力为负；

α——应力比，$\alpha=\sigma_2/\sigma_1$。

2.3.1.2 清华大学过-王混凝土双轴强度破坏准则

清华大学的过镇海[9] 教授等为了便于设计使用，在 Kupfer 经典模型的基础上进行简化，建立了近似的混凝土双轴包络线，如图 2.27 所示，包络线上的特征强度点有：单轴抗拉强度（f_t）B 点、单轴抗压强度（$-f_c$）D 点、双轴等拉强度 A 点和双轴等压强度 F 点，以及两个转折点 C 和 E，共有 5 条直线段——

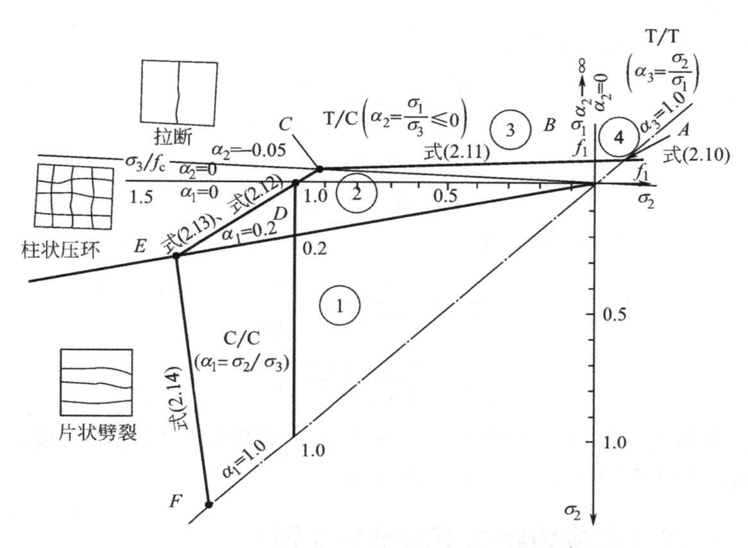

图 2.27　混凝土双轴强度设计包络线[9]

AB、BC、CD、DE 和 EF，用来表示 3 种典型的破坏特征。包络线的各段计算式如下：

1. 双向受拉

AB 段，$0\leqslant\alpha_3=\sigma_2/\sigma_1\leqslant 1.0$

$$\left.\begin{aligned}\sigma_{1f}&=f_t\\ \sigma_{2f}&=\alpha_3 f_t\end{aligned}\right\}\tag{2.10}$$

2. 一向受拉，一向受压

BC 段，$-\infty\leqslant\alpha_2=\sigma_1/\sigma_3\leqslant -0.05$

$$\left.\begin{aligned}\frac{\sigma_{3f}}{f_c}&=\frac{\dfrac{f_t}{f_c}}{\alpha_2+0.05-1.07143\dfrac{f_t}{f_c}}\\ \frac{\sigma_{1f}}{f_t}&=\frac{\alpha_2}{\alpha_2+0.05-1.07143\dfrac{f_t}{f_c}}\end{aligned}\right\}\tag{2.11}$$

CD 段，$-0.05\leqslant\alpha_2=\sigma_1/\sigma_3\leqslant 0$

$$\left.\begin{aligned}\frac{\sigma_{3f}}{f_c}&=\frac{0.7}{\alpha_2-0.7}\\ \frac{\sigma_{1f}}{f_t}&=\frac{0.7\alpha_2}{\alpha_2-0.7}\frac{f_c}{f_t}\end{aligned}\right\}\tag{2.12}$$

3. 双向受压

DE 段，$0\leqslant\alpha_1=\sigma_2/\sigma_3\leqslant 0.2$

$$\left.\begin{aligned}\frac{\sigma_{3\mathrm{f}}}{f_{\mathrm{c}}}&=\frac{0.7}{\alpha_1-0.7}\\\frac{\sigma_{2\mathrm{f}}}{f_{\mathrm{c}}}&=\frac{0.7\alpha_1}{\alpha_1-0.7}\end{aligned}\right\}\tag{2.13}$$

EF 段，$0.2\leqslant\alpha_1=\sigma_2/\sigma_3\leqslant 1$

$$\left.\begin{aligned}\frac{\sigma_{3\mathrm{f}}}{f_{\mathrm{c}}}&=\frac{-1.4336}{1+0.12\alpha_1}\\\frac{\sigma_{2\mathrm{f}}}{f_{\mathrm{c}}}&=\frac{-1.4336\alpha_1}{1+0.12\alpha_1}\end{aligned}\right\}\tag{2.14}$$

式中，拉应力为正，压应力为负；f_{c}——混凝土的单轴抗压极限强度，f_{t}——混凝土的单轴抗拉极限强度，f_{c}、f_{t} 均取正值。

2.3.2 ECC 双轴压应力状态下的破坏准则

本章双轴压试验选用的三种 ECC 的单轴抗压强度与 Kupfer 混凝土双轴试验选用的混凝土的单轴抗压强度相近。ECC 双轴压试验结果（表 2.12）与 Kupfer[8] 和清华大学过镇海[9] 教授提出的混凝土双轴强度包络线对比如图 2.28 所示。

ECC 双轴压极限强度 **表 2.12**

α	E-Ⅰ				E-Ⅱ				E-Ⅲ			
	σ_1/f_c	σ_1/f_c 平均值	σ_2/f_c	σ_2/f_c 平均值	σ_1/f_c	σ_1/f_c 平均值	σ_2/f_c	σ_2/f_c 平均值	σ_1/f_c	σ_1/f_c 平均值	σ_2/f_c	σ_2/f_c 平均值
	−1.009		0		−0.941		0		−0.948		0.000	
0	−1.046	−1.000	0	0.000	−0.99	−1.000	0	0	−0.999	−1.000	0.000	0.000
	−0.945		0		−1.07		0		−1.053		0.000	
	−1.296		−0.13		−1.163		−0.116		−1.185		−0.118	
0.1	−1.174	−1.229	−0.117	−0.123	−1.116	−1.095	−0.111	−0.11	−1.002	−1.143	−0.101	−0.115
	−1.217		−0.121		−1.006		−0.101		−1.242		−0.124	
	−1.206		−0.302		−1.176		−0.29		−1.266		−0.315	
0.25	−1.157	−1.207	−0.287	−0.291	−1.175	−1.151	−0.294	−0.285	−1.004	−1.147	−0.250	−0.285
	−1.257		−0.286		−1.101		−0.273		−1.171		−0.290	
	−1.146		−0.569		−1.163		−0.578		−1.325		−0.659	
0.5	−1.183	−1.265	−0.587	−0.629	−1.383	−1.245	−0.69	−0.62	−1.088	−1.204	−0.542	−0.600
	−1.468		−0.731		−1.19		−0.593		−1.2		−0.598	

续表

α	E-Ⅰ				E-Ⅱ				E-Ⅲ			
	σ_1/f_c	σ_1/f_c 平均值	σ_2/f_c	σ_2/f_c 平均值	σ_1/f_c	σ_1/f_c 平均值	σ_2/f_c	σ_2/f_c 平均值	σ_1/f_c	σ_1/f_c 平均值	σ_2/f_c	σ_2/f_c 平均值
	−1.151		−0.859		−1.131		−0.844		−1.126		−0.842	
0.75	−1.341	−1.188	−1.002	−0.886	−1.212	−1.193	−0.906	−0.891	−1.176	−1.134	−0.880	−0.848
	−1.073		−0.798		−1.237		−0.923		−1.1		−0.822	
	−1.081		−1.074		−1.068		−1.063		−1.107		−1.101	
1	−1.25	−1.142	−1.241	−1.134	−1.019	−1.089	−1.014	−1.083	−0.995	−1.086	−0.992	−1.082
	−1.094		−1.087		−1.179		−1.171		−1.157		−1.154	

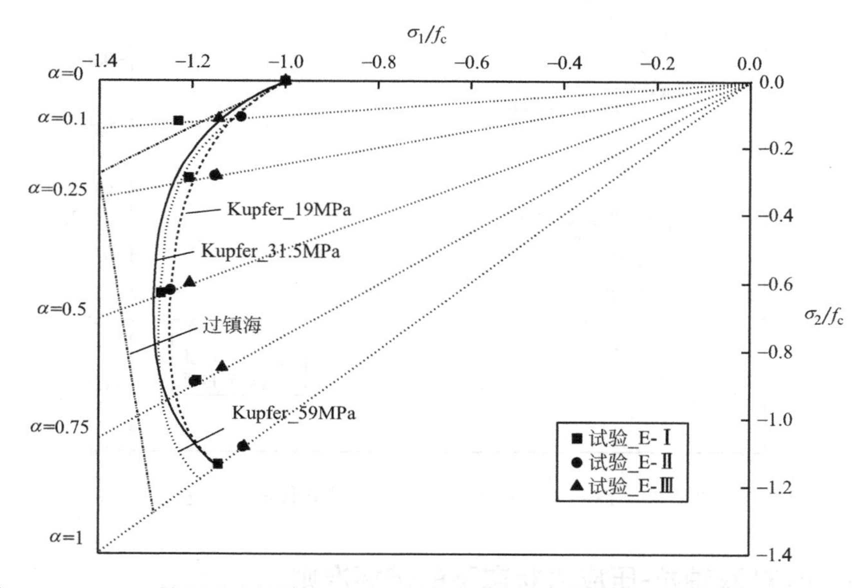

图 2.28　ECC 双轴压试验结果与 Kupfer 和过镇海教授提出的混凝土强度包络线对比图

由图 2.28 中可见，三种强度 ECC 的试验结果均与 Kupfer 的经典破坏准则较为相近，但同应力比强度增幅略小于 Kupfer 试验结果；试验结果与过镇海教授提出的简化破坏准则差异较大。将 Kupfer 等建立的普通混凝土的强度准则公式（式 2.15、式 2.16）应用于 ECC 中，根据试验结果采用 Matlab 程序统计回归求得各强度等级的待定系数 a 和 b，求解结果如表 2.13 中所示。图 2.29 显示了强度包络线和试验数据的对比结果。

$$\left(\frac{\sigma_1}{f_c}+\frac{\sigma_2}{f_c}\right)^2+a\frac{\sigma_1}{f_c}+b\frac{\sigma_2}{f_c}=0 \tag{2.15}$$

$$\left.\begin{aligned}&\sigma_1=\frac{a+b\alpha}{(1+\alpha)^2}f_c\\&\sigma_2=\alpha\sigma_1\\&(0\leqslant\alpha\leqslant1.0)\end{aligned}\right\}\tag{2.16}$$

ECC 双轴强度包络线待定系数 *a*、*b* 求解结果 **表 2.13**

系数	E-Ⅰ	E-Ⅱ	E-Ⅲ
a	−1.0535	−0.9992	−1.0106
b	−3.5011	−3.4384	−3.3227

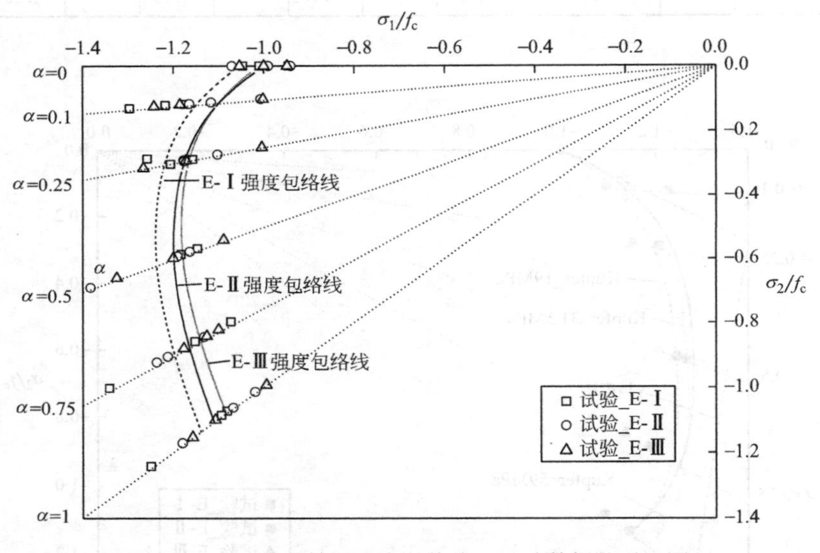

图 2.29 ECC 双轴压强度包络线和试验数据的对比图

2.3.3 ECC 双轴拉-压应力状态下的破坏准则

三种强度 ECC 双轴拉-压试验的试验结果（表 2.14）与 Kupfer 提出的混凝土双轴强度包络线对比如图 2.30 所示。由图 2.30 可见，同应力比作用下，单轴抗压强度越高的 ECC，其 σ_2/f_c 值越小，这点与 Kupfer 试验结果一致。但是三种强度 ECC 的主压强度试验结果均与 Kupfe 破坏准则差异较大。当应力比 $-\infty\leqslant\alpha\leqslant-0.25$ 时，Kupfer 强度包络线的 σ_2/f_c 值随应力比（绝对值）的减小逐渐降低；ECC 双轴拉压试验得到的结果是：E-Ⅰ的 σ_2/f_c 值随应力比（绝对值）的减小有所升高，E-Ⅱ和 E-Ⅲ的 σ_2/f_c 值几乎不随应力比的变化而变化。此外，E-Ⅱ和 E-Ⅲ强度包络线的包络范围均小于同（相近）强度普通混凝土的强度包络线的范围，说明套用普通混凝土破坏准则公式，将使得计算结果偏于不安全。

ECC 双轴拉压极限强度　　**表 2.14**

α	E-Ⅰ				E-Ⅱ				E-Ⅲ			
	σ_1/f_c	σ_1/f_c 平均值	σ_2/f_c	σ_2/f_c 平均值	σ_1/f_c	σ_1/f_c 平均值	σ_2/f_c	σ_2/f_c 平均值	σ_1/f_c	σ_1/f_c 平均值	σ_2/f_c	σ_2/f_c 平均值
	−1.009		0.000		−0.941		0.000		−0.948		0.000	
0	−1.046	−1.000	0.000	0.000	−0.990	−1.000	0.000	0.000	−0.999	−1.000	0.000	0.000
	−0.945		0.000		−1.070		0.000		−1.053		0.000	
	−0.444		0.110		−0.287		0.072		−0.171		0.049	
0.25	−0.421	−0.436	0.106	0.109	−0.302	−0.291	0.076	0.073	−0.195	−0.196	0.050	0.052
	−0.442		0.110		−0.285		0.071		−0.221		0.057	
	−0.186		0.093		−0.155		0.078		−0.105		0.057	
0.5	−0.200	−0.202	0.098	0.100	−0.162	−0.157	0.081	0.079	−0.118	−0.105	0.058	0.054
	−0.222		0.110		−0.154		0.077		−0.093		0.047	
	−0.112		0.114		−0.077		0.078		−0.064		0.066	
1	−0.088	−0.100	0.090	0.102	−0.077	−0.076	0.080	0.077	−0.051	−0.057	0.052	0.059
	−0.100		0.101		−0.075		0.072		−0.056		0.058	
	0.000		0.086		0.000		0.077		0.000		0.048	
∞	0.000	0.000	0.083	0.083	0.000	0.000	0.084	0.080	0.000	0.000	0.053	0.054
	0.000		0.080		0.000		0.079		0.000		0.062	

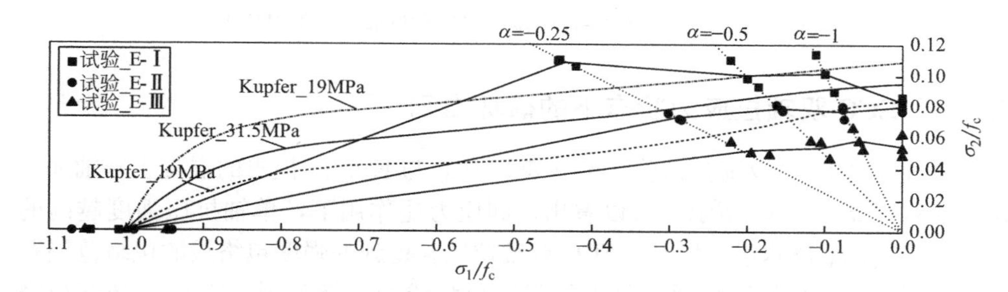

图 2.30　ECC 在双轴拉压下的试验结果与 Kupfer 提出的强度包络线对比图

根据数据分布规律，当 $-\infty \leqslant \alpha \leqslant -0.25$ 时，σ_2/f_c 不随应力变化而变化；当 $-0.25 \leqslant \alpha \leqslant 0$ 时，σ_2/f_c 随侧压力（σ_1/f_c）的增加而线性减小。所以当 $-\infty \leqslant \alpha \leqslant -0.25$ 时，采用 $y=a$ 形式；当 $-0.25 \leqslant \alpha \leqslant 0$ 时，包络线表示为 $y=ax+b$ 形式；用 Matlab 多项式对各应力比状态下的破坏强度进行拟合，得到 E-Ⅰ、E-Ⅱ和 E-Ⅲ双轴拉-压应力状态下的强度包络线函数表达式：

1. 当 $-\infty \leqslant \alpha \leqslant -0.25$ 时

$$\left.\begin{array}{l}\dfrac{\sigma_2}{f_c} \leqslant \dfrac{\sigma_{2f}}{f_c}=\dfrac{f_t}{f_c} \\ \dfrac{\sigma_1}{f_c} \geqslant \dfrac{\sigma_{1f}}{f_c}=\dfrac{f_t}{\alpha f_c}\end{array}\right\} \tag{2.17}$$

2. 当$-0.25\leqslant\alpha\leqslant 0$时

$$\left.\begin{aligned}\frac{\sigma_2}{f_c}\leqslant\frac{\sigma_{2f}}{f_c}=\frac{0.25\alpha f_t}{0.25\alpha f_c-(0.25+\alpha)f_t}\\ \frac{\sigma_1}{f_c}\geqslant\frac{\sigma_{1f}}{f_c}=\frac{0.25 f_t}{0.25\alpha f_c-(0.25+\alpha)f_t}\end{aligned}\right\}\tag{2.18}$$

其中，$\alpha=\dfrac{\sigma_2}{\sigma_1}$，拉应力为正，压应力为负；$f_c$ 为混凝土的单轴抗压极限强度，f_t 为混凝土的单轴抗拉极限强度，f_c、f_t 均取正值。将拟合的强度包络线和试验数据进行对比，结果如图 2.31 所示。

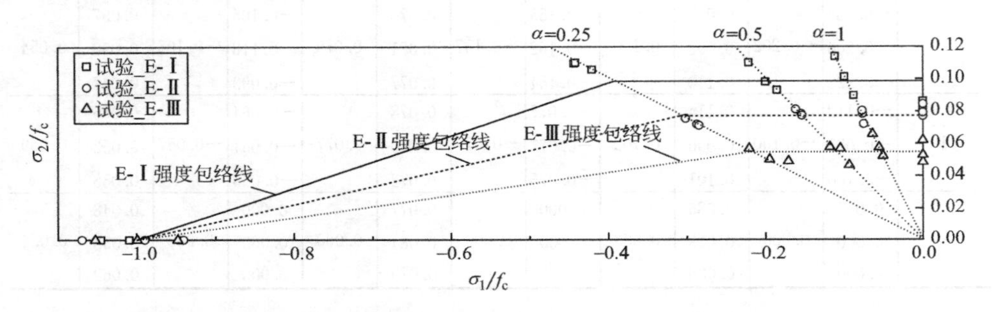

图 2.31　ECC 双轴拉-压强度包络线和试验结果的对比图

2.3.4　ECC 双轴拉应力状态下的破坏准则

三种强度 ECC 双轴拉试验结果（表 2.15）与 Kupfer 提出的混凝土双轴强度包络线对比如图 2.32 所示。可以看出，同应力比作用下，单轴抗压强度越高的 ECC，其 σ_1/f_c 值越小。但是，ECC 双轴拉试验得到的强度包络线的包络范围普遍小于同（相近）强度普通混凝土的强度包络线的包络范围。Kupfer 强度包络线的 σ_1/f_c 值几乎不随应力比变化而变化。ECC 双轴拉试验结果与普通混凝土具有明显差异，配合比为 E-Ⅰ、E-Ⅱ、E-Ⅲ的 ECC 试件，σ_1/f_c 值随应力比的增大逐渐降低。说明普通混凝土双轴拉应力状态下的破坏准则不适用于 ECC 材料。

ECC 双轴拉极限强度值　　**表 2.15**

E-Ⅰ					E-Ⅱ					E-Ⅲ				
α	σ_1/f_c	σ_1/f_c 平均值	σ_2/f_c	σ_2/f_c 平均值	α	σ_1/f_c	σ_1/f_c 平均值	σ_2/f_c	σ_2/f_c 平均值	α	σ_1/f_c	σ_1/f_c 平均值	σ_2/f_c	σ_2/f_c 平均值
	0.086		0.000			0.077		0.000			0.048		0.000	
0	0.083	0.083	0.000	0.000	0	0.084	0.080	0.000	0.000	0	0.053	0.054	0.000	0.000
	0.080		0.000			0.079		0.000			0.062		0.000	

续表

E-Ⅰ					E-Ⅱ					E-Ⅲ				
α	σ_1/f_c	σ_1/f_c 平均值	σ_2/f_c	σ_2/f_c 平均值	α	σ_1/f_c	σ_1/f_c 平均值	σ_2/f_c	σ_2/f_c 平均值	α	σ_1/f_c	σ_1/f_c 平均值	σ_2/f_c	σ_2/f_c 平均值
0.25	0.101 0.094 0.089	0.095	0.027 0.023 0.022	0.024	0.19	0.074 0.065 0.058	0.066	0.015 0.011 0.011	0.012	0.18	0.040 0.037 0.038	0.038	0.007 0.007 0.007	0.007
0.41	0.096 0.088 0.072	0.085	0.047 0.034 0.025	0.036	0.44	0.071 0.074 0.061	0.069	0.034 0.031 0.026	0.030	0.36	0.043 0.046 0.040	0.043	0.015 0.018 0.015	0.016
0.72	0.081 0.075 0.078	0.078	0.060 0.052 0.056	0.056	0.64	0.064 0.056 0.061	0.060	0.043 0.037 0.036	0.038	0.63	0.033 0.035 0.039	0.036	0.021 0.022 0.024	0.022
0.92	0.065 0.068 0.060	0.065	0.062 0.063 0.054	0.060	0.92	0.058 0.058 0.068	0.061	0.053 0.051 0.064	0.056	0.91	0.037 0.037 0.037	0.037	0.033 0.036 0.031	0.033

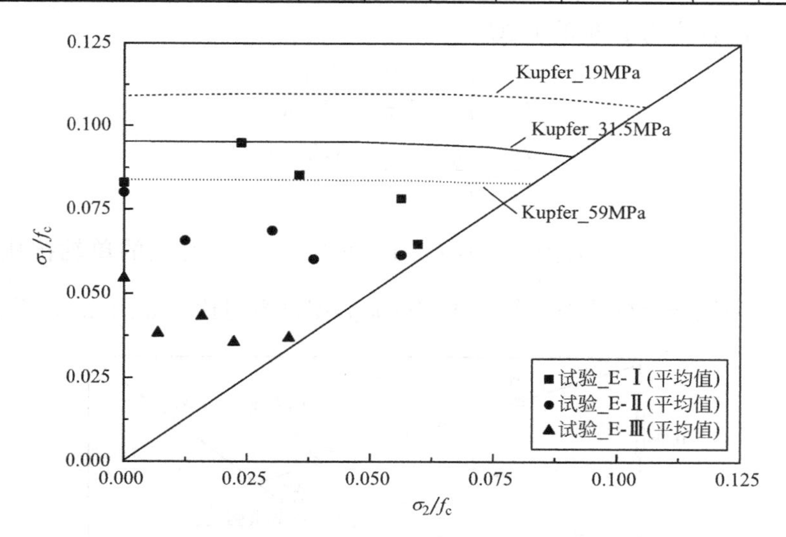

图 2.32　ECC 双轴拉试验结果与 Kupfer 提出的强度包络线对比图

ECC 在双轴拉下的试验结果表明，σ_1/f_c 随侧拉力（σ_2/f_c）的增加逐渐减小。将 ECC 在双轴拉下的强度包络线表示为 $y=ax+b$ 的形式，即：

$$\frac{\sigma_1}{f_c}=a\frac{\sigma_2}{f_c}+b \tag{2.19}$$

对各应力比状态下的破坏强度进行拟合，得到不同配合比（E-Ⅰ、E-Ⅱ和 E-Ⅲ）下 ECC 在双轴拉应力状态下的强度包络线函数表达式，系数 a、b 取值见表 2.16，强度包络线函数表达式见式（2.20）～式（2.22）。

包络线待定系数 a、b 求解结果　　表 2.16

系数	E-Ⅰ	E-Ⅱ	E-Ⅲ
a	−0.4154	−0.3279	−0.6867
b	0.0985	0.0772	0.0548

1. 对于配合比为 E-Ⅰ的 ECC

$$\left.\begin{aligned}\frac{\sigma_2}{f_c}&\leqslant\frac{\sigma_{2f}}{f_c}=\frac{0.0985\alpha}{1+0.4154\alpha}\\\frac{\sigma_1}{f_c}&\leqslant\frac{\sigma_{1f}}{f_c}=\frac{0.0985}{1+0.4154\alpha}\end{aligned}\right\}\tag{2.20}$$

2. 对于配合比为 E-Ⅱ的 ECC

$$\left.\begin{aligned}\frac{\sigma_2}{f_c}&\leqslant\frac{\sigma_{2f}}{f_c}=\frac{0.0772\alpha}{1+0.3279\alpha}\\\frac{\sigma_1}{f_c}&\leqslant\frac{\sigma_{1f}}{f_c}=\frac{0.0772}{1+0.3279\alpha}\end{aligned}\right\}\tag{2.21}$$

3. 对于配合比为 E-Ⅲ的 ECC

$$\left.\begin{aligned}\frac{\sigma_2}{f_c}&\leqslant\frac{\sigma_{2f}}{f_c}=\frac{0.0548\alpha}{1+0.6867\alpha}\\\frac{\sigma_1}{f_c}&\leqslant\frac{\sigma_{1f}}{f_c}=\frac{0.0548}{1+0.6867\alpha}\end{aligned}\right\}\tag{2.22}$$

其中，$\alpha=\dfrac{\sigma_2}{\sigma_1}$，拉应力为正，压应力为负；$f_c$ 为混凝土的单轴抗压极限强度，正值。将拟合所得的强度包络线和试验数据进行对比，如图 2.33 所示。

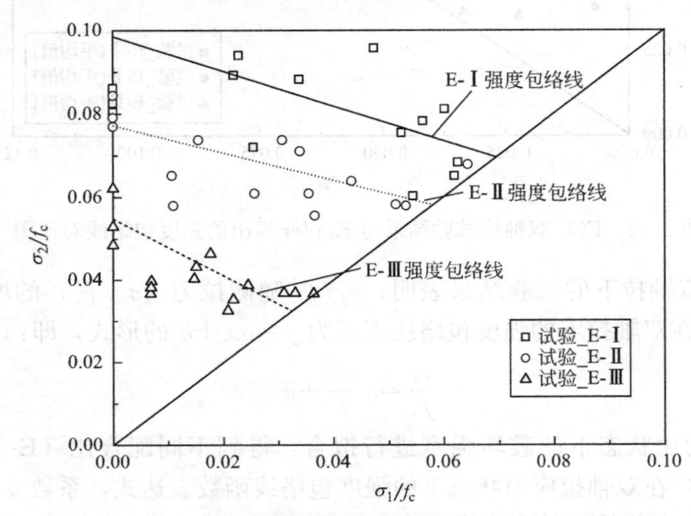

图 2.33　ECC 双轴拉强度包络线和试验数据的对比结果图

结合不同应力组合状态试验数据，可以得出 ECC 双轴应力状态下的强度破坏准则，强度包络线见图 2.34。

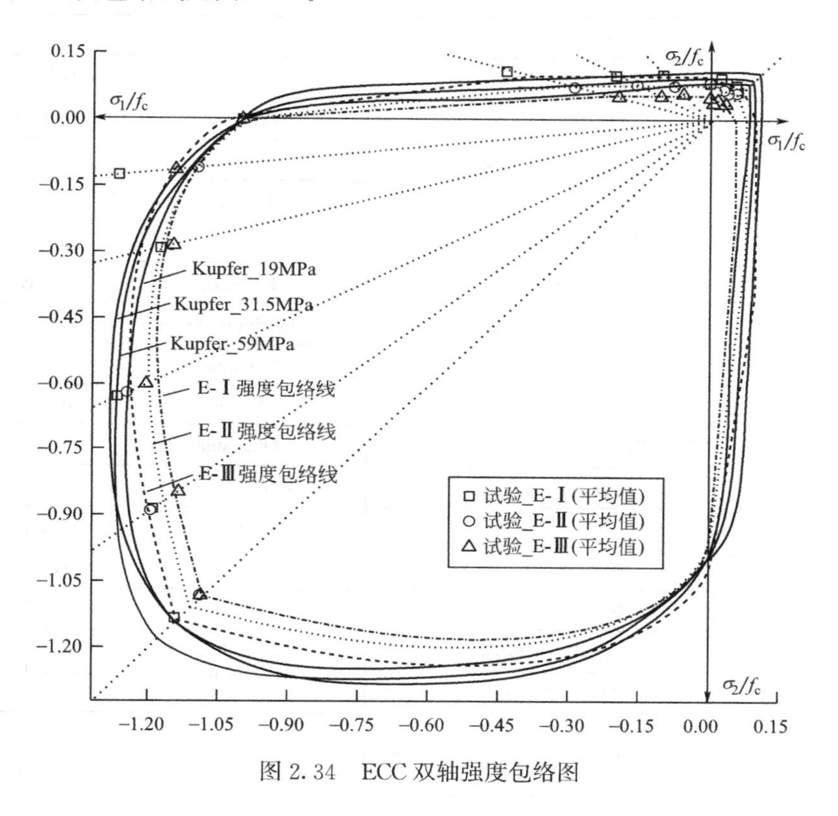

图 2.34　ECC 双轴强度包络图

2.4　双轴应力状态下 ECC 的本构关系

2.4.1　混凝土多轴应力状态下的本构关系

至今已有不少学者提出了混凝土受压应力-应变曲线方程，大多数采用上升段和下降段统一的方程，按数学函数形式可以分为多项式、指数式、三角函数式和有理分式等。清华大学的过镇海教授[9] 总结并评述了其中一些常用的方程，见表 2.17。

混凝土在单轴压下典型的本构曲线如图 2.35 所示，图中采用无量纲坐标。

根据混凝土在单轴压下应力-应变全曲线的特点，受压全曲线方程都必须遵循以下 7 个边界条件：

混凝土受压应力-应变全曲线经典本构方程 **表 2.17**

函数类型	表达式		建议者	来源
多项式	$\sigma=c_1\varepsilon^n$		Bach	1919 年
	$y=2x-x^2$		Hognestad	ACI 1955. 12
	$\sigma=c_1\varepsilon+c_2\varepsilon^n$		Sturman	ACI 1965. 2
	$y=c_1x+c_2x^2+c_3x^3+c_4x^4$		Saenz	CI 1965. 9
	$\varepsilon=\sigma/E_0+c_1\sigma^n$		Terzaghi	—
	$\varepsilon=\sigma/E_0+c_1\sigma/(c_2-\sigma)$		Ros	Zurich 1950
	$\sigma^2+c_1\varepsilon^2+c_2\sigma\varepsilon+c_3\sigma+c_4\varepsilon=0$		Kriz-Lee	ASCE 1960
指数式	$y=xe^{1-x}$		Sahlin-Smith-Young	ACI 1955. 11
	$y=6.75(e^{-0.812x}-e^{-1.218x})$		Umemura	—
	$y=\sin(\pi x/2)$		Young	ACI 1960. 11
	$y=\sin[\pi(-0.27\|x-1\|+0.73x+0.27)/2]$		Okayama	—
有理分式	$y=2x/(1+x^2)$		Desa-Krishman	ACI 1964. 3
	$y=(c_1+1)x/(1+x^2)$		Tulin-Gerstle	ACI 1964. 9
	$y=x/(c_1+c_2x+c_3x^2+c_4x^3)$		Saenz	ACI 1964. 9
	$\sigma=c_1\varepsilon/[(\varepsilon+c_2)^2+c_3]-c_4\varepsilon$		Alexander	India CI 1965
	$y=\dfrac{c_1x+(c_2-1)x^2}{1+(c_1-2)x+c_2x^2}$		Sargin	Canada 1968
分段式	$0\leqslant x\leqslant1$	$x\geqslant1$	Hognestad	ACI 1955. 12
	$y=2x-x^2$	$y=\dfrac{x_n-0.85-0.15x}{x_n-1}$		
	$y=2x-x^2$	$y=1$	Rusch	ACI 1960. 7

注：表中 $y=\sigma/f_c$，$x=\varepsilon/\varepsilon_c$，$f_c$ 为峰值强度，ε_c 为峰值应变。

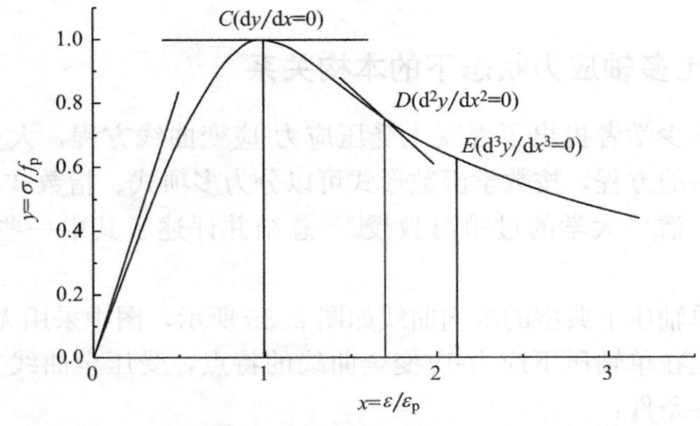

图 2.35　混凝土在单轴压下典型的应力-应变全曲线

（1）$x=0$，$y=0$；

（2）$0\leqslant x<1$，$d^2y/dx^2<0$，即上升段曲线斜率（dy/dx）单调减小，无拐点；

（3）$x=1$时，$dy/dx=0$，$y=1$，曲线只有一个峰值点；

（4）$d^2y/dx^2=0$处横坐标大于1，即下降段曲线上有一拐点；

（5）$d^3y/dx^3=0$点为下降段曲线上的曲率最大点；

（6）当$x\rightarrow\infty$时，$y\rightarrow0$、$dy/dx\rightarrow0$，下降段曲线无限延长，收敛于横坐标轴但不相交；

（7）全曲线$x\geqslant0$，$0\leqslant y\leqslant1$。

表2.17中各全曲线方程都有自己的优缺点，边界条件符合状况也各不相同。为了建立适用于任意三轴应力状态下混凝土的本构模型，需要合理的等效单轴应力-应变曲线。清华大学过镇海教授针对混凝土各种复杂的破坏形态，总共归纳为3种典型的等效曲线：单轴受拉、单轴受压和三轴受压。三种等效单轴应力-应变曲线采用相同的多项表达式：

$$\beta=Ax+Bx^2+Cx^n \tag{2.23}$$

$$x=\frac{\varepsilon_i}{\varepsilon_{ip}}=\frac{\sigma_i/E_{is}}{\sigma_{if}/E_{if}}=\beta\frac{E_{if}}{E_{is}} \tag{2.24}$$

式中　$\beta=\sigma_i/\sigma_{if}$——当前的应力水平指标；

x——当前应变与混凝土达到多轴强度时相应应变的比值；

E_{is}——当前应力水平的割线弹性模量（i方向），$E_{is}=\sigma_i/\varepsilon_i$；

E_{if}——混凝土达多轴强度时的峰值割线模量（i方向），$E_{if}=\sigma_{if}/\varepsilon_{ip}$。

系数A、B、C可由应力-应变曲线上升段的几何条件$x=0$时，$\beta=0$；$x=1$时，$d\beta/dx=0$，$\beta=1$推导得到：

$$A=\frac{E_0}{E_f}\qquad B=\frac{n-(n-1)A}{n-2}\qquad C=\frac{A-2}{n-2} \tag{2.25}$$

对于单轴应力和双轴应力下各参数的取值，系数A和n的取值及B、C的计算值，按表2.18采用[9]，曲线的相对形状如图2.36所示。

混凝土典型等效应力-应变曲线参数值　　表2.18

应力状态	破坏形态	A	B	C	n
T,T/T	拉断	1.2	0	−0.2	6
T/C	拉断	1.2	0	−0.2	6
T/C	柱状压坏 片状劈裂	2.2	−1.4	0.2	3
C,C/C	柱状压坏 片状劈裂	2.2	−1.4	0.2	3

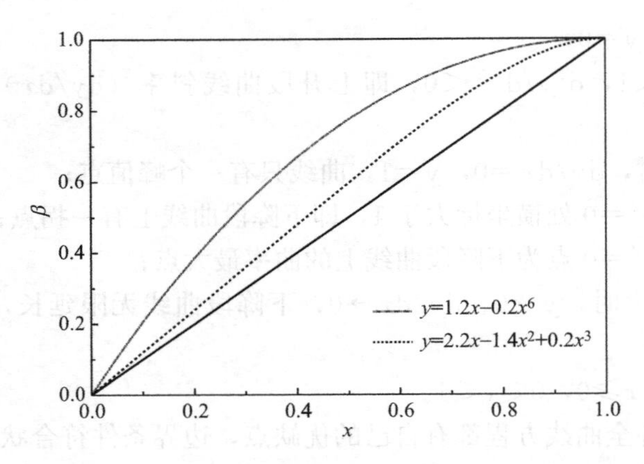

图 2.36　混凝土等效的单轴应力-应变曲线

2.4.2　ECC 双轴压应力状态下的本构关系

根据 ECC 双轴压试验测量得到的数据，可以得到各应力比状态下的应力-应变全曲线（采用无量纲坐标），如图 2.37 和图 2.38 所示。

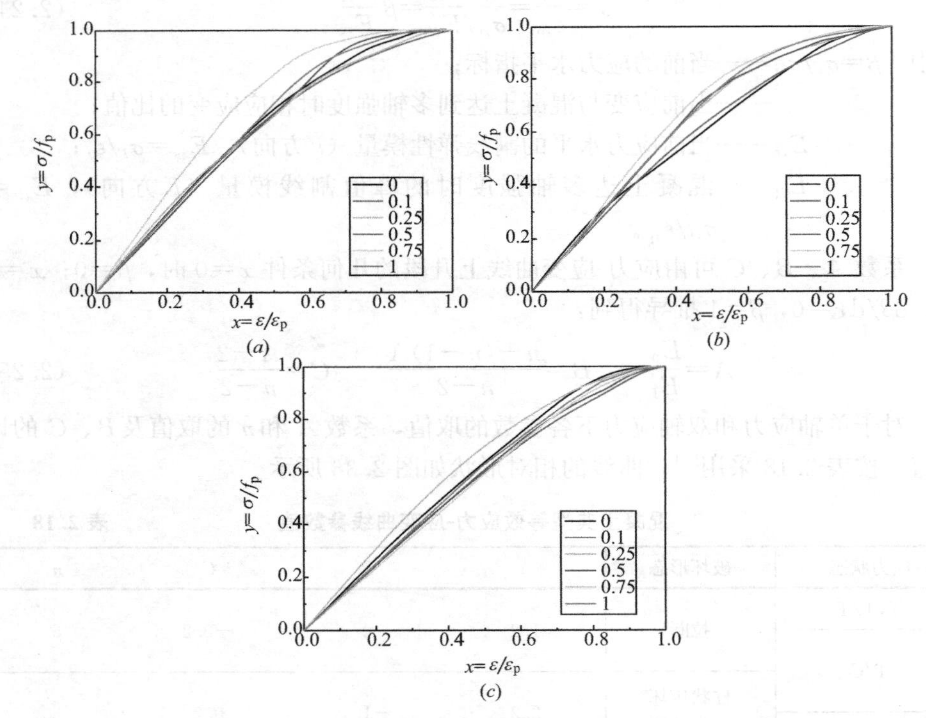

图 2.37　ECC 双轴压试验应力-应变曲线上升段

（*a*）配合比为 E-Ⅰ的 ECC 试件；（*b*）配合比为 E-Ⅱ的 ECC 试件；（*c*）配合比为 E-Ⅲ的 ECC 试件

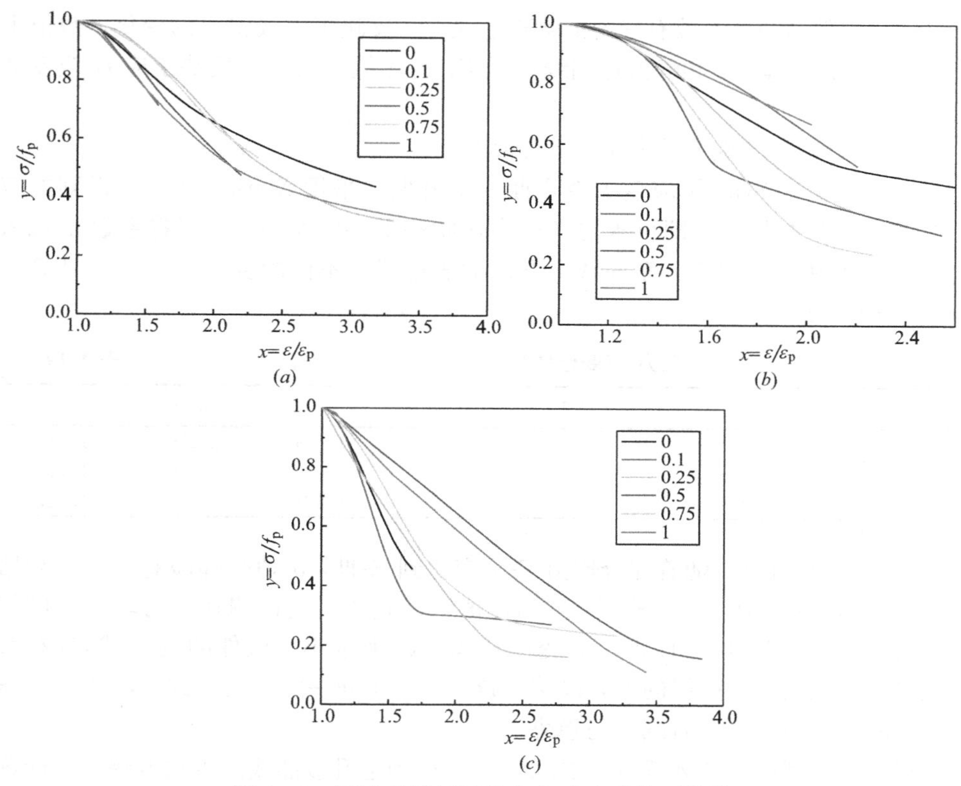

图 2.38　ECC 双轴压试验应力-应变曲线下降段

(*a*) 配合比为 E-Ⅰ的 ECC 试件；(*b*) 配合比为 E-Ⅱ的 ECC 试件；(*c*) 配合比为 E-Ⅲ的 ECC 试件

根据 ECC 双轴压试验得到的应力-应变曲线，曲线的上升段和下降段有较大的差异，因此本节采用分段式本构方程来描述 ECC 的应力应变关系。根据 ECC 双轴压试验的应力-应变关系曲线的几何特点，采用受压本构方程：

$$x\leqslant 1 \qquad y=a_0+a_1x+a_2x^2+a_3x^3 \tag{2.26a}$$

$$x>1 \qquad y=\frac{x}{b_0+b_1x+b_2x^2} \tag{2.26b}$$

将边界条件 (1)、(3) 代入式 (2.26a)，将边界条件 (3) 代入式 (2.26b)，则可以将该方程简化为单一变量的表达式：

$$x\leqslant 1 \qquad y=ax+(3-2a)x^2+(a-2)x^3 \tag{2.27a}$$

$$x>1 \qquad y=\frac{x}{b(x-1)^2+x} \tag{2.27b}$$

该表达式具备如下的优点：

(1) 符合受压全曲线的全部几何特点，能完整、准确地拟合试验曲线；

(2) 上升段和下降段方程各只有一个参数且相互独立，可分别确定，方便准确；

（3）方程的两个参数有确定的物理意义，a 反映了曲线斜率的变化，数值上等于初始切线模量 E_0 和峰值点割线模量 E_p 的比值，而 b 则反映了应力-应变曲线面积的多寡。

1. ECC 应力-应变关系全曲线上升段的拟合

对于 ECC 材料应力-应变关系全曲线上升段，采用 Matlab 对试验得到的应力-应变曲线进行拟合，即可求得各应力比状态下待定系数 a，再将系数 a 代入式（2.26a）中，即可得到全曲线上升段的表达式。不同配合比试件的 a 计算值如表 2.19 所示。

应力-应变全曲线上升段参数 a 计算值 **表 2.19**

α	0	0.1	0.25	0.5	0.75	1
E-Ⅰ	1.549	1.595	1.626	1.529	2.270	1.644
E-Ⅱ	1.374	1.532	1.737	1.720	1.800	1.718
E-Ⅲ	1.315	1.190	1.429	1.228	1.075	1.347

由表 2.19 可见，随着配合比由 E-Ⅰ变化到 E-Ⅲ，a 值呈递减趋势，即初始弹性模量 E_0 和峰值点割线模量 E_p 的比值越来越小。这说明在应力增加幅度相同的情形下，由 E-Ⅰ到 E-Ⅲ，应变增长幅度越来越小，试件的刚度越来越大，最直接的表现就是全曲线的上升段越来越陡。对于同一配合比的试件，系数 a 随应力比的增加呈先增大后减小的趋势。

将计算得到的 a 代入式（2.26a），即可得到上升段曲线的本构方程，将计算曲线与实测曲线相对比，结果如图 2.39～图 2.41 所示。

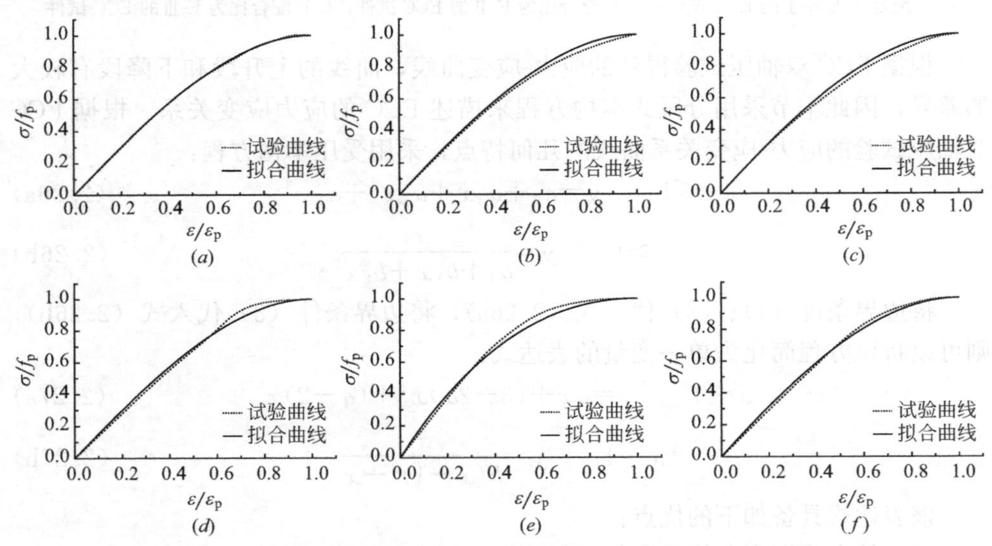

图 2.39　配合比为 E-Ⅰ的 ECC 试件计算曲线和试验曲线对比

（a）$\alpha=0$；（b）$\alpha=0.1$；（c）$\alpha=0.25$；（d）$\alpha=0.5$；（e）$\alpha=0.75$；（f）$\alpha=1$

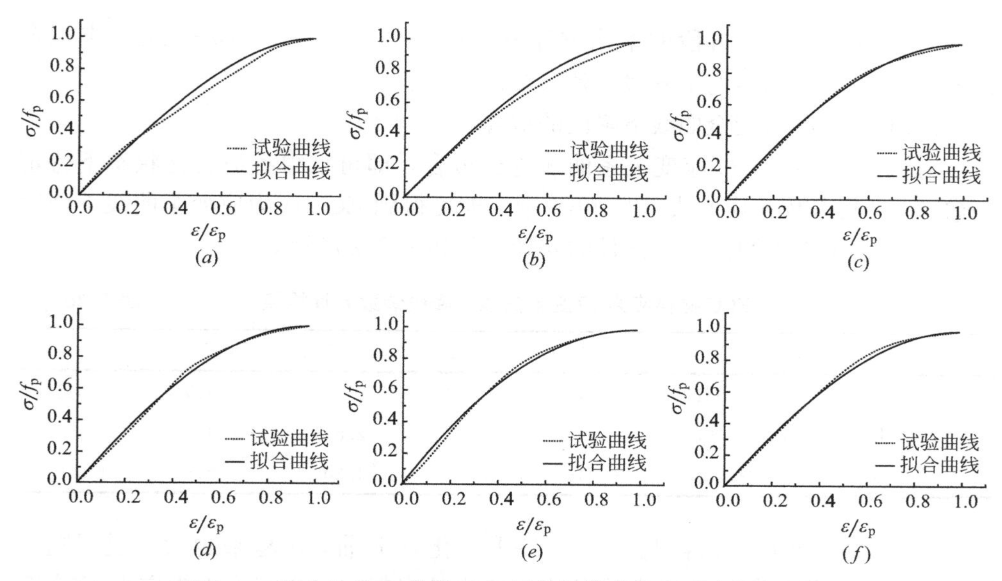

图 2.40　配合比为 E-Ⅱ的 ECC 试件计算曲线和试验曲线对比

(*a*) $\alpha=0$；(*b*) $\alpha=0.1$；(*c*) $\alpha=0.25$；(*d*) $\alpha=0.5$；(*e*) $\alpha=0.75$；(*f*) $\alpha=1$

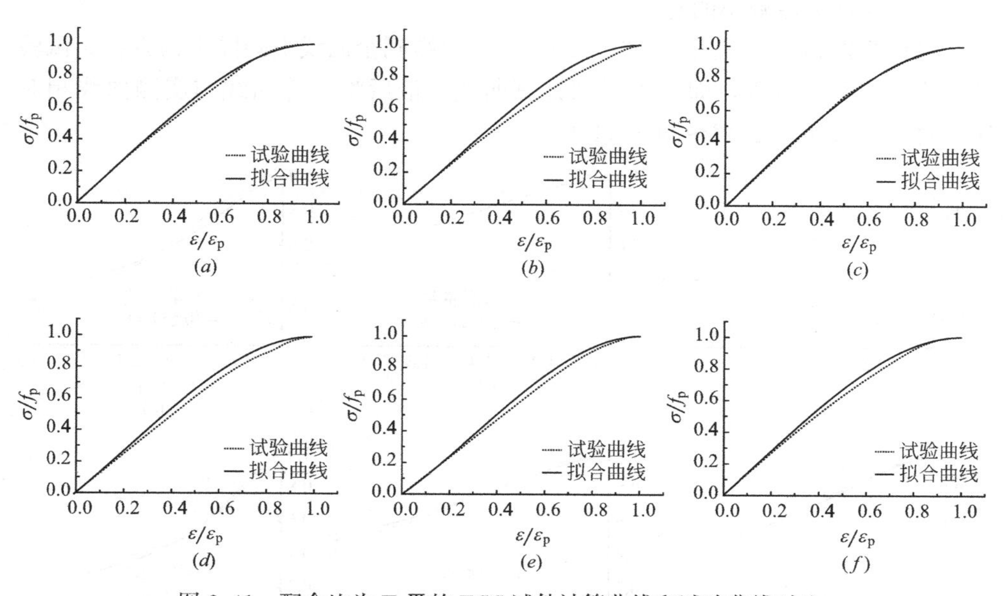

图 2.41　配合比为 E-Ⅲ的 ECC 试件计算曲线和试验曲线对比

(*a*) $\alpha=0$；(*b*) $\alpha=0.1$；(*c*) $\alpha=0.25$；(*d*) $\alpha=0.5$；(*e*) $\alpha=0.75$；(*f*) $\alpha=1$

各 ECC 试件的计算曲线与试验曲线符合地较好。E-Ⅰ和 E-Ⅱ的拟合效果要好于 E-Ⅲ；此外，拟合曲线普遍比试验曲线更为饱满。计算曲线与实测曲线的比较结果表明，采用《混凝土结构设计规范》GB 50010—2010 等规范规定的受压应力-应变全曲线上升段的本构方程 $y=ax+(3-2a)x^2+(a-2)x^3$ 来拟合ECC的应力-应变曲线的上升段，效果较好。

2. ECC应力-应变全曲线下降段的拟合

对试验得到的应力-应变关系曲线进行拟合，即可求得各应力比状态下待定系数 b，再将参数 b 代入式（2.26b）中，即可得到ECC应力应变全曲线下降段的表达式。不同配合比ECC试件的 b 计算值如表2.20所示。

ECC材料应力-应变全曲线下降段参数 b 计算值 **表2.20**

α	0	0.1	0.25	0.5	0.75	1
E-Ⅰ	0.981	1.850	1.158	1.549	1.020	1.545
E-Ⅱ	1.367	1.097	2.077	2.833	2.327	0.958
E-Ⅲ	4.208	6.233	4.366	1.303	2.946	1.619

由表2.20可知，随着配合比由E-Ⅰ变化到E-Ⅲ，b 越来越大，说明随着ECC强度的逐渐增加，ECC包含的应变能也越来越大，直接表现为应力-应变全曲线与 x 轴所包围的面积也越来越大。对于同一配合比的试件，系数 b 随应力比的增加呈先增大后减小的趋势。

将计算得到的 b 代入式（2.26b），就可以得到全曲线下降段本构方程，试验结果代入该本构方程，即可以得到计算曲线，最后将计算曲线与实测曲线相对比，对比结果如图2.42～图2.44所示。

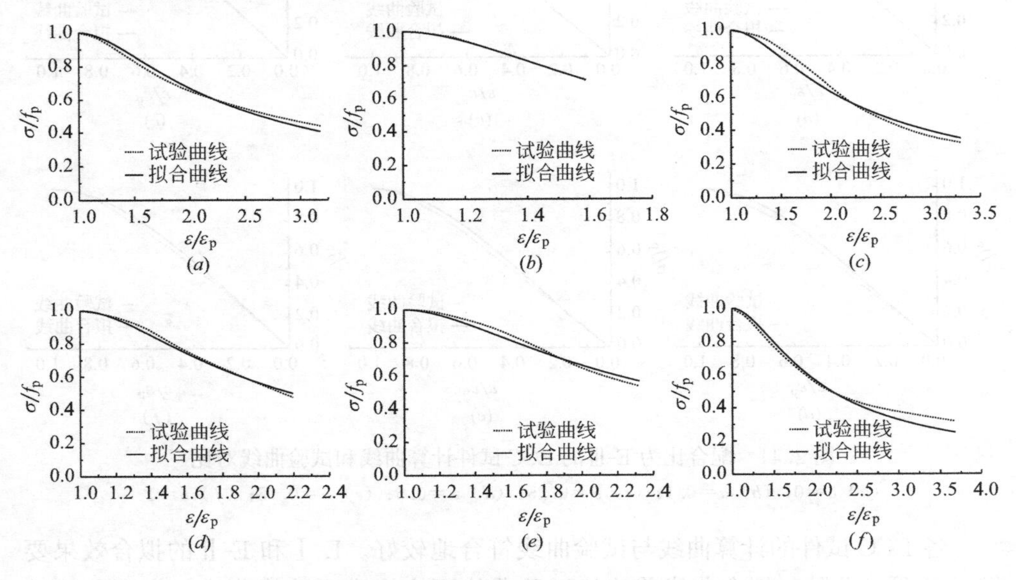

图2.42 配合比为E-Ⅰ的ECC试件计算曲线和试验曲线对比

(a) $\alpha=0$；(b) $\alpha=0.1$；(c) $\alpha=0.25$；(d) $\alpha=0.5$；(e) $\alpha=0.75$；(f) $\alpha=1$

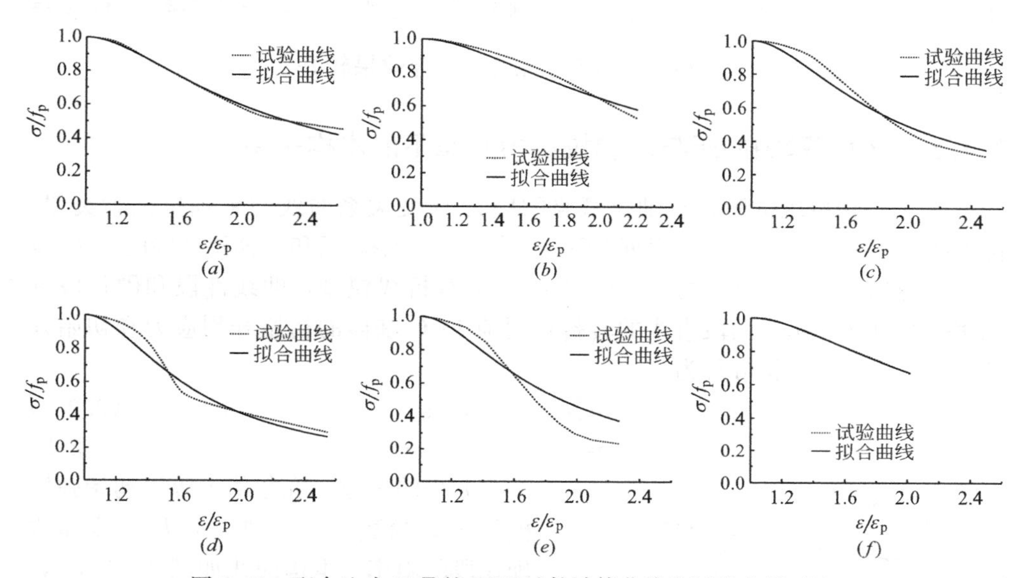

图 2.43　配合比为 E-Ⅱ的 ECC 试件计算曲线和试验曲线对比

(a) $\alpha=0$；(b) $\alpha=0.1$；(c) $\alpha=0.25$；(d) $\alpha=0.5$；(e) $\alpha=0.75$；(f) $\alpha=1$

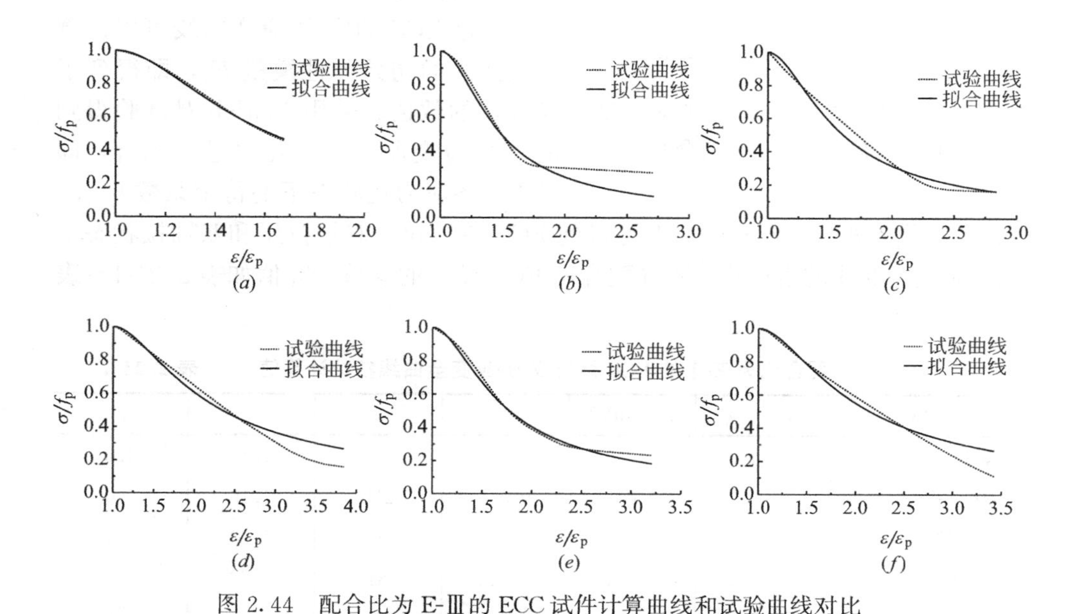

图 2.44　配合比为 E-Ⅲ的 ECC 试件计算曲线和试验曲线对比

(a) $\alpha=0$；(b) $\alpha=0.1$；(c) $\alpha=0.25$；(d) $\alpha=0.5$；(e) $\alpha=0.75$；(f) $\alpha=1$

从图 2.42～图 2.44 可以看出：当应力刚过了峰值点时，拟合曲线较试验曲线更为饱满。总体来说，E-Ⅰ各试件拟合曲线的下降段和试验曲线符合最好，E-

Ⅱ和E-Ⅲ略微差一些。计算曲线与实测曲线的对比表明，采用本构方程 $y=\frac{x}{b(x-1)^2+x}$ 来拟合ECC的应力-应变曲线，拟合效果较好。

2.4.3 ECC双轴拉-压与双轴拉应力状态下的本构关系

ECC双轴拉压试验、双轴拉试验的应力-应变关系曲线与单轴拉试验类似，都由线性段和硬化段组成。根据ECC单轴拉、双轴拉-压和双轴拉试验的应力-应变曲线的几何特点，将应力-应变曲线拟合成双折线模型，即线性段和硬化段分别用一段直线表示，两段直线的转折点对应ECC基体的初始开裂应力和初始开裂应变。采用的本构方程为：

$$\varepsilon \leqslant \varepsilon_{cr} \quad \sigma = a \times \varepsilon \tag{2.28a}$$

$$\varepsilon > \varepsilon_{cr} \quad \sigma = b \times \varepsilon + c \tag{2.28b}$$

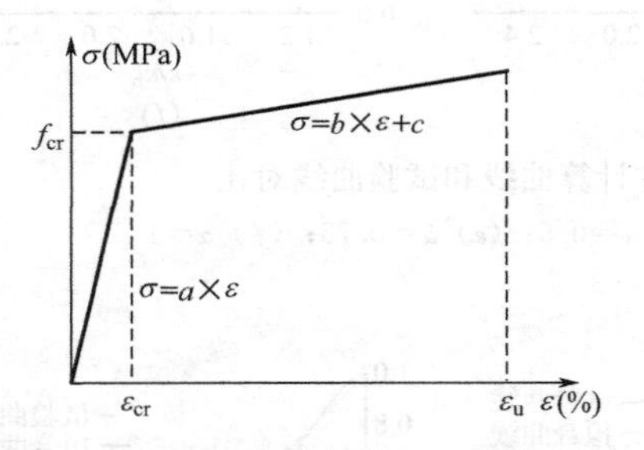

图 2.45 ECC在单轴拉、双轴拉-压和双轴拉状态下的应力-应变全曲线

方程的参数 a 在数值上等于初始弹性模量 E_t，参数 b 则反映了应力-应变曲线硬化段的斜率。本构曲线如图 2.45 所示。图中，f_{cr} 为开裂强度，ε_{cr} 为开裂拉应变，ε_u 为最大拉应变。

通过ECC的应力-应变曲线可以计算出线性段的初始弹性模量 E_t，即得到了参数 a 的数值。采用Matlab对试验得到的应力-应变曲线的硬化段进行拟合，即可求得各应力比状态下的待定系数 b、c。再将参数代入式（2.28）中，即可得到ECC单轴拉、双轴拉压和双轴拉状态下应力-应变全曲线的表达式。不同配合比ECC试件的参数计算值如表 2.21-1～表 2.21-3 所示。

配合比为E-Ⅰ的ECC材料应力-应变全曲线参数计算值　　表 2.21-1

应力状态	ε_{cr}(%)	f_{cr}(MPa)	ε_u(%)	a	b	c
双轴拉-压 α=0.25	0.0187	1.660	0.567	89	2.36	1.6
双轴拉-压 α=0.5	0.0071	2.051	0.390	290	1.19	2.0
双轴拉-压 α=1	0.0128	2.136	0.505	167	1.83	2.1
单轴拉	0.0195	1.584	0.242	81	0.72	1.6
双轴拉 α=0.25	0.0096	2.582	0.501	269	−0.70	2.3
双轴拉 α=0.5	0.0097	2.408	0.665	250	−0.35	2.0
双轴拉 α=0.75	0.0173	1.355	0.398	78	1.86	1.4
双轴拉 α=1	0.0097	1.2085	0.446	125	0.69	1.2

配合比为 E-Ⅱ的 ECC 材料应力-应变全曲线参数计算值　　表 2.21-2

应力状态	ε_{cr}(%)	f_{cr}(MPa)	ε_u(%)	a	b	c
双轴拉-压 α=0.25	0.0104	1.587	0.710	153	1.38	1.6
双轴拉-压 α=0.5	0.0062	1.575	0.640	254	2.12	1.6
双轴拉-压 α=1	0.0169	1.954	0.589	116	0.12	2.0
单轴拉	0.0226	2.792	0.234	124	0.74	2.8
双轴拉 α=0.25	0.0106	1.337	0.316	126	0.36	1.6
双轴拉 α=0.5	0.0107	2.014	0.290	189	−0.60	1.9
双轴拉 α=0.75	0.0106	1.794	0.343	169	0.18	1.9
双轴拉 α=1	0.0091	1.584	0.384	174	0.31	1.6

配合比为 E-Ⅲ的 ECC 材料应力-应变全曲线参数计算值　　表 2.21-3

应力状态	ε_{cr}(%)	f_{cr}(MPa)	ε_u(%)	a	b	c
双轴拉-压 α=0.25	0.0148	1.648	1.019	111	1.92	1.6
双轴拉-压 α=0.5	0.0165	2.488	0.650	151	1.31	2.5
双轴拉-压 α=1	0.0092	2.502	0.390	272	0.96	2.5
单轴拉	0.0140	2.170	0.224	155	4.57	2.1
双轴拉 α=0.25	0.0099	1.648	0.116	167	2.97	1.8
双轴拉 α=0.5	0.0086	2.289	0.207	266	−1.31	2.3
双轴拉 α=0.75	0.0062	1.648	0.229	268	1.24	1.6
双轴拉 α=1	0.0034	1.822	0.221	539	0.21	1.8

分析计算得到的参数值，可以发现双轴拉压应力状态下，参数 b 的值较大，也就是硬化段曲线的斜率较大，说明 ECC 材料在双轴拉压状态下，强度在应变硬化段还有较大增长。双轴拉应力状态下，参数 b 的值普遍较小，有的应力比状态下甚至出现了负值，说明 ECC 材料在双轴拉状态下，强度在应变硬化段增长较小。

将上述计算得到参数值代入式（2.28），即可得到 ECC 单轴拉、双轴拉压和双轴拉三种状态的本构方程，将计算曲线与实测曲线相对比，结果如图 2.46～图 2.48 所示。

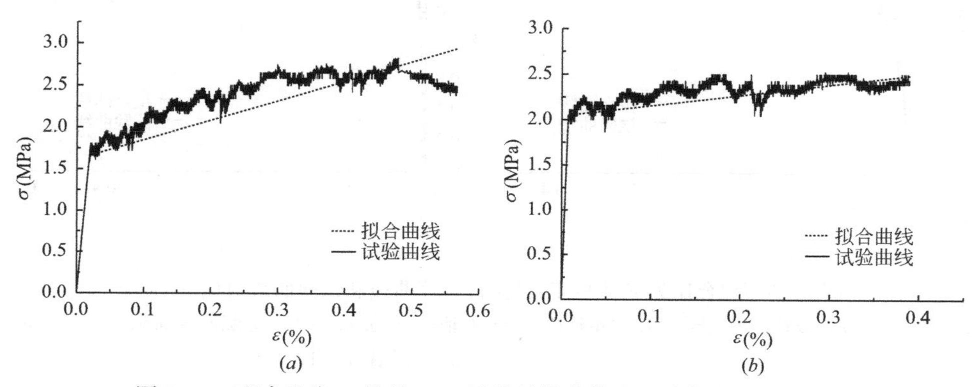

图 2.46　配合比为 E-Ⅰ的 ECC 试件计算曲线和试验曲线对比（一）

（a）双轴拉-压 α=0.25；（b）双轴拉-压 α=0.5

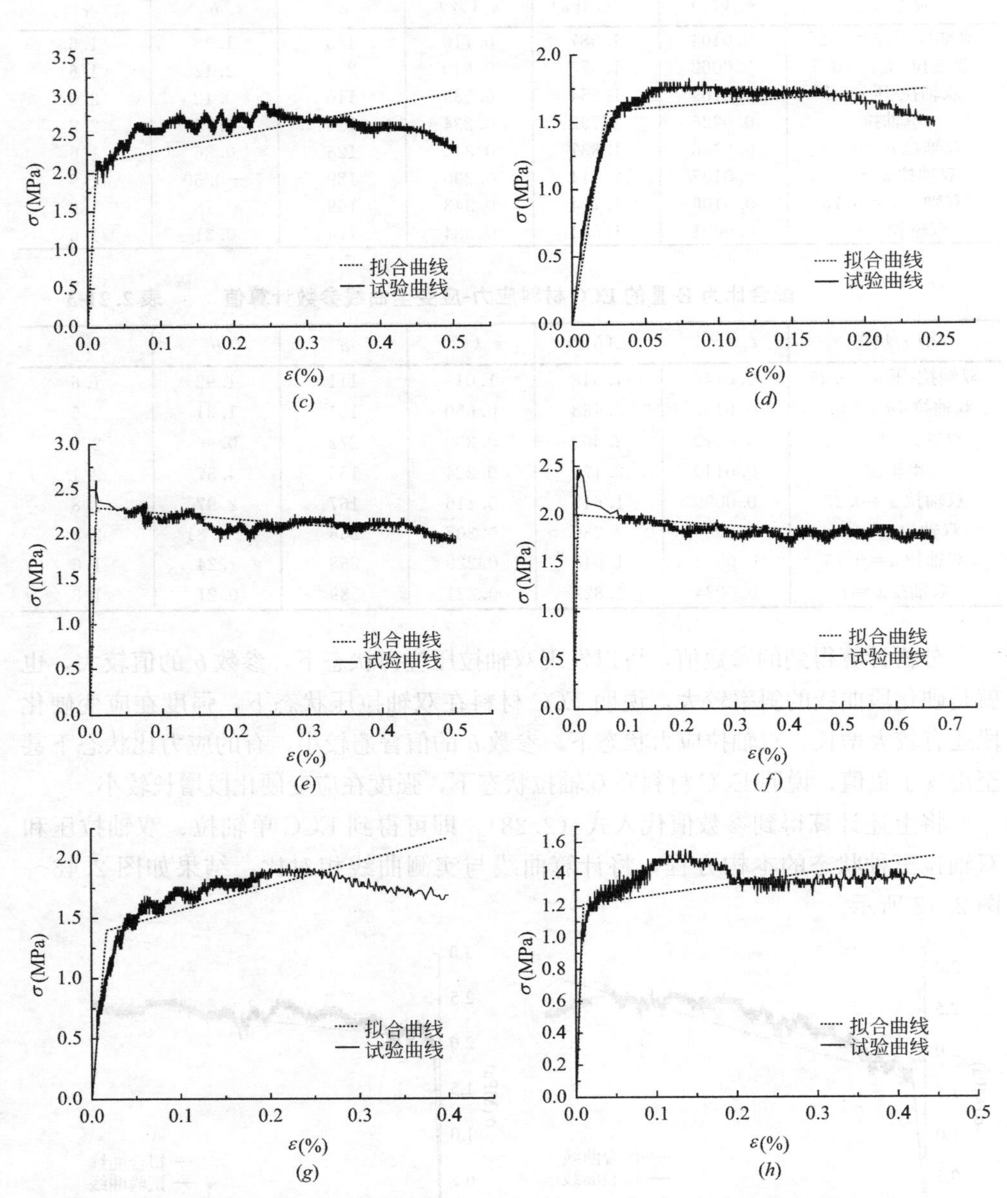

图 2.46 配合比为 E-Ⅰ的 ECC 试件计算曲线和试验曲线对比（二）

(c) 双轴拉-压 $\alpha=1$；(d) 单轴拉；(e) 双轴拉 $\alpha=0.25$；(f) 双轴拉 $\alpha=0.5$；(g) 双轴拉 $\alpha=0.75$；(h) 双轴拉 $\alpha=1$

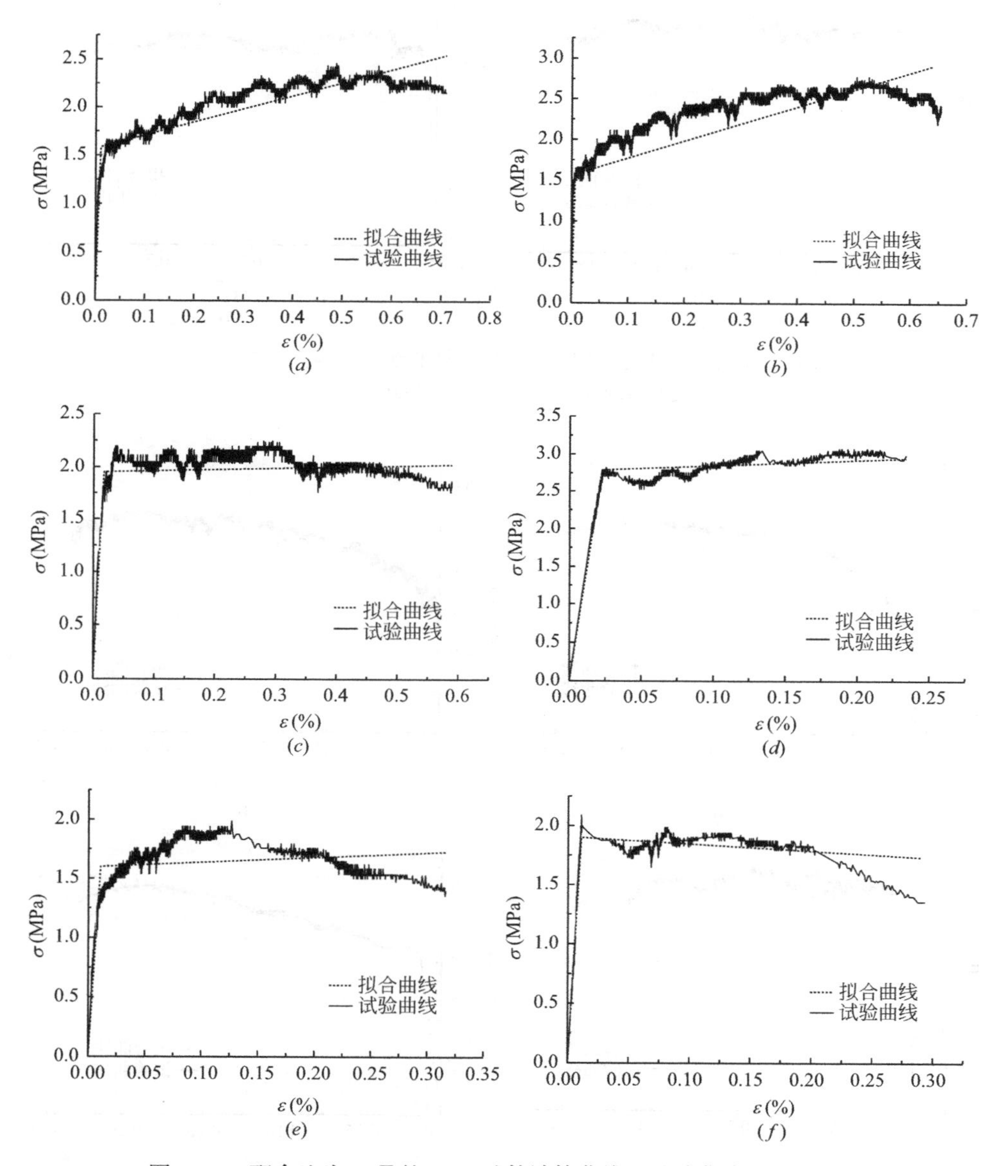

图 2.47　配合比为 E-Ⅱ的 ECC 试件计算曲线和试验曲线对比（一）

（a）双轴拉-压 $\alpha=0.25$；（b）双轴拉-压 $\alpha=0.5$；（c）双轴拉-压 $\alpha=1$；（d）单轴拉；（e）双轴拉 $\alpha=0.25$；（f）双轴拉 $\alpha=0.5$

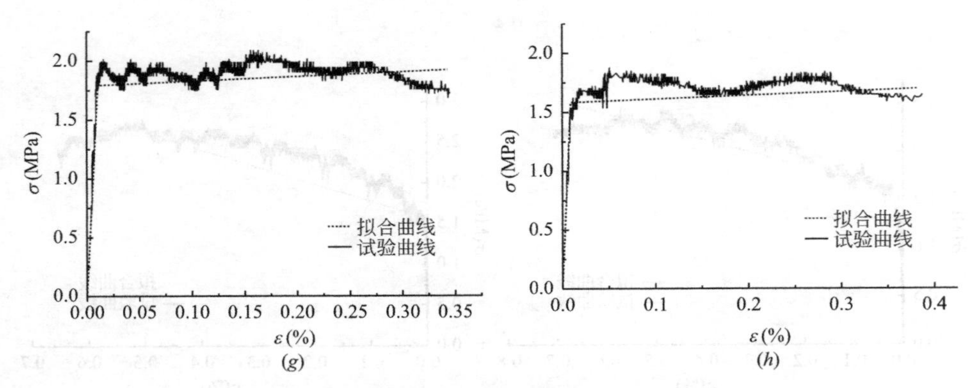

图 2.47 配合比为 E-Ⅱ的 ECC 试件计算曲线和试验曲线对比（二）

（*g*）双轴拉 α=0.75；（*h*）双轴拉 α=1

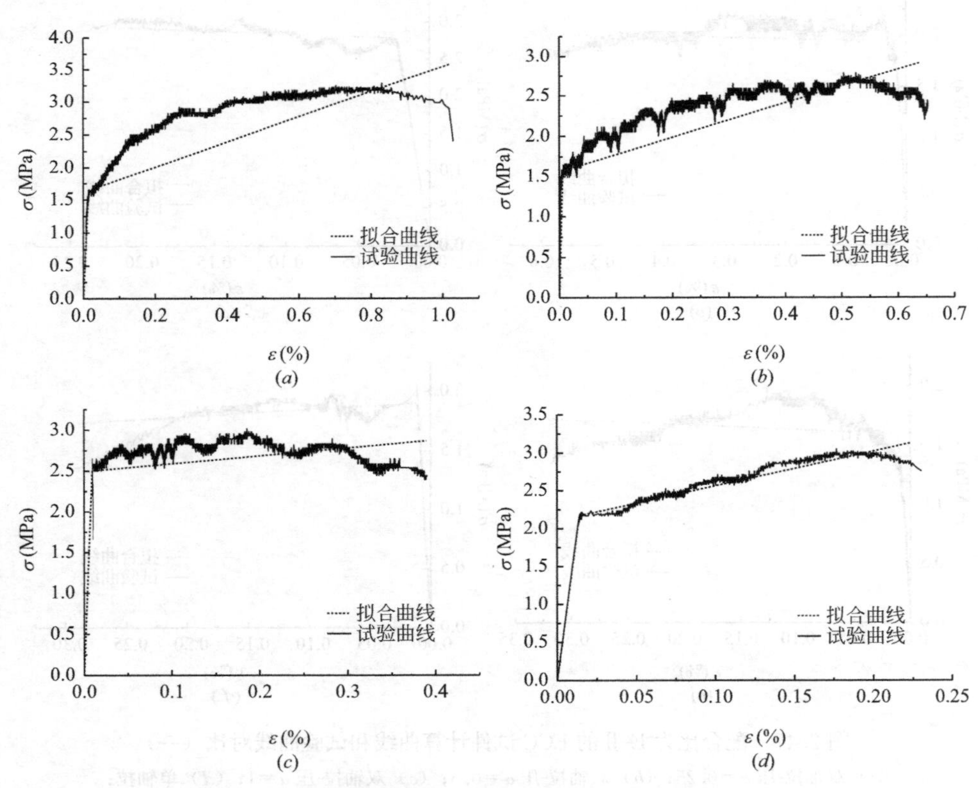

图 2.48 配合比为 E-Ⅲ的 ECC 试件计算曲线和试验曲线对比（一）

（*a*）双轴拉-压 α=0.25；（*b*）双轴拉-压 α=0.5；（*c*）双轴拉-压 α=1；（*d*）单轴拉

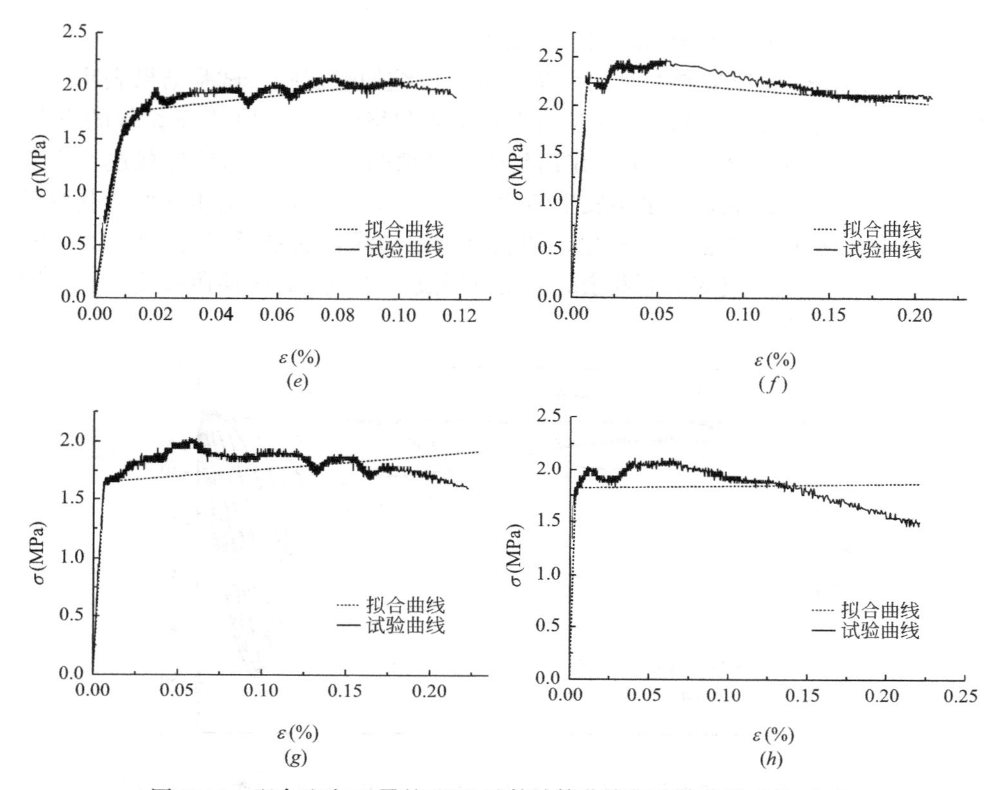

图 2.48　配合比为 E-Ⅲ的 ECC 试件计算曲线和试验曲线对比（二）

(*e*) 双轴拉 $\alpha=0.25$；(*f*) 双轴拉 $\alpha=0.5$；(*g*) 双轴拉 $\alpha=0.75$；(*h*) 双轴拉 $\alpha=1$

计算曲线与实测曲线的对比表明，采用双折线模型拟合 ECC 材料在单轴拉、双轴拉压以及双轴拉状态下的应力-应变曲线，线性段的拟合效果较好。对于硬化段，由于纤维滑移、拔出的过程较为复杂，用一条直线来拟合硬化段曲线，与实测曲线存在一定偏差，但偏差在可接受的范围内。

2.5　循环荷载作用下 ECC 的本构关系

前面所述的单轴和双轴本构模型均只适用于单调加载情况下的 ECC 材料，然而为了能够准确模拟地震和风等循环荷载作用下的结构响应，需要一个适用于循环加载过程的 ECC 本构模型。斯坦福大学的 Billington 教授和她的合作研究者[10,11] 针对循环荷载下的 ECC 材料基本力学性能做了一系列试验和数值模拟工作。试验包含了 PE-ECC 和 PVA-ECC 两种不同类型纤维增强的水泥基复合材料，同时还探究了 5mm 粒径的细骨料对其力学性能的影响，以及不同试件形状和尺寸对于 ECC 单轴拉伸性能测试结果的影响。

试验采用 PVA-ECC 圆柱体试件进行循环压缩加载试验。试验结果表明，循环压力荷载作用下 ECC 试件应力-应变曲线的外包络线与单调加载下试件的应力-应变曲线相近，如图 2.49 所示。在达到受压峰值荷载之前，循环加载过程主要包含了弹性加载和卸载，几乎不发生塑性变形。然而，当达到受压峰值荷载以后每一级循环加载试件均会发生软化，卸载时以抛物线状的路径回到零应力状态，并伴随着一定的残余应变，而残余应变则可通过施加一定的拉伸荷载使得试件回到变形为零的状态。

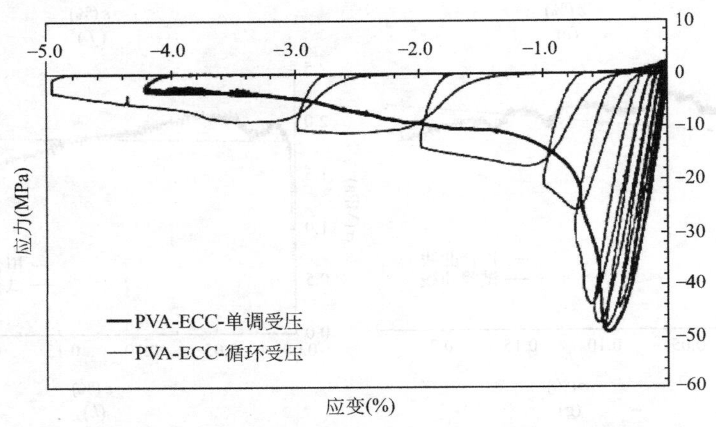

图 2.49 PVA-ECC 试件在循环受压以及单调受压下的应力-应变关系对比[10]

ECC 圆柱体试件的循环拉伸加载试验结果表明，极限拉伸应变的大小并不受循环荷载的影响，其拉伸应力-应变曲线包络线与单调拉伸结果相似，如图 2.50 所示。对于拉-压对称循环荷载，如果上一次受压加载循环中尚未进入压缩

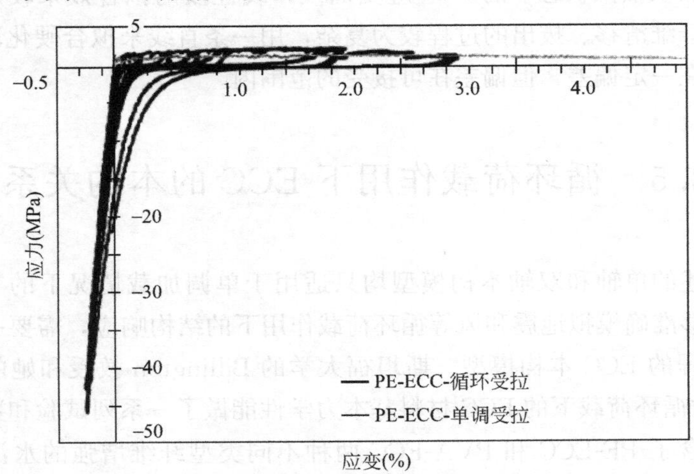

图 2.50 PE-ECC 试件在循环受拉以及单调受拉下的应力-应变关系对比[10]

软化段，ECC 材料的受拉极限应变的大小并不会受到循环荷载的影响；然而，当上一级受压循环进入软化段时，ECC 材料的极限拉伸应变会减小，受压产生的劈裂裂缝使得拉伸裂缝很快在局部扩张，最终导致试件的破坏，如图 2.51 所示。

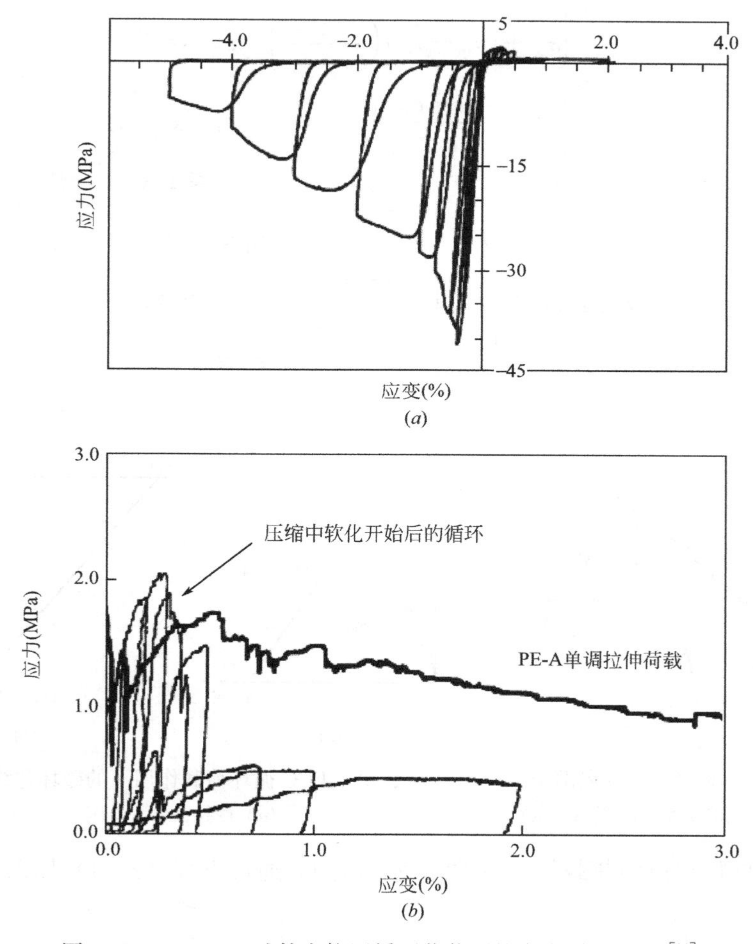

图 2.51　PE-ECC 试件在拉压循环荷载下的应力-应变关系[10]

(*a*) 拉伸-压缩全曲线；(*b*) 拉伸部分放大图及单调拉伸荷载作用下的应力-应变关系对比

基于 ECC 试件循环加载试验结果，Billington 等提出了 ECC 材料在循环荷载下的本构模型。在该本构模型中，不考虑平面双轴受力的耦合效应，并采用转角裂缝模型进行计算分析，如图 2.52 所示，包含了两组相互垂直的裂缝，并假设局部坐标中的主应力分量 σ_{nn} 和 σ_{ss} 相互独立，从而得到：

$$\sigma_{nn}=F(\varepsilon_{nn},\alpha_{nn}) \tag{2.29a}$$

$$\sigma_{ss}=F(\varepsilon_{ss},\alpha_{ss}) \tag{2.29b}$$

其中，α_{nn} 和 α_{ss} 是用于反映材料加载-卸载历史的状态变量。

图 2.53 给出了根据前述试验确定的 ECC 材料在拉压荷载作用下的破坏包络线，因此 F 函数可定义为：

$$F_{\text{tensile}}=\begin{cases}E\varepsilon & 0\leqslant\varepsilon<\varepsilon_{\text{t0}}\\ \sigma_{\text{t0}}+(\sigma_{\text{tp}}-\sigma_{\text{t0}})\left(\dfrac{\varepsilon-\varepsilon_{\text{t0}}}{\varepsilon_{\text{tp}}-\varepsilon_{\text{t0}}}\right) & \varepsilon_{\text{t0}}\leqslant\varepsilon<\varepsilon_{\text{tp}}\\ \sigma_{\text{tp}}\left(1-\dfrac{\varepsilon-\varepsilon_{\text{tp}}}{\varepsilon_{\text{tu}}-\varepsilon_{\text{tp}}}\right) & \varepsilon_{\text{tp}}\leqslant\varepsilon<\varepsilon_{\text{tu}}\\ 0 & \varepsilon_{\text{tu}}\leqslant\varepsilon\end{cases} \tag{2.30a}$$

$$F_{\text{compressive}}=\begin{cases}E\varepsilon & \varepsilon_{\text{cp}}\leqslant\varepsilon<0\\ \sigma_{\text{cp}}\left(1-\dfrac{\varepsilon-\varepsilon_{\text{cp}}}{\varepsilon_{\text{cu}}-\varepsilon_{\text{cp}}}\right) & \varepsilon_{\text{cu}}\leqslant\varepsilon<\varepsilon_{\text{cp}}\\ 0 & \varepsilon<\varepsilon_{\text{cu}}\end{cases} \tag{2.30b}$$

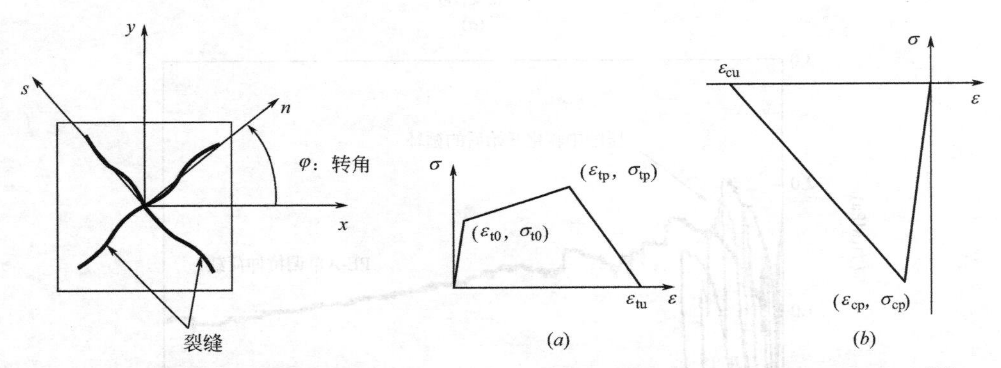

图 2.52 转角裂缝模型的局部坐标系（n-s）和整体坐标系（x-y）

图 2.53 ECC 循环荷载作用下的破坏包络线[11]
（a）受拉；（b）受压

ECC 材料在拉伸荷载作用下的卸载和再加载通过方程（2.31）加以描述：

$$F_{\text{tensile}}=\begin{cases}E\varepsilon & 0\leqslant\varepsilon_{\text{tmax}}<\varepsilon_{t0}\\ max\left\{0,\sigma^{*}_{\text{tmax}}\left(\dfrac{\varepsilon-\varepsilon_{\text{tul}}}{\varepsilon^{*}_{\text{tmax}}-\varepsilon_{\text{tul}}}\right)^{\alpha_{\text{t}}}\right\} & \varepsilon_{\text{t0}}\leqslant\varepsilon_{\text{tmax}}<\varepsilon_{\text{tp}},\dot{\varepsilon}<0\\ max\left\{0,\sigma^{*}_{\text{tul}}+(\sigma_{\text{tmax}}-\sigma^{*}_{\text{tul}})\left(\dfrac{\varepsilon-\varepsilon^{*}_{\text{tul}}}{\varepsilon^{*}_{\text{tmax}}-\varepsilon^{*}_{\text{tul}}}\right)\right\} & \varepsilon_{\text{t0}}\leqslant\varepsilon_{\text{tmax}}<\varepsilon_{\text{tp}},\dot{\varepsilon}\geqslant0\\ max\left\{0,\sigma_{\text{tmax}}\left(\dfrac{\varepsilon-\varepsilon_{\text{tul}}}{\varepsilon_{\text{tmax}}-\varepsilon_{\text{tul}}}\right)\right\} & \varepsilon_{\text{tp}}\leqslant\varepsilon_{\text{tmax}}<\varepsilon_{\text{tu}}\\ 0 & \varepsilon_{\text{tu}}\leqslant\varepsilon_{\text{tmax}}\end{cases} \tag{2.31}$$

式中，α_{t}（$\geqslant1$）是一个常数，需要根据反复循环荷载试验的卸载行为确定。

ε_{tmax}^{*} 的值通过下式确定：

$$\varepsilon_{tmax}^{*}=\begin{cases}\varepsilon_{tmax} & \text{初次卸载}\varepsilon_{tmax}^{*}\leqslant\varepsilon_{tmax}\\ \varepsilon_{tprl} & \text{卸载后再部分加载}\end{cases} \tag{2.32}$$

ε_{tprl} 是部分卸载过程中最大拉应变，σ_{tmax} 是 ε_{tmax}^{*} 所对应的应力值。

方程中的 ε_{tul}^{*} 可以确定为：

$$\varepsilon_{tul}^{*}=\begin{cases}\varepsilon_{tul} & \text{初次卸载}\\ \varepsilon_{tpul} & \text{卸载后再部分加载}\end{cases} \tag{2.33}$$

式中，$\varepsilon_{tul}=b_{t}\times\varepsilon_{tmax}$；$\varepsilon_{tpul}$ 是拉伸中部分卸载过程中最小应变。b_{t} 是材料常数，可以通过试验确定。σ_{tul}^{*} 是 ε_{tul}^{*} 所对应的应力值。ε_{tmax}、ε_{tprl} 和 ε_{tpul} 等参数都是拉伸荷载作用下 ECC 的内部变量（α_{ns}），需要在加载和卸载过程中追踪确定。

根据上述方程，拉伸荷载下应变硬化部分的加载-卸载行为以及部分卸载-重新加载行为可以表示出来，如图 2.54（*a*）所示：

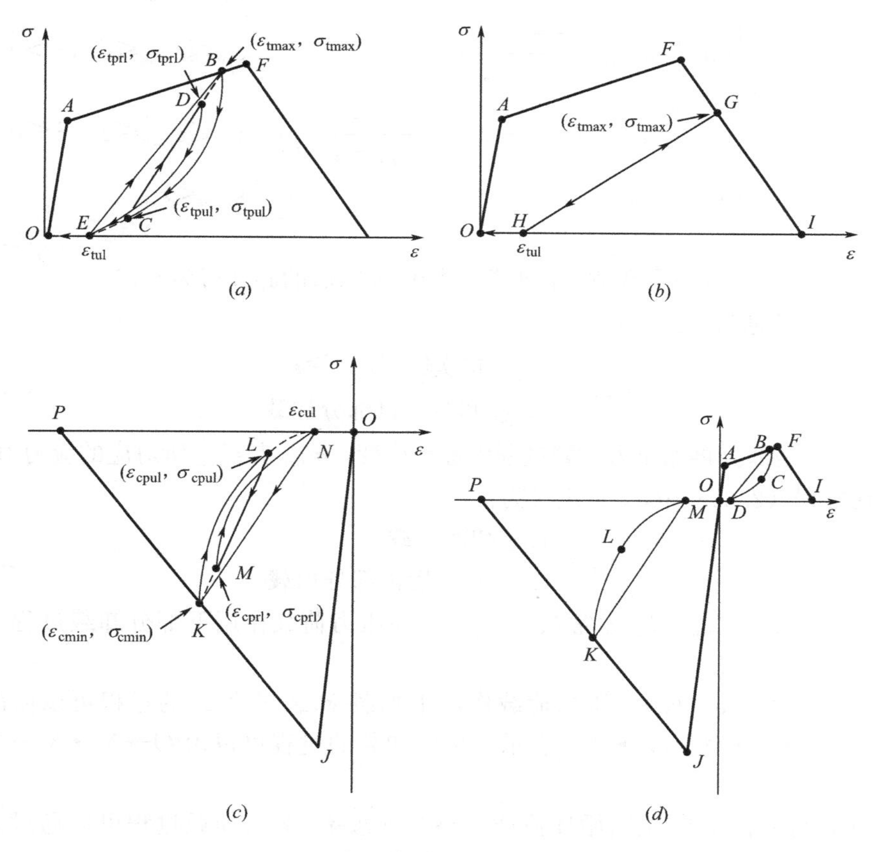

图 2.54　ECC 材料循环荷载下的本构关系[11]

（*a*）拉伸荷载下应变硬化期间；（*b*）拉伸荷载下软化期间；（*c*）压缩荷载下软化期间；（*d*）拉伸-压缩循环

（1）$O \to A \to B$：加载；

（2）$B \to C$：部分卸载；

（3）$C \to D$：部分再加载；

（4）$D \to E$：完全卸载；

（5）$E \to O$：进一步卸载到原点的假设路径；

（6）$O \to E \to B$：重新再加载；

（7）$B \to F$：继续加载。

当超过拉伸极限应变ε_{tp}时，则简化为线性卸载-再加载行为，如图 2.54（b）所示。卸载时，应力-应变关系沿着 $G \to H \to O$ 的路径进行。再加载时则沿着$O \to H \to G \to I$ 路径进行。

类似地，ECC 材料在压缩荷载作用下的卸载和再加载过程（$\varepsilon < 0$ 且 $\varepsilon \geqslant \varepsilon_{cmin}$，其中$\varepsilon_{cmin}$为加载过程中的压应变最小值）可以通过方程（2.34）加以描述：

$$F_{compressive} = \begin{cases} E\varepsilon & \varepsilon_{cp} \leqslant \varepsilon_{cmin} < 0 \\ \min\left\{0, \sigma^*_{cmin}\left(\dfrac{\varepsilon - \varepsilon_{cul}}{\varepsilon^*_{cmin} - \varepsilon_{cul}}\right)^{\alpha_c}\right. & \varepsilon_{cu} \leqslant \varepsilon_{cmin} \leqslant \varepsilon_{cp}, \dot{\varepsilon} > 0 \\ \min\left\{0, \sigma^*_{cu} + (\sigma_{cmin} - \sigma^*_{cmin})\left(\dfrac{\varepsilon - \varepsilon^*_{cul}}{\varepsilon^*_{cmin} - \varepsilon^*_{cul}}\right)\right\} & \varepsilon_{cu} \leqslant \varepsilon_{cmin} \leqslant \varepsilon_{cp}, \dot{\varepsilon} \leqslant 0 \\ 0 & \varepsilon_{cmin} < \varepsilon_{cu} \end{cases} \tag{2.34}$$

式中，α_c（$\geqslant 1$）是一个常数，需要根据峰值强度后的卸载行为确定。

ε^*_{cmin}的值通过下式确定：

$$\varepsilon^*_{cmin} = \begin{cases} \varepsilon_{cmin} & \text{初次卸载} \varepsilon^*_{cmin} \geqslant \varepsilon_{cmin} \\ \varepsilon_{cprl} & \text{卸载后再部分加载} \end{cases} \tag{2.35}$$

其中，ε_{cprl}是部分再加压力荷载过程中最小应变，σ^*_{cmin}是ε^*_{cmin}所对应的应力值。

在方程（2.34）中，ε^*_{cul}定义为：

$$\varepsilon^*_{cul} = \begin{cases} \varepsilon_{cul} & \text{初次卸载} \\ \varepsilon_{cpul} & \text{卸载后再部分加载} \end{cases} \tag{2.36}$$

式中，$\varepsilon_{cul} = b_c \times \varepsilon_{cmin}$（$b_c$ 为常数），ε_{cpul}是在压力荷载作用下部分卸载过程中最小应变。

如图所示 2.54（c），压缩荷载作用下加载-卸载-再加载的过程可以由路径 $O \to J \to K \to L \to M \to N \to O$ 来表示，重新加载的过程可以由 $O \to N \to K \to P$ 来表示。

ECC 材料在拉伸-压缩循环荷载下整个加载-卸载-再加载过程可以通过方程式(2.31)～式(2.36) 以及图 2.54（d）表示出来：

（1）$O \to A \to B \to C \to D \to O$：初次施加拉伸荷载到应变强化阶段；

（2）$O \to J \to K \to L \to M \to O$：初次施加压力荷载至软化阶段；

（3）$O \to D \to B \to F \to I \to O$：第二次施加拉力荷载到完全破坏；

（4）$O \to M \to K \to P \to O$：第二次施加压力荷载到完全破坏。

2.6　本章小结

目前，国内外针对 ECC 材料本构模型的研究已经取得了长足的进展，为我们准确预测结构性能打下了坚实的基础。这些模型与普通混凝土的典型本构模型差别较大，充分考虑了弹性范围之外 ECC 材料特有的拉伸应变硬化的特点。本章 2.1～2.4 节介绍了 ECC 材料单轴以及双轴荷载作用下的本构关系试验研究，提出了相应的本构关系模型和破坏准则，对复杂应力状态下的 ECC 结构性能预测尤为重要。其次，目前已有的针对循环荷载下 ECC 应力-应变关系的试验研究是建立在一维单轴基础上的，虽然建立了二维循环荷载下本构模型，但是并未考虑多轴荷载相互之间的耦合作用，因此该模型对于预测复杂应力状态下 ECC 结构在循环荷载下力学响应的准确性仍值得进一步探讨，相关试验和理论工作也亟待进一步开展。此外，ECC 材料本构模型的率敏感性仍值得进一步研究，这对于准确预测 ECC 结构的抗爆抗冲击性能十分重要。

2.7　参考文献

[1] Tetsushi Kanda，Zhong lin，Victor C Li. Tensile stress-strain modeling of pseudostraian hardening cementitious composites [J]. Journal of materials in civil engineering，2000，(5)：147-156.

[2] Zhou J，Pan J，Leung C K Y. Mechanical Behavior of Fiber Reinforced Engineered Cementitious Composites in Uniaxial Compression [J]. Journal of Materials in Civil Engineering，2014.

[3] Fanella D A，Naaman A E. Stress-Strain Properties of Fiber Reinforced Mortar in Compression [J]. Journal of the American Concrete Institute，1985，82 (4)：475-483.

[4] Hsu L S，Hsu C T T. Stress-Strain Behaviour of High-Strength Concrete Under Compression [J]. ACI Structural Journal. 91 (4)：448-457.

[5] Mansur M A，Chin M S，Wee T H. Stress-Strain Relationship of High-Strength Fiber Concrete in Compression [J]. Journal of Materials in Civil Engi-

neering，1999，11（1）：21-29.

[6] Nataraja M C，Dhang N，Gupta A P. Stress-strain curves for steel-fiber reinforced concrete under compression [J]. Cement and Concrete Composites，1999，21（5-6）：383-390.

[7] 王路平. 超高韧性 ECC 材料双轴破坏准则和本构关系的试验研究 [D]. 东南大学，2014.

[8] Kupfer H B，Gerstle K H. Behavior of concrete under biaxial stresses [J]. Journal of the Engineering Mechanics Division，1973，99（4）：853-866.

[9] 过镇海. 混凝土的强度和变形——试验基础和本构关系 [M]. 北京：清华大学出版社，1997.

[10] Kesner K E，Kesner K E，Billington S L，et al. Cyclic Response of Highly Ductile Fiber-Reinforced Cement-Based Composites [J]. Aci Materials Journal，2003，100（5）：381-390.

[11] Han T，Feenstra P H，Billington S L. Simulation of Highly Ductile Fiber-Reinforced Cement-Based Composite Components Under Cyclic Loading [J]. ACI Structural Journal，2003，100（6）：749-757.

第3章 ECC与钢筋的粘结性能

目前钢筋与混凝土粘结性能试验方法主要有三种[1]：①中心拉拔试验；②梁式试验；③局部粘结滑移试验。中心拉拔试验的优点是方法简单、试验结果受其他因素干扰较小且便于分析等。因此，本章采用中心拉拔试验来研究钢筋与ECC的粘结性能。

在钢筋混凝土结构有限元分析中，钢筋与混凝土之间的粘结滑移本构关系的选择对分析结果的影响较大。因此，许多研究学者对钢筋与混凝土的粘结滑移本构关系进行了大量的研究[2,3]。因为混凝土与ECC两者材料性能有较大差异，现有的混凝土和钢筋粘结滑移本构关系并不适用于钢筋与ECC之间的粘结滑移本构关系。同时，钢筋与ECC的粘结滑移本构关系的建立是研究ECC构件和结构的前提，因此有必要对钢筋与ECC粘结性能开展深入的研究。本章主要研究内容包括：

(1) 进行了钢筋与ECC粘结性能试验，主要研究锚固长度、钢筋类别、保护层厚度及配箍率对钢筋与ECC粘结性能的影响，分析钢筋与ECC的粘结滑移机理。

(2) 基于钢筋开槽内贴应变片的方法，进行钢筋与ECC粘结本构关系试验。根据不同荷载下沿锚固长度各测点的钢筋应变，计算其粘结应力的分布情况，同时基于实测的加载端和自由端的滑移，获得沿锚固长度各测点钢筋与ECC之间的相对滑移，由此通过理论分析建立考虑锚固位置影响的钢筋与ECC粘结滑移本构关系。

3.1 钢筋与ECC粘结性能试验

3.1.1 试验方案设计

3.1.1.1 试验材料

试验材料主要有普通硅酸盐水泥、石英砂、粉煤灰、减水剂、国产聚乙烯醇纤维（PVA）等。试验所采用纤维的性能指标如表3.1所示。试验所采用的ECC配合比见表3.2。在浇筑试件时不同配合比的ECC分别浇筑3个150mm×

150mm×150mm 立方体试块。ECC 的抗压强度 f_{cu} 为其达到 28 天龄期的 3 个立方体抗压强度实测值的平均值，如表 3.3 所示。以有 95%保证率的抗压强度为 ECC 的抗压强度标准值，可计算出 N1、N2 和 N3 的抗压强度设计值 f_c 分别为 22.8MPa、26.29 及 22.2MPa。

PVA 纤维的性能指标 表 3.1

长度(mm)	直径(μm)	抗压强度(MPa)	伸长率(%)	抗拉弹性模量(GPa)	密度(g/cm^3)
12	14	1360	7	70	1.28

ECC 材料的配合比 表 3.2

编号	胶凝材料	石英砂	水	纤维体积率(%)	减水剂
N1	1.0	0.2	0.22	0.5	0.0090
N2	1.0	0.2	0.22	1.0	0.0090
N3	1.0	0.2	0.22	1.5	0.0090

ECC 立方体的抗压强度 表 3.3

编号	实测强度 1 (N/mm^2)	实测强度 2 (N/mm^2)	实测强度 3 (N/mm^2)	平均值 1 (N/mm^2)	标准差
N1	32.09	32.68	32.45	32.41	0.297
N2	37.28	39.04	38.80	38.37	0.954
N3	31.29	31.80	31.86	31.65	0.313

试验中钢筋采用鞍钢生产的变形钢筋和光圆钢筋，用于试验的钢筋基本未锈蚀。在制作试件的钢筋中，随机截取 3 根钢筋进行拉伸试验，用以测定钢筋的抗拉屈服强度、极限抗拉强度、弹性模量及延伸率，测试钢筋的标距为 10d（d 为钢筋直径），钢筋材料性能见表 3.4。

钢筋材料力学性能 表 3.4

直径(mm)	抗拉屈服强度 (N/mm^2)	极限抗拉强度 (N/mm^2)	延伸率	弹性模量 E_s (N/mm^2)
6(HPB235)	309	429	0.35	2.0×10^5
18(HPB235)	272	408	0.33	2.0×10^5
16(HRB400)	470	610	0.305	2.0×10^5
18(HRB400)	460	597.5	0.305	2.0×10^5
20(HRB400)	480	630	0.295	2.0×10^5

为与钢筋和 ECC 的粘结性能作对比，制作了混凝土试件，所采用的混凝土

的强度等级为 C50，水灰比为 0.43，水：水泥：沙：石子为 0.43：1：1.06：2.72。在浇筑试件时还浇筑 3 个 150mm×150mm×150mm 试块。达到 28 天龄期后测得 3 个立方体平均抗压强度值为 56.79MPa。

3.1.1.2 试件设计与制作

试验参数主要有钢筋类别、锚固长度、保护层厚度及配箍率。拉拔试件的钢筋均在试件截面中心位置处，如图 3.1 所示。在制作过程中，拉拔试件模具采用塑料和木模具，全部模具均在两侧中心处打孔，其直径为 30mm，如图 3.2 所示，其目的是为了减小钢筋的偏心所造成的误差，同时还能保证加载面光滑平整，便于试验。为避免试件在加载时 ECC 和混凝土出现端部挤压效应导致与实际情况中钢筋端部附近的应力状态差别较大而影响试验结果的可靠性，非粘结区域的钢筋和 ECC 及混凝土用 PVC 塑料管隔离开。拉拔试件的详细参数见表 3.5-1～表 3.5-3。

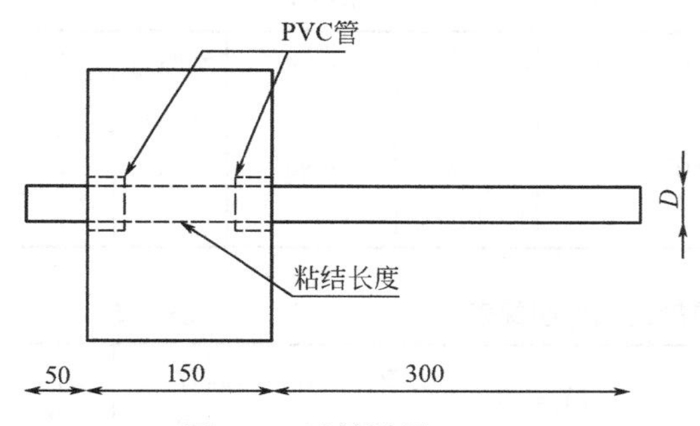

图 3.1 试件详图（mm）

图 3.2 试件模具

考虑钢筋不同锚固长度的试件明细表 **表 3.5-1**

试件编号	基体类别	试件尺寸(mm)	钢筋类型	钢筋直径(mm)	锚固长度(mm)	试件个数
ECC-80	ECC	150×150×150	变形(HRB400)	16	80	3
ECC-112	ECC	150×150×150	变形(HRB400)	16	112	3
ECC-128	ECC	150×150×150	变形(HRB400)	16	128	3
ECC-144	ECC	150×150×300	变形(HRB400)	16	144	3
ECC-100	ECC	150×150×300	变形(HRB400)	20	100	3
ECC-180	ECC	150×150×300	变形(HRB400)	20	180	3
ECC-200	ECC	150×150×300	变形(HRB400)	20	200	3
ECC-200	ECC	150×150×300	变形(HRB400)	20	220	3
C50-80	C50	150×150×150	变形(HRB400)	16	80	3
C50-112	C50	150×150×150	变形(HRB400)	16	112	3

续表

试件编号	基体类别	试件尺寸(mm)	钢筋类型	钢筋直径(mm)	锚固长度(mm)	试件个数
C50-128	C50	150×150×150	变形(HRB400)	16	128	3
C50-144	C50	150×150×300	变形(HRB400)	16	144	3
C50-100	C50	150×150×300	变形(HRB400)	20	100	3
C50-180	C50	150×150×300	变形(HRB400)	20	180	3
C50-200	C50	150×150×300	变形(HRB400)	20	200	3
C50-220	C50	150×150×300	变形(HRB400)	20	220	3

考虑不同配箍率的试件明细表 **表 3.5-2**

试件编号	基体类别	试件尺寸(mm)	钢筋类型	钢筋直径(mm)	锚固长度(mm)	钢筋直径及间距(mm)	配箍率	试件个数
ECC-3G	ECC	150×150×150	变形(HRB400)	18	108	6-60	1.41%	3
ECC-2G	ECC	150×150×150	变形(HRB400)	18	108	6-75	1.12%	3
ECC-1G	ECC	150×150×150	变形(HRB400)	18	108	6-90	0.94%	3
ECC-0G	ECC	150×150×150	变形(HRB400)	18	108	0	0	3

考虑保护层厚度的试件明细表 **表 3.5-3**

试件编号	基体类别	试件尺寸(mm)	钢筋类型	钢筋直径(mm)	锚固长度(mm)	试件个数
ECC-140-90-L	ECC	140×140×150	变形(HRB400)	18	90	3
ECC-170-90-L	ECC	170×170×150	变形(HRB400)	18	90	3
ECC-200-90-L	ECC	200×200×150	变形(HRB400)	18	90	3
ECC-250-90-L	ECC	250×250×150	变形(HRB400)	18	90	3
ECC-140-90	ECC	140×140×150	光圆(HPB235)	18	90	3
ECC-170-90	ECC	170×170×150	光圆(HPB235)	18	90	3
ECC-200-90	ECC	200×200×150	光圆(HPB235)	18	90	3
ECC-250-90	ECC	250×250×150	光圆(HPB235)	18	90	3

3.1.1.3 试验装置

采用MTS810 250kN液压伺服试验机（图3.3）进行等速位移加载，加载速率为0.5mm/min，外接位移传感器（LVDT）的数据采用TST3827动静态数据采集仪进行连续采集，采样频率为1HZ。为测量自由端的滑移量，在试件的自由端安装一个LVDT，为测量钢筋在自由端和加载端与基体的相对滑移分别在相应位置设置两个LVDT。在钢架下端安装一个LVDT，用于测量钢架在加载过程中

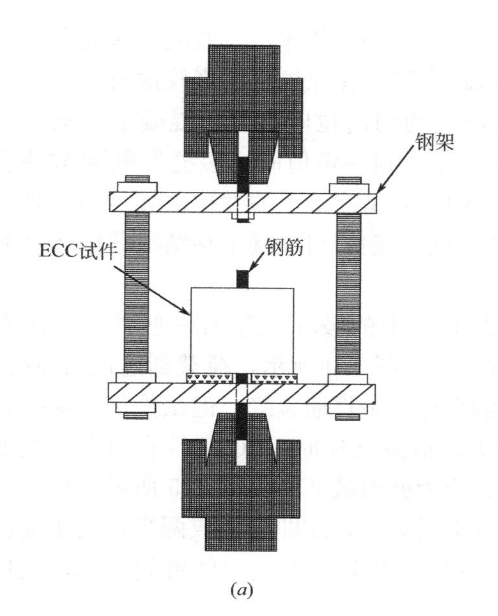

(a)

(b)

图 3.3 拉拔装置图

(a) 拉拔装置示意图；(b) 拉拔装置实图

的挠曲变形。试验开始时，测量出加载端钢筋自由长度，便于计算不同荷载下加载端钢筋自由伸长量。

MTS 试验机测得的位移包括三部分：钢筋加载端滑移量 S_l'、加载端钢筋自由伸长量 S_f 及整个加载装置的变形 S_d。通过 MTS 试验机测得的荷载可计算加载端钢筋自由伸长量 S_f：

$$S_f=\frac{Pl_f}{E_sA_s} \tag{3.1}$$

式中 P——拉拔力；

l_f——钢筋自由端长度；

E_s——钢筋弹性模量；

A_s——钢筋截面积。

则钢筋与 ECC 的总滑移量 S_l 为：

$$S_l=S_l'-S_f-S_d \tag{3.2}$$

3.1.2 试验结果及分析

3.1.2.1 破坏形态

在单调荷载作用下，钢筋与混凝土之间的粘结破坏形式有三种：剪切破坏、剪切-劈裂破坏及劈裂破坏。剪切破坏是指钢筋从混凝土中拔出而混凝土表面未出现裂纹，光圆钢筋和锚固较短的变形钢筋的拔出破坏基本为此类破坏。剪切-

劈裂破坏是指试件破坏后不会被劈开，仍会保持一个整体，一般配置箍筋和保护层厚度较大的试件发生此类破坏。劈裂破坏多发生在保护层厚度较薄或者没配箍筋的情况。由于钢筋肋对混凝土挤压力产生的切向拉应力大于混凝土的抗拉强度，导致周围混凝土产生劈裂裂缝，当荷载达到一定值时，裂缝发展到试件表面，从而引起试件劈裂破坏。因劈裂破坏的实质是混凝土的劈拉破坏，而不是钢筋与混凝土的粘结滑移破坏，其最大拉拔力小于钢筋与混凝土粘结滑移破坏（剪切破坏）时的最大荷载。

由试验结果可知，钢筋在 ECC 和混凝土中的破坏现象有一些差异，所有 ECC 试件破坏形式为剪切-劈裂和剪切破坏，如图 3.4 所示，荷载到达最大值时，试件表面会出现一些裂纹，最后试件一侧会有一条贯通裂缝，但试件仍能保持较好的整体性。随着变形钢筋锚固长度增大，最终破坏时 ECC 试件表面裂缝宽度也逐渐变宽。然而，混凝土试件破坏形式均为劈裂破坏，如图 3.5 所示，荷载到达最大值时，试件表面的裂缝立即发展成贯通裂缝，随即劈裂成两半，属于脆性破坏。因此，钢筋与 ECC 的粘结破坏表现出优于其与混凝土的劈裂破坏，表现出更好的延性和裂缝控制能力。

(*a*)

(*b*)

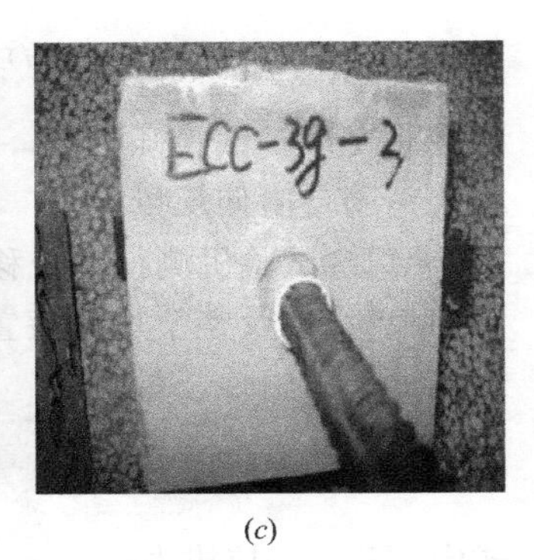

(*c*)

图 3.4　变形钢筋-ECC 试件破坏形式

（*a*）剪切-劈裂破坏（裂缝较细）；（*b*）剪切-劈裂破坏（裂缝较宽）；（*c*）剪切破坏

采用变形钢筋的 ECC 拉拔试件的裂缝发展规律主要表现为：①在加载端由钢筋表面处向试件外表面发展，随着荷载的增大，裂缝逐渐变宽，条数逐渐增多；②由试件加载端向自由端发展的纵向裂缝，随着荷载的增大，裂缝在其一侧形成纵向的贯通裂缝。由于变形钢筋的截面不对称，在加载过程中挤压力大多集中在纵肋的两侧，导致裂缝的发展主要沿着钢筋纵肋方向。

光圆钢筋试件均发生剪切-劈裂破坏和剪切滑移破坏，如图 3.6 所示，裂缝首先出现在试件加载端光圆钢筋的外边缘处，裂缝分布稀疏且宽度很小，最后钢筋被缓缓地拔出。

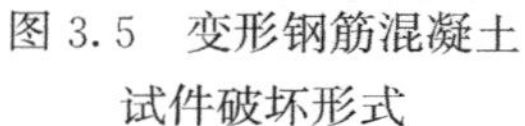

图 3.5　变形钢筋混凝土试件破坏形式

图 3.6　光圆钢筋 ECC 试件破坏形式

3.1.2.2　荷载-滑移曲线分析

图 3.7～图 3.13 为在考虑不同基体材料、钢筋直径、钢筋类型、锚固长度、保护层厚度以及配箍率的拉拔试验所获的荷载-滑移曲线。

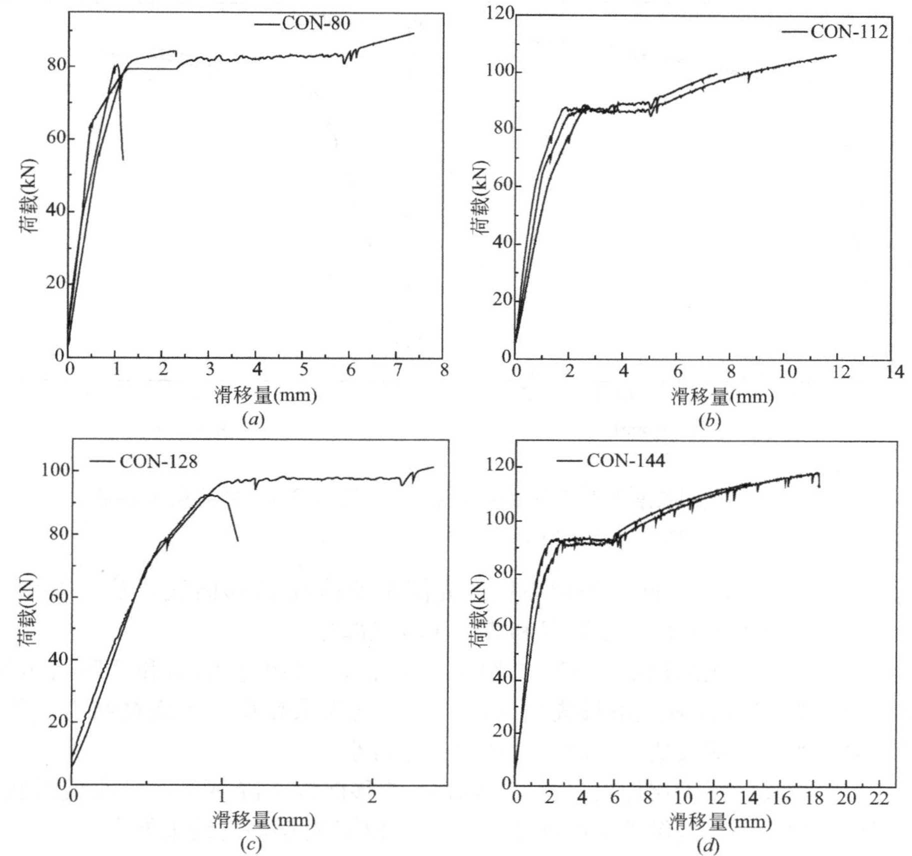

图 3.7　不同锚固长度下直径为 16mm 的变形钢筋与混凝土的荷载-滑移曲线

(*a*) CON-80；(*b*) CON-112；(*c*) CON-128；(*d*) CON-144

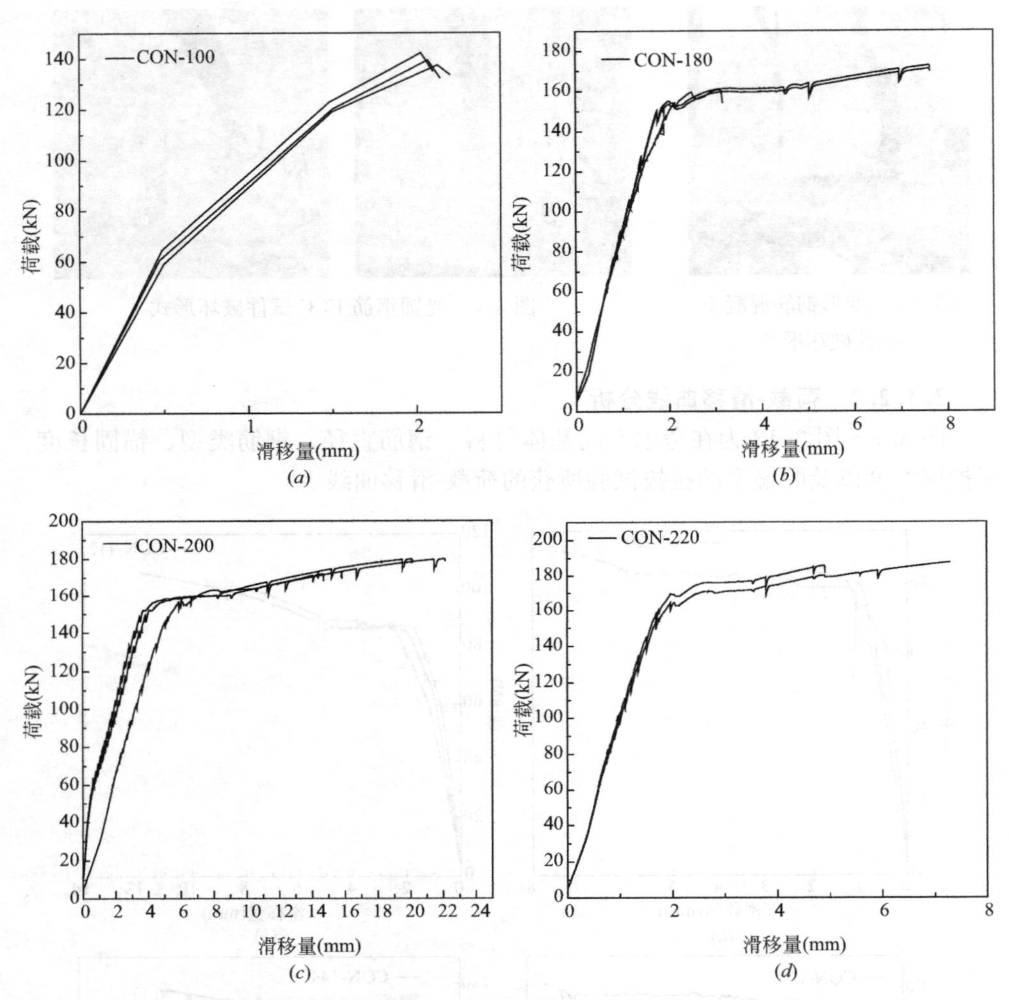

图 3.8 不同锚固长度下直径为 20mm 的变形钢筋与混凝土的荷载-滑移曲线

(*a*) CON-100；(*b*) CON-180；(*c*) CON-200；(*d*) CON-220

由图 3.11 可知，不同保护层厚度的光圆钢筋荷载-滑移曲线形状基本相同，其曲线形状可分为上升段、下降段和拔出阶段三部分。

(1) 上升段：光圆钢筋和 ECC 之间的粘结力主要由胶结力和摩阻力承担，一旦钢筋与 ECC 界面发生滑移失效时，胶结力就失去作用，界面粘结力主要来自摩阻力。所以，荷载从零到峰值，滑移量非常小。

(2) 下阶段：保护层厚度越大，其荷载-滑移曲线下降越平缓，曲线形状呈向下凹形。主要原因是保护层厚度增大提高了 ECC 对钢筋的约束能力。

(3) 拔出阶段：当滑移量增大到一定值后，荷载基本趋于稳定。

变形钢筋在 ECC 中的荷载-滑移曲线可分为钢筋未屈服和钢筋屈服两种情况

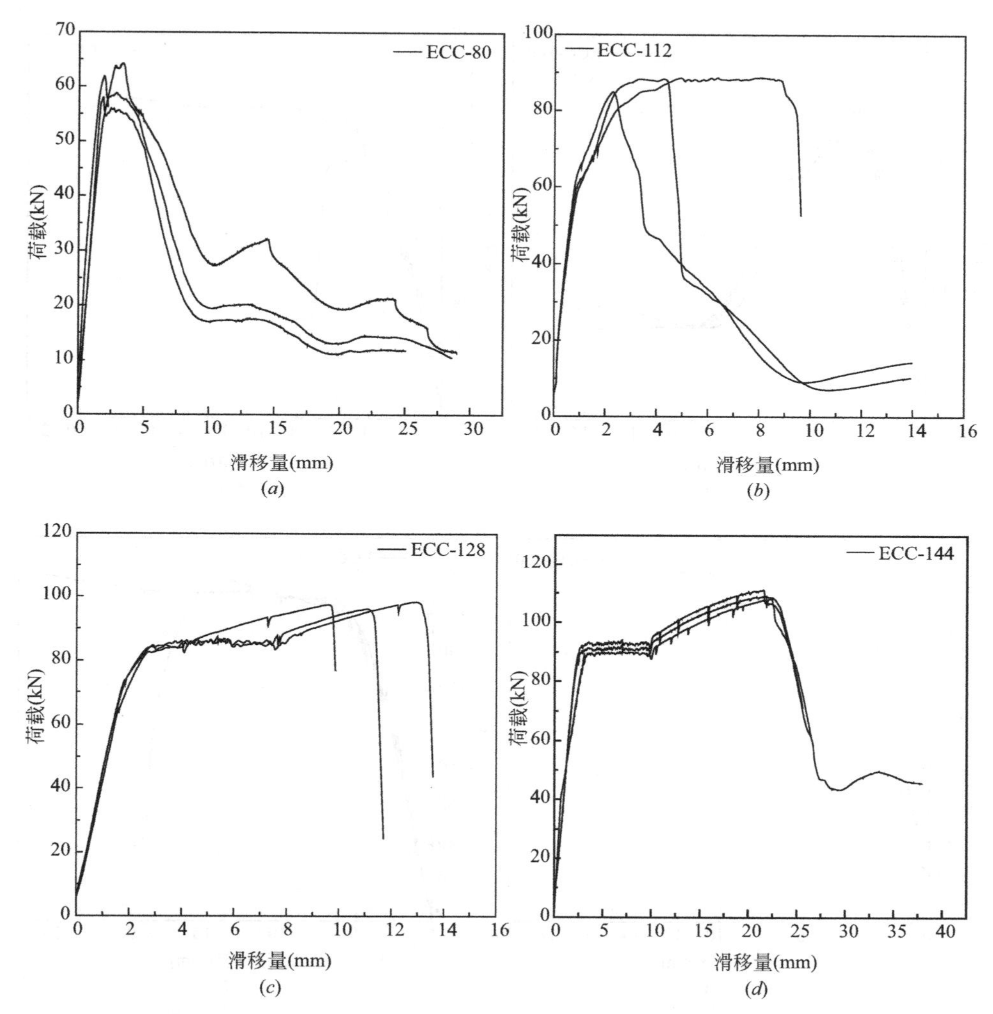

图 3.9 不同锚固长度下直径为 16mm 的变形钢筋与 ECC 的荷载-滑移曲线

(*a*) ECC-80；(*b*) ECC-112；(*c*) ECC-128；(*d*) ECC-144

进行分析。图 3.9（*a*）、图 3.10（*a*）和图 3.12 为钢筋未屈服的情况，由图可知，在试件中直径为 16mm、18mm 和 20mm 变形钢筋在不同锚固长度下荷载-滑移曲线形状相似，可大致分为上升段、下降段和残余段三部分。

（1）上升阶段：加载初期，荷载主要由钢筋与 ECC 间的胶结力承担，滑移量随荷载呈线性增大。随着荷载不断增大，钢筋与 ECC 界面间的应力相应增大，不同锚固长度、钢筋直径、保护层厚度及配箍率的曲线上升段趋势相似。在相同的锚固长度的情况下，荷载大概为 60kN 时，配有箍筋的试件其曲线的斜率会变小。

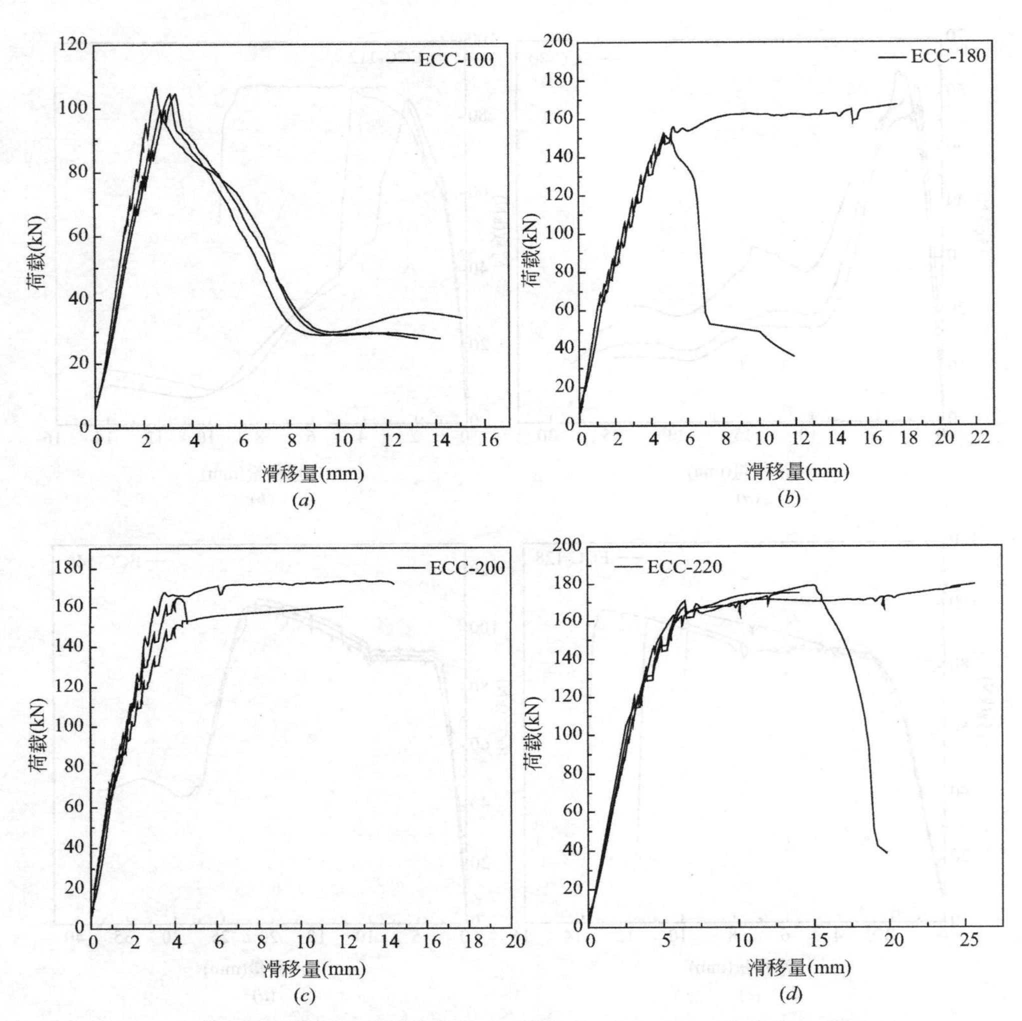

图 3.10 不同锚固长度直径为 20mm 的变形钢筋与 ECC 的荷载-滑移曲线

(*a*) ECC-100；(*b*) ECC-180；(*c*) ECC-200；(*d*) ECC-220

(2) 下降阶段：达到极限荷载后，曲线开始下降，在锚固长度相同的情况下，随着变形钢筋保护层厚度的增大，曲线逐渐变得平缓。

(3) 残余阶段：当荷载衰减到一定值，其主要由钢筋与 ECC 间的摩擦力承担，曲线形状基本成水平，即荷载基本不变，而滑移量却不断增大。在相同的锚固长度下，随着变形钢筋保护层厚度及配箍率的增大，残余段的荷载会有一定的提高。

图 3.7、图 3.8、图 3.9 (*b*～*d*)、图 3.11 (*b*～*d*) 为钢筋屈服的情况，由图可知，在试件中不同锚固长度和钢筋直径的荷载-滑移曲线趋势基本一致。根

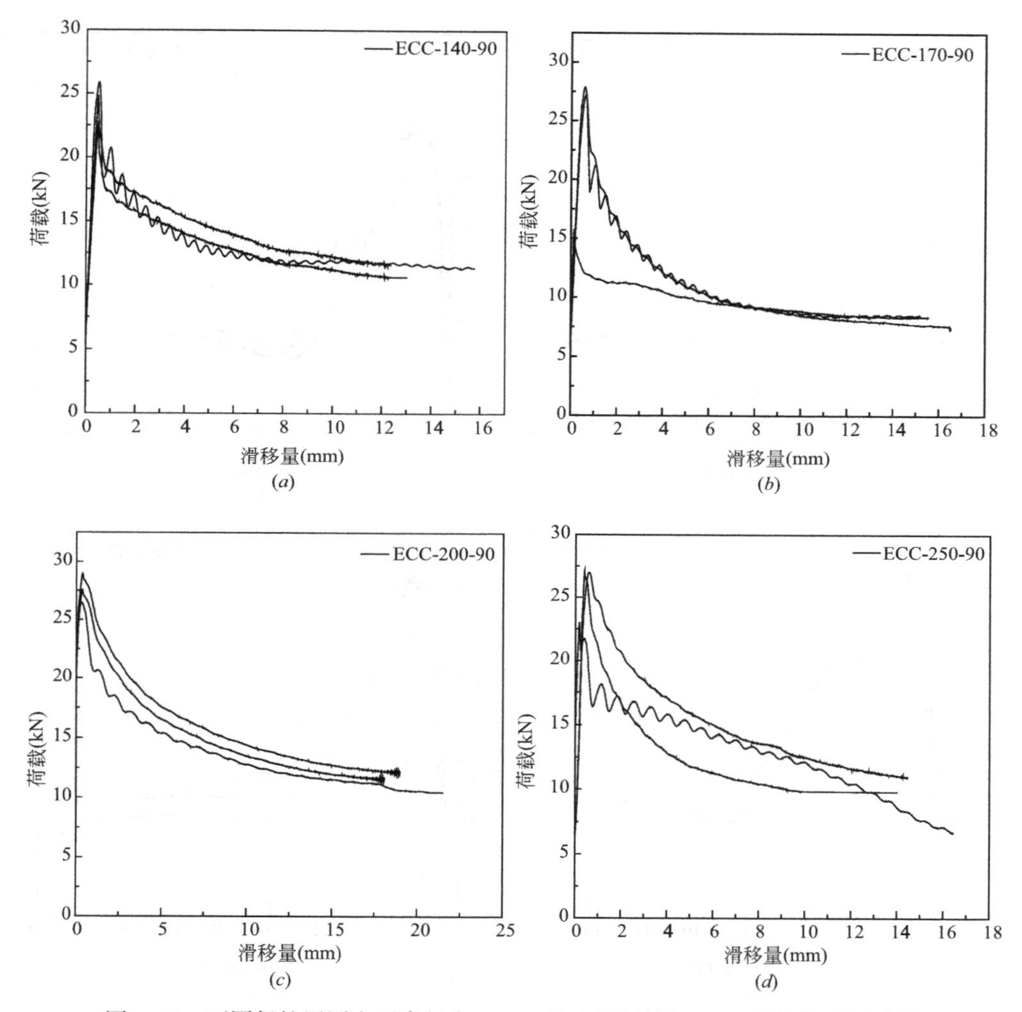

图 3.11　不同保护层厚度下直径为 18mm 的光圆钢筋与 ECC 的荷载-滑移曲线
(a) ECC-140-90；(b) ECC-170-90；(c) ECC-200-90；(d) ECC-250-90

据曲线形状可分为钢筋弹性阶段和钢筋屈服阶段两部分。

(1) 钢筋弹性阶段：随着拉拔力不断增大，滑移量相应增大。在钢筋直径相同的情况下，锚固长度不同的钢筋屈服点荷载基本一致。

(2) 钢筋屈服阶段：当钢筋到达屈服点时，荷载-滑移曲线先有一段水平段，之后平缓上升。

3.1.2.3　钢筋与 ECC 的粘结滑移机理分析

1. 变形钢筋与 ECC 的粘结滑移机理分析

变形钢筋与 ECC 的粘结强度由胶结力、摩阻力和咬合力组成，其中主要为

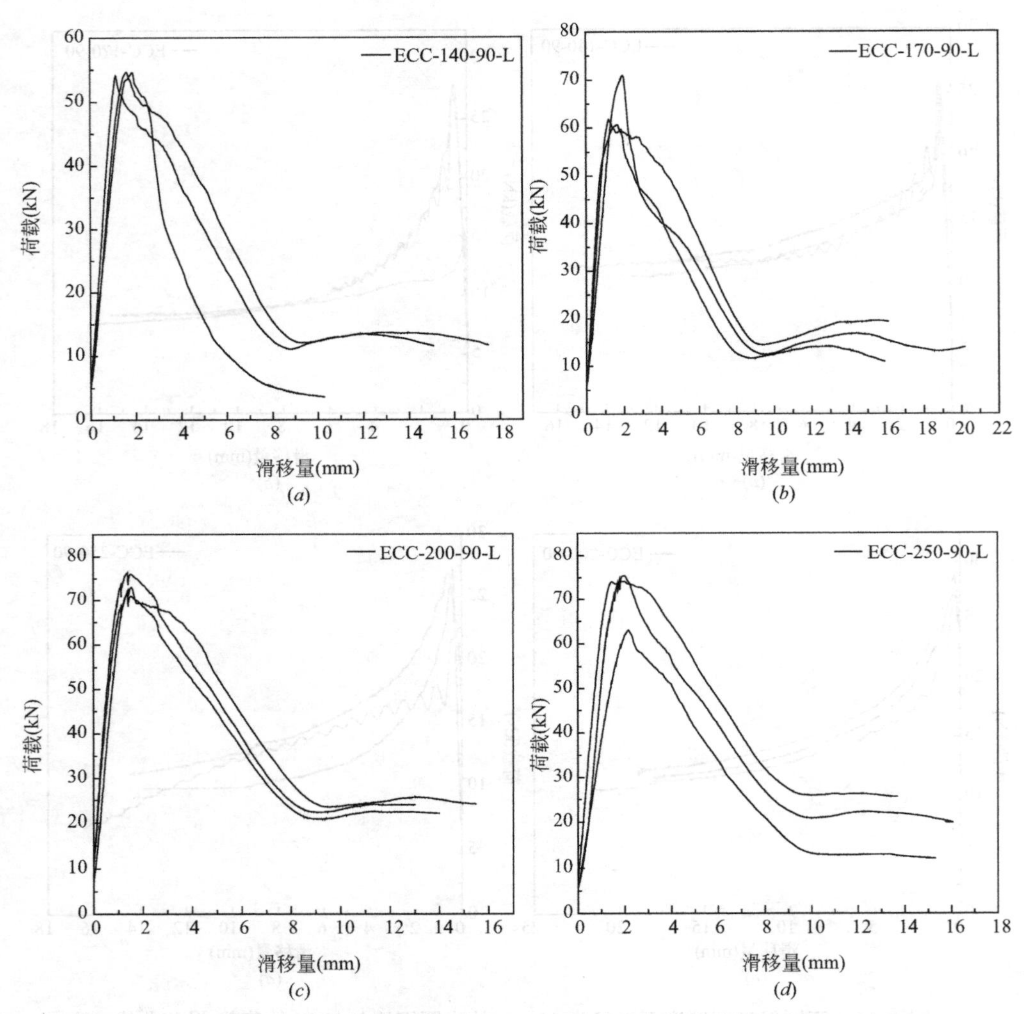

图 3.12　不同保护层厚度下直径为 18mm 的变形钢筋与 ECC 的荷载-滑移曲线

(*a*) ECC-140-90-L；(*b*) ECC-170-90-L；(*c*) ECC-200-90-L；(*d*) ECC-250-90-L

带肋钢筋肋间嵌入基体而形成的机械咬合力。

加载初期，化学胶结力起主要作用，但其数值很小，一旦钢筋与 ECC 发生相对滑动，胶结力就失去作用，摩阻力和机械咬合力成为粘结力的主要部分。如图 3.14 所示，肋的斜向挤压力产生楔的作用，形成沿钢筋表面的轴向分力和沿钢筋径向的环向分力。当荷载增大时，因斜向挤压作用，钢筋周围的 ECC 在主拉应力和环向拉应力方向的应力超过 ECC 极限抗拉强度时，将产生斜向裂缝和径向裂缝，此阶段的拉拔力-滑移曲线会出现较明显的塑性特征。随着荷载继续增大，肋前 ECC 慢慢地被压坏，进而形成新的滑移面，使钢筋与 ECC 沿滑移面

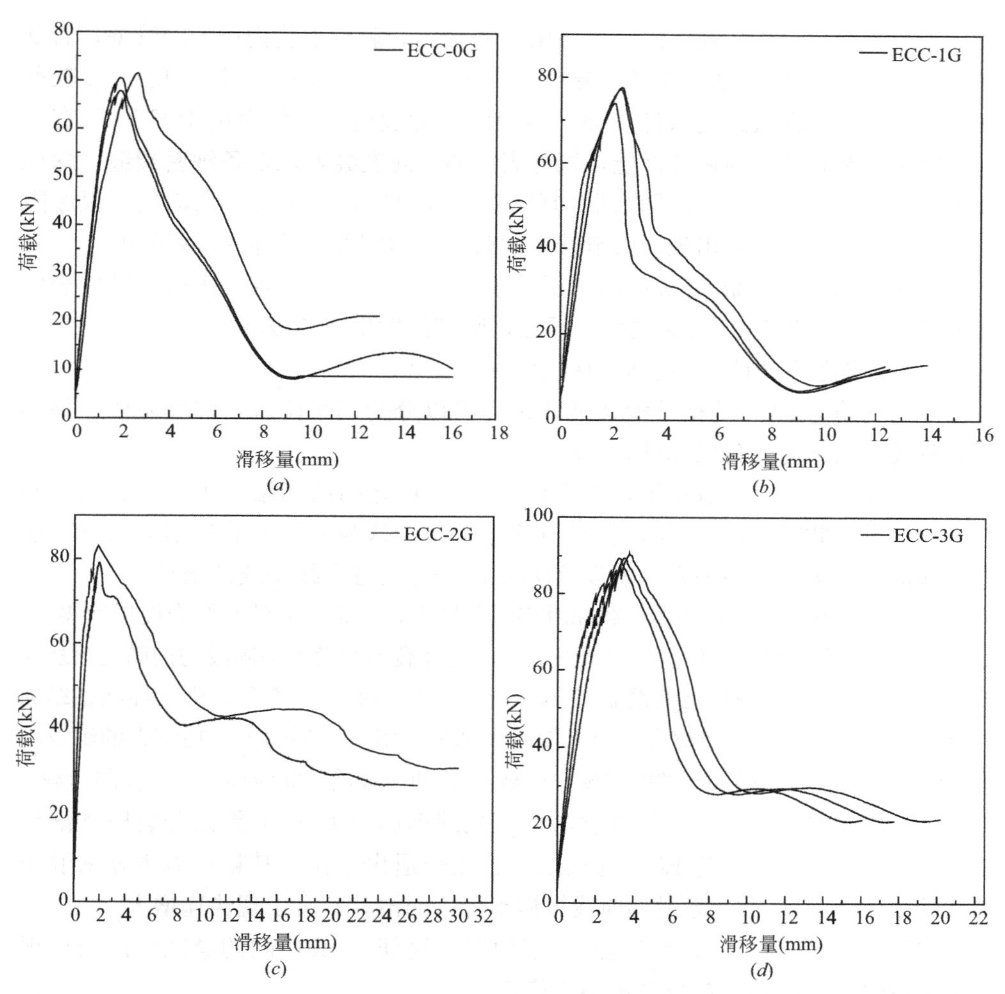

图 3.13　不同配箍率下直径为 18mm 的变形钢筋与 ECC 荷载-滑移曲线

(a) ECC-0G；(b) ECC-1G；(c) ECC-2G；(d) ECC-3G

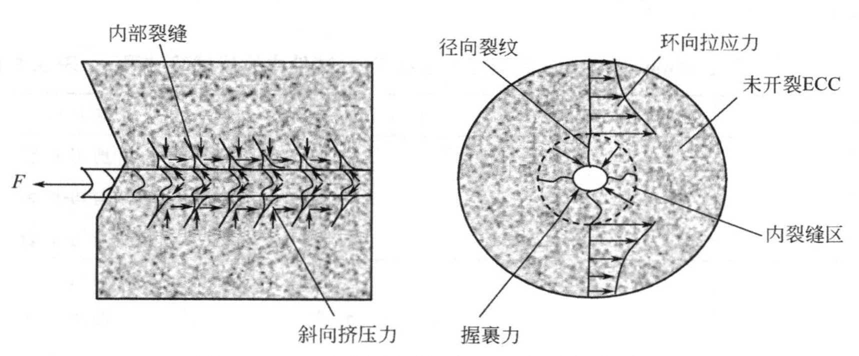

图 3.14　变形钢筋的肋对 ECC 产生楔的作用

产生较大的相对滑移。在环向分力作用下的ECC，就像承受内压力的管壁，管壁厚度即ECC保护层厚度，而径向分力使ECC产生径向裂缝。当保护层厚度较薄时，径向裂缝会很快达到试件表面，形成纵向劈裂现象。然而由于ECC具有拉应变硬化性能和超高的韧性性能，试件表面的径向裂缝表现多条细密裂缝，保证其不会突然劈裂成两部分。随着肋前的ECC被剪坏，楔作用逐渐消失，仅摩阻力起主要作用，钢筋会出现较大滑移，同时还会达到剪切破坏的极限强度。

由此可知，若钢筋的ECC保护层厚度不够时，在拉拔力的作用下试件表面会出现裂缝，发生剪切-劈裂破坏。反之，则试件发生剪切破坏。

2. 光圆钢筋与ECC的粘结滑移机理分析

光圆钢筋与ECC的粘结滑移破坏过程可以分为四个阶段：弹性阶段、局部开裂阶段、粘结退化阶段和残余阶段。

（1）弹性阶段：加载初期，光圆钢筋和ECC之间的粘结力主要由胶结力和握裹力提供，此时钢筋与ECC相对滑移非常小，认为界面上的粘结应力（剪应力）和滑移完全线弹性关系，所以该阶段的荷载-滑移曲线呈线性增长。

（2）局部开裂阶段：随着荷载和滑移不断增大，粘结界面的胶结力慢慢地丧失，靠近加载端附近的界面开始发生局部开裂，同时开裂界面沿着锚固段的钢筋逐渐从加载端向自由端发展。一旦光圆钢筋与ECC之间产生局部相对滑移，则其界面粘结力主要源于钢筋与ECC的摩擦力，而未发生局部相对滑移的界面上，粘结力的组成与弹性阶段相同。由于局部开裂的出现，荷载-滑移曲线开始呈非线性，直至极限荷载。

（3）退化阶段：随着滑移继续增大，光圆钢筋与ECC的界面开裂段逐渐延伸到自由端，此时钢筋与ECC的胶结力已完全退出工作，其粘结力主要来源于二者的摩擦力。此时荷载-滑移曲线缓慢下降，而滑移却会出现快速增大。

（4）残余阶段：随着滑移达到一定值时，钢筋与ECC间的摩擦作用会出现一个基本恒定的状态，荷载基本趋于稳定。

3.1.2.4 拉拔试验结果

见表3.6-1～表3.6-6。

直径16mm和20mm的变形钢筋在ECC试件中拉拔试验结果　　表3.6-1

试件编号	极限荷载(kN)	平均极限荷载(kN)	破坏形式
ECC-80-1	64	60	剪切-劈裂
ECC-80-2	56		剪切-劈裂
ECC-80-3	60		剪切-劈裂
ECC-112-1	88.3	87.3	剪切-劈裂
ECC-112-2	85		剪切-劈裂
ECC-112-3	88.7		剪切-劈裂

续表

试件编号	极限荷载(kN)	平均极限荷载(kN)	破坏形式
ECC-128-1	97.4	97.1	剪切-劈裂
ECC-128-2	98.3		剪切-劈裂
ECC-128-3	95.6		剪切-劈裂
ECC-144-1	108.1	107.6	剪切-劈裂
ECC-144-2	105.4		剪切-劈裂
ECC-144-3	109.2		剪切-劈裂
ECC-100-1	106.5	105	剪切-劈裂
ECC-100-2	104.6		剪切-劈裂
ECC-100-3	103.9		剪切-劈裂
ECC-180-1	167.3	161.1	剪切-劈裂
ECC-180-2	153.7		剪切-劈裂
ECC-180-3	162.4		剪切-劈裂
ECC-200-1	160	164.8	剪切-劈裂
ECC-200-2	161.3		剪切-劈裂
ECC-200-3	173.2		剪切-劈裂
ECC-220-1	179.6	179.8	剪切-劈裂
ECC-220-2	179.7		剪切-劈裂
ECC-220-3	180.2		剪切-劈裂

直径 16mm 和 20mm 的变形钢筋在混凝土试件中拉拔试验结果　　表 3.6-2

试件编号	极限荷载(kN)	平均极限荷载(kN)	破坏形式
C50-80-1	80.4	84.9	劈裂
C50-80-2	84.6		劈裂
C50-80-3	89.6		劈裂
C50-112-1	100	98.2	劈裂
C50-112-2	88		劈裂
C50-112-3	106.6		劈裂
C50-128-1	92.3	96.4	劈裂
C50-128-2	100.5		劈裂
C50-128-3	—		劈裂
C50-144-1	114.3	116.1	劈裂
C50-144-2	117.7		劈裂
C50-144-3	116.4		劈裂

续表

试件编号	极限荷载(kN)	平均极限荷载(kN)	破坏形式
C50-100-1	137.2	139.5	劈裂
C50-100-2	139.2		劈裂
C50-100-3	142.1		劈裂
C50-180-1	160	167.8	劈裂
C50-180-2	172.6		劈裂
C50-180-3	170.9		劈裂
C50-200-1	180.1	180.6	劈裂
C50-200-2	180.9		劈裂
C50-200-3	—		—
C50-220-1	185.4	186.3	劈裂
C50-220-2	187.1		劈裂
C50-220-3	—		—

直径为 18mm 的光圆钢筋在不同保护层厚度的 ECC 试件中的拉拔试验结果

表 3.6-3

试件编号	极限荷载(kN)	平均极限荷载(kN)	破坏形式
ECC-140-90-1	24.8	24.4	剪切-劈裂
ECC-140-90-2	25.9		剪切-劈裂
ECC-140-90-3	22.5		剪切-劈裂
ECC-170-90-1	27.85	27.5	剪切
ECC-170-90-2	15.7		剪切
ECC-170-90-3	27.19		剪切
ECC-200-90-1	28.94	27.6	剪切
ECC-200-90-2	26.43		剪切
ECC-200-90-3	27.56		剪切
ECC-250-90-1	27.11	25.7	剪切
ECC-250-90-2	26.99		剪切
ECC-250-90-3	23.03		剪切

直径为 18mm 的变形钢筋在不同保护层厚度的 ECC 试件中的拉拔试验结果

表 3.6-4

试件编号	极限荷载(kN)	平均极限荷载(kN)	破坏形式
ECC-140-90-L-1	54.6	54.4	剪切-劈裂
ECC-140-90-L-2	54.09		剪切-劈裂
ECC-140-90-L-3	54.4		剪切-劈裂

续表

试件编号	极限荷载(kN)	平均极限荷载(kN)	破坏形式
ECC-170-90-L-1	70.8	64.3	剪切-劈裂
ECC-170-90-L-2	60.5		剪切-劈裂
ECC-170-90-L-3	61.6		剪切-劈裂
ECC-200-90-L-1	76.24	73.5	剪切-劈裂
ECC-200-90-L-2	72.8		剪切-劈裂
ECC-200-90-L-3	71.3		剪切-劈裂
ECC-250-90-L-1	74.1	70.8	剪切-劈裂
ECC-250-90-L-2	63.03		剪切-劈裂
ECC-250-90-L-3	75.4		剪切-劈裂

直径为18mm的变形钢筋在不同配箍率的ECC试件中的拉拔试验结果

表3.6-5

试件编号	极限荷载(kN)	平均极限荷载(kN)	破坏形式
ECC-0G-1	66.4	69.4	剪切-劈裂
ECC-0G-2	70.4		剪切-劈裂
ECC-0G-3	71.5		剪切-劈裂
ECC-1G-1	77.6	76.3	剪切-劈裂
ECC-1G-2	77.3		剪切-劈裂
ECC-1G-3	73.9		剪切-劈裂
ECC-2G-1	83.9	81.7	剪切-劈裂
ECC-2G-2	79.4		剪切-劈裂
ECC-2G-3	—		—
ECC-3G-1	90.7	89.9	剪切-劈裂
ECC-3G-2	89.4		剪切-劈裂
ECC-3G-3	89.5		剪切

直径为18mm的钢筋在不同纤维体积掺量ECC试件中的拉拔试验结果

表3.6-6

试件编号	钢筋类型	极限荷载(kN)	平均极限荷载(kN)	破坏形式
B-1	变形	60.1	60.5	剪切-劈裂
B-2	变形	61.7		剪切-劈裂
B-3	变形	59.7		剪切-劈裂

续表

试件编号	钢筋类型	极限荷载(kN)	平均极限荷载(kN)	破坏形式
C-1	变形	59.7		剪切-劈裂
C-2	变形	64.1	63.5	剪切-劈裂
C-3	变形	—		—
D-1	变形	69.1		剪切-劈裂
D-2	变形	68.5	68.8	剪切-劈裂
D-3	变形	—		剪切-劈裂
A-1	光圆	23.6		剪切-劈裂
A-2	光圆	24.1	23.85	剪切-劈裂
A-3	光圆	—		—
E-1	光圆	26.9		剪切-劈裂
E-2	光圆	29.3	28.1	剪切-劈裂
E-3	光圆	—		剪切-劈裂
F-1	光圆	22.9		剪切
F-2	光圆	34.6	28.85	剪切
F-3	光圆	—		—

由表 3.6-1～表 3.6-6 可知：

（1）在钢筋类型、锚固长度和保护层厚度相同的情况下，钢筋在混凝土试件中的拉拔极限荷载均比在 ECC 试件中大，这主要是因为 ECC 中无粗骨料且其抗压强度较小。但是，随着锚固长度的增大，变形钢筋在 ECC 试件与在混凝土试件中的拉拔极限荷载会越来越接近，如表 3.7 和表 3.8 所示，且大多数变形钢筋与 ECC 粘结破坏模式为剪切-劈裂破坏，而与混凝土的破坏模式均为劈裂破坏，说明 ECC 比混凝土表现出较好的延性及裂缝控制能力。

直径 16mm 的变形钢筋在 ECC 和混凝土试件中的极限荷载比值　　表 3.7

锚固长度(mm)	80	112	128	144
极限荷载的比值	0.71	0.89	1.01	0.92

直径 20mm 的变形钢筋在 ECC 和混凝土试件中的极限荷载比值　　表 3.8

锚固长度(mm)	100	180	200	220
极限荷载的比值	0.75	0.96	0.91	0.97

（2）对于光圆钢筋在 ECC 试件中的极限荷载，保护层厚度的变化对其影响较小。当 $c/d>3.89$ 时，保护层厚度的变化对其极限荷载已基本无影响。对于变

形钢筋在 ECC 试件中的极限荷载，保护层厚度的变化对其影响较大。当 $c/d>5.06$ 后，随着保护层厚度的增加，其极限荷载基本保持不变。

（3）在相同的锚固条件下，变形钢筋在 ECC 试件中的极限荷载要明显高于光圆钢筋，而且随着保护层厚度的增大，其极限荷载的比值逐渐增大，如表 3.9 所示。

直径为 18mm 的变形钢筋与光圆钢筋在 ECC 试件中随保护层厚度变化的极限荷载比值

表 3.9

c/d	3.89	4.2	5.06	6.4
极限荷载的比值	2.23	2.36	2.66	2.76

（4）以配箍率为 0 时的拉拔极限荷载作为基准，不同配箍率极限荷载的相对值如表 3.10 所示，可以看出，随着配箍率的增大，极限荷载的增长率也在提高。

以配箍率为 0 作为基准的极限荷载随配箍率的变化的增长率　　表 3.10

配箍率(%)	0	0.94	1.12	1.41
极限荷载的比值	1.00	1.10	1.18	1.29

3.1.3　钢筋与 ECC 粘结性能影响因素分析

3.1.3.1　锚固长度

选取锚固长度分别为 80mm、112mm、128mm、144mm 的直径 16mm 的变形钢筋和锚固长度分别为 100mm、180mm、200mm、220mm 的直径 20mm 的变形钢筋为研究对象。试验结果表明，拉拔极限荷载随着锚固长度的增加而增加，但平均粘结强度却减少，这是由试件中应力拱作用导致粘结应力峰值效应所引起的，如图 3.15 所示。当锚固长度较大时，应力分布是不均匀的，其高应力区相对分布较短，因而平均粘结应力较低；当锚固长度较短时，高应力区相对较较大，应力也较丰满，故平均粘结应力相对较高。但是，当锚固长度达到一定值时，再增加锚固长度，极限粘结应力的变化趋于平缓。

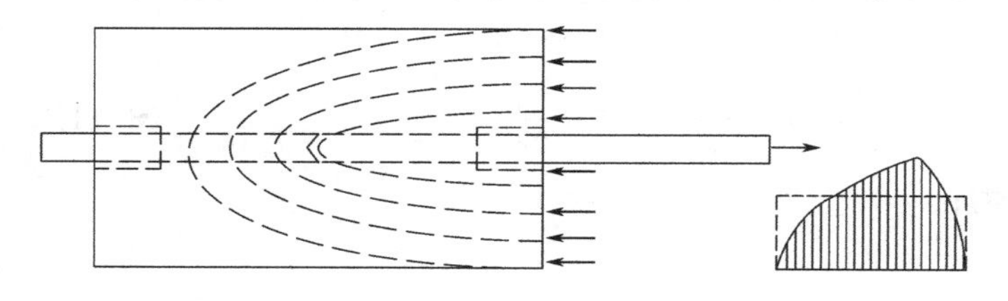
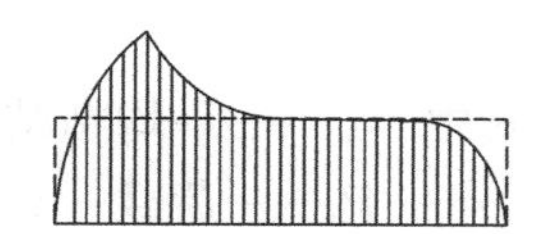

图 3.15　峰值效应

由粘结锚固平衡方程沿锚固长度方向积分，可得[4]：

$$\int_0^{l_a} \tau \mathrm{d}x - \int_0^{l_a} \frac{d}{4} \mathrm{d}\sigma_s = 0 \tag{3.3}$$

$$\tau l_a - \sigma_s(0)\frac{d}{4} = 0 \tag{3.4}$$

$$\tau = \sigma_s(0)\frac{d}{4l_a} \tag{3.5}$$

式中　$\sigma_s(0)$——加载端锚固钢筋应力。

由此可知，当钢筋直径一定时，粘结强度与锚固长度成反比关系，由此可建立统计回归关系式：

$$\tau = k\frac{d}{l_a} + b \tag{3.6}$$

式中　k、b——利用最小二乘法回归得到的参数。

为公式推导方便，粘结强度采用相对值形式 τ_u^l/τ_u^5，τ_u^l 为不同锚固长度试件的粘结强度，τ_u^5 为 $l_a=5d$ 的基准试件的粘结强度。经统计回归后得到锚固长度影响关系如下：

直径为 16mm 的变形钢筋在 ECC 试件中的相对粘结强度回归公式：

$$\tau_u^l/\tau_u^5 = 0.4074\frac{d}{l_a} + 0.962 \tag{3.7}$$

直径为 20mm 的变形钢筋在 ECC 试件中的相对粘结强度回归公式：

$$\tau_u^l/\tau_u^5 = 2.0083\frac{d}{l_a} + 0.6019 \tag{3.8}$$

直径为 16mm 的变形钢筋在混凝土试件中的相对粘结强度回归公式：

$$\tau_u^l/\tau_u^5 = 2.9369\frac{d}{l_a} + 0.4074 \tag{3.9}$$

直径为 20mm 的变形钢筋在混凝土试件中的相对粘结强度回归公式：

$$\tau_u^l/\tau_u^5 = 3.6333\frac{d}{l_a} + 0.2727 \tag{3.10}$$

试验中，宏观上把锚固段钢筋简化为一个光滑圆柱体，粘结应力为荷载与钢筋表面积的比值，锚固长度上各点粘结应力相同，故它是锚固长度上的平均粘结应力，表示为：

$$\bar{\tau} = \frac{P}{\pi d l_a} \tag{3.11}$$

式中　$\bar{\tau}$——平均粘结应力；

P——荷载；

d——钢筋直径；

l_a——钢筋在混凝土或者 ECC 中的锚固长度。

由式（3.11）将荷载-滑移关系转化为平均粘结应力-滑移关系，得到的极限粘结强度如表 3.11～表 3.14 所示。

不同锚固长度的直径 16mm 的变形钢筋与 ECC 的粘结强度　　表 3.11

试件编号	l_a (mm)	d/l_a	测量值 τ_u (MPa)	τ_u^l/τ_u^5	计算值τ_u^c (MPa)	验算比较值 τ_u/τ_u^c
ECC-80-1	80	0.2	15.92357	1.066667	15.57743	1.022221
ECC-80-2			13.93312	0.933333		0.894443
ECC-80-3			14.92834	1.000		0.958332
ECC-112-1	112	0.143	15.69253	1.05119	15.23077	1.030318
ECC-112-2			15.10606	1.011905		0.991812
ECC-112-3			15.76362	1.055952		1.034985
ECC-128-1	128	0.125	15.14605	1.014583	15.12129	1.001637
ECC-128-2			15.286	1.023958		1.010893
ECC-128-3			14.86614	0.995833		0.983126
ECC-144-1	144	0.111	14.94217	1.000926	15.03615	0.99375
ECC-144-2			14.56896	0.975926		0.968929
ECC-144-3			15.09421	1.011111		1.003862

不同锚固长度的直径 20mm 的变形钢筋与 ECC 的粘结强度　　表 3.12

试件编号	l_a (mm)	d/l_a	测量值 τ_u (MPa)	τ_u^l/τ_u^5	计算值τ_u^c (MPa)	验算比较值 τ_u/τ_u^c
ECC-100-1	100	0.2	16.9586	1.014286	16.77927	1.010688
ECC-100-2			16.65605	0.99619		0.992657
ECC-100-3			16.54459	0.989524		0.986014
ECC-180-1	180	0.111	14.80007	0.885185	13.79453	1.072894
ECC-180-2			13.59696	0.813228		0.985677
ECC-180-3			14.3666	0.859259		1.04147
ECC-200-1	200	0.1	12.73885	0.761905	13.42144	0.949142
ECC-200-2			12.84236	0.768095		0.956854
ECC-200-3			13.78981	0.824762		1.027446
ECC-220-1	220	0.091	12.99942	0.777489	13.11618	0.991098
ECC-220-2			13.00666	0.777922		0.99165
ECC-220-3			13.04285	0.780087		0.994409

不同锚固长度的直径 16mm 的变形钢筋与混凝土的粘结强度　　表 3.13

试件编号	l_a (mm)	d/l_a	测量值 τ_u (MPa)	τ_u^l/τ_u^5	计算值 τ_u^c (MPa)	验算比较值 τ_u/τ_u^c
C50-80-1	80	0.2	20.00398	0.947368	21.00509	0.95234
C50-80-2			21.04896	0.996858		1.002089
C50-80-3			22.29299	1.055774		1.061314
C50-112-1	112	0.143	17.77184	0.841656	17.47032	1.017259
C50-112-2			15.63922	0.740658		0.895188
C50-112-3			18.94478	0.897206		1.084398
C50-128-1	128	0.125	14.35298	0.679743	16.35407	0.877639
C50-128-2			—	—		—
C50-128-3			17.10539	0.810094		1.045941
C50-144-1	144	0.111	15.79916	0.748233	15.48588	1.02023
C50-144-2			16.26913	0.77049		1.050578
C50-144-3			16.08944	0.76198		1.038974

不同锚固长度的直径 20mm 的变形钢筋与混凝土的粘结强度　　表 3.14

试件编号	l_a (mm)	d/l_a	测量值 τ_u (MPa)	τ_u^l/τ_u^5	计算值 τ_u^c (MPa)	验算比较值 τ_u/τ_u^c
C50-100-1	100	0.2	21.84713	0.983513	22.19916	0.984142
C50-100-2			22.16561	0.997849		0.998488
C50-100-3			22.62739	1.018638		1.01929
C50-180-1	180	0.111	14.15428	0.637196	15.02513	0.942041
C50-180-2			15.26893	0.687376		1.016226
C50-180-3			15.11854	0.680605		1.006217
C50-200-1	200	0.1	14.33917	0.64552	14.12837	1.01492
C50-200-2			14.40287	0.648387		1.019428
C50-200-3			—	—		—
C50-220-1	220	0.091	13.41922	0.604106	13.39467	1.001834
C50-220-2			13.54227	0.609645		1.01102
C50-220-3			13.02837	—		—

由上述计算可知，随着锚固长度增大，变形钢筋在混凝土和 ECC 试件中的平均粘结应力均减少（图 3.16 和图 3.17），但在混凝土试件中的减少速率更快。

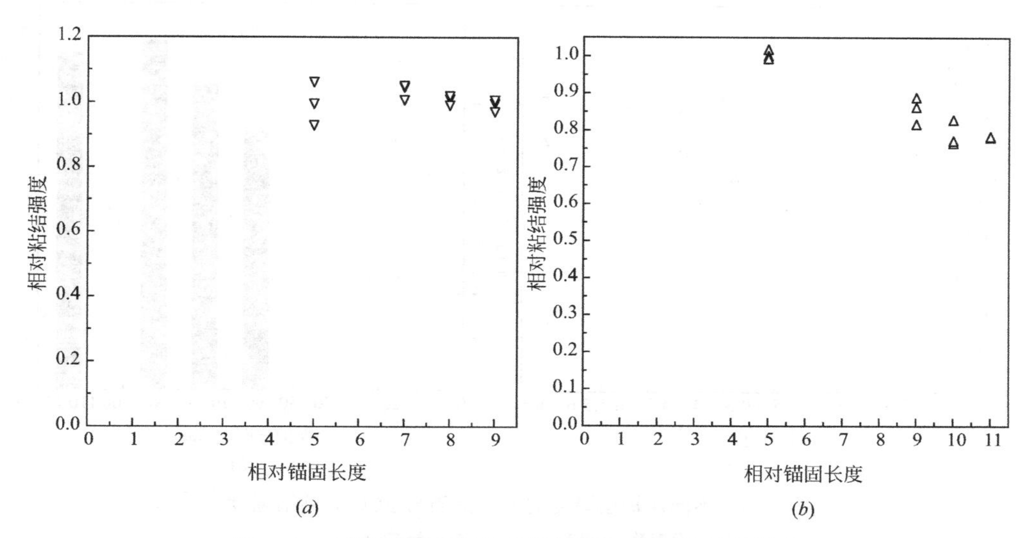

图 3.16　不同锚固长度的变形钢筋与 ECC 的粘结强度

（a）d=16mm；（b）d=20mm

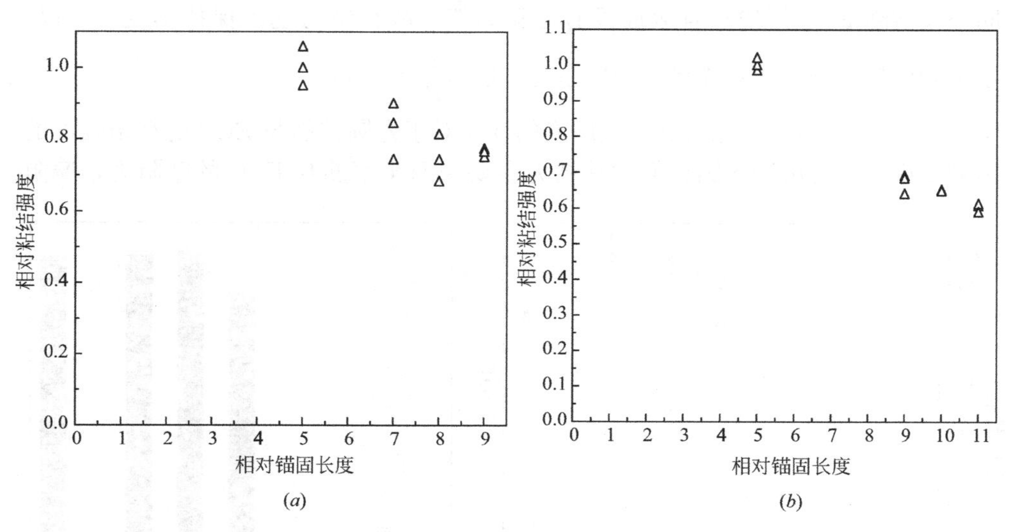

图 3.17　不同锚固长度的变形钢筋与混凝土的粘结强度

（a）d=16mm；（b）d=20mm

3.1.3.2　保护层厚度

由图 3.18 可知，在锚固长度相同时，相对保护层厚度的变化对于变形钢筋与 ECC 的粘结强度的影响较明显。当 $c/d<5.06$ 时，随着相对保护层厚度的增大，变形钢筋与 ECC 的粘结强度提高，这是由于保护层厚度的增大可以限制裂

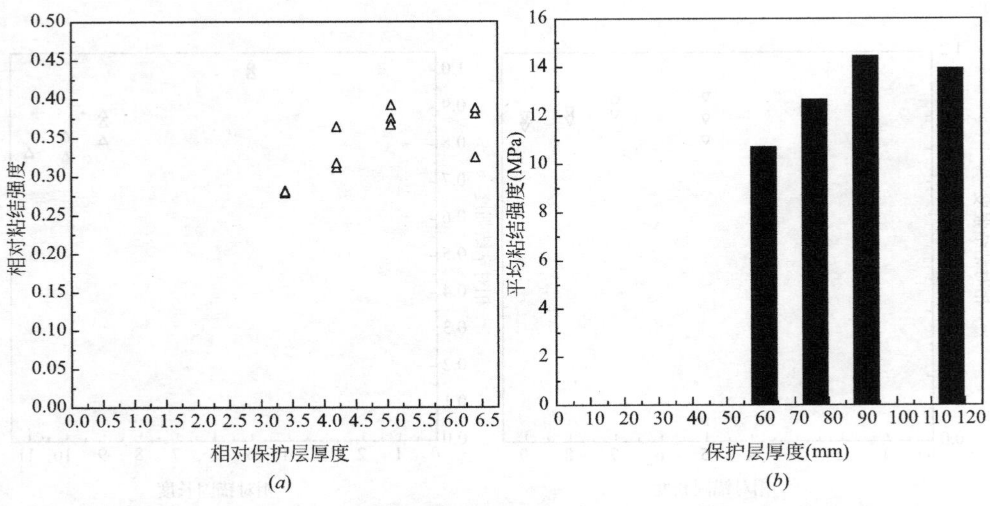

图 3.18 不同保护层厚度的变形钢筋与 ECC 的粘结强度

（a）变形钢筋 d=18mm；（b）变形钢筋 d=18mm

缝的开展，其对钢筋约束作用更大。当$\frac{c}{d}\geqslant 5.06$时，试件破坏是由于钢筋沿横肋外围剪断 ECC 而拔出且表面没有可见裂缝，故粘结力基本保持不变。所以，本试验变形钢筋的相对临界保护层厚度可取为$\frac{c}{d}=5.06$。

由图 3.19 可知，相对保护层厚度的变化对于光圆钢筋与 ECC 的粘结强度的影响较小，这是由于光圆钢筋的粘结力主要来源于钢筋与 ECC 的摩阻力，摩阻

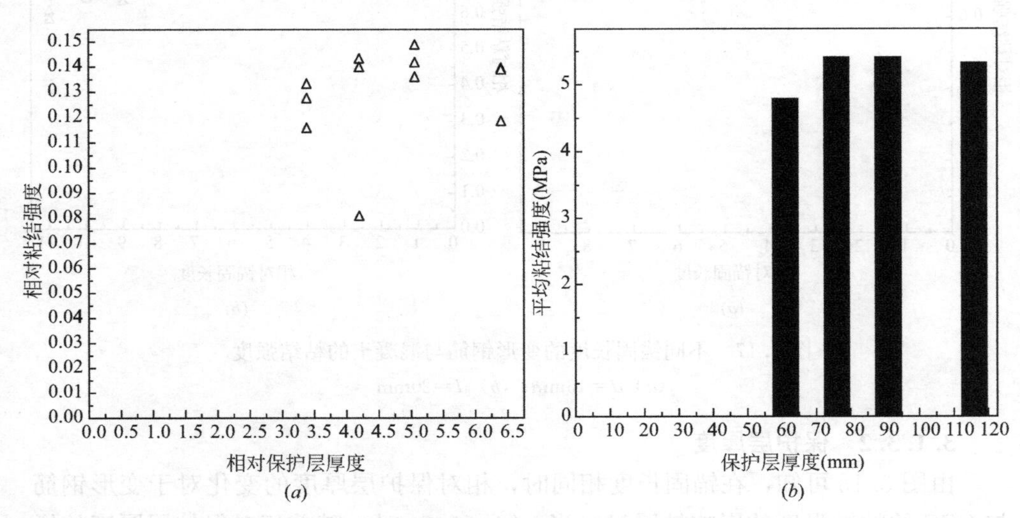

图 3.19 不同保护层厚度的光圆钢筋与 ECC 的粘结强度

（a）光圆钢筋 d=18mm；（b）光圆钢筋 d=18mm

力的大小取决于垂直摩擦面上的压应力，即与ECC的弹性模量、收缩率和钢筋表面有关，因此，保护层厚度的增加对光圆钢筋粘结力较小。本试验光圆钢筋的相对临界保护层厚度可取为$\frac{c}{d}=4.2$。

可以看出，当小于临界保护层厚度时，粘结强度与保护层厚度的增加基本呈线性增大。为简化计算，可将粘结强度除以ECC抗压强度f_{cu}以相对形式表达：

$$\tau_u/f_{cu}=k\frac{c}{d}+b \tag{3.12}$$

式中，k、b可以利用最小二乘法求得。

由τ_u/f_{cu}及相应的$\frac{c}{d}$，经统计回归已有试验数据（表3.15、表3.16），分别获得保护层厚度对光圆钢筋和变形钢筋与ECC的粘结性能的影响计算公式为：

变形钢筋：

$$\tau_u/f_{cu}=0.0585\frac{c}{d}+0.0815 \tag{3.13}$$

式中，当$\frac{c}{d}\geqslant 5.06$时，取$\frac{c}{d}=5.06$。

光圆钢筋：

$$\tau_u/f_{cu}=0.0137\frac{c}{d}+0.0834 \tag{3.14}$$

式中，当$\frac{c}{d}\geqslant 4.2$时，取$\frac{c}{d}=4.2$。

不同保护层厚度的变形钢筋与ECC的粘结强度 **表3.15**

试件编号	c (mm)	c/d	测量值τ_u (MPa)	τ_u/f_{cu}	计算值 τ_u^c(MPa)	验算比较 τ_u/τ_u^c
ECC-140-90-L-1	61	3.39	10.73366	0.279741	10.73426	0.999945
ECC-140-90-L-2			10.6334	0.277128		0.990605
ECC-140-90-L-3			10.69435	0.278716		0.996282
ECC-170-90-L-1	75.6	4.2	13.91838	0.362741	12.55466	1.108622
ECC-170-90-L-2			11.89353	0.309969		0.947339
ECC-170-90-L-3			12.10977	0.315605		0.964564
ECC-200-90-L-1	90	5.06	14.98781	0.390613	14.48506	1.034708
ECC-200-90-L-2			14.31155	0.372988		0.988022
ECC-200-90-L-3			14.01667	0.365303		0.967664
ECC-250-90-L-1	115.2	6.4	14.56711	0.379649	14.48506	1.005665
ECC-250-90-L-2			12.39089	0.322932		0.855426
ECC-250-90-L-3			14.82268	0.386309		1.023308

不同保护层厚度的光圆钢筋与ECC的粘结强度 表3.16

试件编号	c (mm)	c/d	测量值τ_u (MPa)	τ_u/f_{cu}	计算值 τ_u^c(MPa)	验算比较 τ_u/τ_u^c
ECC-140-90-1	61	3.39	4.875364	0.127061863	4.98155	0.978684
ECC-140-90-2			5.09161	0.132697672		1.022093
ECC-140-90-3			4.423213	0.1152779		0.887919
ECC-170-90-1	75.6	4.2	5.474955	0.142688423	5.407868	1.012405
ECC-170-90-2			3.08642	0.080438357		0.570728
ECC-170-90-3			5.345207	0.139306938		0.988413
ECC-200-90-1	90	5.06	5.689235	0.148272997	5.407868	1.052029
ECC-200-90-2			5.195801	0.135413107		0.960785
ECC-200-90-3			5.417944	0.141202619		1.001863
ECC-250-90-1	115.2	6.4	5.32948	0.138897061	5.407868	0.985505
ECC-250-90-2			5.30589	0.138282245		0.981143
ECC-250-90-3			4.527404	0.117993335		0.837188

3.1.3.3 钢筋外形

在相同锚固长度和保护层厚度下选取直径为18mm的变形钢筋和光圆钢筋，分析钢筋表面类型对其与ECC粘结性能的影响。试验结果表明，带肋钢筋的粘结强度比光圆钢筋的粘结强度更高，如表3.17所示。这是因为带肋钢筋的粘结力主要靠其横肋与肋间ECC的机械咬合力，粘结强度较高，而光圆钢筋的粘结力主要靠其与ECC的胶结力和摩阻力，粘结强度较低。

在相同锚固条件下钢筋外形对ECC粘结性能的影响 表3.17

c/d	3.89	4.2	5.06	6.4
平均粘结强度的比值	2.23	2.36	2.66	2.76

注：平均粘结强度的比值为在相同锚固条件下变形钢筋和光圆钢筋与ECC的平均粘结力的比值

3.1.3.4 配箍率

在变形钢筋与ECC锚固试件中，箍筋对握裹层ECC的围箍作用提供侧向约束，当劈裂向试件表面发展时，箍筋应力不断增大，限制劈裂的纵向发展。由表3.18可知，随着配箍率增加，钢筋与ECC的极限粘结力得到提高。

制作4组直径为18mm的变形钢筋，锚固长度为108mm，通过改变箍筋间距来调整试件的体积配箍率$\rho_{sv}=\dfrac{nA_{sv}}{cS_{sv}}$（$n$为箍筋肢数，$A_{sv}$为箍筋截面面积，$c$为保护层厚度，$S_{sv}$为箍筋间距），根据试验数据用最小二乘法统计回归得：

$$\tau_u/f_{cu}=5.7346\rho_{sv}+0.292 \tag{3.15}$$

不同配箍率的变形钢筋与ECC的粘结强度　　表3.18

试件编号	S_{sv}(mm)	ρ_{sv}(%)	测量值 τ_u(MPa)	τ_u/f_{cu}	计算值 τ_u^c(MPa)	验算比较 τ_u/τ_u^c
ECC-0G-1	0	0	10.87783	0.283498	11.204	0.970884
ECC-0G-2			11.53312	0.300576		1.029371
ECC-0G-3			11.71332	0.305273		1.045455
ECC-1G-1	90	0.94	12.71264	0.331317	13.272	0.957827
ECC-1G-2			12.6635	0.330036		0.954124
ECC-1G-3			12.1065	0.31552		0.912157
ECC-2G-1	75	1.12	13.74472	0.358215	13.668	1.00558
ECC-2G-2			13.00752	0.339002		0.951646
ECC-2G-3			—	—		—
ECC-3G-1	60	1.41	14.85872	0.387248	14.307	1.038595
ECC-3G-2			14.64575	0.381698		1.023709
ECC-3G-3			14.66213	0.382125		1.024854

3.1.3.5　ECC抗压强度

试验结果（表3.19）表明，ECC与混凝土类似，随着其抗压强度增大，变形钢筋和光圆钢筋与ECC的极限粘结力均呈线性增加。选取2组不同配合比的ECC共10个试件以考虑ECC的抗压对钢筋的粘结强度影响。根据试验数据采用最小二乘法统计回归得：

变形钢筋与ECC粘结强度回归公式：

$$\tau_u = 0.1578 f_{cu} + 6.7782 \tag{3.16}$$

光圆钢筋与ECC粘结强度回归公式：

$$\tau_u = 0.1402 f_{cu} + 0.1452 \tag{3.17}$$

不同抗压强度下钢筋与ECC的粘结强度　　表3.19

试件编号	钢筋类型	f_{cu} (MPa)	测量值 τ_u(MPa)	计算值 τ_u^c(MPa)	验算比较 τ_u/τ_u^c
B-1	变形	32.41	11.81489	11.8925	0.993474
B-2	变形		12.12943		1.019923
B-3	变形		11.73626		0.986862
C-1	变形	38.37	12.60124	12.83299	0.981942
C-2	变形		13.06715		1.018247
A-1	光圆	32.41	4.639459	4.689	0.989417
A-2	光圆		4.737753		1.01038

续表

试件编号	钢筋类型	f_{cu} (MPa)	测量值 τ_u(MPa)	计算值 τ_u^c(MPa)	验算比较 τ_u/τ_u^c
E-1	光圆	38.37	5.288197	5.525	0.957196
E-2	光圆		5.760006		1.042597

3.1.3.6 粘结强度经验模型

通过钢筋与 ECC 粘结性能的试验研究，主要考虑 ECC 抗压强度、钢筋相对锚固长度、相对保护层厚度、钢筋类型及配箍率的影响，加以适当简化，对变形钢筋与 ECC 的粘结极限强度统计回归分析后，得到统一的变形钢筋与 ECC 极限粘结强度计算公式：

$$\tau_u=(0.0645+0.0642d/l_a)(2.0129+0.7032c/d+7.1158\rho_{sv})f_{cu} \quad (3.18)$$

$$\tau_u=(0.0646+0.0642d/l_a)(2.9269+1.0263c/d+10.374\rho_{sv})f_c \quad (3.19)$$

式中 f_{cu}——实测抗压强度的平均值；

f_c——ECC 抗压强度设计值。

当 $c/d\geqslant5.06$ 时，取 $c/d=5.06$；式（3.18）和式（3.19）相关系数 R^2 分别为 0.999 和 1.005。

3.2 钢筋与 ECC 粘结滑移本构关系

3.2.1 试验方案设计

3.2.1.1 试件设计

在考虑钢筋类型和 PVA 纤维掺量不同的情况下，试验设计 6 组共 18 个钢筋拉拔试件（表 3.20），试件尺寸均为 150mm×150mm×150mm，中心内置钢筋直径为 18mm，有效锚固长度为 90mm，如图 3.20 所示。钢筋采用铣切割方法沿轴向对半劈开，将劈开的两半钢筋加工成界面尺寸为 3mm×6mm（合拢后为 6mm×6mm）的凹槽。在凹槽内间隔 30mm 贴应变片，上下交错布置，合拢后应变片之间的间距为 15mm，如图 3.21 所示。

钢筋与基体材料粘结本构关系研究试件明细表　　表 3.20

试件编号	基体类别	纤维体积率(%)	试件尺寸(mm)	钢筋类型	钢筋直径(mm)	锚固长度(mm)	试件个数
A	ECC	0.5	150×150×150	光圆(HPB235)	18	90	3
B	ECC	0.5	150×150×150	变形(HRB400)	18	90	3

续表

试件编号	基体类别	纤维体积率(%)	试件尺寸(mm)	钢筋类型	钢筋直径(mm)	锚固长度(mm)	试件个数
C	ECC	1.0	150×150×150	变形(HRB400)	18	90	3
D	ECC	1.5	150×150×150	变形(HRB400)	18	90	3
E	ECC	1.0	150×150×150	光圆(HPB235)	18	90	3
F	ECC	1.5	150×150×150	光圆(HPB235)	18	90	3

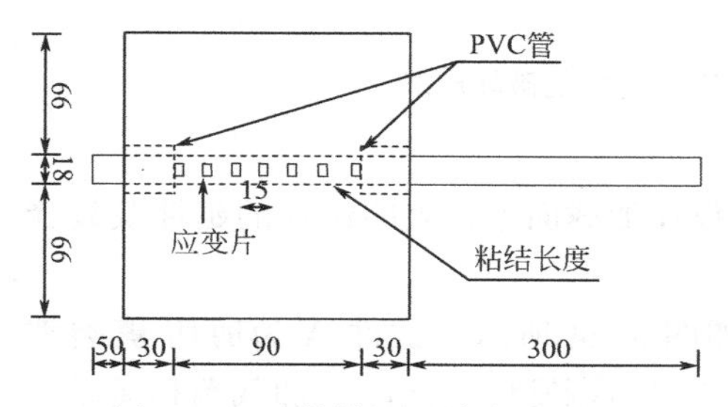

图 3.20 试件详图（单位：mm）

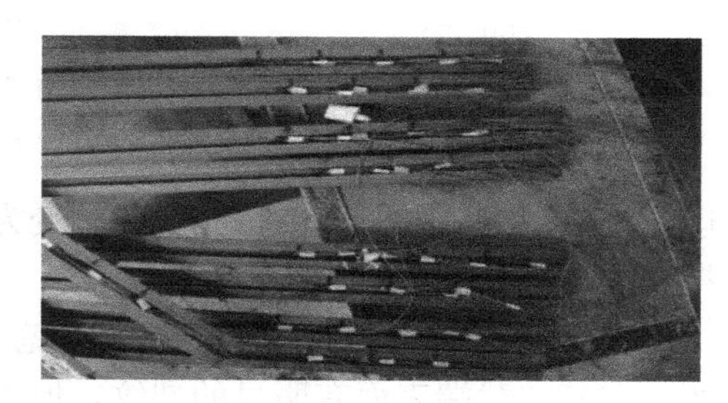

图 3.21 钢筋内贴应变实图

3.2.1.2 试验测试方法和装置

加载装置如图 3.22 所示。在试件的加载端和自由端分别安装一个位移传感器（LVDT），以测量钢筋相对于 ECC 基体的滑移量。通过 MTS810 250kN 液压伺服加载试验系统按等速位移控制加载，加载速率为 0.5mm/min。应变片和外接 LVDT 数据采样频率为 2Hz，MTS 试验机自带荷载传感器的荷载和位移采样频率为 10Hz。

图 3.22 试验加载装置实图

3.2.2 试验结果及分析

3.2.2.1 破坏形态

变形钢筋在 ECC 试件中的破坏形态均为剪切-劈裂破坏，如图 3.23 所示。试件 B 破坏时在加载端面出现多条裂缝，其中一条主裂缝延伸至自由端面，即试件的一侧出现一条贯穿裂缝；试件 C 最终破坏时也在试件一侧出现一条贯穿裂缝，但其裂缝的宽度相对试件 B 的裂缝较小；试件 D 破坏时加载端面出现的裂缝宽度非常微小，最终裂缝仅在加载面出现而未延伸到自由端。试验结果表明，随着纤维体积掺量的提高，试件破坏时的裂缝宽度

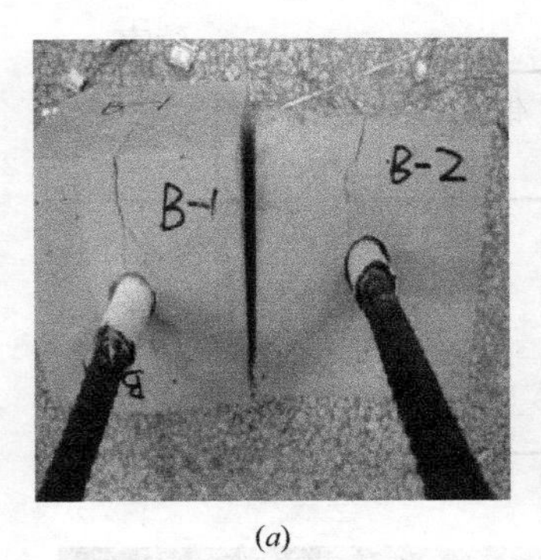

(a)

(b)

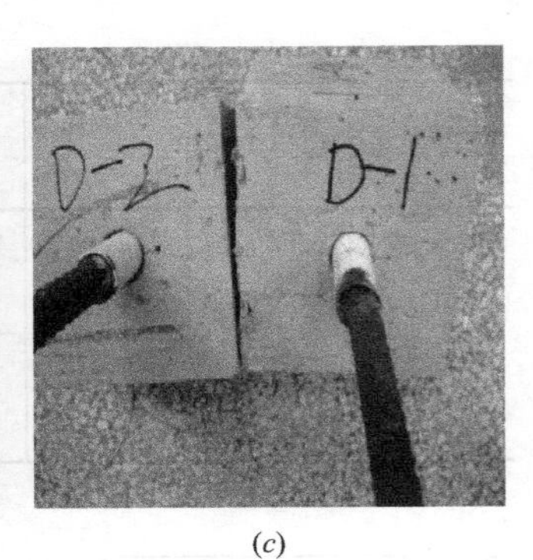

(c)

图 3.23 变形钢筋在 ECC 试件中的破坏形态

(a) B; (b) C; (c) D

逐渐减小，裂缝的发展由贯穿裂缝转变为仅在加载面上，表明试件的延性及裂缝控制能力得到提升。

光圆钢筋在 ECC 试件中的破坏形态如图 3.24 所示。试件 A 为剪切-劈裂破坏，在其加载端表面有明显的裂纹，但未向自由端发展；试件 F 加载端和横截面未出现可见裂缝，为剪切破坏。试验结果说明，随着纤维体积掺量的增大，光圆钢筋在 ECC 试件中的破坏形态由剪切-劈裂破坏转变为剪切破坏，其延性及控制裂缝的能力得到提高。

(a)

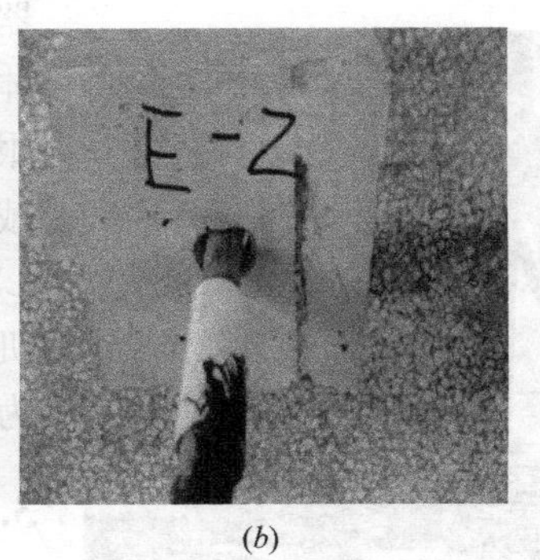

(b)

图 3.24 光圆钢筋在 ECC 试件中的破坏形态

(a) A; (b) E

3.2.2.2 荷载-滑移关系曲线

以试件 D-1、F-2 为例进行试验结果分析，其他详细结果见文献 [5]。由图 3.25 可知，变形钢筋与 ECC 的荷载-滑移曲线可分为五个阶段：弹性阶段、内裂阶段、滑移强化阶段、退化阶段和残余阶段。加载之初，荷载与滑移量呈线性增加；当荷载大于 P_{cr} 时，曲线斜率有所下降，自由端的钢筋出现相对滑移，内部径向裂缝开始向试件表面发展；当荷载大于 P_s 时，加载端处钢筋与 ECC 的相对滑移量明显增大，曲线斜率也有所下降，此时加载端表面出现可见裂缝；由于裂缝的开展，随着滑移量进一步增大，荷载逐渐减小；最终荷载基本保持不变。变形钢筋试件的极限拉拔荷载随着纤维体积掺量提高而增大，其下阶段也愈加平缓，残余段的荷载也越大，表明纤维的增加能够提高钢筋与 ECC 的粘结性能。

由图 3.26 可知，光圆钢筋与 ECC 的荷载与滑移曲线可分为三个阶段：弹性阶段、内裂脱粘阶段和拔出阶段。加载初期，滑移量非常小，荷载与滑移量呈线性增加；随着荷载的增大，加载端附近的界面开始出现局部脱粘，曲线斜率逐渐变小；当到达极限荷载后，钢筋与 ECC 之间的相对滑移量增长较快，而荷载变化较小。

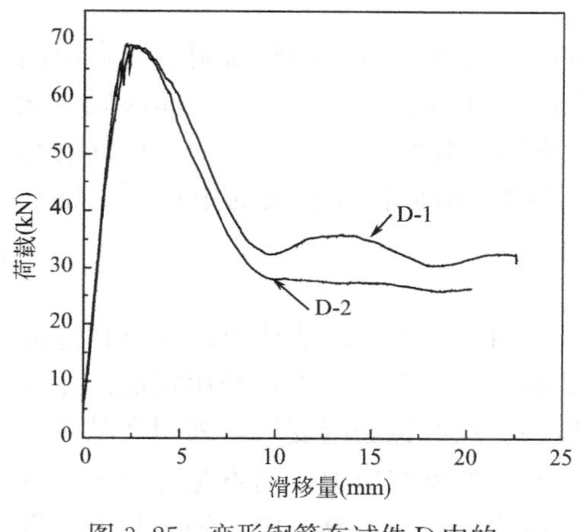

图 3.25 变形钢筋在试件 D 中的荷载-滑移曲线

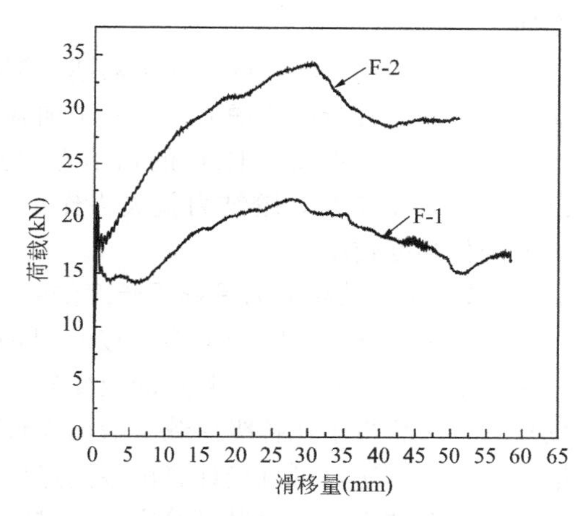

图 3.26 光圆钢筋在试件 F 中的荷载-滑移曲线

3.2.2.3 钢筋应力沿锚固长度的分布情况

图 3.27、图 3.28 为试验测得的变形钢筋和光圆钢筋在 ECC 中各个测点处应力沿锚固长度的分布。

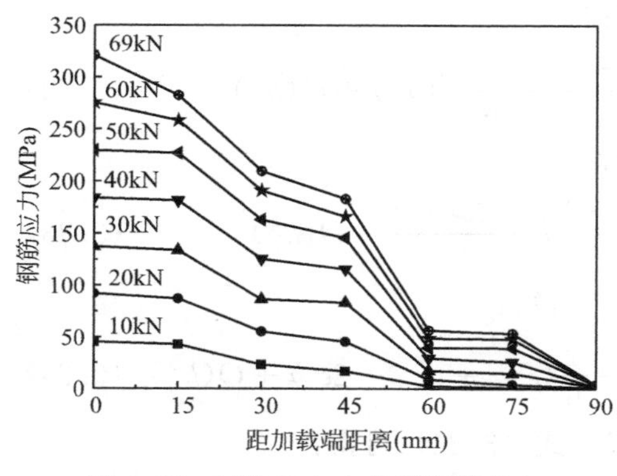

图 3.27 试件 D-1 中变形钢筋应力沿锚固长度分布

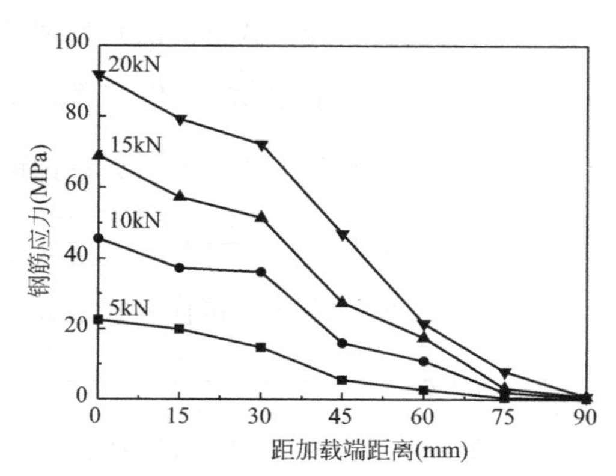

图 3.28 试件 F-2 中光圆钢筋应力沿锚固长度分布

对于变形钢筋的试件，在加载初期，因粘结区段仅有很小一部分受到破坏，大部分荷载由加载端附近的钢筋承受。随着荷载逐渐增大，粘结区段受到破坏增大导致钢筋应力由加载端向自由端延伸，最终在整个粘结区段上的钢筋均产生应变。钢筋应力沿锚固长度的分布具有以下规律：

(1) 钢筋应力首先在加载端出现并且逐渐向自由端延伸，随着荷载增大，加载端的应力变化更快，说明在 ECC 试件中变形钢筋的应力传递速度较慢，粘结性能较好。

(2) 钢筋应力分布曲线大致形状为上凸形，随着荷载的增大曲线的非线性程度加大。

对于光圆钢筋的试件，加载初期，钢筋应力主要出现在加载端附近，自由端应力很小；随着荷载的增大，相较于加载端和自由端，钢筋应力在中间区段变化较快；由于光圆钢筋与 ECC 的粘结力主要来源于胶结力和摩擦力，一旦钢筋与 ECC 发生相对滑移，胶结力就失去作用，导致从钢筋锚固长度的中点开始钢筋应力变化幅度较小。

3.2.2.4 粘结应力沿锚固长度的变化

由于试验条件的限制不能直接测得钢筋与 ECC 之间的粘结力，所以只能通过获得钢筋沿锚固位置各测点的应变分布等间接方法得到。本章利用钢筋内贴应变片的方法获得了在各级荷载下沿锚固长度各测点的钢筋应变后，采用文献 [6] 推荐的拟合方法，可直接计算出各测点位置相应的粘结应力，而不是计算每个区间的平均粘结应力。假设钢筋应变在锚固长度内分布是足够光滑，锚固长度可等分成 n 个间距，且间距为 h，则有：

$$\varepsilon(x_i+h)=\varepsilon(x_i)+h\varepsilon'(x_i)+\frac{h^2}{2}\varepsilon''(x_i)+\frac{h^3}{6}\varepsilon'''(x_i)+O(h^4) \tag{3.20}$$

$$\varepsilon(x_i-h)=\varepsilon(x_i)-h\varepsilon'(x_i)+\frac{h^2}{2}\varepsilon''(x_i)-\frac{h^3}{6}\varepsilon'''(x_i)+O(h^4) \tag{3.21}$$

由式 (3.20) 减去式 (3.21) 整理可得：

$$\varepsilon'(x_i)=\frac{\varepsilon(x_i+h)-\varepsilon(x_i-h)}{2h}-\frac{h^2}{6}\varepsilon'''(x_i)+O(h^3) \tag{3.22}$$

由式 (3.20) 加上式 (3.21) 整理可得：

$$\varepsilon''(x_i)=\frac{\varepsilon(x_i+h)+\varepsilon(x_i-h)-2\varepsilon(x_i)}{2h}+O(h^4) \tag{3.23}$$

对式 (3.23) 求导，再代入式 (3.22) 可得：

$$\varepsilon'(x_i)=\frac{\varepsilon(x_i+h)-\varepsilon(x_i-h)}{2h}-\frac{1}{6}(\varepsilon'_{i+1}+\varepsilon'_{i-1}-2\varepsilon_i)+O(h^3) \tag{3.24}$$

令 $\Delta\varepsilon'=\varepsilon_{i+1}-\varepsilon_{i-1}$ 并且忽略误差项代入式 (3.24) 可得：

$$\varepsilon'_{i-1}+4\varepsilon'_i+\varepsilon'_{i+1}=\frac{3}{h}\Delta\varepsilon_i \tag{3.25}$$

由图 3.29 所示的微平衡段得：

$$E_sA_s(\varepsilon_{i+1}-\varepsilon_i)=\tau_i\pi dh \tag{3.26}$$

$$\varepsilon_i'=\tau_i\frac{\pi d}{E_sA_s}=\frac{4\tau_i}{E_sd} \tag{3.27}$$

式中　A_s——钢筋净面积（需要扣除钢筋开槽损失的截面积）；

　　　d——钢筋直径。

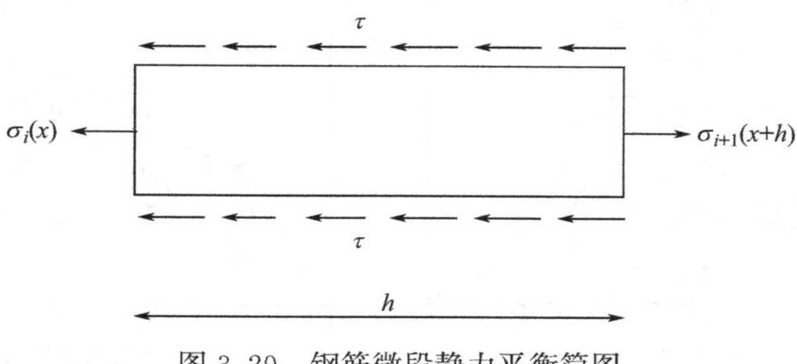

图 3.29　钢筋微段静力平衡简图

由边界条件 $\tau_0=\tau_n=0$，则可得方程组：

$$\begin{bmatrix}4 & 1 & & & & \\ & 1 & 4 & 1 & & \\ & & \cdots & \cdots & & \\ & & 1 & 4 & 1 & \\ & & & & 1 & 4\end{bmatrix}\begin{Bmatrix}\tau_1\\ \tau_2\\ \tau_3\\ \cdots\\ \tau_i\\ \cdots\\ \tau_{n-2}\\ \tau_{n-1}\end{Bmatrix}=\frac{3E_sd}{4h}\begin{Bmatrix}\delta\varepsilon_1\\ \delta\varepsilon_2\\ \delta\varepsilon_3\\ \cdots\\ \delta\varepsilon_i\\ \cdots\\ \delta\varepsilon_{n-2}\\ \delta\varepsilon_{n-1}\end{Bmatrix} \tag{3.28}$$

通过求解方程组得到在各级荷载作用下的粘结应力，将其沿锚固长度进行叠加，所得值乘以钢筋的周长应等于所对应的荷载值大小，当不相等时，须按差值反号平均分配原则进行调整，使粘结应力分布曲线下所围面积乘以钢筋的周长等于其荷载值，即可获得粘结应力沿锚固长度的变化曲线，如图 3.30、图 3.31 所示。

对于变形钢筋的试件 D-1，其粘结应力沿锚固长度方向的大致形状为双峰型，靠近自由端处的粘结力与加载端附近相差较大，即加载端附近的粘结刚度要比自由端处大；随着荷载不断增大，其粘结应力峰值增大，而峰值的位置未变。

对于光圆钢筋的试件 F-2，加载初期，因为胶结力发挥主要作用，粘结应力的峰值在加载端附近。随着荷载的增大，加载端粘结应力的增长速率与自由端粘结应力的增长速率基本相同，说明此时光圆钢筋的粘结力主要来源于摩阻力。最终粘结应力峰值对应的点距加载端的距离为 45mm。与试件 D-1 相比，试件 F-2 的高粘结应力区段较短，说明变形钢筋与 ECC 的粘结性能要优于光圆钢筋与 ECC 的粘结性能。

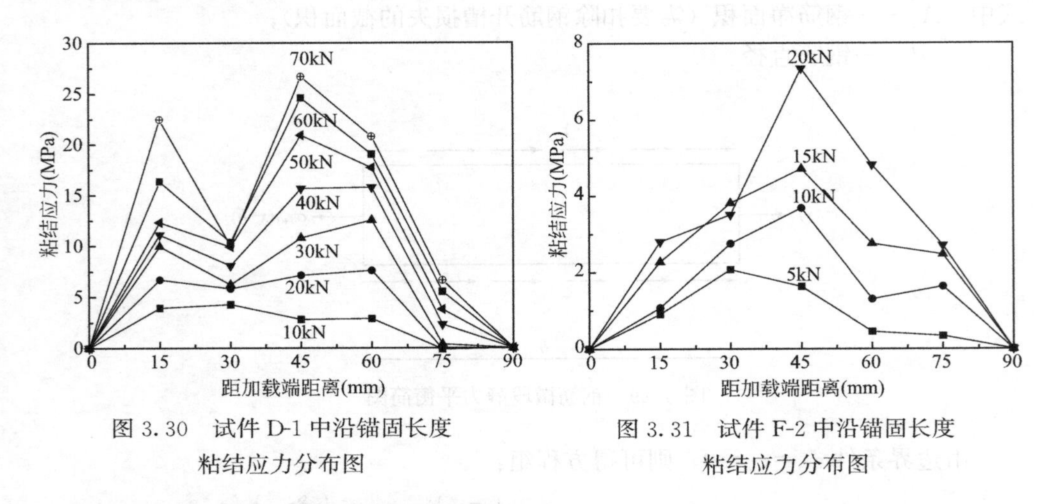

图 3.30　试件 D-1 中沿锚固长度粘结应力分布图

图 3.31　试件 F-2 中沿锚固长度粘结应力分布图

3.2.2.5　相对滑移量沿锚固长度的变化

试验时自由端和加载端的滑移量可直接测得，因此锚固长度内各测点处钢筋与 ECC 之间的滑移量可由该点钢筋与 ECC 之间的位移差来求得。因为试验已测得各测点的钢筋应变 ε_{si}，所以钢筋在相邻测点间的伸长量为 $\Delta l_{si}=\varepsilon_{si}h$（$h$ 为相邻应变片之间的距离为 15mm）。钢筋周围 ECC 的平均应力 σ_{ci} 和平均应变 ε_{ci} 可通过微段平衡计算获得，于是 ECC 的微段变形为 $\Delta l_{ci}=\varepsilon_{ci}h$。由于在拉力作用下，横截面上 ECC 的应力分布是不均匀的，钢筋界面处 ECC 的应力较大，而离钢筋远处 ECC 应力较小；同时 ECC 应力沿横截面的变化还与锚固长度有关，靠近加载端其变化趋势十分明显，而在靠近自由端附近时却趋于平缓。因此可以引入 ECC 的不均匀变形系数 $\gamma_c=0.75$（ECC 的界面应变与其界面平均应变比值）[2,4] 来考虑这种影响。

在分别求出各微段钢筋和 ECC 的变形后，则距离自由端 x 截面处钢筋与 ECC 之间的相对滑移 s_x 有：

$$s_x=s_z+\sum_{i=1}^{n}(\Delta l_{si}+\gamma_c\Delta l_{ci}) \tag{3.29}$$

式中　s_z——自由端钢筋与 ECC 的相对滑移量。

由式（3.29）可以计算出在任意荷载下沿锚固长度各测点处钢筋与 ECC 之间的相对滑移，如图 3.32、图 3.33 所示。

对于变形钢筋的试件，当荷载-滑移曲线处于弹性阶段时，粘结力主要来源于界面的胶结力，试件中钢筋的相对滑移量均很小；当荷载-滑移曲线进入内裂阶段时，随着荷载逐渐增大，由于钢筋与ECC的胶结力丧失及ECC内部裂缝开展的原因，试件D-1的相对滑移量有一定的增大。当荷载与滑移曲线进入滑移强化阶段时，由于裂缝发展到试件的表面，试件的相对滑移量会突然较大程度的增大；达到极限荷载之后，荷载与滑移曲线进入退化阶段时，随着荷载不断的减小，试件的相对滑移量均会逐渐增大。由于ECC中没有粗骨料，钢筋肋间可能与ECC较早发生剪切破坏，所以加载端与自由端的相对滑移量相差都较小。

对于光圆钢筋的试件，当荷载与滑移曲线处于弹性阶段时，粘结力主要来源于胶结力，所以试件F-2中钢筋与ECC的相对滑移量很小；当荷载与滑移曲线处于内裂阶段时，相对滑移量随着荷载增大而增大；由于光圆钢筋与ECC的粘结力主要来源于胶结力和摩擦力，加载端和自由端的滑移基本是同步的。

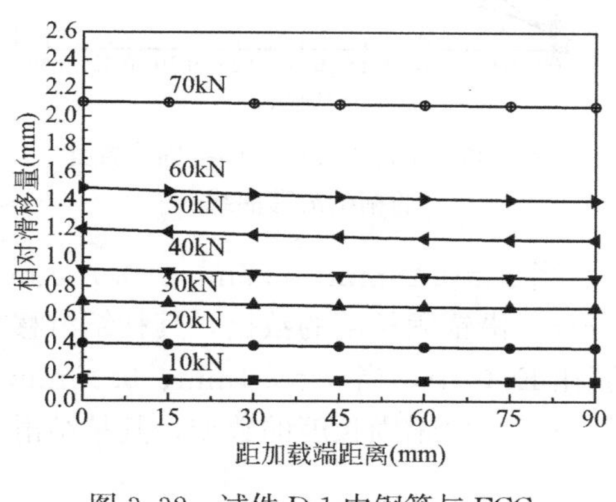

图3.32 试件D-1中钢筋与ECC相对滑移量分布

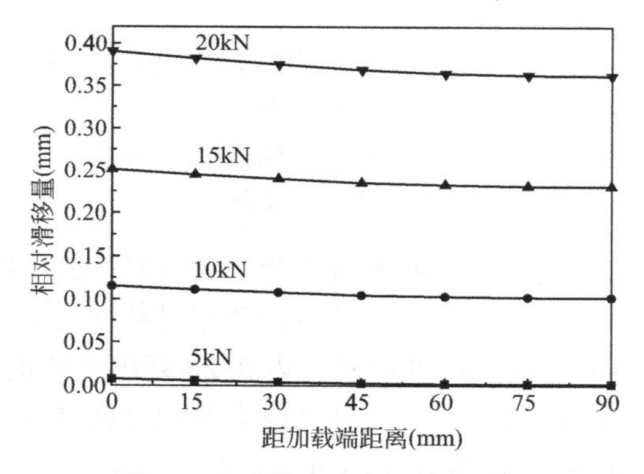

图3.33 试件F-2中钢筋与ECC相对滑移量分布

3.2.3 钢筋与ECC粘结滑移本构关系

3.2.3.1 粘结力与滑移关系沿锚固长度的变化

取各级荷载下沿锚固长度钢筋各测点处的粘结应力（图3.30、图3.31）和其相应的相对滑移量（图3.32、图3.33）通过多项式（式3.30）拟合获得不同的曲线，此曲线实际是粘结刚度沿锚固长度的变化规律，如图3.34、图3.35所示。试件在不同锚固位置处的粘结应力与滑移量关系如下式：

$$\tau = A + Bs + Cs^2 + Ds^3 \tag{3.30}$$

3.2.3.2 粘结锚固位置函数

位置函数是用来描述不同锚固位置处粘结刚度的相对大小。文献[4]采用以下方法得出位置函数的表达式：首先作出同一滑移值下不同锚固长度 x 处的粘结应力的分布曲线图，该曲线实际上反映了粘结刚度随锚固长度的变化规律；将其平均竖标化为 1 的标准化曲线，对标准化的曲线进行统计回归后，就可获得其位置函数 ψ (x)[7]。

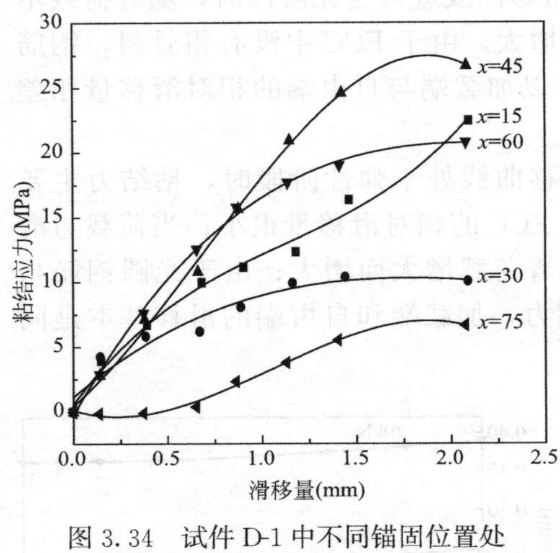

图 3.34 试件 D-1 中不同锚固位置处的粘结滑移曲线

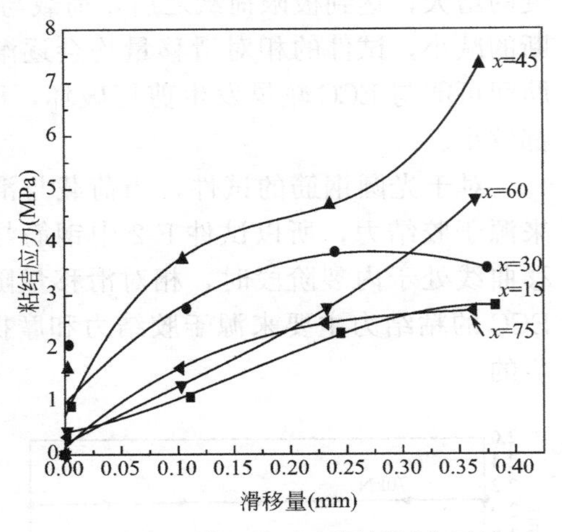

图 3.35 试件 F-2 中不同锚固位置处的粘结滑移曲线

表 3.21 列出变形钢筋在 ECC 试件中，当 $s=0.25$mm、0.5mm、0.75mm 和 1mm 时，其粘结应力及相对粘结应力（$\tau/\bar{\tau}$）沿锚固长度的数据，其粘结滑移曲线如图 3.36 所示。表 3.22 列出光圆钢筋在 ECC 中，当 s=0.1mm、0.15mm 和 0.2mm 时，其粘结应力及相对粘结应力（$\tau/\bar{\tau}$）沿锚固长度的数据，其粘结滑移曲线如图 3.37 所示。

变形钢筋与 ECC 在同一滑移下沿锚固长度各点的粘结应力 **表 3.21**

滑移量		s=0.25mm		s=0.5mm		s=0.75mm		s=1mm	
编号	x（mm）	τ	$\tau/\bar{\tau}$	τ	$\tau/\bar{\tau}$	τ	$\tau/\bar{\tau}$	τ	$\tau/\bar{\tau}$
D-1	0	0	0	0	0	0	0	0	0
	15	4.811	1.707	7.935	1.707	10.262	1.604	12.110	1.461
	30	3.930	1.319	6.130	1.319	7.785	1.217	8.960	1.081
	45	4.161	1.854	8.619	1.854	13.392	2.094	18.060	2.180
	60	5.541	2.193	10.193	2.193	13.816	2.160	16.530	1.995
	75	−0.380	−0.028	0.130	0.028	1.338	0.209	2.930	0.354
	90	0	0	0	0	0	0	0	0

光圆钢筋与 ECC 在同一滑移下沿锚固长度各点的粘结应力　　　表 3.22

滑移量		s=0.1mm		s=0.15mm		s=0.2mm	
编号	x（mm）	τ	$\tau/\bar{\tau}$	τ	$\tau/\bar{\tau}$	τ	$\tau/\bar{\tau}$
F-2	0	0	0	0	0	0	0
	15	1.043	0.542	1.463	0.640	1.893	0.718
	30	2.742	1.425	3.289	1.440	3.632	1.377
	45	3.655	1.899	4.187	1.833	4.475	1.696
	60	1.279	0.665	1.798	0.787	2.350	0.891
	75	1.610	0.837	2.048	0.897	2.339	0.887
	90	0	0	0	0	0	0

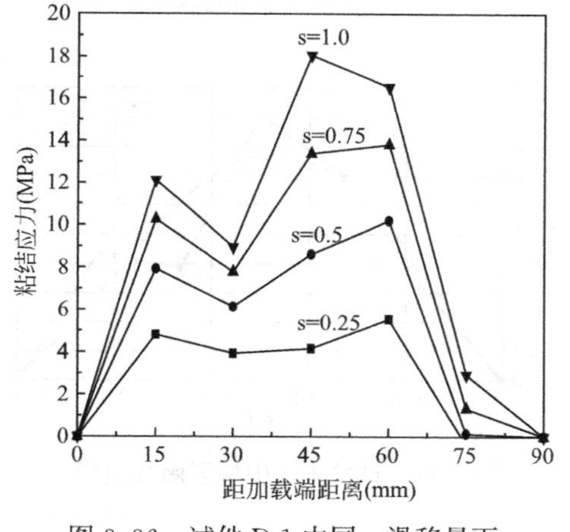

图 3.36　试件 D-1 中同一滑移量下粘结应力分布曲线

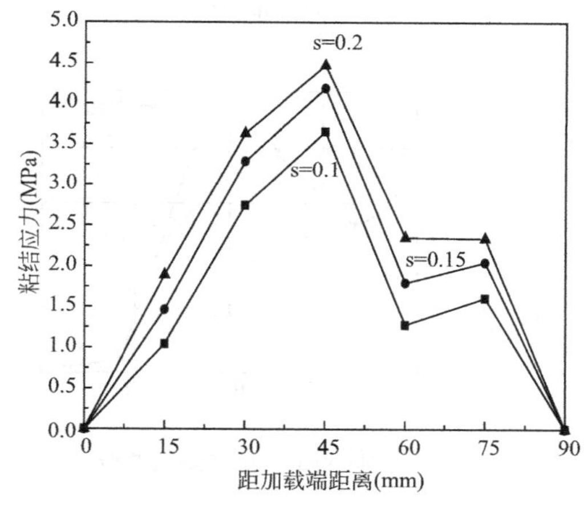

图 3.37　试件 F-2 中同一滑移量下粘结应力分布曲线

将图 3.36、图 3.37 中的粘结应力除以平均粘结应力即可获得相对粘结应力，将锚固位置除以试件的锚固长度就得到其相对位置。标准化后在同一滑移下粘结应力沿锚固长度的分布规律如图 3.38、图 3.39 所示。由表可知，在同一滑移量时，变形钢筋与 ECC 最大粘结力与平均粘结力的比值在 1.489～2.575 之间；光圆钢筋与 ECC 最大粘结力与平均粘结力的比值在 1.899～3.481 之间，其结果与 Mains[8] 采用开槽的钢筋内贴应变片，测得钢筋与混凝土的最大粘结应力是其平均粘结应力的 2 倍以上较相近。

对于同一试件，不同滑移量下相对粘结强度相差较小，因此对各点相对粘结应力取平均值。通过多项式拟合分析，可得到试件中钢筋与 ECC 的粘结锚固位置函数，试验曲线和拟合曲线如图 3.40、图 3.41 所示。

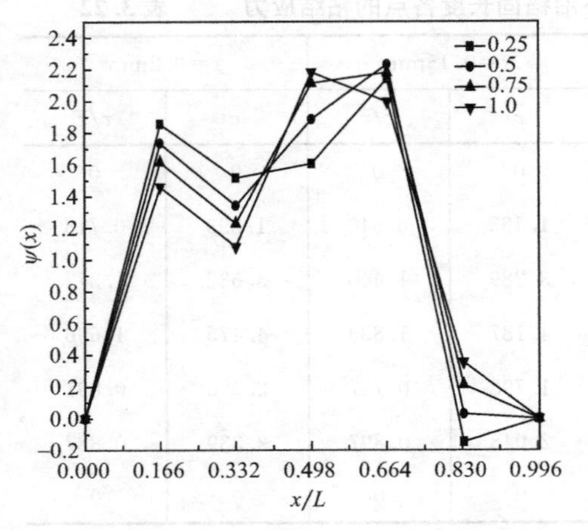

图 3.38　试件 D-1 中同一滑移量下相对粘结力分布曲线

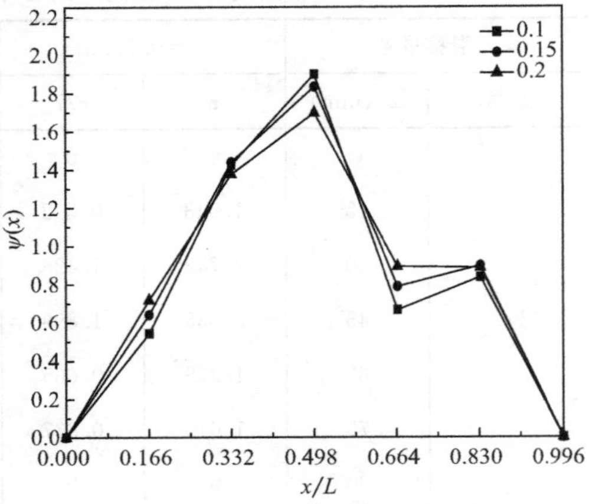

图 3.39　试件 F-2 同一滑移量下相对粘结力分布曲线

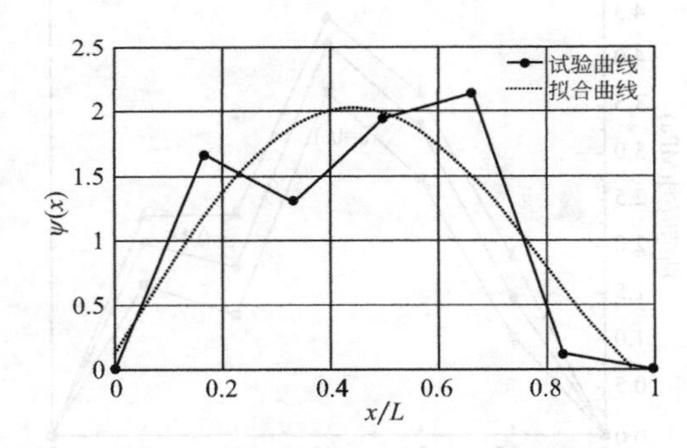

图 3.40　试件 D-1 中位置函数曲线

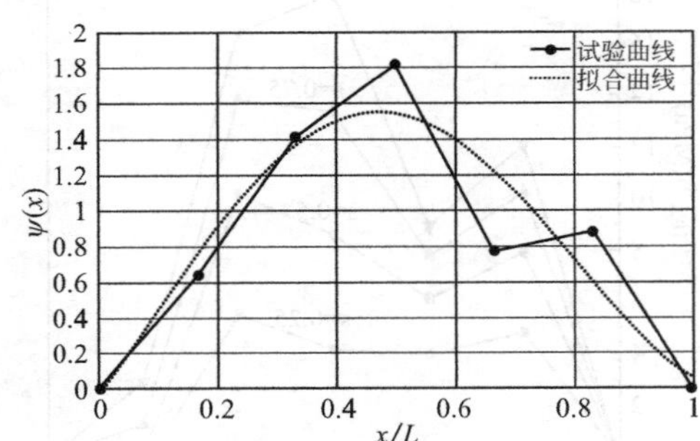

图 3.41　试件 F-2 中位置函数曲线

试件 D-1 中变形钢筋与 ECC 的粘结锚固位置函数：

$$\psi(x)=11.97\left(\frac{x}{L}\right)^{4}-21.42\left(\frac{x}{L}\right)^{3}+5.08\left(\frac{x}{L}\right)^{2}+4.46\left(\frac{x}{L}\right)-0.036 \tag{3.31}$$

试件 F-2 中光圆钢筋与 ECC 的粘结锚固位置函数：

$$\psi(x)=12.631\left(\frac{x}{L}\right)^{4}-20.837\left(\frac{x}{L}\right)^{3}+1.22\left(\frac{x}{L}\right)^{2}+6.73\left(\frac{x}{L}\right)+0.122 \tag{3.32}$$

3.2.3.3　粘结滑移本构关系模型

1. 粘结滑移本构关系模型介绍

平均粘结滑移本构模型是指不考虑位置影响的模型。目前国内外，已有许多学者提出了多种建议的钢筋与混凝土二者间的粘结滑移本构关系的模型，例如

Hawkins等[9] 对钢筋与混凝土锚固较短的试件进行试验，提出钢筋与混凝土的粘结滑移曲线为3段式；Eligehausen[10] 通过大量拉拔试验研究，提出适合变形钢筋粘结滑移曲线的4段式BPE模型；徐有邻等[4] 将已获得的粘结滑移曲线结合混凝土内部裂缝开展情况及受力状态，得出粘结滑移曲线可简化为5段式；Verderame等[11] 根据光圆钢筋与混凝土的拉拔试验得到的平均粘结应力与滑移量的曲线形状，对BPE模型中的变形钢筋与混凝土的粘结滑移模型进行修正，获得了光圆钢筋与混凝土的粘结滑移本构关系。3段式、4段式及5段式均是在确定了一定数量的粘结应力与滑移的特征值后，各点可用折线或曲线相连即组成完整的粘结滑移本构模型。此外，为适合在有限元分析和数学分析中的应用，粘结滑移本构模型还可用连续的曲线方程来描述，便于确定其割线粘结刚度值。本章采用高丹盈教授所提出的FRP筋与混凝土粘结滑移本构关系的连续曲线模型[12]。

在此模型中，粘结滑移关系可以简化为图3.42所示的数学模型。O（0，0）、C（s_0，τ_0）和E（s_u，τ_u）为此模型中三个关键点，因此解析曲线必须满足这三个关键点的数学意义，即：

（1）在$s=0$处，有$\tau=0$和$\frac{d\tau}{ds}=\infty$；

（2）在$s=s_0$处，有$\tau=\tau_0$和$\frac{d\tau}{ds}=0$；

（3）在$s=s_u$处，有$\tau=\tau_u$和$\frac{d\tau}{ds}=0$

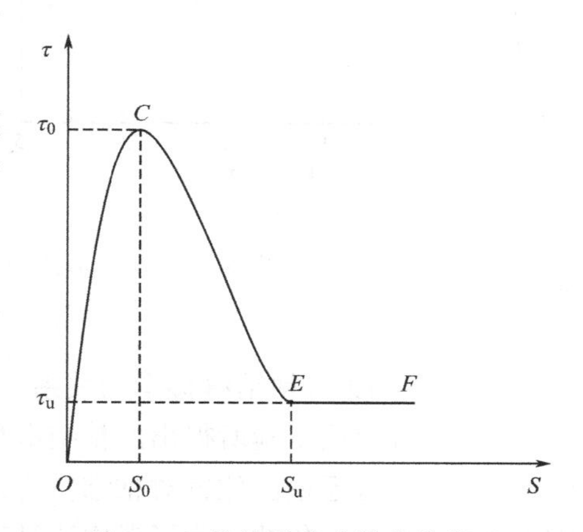

图3.42　粘结滑移连续曲线模型

满足条件（1）、（2）的上升段OC（$0\leqslant s\leqslant s_0$）取为：

$$\frac{\tau}{\tau_0}=2\sqrt{\frac{s}{s_0}}-\frac{s}{s_0} \tag{3.33}$$

满足条件（2）、（3）的下降段CE（$s_0\leqslant s\leqslant s_u$）取为：

$$\tau=\tau_0\frac{(s_u-s)^2(2s+s_u-3s_0)}{(s_u-s_0)^3}+\tau_u\frac{(s-s_0)^2(3s_u-2s-s_0)}{(s_u-s_0)^3} \tag{3.34}$$

2. 粘结滑移连续曲线模型与试验曲线的对比

以试件C-1和D-2的试验曲线与粘结滑移连续曲线模型进行分析对比，表3.23为所选择试件的试验特征参数s_0、τ_0、s_u和τ_u的值，将表3.23的具体值代入式（3.33）和式（3.34）中就可得到对应试件的平均粘结应力与滑移理论曲线，其与相应的试验曲线对比见图3.43，由图可知，试验曲线与粘结滑移理论曲线的上升段和下降段均吻合基本较好。

试件特征参数　　表 3.23

试件编号	s_0（mm）	τ_0（MPa）	s_u（mm）	τ_u（MPa）
C-1	2.1	12.99	7.65	4.88
D-2	2.2	13.6	10	5.5

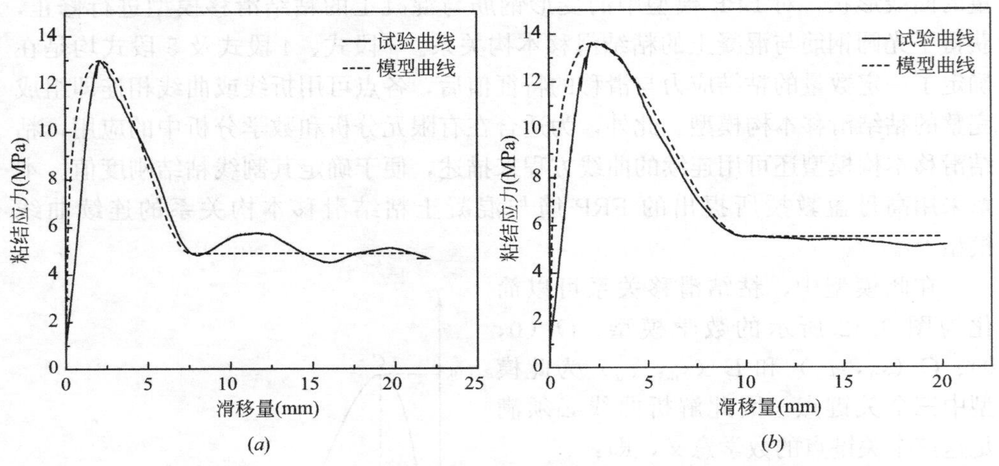

图 3.43　试验曲线与粘结滑移曲线模型对比

（*a*）C-1；（*b*）D-2

3. 钢筋与 ECC 粘结滑移本构关系

由于通过拉拔试验所得出的粘结滑移关系实际上是其平均粘结应力与滑移的关系，且没有考虑锚固位置对粘结应力的影响，而事实上粘结滑移本构关系随锚固位置不同是会变化的。为了考虑这种变化，可在已知平均粘结滑移关系的前提下，建立一个位置函数，因此，粘结滑移本构关系可用两者的乘积来表达。其表达式为：

$$\tau(s, x)=\phi(s)\cdot\psi(x) \tag{3.35}$$

式中　$\tau(s, x)$——考虑锚固位置变化的粘结滑移本构关系；

$\phi(s)$——平均粘结滑移关系；

$\psi(x)$——位置函数，可按式（3.31）、式（3.32）取值。

3.3　本章小结

本章进行了钢筋与 ECC 粘结性能试验，主要研究了锚固长度、钢筋类别、保护层厚度及配箍率对钢筋与 ECC 粘结性能的影响，分析了钢筋与 ECC 的粘结滑移机理。同时基于钢筋开槽内贴应变片的拉拔试验方法，建立考虑锚固位置影响的钢筋与ECC粘结滑移本构关系，得到主要结论如下：

（1）变形钢筋与混凝土试件的粘结破坏形式均为劈裂破坏，与ECC试件的粘结破坏形式主要为剪切-劈裂破。随着保护层厚度的增加，光圆钢筋与ECC试件的粘结破坏形式由剪切-劈裂破坏转变剪切破坏。

（2）变形钢筋与ECC的粘结力主要来源于胶结力、摩阻力和机械咬合力，其中主要为带肋钢筋肋间嵌入基体而形成的机械咬合力。光圆钢筋与ECC的粘结强度主要由胶结力和摩阻力两部分组成。其粘结滑移机理可具体分为弹性阶段、局部开裂阶段、退化阶段和残余阶段。

（3）随着锚固长度的增大，试件拉拔极限荷载会增大，但是其极限粘结强度会减小；变形钢筋与ECC的相对临界保护层厚度为 $c/d=5.06$，光圆钢筋与ECC相对临界保护层厚度为 $c/d=4.2$。随着配箍率的提高，钢筋与ECC的极限粘结强度增大；在相同保护层厚度和锚固长度的条件下，变形钢筋与ECC的粘结性能更好。在考虑不同因素的影响，通过对试验数据的统计回归分析给出了变形钢筋与ECC之间的极限粘结强度计算公式。

（4）钢筋与ECC粘结性能试验中，变形钢筋与ECC的荷载与滑移曲线可分为五个阶段：弹性阶段、内裂阶段、滑移强化阶段、退化阶段和残余阶段。光圆钢筋与ECC的荷载与滑移曲线可分为三个阶段：弹性阶段、内裂脱粘阶段和拔出阶段。

（5）根据测得不同锚固位置处钢筋在不同荷载下的应变以及加载端和自由端钢筋与ECC的相对滑移量，通过理论分析，获得各试件在锚固位置处各点粘结应力和钢筋与ECC相对滑移的分布情况，从而推导出沿锚固位置变化的 τ-s 关系，以及与之相应变化规律的位置函数，由此建立了考虑锚固位置影响的钢筋与ECC的粘结滑移本构关系。

3.4　参考文献

[1] 杜峰，肖建庄，高向玲. 钢筋与混凝土间粘结试验方法研究 [J]. 结构工程师，2006，22 (2)：94-97.

[2] 张伟平，张誉. 锈蚀开裂后钢筋混凝土粘结滑移本构关系研究 [J]. 土木工程学报，2001，34 (5)：40-44.

[3] 赵羽习，金伟良. 钢筋与混凝土粘结本构关系的试验研究 [J]. 建筑结构学报，2002，23 (1)：32-37.

[4] 徐有邻. 变形钢筋-混凝土粘结锚固性能的试验研究 [D]. 北京：清华大

学，1990.

[5] 周青山. 混凝土和ECC与钢筋粘结性能的试验研究及数值模拟 [D]. 南京：东南大学，2013.

[6] 洪小健，张誉. 粘结滑移试验中的粘结应力的拟合方式 [J]. 结构工程师，2000 (3)：41-46.

[7] 赵羽习. 钢筋混凝土粘结性能和耐久性的研究 [D]. 杭州：浙江大学，2001.

[8] Mains R M. Measurement of the distribution of tensile and bond stresses along reinforcing bars [J]，ACI Journal，1951，23 (3)：225-252.

[9] Hawkins N M，Lin I J，Jeang F L. Local bond strength of concrete for cyclic reversed loadings [C]. Proceedings of the International Conference on Bond in Concrete，Paisley，Scottland，1982：151-161.

[10] Eliigenhausen R，Popov E P，Bertero V V. Local bond stress-slip relationships of deformed bars under generalized excitations [R]. Report No. 82/83，Earthquake Engineering Research Center，University of California，Berkeley，California.

[11] Verderame G M，et. al. Cyclic bond behavior of plain bars. Part Ⅱ：analytical investigation [J]. Construction and Building Materials，2009，23 (12)：35 12—3522.

[12] 高丹盈，朱海堂，谢晶晶. 纤维增强塑料筋混凝土粘结滑移本构模型 [J]. 工业建筑，2003，33 (7)：41-43.

第4章 钢筋增强ECC梁或ECC/混凝土组合梁的力学性能

采用ECC替代混凝土用于受弯构件中，能够有效提高构件承载力、极限变形、延性以及损伤容限能力[1]。由于ECC材料价格较高，整体替代混凝土显然是不经济的。在梁的受拉区使用ECC材料组成钢筋增强ECC/混凝土组合梁，不仅能够降低成本、提高构件承载力，还能够有效保护纵向受拉钢筋，避免因混凝土过早开裂引起的钢筋锈蚀问题[2]。同时，ECC材料在剪力作用下也具有高延性变形特征[3]，采用ECC材料来减少甚至代替梁内箍筋以及提高梁的抗震性能，也是值得研究的问题。本章将对钢筋增强ECC/混凝土组合梁在受弯性能、抗震性能以及抗剪性能进行试验和理论分析，并与普通钢筋混凝土梁进行对比，综合评估ECC材料对梁构件力学性能的影响。考虑到ECC增强层的存在改变了传统钢筋混凝土梁的变形和受力特征，受拉和受压区的应力分布及其他有关参数与普通钢筋混凝土构件存在明显的差异，本章将基于ECC材料力学性能的试验和理论研究所获取的参数，运用有限元分析软件对钢筋增强ECC或ECC/混凝土组合梁的力学性能进行数值模拟，分析不同参数对组合梁力学性能的影响。

4.1 钢筋增强ECC梁和ECC/混凝土组合梁受弯性能

4.1.1 组合梁受弯承载力计算模型

4.1.1.1 ECC/RC组合梁的正截面受弯过程分析

组合梁正截面受弯过程可分为三个阶段：弹性阶段、带裂缝工作阶段和破坏阶段。

1. 弹性阶段

弯矩较小时，荷载与挠度，钢筋、ECC及混凝土之间处于线性关系，而中和轴则位于换算截面的形心。当受拉区最外边缘的纤维应变达到ECC的初裂应变时，截面处于开裂边缘，此时的弯矩为该阶段的极限状态弯矩，中和轴较初期略有上移。在弹性阶段，各材料均处于弹性阶段，混凝土的拉压应力接近三角形，而受拉区 ECC 的弹性模量较低，大约是普通混凝土弹性模量的 1/2～2/3，在两种材料的粘结界面处有一定的界面粘结应力。第一阶段截面的应力应变状态如图 4.1 所示，抗裂计算即以此应力状态为依据。

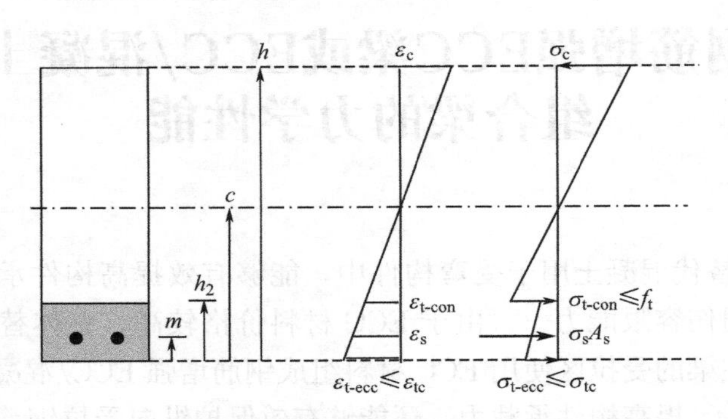

图 4.1 弹性阶段截面应力应变分布图

2. 带裂缝工作阶段

随着弯矩的继续增大，ECC 材料的应变超过其初裂拉应变，裂缝的产生使得构件刚度降低、变形加快，截面进入带裂缝工作阶段。

该阶段组合梁的裂缝发展比较复杂。当 ECC 增强层底部出现第一条裂缝时，纤维的桥联作用会使裂缝稳态开展，形成多条细密平行裂缝。这个裂纹扩展阶段持续时间较长，ECC 材料的应力增长缓慢，组合梁的延性特征十分明显。随着弯矩进一步增大，ECC 增强层逐步进入弹塑性阶段，如图 4.2（*a*）所示。

ECC 材料的初裂拉应变大于混凝土的极限拉应变[4]，但是，如果所选取的 ECC 层的厚度大于 2 倍的钢筋保护层厚度，最外层 ECC 达到其初裂应变后受拉区混凝土开始产生裂缝，如图 4.2（*b*）所示。随着外荷载的进一步增大，ECC 层的裂缝不断向上发展，直至 ECC 层全面进入应变强化阶段，受拉区的混凝土由于开裂而自下而上逐步退出工作，受压区混凝土也逐步由弹性进入弹塑性阶段，如图 4.2（*c*）和（*d*）所示，图中“*a*”为 ECC 层中塑性区的高度。

ECC 材料的极限拉应变远大于钢筋的屈服应变，因此，在第二阶段末钢筋即将屈服时，钢筋周围的 ECC 仍处于塑性阶段。第二阶段的应力状态表征了组合梁正常使用阶段的应力状态，截面屈服弯矩 M_y 和使用阶段变形及裂缝的计算即以此为依据。

3. 破坏阶段

从理论上分析，组合梁的最终破坏形态可以分为受拉破坏（钢筋屈服并达到其极限拉应变，梁顶混凝土压应变小于其极限压应变）和受压破坏（梁顶混凝土压应变达到其极限压应变，梁底拉应变小于 ECC 材料的极限拉应变，钢筋应变小于其极限拉应变）。但是受拉破坏时，受拉纵筋达到其极限拉应变，破坏较为

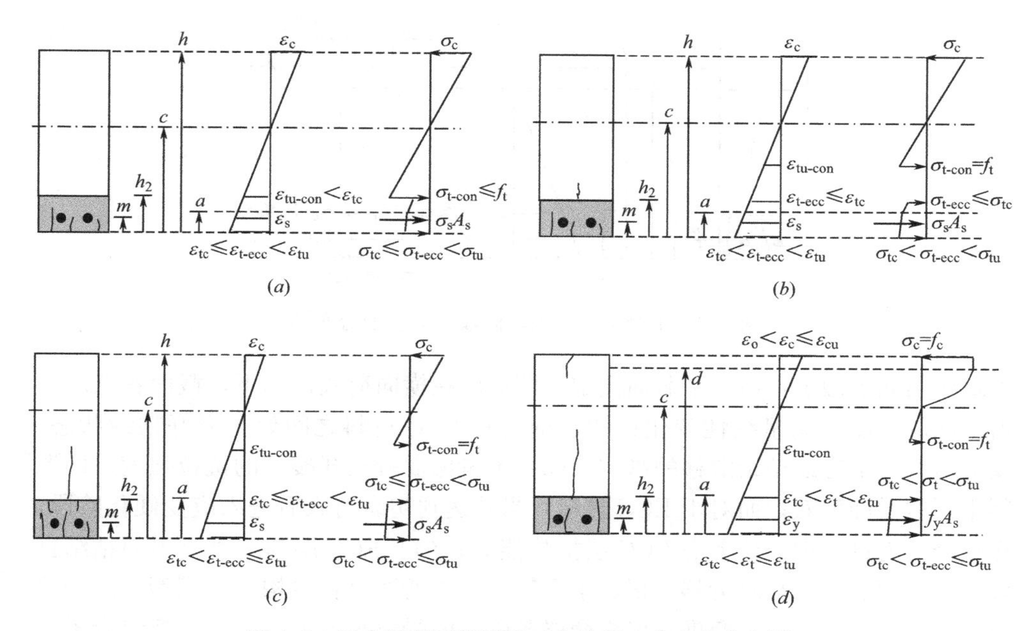

图4.2　组合梁截面带裂缝工作阶段应力应变分布图

突然，在实际工程中应该避免；同时，由于ECC材料的极限拉应变高达3%以上，此时构件已经由于挠度或者位移过大而不适合继续承载。因此，本章主要就延性较好的受压破坏形态进行分析。

当纵向受拉钢筋屈服时，随着弯矩继续增大，组合梁进入破坏阶段。钢筋屈服时，ECC增强层仍处于塑性发展阶段，截面中未形成主裂缝，仍呈现细密多裂缝稳态开展。钢筋屈服后，应变增长速度快于应力发展，此时截面拉应力由ECC材料与钢筋一起承担。混凝土中的裂缝不断向上发展，导致组合梁的刚度进一步下降，变形加快，中和轴进一步上移。当受压区混凝土全面进入塑性阶段后，受压区边缘混凝土压应变达到其极限压应变，此时应力应变分布如图4.3所示。随着组合梁挠度的进一步增大，ECC层和混凝土层中的裂缝不断向上扩展，中和轴上移，直至受压区混凝土被压碎，组合梁达到其极限承载能力。梁的极限承载力计算即以此为依据。

从受拉钢筋达到其屈服应变、混凝土开始压裂到组合梁完全破坏仍需要经过一个损伤累积的过程。随着组合梁挠度的进一步增大，混凝土由上而下逐步被压裂，受拉钢筋应变继续增加，ECC层底部拉应变可能已达到其极限拉应变ε_{tu}，ECC层产生一条主裂缝并不断扩展并贯穿ECC层，混凝土压碎，此时，组合梁宣告破坏。此时，组合梁截面所承担的弯矩为极限破坏弯矩M_u。

4.1.1.2　ECC/RC组合梁受弯承载力

以上分析了组合梁截面受弯过程中的应力应变发展变化情况。为简化计算，

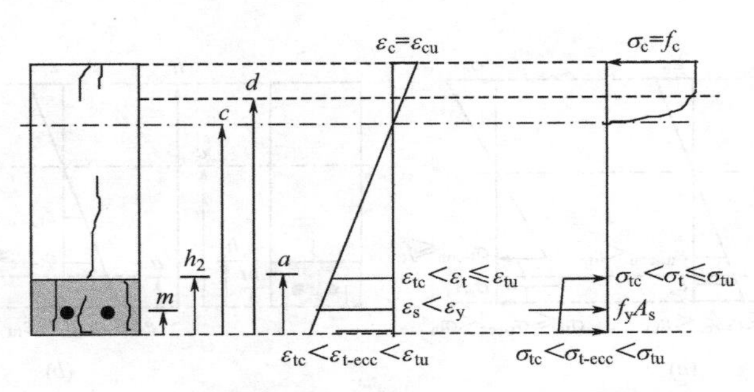

图 4.3 组合梁截面破坏阶段应力应变分布图

本章作出如下假定：(1) 平截面假定，即截面在横向荷载作用下，截面各点应变沿截面的高度方向呈线性变化；(2) 钢筋和 ECC 材料之间处于完好粘结状态，变形协调，不考虑粘结滑移的影响；(3) 不考虑混凝土开裂后的抗拉强度，即混凝土开裂后即失效；而对于 ECC 材料，当其达到初裂荷载后进入应变硬化阶段，在整个受力过程中充分考虑 ECC 层抗拉能力；(4) ECC 层与混凝土界面粘结良好，无界面裂缝和相对滑移。根据本书第 2 章中所述材料本构关系模型，结合截面的受力平衡和弯矩平衡推导出组合梁各阶段的受弯承载力，主要包括组合梁的开裂弯矩 M_{cr}、屈服弯矩 M_y 和极限破坏弯矩 M_u。为了方便设计参考，本章在组合梁极限受弯承载力积分推导后，提出了梁极限受弯承载力的简化计算模型。

1. 组合梁开裂弯矩 M_{cr} 推导

组合梁的开裂阶段即为第一阶段末，此时 ECC 最外侧纤维拉应变达到初裂拉应变 ε_{tc}。截面的应力应变分布如图 4.1 所示。

设 $\varepsilon_{tc\text{-}ecc}$ 为受拉区最外侧边缘 ECC 的拉应变，则整个截面的应变分布为：

$$\varepsilon(x)=\begin{cases}\dfrac{c-x}{c}\varepsilon_{t-ecc} & 0\leqslant x\leqslant c\\[2ex] \dfrac{x-c}{c}\varepsilon_{t-ecc} & c<x\leqslant h\end{cases}\tag{4.1}$$

截面相应的应力分布为：

$$\sigma(x)=\begin{cases}k_1\varepsilon(x) & 0\leqslant x\leqslant h_2\\[2ex] \dfrac{f_t}{\varepsilon_{tu-con}}\varepsilon(x) & h_2\leqslant x\leqslant c\\[2ex] f_c\left[2\dfrac{\varepsilon(x)}{\varepsilon_0}-\left(\dfrac{\varepsilon(x)}{\varepsilon_0}\right)^2\right] & c\leqslant x\leqslant h\end{cases}\tag{4.2}$$

钢筋的应变情况：当 $x=m$ 时，钢筋的应变为 $\varepsilon_s=\dfrac{c-m}{c}\varepsilon_{t-ecc}$，钢筋的应力为 $\sigma_s=\dfrac{c-m}{c}E_s\varepsilon_{t-ecc}$。

此时，根据截面力的平衡条件 $\sum N=0$，可以得到：

$$\int_0^{h_2} b\sigma(x)\mathrm{d}x+\int_{h_2}^{c} b\sigma(x)\mathrm{d}x+\sigma_s A_s-\int_c^h b\sigma(x)\mathrm{d}x=0 \tag{4.3}$$

代入应力应变分布式，可以得到：

$$c\left(-\frac{k_1h_2^2}{2}+\frac{k_3h_2^2}{2}-\frac{E_sA_sm}{b}-\frac{f_ch^2\varepsilon_{t-ecc}}{\varepsilon_0^2}\right)+c^2\left(k_1h_2-k_3h_2+\frac{E_sA_s}{b}+\frac{2f_ch}{\varepsilon_0}+\frac{f_ch\varepsilon_{t-ecc}}{\varepsilon_0^2}\right)+c^3\left(\frac{k_3}{2}-\frac{f_c}{\varepsilon_0}-\frac{f_c\varepsilon_{t-ecc}}{3\varepsilon_0^2}\right)+\frac{f_c\varepsilon_{t-ecc}h^3}{3\varepsilon_0^2}=0 \tag{4.4}$$

代入 $\varepsilon_{t-ecc}=\varepsilon_{tc}$，则可以求出中和轴高度 c_{cr}。根据截面弯矩平衡式 $\sum M=M$，可以得到：

$$\int_c^h b\sigma(x)x\mathrm{d}x-\int_0^a b\sigma(x)x\mathrm{d}x-\int_a^c b\sigma(x)x\mathrm{d}x-\sigma_sA_sm=M \tag{4.5}$$

代入应力应变表达式，开裂弯矩 M_{cr} 可表示为：

$$M_{cr}=bf_c\left[\frac{\varepsilon_{tc}}{\varepsilon_0}\left(\frac{2h^3}{3c_{cr}}-h^2+\frac{c_{cr}^2}{3}\right)-\frac{\varepsilon_{tc}^2}{\varepsilon_0^2}\left(\frac{h^4}{4c_{cr}^2}-\frac{2h^3}{3c_{cr}}+\frac{h^2}{2}-\frac{c_{cr}^2}{12}\right)\right]-b\varepsilon_{tc}\left[k_1\left(\frac{h_2^2}{2}-\frac{h_2^3}{3c_{cr}}\right)+k_3\left(\frac{c_{cr}^2}{6}-\frac{h_2^2}{2}+\frac{h_2^3}{3c_{cr}}\right)+\frac{c_{cr}-m}{bc_{cr}}E_sA_sm\right] \tag{4.6}$$

2. 组合梁屈服弯矩 M_y 的推导

组合梁的屈服阶段即为带裂缝工作阶段末，此时钢筋的应变刚好达到屈服应变 ε_y，混凝土顶面的应变为 ε_c（$\varepsilon_0<\varepsilon_c<\varepsilon_{cu}$）。截面的应力应变分布如图4.2（*d*）所示。

整个截面的应变分布式同式（4.1）。

钢筋屈服时，有 $\varepsilon_s=\varepsilon_y$，此时受拉区ECC材料最大拉应变为 $\varepsilon_{t-ecc}=\frac{c}{c-m}\varepsilon_y$。

整个截面的应力分布式为：

$$\sigma(x)=\begin{cases}\sigma_{tc}+k_2(\varepsilon(x)-\varepsilon_{tc}) & 0\leqslant x\leqslant h_2\\ 0 & h_2<x\leqslant c\\ f_c\left[2\frac{\varepsilon(x)}{\varepsilon_0}-\left(\frac{\varepsilon(x)}{\varepsilon_0}\right)^2\right] & c<x\leqslant d\\ f_c & d<x\leqslant h\end{cases} \tag{4.7}$$

此时，根据力的平衡 $\sum N=0$，可以得到：

$$\int_0^{h_2} b\sigma(x)\mathrm{d}x+\int_{h_2}^{c} b\sigma(x)\mathrm{d}x+f_yA_s-\int_c^d b\sigma(x)\mathrm{d}x-\int_d^h b\sigma(x)\mathrm{d}x=0 \tag{4.8}$$

由几何关系有：$\frac{d-c}{c}=\frac{\varepsilon_0}{\varepsilon_{t-ecc}}$，可以得到：

$$d=c+c\frac{\varepsilon_0}{\varepsilon_{t-ecc}} \tag{4.9}$$

将以上各式代入式（4.8）中，可以得到：

$$\begin{aligned}&c^2\left(\frac{f_c}{3}\frac{\varepsilon_0}{\varepsilon_{t-ecc}}+f_c\right)-\left(k_2\frac{\varepsilon_{t-ecc}h_2^2}{2}+\frac{f_yA_smc}{b(c-m)}\right)\\&+c\left(\varepsilon_{tc}+k_2h_2(\varepsilon_{t-ecc}-\varepsilon_{tc})+\frac{f_yA_sc}{b(c-m)}-f_ch\right)=0\end{aligned} \tag{4.10}$$

代入$\varepsilon_{t-ecc}=\dfrac{c}{c-m}\varepsilon_y$，可得到此时中和轴高度$c_y$：

$$c_y^2f_c\left(\frac{(c_y-m)}{c_y}\frac{\varepsilon_0}{3\varepsilon_y}+1\right)-c_y(c_y-m)\left(\frac{mf_c\varepsilon_0}{3\varepsilon_y}+\varepsilon_{tc}-k_2h_2\varepsilon_{tc}-f_ch\right)-c_y^2\varepsilon_y=0 \tag{4.11}$$

再根据力矩的平衡式$\sum M=M$可以得到：

$$\int_c^d b\sigma(x)x\,\mathrm{d}x+\int_d^h b\sigma(x)x\,\mathrm{d}x-\int_0^a b\sigma(x)x\,\mathrm{d}x-\int_a^c b\sigma(x)x\,\mathrm{d}x-f_yA_sm=M \tag{4.12}$$

将应力应变关系式及c_y代入式（4.12）中，可以得到屈服弯矩M_y如下：

$$\begin{aligned}M_y=&bf_c\left\{\frac{h^2}{2}-\frac{(c_y-m)^2\varepsilon_0^2}{12\varepsilon_y^2}-c_y^2\left[\frac{3c_y\varepsilon_y+(c_y-m)\varepsilon_0}{6c_y\varepsilon_y}\right]\right\}-f_yA_sm\\&-\frac{b\sigma_{tc}h_2^2}{2}+bk_2h_2^2\left[\frac{2\varepsilon_yh_2-3c_y\varepsilon_y}{6(c_y-m)}+\frac{\varepsilon_{tc}}{2}\right]\end{aligned} \tag{4.13}$$

3. 组合梁极限弯矩M_u的推导

当组合梁的受压区顶部混凝土的极限压应变达到$\varepsilon_c=\varepsilon_{cu}$时，截面达到承载力极限状态，此时的截面弯矩即为组合梁的极限弯矩M_u，此时截面的应力应变分布如图4.3所示。截面的应力分布同式（4.7）。

由于受压区顶部混凝土有$\varepsilon_c=\varepsilon_{cu}$，则相应的ECC层最外边缘拉应变为$\varepsilon_{t-ecc}=\dfrac{c}{h-c}\varepsilon_{cu}$。截面的应变分布式同式（4.1）。根据力的平衡式（4.8），将应力应变表达式代入，可以得到：

$$c^2\left(\frac{f_c\varepsilon_0}{3\varepsilon_{t-ecc}}+f_c\right)+c\left(\sigma_{tc}h_2+k_2h_2(\varepsilon_{t-ecc}-\varepsilon_{tc})+\frac{f_yA_s}{b}-f_ch\right)-\frac{k_2\varepsilon_{t-ecc}h_2^2}{2}=0 \tag{4.14}$$

代入$\varepsilon_{t-ecc}=\dfrac{c}{h-c}\varepsilon_{cu}$，可以得到此时的中和轴高度$c_u$：

$$(h-c_u)^2f_c\left(\frac{\varepsilon_0\varepsilon_{cu}}{3}-1\right)+(h-c_u)\left(\sigma_{tc}h_2-k_2h_2\varepsilon_{tc}+\frac{f_yA_s}{b}\right)+c_uk_2h_2\varepsilon_{cu}-\frac{k_2h_2^2}{2}=0 \tag{4.15}$$

再根据力矩的平衡式（4.12），代入应力应变表达式及 c_u，可以得到极限破坏弯矩 M_u：

$$M_u = bf_c\left\{\frac{h^2}{2} - c_u^2\left[\frac{(h-c_u)^2\varepsilon_0^2}{12c_u^2\varepsilon_{cu}^2} + \frac{1}{2} + \frac{(h-c_u)\varepsilon_{cu}\varepsilon_0}{3c_u}\right]\right\} - f_yA_sm$$
$$-\frac{bh_2^2}{2}\sigma_{tc} + bk_2h_2^2\left[\frac{\varepsilon_{cu}h_2c_u}{3(h-c_u)} - \frac{c_u\varepsilon_{cu}}{2(h-c_u)} + \frac{\varepsilon_{tc}}{2}\right] \tag{4.16}$$

4. 组合梁极限弯矩 M_u 简化计算

如前所述，当受压区混凝土达到其极限压应变 ε_{cu} 时，截面进入破坏阶段。借鉴普通钢筋混凝土梁的设计方法，保证应力合力的大小和作用点位置不变，将受压区混凝土截面及受拉区ECC层截面的应力分布图形等效为矩形，根据组合梁在破坏瞬间的应力状态得到组合梁的极限弯矩 M_u，如图4.4所示。

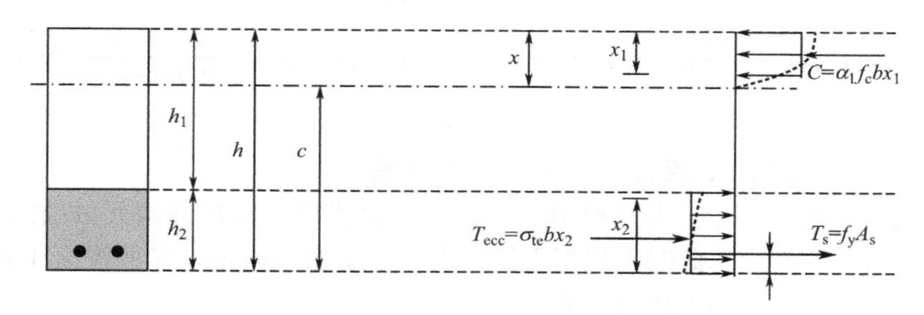

图4.4 组合梁极限弯矩简化计算示意图

由平截面假定可得ECC层中任意高度的应变为：

$$\varepsilon(x) = \frac{c-h_2+x}{h-c}\varepsilon_{cu},\ 0 \leqslant x \leqslant h_2 \tag{4.17}$$

此时ECC层完全处于塑性状态，根据其受拉本构模型可得ECC层提供的拉力为：

$$\begin{aligned} T_{ecc} &= \int_0^{h_2}\sigma(x)b\,dx \\ &= \int_0^{h_2}\left[\sigma_{tc} + k_2\left(\frac{c-h_2+x}{h-c}\varepsilon_{cu} - \varepsilon_{tc}\right)\right]b\,dx \\ &= \left[(\sigma_{tc} - k_2\varepsilon_{tc}) + k_2\varepsilon_{cu}\frac{2c-h_2}{2(h-c)}\right]bh_2 \end{aligned} \tag{4.18}$$

令 x_2 为受拉区ECC层的等效矩形应力图高度，则ECC层的截面等效抗拉强度设计值为：

$$\sigma_{te} = \frac{T_{ecc}}{bx_2} = \left[(\sigma_{tc} - k_2\varepsilon_{tc}) + k_2\varepsilon_{cu}\frac{2c-h_2}{2(h-c)}\right]h_2/x_2 \tag{4.19}$$

与普通钢筋混凝土梁计算方法类似，受压区混凝土等效抗压强度设计值为

$\alpha_1 f_c$，等效受压高度为 $x_1=\beta_1 x$。α_1、β_1 可以参照混凝土规范分别取 1 和 0.8。由截面上水平方向的合力为零、内外力对受拉区边缘的力矩之和为零可得：

$$\left.\begin{aligned} -\alpha_1 f_c b x_1 + f_y A_s + \sigma_{te} b x_2 = 0 \\ M = \alpha_1 f_c b x_1\left(h - \frac{x_1}{2}\right) - f_y A_s m - \sigma_{te} b \frac{x_2^2}{2} \end{aligned}\right\} \tag{4.20}$$

将含有未知参数的 σ_{te} 代入力平衡方程则可求得中和轴高度 c_u 为：

$$c_u = \frac{2h\left[\frac{\alpha_1 f_c b x_1 - f_y A_s}{b h_2} - (\sigma_{tc} - k_2 \varepsilon_{tc})\right] + k_2 h_2 \varepsilon_{cu}}{2\left[\frac{\alpha_1 f_c b x_1 - f_y A_s}{b h_2} - (\sigma_{tc} - k_2 \varepsilon_{tc})\right] + 2k_2 \varepsilon_{cu}} \tag{4.21}$$

由中和轴高度 c_u 可求得受拉区 ECC 层的截面等效抗拉强度设计值，将其代入力矩平衡方程，即可得组合梁的极限破坏弯矩为 M_u：

$$M_u = \alpha_1 f_c b x_1\left(h - \frac{x_1}{2}\right) - f_y A_s m - \left[(\sigma_{tc} - k_2 \varepsilon_{tc}) + k_2 \varepsilon_{cu} \frac{2c_u - h_2}{2(h - c_u)}\right] b h_2 x_2/2 \tag{4.22}$$

4.1.1.3 ECC/RC 组合梁的弯矩-曲率关系

假设组合梁截面在受力过程中，符合平截面假定。取局部微元 $d\theta$ 作为对象研究，如图 4.5 所示。此时，根据平均应变符合平截面假定，参照混凝土规范对曲率的规定，可以得到平均曲率为：

$$\phi = \frac{1}{r} = \frac{\varepsilon_c + \varepsilon_{t-ecc}}{h} \tag{4.23}$$

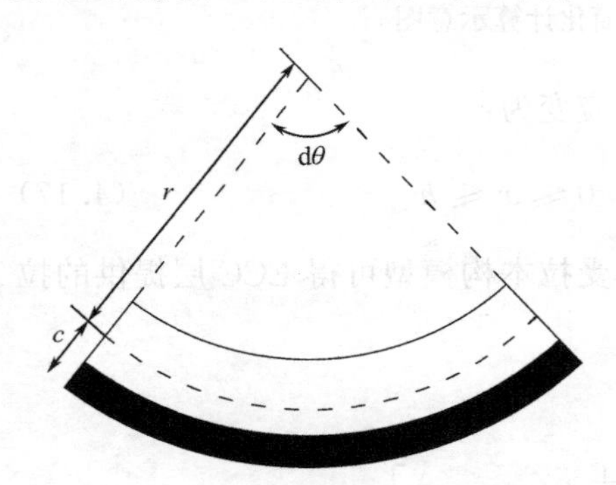

图 4.5 梁截面微元曲率分析图

再根据几何关系，有 $\varepsilon_c = \frac{h-c}{c}\varepsilon_{t-ecc}$，代入式（4.23），可以得到：

$$\phi = \frac{1}{r} = \frac{\frac{h-c}{c}\varepsilon_{t-ecc} + \varepsilon_{t-ecc}}{h} = \frac{\varepsilon_{t-ecc}}{c} \tag{4.24}$$

根据组合梁正截面受弯承载力的理论推导，可假设受拉区外边缘的纤维拉应变取值，判断处于哪个受力阶段，并代入相应的受力平衡方程，求得中和轴高度，并由式（4.24）求得曲率，并由此作出梁正截面受力全过程的弯矩-曲率关系 M-ϕ 图。同时，可以根据对应于屈服荷载 M_y 和极限破坏弯矩 M_u 的截面曲率 ϕ_y 和 ϕ_u，计算组合梁的延性为：

$$\Delta = \frac{\phi_u}{\phi_y} \tag{4.25}$$

4.1.2 钢筋增强ECC梁或RC/ECC组合梁受弯性能试验

4.1.2.1 材料性能

本章所配置的ECC材料组成材料主要有水泥、石英砂、粉煤灰、减水剂、PVA纤维等。水泥采用波特兰I型水泥（42.5R）。粉煤灰为I级粉煤灰。减水剂为聚羧酸类高性能减水剂。纤维为PVA纤维，其体积掺量为2%。

本书第2章讲述了ECC材料性能的参数，其表现出了良好的延性性能。同时本章对高200mm、直径为100mm的混凝土和ECC圆柱体进行了单轴压缩试验。试验测得ECC和混凝土的抗压强度分别为38.3MPa和47.2MPa，弹性模量分别为15.50GPa和34.49GPa。试验中采用了三种直径（8mm、20mm和25mm）的钢筋，筋材的力学参数如表4.1所示。

钢筋材性参数 **表4.1**

直径（mm）	屈服强度 f_y（MPa）	极限强度 f_u（MPa）	极限拉应变 ε_{su}	弹性模量 E_s（GPa）
8	460	600	0.08	200
20	470	615	0.08	204
25	460	605	0.08	206

4.1.2.2 试验设计

对3根梁构件（200mm×300mm×2350mm）的受弯性能进行了试验，包括一根普通钢筋混凝土（RC）梁、一根钢筋增强ECC（R/ECC）梁和一根钢筋增强ECC/混凝土（RC/ECC）组合梁。试件基本信息如表4.2所示。浇筑组合梁时，为了避免在加载过程中ECC层与混凝土层界面产生纵向裂缝导致承载力失效，浇筑试件时先浇筑90mm厚ECC层，并每隔100mm设置宽度为50mm的凹槽以增加混凝土与ECC材料的界面咬合力[5]。在ECC层进入初凝阶段后，再在ECC层上面浇筑混凝土。对于RC梁和R/ECC梁，受拉和受压纵筋的直径分别为20mm和8mm；组合梁的受拉和受压纵筋的直径分别为25mm和20mm。对于三种不同类型的梁构件，箍筋直径均为8mm，间距均为100mm，在纯弯段区域不配置箍筋。试验采用四点弯加载方法，试验加载及配筋如图4.6所示。试验开始前，在梁底跨中位置设置一个位移计以观测挠度变化，在纯弯段混凝土表面间隔100mm设置三个应变片来验证平截面假定以及观测梁的曲率变化。在梁底纯弯段纵筋一侧间隔50mm设置应变片测试纵筋的应变分布；同时，在距离跨中375mm和675mm两箍筋上间隔75mm设置应变片，用来观测箍筋应力变化情况，如图4.6所示。当荷载降至极限荷载的80%时停止加载。

单调荷载试验试件信息表 表 4.2

系列	试件编号	受拉纵筋（mm）	箍筋（mm）	基体类型
Ⅰ	RC	2Φ20	φ8@100	混凝土
	R/ECC	2Φ20	φ8@100	ECC
Ⅱ（组合）	RC/ECC	2Φ25	φ8@100	梁底受拉区设置 90mm 厚 ECC 层

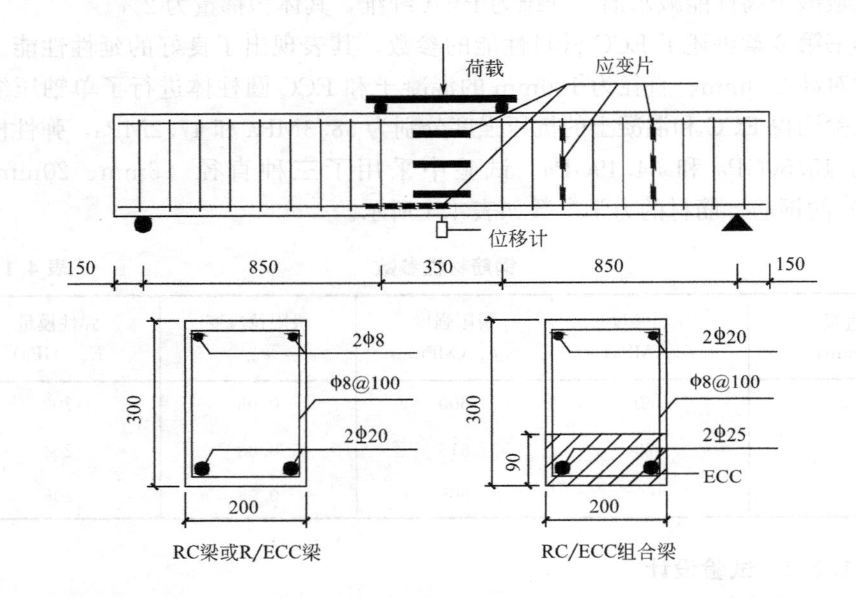

图 4.6 试件加载及配筋示意图（mm）

4.1.3 试验结果与分析

4.1.3.1 荷载-位移曲线和破坏模式

对于 RC 梁，当荷载为 50kN 时在纯弯段出现初始裂缝，并随着荷载的增加迅速向梁顶方向延伸。随着挠度的不断增大，纯弯段裂缝数量增加为 4～6 条，且裂缝的宽度不断增大。当荷载为 120kN 时，一侧的弯剪区出现 3 条斜裂缝，且延伸到了梁高一半位置。在纯弯段弯矩达到 62.7kN · m 时梁底纵筋屈服，此时梁的挠度为 6.5mm。屈服后荷载-挠度曲线进入平缓段，即在梁的变形不断增长过程中承载力波动很小（图 4.7）。同时，裂缝宽度随着挠度的增长而迅速增长，但裂缝数量几乎保持不变。构件在跨中挠度为 19.2mm 时达到极限承载力，极限荷载为 168.5kN。最终，在跨中挠度达到 61.4mm 时，构件因受压区混凝土的压碎而发生弯曲受压破坏，构件的最终破坏形态如图 4.8（*a*）所示。RC 梁的延性系数为 7.3。

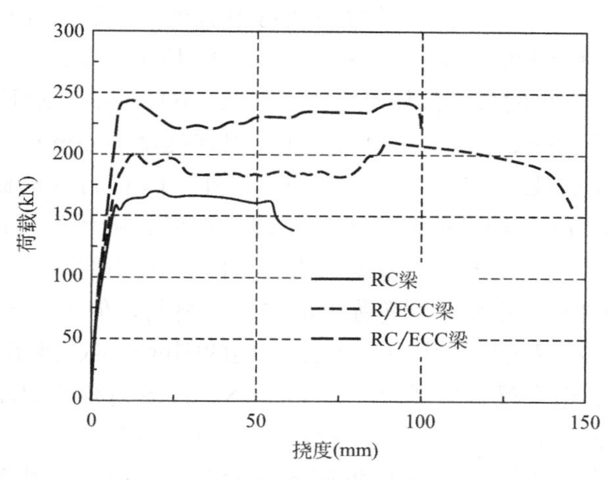

图 4.7　各试件荷载-位移曲线

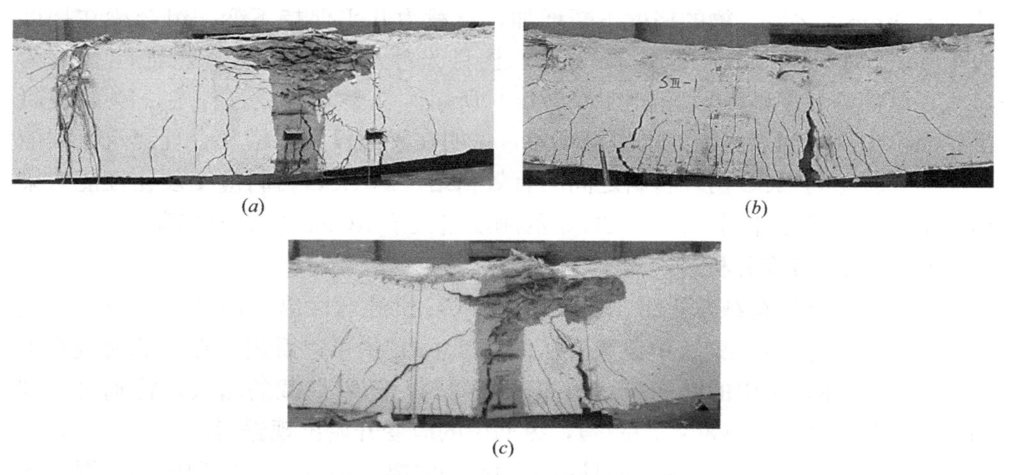

(*a*)

(*b*)

(*c*)

图 4.8　各试件破坏形态及裂缝发展模式

（*a*）RC梁；（*b*）R/ECC梁；（*c*）RC/ECC组合梁

R/ECC梁与RC梁除了基体类型不同外，构件尺寸和配筋均相同。对于R/ECC梁，初裂荷载为75kN，比RC梁高50%。随着荷载的增加，在纯弯段和弯剪段均出现了大量细密裂缝，并且随着构件变形的增大不断向梁顶延伸。在纯弯段弯矩达到76.5kN·m时纵筋屈服，屈服位移为8.4mm。屈服时弯曲裂缝的平均间距为20mm，最大裂缝宽度为0.2mm。随着挠度的不断增大，在一侧加载点正下方的一条弯曲裂缝出现了裂缝集中现象。之后此裂缝的宽度随着挠度的增加迅速增长。R/ECC梁的极限荷载为210.4kN，比RC梁高出24.8%（图4.7）。在极限状态下，R/ECC梁段出现了数百条细密裂缝，裂缝间距为6～8mm。然而，对于RC梁，只出现了约10条弯曲或弯剪裂缝，且裂缝宽度均较大。说明使用ECC替代混凝土能够有效减小裂缝宽度。R/ECC梁最终因受压区ECC的失效而发生破坏，构件的最终破坏形态如图4.8（*b*）所示。R/ECC梁的延性系数为16.8，是RC梁的2.3倍。由于R/ECC梁在挠度为40mm左右时便出现了受拉主裂缝，而梁的最终挠度为141.2mm。另外，ECC材料的极限压应变约为混凝土的2倍，R/ECC构件的最终破坏表现为钢筋屈服后的梁顶ECC的压碎。因此，R/ECC梁优越的变形能力主要因为受压区ECC有更大受压变形能力。另外，即使ECC的弹性模量低于同等强度的混凝土材料，但由于ECC材料应变硬化性能对梁构件受拉区的增强作用，R/ECC梁的刚度与RC梁相当。

对于RC/ECC组合梁，初裂荷载为60.3kN。随着荷载的增加，在ECC层出现了大量细密裂缝，而在混凝土层裂缝数量却很少。在试验过程中发现，在混凝土层中宽度较大的裂缝在经过ECC-混凝土界面时，分散成了数条裂缝宽度很小的裂缝延伸至ECC层中。在纯弯段弯矩达到102.4kN·m时纵筋屈服，屈服位移为8.9mm。之后，梁的挠度不断增加，承载力几乎保持不变。组合梁在挠度为100mm时受压区混凝土压碎失效，构件发生弯曲受压破坏，延性系数为11.2。试件的最终破坏形态如图4.8（*c*）所示。在整个加载过程中，ECC-混凝土界面未出现纵向裂缝导致的脱粘现象，说明在界面设置凹槽及合理浇筑流程能够保证混凝土与ECC两种材料之间的有效粘结。因ECC材料应变硬化性能对梁构件受拉区的增强作用，RC/ECC梁的刚度略大于RC梁和R/ECC梁。

4.1.3.2 应变分析

图4.9为不同荷载水平下RC梁与R/ECC梁纯弯段纵筋应变分布情况，其中横坐标“0”点表示梁跨中位置。从图4.9（*a*）中可以看出，在较低荷载水平时（40kN），RC梁中的纵筋应变分布非常均匀，随着荷载的增大，特别是达到构件的初裂荷载之后（80kN左右），纵筋中的应变开始出现锯齿状分布，并且荷载越大，分布越不均匀，这主要是由于钢筋和混凝土的变形不协调所致。混凝土开裂后，裂缝处的应力完全由钢筋承担，钢筋上的部分应力需要通过界面粘结力重新传递给混凝土，界面粘结应力的变化导致钢筋的变形不均匀。相比之下，R/ECC梁应变分布在各级荷载水平下均较为均匀（图4.9*b*）。ECC具有与钢筋类似的应变硬化性质，两者在受到外力作用时变形协调，更为重要的是，即使ECC开裂，裂缝处纤维的桥连作用仍能够继续承担荷载，有效避免了纵筋的应力集中现象，从而保证ECC和钢筋作为一个整体共同受力。ECC与钢筋的协同变形还能够有效减小钢筋与基体间的界面粘结作用，从而避免纵向劈裂裂缝的出现。

为了避免剪切破坏，通常需要在梁构件中设置箍筋来提供足够的抗剪承载力。图4.10给出了RC梁和R/ECC梁箍筋平均应变随荷载的变化情况。由于

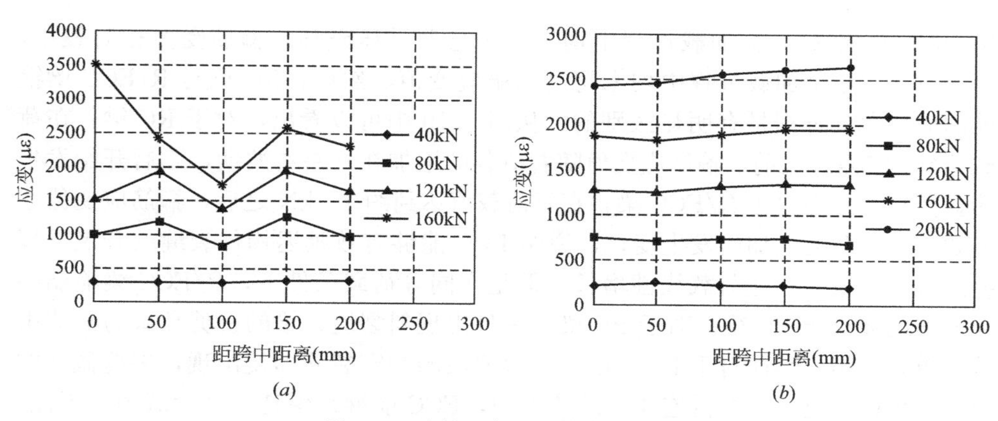

图 4.9 试件纯弯段纵筋应变分布

（a）RC梁；（b）R/ECC梁

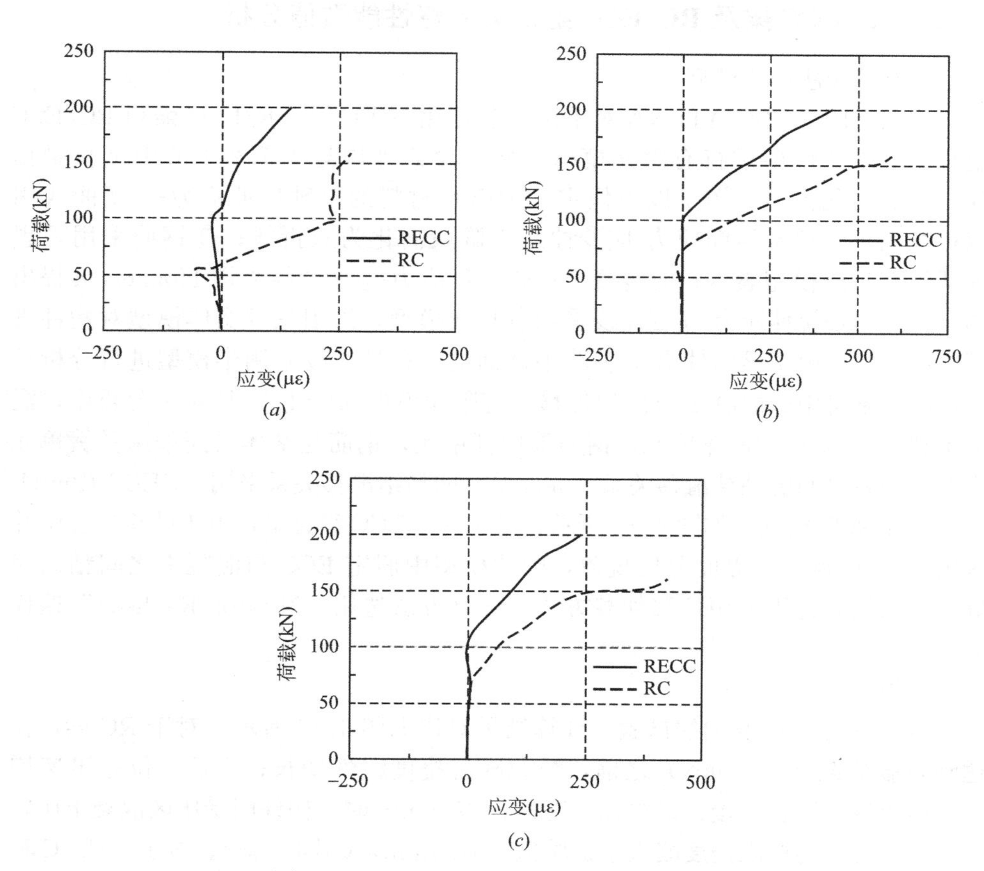

图 4.10 RC梁与R/ECC梁箍筋应变分布

（a）上端应变；（b）中间应变；（c）下端应变

RC梁和R/ECC梁在加载过程中均发生了弯曲受压破坏，箍筋受力相对较小，箍筋应变在整个加载过程中均未超过屈服应变值。然而，RC梁与R/ECC梁箍筋的应变发展过程是有明显区别的。从图4.10中可以看出，对于RC梁，在荷载达到约70kN之前，箍筋应变值随着荷载的增加在0左右波动，之后开始发生明显变化；然而对于R/ECC梁，直至荷载值达到约110kN之后，箍筋应变值才开始随着荷载的增加而发生变化，说明ECC能够有效延迟构件裂缝的开展。裂缝出现后，应变值随荷载线性增长，但是在同等荷载条件下，R/ECC梁箍筋的应变值明显小于RC梁。对于RC梁，一旦出现斜裂缝，梁的抗剪承载力只能由箍筋单独承担，然而对于R/ECC梁，弯剪段的细密裂缝即使出现，裂缝截面的应力仍可以通过纤维的桥连作用继续承担，ECC能继续保持抗剪承载力。因此，用ECC材料替代混凝土能够有效提高构件的抗剪承载力。

4.1.4 R/ECC梁及RC/ECC组合梁受弯性能数值分析

1.有限元法理论模型

采用有限元软件ATENA对单调荷载作用下RC梁、R/ECC梁和RC/ECC组合梁的受弯性能进行有限元模拟，材料参数等均与4.1.2.1节中试验梁相同。为了简化模型，作了以下假定：①ECC材料的单轴拉伸应力-应变曲线用双折线表示，单轴压缩应力-应变曲线下降段简化为双折线；②钢筋采用理想弹塑性双折线模型表示；③混凝土单轴受压应力-应变曲线采用Hognestad提出的模型，单轴拉伸应力-应变曲线采用双折线模型，采用三维实体模型对构件进行数值模拟。由于梁构件沿y轴跨中截面的对称性，故采用半模型进行分析计算，限定梁跨中截面沿x方向的位移，有限元模型如图4.11所示。分析中，混凝土和ECC采用六面体单元，钢筋采用杆单元，钢筋与基体之间采用弹簧单元来考虑两者之间的粘结滑移关系，界面单元的粘结滑移关系采用“CEB-FIBmodel code 1990”模型，如图4.12所示。对于RC/ECC组合梁，由于试验过程中并未出现ECC-混凝土界面分层现象，因此模型中假定ECC与混凝土之间粘结完好。梁的加载过程采用位移加载方式，计算方法选用“Newton-Raphson”迭代方法。

2.模拟结果与分析

各构件荷载-位移曲线试验与计算结果对比如图4.13所示。对于RC梁，在达到屈服荷载（168.6kN）之前，荷载随着挠度线性增长；之后，位移迅速增长，但承载力增长缓慢；最终在挠度达到65.9mm时，构件因受压区混凝土压碎而失效。计算的极限挠度略大于试验值（61.4mm）（图4.13a）。对于R/ECC和RC/ECC组合梁，模拟所得的荷载-位移曲线可以分为三个阶段。在屈服荷载之前，荷载首先随位移线性增长，随后在位移较小的情况下梁便达到极限荷载。在

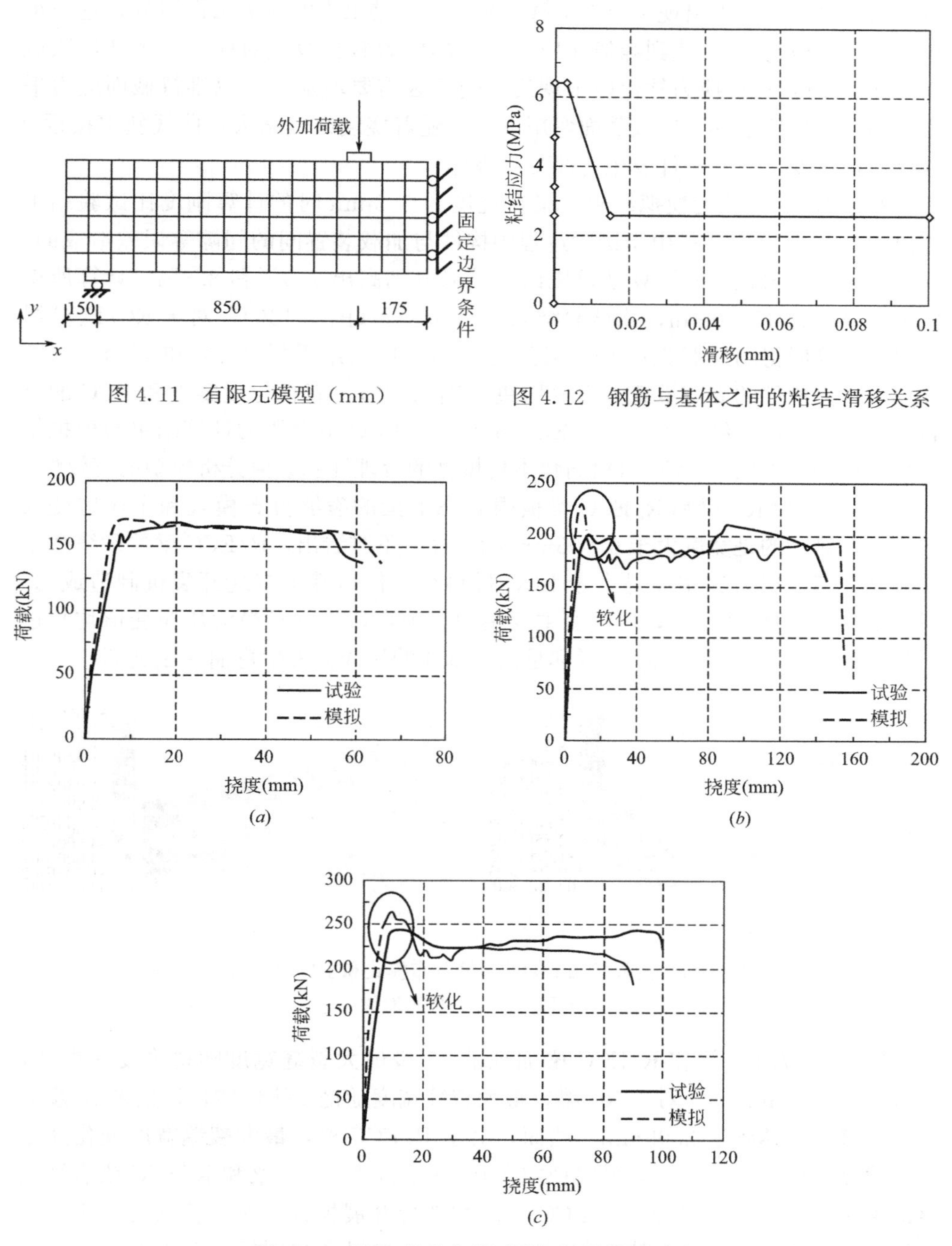

图4.11　有限元模型（mm）

图4.12　钢筋与基体之间的粘结-滑移关系

图4.13　荷载-位移曲线试验与计算结果对比

(*a*) RC梁；(*b*) R/ECC梁；(*c*) RC/ECC组合梁

极限荷载之后承载力出现了突然下降。根据模拟结果中的应力云图可知，这一承载力软化阶段与ECC达到峰值压应力之后的应力软化段相对应。对于纯弯段截面，在受压区ECC应力软化段出现后，受压区需要增加面积以维持截面应力平衡，中和轴位置下移，导致截面弯矩下降。随着挠度继续增大，曲线斜率接近0并且保持不变，直至构件发生弯曲受压破坏。

对于R/ECC梁的模拟结果，梁在挠度为5.3mm时的计算刚度比试验结果高出35.2%，这主要是由于试验过程中构件与加载装置间的间隙等误差造成的。屈服强度和极限强度的计算结果比试验结果分别高出7.0%和8.8%。计算所得的极限挠度为155.0mm，比试验结果高出6.3%（图4.13*b*）。对于RC/ECC组合梁，计算所得的屈服强度和极限强度分别比理论结果低8.1%和13.4%（图4.13*c*）。梁构件的受弯承载力不仅取决于钢筋性质，而且与混凝土和ECC的材料特性有关。模拟结果表明，R/ECC梁和RC/ECC组合梁的计算结果与模拟结果相差很小，说明了ECC材料简化本构模型的合理性和数值分析模型的有效性。

图4.14为RC梁和R/ECC梁极限状态下梁的裂缝分布模式和主压应变云图。图中显示的是宽度大于0.005mm的裂缝。不难看出，R/ECC梁的裂缝数量明显多于RC梁，这主要是由于ECC材料在拉伸荷载下多缝开裂机制造成的。对于RC梁和R/ECC梁，压应变主要集中在纯弯段，并且最大压应变值均超过了材料的极限压应变，说明两者都是由于基体的压碎而发生弯曲受压破坏。

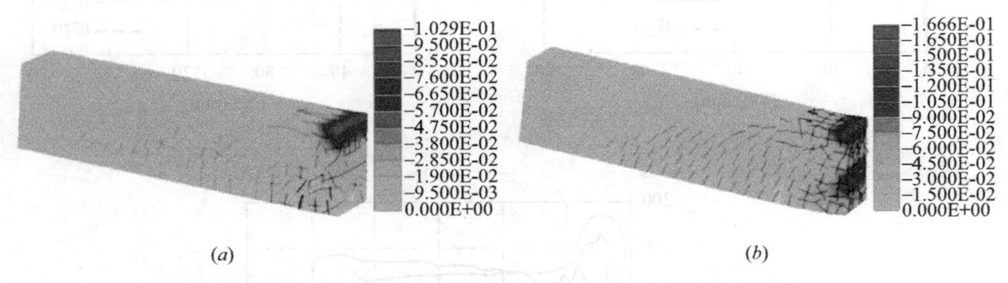

图4.14 极限状态下梁的裂缝分布模式和主压应变云图

(*a*) RC梁；(*b*) R/ECC梁

图4.15为RC梁和R/ECC梁加载前15步最大裂缝宽度随挠度变化曲线，加载方式为1mm/步。对于RC梁，最大裂缝宽度随挠度线性增长，且第15步时最大裂缝宽度达到了2.09mm。然而，对于R/ECC梁，最大裂缝宽度变化速率随着挠度的增长逐渐变缓，最终稳定在0.4mm左右。RC梁和R/ECC梁裂缝宽度的发展差异归结于混凝土和ECC不同的裂缝开展模式。对于普通混凝土，一旦裂缝出现便立即进入拉伸软化阶段。而ECC材料在初裂后承载力能够继续增长，表现出的是应变硬化和多裂缝开展特性，对于每一条裂缝，裂缝宽度开展至一稳定值，而继续增加的变形会导致其余裂缝的不断出现并达到饱和状态，直至

主裂缝出现后才进入拉伸软化段。

图4.16为RC梁和R/ECC梁梁底纵筋的应变分布规律。当挠度为1mm时，RC梁和R/ECC梁均处于弹性阶段，应变沿纵筋长度方向均匀分布。在梁挠度为5.3mm时梁身都出现了裂缝。对于RC梁，裂缝截面处原本由混凝土承担的应力传递给了钢筋，导致裂缝截面钢筋应变的突变。然而，R/ECC梁即使开裂，裂缝截面的应力仍能通过纤维的桥连作用继续承担，对纵向钢筋的受力状态影响甚微，因而应变沿纵筋长度方向均匀分布。当挠度为7.5mm时，RC梁和R/ECC梁纵筋都已屈服，RC梁已出现宽度较大的裂缝。此时，RC梁纵筋最大应变达到5838$\mu\varepsilon$，而R/ECC梁纵筋的最大应变仅为3720$\mu\varepsilon$。在R/ECC梁中，钢筋与ECC变形协调，有效减小了钢筋与基体之间的粘结滑移。

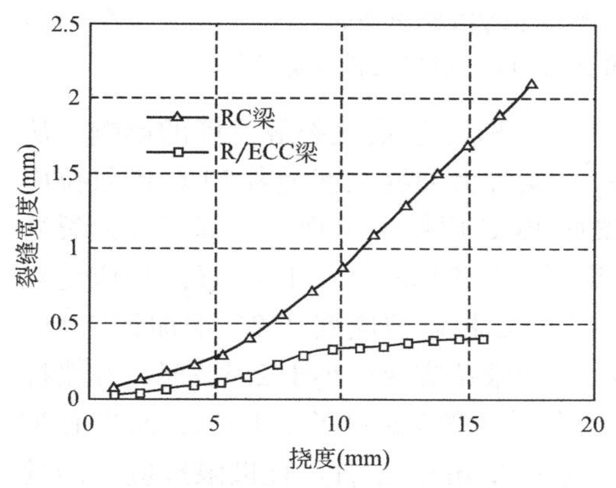

图4.15 RC梁与R/ECC梁加载前15步最大裂缝跨度随挠度变化曲线（1mm/步）

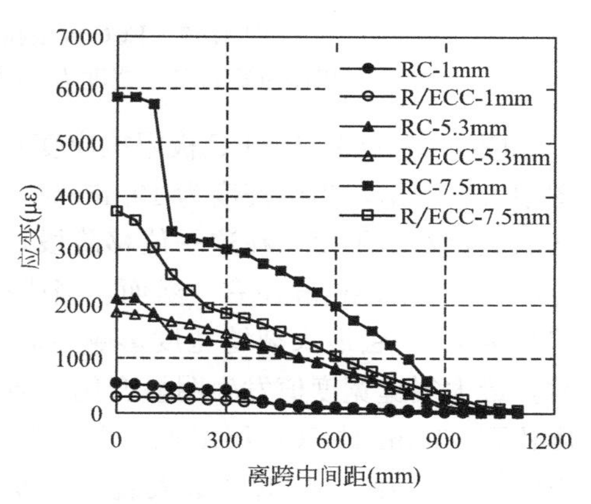

图4.16 RC梁与R/ECC梁底纵筋各挠度水平下的应变分布

3.参数分析

由于试验数量是有限的，为了更加全面地了解ECC对受弯构件力学性能的影响，通过有限元法进行了参数分析。在参数分析中，基准梁的材料参数、几何尺寸和钢筋布置都与上文所介绍的R/ECC梁和RC/ECC组合梁相同。通过有限元方法分析了不同参数（ECC拉伸延性、ECC弹性模量折减、ECC厚度和布置方法等）对R/ECC梁和RC/ECC组合梁受弯性能的影响。

1）ECC极限拉应变的影响

图4.17为RC/ECC组合梁极限弯矩和ECC层最大裂缝宽度随ECC极限拉应变的变化关系。组合梁梁底ECC层厚度为90mm。从图4.17（a）中可以看出，ECC极限拉应变的变化对组合梁抗弯承载力影响很小。在最大弯矩下，梁底纤维的应变值小于ECC的极限拉应变，ECC层并未出现裂缝集中现象。因此，ECC极限拉应变对于组合梁抗弯承载力影响很小。

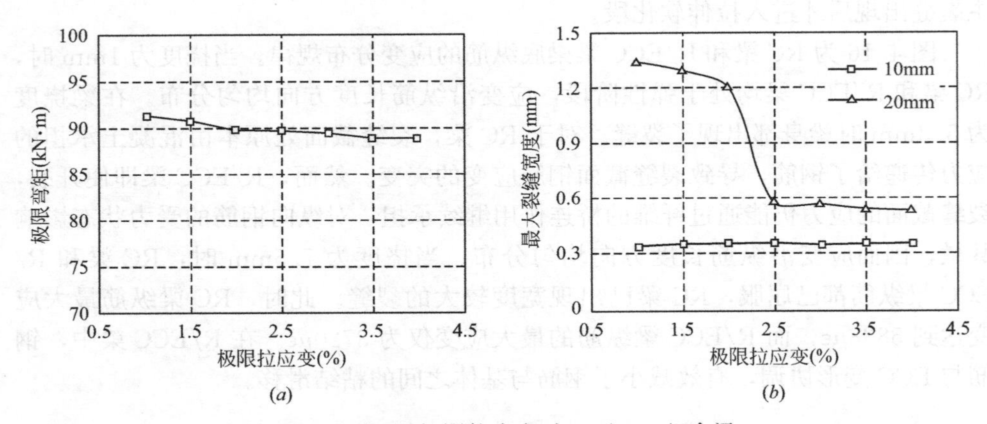

图 4.17 ECC 极限拉应变对 RC/ECC 组合梁

(*a*) 极限弯矩；(*b*) 挠度为 10 和 20mmECC 层最大裂缝宽度影响

图 4.17 (*b*) 为 ECC 极限拉应变对组合梁 ECC 层最大裂缝宽度的影响。从图中可以看出，当梁挠度为 10mm 时，ECC 层最大裂缝宽度随着 ECC 极限拉应变的变化基本不变，在这一位移阶段，梁底 ECC 层并未出现主裂缝，最大裂缝宽度维持在 0.3mm 左右。然而，当梁挠度增加到 20mm 时，ECC 极限拉应变对组合梁 ECC 层最大裂缝宽度影响显著。当 ECC 极限拉应变从 2%增加到 2.5%时，最大裂缝宽度值发生明显变化。当 ECC 极限拉应变值小于 2.5%时，在梁挠度达到 20mm 时 ECC 层出现了主裂缝，最大裂缝宽度超过了 1.1mm；而当 ECC 极限拉应变为 2.5%时，最大裂缝宽度稳定在 0.5mm 左右，且极限拉应变的继续增加并未显著减小 ECC 层最大裂缝宽度。因此，若 ECC 极限拉应变能够保证在 2.5%以上，虽然不能提高组合梁的抗弯承载力，但在挠度较大时能够有效控制组合梁的裂缝开展，继而提高组合梁的耐久性。

2) ECC 弹模折减的影响

由于 ECC 中不含粗骨料，胶凝材料用量较大，因此在建筑结构中使用 ECC 时，干燥收缩较为明显，造成 ECC 弹性模量降低。本节考虑了四种不同的弹性模量折减系数（0，5%，10%和 15%）对梁初始刚度比和强度比的影响，如表 4.3 所示。此处的刚度比和强度比指的是理论模拟值与试验值的比值，初始刚度指梁挠度为 5.3mm 时对应的刚度值。ECC 梁的刚度随着弹性模量的减小而缓慢降低，ECC 弹性模量折减 15%会导致 R/ECC 梁刚度降低 5%。ECC 弹性模量折减同样会造成 R/ECC 梁屈服强度值和极限强度值的降低，但影响并不显著。

表 4.3 同样列出了 RC/ECC 组合梁在四种不同情况下的刚度比和强度比。理论模拟得到的初始刚度较试验值高约 40%，而屈服强度和峰值强度理论值较试验值分别高约 6%和 8%。弹性模量折减系数对 ECC/混凝土组合梁的刚度比和

强度比几乎没有影响，这是因为组合梁的刚度和强度主要受混凝土弹性模量和钢筋力学性能的影响，而并非 ECC 材料的弹性模量。

刚度比和强度比　　**表 4.3**

试件	情形	弹模折减（%）	刚度比	屈服强度比	峰值强度比
R/ECC 梁	1	0	1.35	1.07	1.09
	2	5	1.33	1.07	1.08
	3	10	1.31	1.07	1.08
	4	15	1.30	1.06	1.07
RC/ECC 组合梁	1	0	1.40	1.06	1.08
	2	5	1.40	1.06	1.07
	3	10	1.40	1.06	1.07
	4	15	1.39	1.06	1.07

注：表中比例为理论值/试验值。

3）ECC 层厚度的影响

对于 RC 梁，ECC 替代混凝土用于梁底可以提高构件的力学性能和耐久性。为了提高使用效率，ECC 层厚度的合理取值显得至关重要。图 4.18 为 ECC 厚度对 RC/ECC 组合梁极限弯矩和最大裂缝宽度的影响。此处，厚度系数 η 值是 ECC 层厚度与梁高的比值。从图 4.18（*a*）中可以看出，组合梁的极限弯矩随着 ECC 层厚度的增加而线性增长。组合梁 ECC 层越厚，受拉区增强越明显，使得中和轴下移。ECC 层在受拉区提供的拉应力促使更大面积的混凝土参与受压，从而增大组合梁的极限弯矩。

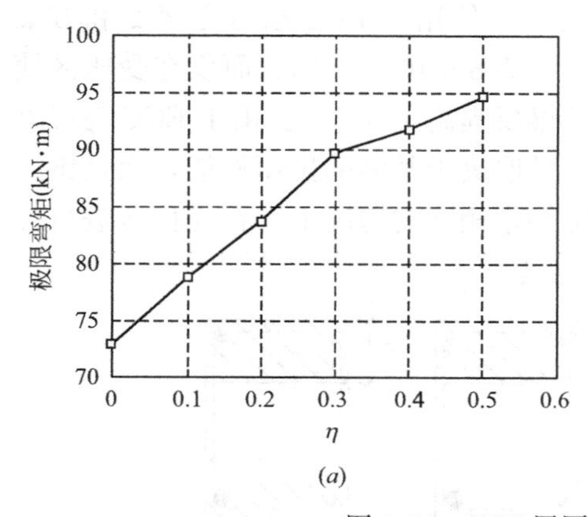

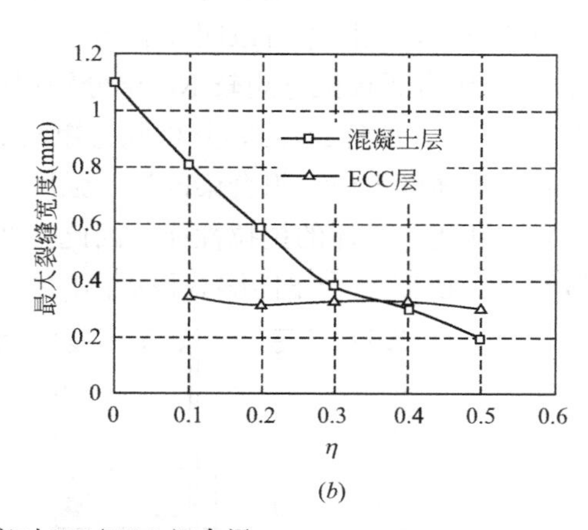

图 4.18　ECC 层厚度对 RC/ECC 组合梁

（*a*）极限弯矩；（*b*）峰值荷载下最大裂缝宽度

图 4.18（*b*）为峰值荷载下 ECC 层厚度对组合梁混凝土层和 ECC 层最大裂缝宽度的影响。从图中可以看出，厚度系数的增加会导致组合梁混凝土层最大裂缝宽度值的显著降低，但对 ECC 层最大裂缝宽度值影响不大。对于梁底不含 ECC 层的 RC 梁，峰值荷载下的最大裂缝宽度值达到了 1.1mm。当在受拉区使用 ECC 材料，峰值荷载下受拉区 ECC 层的裂缝宽度能够控制在 0.3mm 左右，这主要由 ECC 材料开裂后纤维桥连作用及其优越的裂缝控制能力决定的。对于 RC 梁，受拉区一旦开裂，裂缝宽度迅速增长，梁的变形伴随着少数几条裂缝的发展而增大。然而，对于 RC/ECC 组合梁，在梁底主裂缝出现之前，梁的变形伴随着细密裂缝的出现而增大。当厚度系数小于 0.3 时，尽管 ECC 层处于梁的最底层，但混凝土层的最大裂缝宽度值仍然要大于 ECC 层（图 4.18*b*）。这主要是由于混凝土层宽度较大的裂缝在经过混凝土-ECC 交界面时，会在 ECC 层中分散成细密裂缝，表明 ECC 的使用能够有效降低组合梁的最大裂缝宽度。当厚度系数为 0.3 时，组合梁的极限弯矩有明显提升，并且混凝土层的最大裂缝宽度值有明显降低，说明厚度系数定为 0.3 对于 RC/ECC 组合梁的优化设计是可取的。

4）ECC 布置方案的影响

由于 ECC 材料的拉伸和受压性能均与普通混凝土有显著差异，将 ECC 材料用于梁的不同位置（受拉区或受压区）将对 RC/ECC 组合梁的受弯性能产生不同的影响。ECC 材料的具体设置方案如图 4.19 所示，包括普通 RC 梁（方案 1）；在受拉区使用 ECC 的 RC/ECC 组合梁（方案 2）；在受压区使用 ECC 的 RC/ECC 组合梁（方案 3）和在受拉区和受压区同时使用 ECC 的 RC/ECC 组合梁（方案 4），ECC 层厚度取为 90mm。图 4.20（*a*）为 ECC 布置方案对各试件极限弯矩的影响，从图中可以明显看出，当在受拉区使用了 ECC 层（方案 2 和方案 4）时，组合梁极限弯矩较 RC 梁分别提高了 17.8%和 16.1%。而仅在受压区使用 ECC 层（方案 3）时，其极限弯矩较 RC 梁仅提高了 0.5%。由于 ECC 与混凝土的抗压强度类似，组合梁的抗弯强度并不是取决于基体的抗压性能，而是钢筋的力学性能和基体的抗拉性能。因此，在配筋率相同的情况下，在受拉区进行补强的 RC/ECC 组合梁能够获得更高的抗弯强度。

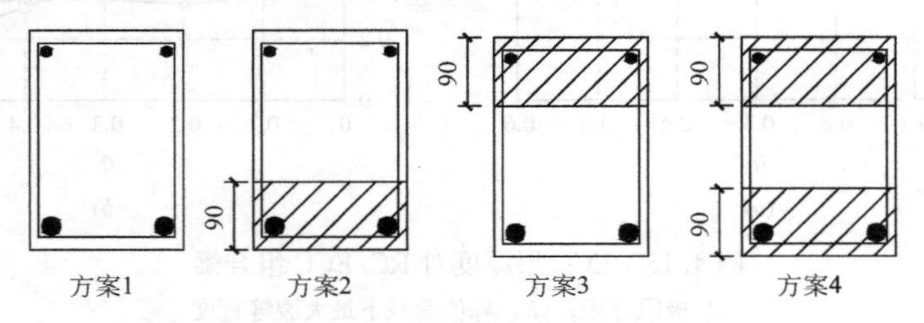

图 4.19　ECC 材料的选择性使用方案（mm）

图4.20（*b*）为各试件极限状态下极限挠度的对比情况。从图中可以明显看出，当在受压区使用ECC层（方案3和方案4）时，极限挠度分别达到了209.6mm和210.8mm，明显大于RC梁的极限挠度（61.9mm）。然而，在受拉区使用ECC层（方案2）对组合梁的极限挠度基本没有影响。由于试件均发生弯曲受压破坏，梁的极限挠度主要取决于基体的极限压应变。ECC材料在峰值应力下的应变值约为混凝土的2倍，并且在峰值应力后的受压软化段，ECC材料应力下降速率较混凝土更加缓慢，应力-应变曲线包络的面积更大，延性更好。因此，在受压区进行补强的RC/ECC组合梁能够获得更大的极限变形。

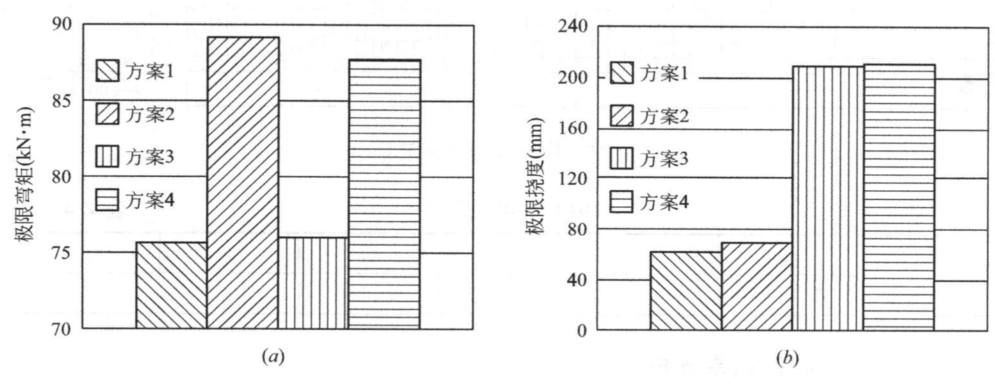

图4.20　ECC布置方案对组合梁

（*a*）极限弯矩；（*b*）极限挠度的影响

4.1.5　R/ECC梁塑性铰性能

通过非线性有限元模拟对R/ECC梁的塑性铰性能进行分析，从ECC材料的压应变、钢筋的拉应变、截面曲率这三个因素的变化探讨R/ECC梁塑性铰的发展过程，并将计算结果与RC梁进行对比，为ECC构件良好的变形和耗能能力提供理论上的解释。然后，分析了不同参数（ECC单轴拉伸性能，ECC抗压强度，钢筋本构关系，截面拉、压钢筋的配筋率等）对R/ECC梁塑性铰长度的影响，通过回归分析得出R/ECC梁的塑性铰长度计算模型。

4.1.5.1　模型建立

采用有限元软件ATENA对钢筋增强混凝土（RC）梁和钢筋增强ECC（R/ECC）梁的力学性能进行模拟，具体的材料及其本构关系见本书第2章ECC材料基本力学性能及本构关系。在此次模拟中，采用Newton-Raphson迭代法进行求解。计算采用位移和残差收敛准则，误差容度设为0.01。当RC梁进行四点弯曲加载时，两个加载点之间的距离对加载梁的塑性铰区的影响至关重要。因此，为简化模型，本章的模拟构件选为只配置纵向受拉钢筋的简支梁，并进行三点弯曲加载。因此，可根据模型的对称性只建立一半的模型，并对跨中截面加以约束，梁的加载过程采用位移加载。RC 梁及 R/ECC 梁的截面均为 200mm×400mm，剪跨比为 6，具体尺寸及配筋信息如图 4.21 所示。假设混凝土和 ECC 的抗压强度相同，均为 40MPa。假设钢筋屈服强度为 400MPa，极限强度为 600MPa。钢筋的极限应变为 0.12，ECC 材料各参数取值见表 4.4。

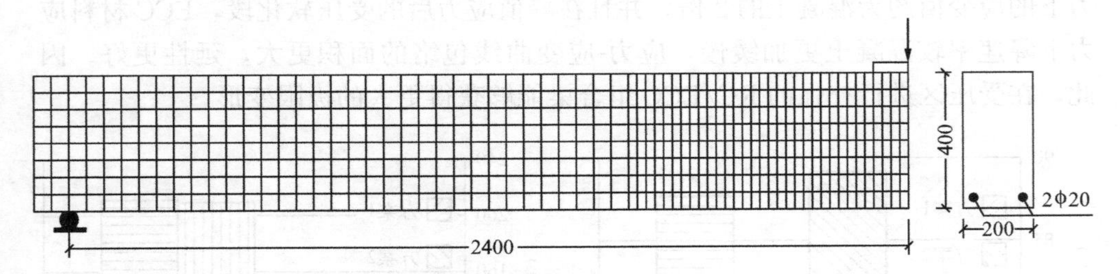

图 4.21　模型尺寸及配筋信息

ECC 各参数取值　　表 4.4

ε_{t0}	σ_{t0}	ε_{tp}	σ_{tp}	ε_{tu}	ε_{cp}	ε_{cu}
0.00021	3.2MPa	0.03	4MPa	0.06	0.005	0.03

4.1.5.2　模拟结果分析

1. 模拟可靠性验证

在对 RC 梁及 R/ECC 梁塑性铰特性研究之前需要对模拟结果的可靠性进行验证。由于本节未进行相关试验工作，因此选取了前人的试验结果与模拟结果进行对比。用于对比的四根梁试件，分别为试件 B1[6]、C1、C2[7] 及 M0.70[8]，其尺寸及配筋信息见表 4.5。

试件尺寸及配筋信息　　表 4.5

试件	加载方式	长度 L (mm)	截面 $b\times h$ (mm)	受拉纵筋	受压纵筋	箍筋	材料
B1	三点弯曲	3000	200×300	3Φ16	2Φ12	Φ12@175	RC
C1	四点弯曲	2350	200×300	2Φ20	2Φ8	Φ8@100	RC
C2	四点弯曲	2350	200×300	2Φ20	2Φ8	Φ8@100	R/ECC
M0.70	三点弯曲	1370	130×180	2Φ10	2Φ10	Φ3@80	R/ECC

将用 ATENA 模拟得到的荷载位移曲线与试验得到的荷载位移曲线进行对比，并同时比较了裂缝发展模式和纵筋、箍筋应变发展情况，模拟和试验结果对比见图 4.22～图 4.25。从图 4.22 可以看出，RC 梁和 R/ECC 梁的模拟曲线与试验曲线吻合良好。图 4.23（*a*）和图 4.23（*c*）分别为试件 B1 和 M0.70 在试验过程中得到的裂缝情况，ATENA 模拟得到的裂缝形态图 4.23（*b*）和图 4.23

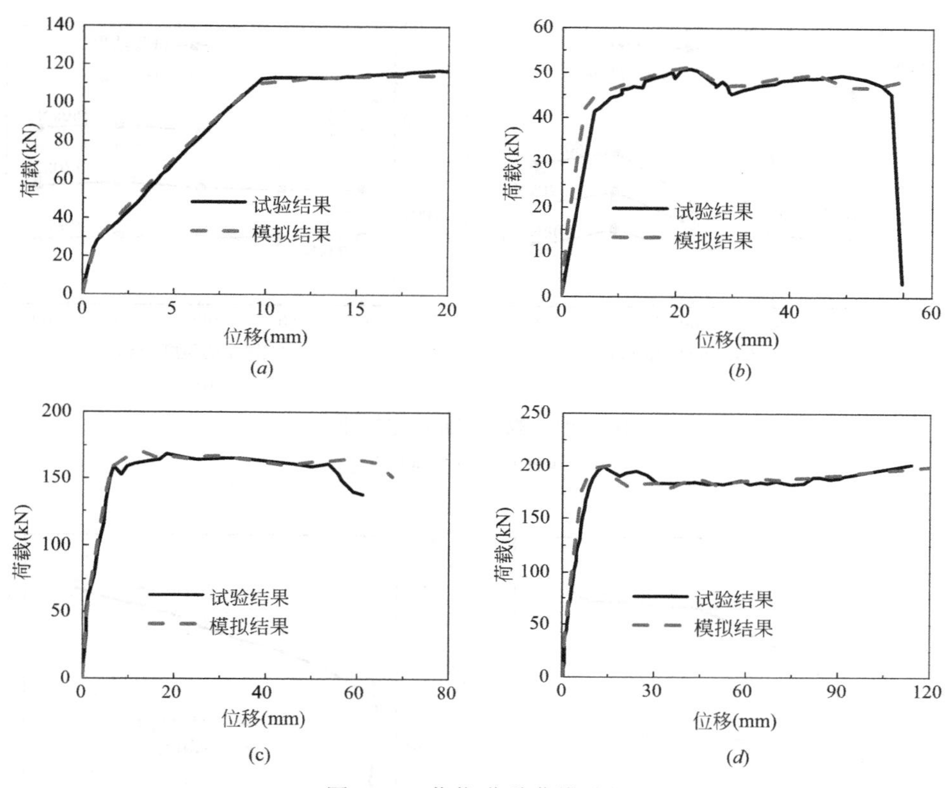

图 4.22　荷载-位移曲线对比

（*a*）试件 B1；（*b*）试件 M0.70；（*c*）试件 C1；（*d*）试件 C2

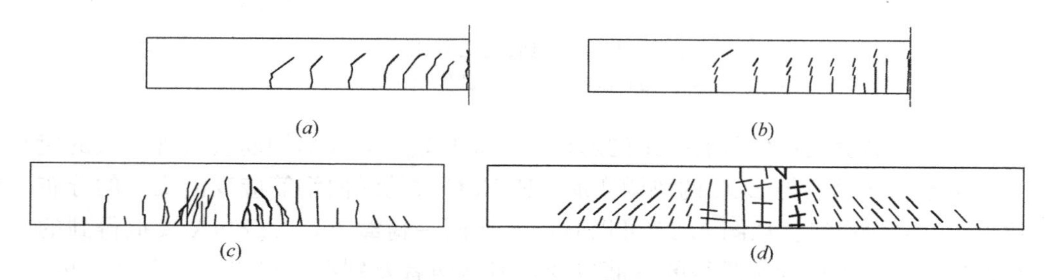

图 4.23　裂缝形态对比

（*a*）试件 B1 在试验中的裂缝形态；（*b*）试件 B1 在模拟中的裂缝形态；（*c*）试件 M0.70 在试验中的裂缝形态；（*d*）试件 M0.70 在模拟中的裂缝形态

（*d*）所示。通过比较发现，模拟得到的裂缝分布数量，间距和位置均与试验结果相符。试件 C1 和 C2 的纵向钢筋应变分布如图 4.24 所示，并与试验结果进行了比较。在距离跨中截面 200mm 的范围内，模拟所得应变数值与试验观测值接近。但在纵筋应变沿梁长的分布形态上，试验结果与模拟结果稍有不同，这可能

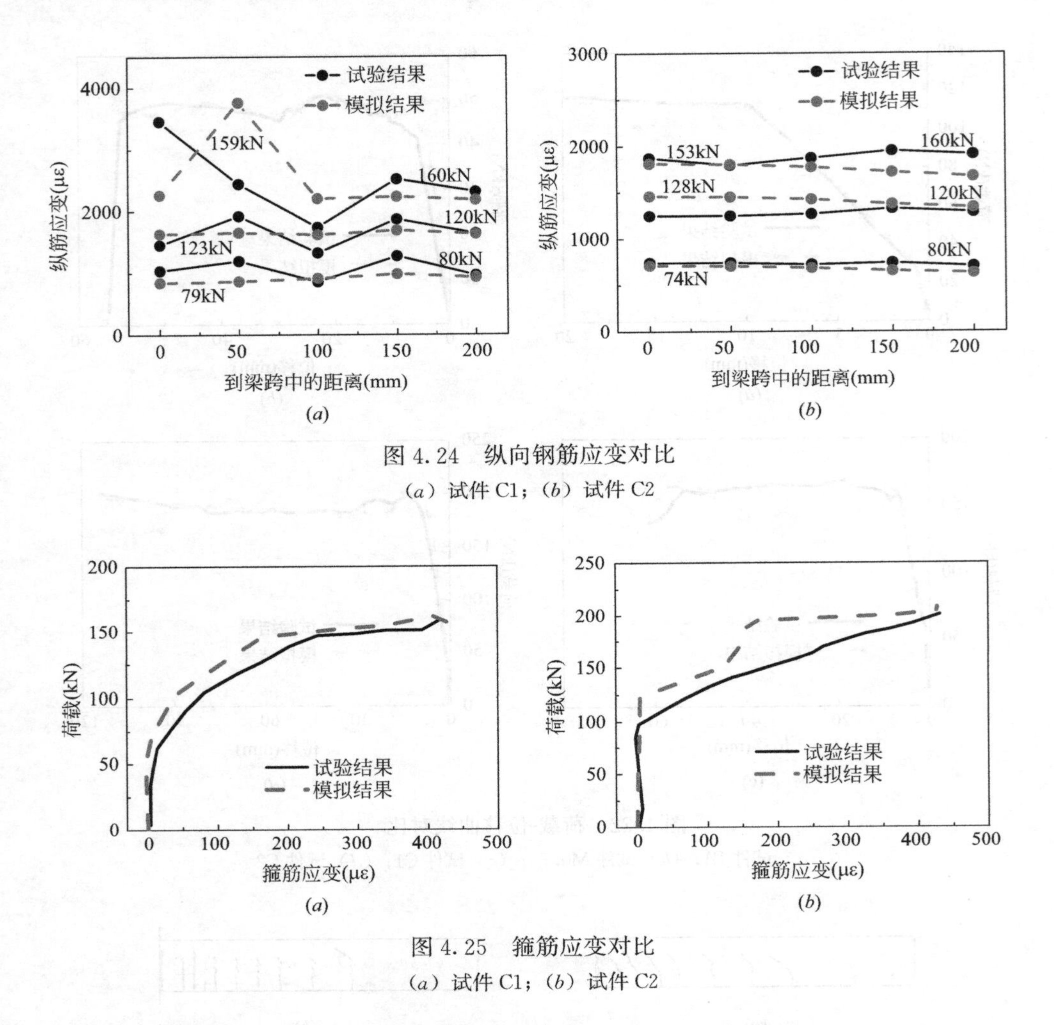

(*a*)

(*b*)

图 4.24 纵向钢筋应变对比

(*a*) 试件 C1；(*b*) 试件 C2

(*a*)

(*b*)

图 4.25 箍筋应变对比

(*a*) 试件 C1；(*b*) 试件 C2

是由于初始裂缝的产生具有一定的随机性，而初始开裂处的钢筋会出现较大的应变。由于纵向钢筋与 ECC 的协调变形，R/ECC 梁的纵向钢筋应变沿梁长的分布比 RC 梁更为均匀。从图 4.25 可以看出，在同一荷载下，ATENA 模拟得到的箍筋应变要小于试验所测得的箍筋应变，但是两者差别在可接受的误差范围内。通过以上对比可知，材料简化本构模型具有一定的合理性，模拟结果是可靠的，可较准确地模拟 RC 梁和 R/ECC 梁的力学性能。

2. 塑性铰长度分析

在塑性铰的相关研究中，可用多种方法定义塑性铰的范围。大多数研究者认为塑性铰长度可以定义为构件中受拉钢筋的屈服长度。该长度在试验中易于获得，且数值相对稳定，因此该种评价方法在试验中得到了广泛的应用。然而一些研究者将混凝土损伤区域定义为构件的塑性铰区[9]。在模拟分析中，这种定义方法可以通过基体的受压应变大小而精确量化。基于曲率分布的等效塑性铰长度是最早提出的用来定义构件塑性铰的方法[10]，但这一长度会随变形的增加而发生改变。Zhao 等人发现，当构件的变形达到一定程度后，只有一定范围内的截面曲率会随着变形的增加而增加，其他部位的截面曲率基本保持不变[11]。这个区域可以定义为曲率增加区域，在构件加载后期该区域的长度一直保持不变。同时在这个区域内，有一小段区域的曲率会随变形急剧变化，这一小段区域可以定义为曲率集中区域，其长度在加载后期也保持稳定。因此本节选取三种方法对梁的塑性铰区进行定义并分析，分别为钢筋屈服区域、混凝土或 ECC 压碎区域和曲率增加或集中区域。

1）钢筋屈服区域

钢筋屈服区域是指构件的受拉纵筋已达到屈服的那一段区域。随着试件变形的增加，钢筋屈服区域不断扩大，其长度增加。但当试件 RC 和 RE 的位移角分别达到 0.0133 和 0.0308（约为峰值荷载对应的位移角）后，钢筋屈服区域开始不再扩大，其长度为最大值 l_{sy}。随后直至梁发生破坏，钢筋屈服区域的长度都维持在 l_{sy}。当钢筋屈服区域的长度达到 l_{sy} 后，该范围内的钢筋应变随位移的增加而显著增加，而该区域外的钢筋应变一直保持不变或出现轻微下降。图 4.26 为两试件的钢筋应变沿梁长的分布。从图中可知，试件 RC 和 RE 的 l_{sy} 值分别为 375mm 和 650mm。对于试件 RC，在距离跨中截面 300mm 和 150mm 处，出现钢筋应变突然增大的现象。这是因为在这两截面处出现了较大的裂缝，导致钢筋应变的急剧增加。在试件 RC 达到峰值荷载后，跨中截面附近的钢筋应变分布逐渐趋于均匀。这是因为随着裂缝不断开展，受拉部分的混凝土逐渐失去抗拉能力，该处大部分的拉力由钢筋来维持。同时该处钢筋与混凝土的粘结滑移也较大，使得钢筋应变分布更加均匀。对于试件 RE，在加载前期，钢筋应变沿着跨

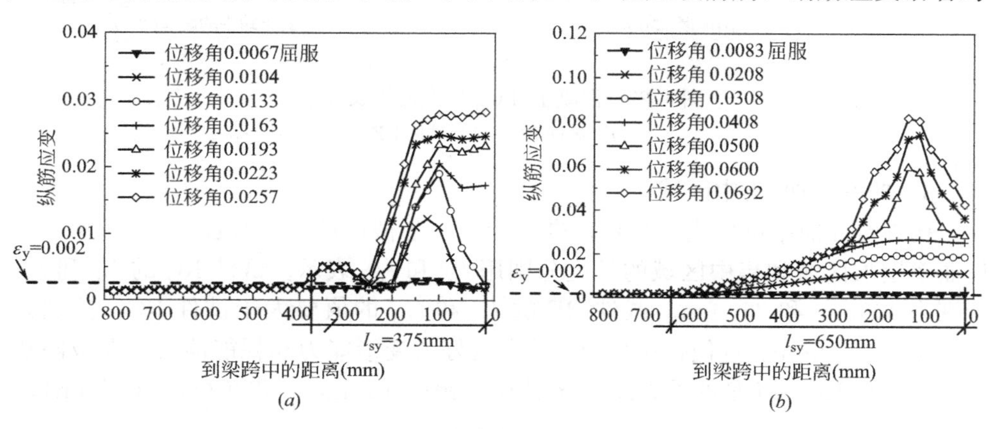

图 4.26　纵筋应变沿梁长分布

（*a*）试件 RC；（*b*）试件 RE

中方向逐渐增大，其沿梁长的分布比试件 RC 更加均匀。这个现象与 ECC 的细密裂缝开展和基体纵筋之间的协同变形相关。在峰值荷载之后，试件 RE 的钢筋出现应变集中现象，这表明该试件主裂缝的形成和发展。在极限状态下，试件 RC 的最大钢筋应变为 0.028，仅为试件 RE 最大钢筋应变（0.082）的 1/3。

2）基体压碎区域

混凝土或 ECC 的压碎区域可以定义为基体材料的压应变大于峰值应变的区域。该区域的长度随构件变形而增加，随后维持在 l_{cs} 保持不变。试件 RC 和 RE 的基体压应变在不同加载阶段的数值如图 4.27 所示。两个试件的基体压应变沿梁长的分布基本相似。由于跨中截面的混凝土或 ECC 在受弯的同时，还受到上部钢板和右侧面的约束。因此试件所受的最大压应变并非出现在跨中，而是在距离跨中截面大约 150mm 处出现。试件 RC 和 RE 的 l_{cs} 分别为 225mm 和 275mm。在相同位移角下，混凝土的压应变要大于 ECC 压应变。这表明与试件 RE 相比，试件 RC 更容易出现应力集中且基体压碎情况更为严重。混凝土在极限状态下的最大压应变为 0.014，几乎是 ECC 最大压应变（0.03）的一半。

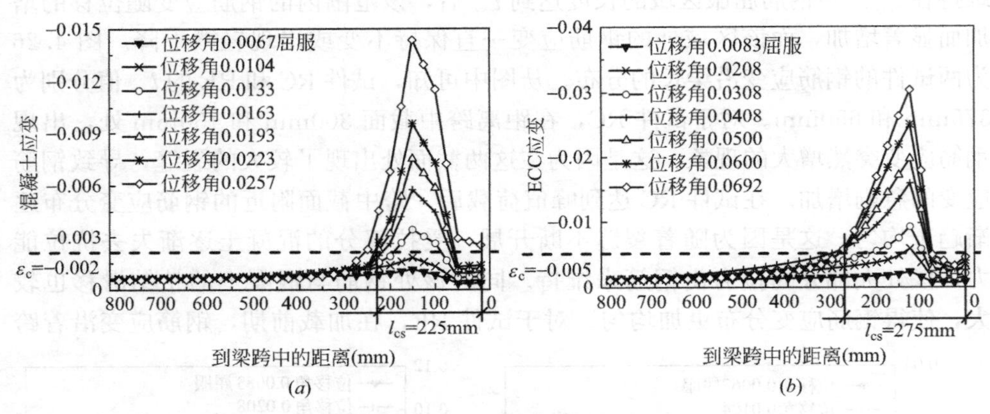

图 4.27 混凝土/ECC 应变沿梁长分布

(*a*) 试件 RC；(*b*) 试件 RE

3）曲率增加/集中区域

构件截面曲率可按式（4.13）进行计算，各截面的曲率如图 4.28 所示。构件曲率增加区域和集中区域的长度分别用 l_{pc} 和 l_{pcs} 表示。试件 RC 的 l_{pc} 和 l_{pcs} 分别为 400mm 和 250mm。试件 RE 的 l_{pc} 和 l_{pcs} 的值要大于试件 RC，分别为 650mm 和 300mm。这使得试件 RE 具有良好的变形能力和耗能能力。在极限状态下，试件 RC 和 RE 的最大曲率分别为 0.0011（1/mm）和 0.0031（1/mm）。

3. 参数分析

1）ECC 单轴拉伸性能

ECC 是一种可设计的材料，其单轴拉伸性能可根据工程的需要进行调整。

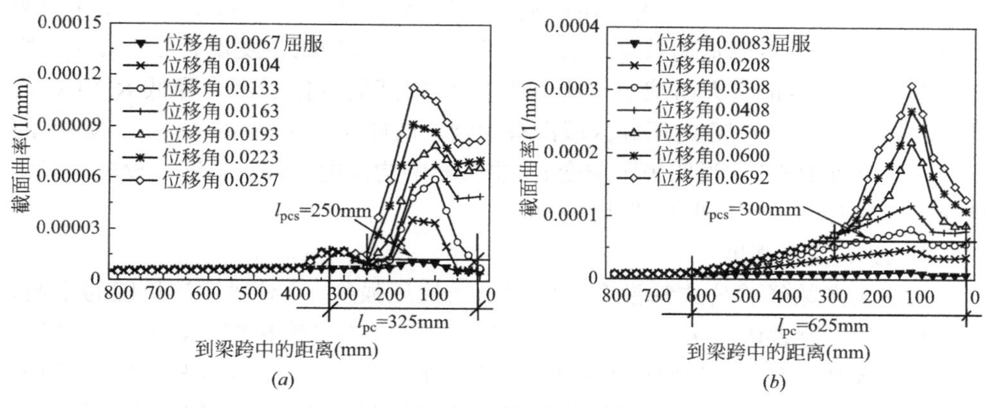

图 4.28 截面曲率沿梁长分布

(*a*) 试件 RC；(*b*) 试件 RE

因此有必要研究 ECC 单轴拉伸性能对塑料铰长度的影响。图 4.29 为 ECC 不同的拉伸应力应变曲线，第一组应力-应变曲线是假设具有相同抗拉强度的 ECC 材料表现出不同的应变硬化路径。ECC 极限抗拉应变 ε_{tp} 依次从 0.01 增加到 0.05。第二组应力-应变曲线中的试件 T5 和 T6 的抗拉强度降低，但延性和硬化斜率保持不变，而试件 T7 和 T8 的延性和抗拉强度降低，但 ECC 的开裂应力和硬化斜率相同。

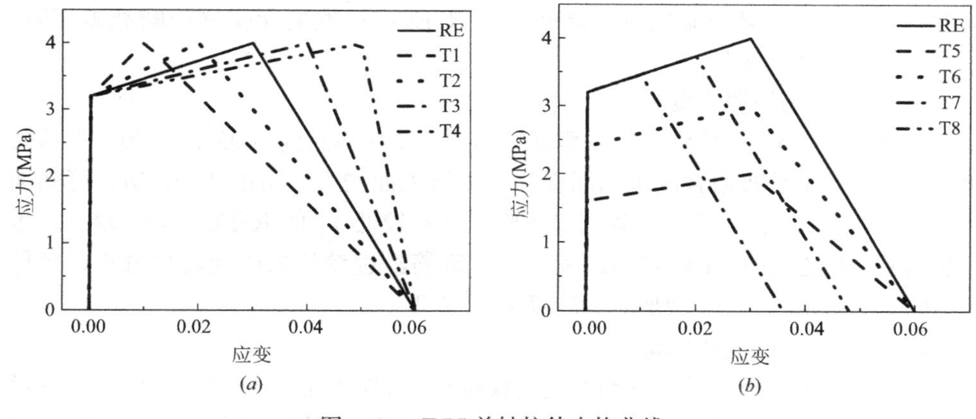

图 4.29 ECC 单轴拉伸本构曲线

(*a*) 试件 T1-T4；(*b*) 试件 T5-T8

比较各试件塑性铰区长度及特定状态的变形值可以发现 ECC 的应变硬化路径对构件的承载力和变形能力几乎没有影响。随着 ε_{tp} 的增加，ECC 压碎区域的长度 l_{cs} 逐渐从 250mm 增加到 325mm。这表明 ECC 材料具有较高的 ε_{tp}，可以有效地降低 ECC 的压碎区域，降低构件损伤。试件 RE 和 T2～T4 具有相同的 l_{sy}、l_{pc}、l_{pcs}，而试件 T1 具有较小的 l_{sy}、l_{pc}、l_{pcs}。该现象意味着当 ε_{tp} 大于某特定值时，该参数对 l_{sy}、l_{pc}、l_{pcs} 无任何影响。但如果 ε_{tp} 小于这一特定值，构件的塑性铰长度会随 ε_{tp} 的降低而减少。对比试件 T5、T6 和 RE，发现 l_{sy}、l_{pc}、l_{pcs} 均随 ECC 抗拉强度的增大而减小。这说明 ECC 较高的抗拉强度会降低 R/ECC 梁的屈服长度，但对 ECC 的压碎区域没有影响。试件 T7 和 T8 的 l_{sy}、l_{cs} 及 l_{pc} 的值均小于试件 RE。这说明极限应变 ε_{tu} 也会影响构件的塑性铰长度，较短的应变硬化阶段通常会导致较小的塑性铰长度。

2）ECC 抗压强度

虽然大多数经验公式都没有考虑混凝土抗压强度 f_c 对塑性铰长度的影响，但仍有部分研究者认为 f_c 越大，塑性铰长度越大。在此次模拟中，f_c 由 30MPa 增加到 70MPa，R/ECC 梁的承载力也随之增加。当 f_c 大于 50MPa 时，R/ECC 梁的破坏模式由 ECC 压碎破坏转化为受拉钢筋断裂。构件延性的变化趋势也发生了改变，出现了先增大后减小的现象。这是因为在相同位移下，f_c 的增加降低了临界截面受压区的高度。该截面边缘处的 ECC 压应变降低，受拉钢筋的拉应变增大。

图 4.30（*a*）为各塑性铰长度随 f_c 的变化情况，并将模拟得到的塑性铰长度与不同经验公式[12-15] 计算得到的长度进行对比。从图中可知，l_{sy} 和 l_{pc} 随着 f_c 的增加而增加，尤其是 f_c 小于 50MPa 时。当 f_c 大于 50MPa 时，塑性铰长度的增加幅度减缓，构件的承载力也表现出类似的趋势。这一结果表明，构件较高承载力有利于增大梁屈服区域。此外，当 R/ECC 梁发生受拉钢筋断裂破坏时，l_{cs} 随 f_c 的增加而减小。

3）受拉纵筋屈服强度

试件 FY1-FY4 受拉钢筋的屈服强度由 300MPa 提高到 500MPa，为了保持硬化模量不变，钢筋极限强度也随屈服强度的增大而增大。由图 4.30（*b*）可知随着 f_y 的增加，l_{sy}、l_{pc} 和 l_{pcs} 均明显下降。具有较低 f_y 的 R/ECC 梁会较早发生钢筋屈服并推迟 ECC 压碎破坏的发生。其钢筋经过较长的应变硬化过程，延伸了梁的屈服区域。当 f_y 增加时，l_{cs} 无明显变化。

4）受拉钢筋的硬化模量

有部分学者认为，受拉钢筋的硬化模量是影响塑性铰长度的主要因素。在试件 FU1～FU4 中，受拉钢筋屈服强度保持不变，极限强度由 400MPa 提高到 800MPa，从而得到不同的硬化模量 E_{sh}。由于较高的 E_{sh} 有助于提高试件的承载力，而屈服荷载基本没有改变，因此 l_{sy}、l_{pc}、l_{cs} 和 l_{pcs} 均随着 E_{sh} 的增大而增大（图 4.30*c*）。因此，E_{sh} 在确定塑性铰长度方面起着重要作用，在分析 R/ECC 梁的塑性铰特性时应加以考虑。

5）受拉钢筋的极限应变

由于高强度钢筋的极限应变通常较低，因此有必要研究钢筋的极限应变对塑

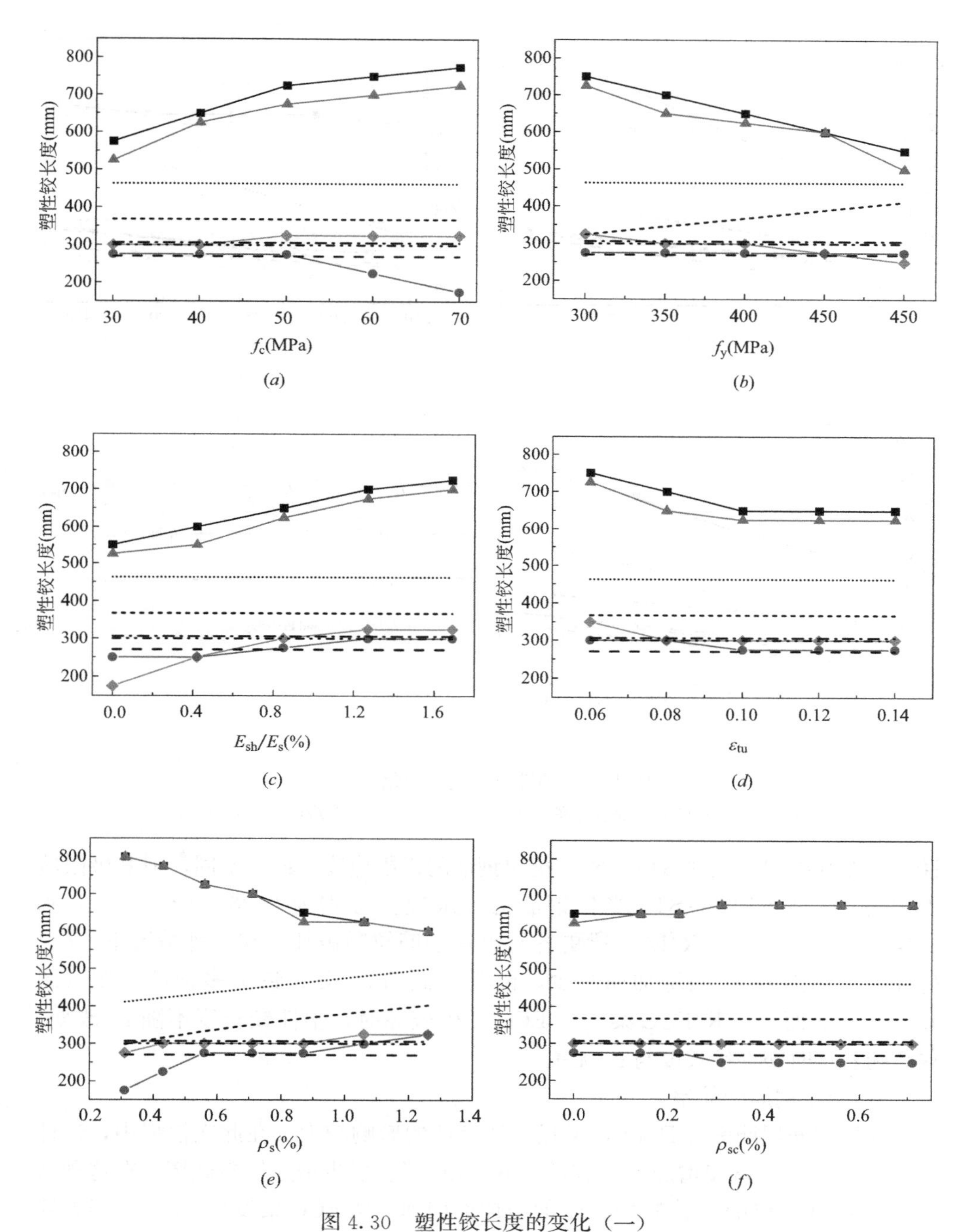

图 4.30 塑性铰长度的变化（一）

(a) ECC抗压强度；(b) 受拉纵筋屈服强度；(c) 受拉纵筋硬化模量；(d) 受拉纵筋极限应变；(e) 受拉纵筋配筋率；(f) 受压纵筋配筋率；

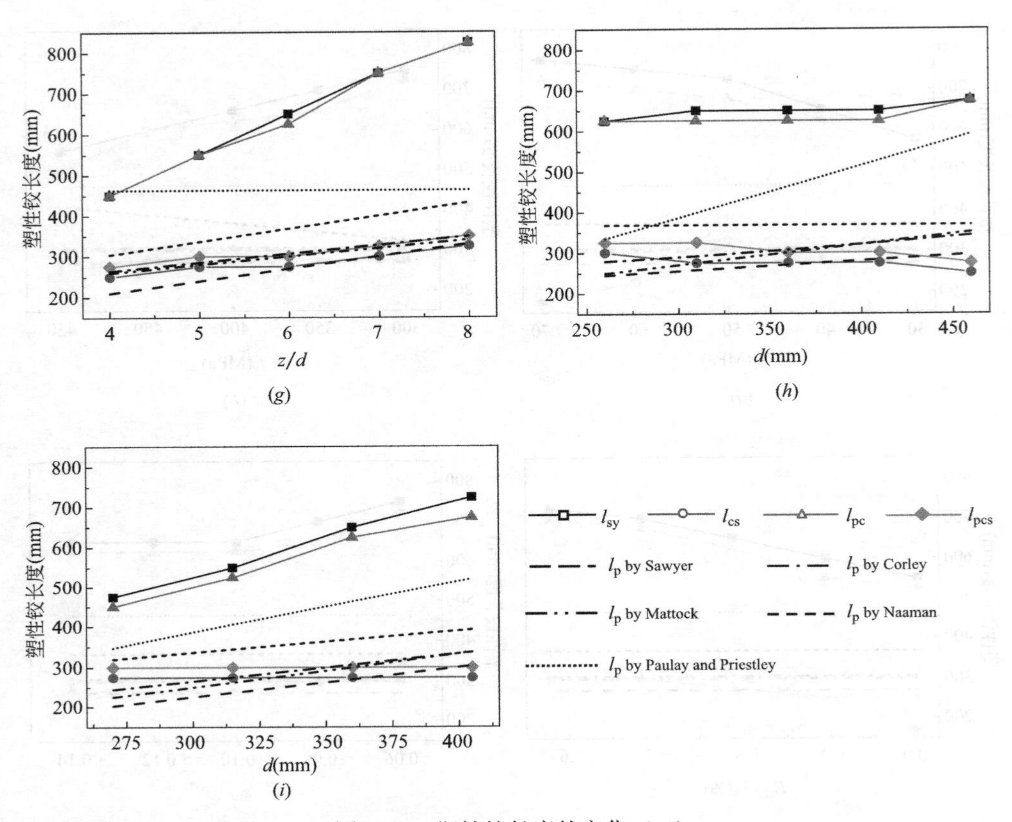

图 4.30 塑性铰长度的变化（二）

（g）剪跨比；（h）截面有效高度（z=2400mm）；（i）剪跨比（z/d=6.67）

性铰长度的影响。试件 ST1～ST4 抗拉钢筋的极限应变（ε_u）不同，但其极限应力相同。试件 ST1 到 ST4 受拉钢筋的极限应变分别为 0.06、0.08、0.10 和 0.14。当 ε_u 较低时，R/ECC 梁更容易出现钢筋拉断破坏。在这种情况下，l_{sy}、l_{pc} 和 l_{pcs} 均随着 ε_u 的增加而减少，说明较低的 ε_u 会导致更多钢筋屈服（图 4.30d）。然而，当 R/ECC 梁发生 ECC 压碎破坏时，塑性铰长度不随 ε_u 改变，这意味着这时塑性铰长度与 ε_u 无关。

6）受拉钢筋配筋率

受拉钢筋配筋率对 R/ECC 梁强度和延性的影响较大。在此次模拟中，试件 AS1～AS6 的 ρ_s 逐步增加。ρ_s 较低的 R/ECC 梁会发生钢筋拉断破坏。在这种情况下，R/ECC 梁的变形能力随 ρ_s 的增加而增加。R/ECC 梁发生 ECC 压碎破坏时，ρ_s 的增加会导致截面的受压区高度增加并降低构件变形能力。然而 ρ_s 对塑性铰的长度影响与最终的破坏模式无关。随着 ρ_s 的增加，l_{sy} 和 l_{pc} 降低，而 l_{cs} 和 l_{pc} 增加。Hemmatiet 等[16] 对 R/ECC 梁 l_{sy} 的研究结果与之相似，而 Naaman等持相反观点[17]。根据模拟结果，构件屈服荷载与峰值荷载之比 F_y/F_p 随 ρ_s 增加而增大。R/ECC梁的屈服点与梁跨中截面之间的距离可大约近似为（$1-F_y/F_p$）$l/2$，其中 l 为总梁长的一半。从该公式可知，ρ_s 增加，构件屈服点向跨中移动，屈服区域长度减小。值得注意的是，上述结论来自且仅适用于受拉钢筋在ECC达到峰值压缩应变（0.005）前屈服的适筋梁。

7）受压钢筋配筋率

R/ECC梁的延性随着受压钢筋配筋率 ρ_{sc} 的增加而增加，然而构件的承载力基本没有发生变化。这是因为对低配筋率的受弯梁而言，受压钢筋配筋率对截面的有效高度的影响基本可忽略不计。同样，ρ_{sc} 对塑性铰长度的影响可忽略不计（图4.30*f*）。

8）剪跨比

通常认为塑性铰长度与梁跨 z、截面有效高度 d 或剪跨比 z/d 成正比，在试件Z1～Z4中，d 固定不变，z 从1600mm增加到3200mm（z/d 从4.4增加到8.9）。图4.30（*g*）为5个试件的塑性铰长度变化情况。l_{sy}、l_{cs}、l_{pc} 和 l_{pcs} 均随 z 或 z/d 的增大而线性增大。

9）截面高度

在试件H1～H4中，z 不变，d 从260mm增加到460mm（z/d 从9.2减小到5.2）。如图4.30（*h*）所示，l_{sy} 和 l_{pc} 随 d 增加，而 l_{cs} 和 l_{pc} 则相反。在试件H5～H7中，z/d 不变，但 z 和 d 同时变化。l_{cs} 和 l_{pcs} 均没有表现出明显的变化，但是在 l_{sy} 和 l_{pc} 中可以观察到显著的差异，如图4.30（*i*）所示。这表明 z 和 d，而不是 z/d，是影响 l_{sy} 和 l_{pc} 的主要参数。

从上文的参数分析中发现，l_{sy} 是四个塑性铰长度中的最大值。对所有试件而言，l_{sy} 比 l_{pc} 约长25～50mm，并且这两个塑性铰长度具有相同的变化趋势。这是因为R/ECC梁在受力过程中纵向钢筋的应变值较大，纵向钢筋的屈服使构件产生较大的塑性变形。l_{cs} 和 l_{pcs} 的值要远小于 l_{sy} 和 l_{pc}。l_{cs} 的大小意味着R/ECC梁中ECC压应变的集中程度，若构件更易发生钢筋拉断破坏，ECC压应变更易集中，l_{cs} 的值也就相对较小。l_{cs} 和 l_{pcs} 之间没有明显的相关性，但是在大多数情况下，这两个长度的值较为接近。此外，与其他三种长度相比，l_{pcs} 对各参数的敏感度较低，在大多数情况下保持在300mm左右。

比较不同经验公式计算得出的结果，可以发现Naaman公式计算结果要大于Corley、Mattock、Priestley和Park公式的计算结果，当然后四个公式是针对RC构件提出的，而Naaman公式适用于FRCC构件。Zhao等[18] 认为各经验公式计算得到的结果无论在数值上还是物理意义上都更接近RC梁中的 l_{sy} 和 l_{pc}。然而，这些经验公式所得值小于此次模拟得到的 l_{sy}，这意味着现有的经验公式大大低估了R/ECC梁的塑性铰长度。因此有必要针对R/ECC梁提出新的塑性铰长度计算模型。

4.1.5.3 R/ECC 梁塑性铰长度计算模型

本小节对模拟所得数据进行回归分析，从而得到 R/ECC 梁钢筋屈服区域长度 l_{sy} 的经验公式。从上文分析可知，影响 R/ECC 梁塑性铰长度的主要参数有：①ECC 拉伸性能；②ECC 抗压强度 f_c；③受拉纵筋屈服强度 f_y；④受拉纵筋硬化模量 E_{sh}；⑤受拉纵筋配筋率 ρ_s；⑥梁跨度 z 和截面有效高度 d。通过结合这些参数，R/ECC 梁的 l_{sy} 可以表示为：

$$l_{sy}=(k_1(f_c/f_y)^{\alpha}(E_{sh}/E_s)^{\beta}(1/\rho_s)^{\gamma}+k_2)d+k_3z \tag{4.26}$$

其中 k_1、k_2、k_3、α、β 和 γ 是通过回归分析确定的常数[19]，为简化公式，忽略了 ECC 拉伸性能对 l_{sy} 的影响。对于具有低拉伸强度和低延性 ECC 材料的 R/ECC 构件，应适当减少 l_{sy} 的值。试件 RE、FC1～H7 的模拟结果用于回归分析，从而获得 l_{sy} 的值。另外还模拟了五个具有不同参数的 R/ECC 梁，试件 E1～E5，以验证所提出公式的合理性。在确定每一个常量参数时，待确定参数的因变量变化而其他参数保持恒定，从而获得最佳相关系数。此次分析中，首先确定 k_3 的值。随后确定 $\alpha=1.5$，$\beta=1$，$\gamma=1$，最后确定 k_1 和 k_2。最终所提出的计算公式如式（4.27）所示：

$$l_y=(10(f_c/f_y)^{1.5}(E_{sh}/(E_s\rho_s))-0.12)d+0.238z \tag{4.27}$$

试件 E1～E5 根据式（4.27）计算所得的塑性铰长度 l_c 见表 4.6，并与模拟结果 l_{sy} 进行比较。试件 RH3、RH9～RH12 的 l_{sy} 是由 Hemmati 等人[11] 利用 Abaqus 模拟得到的 R/ECC 梁钢筋屈服区域长度。为了使式（4.27）更具说服力，将试件 RH3、RH9～RH12 的 l_{sy} 也与计算所得的 l_c 进行比较。从表 4.6 中可知，除试件 RH12 外，其余试件 l_{sy} 与 l_c 的误差均控制在 10% 以下。试件 RH12 的计算值和模拟值出现较大误差可能是因为 Hemmati 模拟时采用的单元尺寸为 50mm。因此，l_{sy} 的值只能是 50mm 的倍数，精度不足。简而言之，本章所提出的式（4.27）具有一定可靠性并可以为 R/ECC 梁钢筋屈服区域的长度提供合理的预测。

试件误差计算 **表 4.6**

梁	l_{sy}（mm）	l_c（mm）	l_{sy}/l_c
E1	600	618.18	0.97
E2	650	610.79	1.06
E3	550	513.63	1.07
E4	575	620.17	0.93
E5	700	684.17	1.02
RH3	350	378.73	0.92
RH9	350	371.19	0.94
RH10	350	355.89	0.98
RH11	300	315.69	0.95
RH12	250	297.76	0.84

4.2　R/ECC梁或RC/ECC组合梁构件的抗震性能

4.2.1　试验设计与实施

4.2.1.1　材料性能

本节中试验原材料性能与4.1.2.1节相同。其中梁中混凝土强度等级为C50，纵筋和箍筋性能与4.1.2.1节相同，梁的配筋率为1.82%，保护层厚度为25mm。混凝土和ECC的标准立方体抗压强度分别为56.0MPa和45.2MPa。

4.2.1.2　试验设计

本次试验所设计梁试件的截面尺寸为180mm×300mm，纵向钢筋保护层厚度为25mm。梁采用不对称配筋，其具体尺寸及截面示意如图4.31所示。

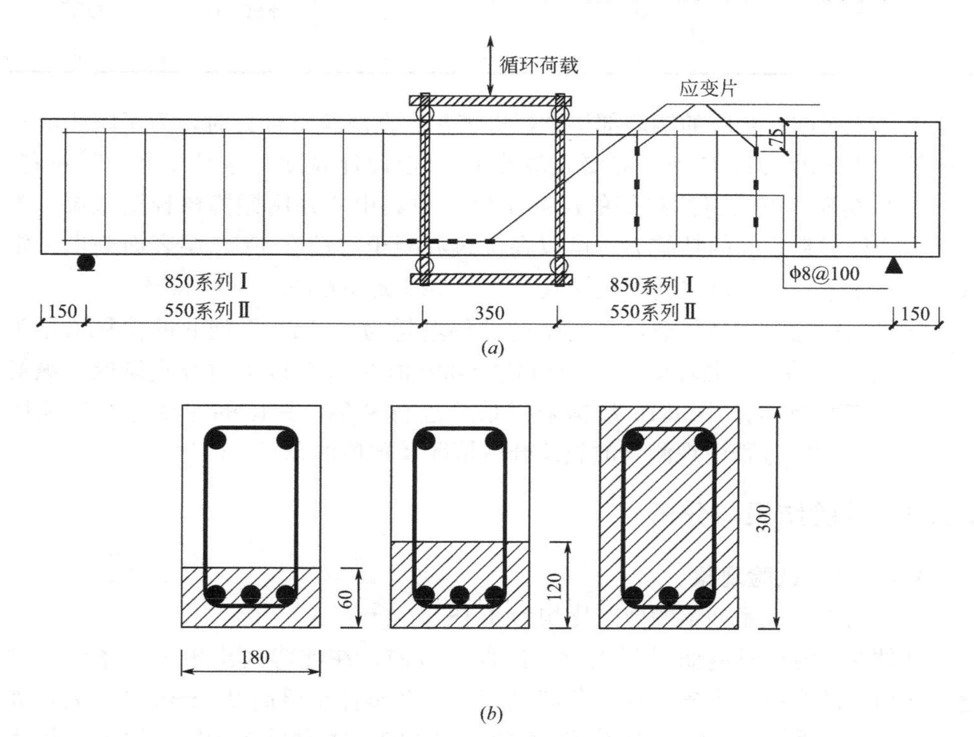

图4.31　组合梁尺寸及截面示意图
(a) 梁尺寸；(b) 截面示意图

考虑ECC增强层厚度、箍筋配筋率及剪跨比3个参数，本次试验共制备了2个系列共计8根梁构件。试件设计参数及配筋如表4.7所示，系列Ⅰ的梁长

2350mm，系列Ⅱ的梁长 1750mm。其中，ECC 增强层的厚度分别为 60mm、120mm。60mmECC 增强层恰好在钢筋周围各一个保护层的厚度；120mmECC 增强层即 4 倍保护层厚度，另设有普通混凝土梁及全截面 ECC 梁作为对比梁。

试件设计　　表 4.7

系列	编号	纵向钢筋		拉区配筋率（%）	剪跨比	箍筋	基体组合
		拉区	压区				
Ⅰ	S-1	2Φ25	2Φ20	1.82	3.15	Φ8@100	混凝土
	S-2	2Φ25	2Φ20	1.82	3.15	Φ8@100	60mmECC
	S-3	2Φ25	2Φ20	1.82	3.15	Φ8@100	120mmECC
	S-4	2Φ25	2Φ20	1.82	3.15	Φ8@100	ECC
	S-5	2Φ25	2Φ20	1.82	3.15	无箍筋	ECC
Ⅱ	S-6	2Φ25	2Φ20	1.82	2.04	Φ8@100	混凝土
	S-7	2Φ25	2Φ20	1.82	2.04	Φ8@100	ECC
	S-8	2Φ25	2Φ20	1.82	2.04	无箍筋	ECC

构件浇筑前在相应的钢筋部位贴好应变片。在浇筑组合梁时，为了防止混凝土中的粗骨料沉入 ECC 中，需要先浇筑 ECC 至设计高度，静置 2 个小时左右，ECC 开始初凝，然后将搅拌好的混凝土倒入模具中，并用振捣棒轻微振捣。为了增加两种材料之间的粘结力，可以在浇筑混凝土之前在 ECC 层表面刻出一定数量的横槽来增强两者之间的机械咬合。试验时试件养护龄期为 45 天。

试验采用位移控制加载，系列Ⅰ的位移增量为 4mm，系列Ⅱ的位移增量为 2mm，每个位移水平循环两次。当荷载降到峰值的 85%以下时终止试验。纵筋和箍筋的应变数据使用 3816 数据采集系统进行采集，具体的应变片布置见图 4.31（*a*）。加载过程中观测梁的裂缝开展情况及破坏形态。

4.2.2　试验结果与分析

4.2.2.1　试验现象

1. 系列Ⅰ：该系列梁的剪跨比均为 3.15

试件 S-1 为普通钢筋混凝土梁。试件屈服前，在纯弯区出现了 3 条弯曲裂缝，在两侧的弯剪区也各出现 2 条斜裂缝，裂缝延伸至梁高 200mm 左右处，如图 4.32（*a*）所示。当正向荷载达到 282.9kN 时构件屈服，对应位移为 10.6mm。屈服后，纯弯区的裂缝数量有所增加，裂缝宽度明显增大，如图 4.32（*b*）所示；弯剪区在往复荷载作用下形成“X”形交叉斜裂缝，但裂缝数量和宽度基本保持不变，如图 4.32（*c*）所示。当正向位移达到 16mm 时，纯弯区的裂缝宽度达 1mm 左右，裂缝数量有 6～8 条，受压区的混凝土开始出现压碎现象；

反向位移为16mm时，跨中上下端的裂缝贯通，同时加载点附近的裂缝宽度达到1.5mm以上。正向位移达到24mm时，压区混凝土开始剥落，反向时则无此现象。在位移为20mm时混凝土梁达到极限荷载，大小为290kN。试件在位移为32mm时发生受弯破坏，荷载迅速下降至极限荷载的80%以下，此时在梁纵筋位置产生纵向劈裂破坏，受压区混凝土剥落现象严重，试件的最终破坏形态如图4.32（*d*）所示。

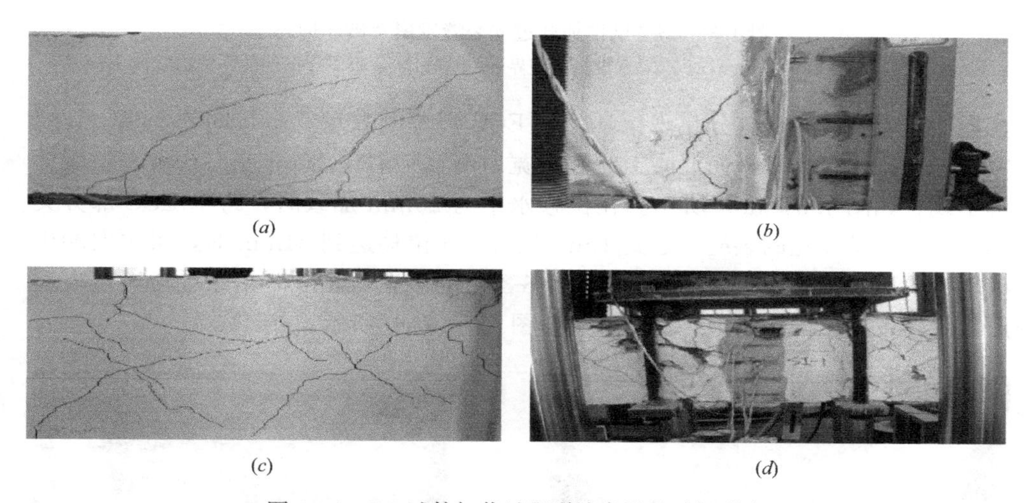

图4.32 S-1试件加载过程裂缝发展及破坏形态

（*a*）加载位移为8mm时弯剪区裂缝形态；（*b*）加载位移为12mm时纯弯区裂缝形态；（*c*）加载位移为12mm时弯剪区交叉裂缝形态；（*d*）S-1试件最终破坏形态

试件S-2为ECC和混凝土组合梁，ECC增强层厚度为60mm。S-2在荷载为70.7kN时在跨中产生第一条裂缝，随着荷载的增大，受拉区ECC层出现了细密裂缝，同时混凝土也出现裂缝。在ECC和混凝土的交界处，出现了较为明显的裂缝分化现象，如图4.33（*a*）所示。试件的屈服荷载为311.4kN，相应的位移水平为12.0mm。屈服后，荷载几乎不变，位移迅速增大，产生明显的平滑区段。在整个加载至试件破坏过程中，梁底ECC层的最大裂缝宽度均小于0.3mm，可以保证其在正常使用极限状态下的使用要求。相比于S-1、S-2的极限荷载要高8%左右，主要是由于受拉区ECC发挥了桥联作用，保证整个加载过程中ECC都能产生一定的拉力作用。S-2在位移为36mm时由于受压区混凝土被压碎而发生极限破坏，其最终破坏形态如图4.33（*b*）所示。

试件S-3为组合梁，其增强层厚度为120mm。与S-2相似，S-3在荷载为75kN时跨中开始出现裂缝。位移为8mm时，梁底跨中ECC层开始出现细密裂缝，达到10条以上；而位移为−8mm时，梁顶跨中混凝土裂缝有2条，且裂缝宽度较大。试件的屈服荷载为313.6kN，相应的水平位移为14.1mm。屈服后，

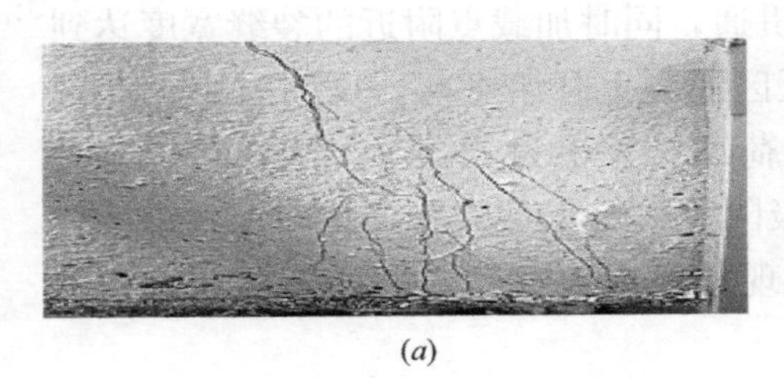

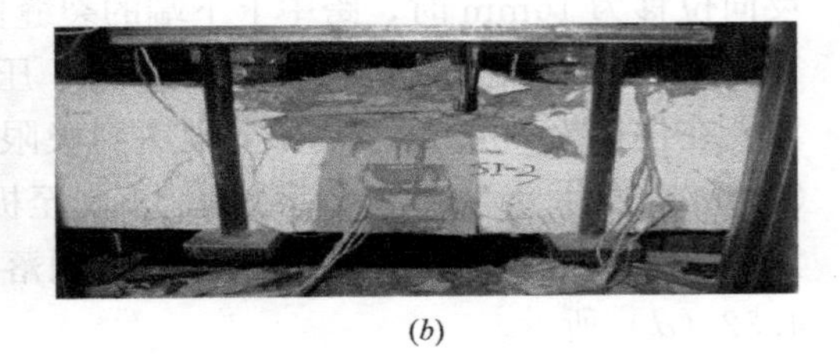

(*a*)　　(*b*)

图 4.33　S-2 试件加载过程裂缝发展及破坏形态

(*a*) 加载位移为 8mm 时 ECC 和混凝土交界处裂缝分化；(*b*) S-2 试件最终破坏形态

交界面出现明显的裂缝分化现象，跨中 ECC 裂缝的数量变多且间距变小，裂缝宽度仍保持较小水平，而混凝土的裂缝宽度继续扩展至 1mm 左右，没有新裂缝的出现，如图 4.34 (*a*) 所示。在位移水平为 20mm 加载时，跨中 ECC 部分突然出现了一条较宽的裂缝，达到 1mm 左右。在位移达到 24mm 时，梁顶混凝土有轻微的压碎现象出现。与 S-2 相比，S-3 在位移为 40mm 时由于受压区混凝土严重剥落发生压碎，其最终破坏形态如图 4.34 (*b*) 所示。

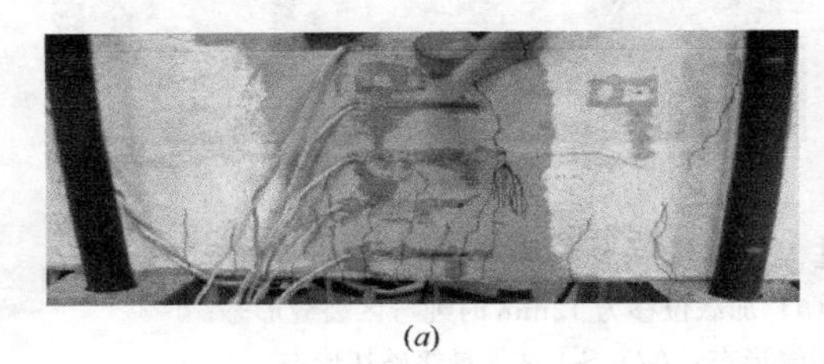

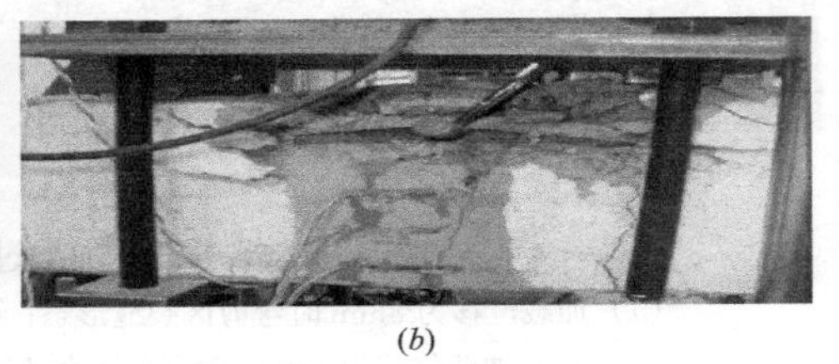

(*a*)　　(*b*)

图 4.34　S-3 试件加载过程裂缝发展及破坏形态

(*a*) 加载位移为 16mm 时 ECC 细密裂缝形态；(*b*) S-3 试件最终破坏形态

试件 S-4 为配箍筋的全截面 ECC 梁。在位移为 2mm 时，纯弯区出现初始裂缝，开裂荷载为 76.3kN。随着荷载的增大，试件在纯弯区和弯剪区都出现了大量的细密裂缝。其中，位移水平为−4mm 时，拉区纯弯段中的裂缝数量就达到 10 条左右；位移水平为 8mm 时，拉区纯弯段的微裂缝达到 20 条以上，而弯剪裂缝也越来越多。试件的屈服荷载为 280.4kN，相应的位移水平为 12.0mm，纯弯区中裂缝的间距在 5mm 左右，如图 4.35 (*a*) 所示。当位移达到 24mm 时，纯弯段 ECC 出现 2 条主裂缝，宽度明显变大，但试件的承载力并没有下降。当位移增加至 40mm 时，受压区的 ECC 开始出现轻微的压碎现象，承载力也开始降低。ECC 梁在位移水平为 36mm 时达到极限荷载 316.5kN，较 S-1 提高 8.6%。试件最终在位移为 48mm 时受压区 ECC 发生压碎破坏。破坏时受压区 ECC 的裂缝较大，但是纤维的桥连作用使得梁并没有出现剥落现象，如图 4.35 (*b*) 所示。与混凝土梁相比，ECC 梁的变形能力得到明显的提升，屈服位移大 14.2%，极限位移大 98.7%。

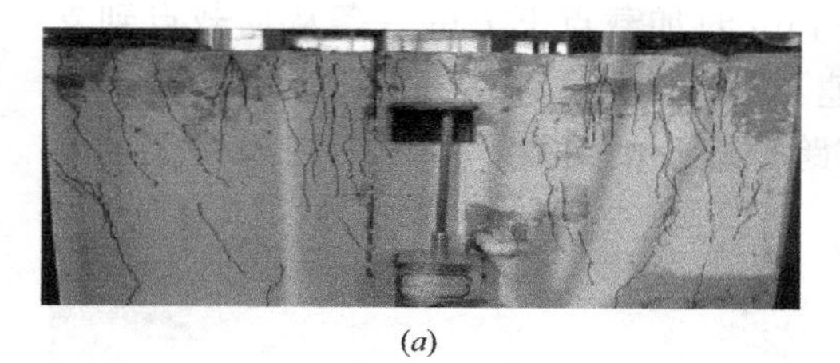

(*a*)

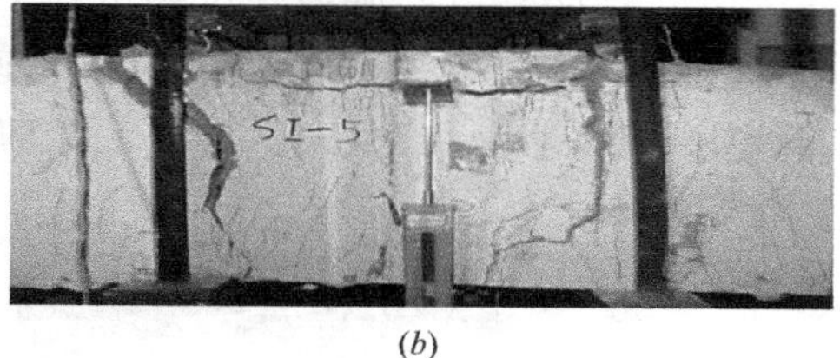

(*b*)

图 4.35　S-4 试件加载过程裂缝发展及破坏形态

（*a*）加载位移为 12mm 时 ECC 层裂缝间距为 5mm；（*b*）S-4 试件最终破坏形态

试件 S-5 为无箍筋的全截面 ECC 梁。在荷载达到 5kN 时纯弯区出现初始裂缝；位移为 2mm 时，纯弯区的裂缝数量为 2 条；当位移达到 4mm 时，纯弯区裂缝数量为 5 条，同时在两侧弯剪区各出现 5～6 条细裂缝，反向位移为－4mm 时，拉区纯弯段裂缝增加到 8 条，而弯剪区裂缝数量增加到 10 条以上；当位移为 8mm 时，两侧弯剪区出现大量的细密裂缝，数量为 40 条左右。试件的屈服荷载为 319.2kN，相应的位移水平为 11.6mm。屈服之后，弯剪区裂缝数量变多，间距变小为 5mm 左右，如图 4.36（*a*）所示，同时纯弯区出现了 1 条 0.5mm 的裂缝。在位移为 15.9mm 时试件达到极限荷载，大小为 333.9kN。值得注意的是，在正向 20mm 加载过程中，试件发出“嗤嗤”的声响，且声音越来越大，当位移达到 18.0mm 时，试件突然发出“咚”一声巨响，在弯剪区产生一条较宽的斜裂缝，同时试件的承载力迅速下降，试件宣告破坏，其最终破坏形态如图 4.36（*b*）所示。可见，虽然 ECC 材料的抗剪性能很好，但是在完全不配箍筋的情况下，当剪力达到一定水平时，仍会发生承载力突然下降的脆性剪切破坏，在实际工程中应对这种情况充分考虑。

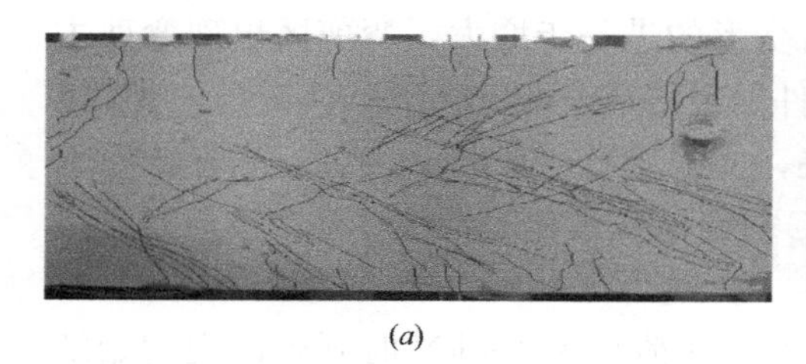

(*a*)

(*b*)

图 4.36　S-5 试件加载过程裂缝发展及破坏形态

（*a*）加载位移为－12mm 时弯剪区的细密交叉裂缝形态；（*b*）S-5 试件最终破坏形态

2. 系列Ⅱ：该系列梁的剪跨比均为 2.04

试件 S-6 为普通钢筋混凝土梁。试件纯弯区在荷载为 80kN 时开始出现细裂纹；在位移为 2mm 时，跨中细裂缝的数量为 3 条；之后两侧弯剪区各出现 2 条弯剪裂缝，并随着荷载的增大沿梁高延伸至加载点，在位移达到 4mm 时，剪切裂缝贯穿整个梁截面，如图 4.37（*a*）所示；试件的极限荷载为 348.5kN，对应的位移水平为 8mm；随后在位移达到 10mm 时加载点下方的一条从加载点到支座处的剪切裂缝突然变宽，造成荷载迅速下降，试件迅速达到极限破坏。其最终的破坏形态见图 4.37（*b*）。可见，在剪跨比较小的时候，普通钢筋混凝土梁发生剪切破坏。

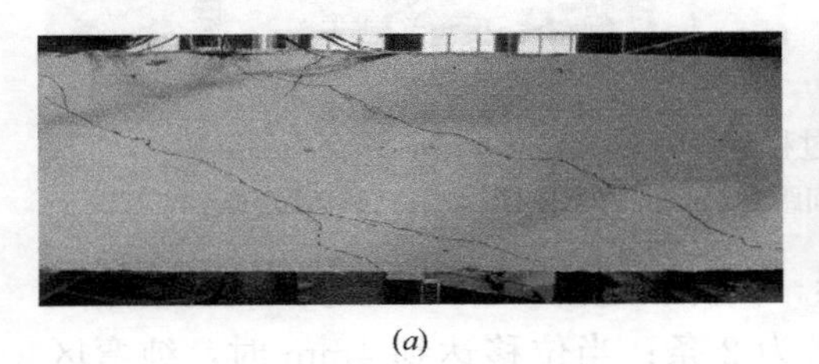

(*a*)

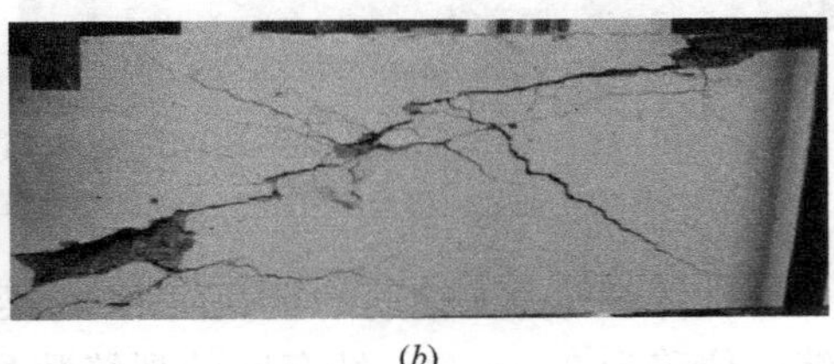

(*b*)

图 4.37 S-6 试件加载过程裂缝发展及破坏形态

（*a*）加载位移为 4mm 时裂缝分布形态；（*b*）S-6 试件最终破坏形态

试件 S-7 为配箍全截面 ECC 短梁。纯弯区在荷载为 76.3kN 时出现初始细裂缝。随着荷载的增大，裂缝开始发展：位移为 2mm 时，纯弯区有 4 条微裂纹；反向−2mm 时，纯弯区裂缝数量为 6 条；4mm 时，纯弯区微裂缝数量超过 10 条，而弯剪区也出现了 3 条斜裂缝；反向−4mm 时，弯剪区的裂缝数量明显增多，达 10 余条；6mm 时，弯剪区的剪切斜裂缝多达 20 条，而纯弯区的裂缝数量无明显的变化。试件在位移为 9.5mm 时发生屈服，屈服荷载为 298.1kN。随着荷载的继续增加，裂缝不断出现，裂缝间距不断变小，位移为 10mm 时，裂缝间距在 5mm。试件的极限荷载为 509.4kN，对应的位移为 12.0mm，此时，跨中具有 70 余条微裂缝，还有一条裂缝宽度达到 1.5mm，如图 4.38（*a*）所示。之后，随着加载的进行，荷载基本保持不变，新裂缝也不断形成，一直到出现裂缝饱和状态，如图 4.38（*b*）所示。随着变形的进一步增大，弯剪区出现弯剪主裂缝，荷载开始下降直到最终破坏。试件的最终破坏形态如图 4.38（*c*）所示。与 S-6 相比，S-7 的承载力要高出 46.2%，极限变形也高出 49.2%。尽管试件 S-7 最终出现剪切破坏形态，但是由于 ECC 材料应变硬化的特性，整个破坏过程是延性的。

试件 S-8 为无箍筋 R/ECC 短梁。纯弯区在荷载为 100kN 时开始出现初始细裂缝；2mm 时，跨中出现 3 条裂缝，而反向−2mm 时，跨中裂缝有 10 条左右，同时弯剪区出现了 6 条斜裂缝，但是并不明显；当位移到达 4mm 时，跨中纯弯区有 8 条裂缝，而弯剪区中 2 条斜裂缝较为明显；随着位移增大至 6mm，跨中区域裂缝没有什么变化，而弯剪区的裂缝增加至 10 条。试件在位移达到 7.9mm 时，出现了主要剪切斜裂缝扩展现象，如图 4.39（*a*）所示，此时的荷载为 344.3kN，此后，荷载随着位移增大而持续增大，最终的极限承载力为 386kN，比 S-6 试件高出 10.8%。试件最终的破坏形态如图 4.39（*b*）所示。

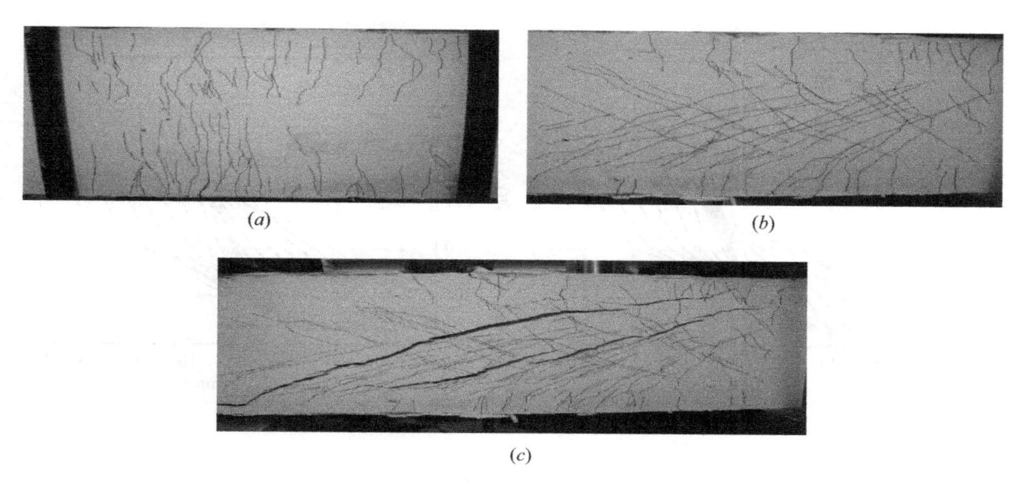

图4.38　S-7试件加载过程裂缝发展及破坏形态

(a) 加载位移为12mm时跨中出现细密裂缝开展；(b) 加载位移为14mm时弯剪区出现裂缝饱和状态；(c) S-7试件最终破坏形态

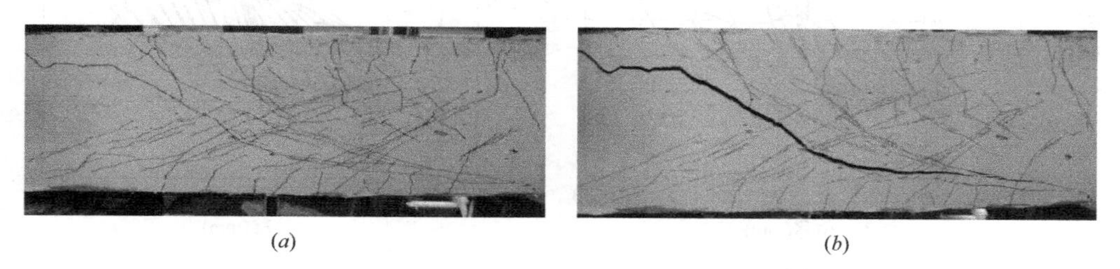

图4.39　S-8试件加载过程中裂缝发展及破坏形态

(a) 加载位移为8mm时裂缝分布形态；(b) S-8试件最终破坏形态

4.2.2.2　滞回曲线

单轴受力构件在循环往复荷载作用下的荷载-位移曲线称为构件的单轴滞回曲线，简称为滞回曲线。从滞回曲线的形状可以分析构件的抗震性能。滞回曲线的形状和饱满程度主要与构件的受力类型、材料、配筋、配箍及反复荷载的循环次数等因素相关。滞回曲线越饱满，耗能能力越强，对结构抗震越有利。

试验所得各构件的滞回曲线如图4.40所示。

从图4.40可以看出，系列Ⅰ梁的滞回曲线明显比系列Ⅱ梁的滞回曲线更加饱满，延性和耗能能力也更好。这是由梁的破坏形式决定的。对发生弯曲破坏的梁，钢筋屈服前，梁的骨架曲线与单调加载时梁的荷载-位移曲线基本重合，其滞回曲线基本呈稳定的梭形，刚度与强度退化较小；钢筋屈服之后，其滞回曲线出现“捏拢”现象，刚度退化渐趋明显，试件S-1、S-2、S-3、S-4均表现为这种特征。对于发生剪切破坏的梁，纵筋的应变硬化受到制约，其滞回曲线为倒S形，

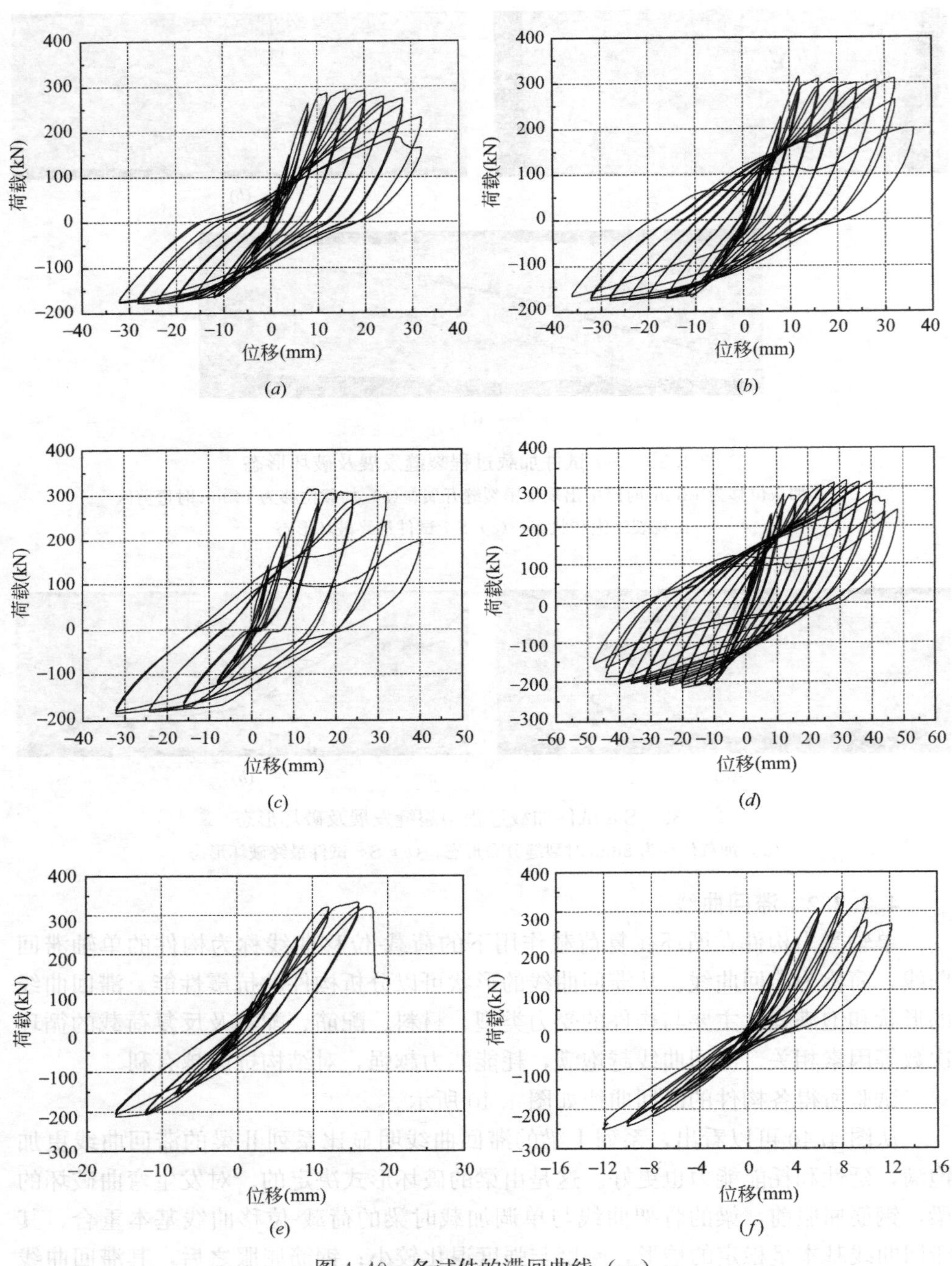

图 4.40 各试件的滞回曲线（一）

(a) S-1；(b) S-2；(c) S-3；(d) S-4；(e) S-5；(f) S-6

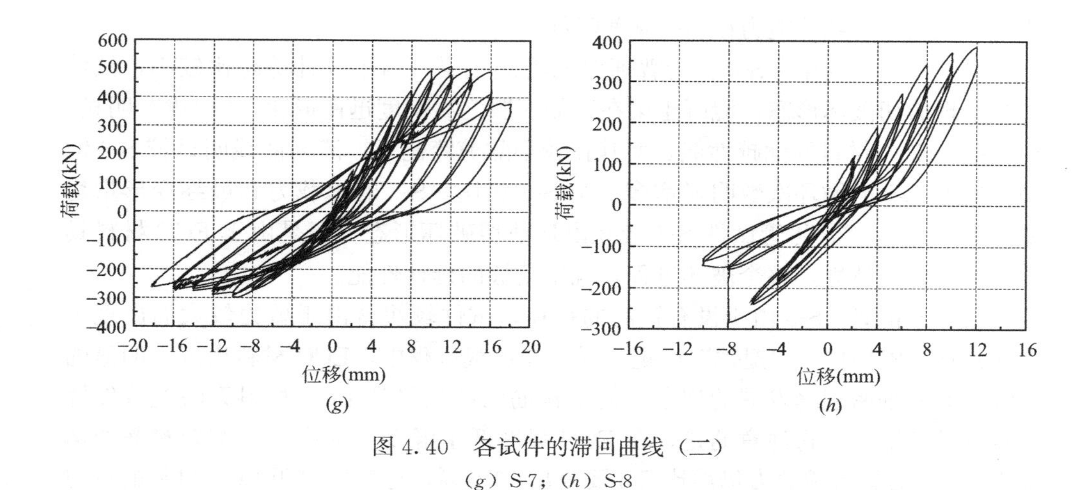

图 4.40 各试件的滞回曲线（二）

（g）S-7；（h）S-8

呈现出明显的“捏拢”现象，刚度退化严重，延性及耗能能力较弯曲破坏梁显著降低，试件S-5、S-6、S-8均表现为这种特征，而S-7的表现介于弯曲破坏和剪切破坏之间。

对于系列Ⅰ的梁，S-1作为普通钢筋混凝土梁，其滞回曲线略显狭窄，到了加载后期，“捏拢”现象明显；S-2由于60mmECC增强层的作用，滞回曲线较S-1更为饱满，在往复荷载的作用下，ECC层的裂缝闭合很快，PVA纤维的桥连作用可以保证ECC增强层持续承载，使得S-2的承载力比S-1高出8%左右，到了加载后期出现“捏拢”现象，但刚度退化较S-1较慢，破坏位移和耗能能力较S-1有一定程度的提升。

S-3梁由于120mmECC增强层的作用，其滞回曲线也较S-1更为饱满，但是由于S-3作为第一根加载的梁，位移增幅取得过大，其在循环次数较少时便达到破坏状态，但其滞回曲线与S-2较为相似，破坏位移和耗能能力与S-1相比具有一定程度的提升，但与S-2相比提升很小，可见使用60mmECC增强层就能够达到较好的增强效果，S-2比S-3具有更高的性价比。

S-4是全截面配箍ECC梁，由于ECC材料优越的性能，其滞回曲线较S-1、S-2、S-3更加饱和，整个加载过程中“捏拢”现象均不明显，刚度退化较慢，呈现明显的延性破坏特征。同时，与S-1、S-2、S-3相比，S-4承受的往复荷载作用的循环次数明显增多，塑性变形能力显著提高。但是由于ECC材料价格较高，全截面ECC并不能达到一个较高的性价比。

S-5是无箍筋ECC梁，尽管ECC具有很好的抗剪能力，但是无法完全取代箍筋的作用。由于完全不配置箍筋并最终呈现剪切破坏形态，该构件的滞回曲线与系列Ⅱ较为相似，滞回环为倒S形，并呈现出十分明显的“捏拢”现象，刚度退化严重。与S-4相比，S-3由于箍筋的缺失而无法充分发挥ECC材料优越的性能，导致延性与耗能能力比 S-4 显著降低。

对于系列Ⅱ的梁，S-6 作为普通钢筋混凝土梁，由于设计剪跨比较小，试件最终呈现剪切破坏形态，混凝土梁在钢筋屈服之后刚度迅速退化，“捏拢”明显。S-7 由于 ECC 材料的优越性能，使其在较小的剪跨比下，滞回曲线明显较 S-6 饱满，能够承载的循环次数明显增多。与 S-6 相比，S-7 的承载力和最终变形量均要高出接近 50%。尽管试件 S-7 最终出现剪切破坏形态，但是由于 ECC 材料具有应变硬化的特性，整个破坏过程表现出足够的延性性能。

与 S-5 相似，S-8 由于没有箍筋的存在，试件较快就由于剪力较大而出现了剪切破坏，滞回曲线“捏拢”严重。尽管在加载过程中，ECC 材料出现了明显的多缝开裂和细密裂缝发展的现象，但是箍筋的缺失导致 ECC 材料无法充分发挥出良好的性能。值得注意的是，在 ECC 强度低于混凝土强度且不配置箍筋的情况下，S-8 的受剪承载力仍然比 S-6 要高出 10.8%，这充分说明 ECC 材料的抗剪性能远优越于混凝土。

综上所述，由于弯曲破坏形态的梁比剪切破坏的梁具有更好的延性及耗能能力，因此在结构设计中应尽量避免梁的剪切破坏，即做到“强剪弱弯”。从组合梁的角度，较小的 ECC 增强层厚度（2 倍保护层厚度）即可提高混凝土梁的抗震性能，并且 ECC 层在地震荷载作用下，充分发挥其细密裂缝开裂发展的特征，把梁底的裂缝宽度控制在一个较小的范围（主裂缝出现前小于 0.3mm），从而保证了梁的耐久性要求；同时，考虑到 ECC 的材料成本较高，本章建议组合梁采用 2～3 倍保护层厚度的 ECC 增强层，可获得较高的性价比。

4.2.2.3 骨架曲线及延性分析

骨架曲线是指在构件循环反复荷载试验的滞回曲线图上，将同方向各次加载的峰值点依次相连得到的滞回环外包络线，一般是由每一级荷载第一次循环的峰值点连接而成，能够反映出试件在加载过程中的强度变化及延性特征，可以用来对试件的抗震性能进行定性的比较和分析。本章中的骨架曲线取由试件加载开始至承载力降至最大值的 85%以下时的荷载位移值，所得骨架曲线如图 4.41 所示。

根据图 4.41 各试件的骨架曲线可以得到加载过程中试件的屈服位移和破坏位移，计算得到位移延性系数，进而对各试件的延性进行评估。位移延性系数反映的是结构整体的相对延性，由破坏位移 Δ_u 和屈服位移 Δ_y 之比表示：

$$\mu=\frac{\Delta_u}{\Delta_y} \tag{4.28}$$

本章取破坏位移为加载过程中构件承载力下降到最大值 85%时的位移值。各构件的位移延性系数可以根据式（4.28）计算得到。

从图 4.41（*a*）中可以看出，S-2、S-3、S-4 的骨架曲线均比 S-1 包络的范围要大，且随着 ECC 增强层厚度的增加，破坏位移相应增大。同理，虽然 S-2、S-

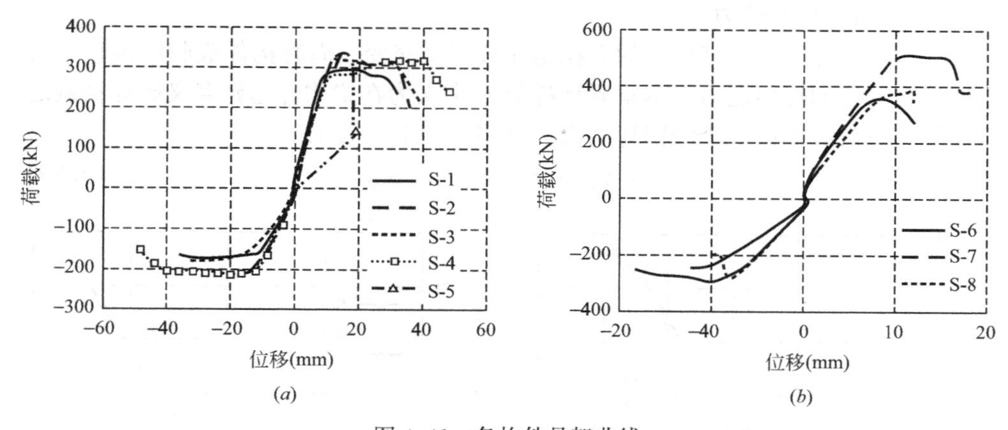

图 4.41　各构件骨架曲线
（a）系列Ⅰ；（b）系列Ⅱ

3 的延性系数与 S-1 相差不多，但是它们的破坏位移比 S-1 具有一定程度的提升，这主要由于受拉区 ECC 发挥桥连作用所致；而 S-4 无论是延性系数还是破坏位移，与 S-1 相比具有较大程度的提升，这是因为 ECC 具有优越的抗压性能，使得受压区具有较大的极限压应变，从而提高了延性；S-2、S-3、S-4 的极限荷载基本相同，比 S-1 高 10%左右，较小厚度的 ECC 增强层即可达到稳定的承载力增强效果。

从图 4.41（b）可以看出，S-7 的极限荷载比 S-6 要高出 46.2%，而没有配置箍筋的 S-8 的极限荷载也比 S-6 高出 10.8%，这表明 ECC 的应用能够极大地提高梁的抗剪承载力，并且 ECC 能够部分取代箍筋的作用并表现出更好的结构性能；S-7 的骨架曲线比 S-6、S-8 包络范围扩大许多，而且表现出明显的延性特征，具有较长的平滑区段。S-7 的破坏位移较 S-6 增大许多，表明 R/ECC 梁即使在剪切破坏形态下也具有相对较好的延性，这主要是 ECC 材料在剪切荷载下发挥应变硬化作用。

S-4 和 S-7 的承载能力均比相同配筋的 S-1 及 S-6 要高，S-4 的极限荷载比 S-1 高出 8.6%，而 S-7 的极限荷载比 S-6 高出 46.2%，这表明 ECC 增强层对混凝土梁的强度增强作用取决于梁最终的破坏形态。当梁发生弯曲破坏时，它的受弯承载力主要是由纵筋决定的，ECC 增强层的作用受到了限制。当梁发生剪切破坏时，箍筋和基体对梁的抗剪承载力贡献均较显著，ECC 由于纤维的桥联作用，它的抗剪能力比混凝土好很多。对混凝土梁，一旦开裂，截面发生急剧的应力重分布，原来由混凝土承受的剪力转由箍筋承受，而 ECC 梁开裂后，纤维的桥联作用使得 ECC 表现出细密裂缝开展现象，使得 ECC 在剪力作用下具有比混凝土更高的强度和变形能力。

4.2.2.4 耗能能力

对于滞回环而言，其包围的面积是荷载正反交变一周时构件吸收的能量，可用来表征构件的耗能能力。本章累计耗能 S 定义为在梁构件达到名义破坏荷载之前，每一级荷载的第一个滞回环的面积之和，用下式表示：

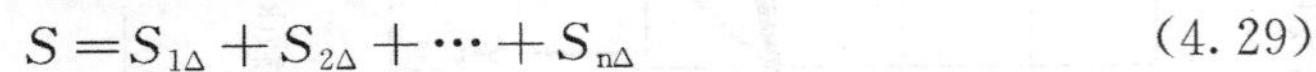

$$S = S_{1\Delta} + S_{2\Delta} + \cdots + S_{n\Delta} \tag{4.29}$$

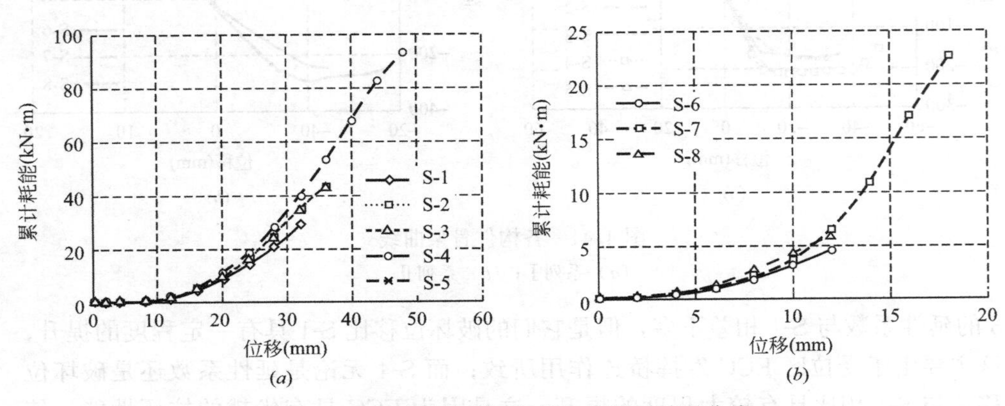

图 4.42 梁试件的累计耗能与位移的关系曲线

(*a*) 系列Ⅰ；(*b*) 系列Ⅱ

从图 4.42（*a*）可以看出，对于系列Ⅰ梁试件，在各试件达到屈服位移之前（大致为 12mm），它们的累计耗能基本相同，均在 2.2kN·m 左右；但是在屈服位移之后，S-1 被具有 ECC 增强层的各个试件的累计耗能逐渐拉开了差距，在 S-1 达到最大位移水平 32mm 时，S-2、S-3 的累计耗能比 S-1 高出 18.5%，S-4 比 S-1 高出 34.3%。这是因为 S-1 在过了极限位移 16mm 之后，承载力迅速下降，能量耗散能力迅速降低，而具有 ECC 增强层的各试件表现出更为稳定的累计耗能增长直至破坏，其中 S-2 与 S-3 的累计耗能基本相同，而 S-4 的累计耗能最强，因为它能够承受更多的循环荷载。

各试件的最大累计总耗能相比，S-2 和 S-3 比 S-1 高出 46.3%，这主要是以下因素起到作用，即纤维的桥连作用及 ECC 开裂后持续发挥作用避免钢筋在开裂处的突然应力集中；S-4 的总耗能则是 S-1 的 3.13 倍，它们之间的差别表明梁的能量耗散能力主要是由钢筋的塑性变形决定的。对于 S-1 而言，由于较早就发生混凝土的剥离、脱落及钢筋的屈服导致纵筋的塑性变形不能充分发挥耗能作用；而对 S-4 而言，加载过程中 ECC 与钢筋之间良好的协同作用及梁构件的完整性能够保证纵筋在大位移时发挥出塑性变形作用。而 S-5 由于在较小位移时便遭遇了剪切破坏，其累计耗能仅为 S-1 的 35.8%。

从图 4.42（*b*）可以看出，S-6 由于发生脆性剪切破坏，它在达到极限荷载之后，承载力迅速下降，耗能能力降低较大，S-7 在达到破坏位移（18mm）之前，耗能能力较为稳定。S-7 的最大累计耗能为 22.5kN·m，大约是 S-6 的 5 倍。这表明，使用 ECC 代替混凝土，能够极大地提高剪切梁的耗能能力。S-4 作为普通的钢筋混凝土梁，其耗能主要是通过钢筋和混凝土的弹性变形储存能力，并通过混凝土开裂和材料的塑性变形进行。由于混凝土中产生的裂缝较少，相应的能量耗散较低，弹性性能在卸载时得以恢复，因此塑性耗能较低。从图 4.40（*f*）中可以看出，滞回环的“捏拢”效应较为明显。对 S-7 而言，ECC 的多裂缝细密开展导致塑性变形较大，因此 ECC 梁的耗能能力更强，在地震作用下表现更好。值得注意的是，S-8 在没有配置箍筋的情况下，它的累计耗能仍比 S-6 高出一些，这再一次表明 ECC 能够有效提高剪切梁的耗能能力，同时，剪切梁中 ECC 可以部分取代箍筋的作用，并使构件在地震作用下表现出更好的抗震性能。

4.2.2.5 应变分析

图 4.43（*a*）、（*b*）给出系列Ⅰ梁试件 S-1、S-4 在各级荷载下纵筋的应变分布曲线，其中 0 点为梁跨中位置，应变片分布如图 4.43（*a*）所示。从图中可以看出，在较低荷载水平时（50kN），S-1 试件中的纵筋应变基本相同，随着荷载的增大，特别是达到构件的初裂荷载之后（80kN 左右），纵筋中的应变开始出现锯齿状分布，并且荷载越大，分布越不均匀，这主要是因为混凝土中产生了裂缝，钢筋和混凝土的变形不协调所致；S-4 的应变分布在各级荷载水平下均较为均匀，这主要是 ECC 具有与钢筋类似的应变硬化性质，二者在受到外力作用时变形协调，更为重要的是，开裂之后 ECC 的细密裂缝能够保证纵筋不会出现应力集中现象，从而保证 ECC 和钢筋作为一个整体共同受力。系列Ⅱ试件的梁纵筋应变发展具有相同的现象，在此不再赘述。

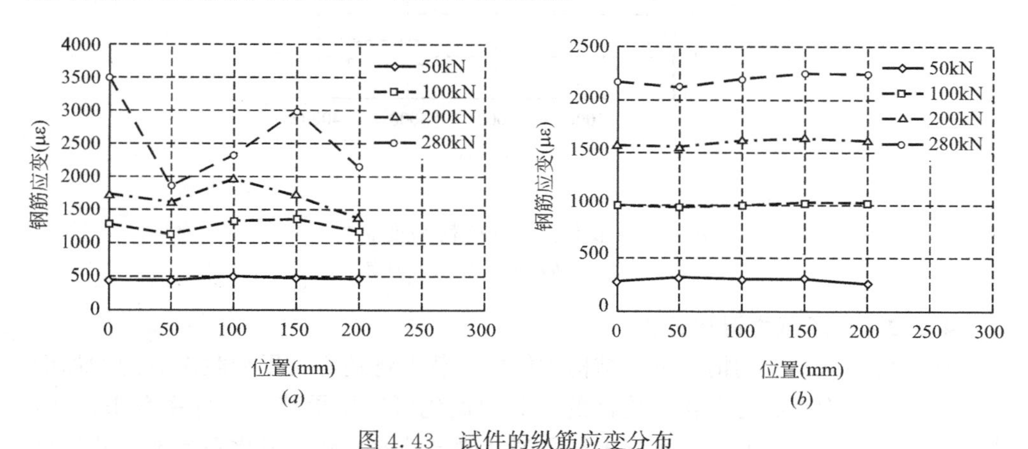

图 4.43 试件的纵筋应变分布

（*a*）S-1；（*b*）S-4

图 4.44（*a*）、（*b*）、（*c*）给出了系列Ⅱ梁试件 S-6、S-7 距离跨中 575mm 的

箍筋上三个应变片的应变随荷载的变化情况，并进行对比。从图中可以看出，在弹性阶段，S-6、S-7 的箍筋应变基本相同，但是随着荷载的增大，S-6 的箍筋应变增长速度明显加快，在同级荷载下，S-6 的箍筋应变值比 S-7 大许多，尤其是应变片 1 表现得尤为明显。这种差异出现的主要原因是 S-6 中混凝土一旦开裂，剪力就完全由箍筋承担，而 S-7 中 ECC 在开裂之后，仍能发挥作用，在带细密裂缝状态下与箍筋协同作用，共同承担剪应力，使得箍筋的应变控制在较低的水平。

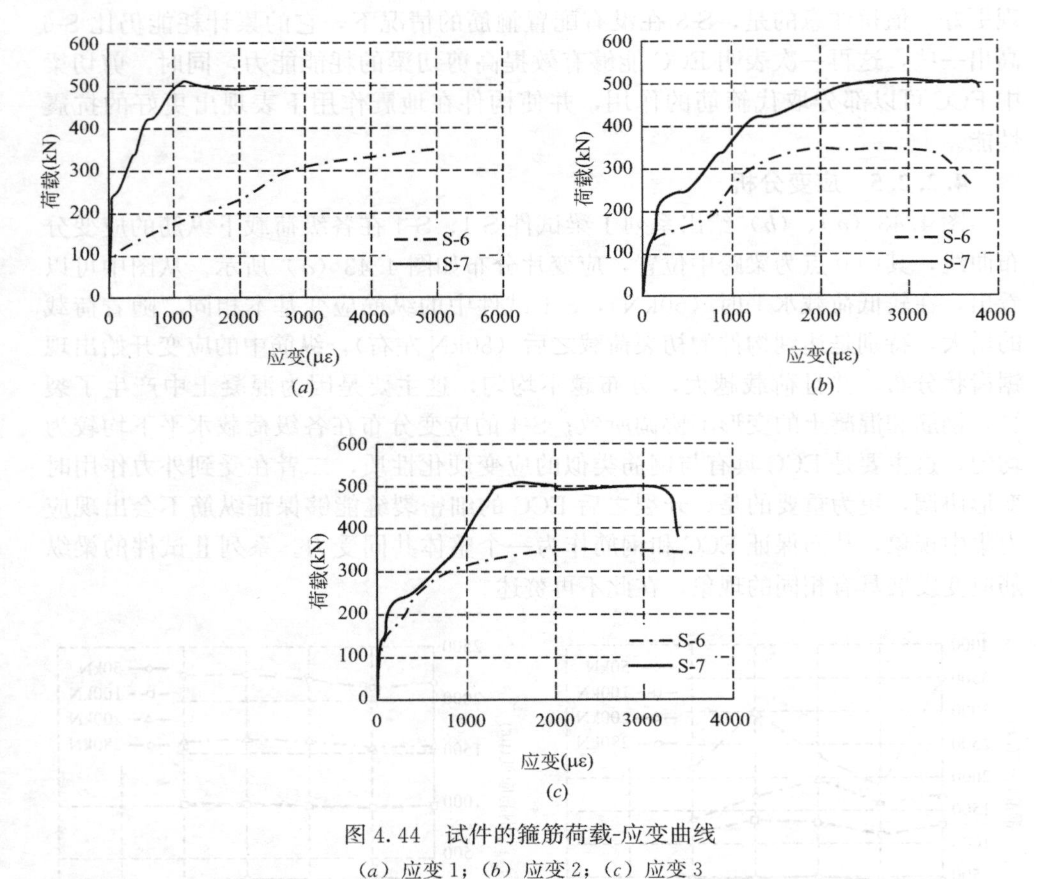

图 4.44　试件的箍筋荷载-应变曲线

(*a*) 应变 1；(*b*) 应变 2；(*c*) 应变 3

4.2.2.6　承载力退化分析

在位移幅值不变的情况下，结构构件的承载力将随着反复加载次数的增加而降低的现象称为承载力退化。构件的承载力退化可以用承载力降低系数来评估，表达式如式（4.30）所示。系列Ⅰ和系列Ⅱ梁试件的承载力退化系数随加载位移的关系如图 4.45（*a*）、（*b*）所示。

$$\lambda_i = \frac{Q_j^i}{Q_j^1} \tag{4.30}$$

式中 Q_j^i——位移荷载为屈服 j 倍时，第 i 次加载循环的峰值荷载；

Q_j^1——位移荷载为屈服 j 倍时，第一次加载循环的峰值荷载。

从图4.45（a）中可以看出，系列Ⅰ各试件在正向循环加载时承载力退化系数较小，反向循环加载时甚至出现承载力退化系数大于1的现象。S-1、S-2、S-3均在位移为32mm承载力退化系数突然变小，承载力在第二个循环时突然降低较多，这与试验观察到试件破坏加剧的现象是一致的，此时试件接近极限破坏状态；S-4、S-5的正反向承载力退化系数分布较为一致，这表明ECC梁能够在循环往复荷载作用下保持更好的稳定性。

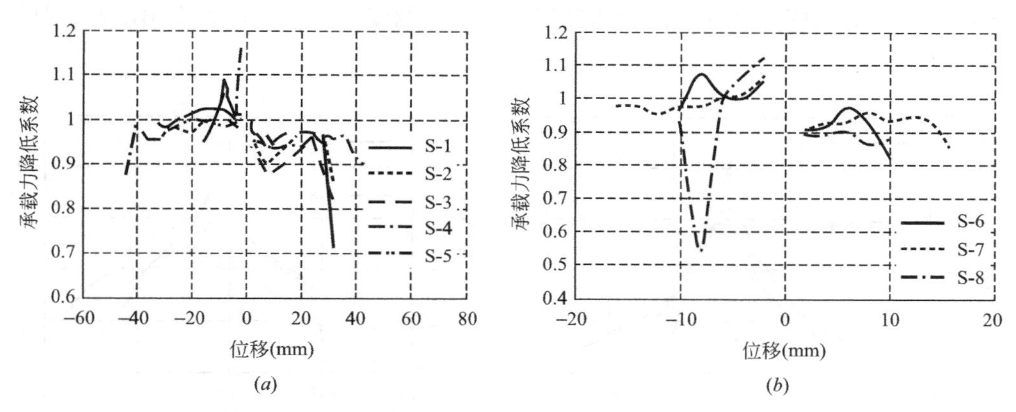

图4.45 承载力降低系数与加载位移水平的关系曲线

（a）Ⅰ系列；（b）Ⅱ系列

从图4.45（b）中可以看出，系列Ⅱ各试件与系列Ⅰ具有大致相同的规律，正向循环加载时承载力退化系数较小，反向承载力退化系数较为稳定且接近1，说明反向循环对构件造成的损伤较小。较为特别的是S-8试件在位移为−8mm时承载力退化系数突然降至0.543，承载力急剧降低，这与试验中观察到−8mm时构件出现反向剪切主裂缝是一致的。

4.2.2.7 刚度退化分析

本节中取每一级位移水平的第一个滞回环的等效刚度来分析在整个试验过程中梁构件的刚度退化。等效刚度可用式（4.31）表达。系列Ⅰ和系列Ⅱ梁构件的刚度退化如图4.46（a）、（b）所示。

$$K_i = \frac{\sum_{i=1}^{n} Q_j^i}{\sum_{i=1}^{n} \mu_j^i} \tag{4.31}$$

式中 Q_j^i——位移荷载为屈服 j 倍时，第 i 次循环点的峰值荷载；

μ_j^i——位移荷载为屈服 j 倍时，第 i 次循环点的峰值位移。

从图 4.46（a）中可以看出，系列Ⅰ各试件在整个加载过程中刚度退化明显，且刚度退化主要发生在试件开裂后至屈服这一阶段。正向加载时，S-1 的刚度在加载初期明显高于 S-4，但到了后期逐渐被 S-4 超过，但相差不大，可见 ECC 替代混凝土后梁的刚度退化更慢更稳定，延性更好。反向加载时，S-4、S-5 的刚度更大，后期各试件的刚度较为接近。

从图 4.46（b）中可以看出，系列Ⅱ各试件在整个加载过程中刚度退化较系列Ⅰ平缓，正反向加载时 S-7 的刚度均比 S-6 大。S-7 反向加载时，刚度稳定退化到较小的程度，可见 S-7 在反向加载时具有延性特征。对比系列Ⅰ和系列Ⅱ梁最终破坏时的刚度，容易得出剪切破坏会导致梁刚度突然降低，表现出脆性破坏的特征。

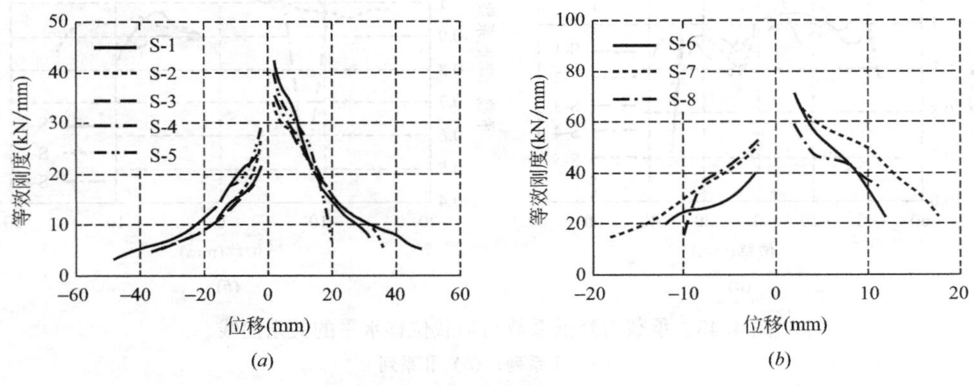

图 4.46 等效刚度 K 与加载位移水平的关系曲线

（a）Ⅰ系列；（b）Ⅱ系列

4.2.3 抗震性能数值分析

4.2.3.1 模拟结果与分析

本节使用 MSC. MARC 有限元分析软件对系列Ⅰ 4 个试验构件（S1～S4）进行数值模拟，将得到的滞回曲线、骨架曲线及耗能曲线等与试验结果进行对比分析。各材料的本构模型见第 2 章，模拟采用与试验一致的位移控制加载制度。

1. 滞回曲线对比

从图 4.47（a）可以看出，S-1 的模拟结果与试验结果相符得较好，较好地反映了复杂受力状态下混凝土的实际受力变形特性以及钢筋的硬化特性和 Bauschinger 效应，模拟结果对 RC 试件在反复荷载下的承载力、往复荷载下滞回特性及卸载后的残余变形具有较高的预测精度。但是，由于模型中对于钢筋的粘结滑移及混凝土的剪切破坏无法有效考虑，因此 S-1 的模拟结果中反向的卸载路径与试验结果有一定的差距。

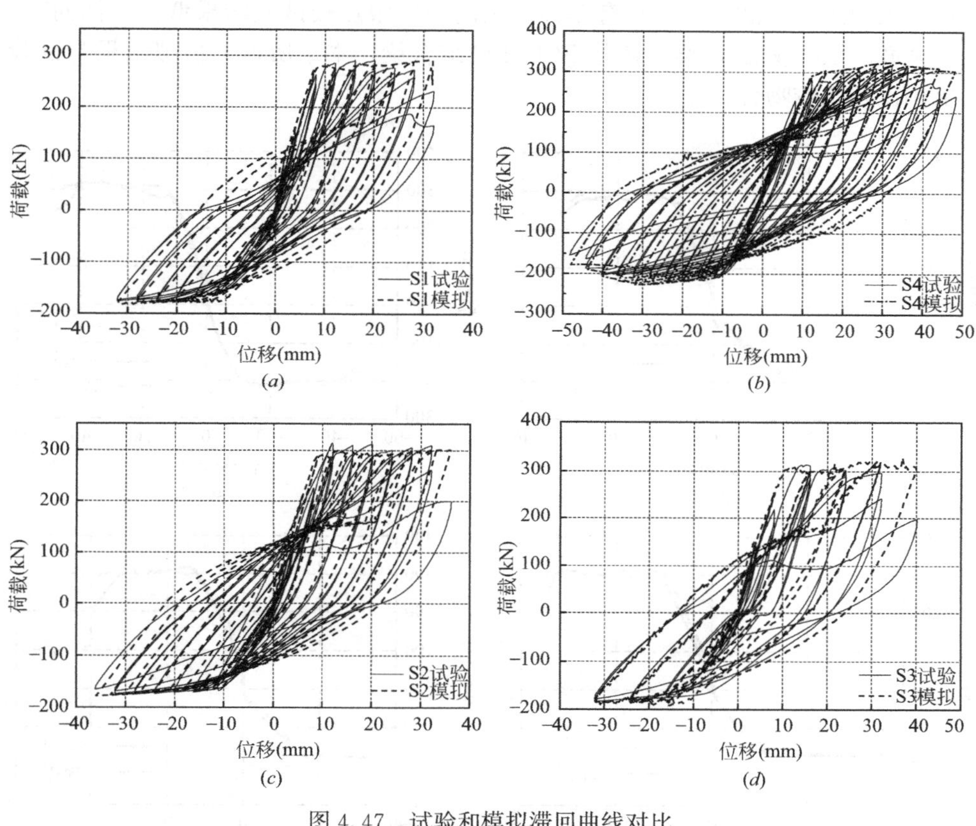

图 4.47 试验和模拟滞回曲线对比

(*a*) S-1；(*b*) S-4；(*c*) S-2；(*d*) S-3

同理，从图 4.47（*b*）可以看出 S-4 的模拟结果与试验结果吻合较好，加载和卸载路径基本一致，这表明本模型很好地反映了 ECC 材料的实际受力状态，模拟结果能够很好地反映 R/ECC 构件在低周反复荷载作用下的变形特性。图 4.47（*c*）、（*d*）中，模拟结果与试验结果较为吻合，反向加载和卸载的路径基本一致，正向循环也基本相同，但是在破坏阶段，模拟结果的下降段不够明显，与试验结果有一定的差异。这说明材料本构模型在软化阶段不能完全反映材料在主裂缝形成以后的软化行为。

2. 骨架曲线对比

从图 4.48（*a*）可以看出，S1 的骨架模拟曲线与试验结果较为符合，二者的屈服荷载、极限荷载及荷载下降对应的位移值基本相同。图 4.48（*b*）中 S4 的骨架模拟曲线与试验结果符合得很好，二者无论是初始刚度，还是各个特征点都表现出较高地一致性。图 4.48（c）中 S2 的骨架模拟曲线与试验结果总体相符得较好，但是正向和反向的刚度与试验结果稍有差异。同样，图 4.48（d）中 S3 模拟结果中刚度与试验结果具有差异，正向的屈服点较试验结果低。总体而言，无论全截面 RC 或 ECC 梁，还是 ECC/RC 组合梁，本章所得的模拟结果与试验结果相比都比较吻合。

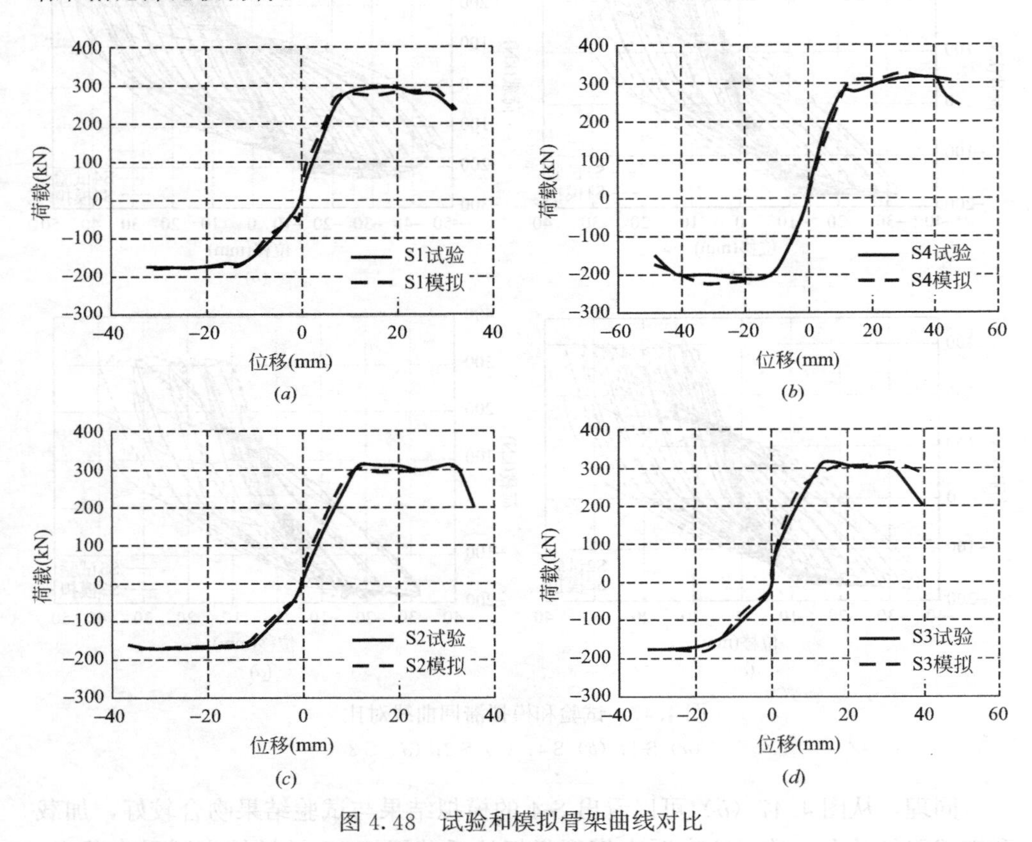

图 4.48 试验和模拟骨架曲线对比

（a）S-1；（b）S-4；（c）S-2；（d）S-3

3. 累计耗能对比

从图 4.49（a）可以看出，S-1 耗能曲线的模拟结果与试验结果相符得很好，在位移为 16～20mm 时，二者存在一定的差异，而在 24mm 之后时，模拟曲线与试验结果基本一致，最终的累计耗能差异在 5.5%，这表明模拟曲线能够较好地预测试验结果，二者的差别主要为 S-1 模拟结果中梁的反向卸载路径与试验结果有一定的差距，造成模拟曲线的滞回环包围的面积比试验结果稍大；从图 4.49（b）可以看出，ECC 模型能够对 R/ECC 构件在往复荷载作用下的累计耗能能力有较为准确的预测。除了最后一个荷载循环外，计算与试验的累计耗能-

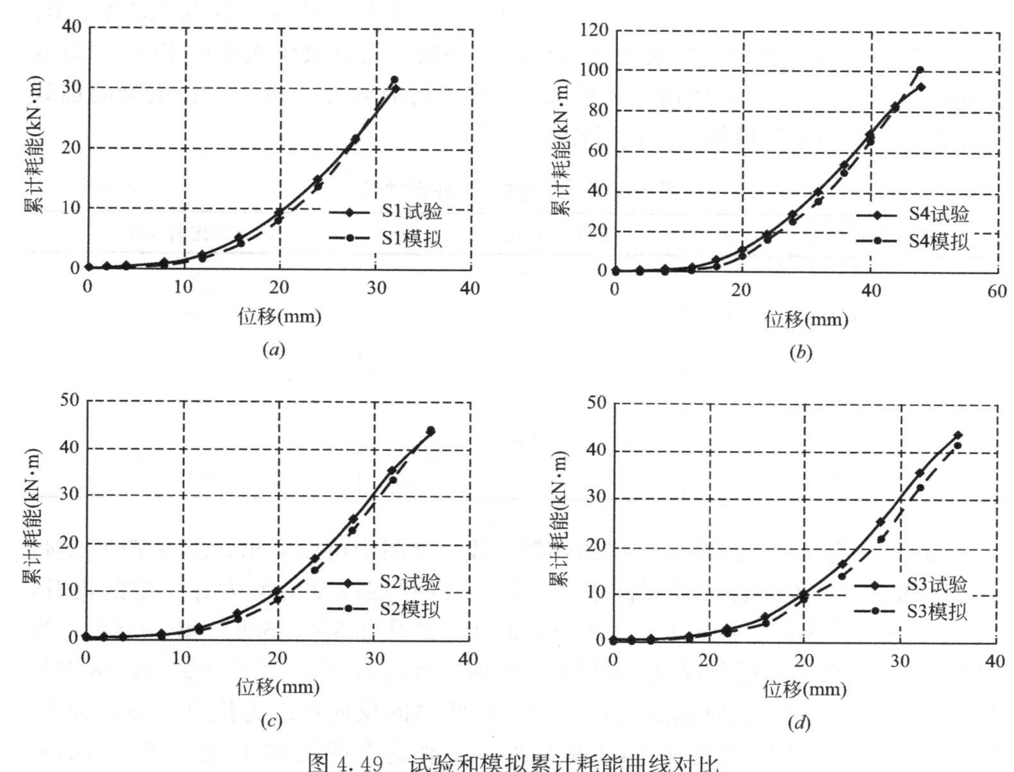

图 4.49　试验和模拟累计耗能曲线对比

(a) S-1; (b) S-4; (c) S-2; (d) S-3

位移曲线几乎重合。当 R/ECC 梁进入破坏阶段时，纯弯段的裂缝宽度较大，钢筋与 ECC 之间的粘结滑移现象比较明显，试验所得到的滞回曲线捏拢效应较模拟曲线明显，导致试验结果与模拟结果的偏差稍大，最终累计耗能误差在 8.8%，其仍在可以接受的误差范围内。

同样，S-2 与 S-3 的累计耗能模拟结果也较为理想，从图 4.49 (c)、(d) 可以看出，S2 与 S3 的最终累计耗能模拟结果与试验结果的差异分别为 3.6% 和 4.7%，均保持了较高的精确度。

MSC. MARC 模拟得到的滞回曲线、骨架曲线和累计耗能曲线体现了 RC 梁、R/ECC 梁和 ECC/RC 组合梁的特征及差异性，与试验结果吻合较好。可见 MSC. MARC 有限元分析软件对组合梁在低周反复荷载作用下抗震性能的模拟具有较高的精度，本节中对于 ECC、混凝土及钢筋本构模型的定义和单元类型的选取是合理可行的。

4.2.3.2　抗震性能影响因素分析

1. ECC 层厚度对组合梁抗震性能的影响

本节选择 ECC 层厚度为 60mm、120mm、180mm、240mm 和 300mm（分

别为梁高的 20%、40%、60%、80%和 100%）这几种情况，并与 RC 梁、R/ECC 梁进行对比，其他构造及配筋与试验梁一致。将各梁依次按照 ECC 层厚度分别编号为 L0～L5，具体信息见表 4.8。在进行有限元分析时，各组梁的加载制度相同，以便于对模拟结果进行比较分析。

考虑 ECC 层厚度的试件设计表 **表 4.8**

试件编号	ECC 层厚度（mm）	占梁高比例（%）
L0	0	0
L1	60	20
L2	120	40
L3	180	60
L4	240	80
L5	300	100

图 4.50 为模拟得到各组合梁的骨架曲线。从图中可以看出，随着 ECC 增强层厚度的增大，各组合梁的正向承载力随着 ECC 层厚度的增大有一定的提升，L3 表现得尤其明显，L1、L2、L3 分别较 L0 提升 2.5%、5.6%和 10.8%；当 L4 构件中 ECC 增强层的厚度达到 240mm 时，此时有部分 ECC 协助受压区混凝土承受压力，反向加载时起到抗拉作用，因此梁的反向承载力提升明显，较 L0 提高 23.8%，而正向承载力与 L3 差不多；L5 作为全截面 ECC 梁，正反向的差异较小，承载力较 L0 都有一定的提升，分别为 8%和 18.4%。因此，ECC 分布于受拉区和受压区，均能提升梁的抗震承载力。

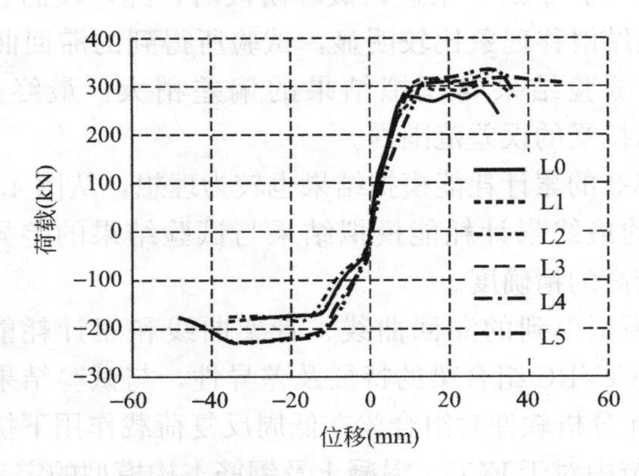

图 4.50 不同 ECC 增强层厚度的组合梁骨架曲线

2. ECC 材料的极限拉应变对组合梁抗震性能的影响

ECC 最重要的性质就是其单轴拉伸性能，而对单轴拉伸性能起决定作用的则是 ECC 材料的极限拉应变，它决定了 ECC 材料的应变硬化特性。本节通过改变ECC受拉本构关系中的极限拉应变ε_{tp}的数值，进行参数分析，具体信息如表4.9所示，ECC本构的其他参数不变。各组合梁的骨架曲线如图4.51所示。

考虑ECC极限拉应变的试件设计表 **表4.9**

试件编号	ECC层厚度（mm）	极限拉应变（%）
L1-1	60	0.5
L1-2	60	1
L1-3	60	3
L1-4	60	5

从图4.51中可以看出，在极限拉应变为0.005和0.01时，在位移较小时就达到了极限荷载值，随着位移的增大，构件的荷载值有一个先降低后增大的过程，其中L1-2的趋势更加明显；极限拉应变为0.03和0.05时，构件的荷载值均随着位移的增加而增大，L1-3表现的趋势更加明显。L1-2、L1-3、L1-4的极限承载力分别比L1-1提高1.0%、7.5%、4.5%，极限拉应变为0.03时承载力最高。可见随着ECC极限拉应变从小到大，承载力会出现先增大后减小的现象，但是波动的范围较小。除此之外，各构件的骨架曲线较为一致。从图4.52可以看出各构件的耗能能力也相差较小，因此，ECC材料的极限拉应变对构件的抗震性能影响较小。这与ECC层厚度是相关的，ECC层厚度较小时，ECC发挥的作用有限，受拉钢筋的延性起决定作用；如果增大ECC层的厚度，极限拉应变的影响会变得较为明显。

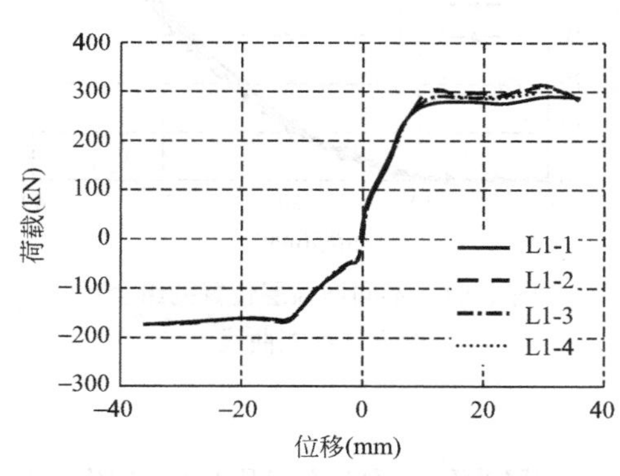

图4.51 不同ECC极限拉应变的组合梁骨架曲线

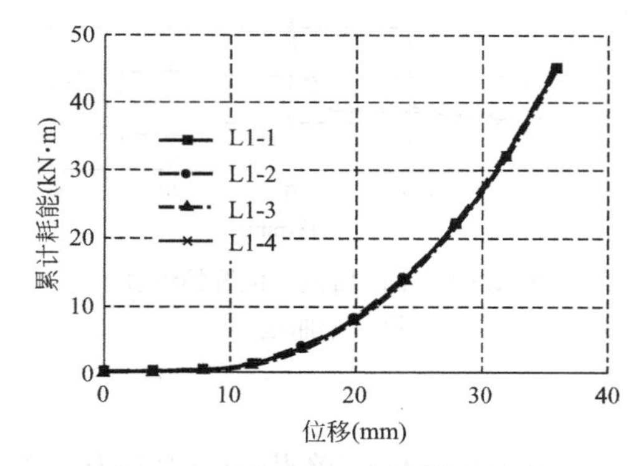

图4.52 不同ECC极限拉应变的组合梁累计耗能曲线

3. ECC层分布位置对组合梁抗震性能的影响

ECC分布于受拉区时，可以协助构件受拉；ECC分布于受压区时，能够协助构件受压，延迟受压破坏。如果将ECC层分别分布于受拉区和受压区，可以有效提高梁构件的受力性能。本节选取 90mm 厚的 ECC 层，比较分布方式对梁抗震性能的影响。设计参数如表 4.10 所示。

考虑 ECC 增强层位置的试件设计表 **表 4.10**

试件编号	增强层厚度（mm）	增强层位置
L6-1	90	梁底
L6-2	90	梁顶
L6-3	45/45	梁底/梁顶

各构件的骨架曲线如图 4.53 所示，从图中可以看出，ECC 增强层的分布位置对构件的初始刚度有着较大的影响，L6-3 的初始刚度介于 L6-1 和 L6-2 之间，这主要是因为 ECC 增强层能够协助钢筋受拉。L6-1 的极限承载力较大，这表明将 ECC 置于梁底对梁承载力的提高效果更好；L6-2 中 ECC 增强层能增大构件的反向初始刚度，但是对承载力提升并没有效果；L6-3 的骨架曲线波折较少，承载力上升阶段较为平稳。从图 4.54 分析各构件的累计耗能情况，各构件在每个位移段的耗能基本一致，其中，L6-1 的累计耗能比 L6-2 稍大，L6-3 的累计耗能介于二者之间。

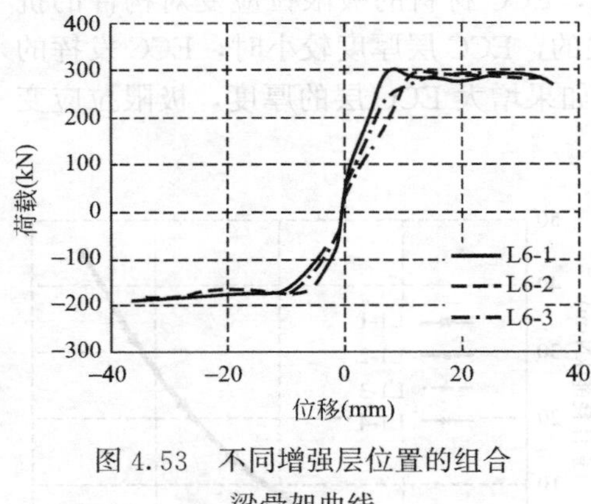

图 4.53 不同增强层位置的组合梁骨架曲线

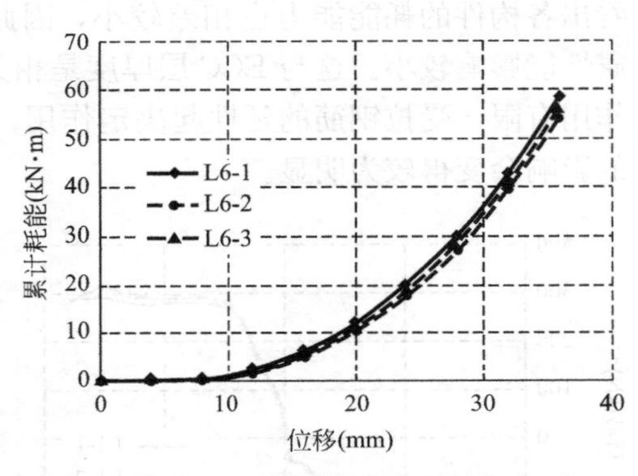

图 4.54 不同增强层位置的组合梁累计耗能曲线

4.3 BFRP 增强 ECC 及 ECC/混凝土组合梁抗剪性能

4.3.1 试验设计与实施

4.3.1.1 材料性能

试验中采用的 ECC 水胶比为 0.28，标准立方体抗压强度为 25.05MPa。试验中BFRP筋材采用深螺纹BFRP筋材，材性指标如表4.11所示。试验中的混凝土采用商品混凝土，强度等级为C30，标准立方体抗压强度为23.35MPa，钢筋直径分别为8mm和20mm，其参数如表4.1所示。

BFRP筋材材料性能　　　　**表4.11**

直径（mm）	弹性模量（GPa）	极限拉伸强度（GPa）	极限拉伸应变（%）
18	40.5	0.98	2.42

4.3.1.2　试验设计

本试验对共9根梁的剪切性能进行了研究，包括1根混凝土梁，2根ECC/RC组合梁，以及6根ECC梁。设计的控制参数有材料组成、配箍率、剪跨比等。构件的详细设计信息见表4.12。构件编号遵循以下规定，“BR”表示BFRP筋增强构件，“E”“C”表示构件基体材料为ECC和混凝土，符号“-”后的数字表示箍筋间距，“ns”表示不配箍，数字前字母“L”表示剪跨比较大的构件，字母“S”表示剪跨比较小的构件。符号“/”表示两种材料浇筑的组合梁，数字后字母“T”表示梁上部浇筑90mm的ECC层，“B”表示梁下部浇筑90mm的ECC层。

构件设计参数　　　　**表4.12**

序号	构件编号	材料	剪跨比	受压纵筋 A_s' (mm^2)	受拉纵向FRP筋 A_{frp} (mm^2)	箍筋	配箍率
1	BRC-150	RC	2.45	4Φ20	4ϕ18	Φ8@150	0.32%
2	BRE-ns	ECC	2.45	4Φ20	4ϕ18	无	0
3	BRE-150	ECC	2.45	4Φ20	4ϕ18	Φ8@150	0.32%
4	BRE-200	ECC	2.45	4Φ20	4ϕ18	Φ8@200	0.24%
5	BRE-L200	ECC	2.83	4Φ20	4ϕ18	Φ8@200	0.24%
6	BRE-S200	ECC	2.08	4Φ20	4ϕ18	Φ8@200	0.24%
7	BRE-100	ECC	2.45	2Φ20	2ϕ18	Φ8@100	0.48%
8	BRE/C-150T	ECC/RC	2.45	4Φ20	4ϕ18	Φ8@150	0.32%
9	BRE/C-150B	ECC/RC	2.45	4Φ20	4ϕ18	Φ8@150	0.32%

对全部9根梁，下部纵筋为直径18mm的深螺纹BFRP筋，上部纵筋为直径20mm的钢筋。所有构件的箍筋直径均为8mm。试验采用四点弯加载模式，跨中两个加载点之间的距离为300mm。试验加载示意图如图4.55所示。

本试验采用四点弯的加载方式，如图4.55所示。加载时，先预加3kN左右的预压力压紧加载头、加载分配梁以及构件之间的缝隙，之后采用位移控制加载，速度设定为0.6mm/min。当荷载下降到极限荷载的80%或者梁发生脆性破

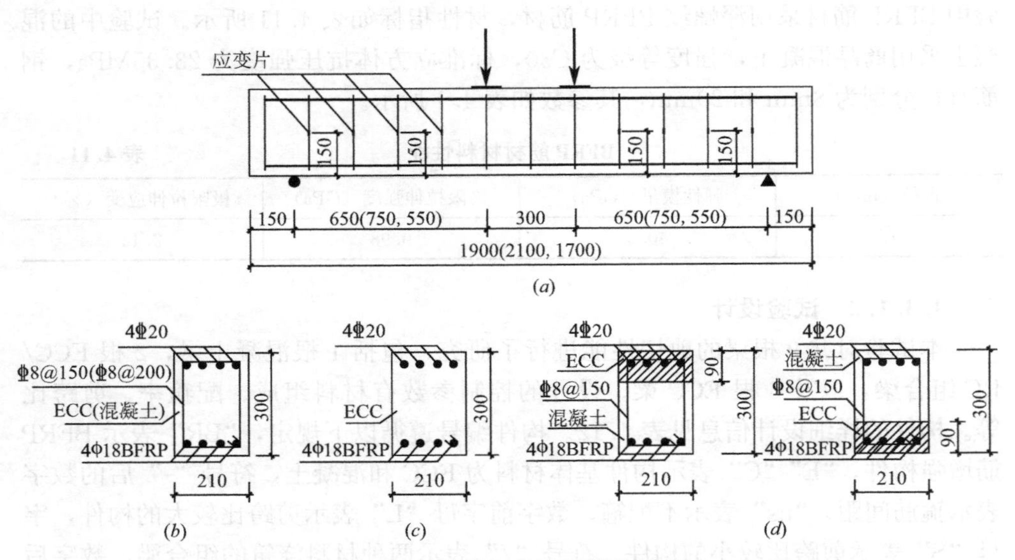

图 4.55 构件加载及配筋示意图

(*a*) 构件设计尺寸；(*b*) 配箍 ECC 梁/混凝土梁；(*c*) 不配箍 ECC 梁；(*d*) ECC/RC 组合梁

坏，即认为构件破坏，停止加载。梁跨中的位移传感器（LVTD）以及应变片数据均用 DH3816N 静态应力应变测试分析系统采集。

4.3.2 试验结果与分析

4.3.2.1 试验现象和破坏模式

本节试验中构件的剪切破坏模式主要为剪拉破坏和剪压破坏。对于剪拉破坏，构件在剪切开裂后，斜裂缝不仅向跨中加载点扩展，同时也沿下部纵筋水平向支座扩展，最终扩展到支座位置，同时斜裂缝上端扩展到剪压区，靠近加载点的剪压区压碎，构件破坏。对于剪压破坏，剪切开裂后斜裂缝稳态扩展，基本沿加载点与支座连线方向扩展，最终由于剪压区压碎构件宣告破坏[20]。

1. 材料参数系列

1）构件 BRC-150

对于正常配箍的混凝土构件 BRC-150，加载到约 50kN 时梁纯弯段出现裂缝，梁剪跨区中下部也出现剪切斜裂缝，斜裂缝在靠近梁中部位置呈 45°倾斜，延伸到梁底部时，变为接近垂直方向。当荷载增加到 100kN 时，构件剪跨区肉眼可见的斜裂缝增加到 5 条左右，并且可以明显观察到主要发展的是其中 1 条斜裂缝。当荷载达到 282kN 时，跨中挠度达到 16.6mm，此时主斜裂缝突然迅速开展，荷载随后出现一段下降。之后，构件在剪压区基体和纵筋销栓作用下，恢复稳定，荷载在波动中略有上升。挠度继续增加，主斜裂缝向上扩展到剪压区，同时下端向支座扩展。构件在跨中挠度为 22.0mm 时达到极限荷载，极限荷载为 288.7kN，加载点处的剪压区在剪压共同作用下压碎。最终，构件因上部剪压区压碎失效，跨中极限挠度为 24.0mm。最终破坏形态如图 4.56 所示，BRC-150 构件呈现较典型的剪压破坏模式。

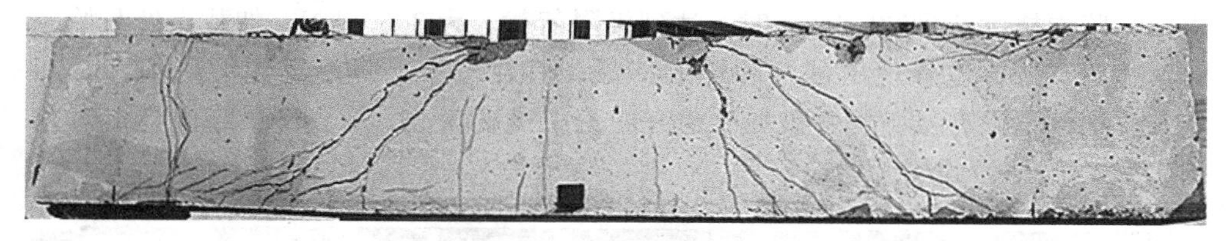

图 4.56　构件 BRC-150 破坏形态

2）构件 BRE-150

该构件为正常配箍的 ECC 梁。荷载达到 75kN 时纯弯段出现弯曲裂缝，同时剪跨区也出现细密的斜裂缝。荷载继续增加，斜裂缝不断开展，连通至加载点，下部尖端发展过程中，始终以多条细密裂缝的模式倾斜向下发展。继续加载，斜裂缝从加载点贯通至梁底部，构件在斜裂缝位置发生错动。荷载上升到 316.4kN 时构件达到极限荷载，大于 BRC-150 的 288.7kN，对应的跨中挠度为 25.5mm，同样大于构件 BRC-150 的 22.0mm。达到极限荷载后继续加载，构件延性破坏的特征明显，跨中挠度继续增加，荷载缓慢下降到 267kN 后，其荷载位移曲线出现一段平台段，在此阶段荷载几乎不降低而挠度则继续增大。平台段的长度约为 4.1mm。最终，构件在挠度达到 34.0mm 时破坏，远大于 BRC-150 的 24.0mm，同时其剪切破坏的过程表现出延性破坏的特征，下降段平稳且存在相当长的平台段，可以看出 ECC 材料大幅提升构件剪切破坏延性性能。构件最终破坏形态见图 4.57，属于剪压破坏。

图 4.57　构件 BRE-150 破坏形态

3）构件 BRE/C-150B

该构件是 ECC/混凝土组合梁，梁下部有 90mm 厚的 ECC 层，其余部分的基体为混凝土。荷载水平较低时，裂缝开展模式与混凝土构件相似，斜裂缝在梁高中间位置初裂。随着荷载增加，斜裂缝上端向加载点延伸。荷载达到 125kN 左右时，斜裂缝下端发展到 ECC 与混凝土交界面，发生转向，沿着界面水平发展，一段距离之后又转向斜下发展。在 ECC 与混凝土界面可以观察到明显的裂缝分化现象，即斜裂缝从混凝土区发展到 ECC 区时，分化成许多条细小的斜裂缝。继续加载，逐渐形成 3 条较宽的斜裂缝，其中一条在界面分为两条裂缝，一条沿界面水平发展，一条向下斜向发展。荷载 260kN 左右时，斜裂缝基本贯通构件。当构件跨中挠度达到 22.6mm 时，达到极限荷载，为 306.0kN，加载点处开始压碎。之后，构件也表现出延性破坏的特征，荷载缓慢下降，直到下降到 250kN 左右，构件也没有发生脆性破坏。最终的跨中挠度为 31.5mm。最终破坏形态如图 4.58，破坏模式属于剪拉破坏。

图 4.58 构件 BRE/C-150B 破坏形态

4）构件 BRE/C-150T

该构件也是混凝土与 ECC 组合梁，90mm 厚的 ECC 层位于梁的最上部。由于梁下部是混凝土，加载到 88kN 左右时，梁中部已经出现多条弯曲裂缝，并且发展到混凝土和 ECC 的界面位置。剪跨段也出现斜裂缝，从梁下部向加载点斜向发展。荷载达到 150kN 左右时，主斜裂缝形成，此时各斜裂缝方向基本为加载点与支座连线方向。加载到跨中挠度为 24.6mm 时，荷载达到大小为 303.4kN 的极限荷载，梁支座部分被压碎，混凝土崩裂脱落，加载点位置相对完好，不同于前文所述的构件基本为加载点位置的压碎失效的破坏模式。这是由于 ECC 的抗压延性和抗剥落性能远好于混凝土，将其布置在梁上部剪压区能够有效延缓加载点位置的压碎剥落。达到峰值荷载之后，梁随即破坏，破坏脆性明显。最终构件破坏形态如图 4.59 所示，属于较典型的剪压破坏。

图 4.59 构件 BRE-150T 破坏形态

2. 配箍率参数系列

本系列也包括构件 BRE-150，其试验现象和破坏模式见上小节，不再赘述。

1）构件BRE-ns

构件BRE-ns为不配置箍筋的ECC梁。加载到65kN左右时，纯弯段出现弯曲裂缝，剪跨段开始出现多条细密的斜裂缝。随着荷载增加，斜裂缝不断开展，数量明显多于混凝土梁，也多于配箍的ECC梁。并且斜裂缝的开展呈现出改变走向的趋势，已经开展的斜裂缝可能在中间位置向新的方向开展。荷载增加到190kN左右时，出现一条主斜裂缝。继续加载，主斜裂缝不断开展，并不断有新的斜裂缝产生。当构件跨中挠度为15.1mm时，达到极限荷载，为240.7kN。达到峰值荷载后，荷载迅速下降到177.4kN，之后呈现出缓慢平稳下降的趋势。此时按照本章的规定，构件已经失效，但为了深入研究无腹筋ECC梁的延性性能，试验中继续加载。最终，加载到跨中挠度为20.5mm时，荷载依然能够平稳下降到133.4kN，构件仍然保持相对完整，没有出现剥落。最终破坏形态如图4.60所示，属于典型的剪拉破坏。

图4.60 构件BRE-ns破坏形态

2）构件BRE-200

构件BRE-200是配箍较少的ECC梁，配箍率为0.24%。在荷载较小时，裂缝的开展情况与BRE-150相似，但斜裂缝数量明显更多，主斜裂缝的形成也相对较晚。荷载上升到200kN左右时，构件一边的剪跨主裂缝形成。继续加载，主斜裂缝向加载点延伸，同时伴随着新的细密斜裂缝继续出现。斜裂缝向下延伸到纵筋位置后，转而沿纵筋水平向开展。荷载达到320kN时，沿纵筋发展的裂缝延伸至支座位置。在跨中挠度达到21.5mm时，构件达到极限荷载342.7kN，斜裂缝贯通整个构件。继续加载，荷载缓慢平稳下降到321.8kN后转为缓慢上升，此时的跨中挠度为23.0mm。经历一段平稳上升段后，荷载达到另一个相对峰值332.9kN，同时也达到极限挠度28.7mm。之后，由于沿纵筋水平劈裂裂缝过大，最外侧一根BFRP筋与ECC发生脱粘，构件随即宣告破坏。最终破坏形态见图4.61，该构件也属于较典型的剪拉破坏。

3）构件BRE-100

该构件为配箍较多的ECC构件，纵筋配筋面积只有其他构件的一半。与其他构件类似，荷载较小时，纯弯段先出现弯曲裂缝，之后剪跨段也出现裂缝，但该构件纯弯段裂缝明显更多。荷载达到90kN时，裂缝的开展还基本集中在弯曲

图 4.61　构件 BRE-200 破坏形态

裂缝上。继续加载，斜裂缝开始不断开展，但斜裂缝数量较少。荷载达到 200kN 左右时，主斜裂缝由梁下部延伸至加载点位置，基本贯通构件。构件在 310.9kN 时达到极限荷载，对应的跨中挠度为 33.4mm。达到峰值荷载之后，构件随即破坏，破坏过程脆性明显。最终破坏形态见图 4.62，具有弯剪破坏的特征。

图 4.62　构件 BRE-100 破坏形态

3.剪跨比参数系列

本系列也包括构件 BRE-200，其试验现象和破坏模式见上小节，不再赘述。

1）构件 BRE-S200

该构件为剪跨比较小的 ECC 梁。由于剪跨比较小，构件的刚度明显增加，弯曲裂缝和剪切斜裂缝出现较晚。荷载达到 150kN 时，斜裂缝在梁中部逐渐形成。继续加载，多条斜裂缝沿加载点与支座连线方向不断发展。荷载达到 300kN 左右时，多条斜裂缝将加载点与支座位置基本贯通。该构件的极限荷载为 366.6kN，在所有构件中承载能力最大，对应的跨中挠度最小，为 17.96mm。之后，构件经历一个短暂的下降段之后失效，最终破坏形态见图 4.63，属于较为典型的剪压破坏。

图 4.63　构件 BRE-S200 破坏形态

2）构件 BRE-L200

该构件为剪跨比较大的 ECC 梁。由于剪跨比较大，弯曲效应相对明显，在荷载较小时，裂缝的开展主要以弯曲裂缝为主。当荷载上升到 150kN 左右时，剪跨段才开始出现细密的斜裂缝。继续加载，细密的斜裂缝逐渐汇聚形成一条主斜裂缝，向加载点和支座位置延伸。试验中观察发现，该构件斜裂缝数量明显较少。在荷载达到 283.3kN 时，对应的跨中挠度为 20.3mm，构件达到最大承载能力。之后荷载平稳下降到 260kN 左右，进入平台段，平台段长度约为 6.3mm，荷载下降十分缓慢。荷载下降到 248kN 后，构件最终被斜裂缝分为两段，随即破坏。最终的破坏形式见图 4.64，属于剪拉破坏的破坏模式。

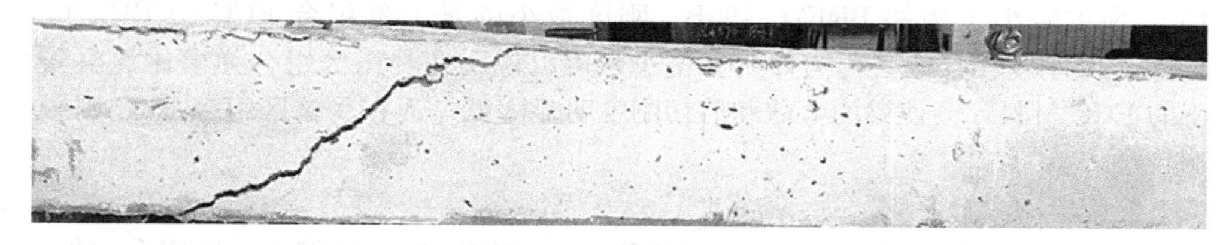

图 4.64　构件 BRE-L200 破坏形态

4.3.2.2　荷载-位移曲线分析

1. 材料参数系列

材料参数系列包括 BRC-150、BRE-150、BRE-150T、BRE-150B 四根构件，分别为混凝土梁、ECC 梁、ECC 在上部的组合梁以及 ECC 在下部的组合梁。四根梁的荷载-位移曲线如图 4.65 所示。

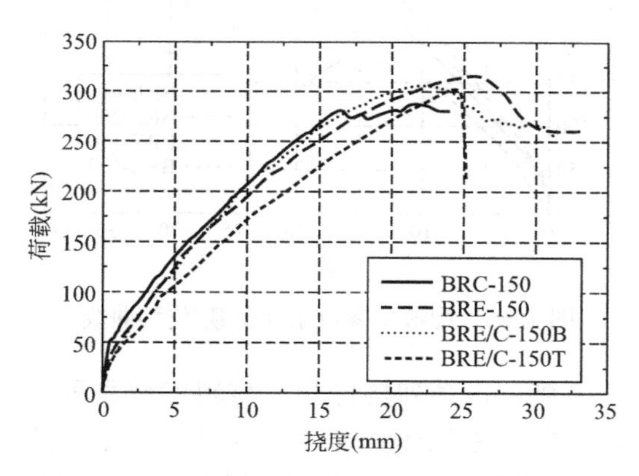

图 4.65　材料参数系列荷载-位移曲线

从图 4.65 中我们可以看出，该系列构件的荷载-位移曲线基本分为两段，包括上升段和下降段。其中 BRE-150 的荷载-位移曲线与其他 3 个构件略有区别，曲线包括上升段和平台段，而没有下降段。

比较 4 个构件的曲线可以发现，承载力最高的是构件 BRE-150，同时梁的延性也最好，曲线下降段明显且平缓。其次是构件 BRE-150B，承载力略低于 BRE-150，但延性也较好，有较长的下降段。构件 BRE-150T 与构件 BRE-150B 区别为组合 ECC 的位置不同，但荷载-位移曲线却表现出不同的特点，其荷载位移曲线没有下降段，构件破坏突然，在达到峰值荷载点后构件随即破坏，延性差。承载能力最小的是混凝土构件 BRC-150，同时，其极限位移也最小，抗剪性能最差。

荷载-位移曲线的斜率代表了构件的刚度。从图 4.65 中可以看出，混凝土构件 BRC-150 的刚度最大，其次组合构件 BRE/C-150B。之后是 ECC 构件 BRE-150，刚度略小于构件 BRE/C-150B。刚度最小的是上部组合 ECC 的 BRE/C-150T，其刚度较其他三个构件明显偏小，可以说明在受压区组合弹模比混凝土小的 ECC 材料，会使梁的弯曲和剪切刚度明显降低，而在受拉区组合 ECC 则影响较小。

2. 配箍率参数系列

配箍率参数系列包括 BRE-ns、BRE-200、BRE-150、BRE-100 这四个构件，分别为不配箍、较少配箍、正常配箍和较多配箍的 ECC 构件，荷载-位移曲线如图 4.66 所示。

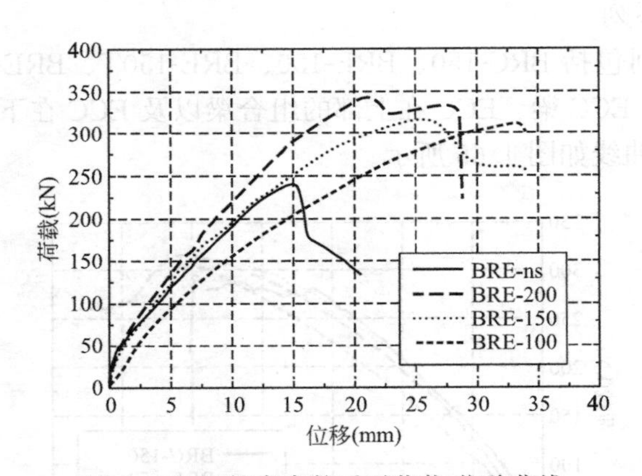

图 4.66　配箍率参数系列荷载-位移曲线

从图 4.66 中可以看到，该系列构件相比材料参数系列，各构件的曲线差别更为明显，分化更加清晰，说明配箍率对于梁的抗剪性能是一个重要的影响参数。图 4.66 中曲线除 BRE-100 外，基本都包括上升段和明显的下降段。配箍率最高的 BRE-100 在达到峰值荷载之后随即破坏。

比较 4 条曲线的峰值可以发现，承载力最高的是构件 BRE-200，同时延性也相对较好，荷载-位移曲线下降段明显，并且出现下降后二次强化的现象，是所有曲线中唯一有此现象的。其次是 BRE-150，承载力略低于 BRE-200，但延性最好，有长且平稳的下降段。构件 BRE-100 的承载能力与 BRE-150 相近，但几乎没有下降段，延性差。承载能力和延性最差的是不配箍的构件 BRE-ns，由此可见虽然 ECC 具有很优异的抗剪性能，但箍筋对梁受剪性能有重要的影响，无腹筋梁的抗剪性能比有腹筋梁要逊色许多。

该系列中，构件 BRE-ns、BRE-200 和 BRE-150 的刚度相近，并没有表现出配箍率越高、刚度越大的规律。其中，BRE-ns 和 BRE-150 在上升段刚度十分接近，而 BRE-200 剪切刚度则略高。由于构件 BRE-100 的纵筋配筋率比其他构件小，其刚度不具有比较意义。对比结果说明，配箍率对于 ECC 梁的刚度影响不明显。

3. 剪跨比参数系列

剪跨比参数系列包括 BRE-S200、BRE-200、BRE-L200，分别是剪跨比为 2.08、2.45 和 3.13 的 ECC 构件。该系列 3 个构件的荷载位移曲线如图 4.67 所示。

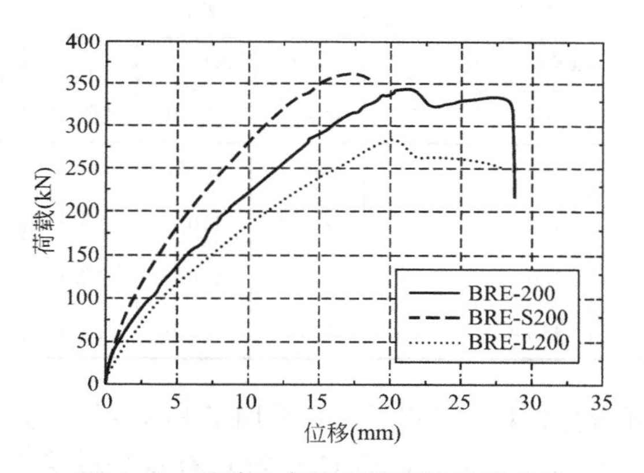

图 4.67 剪跨比参数系列荷载-位移曲线

从图 4.67 中可以看到，该系列各构件的荷载-位移曲线上升段形状较为相似，下降段有所区别。剪跨比为 2.08 的构件 BRE-S200 下降段不明显，而剪跨比为 2.45 和 3.13 的构件 BRE-200、BRE-L200 下降段都长且较平稳，构件 BRE-200 在屈服后甚至表现出强化的特性。

峰值荷载最高的是构件 BRE-S200，但其延性最差。其次是构件 BRE-200，承载力略低于 BRE-S200，但构件延性性能最好，有长且平稳的下降段。构件 BRE-L200 有着与 BRE-200 相近的延性性能，下降段形状也很相似，但承载能力最小。图 4.67 中可以直观地看到，剪跨比也是影响 ECC 梁构件抗剪性能的重要参数，比材料参数更加重要。

ECC 梁刚度与剪跨比的关系与混凝土梁的规律相同，剪跨比越小，梁的刚度越大。

4.3.2.3 承载力及延性分析

评价结构或构件在剪切破坏下的延性，一般采用延性系数，即荷载-位移曲线下降段上对应 85%V_u 的位移 Δ_u 与屈服点所对应的位移 Δ_y 之比[21]，计算公式如下：

$$\mu = \Delta_u / \Delta_y \tag{4.32}$$

对于初始屈服点的确定，本节用能量法确定初始屈服点。经计算发现，多数试验梁的初始屈服点对应的荷载值介于（0.8～0.9）V_u 之间，为了计算方便，本节统一取荷载-位移曲线上升段荷载为 85%V_u 对应的点为初始屈服点。

1. 材料参数系列

将该系列 4 根构件荷载-位移曲线的特征数值列于表 4.13，表中开裂荷载、峰值荷载数据以构件 BRC-150 为基准做归一化处理。

材料参数系列构件试验结果汇总　　表 4.13

构件编号	开裂			峰值			极限挠度 δ_u（mm）	延性系数 μ
	V_{cr}（kN）		δ_{cr}（mm）	V_p（kN）		δ_p（mm）		
	试验值	归一化		试验值	归一化			
BRC-150	50	100%	0.54	288.7	100%	22.0	24.0	1.39
BRE-150	75	150%	2.42	316.4	110%	25.5	34.0	1.77
BRE/C-150B	65	130%	1.9	306.7	106%	22.1	31.5	2.07
BRE/C-150T	55	110%	2.26	303.4	105%	24.6	24.8	1.34

从表 4.13 中开裂荷载对比可以看出，采用了 ECC 材料的梁开裂荷载全部高于混凝土构件 BRC-150，这是由于 ECC 材料具有良好的裂缝控制能力。其中 ECC 构件 BRE-150 开裂荷载最大，为 75kN，是混凝土构件的 1.5 倍。两根组合梁的开裂荷载也分别是混凝土构件的 1.3 倍和 1.1 倍。

构件 BRE-150 的峰值荷载最大，达到了 316.4kN，是 BRC-150 的 1.1 倍。同时，峰值荷载下的挠度和构件极限挠度也均最大，分别为混凝土梁的 1.15 倍和 1.4 倍，延性系数为 1.77，大于混凝土梁的 1.39。可以看出，ECC 相比混凝土各项剪切性能指标均有优势，特别是 ECC 的高延性在梁失效前的极限状态得到了充分体现，极限挠度远远大于混凝土梁，破坏模式也从脆性剪切破坏转变为延性剪切破坏，荷载-位移曲线下降段长且平缓。这些都表明 ECC 的受剪性能优越。

受剪承载力其次的是组合构件 BRE/C-150B，ECC 层位于梁下部，厚度 90mm。该构件峰值荷载为 306.4kN，是混凝土构件的 1.06 倍。延性系数为 2.07，远大于混凝土梁的 1.39，说明该构件延性性能良好。由此可见，在梁的受拉区组合约梁高30%厚度的ECC，能够大幅提高梁的受剪性能。

构件BRE/C-150T是梁上部组合90mm厚ECC的组合梁，其峰值荷载与BRE/C-150B相近，为303.4kN。延性指标则与混凝土构件相近，为1.34，破坏过程呈明显脆性破坏，荷载-位移曲线几乎没有下降段。

受剪性能最差的是构件BRC-150，主要体现在构件的延性差，延性系数为1.39，斜裂缝的发展基本集中在主斜裂缝上，剪切破坏过程脆性明显。本节试验结果证明，如果在结构剪切的关键部位用ECC替代混凝土，能够大幅提升结构受剪时的延性，从而提升结构的整体抗震性能。

比较该系列中两根组合梁BRE/C-150B和BRE/C-150T可以发现，在梁的下部组合ECC对于梁抗剪承载能力和延性的提升更大。这是因为梁在剪切破坏过程中同时受到弯矩和剪力作用，起初会在梁底部产生弯曲裂缝，在梁下部和中部产生剪切斜裂缝，而梁的上部在斜裂缝贯通前很长的加载过程中，主要承受压应力，而ECC的受压性能相比混凝土小，强度没有优势，仅压碎后抗剥落性能较好，对梁受剪性能提升较小。但当ECC层位于梁下部时，ECC优秀的裂缝控制能力和较高的拉伸和剪切强度就能充分发挥作用，限制主斜裂缝的发展，在梁下腹部贡献可观的抗剪承载力。所以，使用相同总量材料的情况下，在梁的下部受拉区组合ECC对梁抗剪性能提升效率远高于在上部组合ECC层。受拉区组合为梁高30%厚度ECC的能够使组合构件达到相当于全ECC梁剪切性能的95%。考虑到ECC的成本较高，在构件的受拉区采用ECC替代混凝土形成组合梁是性价比高的做法。

2. 配箍率参数系列

该系列构件的试验结果汇总如表4.14所示，开裂荷载、峰值荷载数据以构件BRC-150为基准做归一化处理。将标准化强度指标和延性系数随构件配箍率的变化情况分别绘于图4.68和图4.69。

配箍率参数系列构件试验结果汇总 **表4.14**

构件编号	开裂			峰值			极限挠度 δ_u（mm）	延性系数 μ
	V_{cr}（kN）		δ_{cr}（mm）	V_p（kN）		δ_p（mm）		
	试验值	归一化		试验值	归一化			
BRE-ns	52.5	105%	1.24	240.6	83%	15.1	16.1	1.46
BRE-200	70	140%	3.48	342.7	119%	21.5	28.7	1.90
BRE-150	75	150%	2.42	316.4	110%	25.5	34.0	1.77
BRE-100	72	144%	1.81	310.9	108%	33.4	34.1	1.50*

注：*构件BRE-100相比其他构件纵筋减少，表中延性系数的变化受纵筋配筋率和配箍率变化的共同影响。

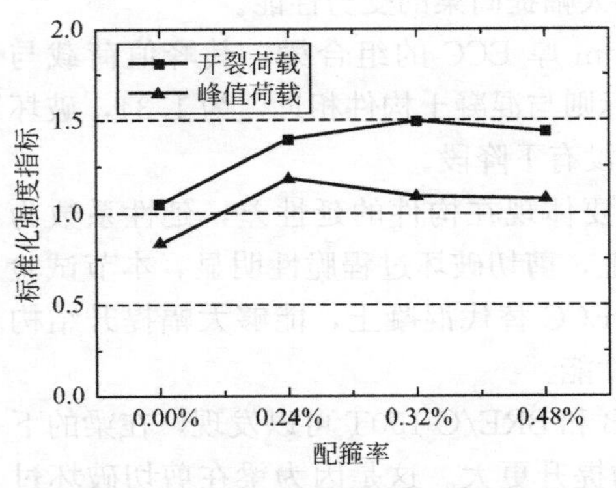

图 4.68 标准化强度指标随配箍率变化

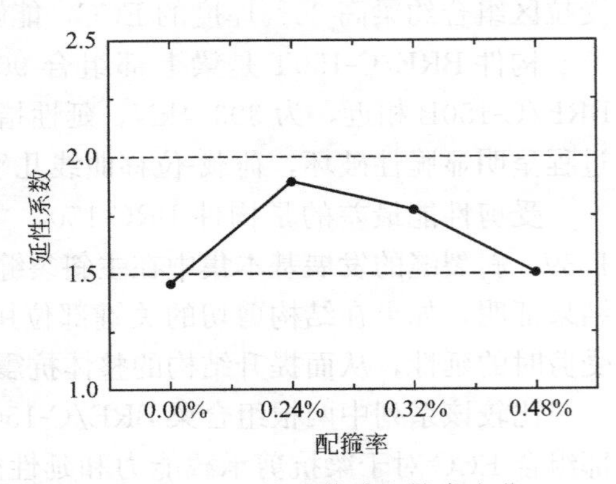

图 4.69 延性系数随配箍率变化

从表 4.14 和图 4.68 中可以看到，是否配箍对构件的开裂荷载影响较大，而配箍率的大小却对开裂荷载影响较小，BRE-200、BRE-150 和 BRE-100 的开裂荷载较接近。试验过程中也发现，在构件开裂前箍筋的应变较低，剪切强度不会因配箍的多少而有明显的变化。

构件 BRE-ns 由于没有配置任何箍筋，在该系列中承载能力和延性性能最差，峰值荷载为 240.6kN。尽管如此，该构件的承载能力依然达到了正常配箍混凝土构件 BRC-150 的 83%，延性系数达到 1.46，大于混凝土构件的 1.39。同时，构件在判定失效后能够继续承载，并且在挠度增加到 20.5mm 时，荷载依然能够平稳下降到 133.4kN，构件保持完整，没有出现严重的剥落和断裂。

承载能力最高的是配箍率 0.24%的 BRE-200，达到了 342.7kN，是混凝土构件 BRC-150 的 1.2 倍，延性系数为 1.90，远大于混凝土构件的 1.39，构件延性性能优异。通过对比 BRE-ns 和 BRE-200 可以发现，在 ECC 梁当中配置少量的箍筋，就能够将梁的承载能力提升约 40%，延性性能提升约 50%。这是由于 ECC 的高延性、高韧性和多裂缝开裂等特性使得其能与弹塑性的钢筋更合理地协同受力。因此相比无腹筋 ECC 梁和 RC 梁，配置少量箍筋就能够在受剪性能上获得较大的提升，从而在结构设计中能够节省大量的钢材。

承载能力较次的是配箍率 0.32%的构件 BRE-150，峰值荷载为 316.4kN，是混凝土构件的 1.1 倍，略小于构件 BRE-200，延性系数也略小于构件 BRE-200，为 1.77。由此可见，ECC 梁在配箍率为 0.24%时剪切承载力和延性性能都能达到较高水平，增大配箍率不一定会提升梁的受剪性能，相反可能会削弱 ECC 梁的延性性能。

构件 BRE-100 承载力与 BRE-150 相同，为 310.9kN。由于其刚度小于其他构件，峰值荷载下的挠度也相对较大，达到 33.4mm。该构件受纵筋配筋率和配箍率变化的共同影响，延性系数仅为 1.50，略大于混凝土构件。提高配箍率并没有提高构件的抗剪承载能力，最终构件发生脆性弯剪破坏。

综上，尽管 ECC 材料具有良好的抗剪性能和裂缝控制能力，但在不配置箍筋的情况下 ECC 梁的受剪性能不能满足结构的延性要求。但只要配置少量的箍筋，其受剪承载力和延性性能就都能有大幅度提高，远好于相同配筋的混凝土梁。然而，ECC 梁的剪切承载力对于配箍率的继续提高并不敏感，配置过多的箍筋时，ECC 的剪切变形受到较多箍筋的限制，梁的延性会被削弱。

3. 剪跨比参数系列

剪跨比系列构件的试验结果汇总于表 4.15，开裂荷载、峰值荷载数据以构件 BRC-150 为基准做归一化处理。标准化强度指标和延性系数随构件配箍率的变化情况分别绘于图 4.70 和图 4.71。

剪跨比参数系列构件试验结果汇总 **表 4.15**

构件编号	开裂			峰值			极限挠度 δ_u（mm）	延性系数 μ
	V_{cr}（kN）		δ_{cr}（mm）	V_p（kN）		δ_p（mm）		
	试验值	归一化		试验值	归一化			
BRE-S200	96.7	193%	3.05	360.5	125%	17.2	18.8	1.63
BRE-200	70.0	140%	1.20	342.7	119%	21.5	28.7	1.90
BRE-L200	50.0	100%	1.92	283.3	98%	20.3	28.1	1.85

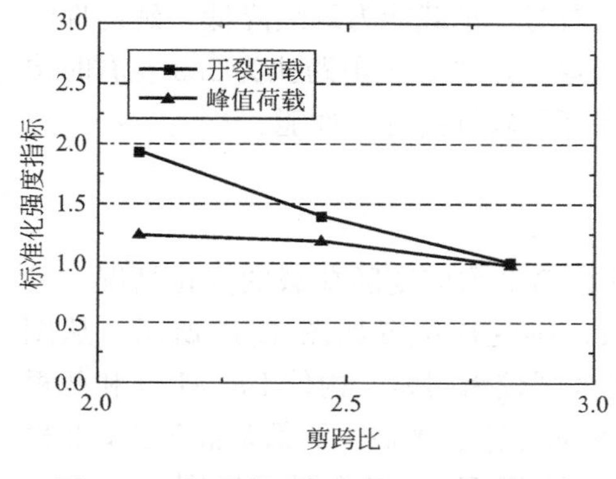

图 4.70 标准化强度指标随剪跨比变化

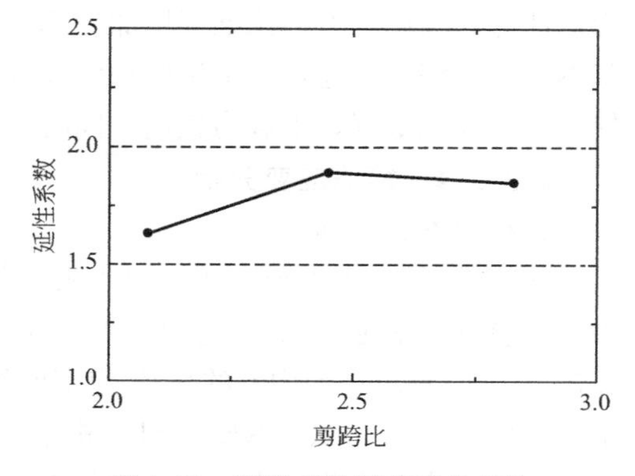

图 4.71 延性系数随剪跨比变化

从表 4.15 和图 4.70 中可以看到，可以发现构件的开裂荷载与剪跨比有较大的相关性，剪跨比越小，开裂荷载越大。结合前文构件刚度对比可以发现，构件的开裂荷载与材料有相关性，ECC 材料的损伤控制性能更好，同等条件下开裂荷载大于混凝土构件。当材料同为 ECC 时，构件的配箍率对开裂荷载影响不大，而纵筋配筋率和剪跨比则对剪切开裂荷载影响较大。这两个参数都可以归结为对构件刚度的影响，换言之，构件的开裂荷载的主要影响因素有基体材料性能和构件刚度。

该系列中，承载能力最高的是剪跨比最小的 BRE-S200，剪跨比为 2.08，峰值荷载达到 360.5kN，为混凝土构件的 1.9 倍，是所有 9 根梁中承载力最大的。但其延性较差，延性系数仅为 1.63，仅略大于剪跨比为 2.45 的混凝土构件，构件破坏过程脆性明显。可见，剪跨比在 2 左右时，构件抗剪强度高而延性差，不满足结构对构件延性性能的要求。

相比 BRE-S200，剪跨比为 2.45 的构件 BRE-200 受剪性能更好。其抗剪承载能力为 342.7kN，略低于 BRE-S200 的 360.5kN，但其构件延性相比后者大幅提高。延性系数为 1.90，在该系列中延性最好。可见 ECC 梁在 2.45 左右的剪跨比下能够发挥出更好的抗剪性能，该剪跨比是较优的设计参考值。

剪跨比最大的是构件 BRE-L200，其剪跨比为 3.08。该构件的抗剪承载能力为 282.7kN，略低于 BRC-150。其延性与构件 BRE-200 相近，延性系数 1.85。这是由于较大的剪跨比会使梁的弯曲裂缝增多，从而降低构件的受剪性能。由此可见，剪跨比增大会使得梁的受剪承载力降低，同时，ECC 梁延性的提升是有上限的。

综上，ECC 梁在剪跨比为 2 左右时，抗剪承载能力很高，但延性较差。这在于实际结构设计中不是理想的构件性能。剪跨比增加到 2.5 左右时，在承载能力降低 5%的情况下，构件延性系数提升 16%以上，破坏模式从脆性剪切破坏转变为延性剪切破坏。剪跨比继续增加到 3.0 左右时，承载能力继续降低，延性性能基本不变。综上所述，在本试验构件设计配置下，ECC 梁剪跨比为 2.5 左右时构件的受剪性能最好，承载力较高，同时也保证了较好的延性性能。

4.3.2.4 箍筋应变分析

1. 材料参数系列

图 4.72 给出了材料参数系列 4 根构件箍筋平均应变随荷载的变化情况，其中，黑色圆点表示在该点之后应变片失效，应变片位置如图 4.55 所示。从图 4.72 中可以看出，各构件的荷载-应变曲线区别较为明显。构件 BRC-150 和两根组合构件 BRE-150B、BRE-150T，由于梁腹部与箍筋接触位置都是混凝土，3 根构件的箍筋应变变化较为相似，而与 ECC 构件 BRE-150 有较明显区别。

从箍筋材性数据可以计算得出，箍筋在应变达到 2300$\mu\varepsilon$ 左右时屈服。所以，该系列中仅构件 BRE-150 的箍筋应变平稳增大达到屈服，直至构件失效。应变片没有因为 ECC 与箍筋的粘结失效而损坏，说明构件破坏时箍筋依然与 ECC 有着良好的粘结。

构件 BRE-150 在荷载 30kN 以下时，箍筋应变为 0。荷载达到 30kN 后，箍筋应变开始随着荷载增加而平稳增大。而另外的 3 根构件，均在荷载达到 100kN

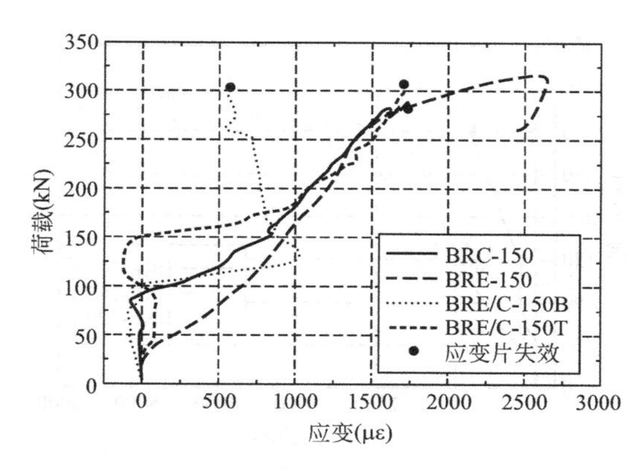

图 4.72 材料参数系列荷载-应变曲线

后，箍筋应变才出现明显增大的趋势。梁腹部是混凝土的 3 根构件箍筋应变的变化过程波动较大，远不如 ECC 构件稳定，说明 ECC 相比混凝土能够更好地与箍筋协同工作，ECC 的高延性、与箍筋良好的粘结性能使得在荷载较小时 ECC 基体就与箍筋共同承担剪切荷载，这样的协同受力状态一直保持到梁破坏。相反，另外 3 根构件的箍筋应变都出现了突变的情况，且在加载后期，都出现了应变片在箍筋屈服之前损坏的情况，说明箍筋尚未屈服时与混凝土的粘结发生破坏，损坏了应变片。

从应变分析可以看出，ECC 材料能够更好地与箍筋共同受力，也与箍筋有更好的粘结性能。对于组合构件，与荷载-位移曲线分析的结果一致，在梁下部组合 ECC 相比，在上部组合 ECC 更具优势。

2. 配箍率参数系列

配箍率参数系列 3 根构件箍筋平均应变随荷载的变化情况如图 4.73 所示，该系列中的无腹筋构件 BRE-ns 没有配置箍筋，另外 3 根构件的应变片位置如图 4.55 所示。

从图 4.73 中可以看出，各构件的荷载-应变曲线也具有较明显的分化。配箍率最大的 BRE-100 的箍筋应变在荷载达到 50kN 时开始增加，但增速最慢，在荷载上升到 200kN 时箍筋应变仅为 450$\mu\varepsilon$。到构件破坏时才达到 800$\mu\varepsilon$ 左右，箍筋远没有屈服。可以看出，当 ECC 梁配置过多的箍筋时，破坏时箍筋的应力水平较低，箍筋的强度不能充分发挥，所以破坏过程脆性明显。过高配箍率不但不会提高构件的抗剪承载力，相反会增加剪切破坏的脆性。

构件 BRE-150 的箍筋应变在荷载 30kN 时开始随着荷载增加而平稳增加。当荷载达到 311kN 左右时，箍筋应变达到 2300$\mu\varepsilon$，箍筋屈服。之后，箍筋应变最大达到 2600$\mu\varepsilon$ 左右，箍筋在屈服后应变并没有充分发展，构件就已经失效。

该系列中构件 BRE-200 的箍筋应变发展最充分。荷载小于 20kN 时，箍筋应

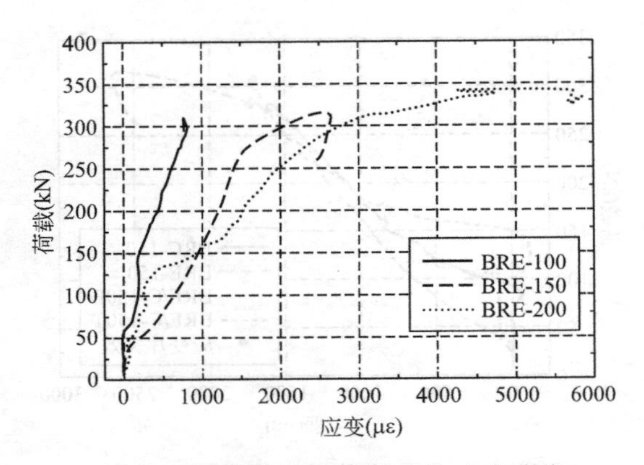

图 4.73　配箍率参数系列荷载-应变曲线

变在 0 左右波动，达到 20kN 后，箍筋应变开始增大。荷载较小时，箍筋应变增速比 BRE-150 慢。荷载达到 135kN 后，箍筋应变增速明显提高。荷载上升到 150kN 后，箍筋应变水平超过 BRE-150。在荷载达到 335kN 左右后，荷载不增加而箍筋应变继续增大。最终在构件破坏时，构件 BRE-200 的箍筋应变达到了 5900$\mu\varepsilon$，说明构件 BRE-200 的箍筋强化强度和延性性能都得到了充分发挥。

对比上述两根构件的应变分析结果可以发现，配箍率为 0.24%的构件 BRE-200 能够充分发挥箍筋的强度和延性，在构件受剪破坏的过程中，箍筋能够达到屈服，并且在屈服后应变能够继续发展。所以该构件不仅与主斜裂缝直接相交的箍筋强度能够充分发挥，其他位置的箍筋也能够屈服或接近屈服应力，箍筋参与受力的效率更高。因此，构件 BRE-200 在该系列中承载力最高，延性最好。而配箍率 0.32%的构件 BRE-150 在构件受剪破坏的过程中，箍筋能够屈服，但由于配置了较多的箍筋，在屈服后箍筋应变发展不充分，构件剪跨内只有与主斜裂缝相交的少量箍筋能够屈服，箍筋参与受力效率低于 BRE-200。所以构件 BRE-150 相比构件 BRE-200，受剪承载力和延性性能都略有下降。

配箍率为 0.48%的构件 BRE-100 明显不合理地配置了过多箍筋，直到构件破坏，箍筋应力水平仍然较低，远没有屈服，同时箍筋还限制了 ECC 材料本身的剪切变形，阻碍了其高延性的发挥。

3. 剪跨比参数系列

剪跨比参数系列箍筋平均应变随荷载的变化情况如图 4.74 所示，应变片布置位置如图 4.55 所示。从图中可以看出，不同的剪跨比参数对荷载-应变曲线有较大的影响。剪跨比最小的是构件 BRE-S200，为 2.08。其箍筋的应变在荷载达到 140kN 时才开始增加。随后，箍筋应变水平增长过程平稳缓慢。构件破坏时，箍筋平均应变值约为 2000$\mu\varepsilon$，箍筋应力水平接近屈服强度，但没有屈服。所以该构件的破坏过程脆性明显。

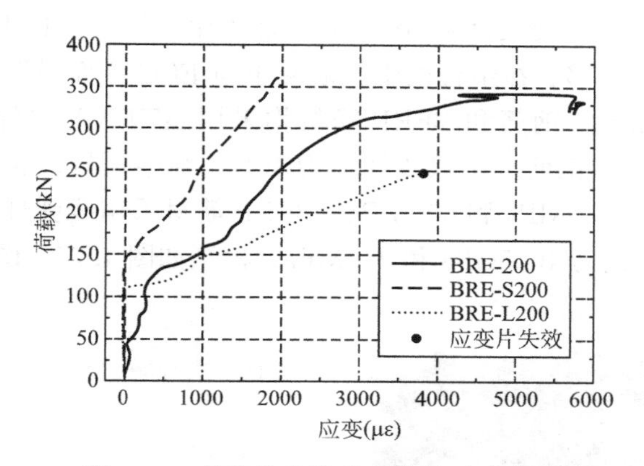

图 4.74　剪跨比参数系列荷载-应变曲线

构件 BRE-L200 的剪跨比为 2.83。荷载小于 100kN 时，箍筋应变在 0 左右波动。荷载超过 100kN 后，箍筋应变开始随荷载快速增长，增速在该系列中最快，且增速较稳定。荷载达到 193kN 时，箍筋应变为 2300$\mu\varepsilon$，箍筋屈服。当荷载达到 246kN 左右时，箍筋平均应变为 3800$\mu\varepsilon$ 左右，箍筋在屈服后强化段得到充分利用，使得构件在破坏失效阶段的延性得到保证。之后，应变片失效。

在剪跨比参数系列中，剪跨比为 2.45 的 BRE-200 和剪跨比为 2.83 的 BRE-L200 都能充分利用箍筋的强度和延性，在构件受剪破坏的过程中，箍筋屈服，且再继续利用其强化段。但 BRE-L200 因剪跨比较大，虽然箍筋能够被充分利用，但承载力相比 BRE-200 损失了约 18%。因此，综合考虑构件承载力、延性性能以及箍筋受力效率等多种因素时，受剪性能更优的构件是 BRE-200。

BRE-S200 由于剪跨比过小，在与其他 2 根构件配箍率相同的情况下，箍筋在构件破坏时应力水平仅接近屈服强度，并未屈服，箍筋使用效率较低。箍筋未屈服使得钢材的延性不能发挥，构件破坏脆性明显。

由此可以看出，在本系列的构件尺寸和配箍情况下，剪跨比为 2 左右时，构件的综合受剪性能不佳，剪切破坏过程脆性明显。剪跨比接近 3 时，构件的延性性能良好，但抗剪承载力会有大幅下降。剪跨比为 2.5 左右时，ECC 梁构件能够兼顾承载力和延性，具有较高承载力，同时箍筋的强度和延性能得到充分利用，箍筋受力效率较高，构件受剪破坏的延性能够得到保证。

4.3.3　组合梁抗剪性能数值分析

4.3.3.1　模型建立

由于模拟对象是四点弯加载模式下的简支梁，其几何外形、荷载分布均呈轴对称，故采用半模型建模计算，即取构件长度方向一半建模，跨中位置截面限制沿梁长方向位移，支座位置限制梁宽和梁高方向的位移。模型的截面尺寸为 $b\times$

h=210mm×300mm，梁长随剪跨比变化而变化。钢筋、BFRP 筋与混凝土、ECC 之间考虑粘结滑移。在组合梁中，混凝土与 ECC 界面设置为完美粘结。加载模式采用位移加载。钢筋和 BFRP 筋材均采用 ATENA 软件中的 Reinforcement 材料模型，其中钢筋采用双线性本构模型，弹性模量、屈服强度和极限强度分别为 200GPa、460MPa 和 600MPa。BFRP 筋材采用线弹性本构模型，弹性模量和极限强度分别为 40.5GPa 和 980MPa。模型如图 4.75、图 4.76 所示。

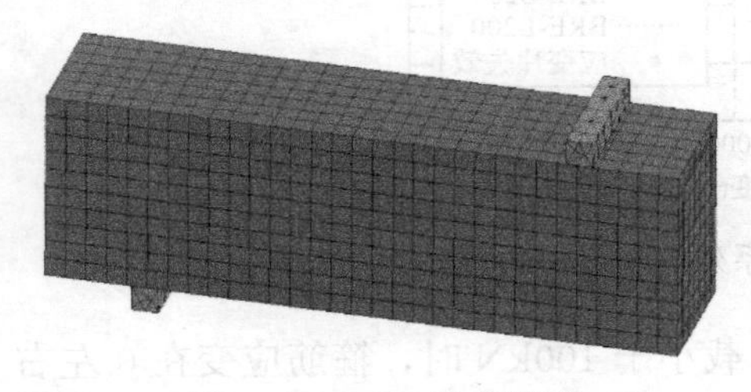

图 4.75 ECC 梁半模型

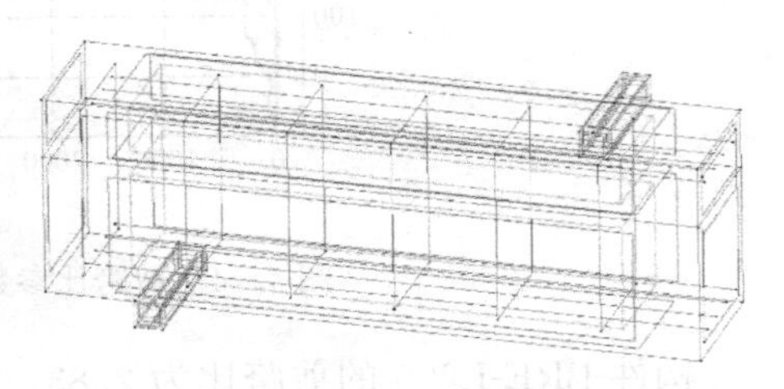

图 4.76 ECC/混凝土组合梁半模型

4.3.3.2 模拟结果与分析

1. 数值模拟结果与试验数据对比

首先，为了验证所建模型的正确性，按照试验中的 9 根构件的实际情况分别建立模型进行模拟计算，并将模拟结果与试验结果进行对比。图 4.77 中给出了其中一根构件的试验破坏模式和数值模拟计算得到的破坏模式的对比图。不同构件的模拟结果与试验数据的荷载-位移曲线对比情况基本相同，本节以 BRC-150 构件为例，其模拟结果与试验数据的荷载-位移曲线对比如图 4.78 所示。

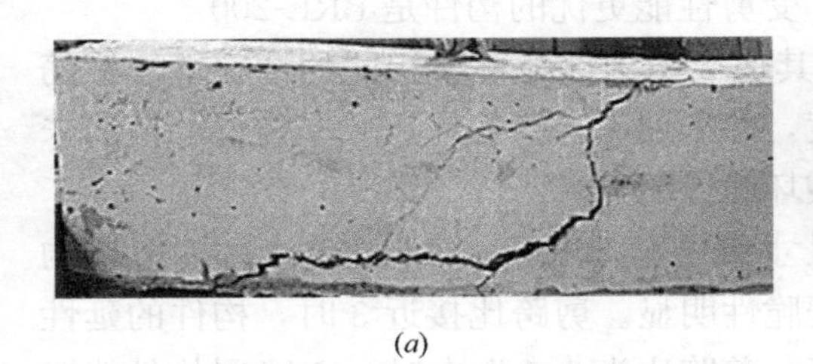

(a)

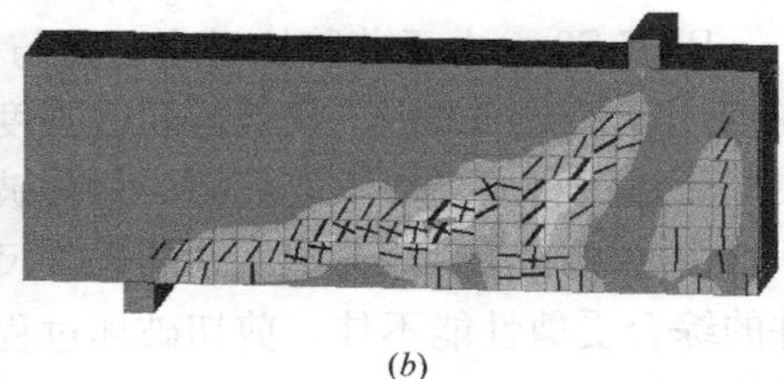

(b)

图 4.77 有限元模拟与试验破坏形态对比

(a) BRE-200 试验破坏模式；(b) BRE-200 模拟破坏模式

从图 4.77 的对比中可以看出，试验中构件的破坏模式与模拟结果基本吻合。从图 4.78 中可以看到，模拟的荷载-位移曲线均与试验结果吻合较好。但对试验中发生延性剪切破坏的构件，ATENA 模拟都无法模拟出荷载-位移曲线的下降段。这是由于 ATENA 中的增强筋材模型 Reinforcement 为一维筋材，即筋材只有轴向一个方向的刚度，没有侧向刚度。因此，不能模拟筋材的销栓效应。构件处在荷载-位移曲线上升段时，主斜裂缝尚未形成或宽度还较窄，两侧梁段之间错动较小，纵筋销栓作用基本可以忽略，所以模拟与试验结果在上升段吻合较好。当梁屈服后，梁的挠度增加集中在主斜裂缝处开展，两侧梁段的错动迅速增大，而延性较好的构件在剪压区 ECC、箍筋和纵筋销栓效应的共同作用下表现出荷载平缓稳定下降的延性破坏。而 ATENA 模拟结果由于缺少销栓效应，均表现为没有下降段的脆性剪切破坏。

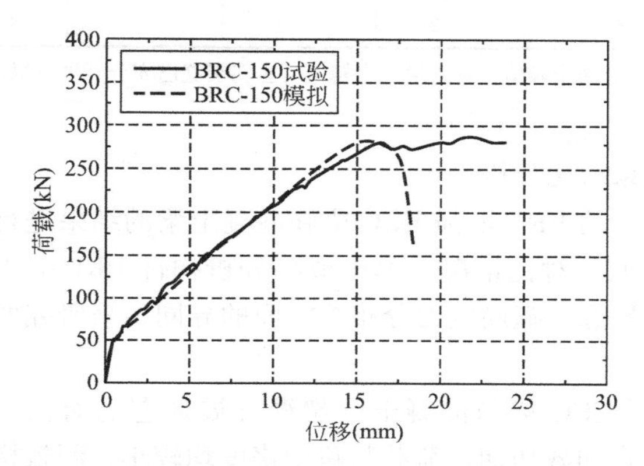

图 4.78　有限元模拟与试验荷载-位移曲线对比

从图 4.78 中可以看到，在构件达到峰值荷载之前，二者的曲线形状、刚度退化规律基本一致，总体表现为模拟结果刚度稍大，并且在上升段的后半部分较为明显，荷载接近峰值荷载时，模拟结果的刚度普遍较试验结果稍大。推测原因是 ATENA 软件中采用欧洲规范中的模型考虑筋材粘结滑移，而模型中的粘结强度高于实际情况。

表 4.16 列出了各构件 ATENA 模拟结果与试验结果峰值荷载及其对应的挠度，表中加粗列为模拟结果的误差。可以看出，ATENA 模拟结果的峰值荷载及其对应的挠度与试验数据较为接近，误差基本控制在 10%以内。因此，本节的建模过程是可信的，模拟计算得到的结果能够与试验基本相符。

模拟与试验结果对比　　**表 4.16**

构件编号	试验结果		模拟结果		误差	
	V_p（kN）	δ_p（mm）	V_p（kN）	δ_p（mm）	Δ_{V_p}	Δ_{δ_p}
BRC-150	282.3*	16.6*	284.4	15.8	0.7%	4.8%
BRE-150	316.4	25.5	336.8	24.9	6.4%	2.4%
BRE/C-150B	306.7	22.1	308.6	20.3	0.6%	8.1%
BRE/C-150T	303.4	24.6	298.8	23.4	1.5%	4.9%
BRE-100	310.9	33.4	316.4	29.9	1.8%	10.5%
BRE-200	342.7	21.5	341.2	20.2	0.4%	6.0%

续表

构件编号	试验结果		模拟结果		误差	
	V_p（kN）	δ_p（mm）	V_p（kN）	δ_p（mm）	Δ_{V_p}	Δ_{δ_p}
BRE-ns	240.7	15.1	239.8	14.8	0.4%	2.0%
BRE-L200	283.3	20.3	291.0	21.9	2.7%	7.9%
BRE-S200	360.5	17.2	390.0	16.6	8.2%	3.5%

注：* 构件 BRC-150 有两个峰值，达到第二个峰值时主斜裂缝已充分开展，纵筋销栓作用较大，这里取第一峰值。

2. 数值模拟结果对比分析

将数值模拟得到的 FRP 增强 ECC 梁和混凝土梁的结果进行对比，得到试验中不方便采集的数据的对比情况。本小节将分析构件 BRC-150 和构件 BRE-150 在裂缝开展、破坏形态、箍筋应力分布等方面的异同，来研究两种材料梁的受剪性能。

图 4.79 给出了 ECC 梁与混凝土梁裂缝开展形态的对比。从图 4.79（*a*）、（*b*）中可以看到，在加载初期，荷载与跨中挠度均较小，两根构件均处于初裂阶段。但 BRC-150 构件在初裂之后，弯曲裂缝迅速向上延伸到梁一半高度。而 BRE-150 在同样的挠度下，仅跨中梁底部出现弯曲裂缝，且出现裂缝范围很小，没有向上开展，这得益于 ECC 优越的拉伸性能和裂缝控制能力。当跨中挠度达到 10.5mm 时，两根构件的荷载均已上升到 200kN 左右。此时，混凝土梁弯曲裂缝继续向上发展，剪跨区出现部分斜裂缝，但是位置较为集中。而 ECC 梁则由于 ECC 的假“应变硬化”和多裂缝开裂的特性，在剪跨区域均分布大量斜裂缝，裂缝数量远多于混凝土梁，裂缝最大宽度则远小于混凝土梁。图 4.79（*c*）、（*d*）显示了两根构件在达到峰值荷载的极限状态下裂缝开展情况。两根构件最终的破坏形态均为斜裂缝贯通，剪压区压碎破坏。在构件脆性破坏前，混凝土在剪跨区仅有 1 条斜裂缝集中开展，即主斜裂缝，而 ECC 梁则在剪跨区有 3 处斜裂缝发展较为集中，这也与试验中观察到的现象相符。

图 4.80 给出了 ECC 梁与混凝土梁各加载阶段剪跨区内箍筋最大应变分布情况。从图 4.80（*a*）可以看出，混凝土梁箍筋应变分布呈明显的集中趋势，仅 1 根箍筋的应变较大，其他箍筋应变水平较低，且分布不均匀。这是由于混凝土是准脆性材料，与具有应变硬化特性的弹塑性钢材不能很好地协同受力，混凝土在开裂后拉伸强度瞬间丧失，不能参与应力重分布过程，箍筋骨架与基体联系较弱，构件的整体性不强。因此，构件的剪切变形往往集中在梁腹部较小区域内和少数箍筋位置，导致箍筋应变分布集中。在极限状态下，混凝土梁的最大箍筋应变仅为 1350$\mu\varepsilon$，没有到达其屈服应变 2300$\mu\varepsilon$，说明在破坏时箍筋的承载力还没有充分发挥，混凝土的压碎就已经导致整根梁失效。

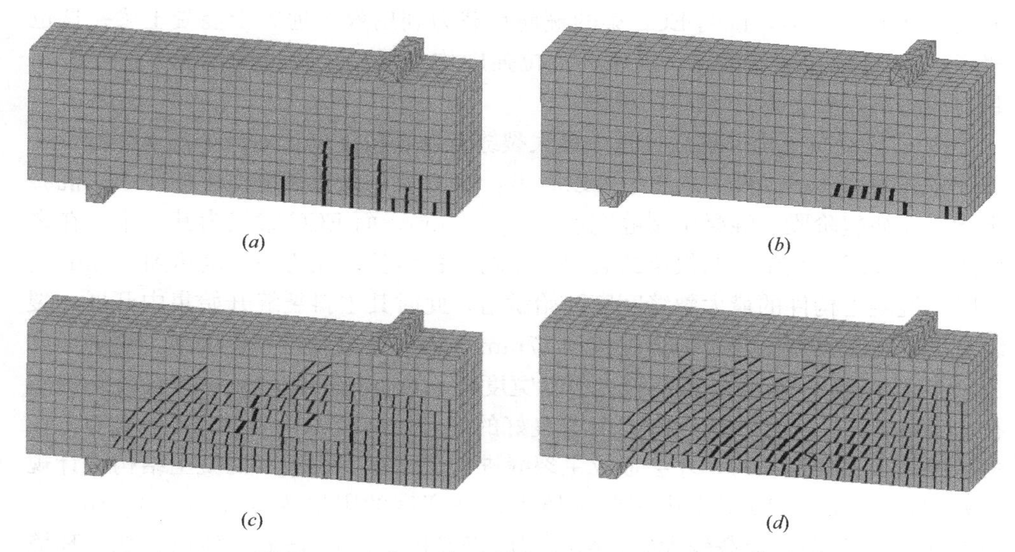

图 4.79　ECC 梁与混凝土梁裂缝开展形态对比

（a）BRC-150 跨中挠度 3.8mm 时裂缝形态；（b）BRE-150 跨中挠度 3.8mm 时裂缝形态；
（c）BRC-150 达到峰值荷载时裂缝形态；（d）BRE-150 达到峰值荷载时裂缝形态

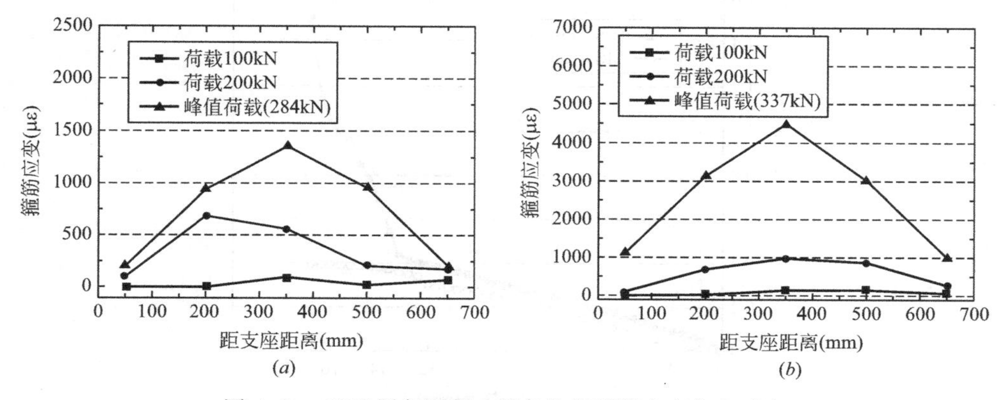

图 4.80　ECC 梁与混凝土梁各阶段箍筋应变分布对比

（a）BRC-150；（b）BRE-150

而 ECC 梁则表现出很大不同，从图 4.80（b）中可以看到，ECC 构件在受力各阶段，其剪跨区箍筋应变分布均匀，没有出现应变集中的情况。这是由于 ECC 材料具有假“应变硬化”的特性，能够与钢筋更好协同受力工作。ECC 在开裂后，拉伸强度不但不会立刻消失，还会随着应变的增大而上升，在裂缝间的桥连作用能够使构件整体性得到保证，梁受力效率好于混凝土。在极限状态下，剪跨区中心位置的 3 根箍筋均达到了屈服，并且屈服后的强化强度也得到利用，最大达到了 4500$\mu\varepsilon$，说明 ECC 梁的箍筋承载力利用效率远大于混凝土梁。这也解释了 ECC 梁在配筋情况、抗压、抗拉强度均与混凝土相近的情况下，受剪承载力却高出混凝土梁约 12%的原因。

ECC 与混凝土构件加载过程中最大裂缝宽度随挠度变化对比如图 4.81 所示，加载方式为 0.4mm/步。从图中可以看出，ECC 梁的最大裂缝宽度始终小于混凝土梁。在初裂阶段，混凝土裂缝宽度为 0.015mm，而 ECC 梁仅为其一半。在之后的一段加载过程中，两根梁的裂缝宽度均平稳增长。在跨中挠度达到 13mm 左右时，混凝土构件的最大裂缝宽度开始激增，此时其主斜裂缝开始集中开展，裂缝宽度已无法控制。在跨中挠度达到 17mm 左右时，混凝土构件的最大裂缝宽度达到了 1.5mm。而 ECC 梁的最大裂缝宽度则一直保持平稳增长，并且最终稳定在 0.4mm 左右。这是由于 ECC 具有良好的裂缝控制能力和多裂缝开展机制，在多裂缝开裂达到饱和时，才会形成主裂缝进入软化段。我国《混凝土结构设计规范》GB 50010—2010 对室内正常环境中裂缝宽度的限值为 0.3（0.4）mm[22]。而 ECC 梁在加载到荷载较大时，裂缝宽度仍能控制在 0.4mm。所以在恶劣环境中，用 ECC 替代混凝土能够有效提高结构的耐久性，保护内部筋材不受外界有害介质的侵蚀。

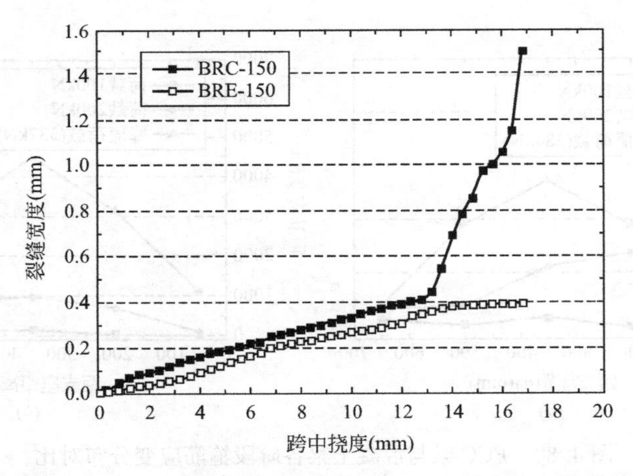

图 4.81 ECC 与混凝土构件最大裂缝宽度随挠度变化曲线

4.3.3.3 组合梁受剪性能参数分析

从上一小节的数值模拟结果对比中可以确定，ATENA 软件平台能够较好地模拟 FRP 增强 ECC 梁及 ECC/RC 组合梁受剪性能。本小节将进一步对 ECC 梁及 ECC/混凝土组合梁进行参数分析。已有的研究表明，影响组合梁弯剪性能的主要因素有剪跨比、ECC 层厚度、ECC 极限拉应变、配筋率、配箍率等[23]。结合前文关于 FRP 增强 ECC 梁及 ECC/RC 组合梁的试验及数值模拟结果，本小节将采用与前文一致的材料本构关系模型与单元模型，分析剪跨比、ECC层位置与厚度和ECC拉伸性能对FRP增强ECC梁及ECC/RC组合梁抗剪性能的影响。

1. 剪跨比对FRP增强ECC梁受剪性能的影响

从试验结果可以看出，剪跨比对FRP增强ECC梁有较为明显的影响。本节选取剪跨比从2.08变化到3.21共6根构件，分析剪跨比对FRP增强ECC梁受剪性能的影响。各构件模型的具体信息如表4.17所示。

剪跨比参数分析组模型信息汇总 **表4.17**

序号	构件编号	材料	剪跨比	受压纵筋 A_s'（mm^2）	受拉纵向FRP筋 A_{frp}（mm^2）	箍筋	配箍率
1	S1-1	550	2.08	4Φ20	4φ18	Φ8@200	0.24%
2	S1-2	600	2.26	4Φ20	4φ18	Φ8@200	0.24%
3	S1-3	650	2.45	4Φ20	4φ18	Φ8@200	0.24%
4	S1-4	700	2.64	4Φ20	4φ18	Φ8@200	0.24%
5	S1-5	750	2.83	4Φ20	4φ18	Φ8@200	0.24%
6	S1-6	850	3.21	4Φ20	4φ18	Φ8@200	0.24%

将各模型荷载位移曲线特征数值及破坏模式列于表4.18，且峰值荷载及其对应的位移均以S1-1为基准做归一化处理。

剪跨比参数分析组模拟结果汇总 **表4.18**

构件编号	剪跨比	峰值				破坏模式
		V_p（kN）		δ_p（mm）		
		模拟值	归一化	模拟值	归一化	
S1-1	2.08	390.0	100%	16.6	100%	剪压
S1-2	2.26	374.4	96%	19.4	117%	剪压
S1-3	2.45	341.2	87%	20.2	122%	剪压
S1-4	2.64	325.7	84%	21.9	132%	剪拉
S1-5	2.83	291.0	75%	21.9	132%	剪拉
S1-6	3.21	252.9	65%	23.6	142%	弯曲

从表4.18中可以看到，模型S1-1极限承载能力达到了390.0kN，是该组当中承载能力最高的构件，但其峰值对应的位移仅为16.6mm，在该组中最小。从模型的破坏模式来看，剪切斜裂缝表现为稳态扩展的模式，方向基本沿加载点与支座连线方向，同时斜裂缝数量较多较密，最终破坏时斜裂缝贯通，上部剪压区压碎，表现为典型的剪压破坏模式。

模型 S1-2 相比 S1-1，剪跨比增大到 2.26，极限承载能力下降 4%，为 374.4kN，对应的挠度为 19.4mm，增长了 17%，模型有较高的抗剪承载力，也有良好的变形性能。在剪切破坏之前，能够有充分的挠度发展和裂缝开裂过程，破坏有一定的预兆。从破坏模式来看，S1-2 仍然为剪压破坏模式。

S1-3 模型的剪跨比继续增大，达到 2.45，其荷载-位移曲线变化规律与 S1-2 类似，极限承载能力继续小幅下降，对应的跨中挠度增大到 20.2mm。从破坏模式来看，模型最终是剪压破坏，但是斜裂缝由于剪跨比增大，其方向已经由 S1-1 的加载点与支座连接方向转而向竖直方向旋转，破坏模式开始向剪拉破坏转化。

构件 S1-4 剪跨比为 2.64，其极限承载能力下降到模型 S1-1 的 84%，相比 S1-3 仅下降 3%，而极限位移增长到 21.9mm，达到 S1-1 的 132%。S1-4 构件相比 S1-3 刚度变化明显较小，极限承载能力下降幅度也较小。这是由于模型的破坏模式由前 3 个模型的剪压破坏模式转变为剪拉破坏。模型首先在梁中部剪切开裂，之后斜裂缝向加载点扩展，同时在梁下部沿纵筋向支座方向扩展，直到沿纵筋扩展至支座位置，同时剪压区压碎，构件破坏。

构件 S1-5 剪跨比增大到 2.83，仍然是剪拉破坏模式。其极限承载能力下降到 291.0kN，相比 S1-4 有较大的下降，但其峰值荷载对应的挠度却没有增大，仍然为 21.9mm。这说明当构件进入剪拉破坏模式的区段后，增大剪跨比只会降低构件的承载力，而变形性能不会继续增长，换言之，构件损失了承载力，但变形性能基本不变。在加载过程中，斜裂缝在梁下端沿纵筋水平扩展的现象更加明显。由此可以看出，破坏模式转变为剪拉破坏后，剪跨比越大，承载能力越低，且承载力对剪跨比的变化十分敏感，剪跨比仅增大了 0.19，承载力就下降了约 10%。

构件 S1-6 是该组中剪跨比最大的模型，剪跨比为 3.21，模型的承载能力继续下降，但其极限荷载对应的位移增大。同时，构件的刚度变化幅度再次出现突变，刚度下降幅度较大。这是由于模型的破坏模式又一次发生变化，由之前的剪拉破坏变为弯曲破坏。模型在加载过程中，斜裂缝有所发展，但主要裂缝转变为弯曲裂缝。随着荷载的增加，弯曲裂缝不断向上发展，最终以梁上部受压区 ECC 压碎破坏为标志，模型失效。

2. ECC 层厚度及位置对 FRP 增强 ECC/RC 组合梁受剪性能的影响

本小节将通过不同 ECC 层厚度及位置的组合梁模型，来确定经济合理的 ECC 层位置及其厚度。该参数分析组共 10 个模型，具体参数如表 4.19 所示。表中字母 T 代表英文“top”，表示 ECC 层在梁顶部，字母 B 代表英文“bottom”，表示 ECC 层在梁下部。字母后的数字表示 ECC 层厚度占梁全高的比例，例如“1”表示 ECC 层占梁全高 10%，“2”表示 20%，以此类推。

ECC 层厚度及位置参数分析组模型信息汇总　　　　表 4.19

序号	构件编号	材料	ECC 层位置	ECC 层厚度（mm）	受压纵筋 A_s'（mm^2）	受拉纵向 FRP 筋 A_{frp}（mm^2）	箍筋	配箍率
1	S2-0	RC	—	0	4Φ20	4ϕ18	Φ8@150	0.32%
2	S2-T1	ECC/RC	顶部	30	4Φ20	4ϕ18	Φ8@150	0.32%
3	S2-T2	ECC/RC	顶部	60	4Φ20	4ϕ18	Φ8@150	0.32%
4	S2-T3	ECC/RC	顶部	90	4Φ20	4ϕ18	Φ8@150	0.32%
5	S2-T4	ECC/RC	顶部	120	4Φ20	4ϕ18	Φ8@150	0.32%
6	S2-B1	ECC/RC	底部	30	4Φ20	4ϕ18	Φ8@150	0.32%
7	S2-B2	ECC/RC	底部	60	4Φ20	4ϕ18	Φ8@150	0.32%
8	S2-B3	ECC/RC	底部	90	4Φ20	4ϕ18	Φ8@150	0.32%
9	S2-B4	ECC/RC	底部	120	4Φ20	4ϕ18	Φ8@150	0.32%
10	S2-ECC	ECC	全高	300	4Φ20	4ϕ18	Φ8@150	0.32%

数值模拟计算得到的该组各模型荷载-位移曲线绘于图 4.82 和图 4.83 中。图 4.82 中 S2-T 为 ECC 层位于梁顶部的模型，S2-0 为混凝土梁，S2-ECC 为 ECC 梁。从图 4.82 中可以看出，对于在梁顶部采用 ECC 层替代混凝土的模型，刚度与 ECC 梁相近，小于混凝土梁。这是由于梁构件的刚度主要取决于纵筋和上部受压区的基体材料，而 ECC 弹模远小于混凝土。当 ECC 层厚度不断增大时，组合梁的承载力变化不明显，仅略大于混凝土梁，各模型曲线较为接近。这是由于 ECC 层位于梁顶部受压区，ECC 抗压强度相比混凝土没有优势，主要抵抗剪力的梁剪跨区腹部的基体材料是混凝土。因此组合梁的承载力相比混凝土梁提高较小，而构件的变形能力提高较大，ECC 层厚度的变化对组合梁性能影响不明显。

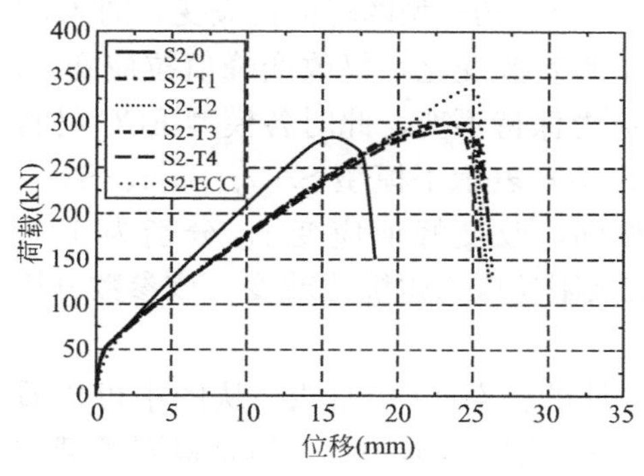

图 4.82　ECC 层位于梁顶部模型荷载-位移曲线

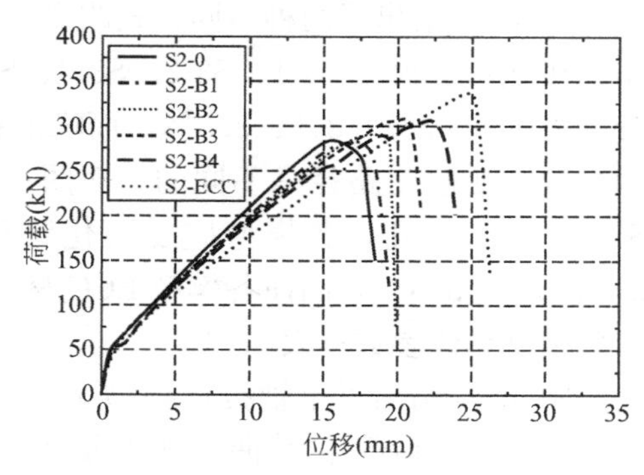

图 4.83　ECC 层位于梁底部模型荷载-位移曲线

将 ECC 层放置在梁底部的模型则表现出不同的规律。从图 4.83 中可以看出，各构件的荷载-位移曲线形状相似。随着组合梁底部 ECC 层厚度的增加，模型的剪切刚度不断减小，极限承载能力不断增大，同时，构件的变形能力也随之增长，总体趋势表现为从混凝土梁向 ECC 梁转化。当梁底部 ECC 层厚度为梁高 10%，即 30mm 时，组合梁与混凝土梁承载力基本持平，但是变形性能较大，峰值荷载对应的位移提高 13%。ECC 层厚度增大到梁高 20%时，极限承载能力略微增长，组合梁变形性能继续增加。ECC 厚度为 90mm 时，相比 S2-0，构件峰值荷载提升约 10%，峰值荷载对应的位移提升 28%，此时，组合梁的承载能力和变形性能都显著提高。

从上述分析可以看到，将 ECC 层放置在梁底部，组合梁的承载能力和变形性能都能够得到提高，但是在 ECC 层厚度较小时，变形能力的提高幅度小于在上部组合 ECC 层。总体来看，在组合梁底部将混凝土替换为 ECC 的综合效益更高，性价比好。在底部组合 ECC 层厚度为梁高 30%时，组合梁的性能能够有较为显著地提升。继续增加 ECC 层厚度，构件的承载力增长不明显，而变形性能能够继续增大。所以，仅需要提升梁构件的变形能力时，优先选择是在梁顶部组合 ECC 层。当要提升梁的受剪综合性能时，在梁底部组合厚度为梁高 30%的 ECC 层是性价比较高的做法。

3. ECC 材料单轴拉伸性能对 FRP 增强 ECC 梁受剪性能的影响

ECC 材料的剪切破坏一定程度上可以看成双轴拉压应力状态下的破坏，因此 ECC 材料的单轴拉伸性能对 FRP 增强 ECC 构件的受剪性能有着至关重要的影响。而在单轴拉伸性能中，其决定性作用的是 ECC 的峰值拉应变，决定着 ECC 的应变硬化和裂缝开展情况。因此，本小节通过两种不同的方式改变 ECC 受拉本构模型的峰值拉应变 ε_{tp}，进行参数分析，来研究 ECC 峰值拉应变对 FRP 增强 ECC 梁受剪性能的影响。

图 4.84 给出了两种不同方式改变 ECC 受拉本构模型的峰值拉应变。图 4.84（*a*）中显示了模型 S3-1、S3-2、S3-3、S3-4 的参数变化，仅改变峰值拉应变 ε_{tp} 分别为 1%、2%、3%、3.5%，而峰值拉应力保持不变，此时各模型 ECC 材料的受拉应变硬化路径是不同的。而图 4.84（*b*）表示了模型 S3-5、S3-6、S3-7、S3-8 的参数变化，各模型应变硬化路径相同，改变峰值应变 ε_{tp} 分别为 1%、2%、3%、3.5%，因而各模型 ECC 材料的极限拉应力也随之改变。该参数分析组各模型具体参数见表 4.20。

图 4.85 给出了单轴拉伸模型Ⅰ中各构件的荷载-位移曲线。从图中可以看到，各构件的荷载-位移曲线前半段基本重合，刚度基本一致，但是极限承载力有较大的差别。这表明不改变 ECC 单轴拉伸强度，仅改变 ECC 峰值拉应变，对 FRP 增强 ECC 梁的抗剪承载力和变形能力都有较大的影响。模型 S3-4 与模型

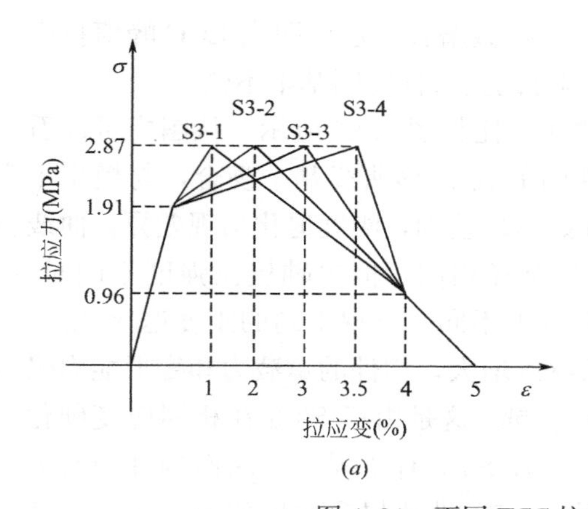

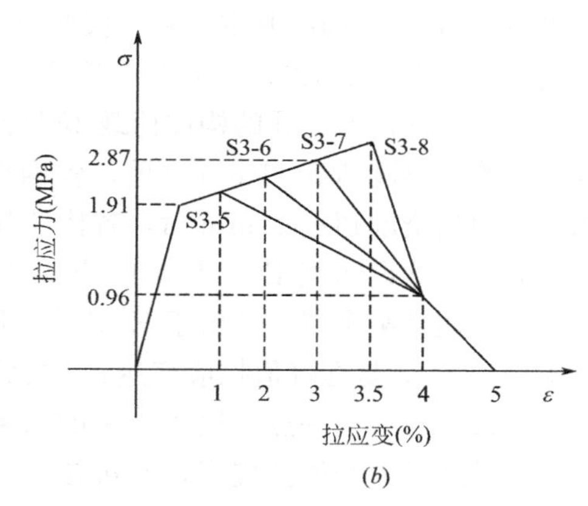

图4.84　不同ECC拉伸峰值应变参数变化图

(a) 极限拉应力相同的模型Ⅰ；(b) 应变硬化路径相同的模型Ⅱ

ECC材料单轴拉伸性能参数分析组模型信息汇总　　表4.20

序号	构件编号	受拉本构类型	峰值拉应变	受压纵筋 A_s' (mm²)	受拉纵向FRP筋 A_{frp} (mm²)	箍筋	配箍率
1	S3-1	Ⅰ	1%	4Φ20	4φ18	Φ8@150	0.32%
2	S3-2	Ⅰ	2%	4Φ20	4φ18	Φ8@150	0.32%
3	S3-3	Ⅰ	3%	4Φ20	4φ18	Φ8@150	0.32%
4	S3-4	Ⅰ	3.5%	4Φ20	4φ18	Φ8@150	0.32%
5	S3-5	Ⅱ	1%	4Φ20	4φ18	Φ8@150	0.32%
6	S3-6	Ⅱ	2%	4Φ20	4φ18	Φ8@150	0.32%
7	S3-7	Ⅱ	3%	4Φ20	4φ18	Φ8@150	0.32%
8	S3-8	Ⅱ	3.5%	4Φ20	4φ18	Φ8@150	0.32%

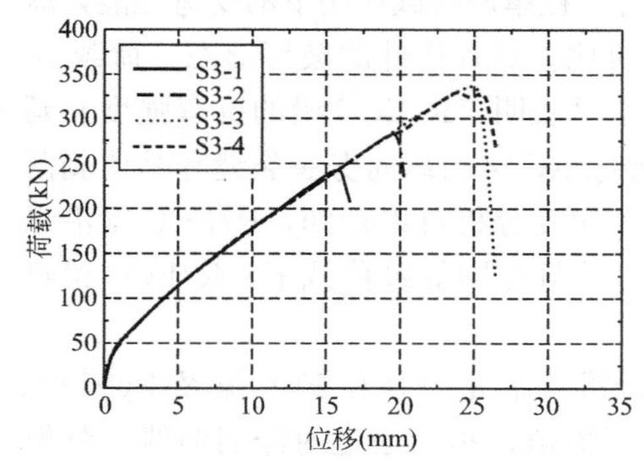

图4.85　单轴拉伸模型Ⅰ中各构件荷载-位移曲线

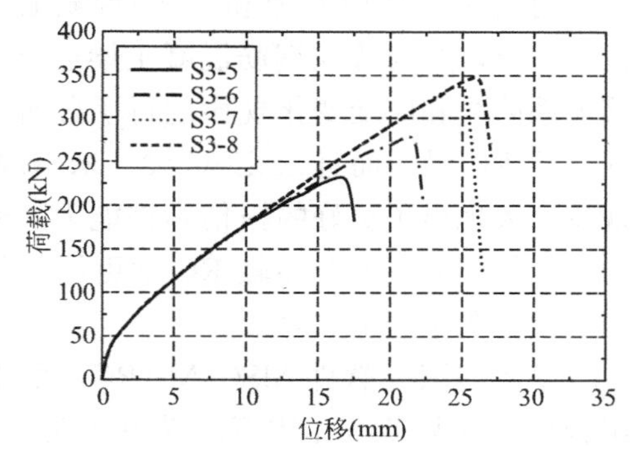

图4.86　单轴拉伸模型Ⅱ中各构件荷载-位移曲线

S3-3 的荷载-位移曲线基本一致，仅变形能力略微增长。这说明当 ECC 峰值拉应变达到 3%后，再继续增大峰值拉应变，构件的受剪性能则基本不变。

单轴拉伸模型中Ⅱ的构件荷载-位移曲线对比如图 4.86 所示。从图中可以看到，在跨中挠度达到 11mm 之前，各构件的荷载-位移曲线基本吻合，与模型Ⅰ相同。但当挠度超过 11mm 后，各构件开始出现差别，刚度退化出现差异，曲线出现分离。这说明当 ECC 材料的应变硬化路径相同，但单轴抗拉强度不同时，各构件在达到某个节点后由于 ECC 的抗拉强度不同，出现不同的刚度退化规律。其中构件 S3-8 是在峰值拉应变达到 3%后继续增大，构件的承载力和变形能力仍能够继续增大，这一点与模型Ⅰ中的结果不同。这是由于 S3-8 在相同应变硬化路径上继续增大峰值拉应变，其抗拉强度也较 S3-7 有所提高，因而构件的受剪承载力能继续提高。同时，构件 S3-8 较之 S3-7，性能提升幅度明显较小，承载能力仅提升 5%，说明当 ECC 的峰值拉应变达到 3%时，ECC 构件的剪切性能已经达到较高的水平，即使再提高抗拉强度，构件受剪性能的提升也不明显。因此，在实际应用当中，配置的 ECC 峰值拉应变达到 3%左右就能够充分发挥 ECC 优异的受剪性能，满足工程实际的受剪要求。

4.4 本章小结

(1) 对 ECC/RC 组合梁构件的正截面受弯性能进行理论分析，采用简化材料本构模型、平截面假定、钢筋与 ECC 材料变形协调及 ECC 与混凝土界面理想粘结等假定，对组合梁受弯各个阶段截面的应力应变状态的发展进行了详细地分析，并给出了组合梁各阶段的受弯承载力计算公式，同时对组合梁极限弯矩的计算方法进行了简化以便实际工程使用。

对钢筋增强 ECC 梁和 ECC/混凝土组合梁在单调荷载作用下的受弯性能开展试验研究，并与普通钢筋混凝土梁进行了对比。对各构件的破坏形态、荷载-位移关系曲线和应变变化规律进行了分析。结果表明：R/ECC 梁的抗弯强度和延性高于 RC 梁，而且 R/ECC 梁并未出现类似 RC 梁的纵向劈裂裂缝和基体剥落现象，表现出了更好的损伤容许能力。通过应变分析可以得知，R/ECC 梁沿纵向受拉钢筋的应变分布较 RC 梁更加均匀，并且在同等级荷载下，R/ECC 梁箍筋应变值要小于 RC 梁。

基于有限元软件 MSC. MARC，采用纤维梁单元法对 R/ECC 梁及 RC/ECC 组合梁在往复荷载作用下的受力特性进行了数值模拟，通过对滞回曲线、骨架曲线、加卸载路径及累计耗能等指标的分析发现，模拟结果与试验结果符合较好。同时，采用有限元软件 ATENA 对 RC 梁和 R/ECC 梁塑性铰区长度及变形能力进行分析，研究ECC拉伸性能、抗压强度、截面配筋率及截面尺寸等参数对R/ECC梁塑性铰区长度的影响，并提出计算R/ECC梁塑性铰长度的经验公式。

（2）在地震作用下，组合梁的梁底ECC出现多缝开裂、细密裂缝发展的现象，裂缝宽度极小，保证梁在正常使用极限状态的要求，可以极大地提高梁的耐久性。梁的延性、耗能能力主要取决于梁的破坏形态，弯曲破坏形态比剪切破坏形态具有更加饱满的滞回曲线，延性及耗能能力更好；ECC材料能够极大地提高梁的延性及抗震性能，同时，ECC具有较好的抗剪性能，在剪切梁中可以部分代替箍筋的作用；ECC的多缝稳态开展特性使得ECC在开裂后能够与钢筋较好地协同工作，防止钢筋出现应力突变；ECC增强层能够使组合梁的承载力及刚度退化更加平缓、稳定，破坏位移和延性更大。

对组合梁的抗震性能进行参数分析，考虑ECC层厚度、ECC的极限拉应变、ECC层分布位置等因素对组合梁性能的影响。结果表明：选择2～3倍混凝土保护层厚度的ECC层即可很好地满足要求；在ECC层厚度较小的情况下，ECC的极限拉应变对组合梁的抗震性能影响不大；ECC层分布于受拉区比分布于受压区能更好地提升组合梁的抗震性能。

（3）对梁构件进行了四点弯受剪性能静力试验。通过对材料参数系列、配箍率参数系列和剪跨比参数系列梁的开裂荷载、峰值荷载、延性以及箍筋应变分析，得到结论如下：ECC构件的受剪性能远优于混凝土构件。对ECC/RC组合梁，使用相同量材料的情况下，梁下部受拉区组合ECC层的效率远高于上部受压区组合ECC，箍筋应变的发展也更稳定。尽管ECC具有良好的剪切性能和裂缝控制能力，但不配箍的情况下ECC梁的受剪性能还是不能满足结构延性要求。当配箍率为0.24%、剪跨比为2.5左右时，此时ECC构件承载力较高，延性也较好，箍筋的屈服强度和强化强度都能得到利用，构件破坏过程为延性破坏。

基于ATENA有限元软件，对BFRP增强ECC梁、ECC/RC组合梁和RC梁的抗剪性能进行了系统的非线性有限元分析。得到的结论如下：相比于混凝土梁，ECC开裂后仍能很好地与箍筋协同变形，梁始终保持整体受力，在达到极限荷载前箍筋能够屈服并且应变继续发展，箍筋的受力效率更高。剪跨比对FRP增强ECC梁的受剪性能影响显著。将FRP增强混凝土梁顶部替换为ECC层形成组合梁，能较大程度提升梁的变形性能，同时，小幅提升构件的受剪承载能力。构件性能与ECC厚度关系不明显。在底部组合ECC层时，组合梁的承载能力和变形性能都能够得到提高，并且ECC厚度越大，性能提高幅度越大。ECC峰值拉应变也是影响FRP增强ECC梁受剪性能的重要因素。

4.5 参考文献

[1] Fischer G，Li V C. Effect of matrix ductility on deformation behavior of steel reinforced ECC flexural members under reversed cyclic loading conditions [J]. ACI Structural Journal，2002，99（6），781-790.

[2] Maalej M，Li V C. Introduction of strain-hardening engineered cementitious composites in design of reinforced concrete flexural members for improved durability [J]. ACI Structural Journal，1995，92（2）：167-176.

[3] Li V C，Mishra D K，Naaman A E，et al. On the shear behavior of engineered cementitious composites [J]. Advanced Cement Based Materials，1994，1（3）：142-149.

[4] Zhang J. and Li V. C，Monotonic and fatigue performance of engineered fiber reinforced cementitious composite in overlay system [J]. Cement and Concrete Research，32（3），pp. 415-423.

[5] Leung C K Y，Cao Q. Development of pseudo-ductile permanent formwork for durable concrete structures [J]. Materials and Structures，2010，43（7）：993-1007.

[6] Naaman AE，et al. Reinforced and prestressed concrete using HPFRCC materials. France：HPFRCC-2，RILEM. 1996；314-320.

[7] Au FTK，Bai ZZ. Two-dimensional nonlinear finite element analysis of monotonically and non-reversed cyclically loaded RC beams. Eng Struct. 2007；29（11）：2921-2934.

[8] Cai JM，Pan JL，Yuan F. Experimental and numerical study on flexural behaviors of steel reinforced engineered cementitious composite beams. J Southeast Univ. 2014；30（3）：330-335.

[9] Bandelt MJ，Billington SL. Impact of Reinforcement Ratio and Loading Type on the Deformation Capacity of High-Performance Fiber-Reinforced Cementitious Composites Reinforced with Mild Steel. J Struct Eng. 2016；142（10）：04016084.

[10] Leung C K Y，Cao Q. Development of pseudo-ductile permanent formwork for durable concrete structures [J]. Materials and Structures，2010，43（7）：993-1007.

[11] Abdel-Fattah B，Wight J. Study of moving beam plastic hinging zone

for earthquake-resistant design of R/C buildings. ACI Struct J. 1986；84（4）：31-39.

[12] Sawyer HA. Design of concrete frames for two failure states. Int Symp of the Flexural Mechanics of Reinforced Concrete Proc. 1964；405-431.

[13] Corley GW. Rotational capacity of reinforced concrete beams. J Struct Div. 1966；92（3）：121-146.

[14] Mattock AH. Discussion of rotational capacity of reinforced concrete beams. J Struct Div. 1967；93（2）：519-522.

[15] Paulay T，Priestley MJN. Seismic design of reinforced concrete and masonry buildings. New York：John Wiley & Sons，1992.

[16] Hemmati A，Kheyroddin A，Sharbatdar MK. Plastic hinge rotation capacity of reinforced HPFRCC beams. J Struct Eng. 2013；141（2）：04014111.

[17] Berry MP，Lehman DE，Lowes LN. Lumped plasticity models for performance simulation of bridge columns. ACI Struct J. 2008；105（3）：270-279.

[18] Zhao XM，Wu YF，Leung AYT. Analyses of plastic hinge regions in reinforced concrete beams under monotonic loading. Eng Struct. 2012；34（1）：466-482.

[19] Park R，Paulay T. Reinforced concrete structures. New York：Wiley，1975.

[20] 李爱群，丁幼亮. 工程结构抗震分析 [M]. 高等教育出版社，2010，1.

[21] Xu S，Hou L，Zhang X. Flexural and shear behaviors of reinforced ultrahigh toughness cementitious composite beams without web reinforcement under concentrated load [J]. Engineering Structures，2012，39：176-186.

[22] 张宏战，张瑞瑾，黄承逵. 钢纤维高强混凝土构件受剪性能试验研究 [D]. 大连理工大学，2005.

[23] Shin S K，Kim J J H，Lim Y M. Investigation of the strengthening effect of DFRCC applied to plain concrete beams [J]. Cement and Concrete Composites，2007，29（6）：465-473.

第5章 R/ECC柱及RC/ECC组合柱构件的力学性能

柱构件是框架结构的主要受力构件，在地震作用下，柱构件的破坏会导致结构震后难以修复，情况严重时甚至有可能引起结构的整体倒塌，造成严重的生命和财产损失。以往研究结果表明，在低周反复荷载作用下，钢筋增强 ECC（R/ECC）柱较钢筋增强混凝土（RC）柱具有更高的承载力、更优越的变形能力和能量耗散能力。因此有必要对 R/ECC 柱和 RC/ECC 组合柱的力学性能进行研究，推广 R/ECC 柱和 RC/ECC 组合柱在建筑结构中的应用，有效减小建筑结构在罕遇及特大地震下的倒塌概率，避免或延迟结构的整体破坏，降低震后加固修复成本，减小人民群众的生命和财产损失。

针对以上研究目标，本章主要开展以下研究工作：①基于钢筋混凝土结构设计的基本理论与假定，提出 R/ECC 柱正截面承载力计算公式；②基于 ATENA 软件对 RC/ECC 组合柱压弯性能进行数值模拟并进行参数分析，得到 RC/ECC 组合柱中 ECC 的最优应用高度；③通过低周反复加载试验和有限元模拟研究 RC 柱、R/ECC 柱、RC/ECC 组合柱的抗震性能，并提出基于退化三线型的 R/ECC 柱恢复力模型。

5.1 R/ECC 受压构件正截面承载力分析

ECC 与传统混凝土材料的力学性能具有较大的差别，使得 R/ECC 柱受拉和受压区的应力分布及其他有关参数与普通 RC 柱存在着明显的差异。本节基于钢筋混凝土结构设计的基本理论，根据 ECC 材料的力学性能参数，对 R/ECC 柱正截面承载力计算方法进行系统研究。

根据《混凝土结构设计规范》GB 50010—2010，采用如下的假定进行受压构件的正截面承载力计算，并建立相应的理论计算方法：

（1）平截面假定，即截面在外部荷载作用下，截面各点应变沿截面的高度方向呈线性变化；

（2）钢筋和 ECC 材料之间具有较好的粘结，协调变形，不考虑两者粘结滑移的影响；

（3）对于 ECC 材料，当其受拉达到初裂荷载后进入应变硬化阶段，整个受力过程中充分考虑 ECC 的抗拉能力。

5.1.1　轴心受压构件正截面承载力

本文根据 Li[1] 提出的理论模型，将 ECC 材料的单轴受拉、受压的应力应变曲线[2] 进行简化，如图 5.1（*a*）、（*b*）所示，其中单轴受拉应力应变曲线为双折线本构模型，单轴受压应力应变曲线为三折线本构模型。根据《混凝土结构设计规范》GB 50010—2010，钢筋采用理想弹塑性模型，如图 5.1（*c*）所示。

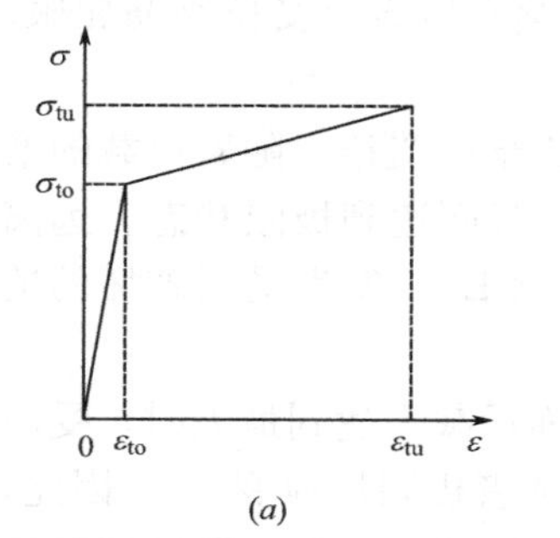

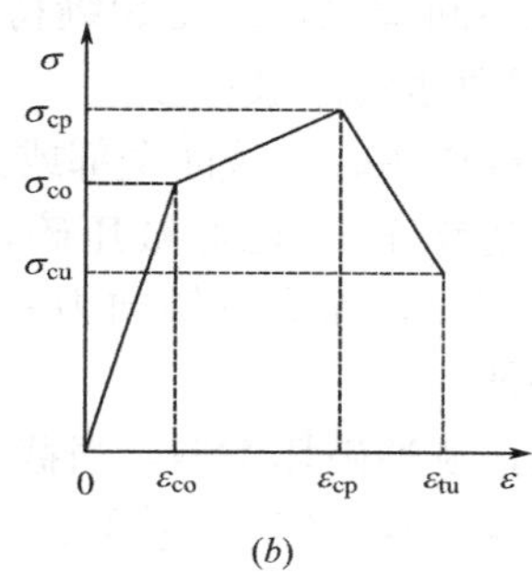

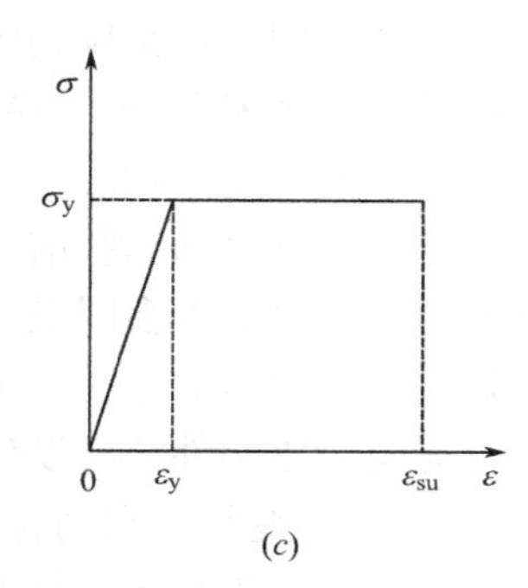

图 5.1　材料的本构模型

（*a*）ECC 单轴拉伸双折线模型；（*b*）ECC 单轴压缩三折线模型；（*c*）钢筋理想弹塑性模型

试验表明，在单轴压下 ECC 棱柱体构件最大压应力对应的应变值 ε_{cp} 约为 0.004[2]，而对于 R/ECC 短柱，在纵向钢筋和箍筋的约束作用下，达到应力峰值时的压应变将更大。钢筋的屈服应变一般在 0.002 左右，因此，一般是纵向钢筋先屈服，此时荷载可继续增加，直至 ECC 达到极限压应变时，构件破坏。在计算时，若以构件的压应变 ε_{cp} 达到为控制条件，认为此时 ECC 达到了棱柱体抗压强度，而钢筋进入塑性段。

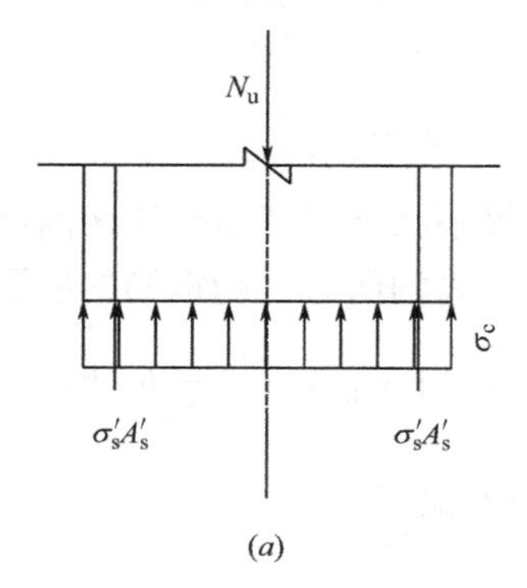

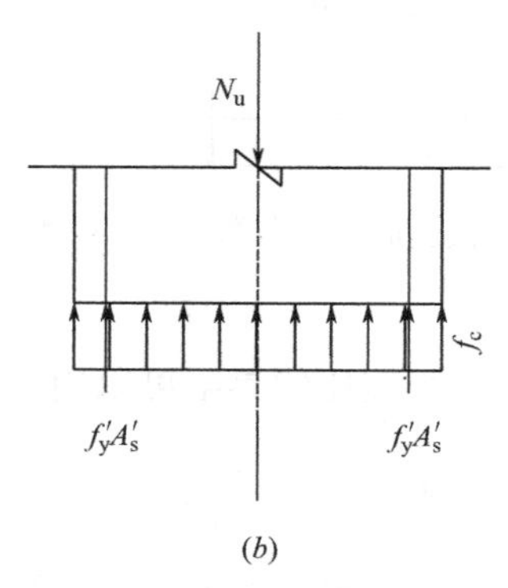

图 5.2　轴向受压柱正截面计算简图

（*a*）正常使用荷载作用下；（*b*）极限荷载作用下

根据以上分析，配有纵向钢筋和普通箍筋的轴心受压 ECC 短柱正截面计算应力简图如图 5.2 所示。依据平截面假定，R/ECC 柱轴心受压承载力计算公式如下：

$$N_u = f'_y A'_s + f_c A_c \tag{5.1}$$

5.1.2 偏心受压正截面承载力

在大偏心受压状态下，荷载作用时，受拉侧边缘 ECC 首先出现横向裂缝。随着荷载的增大，受拉侧应变不断增大，细密裂缝持续开展直至受拉钢筋屈服。最后受压边缘 ECC 被压碎，截面达到极限状态。

在小偏心受压状态下，荷载作用时，截面全部或大部分受压。随着荷载的增大，在受拉侧钢筋屈服前受压边缘 ECC 已经被压碎，截面达到极限状态。远离轴向力一侧钢筋不会因受拉而屈服，而靠近轴向力一侧 ECC 发生受压破坏的情形是小偏心受压的一种基本特征。

无论受压构件截面发生上述哪种破坏类型，当截面承载力达到最大时，受压边缘 ECC 应变均存在两种可能状态：峰值压应变 ε_{cp} 或者极限压应变 ε_{cu}。因此，本节将分别分析受压边缘 ECC 达到上述两种情况时正截面的性能，做出两种情况下的 *N-M* 曲线，进而确定偏心受压 ECC 柱的 *N-M* 曲线。

5.1.2.1 基于极限压应变的正截面承载力计算

1. 大小偏压的界限判别

图 5.3 为靠近轴向力一侧 ECC 边缘达到极限压应变 ε_{cu} 时截面的应变分布图。界限破坏的特征是在远离轴向力一侧钢筋应力达到其屈服强度的同时靠近轴向力一侧 ECC 边缘的压应变也刚好达到极限应变 ε_{cu}。

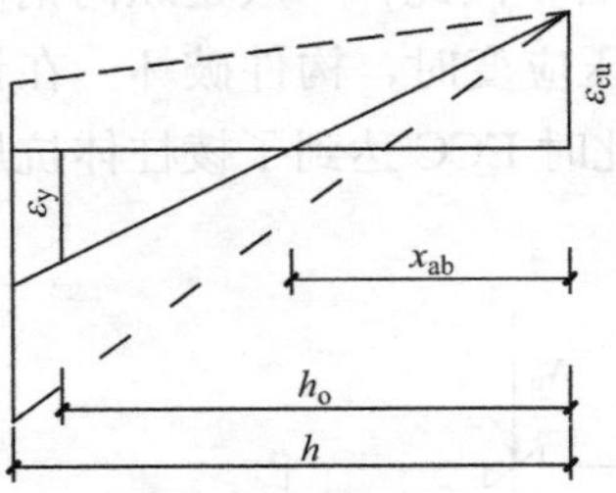

图 5.3 截面应变分布图

$$\frac{\varepsilon_y}{\varepsilon_{cu}} = \frac{h_0 - x_{ab}}{x_{ab}}$$

$$x_{ab} = \frac{\varepsilon_{cu}}{\varepsilon_{cu} + \varepsilon_y} h_0 \tag{5.2}$$

式中 x_{ab}——界限状态时截面受压区高度；

ε_y——远离轴向力一侧钢筋的屈服应变。

显然，大小偏压的界限可以用 x_{ab} 来判别：当 $x_{ab} \geqslant \frac{\varepsilon_{cu}}{\varepsilon_{cu} + \varepsilon_y} h_0$ 时，截面属于小偏压状态；当 $x_{ab} \leqslant \frac{\varepsilon_{cu}}{\varepsilon_{cu} + \varepsilon_y} h_0$ 时，截面属于大偏压状态。

2. 大偏心受压时正截面承载力计算

对于矩形截面偏心受压构件，当截面产生大偏心破坏时，截面的实际应力图形如图 5.4 所示。远离轴向力一侧的钢筋在极限状态下已屈服，钢筋应力为 f_y；

靠近轴向力一侧的钢筋应力取决于受压区高度。

1）计算公式

由图5.4中的应变分布图可以得到靠近轴向力一侧的钢筋应变与受压区高度 x_a 的关系式如下：

$$\frac{\varepsilon_s'}{\varepsilon_{cu}}=\frac{x_a-a_s'}{x_a}$$

$$x_a=\frac{\varepsilon_{cu}}{\varepsilon_{cu}-\varepsilon_s'}a_s' \tag{5.3}$$

式中 a_s'——受压钢筋中心至截面受压边缘的距离；

ε_s'——靠近轴向力一侧钢筋的实际应变。

根据试验测得 $\varepsilon_{cu}=0.006$[2]，假定受压钢筋达到屈服，例如HRB335级钢筋，可取 $\varepsilon_s=\varepsilon_s'=0.0017$，代入上式，有 $x_a=1.395a_s'$，即只要 $x_a\geqslant1.395a_s'$，靠近轴向力一侧的钢筋应力就可以达到屈服。对于其他种类的钢筋，可根据以上公式计算确定。对偏心受压构件 $x_a\geqslant1.395a_s'$ 的条件一般均能满足，故认为受压钢筋能屈服。

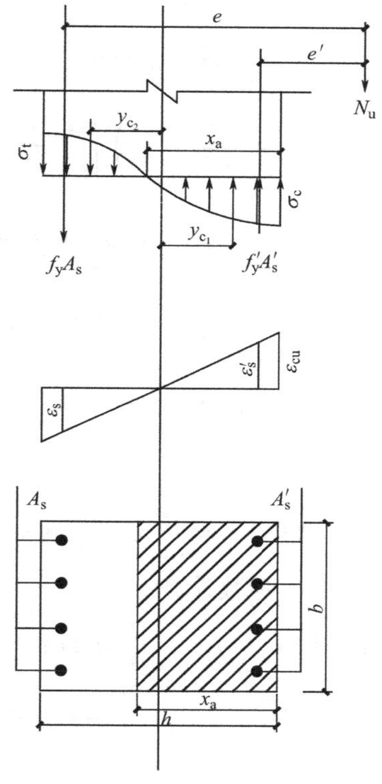

图5.4 矩形截面大偏心受压正截面承载力计算图

由平截面假定可知，截面任一点的应变为：

$$\varepsilon=\begin{cases}\dfrac{x_a-x}{x_a}\varepsilon_{cu}, & 0\leqslant x\leqslant x_a\\[2ex] \dfrac{x-x_a}{x_a}\varepsilon_{cu}, & x_a\leqslant x\leqslant h\end{cases} \tag{5.4}$$

根据以上分析，由力的平衡 $\sum N=0$ 有：

$$\begin{aligned}N&=\int_0^{x_a}b\sigma_c(\varepsilon)\mathrm{d}x-\int_{x_a}^{h}b\sigma_t(\varepsilon)\mathrm{d}x+f_y'A_s'-f_yA_s\\&=\frac{bx_a}{\varepsilon_{cu}}\left[\int_0^{\varepsilon_{cu}}\sigma_c(\varepsilon)\mathrm{d}\varepsilon-\int_0^{\frac{h-x_a}{x_a}\varepsilon_{cu}}\sigma_t(\varepsilon)\mathrm{d}\varepsilon\right]+f_y'A_s'-f_yA_s\\&=\frac{bx_a}{\varepsilon_{cu}}(A-B)+f_y'A_s'-f_yA_s\end{aligned} \tag{5.5}$$

式中，$A=\int_0^{\varepsilon_{cu}}\sigma_c(\varepsilon)\mathrm{d}\varepsilon$，$B=\int_0^{\frac{h-x_a}{x_a}\varepsilon_{cu}}\sigma_t(\varepsilon)\mathrm{d}\varepsilon$。

由力矩平衡 $\sum M=0$，对截面形心取矩，得：

$$M=\int_0^{x_a} b\sigma_c(\varepsilon)\left(\frac{h}{2}-x\right)dx+\int_{x_a}^{h} b\sigma_t(\varepsilon)\left(x-\frac{h}{2}\right)dx+f'_yA'_s\left(\frac{h}{2}-a'_s\right)$$
$$+f_yA_s\left(\frac{h}{2}-a_s\right)$$
$$=\frac{bx_a}{\varepsilon_{cu}}\left(\frac{h}{2}-x_a\right)\left[\int_0^{\varepsilon_{cu}}\sigma_c(\varepsilon)d\varepsilon-\int_0^{\frac{h-x_a}{x_a}\varepsilon_{cu}}\sigma_t(\varepsilon)d\varepsilon\right]+b\left(\frac{x_a}{\varepsilon_{cu}}\right)^2\left[\int_0^{\varepsilon_{cu}}\sigma_c(\varepsilon)\varepsilon d\varepsilon+\right.$$
$$\left.\int_0^{\frac{h-x_a}{x_a}\varepsilon_{cu}}\sigma_t(\varepsilon)\varepsilon d\varepsilon\right]+f'_yA'_s\left(\frac{h}{2}-a'_s\right)+f_yA_s\left(\frac{h}{2}-a_s\right)$$
$$=\frac{bx_a}{\varepsilon_{cu}}\left(\frac{h}{2}-x_a\right)(A-B)+b\left(\frac{x_a}{\varepsilon_{cu}}\right)^2(C+D)+f'_yA'_s\left(\frac{h}{2}-a'_s\right)$$
$$+f_yA_s\left(\frac{h}{2}-a_s\right) \tag{5.6}$$

式中，$C=\int_0^{\varepsilon_{cu}}\sigma_c(\varepsilon)\varepsilon d\varepsilon$，$D=\int_0^{\frac{h-x_a}{x_a}\varepsilon_{cu}}\sigma_t(\varepsilon)\varepsilon d\varepsilon$。

2）参数计算

$$A=\int_0^{\varepsilon_{cu}}\sigma_c(\varepsilon)d\varepsilon=\int_0^{\varepsilon_{co}}k_1\varepsilon d\varepsilon+\int_{\varepsilon_{co}}^{\varepsilon_{cp}}[\sigma_{co}+k_2(\varepsilon-\varepsilon_{co})]d\varepsilon+\int_{\varepsilon_{cp}}^{\varepsilon_{cu}}[\sigma_{cp}+k_3(\varepsilon-\varepsilon_{cp})]d\varepsilon$$
$$=\frac{1}{2}k_1\varepsilon_{co}^2+\sigma_{co}(\varepsilon_{cp}-\varepsilon_{co})+\frac{1}{2}k_2(\varepsilon_{cp}-\varepsilon_{co})^2+\sigma_{cp}(\varepsilon_{cu}-\varepsilon_{cp})+\frac{1}{2}k_3(\varepsilon_{cu}-\varepsilon_{cp})^2 \tag{5.7}$$

$$C=\int_0^{\varepsilon_{cu}}\sigma_c(\varepsilon)\varepsilon d\varepsilon=\int_0^{\varepsilon_{co}}k_1\varepsilon^2d\varepsilon+\int_{\varepsilon_{co}}^{\varepsilon_{cp}}[\sigma_{co}+k_2(\varepsilon-\varepsilon_{co})]\varepsilon d\varepsilon+\int_{\varepsilon_{cp}}^{\varepsilon_{cu}}[\sigma_{cp}+k_3(\varepsilon-\varepsilon_{cp})]\varepsilon d\varepsilon$$
$$=\frac{1}{3}k_1\varepsilon_{co}^3+\frac{1}{2}\sigma_{co}(\varepsilon_{cp}^2-\varepsilon_{co}^2)+\frac{1}{6}k_2(2\varepsilon_{cp}^3-3\varepsilon_{co}\varepsilon_{cp}^2+\varepsilon_{co}^3)$$
$$+\frac{1}{2}\sigma_{cp}(\varepsilon_{cu}^2-\varepsilon_{cp}^2)+\frac{1}{6}k_3(2\varepsilon_{cu}^3-3\varepsilon_{cp}\varepsilon_{cu}^2+\varepsilon_{cp}^3) \tag{5.8}$$

当$\frac{h-x_a}{x_a}\varepsilon_{cu}\geqslant\varepsilon_{tu}$，即$x_a\leqslant\frac{\varepsilon_{cu}}{\varepsilon_{tu}+\varepsilon_{cu}}h$时：

$$B=\int_0^{\varepsilon_{tu}-\varepsilon_{cu}}\sigma_t(\varepsilon)d\varepsilon=\int_0^{\varepsilon_{to}}k_4\varepsilon d\varepsilon+\int_{\varepsilon_{to}}^{\varepsilon_{tu}-\varepsilon_{cu}}[\sigma_{to}+k_5(\varepsilon-\varepsilon_{to})]d\varepsilon$$
$$=\frac{1}{2}k_4\varepsilon_{to}^2+\sigma_{to}(\varepsilon_{tu}-\varepsilon_{cu}-\varepsilon_{to})+\frac{1}{2}k_5(\varepsilon_{tu}-\varepsilon_{cu}-\varepsilon_{to})^2 \tag{5.9}$$

$$D=\int_0^{\varepsilon_{tu}-\varepsilon_{cu}}\sigma_t(\varepsilon)\varepsilon d\varepsilon=\int_0^{\varepsilon_{to}}k_4\varepsilon^2d\varepsilon+\int_{\varepsilon_{to}}^{\varepsilon_{tu}-\varepsilon_{cu}}[\sigma_{to}+k_5(\varepsilon-\varepsilon_{to})]\varepsilon d\varepsilon$$
$$=\frac{1}{3}k_4\varepsilon_{to}^3+\frac{1}{2}\sigma_{to}[(\varepsilon_{tu}-\varepsilon_{cu})^2-\varepsilon_{to}^2]+\frac{1}{6}k_5[2(\varepsilon_{tu}-\varepsilon_{cu})^3-3\varepsilon_{to}(\varepsilon_{tu}-\varepsilon_{cu})^2+\varepsilon_{to}^3] \tag{5.10}$$

当$\begin{cases} \varepsilon_{to} \leqslant \dfrac{h-x_a}{x_a}\varepsilon_{cu} \leqslant \varepsilon_{tu} \\ x_a \leqslant \dfrac{\varepsilon_{cu}}{\varepsilon_{cu}+\varepsilon_y} h_0 \end{cases}$，即$\dfrac{\varepsilon_{cu}}{\varepsilon_{tu}+\varepsilon_{cu}}h \leqslant x_a \leqslant \dfrac{\varepsilon_{cu}}{\varepsilon_y+\varepsilon_{cu}}h_0$ 时：

$$B = \int_0^{\frac{h-x_a}{x_a}\varepsilon_{cu}} \sigma_t(\varepsilon)\mathrm{d}\varepsilon = \int_0^{\varepsilon_{to}} k_4\varepsilon\mathrm{d}\varepsilon + \int_{\varepsilon_{to}}^{\frac{h-x_a}{x_a}\varepsilon_{cu}} [\sigma_{to}+k_5(\varepsilon-\varepsilon_{to})]\mathrm{d}\varepsilon$$

$$= \frac{1}{2}k_4\varepsilon_{to}^2 + \sigma_{to}\left(\frac{h-x_a}{x_a}\varepsilon_{cu}-\varepsilon_{to}\right) + \frac{1}{2}k_5\left(\frac{h-x_a}{x_a}\varepsilon_{cu}-\varepsilon_{to}\right)^2 \tag{5.11}$$

$$D = \int_0^{\frac{h-x_a}{x_a}\varepsilon_{cu}} \sigma_t(\varepsilon)\varepsilon\mathrm{d}\varepsilon = \int_0^{\varepsilon_{to}} k_4\varepsilon^2\mathrm{d}\varepsilon + \int_{\varepsilon_{to}}^{\frac{h-x_a}{x_a}\varepsilon_{cu}} [\sigma_{to}+k_5(\varepsilon-\varepsilon_{to})]\varepsilon\mathrm{d}\varepsilon$$

$$= \frac{1}{3}k_4\varepsilon_{to}^3 + \frac{1}{2}\sigma_{to}\left[\left(\frac{h-x_a}{x_a}\varepsilon_{cu}\right)^2-\varepsilon_{to}^2\right] + \frac{1}{6}k_5\left[2\left(\frac{h-x_a}{x_a}\varepsilon_{cu}\right)^3 - 3\varepsilon_{to}\left(\frac{h-x_a}{x_a}\varepsilon_{cu}\right)^2 + \varepsilon_{to}^3\right] \tag{5.12}$$

当$\dfrac{h-x_a}{x_a}\varepsilon_{cu} \leqslant \varepsilon_{to}$，即 $x_a \geqslant \dfrac{\varepsilon_{cu}}{\varepsilon_{to}+\varepsilon_{cu}}h$ 时，不满足大偏压条件（一般情况下$\varepsilon_{to}<\varepsilon_y$）。

3）适用条件

为了保证截面为大偏心受压破坏，即破坏时受拉钢筋应力达到其抗拉强度设计值，截面ECC受压区高度应满足：$x_a \leqslant \dfrac{\varepsilon_{cu}}{\varepsilon_{cu}+\varepsilon_y}h_0$。

3. 小偏心受压时正截面承载力计算

1）计算公式

小偏心受压构件破坏时的基本特征是远离轴向力一侧的钢筋不会受拉屈服；当偏心距 e_0 稍大时，远离轴向力一侧会有受拉区存在，该处的ECC及钢筋均承受拉应力，其应力分布与大偏心受压时相似；当偏心距 e_0 很小，截面可能全部受压，但远离轴向力一侧的ECC压应力会小些。

如图5.5（*a*）所示，当偏心距比较大时，截面受压部分受拉，此时根据平截面假定，远离轴向力一侧的钢筋应变为：

$$\frac{\varepsilon_s}{\varepsilon_{cu}} = \frac{h_0-x_a}{x_a} \tag{5.13}$$

$$\varepsilon_s = \frac{h_0-x_a}{x_a}\varepsilon_{cu} \tag{5.14}$$

$$\sigma_s = E_s\varepsilon_s = \frac{h_0-x_a}{x_a}E_s\varepsilon_{cu} \leqslant f_y \tag{5.15}$$

由力的平衡 $\sum N=0$，得：

$$
\begin{aligned}
N &= \int_0^{x_a} b\sigma_c(\varepsilon)\mathrm{d}x - \int_{x_a}^{h} b\sigma_t(\varepsilon)\mathrm{d}x + f'_y A'_s - \sigma_s A_s \\
&= \frac{bx_a}{\varepsilon_{cu}}\left[\int_0^{\varepsilon_{cu}} \sigma_c(\varepsilon)\mathrm{d}\varepsilon - \int_0^{\frac{h-x_a}{x_a}\varepsilon_{cu}} \sigma_t(\varepsilon)\mathrm{d}\varepsilon\right] + f'_y A'_s - \sigma_s A_s \\
&= \frac{bx_a}{\varepsilon_{cu}}(A-B) + f'_y A'_s - \sigma_s A_s
\end{aligned} \tag{5.16}
$$

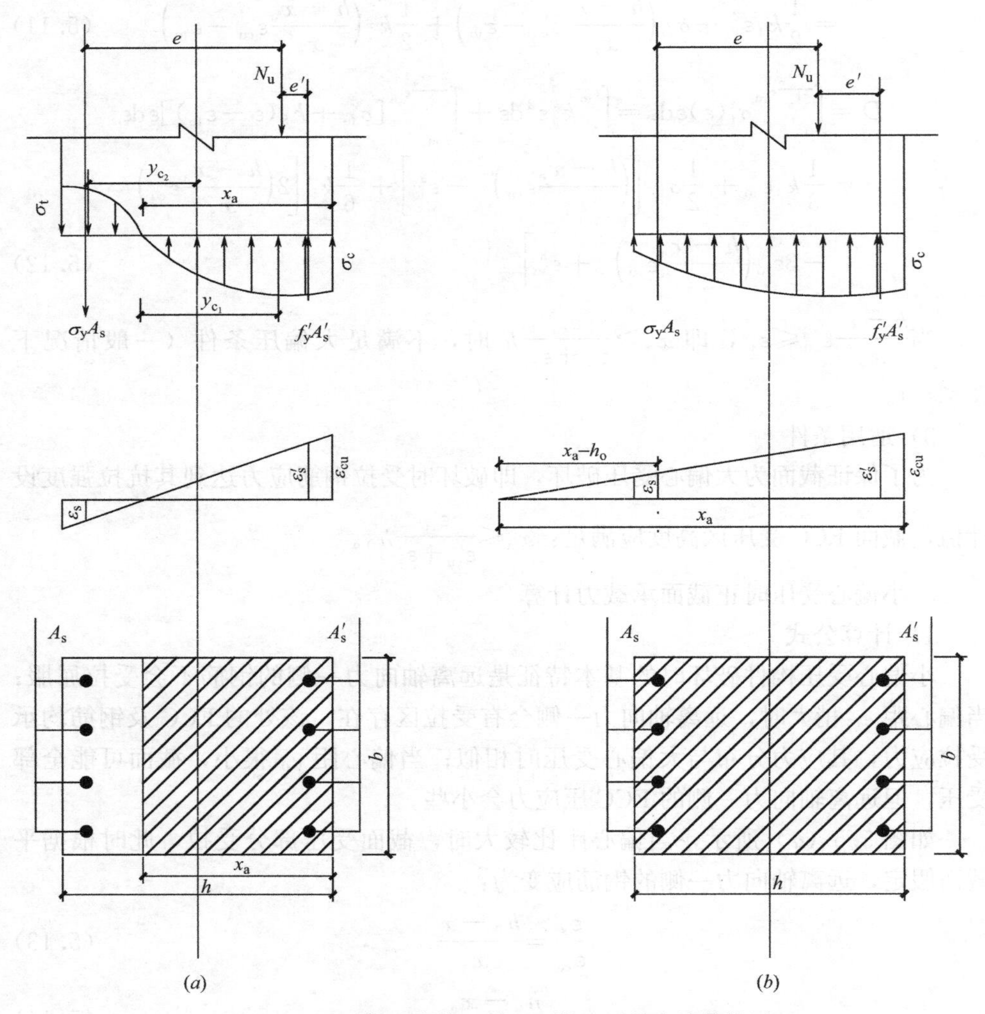

图 5.5　矩形截面小偏心受压正截面承载力计算简图

（a）部分截面受压；（b）全截面受压

由力矩平衡 $\sum M = 0$，对截面形心取矩，得：

$$M=\int_{0}^{x_a} b\sigma_c(\varepsilon)\left(\frac{h}{2}-x\right)dx+\int_{x_a}^{h} b\sigma_t(\varepsilon)\left(x-\frac{h}{2}\right)dx+f'_yA'_s\left(\frac{h}{2}-a'_s\right)$$

$$+\sigma_sA_s\left(\frac{h}{2}-a_s\right)$$

$$=\frac{bx_a}{\varepsilon_{cu}}\left(\frac{h}{2}-x_a\right)\left[\int_0^{\varepsilon_{cu}}\sigma_c(\varepsilon)d\varepsilon-\int_0^{\frac{h-x_a}{x_a}\varepsilon_{cu}}\sigma_t(\varepsilon)d\varepsilon\right]$$

$$+b\left(\frac{x_a}{\varepsilon_{cu}}\right)^2\left[\int_0^{\varepsilon_{cu}}\sigma_c(\varepsilon)\varepsilon d\varepsilon+\int_0^{\frac{h-x_a}{x_a}\varepsilon_{cu}}\sigma_t(\varepsilon)\varepsilon d\varepsilon\right]$$

$$+f'_yA'_s\left(\frac{h}{2}-a'_s\right)+\sigma_sA_s\left(\frac{h}{2}-a_s\right)$$

$$=\frac{bx_a}{\varepsilon_{cu}}\left(\frac{h}{2}-x_a\right)(A-B)+b\left(\frac{x_a}{\varepsilon_{cu}}\right)^2(C+D)$$

$$+f'_yA'_s\left(\frac{h}{2}-a'_s\right)+\sigma_sA_s\left(\frac{h}{2}-a_s\right) \tag{5.17}$$

如图5.5（b）所示，当偏心距较小时，全截面受压，此时根据平截面假定，远离轴向力一侧的钢筋应力为：

$$\frac{\varepsilon_s}{\varepsilon_{cu}}=\frac{x_a-h_0}{x_a}$$

$$\varepsilon_s=\frac{x_a-h_0}{x_a}\varepsilon_{cu} \tag{5.18}$$

$$\sigma_s=E_s\varepsilon_s=\frac{x_a-h_0}{x_a}E_s\varepsilon_{cu}\leqslant f_y \tag{5.19}$$

截面任一点的应变为：

$$\varepsilon=\frac{x_a-x}{x_a}\varepsilon_{cu}，\ 0\leqslant x\leqslant h \tag{5.20}$$

由力的平衡$\sum N=0$，得：

$$N=\int_0^h b\sigma_c(\varepsilon)dx+f'_yA'_s+\sigma_sA_s=\frac{bx_a}{\varepsilon_{cu}}\int_{\frac{x_a-h}{x_a}\varepsilon_{cu}}^{\varepsilon_{cu}}\sigma_c(\varepsilon)d\varepsilon+f'_yA'_s+\sigma_sA_s$$

$$=\frac{bx_a}{\varepsilon_{cu}}E+f'_yA'_s+\sigma_sA_s \tag{5.21}$$

式中，$E=\int_{\frac{x_a-h}{x_a}\varepsilon_{cu}}^{\varepsilon_{cu}}\sigma_c(\varepsilon)d\varepsilon$。

由力矩平衡$\sum M=0$，对截面形心取矩，得：

$$M=\int_0^h b\sigma_c(\varepsilon)\left(\frac{h}{2}-x\right)dx+f'_yA'_s\left(\frac{h}{2}-a'_s\right)-\sigma_sA_s\left(\frac{h}{2}-a_s\right)$$

$$=\frac{bx_a}{\varepsilon_{cu}}\left(\frac{h}{2}-x_a\right)\int_{\frac{x_a-h}{x_a}\varepsilon_{cu}}^{\varepsilon_{cu}}\sigma_c(\varepsilon)d\varepsilon+b\left(\frac{x_a}{\varepsilon_{cu}}\right)^2\int_{\frac{x_a-h}{x_a}\varepsilon_{cu}}^{\varepsilon_{cu}}\sigma_c(\varepsilon)\varepsilon d\varepsilon$$

$$+f'_yA'_s\left(\frac{h}{2}-a'_s\right)-\sigma_sA_s\left(\frac{h}{2}-a_s\right)$$

$$=\frac{bx_a}{\varepsilon_{cu}}\left(\frac{h}{2}-x_a\right)E+b\left(\frac{x_a}{\varepsilon_{cu}}\right)^2F+f'_yA'_s\left(\frac{h}{2}-a'_s\right)-\sigma_sA_s\left(\frac{h}{2}-a_s\right) \tag{5.22}$$

式中，$F=\int_{\frac{x_a-h}{x_a}\varepsilon_{cu}}^{\varepsilon_{cu}}\sigma_c(\varepsilon)\varepsilon d\varepsilon$。

2）参数计算

当$\begin{cases}\varepsilon_{to}\leqslant\dfrac{h-x_a}{x_a}\varepsilon_{cu}\leqslant\varepsilon_{tu}\\ x_a\geqslant\dfrac{\varepsilon_{cu}}{\varepsilon_{cu}+\varepsilon_y}h_0\end{cases}$，即$\dfrac{\varepsilon_{cu}}{\varepsilon_y+\varepsilon_{cu}}h_0\leqslant x_a\leqslant\dfrac{\varepsilon_{cu}}{\varepsilon_{to}+\varepsilon_{cu}}h$ 时：B 值同式（5.11），D 值同式（5.12）。

当$\begin{cases}\dfrac{h-x_a}{x_a}\varepsilon_{cu}\leqslant\varepsilon_{to}\\ x_a\leqslant h\end{cases}$，即$\dfrac{\varepsilon_{cu}}{\varepsilon_{to}+\varepsilon_{cu}}h\leqslant x_a\leqslant h$ 时：

$$B=\int_0^{\frac{h-x_a}{x_a}\varepsilon_{cu}}\sigma_t(\varepsilon)d\varepsilon=\int_0^{\frac{h-x_a}{x_a}\varepsilon_{cu}}k_4\varepsilon d\varepsilon=\frac{1}{2}k_4\left(\frac{h-x_a}{x_a}\varepsilon_{cu}\right)^2 \tag{5.23}$$

$$D=\int_0^{\frac{h-x_a}{x_a}\varepsilon_{cu}}\sigma_t(\varepsilon)\varepsilon d\varepsilon=\int_0^{\frac{h-x_a}{x_a}\varepsilon_{cu}}k_4\varepsilon^2 d\varepsilon=\frac{1}{3}k_4\left(\frac{h-x_a}{x_a}\varepsilon_{cu}\right)^3 \tag{5.24}$$

当$\dfrac{h-x_a}{x_a}\varepsilon_{cu}\geqslant\varepsilon_{tu}$，即$x_a\leqslant\dfrac{\varepsilon_{cu}}{\varepsilon_{cu}+\varepsilon_{tu}}h$ 时：不满足小偏压条件。

当$\begin{cases}\dfrac{x_a-h}{x_a}\varepsilon_{cu}\leqslant\varepsilon_{co}\\ x_a\geqslant h\end{cases}$，即$h\leqslant x_a\leqslant\dfrac{\varepsilon_{cu}}{\varepsilon_{cu}-\varepsilon_{co}}h$ 时：

$$E=\int_{\frac{x_a-h}{x_a}\varepsilon_{cu}}^{\varepsilon_{cu}}\sigma_c(\varepsilon)d\varepsilon$$

$$=\int_{\frac{x_a-h}{x_a}\varepsilon_{cu}}^{\varepsilon_{co}}k_1\varepsilon d\varepsilon+\int_{\varepsilon_{co}}^{\varepsilon_{cp}}[\sigma_{co}+k_2(\varepsilon-\varepsilon_{co})]d\varepsilon+\int_{\varepsilon_{cp}}^{\varepsilon_{cu}}[\sigma_{cp}+k_3(\varepsilon-\varepsilon_{cp})]d\varepsilon$$

$$=\frac{1}{2}k_1\left(\varepsilon_{co}^2-\left(\frac{x_a-h}{x_a}\varepsilon_{cu}\right)^2\right)+\sigma_{co}(\varepsilon_{cp}-\varepsilon_{co})+\frac{1}{2}k_2(\varepsilon_{cp}-\varepsilon_{co})^2$$

$$+\sigma_{cp}(\varepsilon_{cu}-\varepsilon_{cp})+\frac{1}{2}k_3(\varepsilon_{cu}-\varepsilon_{cp})^2 \tag{5.25}$$

$$F=\int_{\frac{x_a-h}{x_a}\varepsilon_{cu}}^{\varepsilon_{cu}}\sigma_c(\varepsilon)\varepsilon d\varepsilon$$

$$=\int_{\frac{x_a-h}{x_a}\varepsilon_{cu}}^{\varepsilon_{co}} k_1\varepsilon^2 d\varepsilon+\int_{\varepsilon_{co}}^{\varepsilon_{cp}}[\sigma_{co}+k_2(\varepsilon-\varepsilon_{co})]\varepsilon d\varepsilon+\int_{\varepsilon_{cp}}^{\varepsilon_{cu}}[\sigma_{cp}+k_3(\varepsilon-\varepsilon_{cp})]\varepsilon d\varepsilon$$

$$=\frac{1}{3}k_1\left[\varepsilon_{co}{}^3-\left(\frac{x_a-h}{x_a}\varepsilon_{cu}\right)^3\right]+\frac{1}{2}\sigma_{co}(\varepsilon_{cp}{}^2-\varepsilon_{co}{}^2)+\frac{1}{6}k_2(2\varepsilon_{cp}{}^3-3\varepsilon_{co}\varepsilon_{cp}{}^2+\varepsilon_{co}{}^3)$$
$$+\frac{1}{2}\sigma_{cp}(\varepsilon_{cu}{}^2-\varepsilon_{cp}{}^2)+\frac{1}{6}k_3(2\varepsilon_{cu}{}^3-3\varepsilon_{cp}\varepsilon_{cu}{}^2+\varepsilon_{cp}{}^3) \tag{5.26}$$

当$\varepsilon_{co}\leqslant\frac{x_a-h}{x_a}\varepsilon_{cu}\leqslant\varepsilon_{cp}$，即$\frac{\varepsilon_{cu}}{\varepsilon_{cu}-\varepsilon_{co}}h\leqslant x_a\leqslant\frac{\varepsilon_{cu}}{\varepsilon_{cu}-\varepsilon_{cp}}h$时：

$$E=\int_{\frac{x_a-h}{x_a}\varepsilon_{cu}}^{\varepsilon_{cu}}\sigma_c(\varepsilon)d\varepsilon=\int_{\frac{x_a-h}{x_a}\varepsilon_{cu}}^{\varepsilon_{cp}}[\sigma_{co}+k_2(\varepsilon-\varepsilon_{co})]d\varepsilon+\int_{\varepsilon_{cp}}^{\varepsilon_{cu}}[\sigma_{cp}+k_3(\varepsilon-\varepsilon_{cp})]d\varepsilon$$
$$=\sigma_{co}\left(\varepsilon_{cp}-\frac{x_a-h}{x_a}\varepsilon_{cu}\right)+\frac{1}{2}k_2\left[(\varepsilon_{cp}-\varepsilon_{co})^2-\left(\frac{x_a-h}{x_a}\varepsilon_{cu}-\varepsilon_{co}\right)^2\right]$$
$$+\sigma_{cp}(\varepsilon_{cu}-\varepsilon_{cp})+\frac{1}{2}k_3(\varepsilon_{cu}-\varepsilon_{cp})^2 \tag{5.27}$$

$$F=\int_{\frac{x_a-h}{x_a}\varepsilon_{cu}}^{\varepsilon_{cu}}\sigma_c(\varepsilon)\varepsilon d\varepsilon=\int_{\frac{x_a-h}{x_a}\varepsilon_{cu}}^{\varepsilon_{cp}}[\sigma_{co}+k_2(\varepsilon-\varepsilon_{co})]\varepsilon d\varepsilon+\int_{\varepsilon_{cp}}^{\varepsilon_{cu}}[\sigma_{cp}+k_3(\varepsilon-\varepsilon_{cp})]\varepsilon d\varepsilon$$
$$=\frac{1}{2}\sigma_{co}\left(\varepsilon_{cp}{}^2-\left(\frac{x_a-h}{x_a}\varepsilon_{cu}\right)^2\right)+\frac{1}{6}k_2\left(2\varepsilon_{cp}{}^3-3\varepsilon_{co}\varepsilon_{cp}{}^2-2\left(\frac{x_a-h}{x_a}\varepsilon_{cu}\right)^3\right.$$
$$\left.+3\varepsilon_{co}\left(\frac{x_a-h}{x_a}\varepsilon_{cu}\right)^2\right)+\frac{1}{2}\sigma_{cp}(\varepsilon_{cu}{}^2-\varepsilon_{cp}{}^2)+\frac{1}{6}k_3(2\varepsilon_{cu}{}^3-3\varepsilon_{cp}\varepsilon_{cu}{}^2+\varepsilon_{cp}{}^3) \tag{5.28}$$

当$\varepsilon_{cp}\leqslant\frac{x_a-h}{x_a}\varepsilon_{cu}\leqslant\varepsilon_{cu}$，即$x_a\geqslant\frac{\varepsilon_{cu}}{\varepsilon_{cu}-\varepsilon_{cp}}h$时：

$$E=\int_{\frac{x_a-h}{x_a}\varepsilon_{cu}}^{\varepsilon_{cu}}\sigma_c(\varepsilon)d\varepsilon=\int_{\frac{x_a-h}{x_a}\varepsilon_{cu}}^{\varepsilon_{cu}}[\sigma_{cp}+k_3(\varepsilon-\varepsilon_{cp})]d\varepsilon$$
$$=\sigma_{cp}\left(\varepsilon_{cu}-\frac{x_a-h}{x_a}\varepsilon_{cu}\right)+\frac{1}{2}k_3\left[(\varepsilon_{cu}-\varepsilon_{cp})^2-\left(\frac{x_a-h}{x_a}\varepsilon_{cu}-\varepsilon_{cp}\right)^2\right] \tag{5.29}$$

$$F=\int_{\frac{x_a-h}{x_a}\varepsilon_{cu}}^{\varepsilon_{cu}}\sigma_c(\varepsilon)\varepsilon d\varepsilon=\int_{\frac{x_a-h}{x_a}\varepsilon_{cu}}^{\varepsilon_{cu}}[\sigma_{cp}+k_3(\varepsilon-\varepsilon_{cp})]\varepsilon d\varepsilon$$
$$=\frac{1}{2}\sigma_{cp}\left(\varepsilon_{cu}{}^2-\left(\frac{x_a-h}{x_a}\varepsilon_{cu}\right)^2\right)$$
$$+\frac{1}{6}k_3\left(2\varepsilon_{cu}{}^3-3\varepsilon_{cp}\varepsilon_{cu}{}^2-2\left(\frac{x_a-h}{x_a}\varepsilon_{cu}\right)^3+3\varepsilon_{cp}\left(\frac{x_a-h}{x_a}\varepsilon_{cu}\right)^2\right) \tag{5.30}$$

3）适用条件

为了保证截面为小偏心受压破坏，即受压区ECC开始破坏时受拉钢筋应力尚没有达到其抗拉强度设计值，截面 ECC 受压区高度应满足：$x_a \geqslant \frac{\varepsilon_{cu}}{\varepsilon_{cu}+\varepsilon_y}h_0$。

5.1.2.2 基于峰值压应变时的正截面承载力计算

1. 大小偏压的界限判别

图 5.6 为靠近轴向力一侧 ECC 边缘达到峰值压应变 ε_{cp} 时截面的应变分布图。界限破坏的特征是在远离轴向力一侧钢筋应力达到其屈服强度的同时靠近轴向力一侧 ECC 边缘的压应变也刚好达到峰值压应变 ε_{cp}。

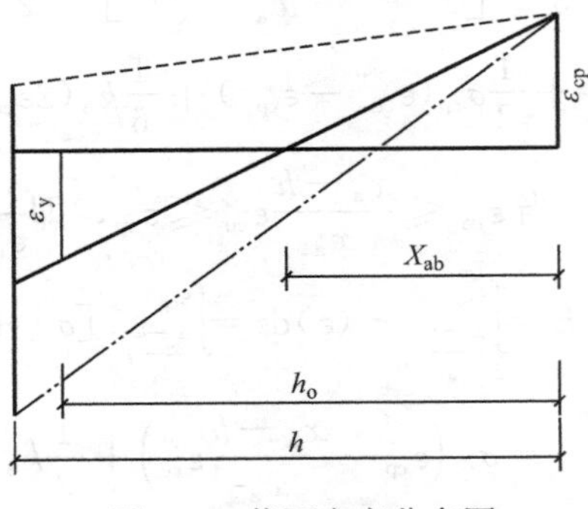

图 5.6 截面应变分布图

根据平截面假定，有：

$$\frac{\varepsilon_y}{\varepsilon_{cp}}=\frac{h_0-x_{ab}}{x_{ab}} \tag{5.31}$$

$$x_{ab}=\frac{\varepsilon_{cp}}{\varepsilon_{cp}+\varepsilon_y}h_0 \tag{5.32}$$

式中 x_{ab}—— 界限状态时截面受压区高度；

ε_y—— 远离轴向力一侧钢筋的屈服应变。

显然，当 $x_a \geqslant \frac{\varepsilon_{cp}}{\varepsilon_{cp}+\varepsilon_y}h_0$ 时，截面属于小偏压状态；当 $x_a \leqslant \frac{\varepsilon_{cp}}{\varepsilon_{cp}+\varepsilon_y}h_0$ 时，截面属于大偏压状态。

2. 大偏心受压时正截面承载力计算

1）计算公式

对于矩形截面偏心受压构件，当截面产生大偏心破坏时，截面的实际应力分布如图 5.7 所示。根据平截面假定，靠近轴向力一侧的钢筋应变与受压区高度 x_a 的关系式如下：

$$\frac{\varepsilon'_s}{\varepsilon_{cp}}=\frac{x_a-a'_s}{x_a} \tag{5.33}$$

$$x_a=\frac{\varepsilon_{cp}}{\varepsilon_{cp}-\varepsilon'_s}a'_s \tag{5.34}$$

式中 a'_s—— 受压钢筋中心至截面受压边缘的距离；

ε'_s—— 靠近轴向力一侧钢筋的实际应变。

根据试验测得 $\varepsilon_{cp}=0.004$[2]，假定受压钢筋达到屈服，例如 HRB335 级钢筋，可取 $\varepsilon_s=\varepsilon'_s=0.0017$，代入式（5.34），有：$x_a=1.739a'_s$，即只要 $x_a \geqslant 1.739a'_s$，靠近轴向力一侧的钢筋应力就可以达到屈服。对于其他种类的钢筋，可根据以上公式计算确定。对偏向受压构件 $x_a \geqslant 1.739a'_s$ 的条件一般均能满足，故认为受压钢筋能屈服。

由平截面假定可知，截面任一点的应变为：

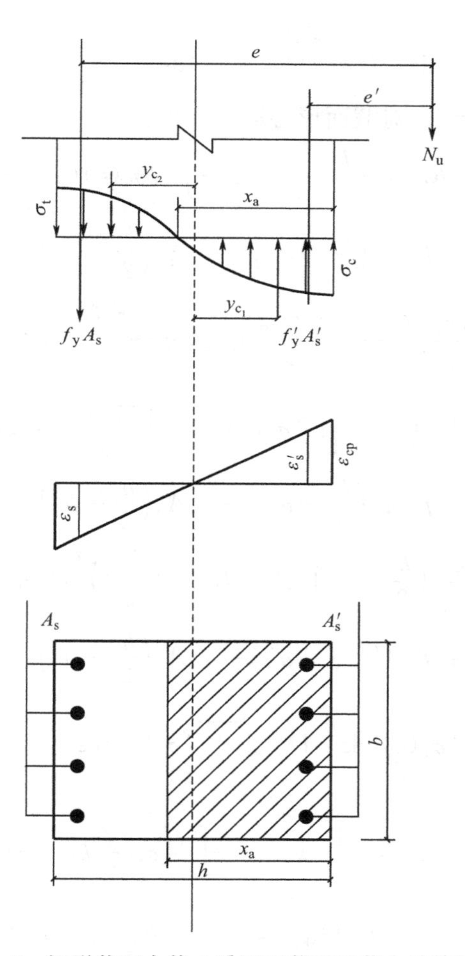

图 5.7　矩形截面大偏心受压正截面承载力计算简图

$$\varepsilon=\begin{cases}\dfrac{x_a-x}{x_a}\varepsilon_{cp}, & 0\leqslant x\leqslant x_a\\[2ex] \dfrac{x-x_a}{x_a}\varepsilon_{cp}, & x_a\leqslant x\leqslant h\end{cases} \tag{5.35}$$

根据以上分析，根据力的平衡$\sum N=0$，得到：

$$\begin{aligned}N&=\int_0^{x_a}b\sigma_c(\varepsilon)\mathrm{d}x-\int_{x_a}^{h}b\sigma_t(\varepsilon)\mathrm{d}x+f'_yA'_s-f_yA_s\\&=\frac{bx_a}{\varepsilon_{cp}}\left[\int_0^{\varepsilon_{cp}}\sigma_c(\varepsilon)\mathrm{d}\varepsilon-\int_0^{\frac{h-x_a}{x_a}\varepsilon_{cp}}\sigma_t(\varepsilon)\mathrm{d}\varepsilon\right]+f'_yA'_s-f_yA_s\\&=\frac{bx_a}{\varepsilon_{cp}}(A-B)+f'_yA'_s-f_yA_s\end{aligned} \tag{5.36}$$

式中，$A=\int_0^{\varepsilon_{cp}}\sigma_c(\varepsilon)d\varepsilon$，$B=\int_0^{\frac{h-x_a}{x_a}\varepsilon_{cp}}\sigma_t(\varepsilon)d\varepsilon$。

由力矩平衡$\sum M=0$，对截面形心取矩，得：

$$\begin{aligned}M=&\int_0^{x_a}b\sigma_c(\varepsilon)\left(\frac{h}{2}-x\right)dx+\int_{x_a}^{h}b\sigma_t(\varepsilon)(x-\frac{h}{2})dx\\&+f'_yA'_s\left(\frac{h}{2}-a'_s\right)+f_yA_s\left(\frac{h}{2}-a_s\right)\\=&\frac{bx_a}{\varepsilon_{cp}}\left(\frac{h}{2}-x_a\right)\left[\int_0^{\varepsilon_{cp}}\sigma_c(\varepsilon)d\varepsilon-\int_0^{\frac{h-x_a}{x_a}\varepsilon_{cp}}\sigma_t(\varepsilon)d\varepsilon\right]\\&+b\left(\frac{x_a}{\varepsilon_{cp}}\right)^2\left[\int_0^{\varepsilon_{cp}}\sigma_c(\varepsilon)\varepsilon d\varepsilon+\int_0^{\frac{h-x_a}{x_a}\varepsilon_{cp}}\sigma_t(\varepsilon)\varepsilon d\varepsilon\right]\\&+f'_yA'_s\left(\frac{h}{2}-a'_s\right)+f_yA_s\left(\frac{h}{2}-a_s\right)\\=&\frac{bx_a}{\varepsilon_{cp}}\left(\frac{h}{2}-x_a\right)(A-B)+b\left(\frac{x_a}{\varepsilon_{cp}}\right)^2(C+D)\\&+f'_yA'_s\left(\frac{h}{2}-a'_s\right)+f_yA_s\left(\frac{h}{2}-a_s\right)\end{aligned}\tag{5.37}$$

式（5.37）中，$C=\int_0^{\varepsilon_{cp}}\sigma_c(\varepsilon)\varepsilon d\varepsilon$，$D=\int_0^{\frac{h-x_a}{x_a}\varepsilon_{cp}}\sigma_t(\varepsilon)\varepsilon d\varepsilon$。

2）参数计算

$$\begin{aligned}A=&\int_0^{\varepsilon_{cp}}\sigma_c(\varepsilon)d\varepsilon=\int_0^{\varepsilon_{co}}k_1\varepsilon d\varepsilon+\int_{\varepsilon_{co}}^{\varepsilon_{cp}}[\sigma_{co}+k_2(\varepsilon-\varepsilon_{co})]d\varepsilon\\=&\frac{1}{2}k_1\varepsilon_{co}^2+\sigma_{co}(\varepsilon_{cp}-\varepsilon_{co})+\frac{1}{2}k_2(\varepsilon_{cp}-\varepsilon_{co})^2\end{aligned}\tag{5.38}$$

$$\begin{aligned}C=&\int_0^{\varepsilon_{cp}}\sigma_c(\varepsilon)\varepsilon d\varepsilon=\int_0^{\varepsilon_{co}}k_1\varepsilon^2d\varepsilon+\int_{\varepsilon_{co}}^{\varepsilon_{cp}}[\sigma_{co}+k_2(\varepsilon-\varepsilon_{co})]\varepsilon d\varepsilon\\=&\frac{1}{3}k_1\varepsilon_{co}^3+\frac{1}{2}\sigma_{co}(\varepsilon_{cp}^2-\varepsilon_{co}^2)+\frac{1}{6}k_2(2\varepsilon_{cp}^3-3\varepsilon_{co}\varepsilon_{cp}^2+\varepsilon_{co}^3)\end{aligned}\tag{5.39}$$

当$\frac{h-x_a}{x_a}\varepsilon_{cp}\geqslant\varepsilon_{tu}$，即$x_a\leqslant\frac{\varepsilon_{cp}}{\varepsilon_{tu}+\varepsilon_{cp}}h$时：

$$\begin{aligned}B=&\int_0^{\varepsilon_{tu}-\varepsilon_{cp}}\sigma_t(\varepsilon)d\varepsilon=\int_0^{\varepsilon_{to}}k_4\varepsilon d\varepsilon+\int_{\varepsilon_{to}}^{\varepsilon_{tu}-\varepsilon_{cp}}[\sigma_{to}+k_5(\varepsilon-\varepsilon_{to})]d\varepsilon\\=&\frac{1}{2}k_4\varepsilon_{to}^2+\sigma_{to}(\varepsilon_{tu}-\varepsilon_{cp}-\varepsilon_{to})+\frac{1}{2}k_5(\varepsilon_{tu}-\varepsilon_{cp}-\varepsilon_{to})^2\end{aligned}\tag{5.40}$$

$$D=\int_0^{\varepsilon_{tu}-\varepsilon_{cp}}\sigma_t(\varepsilon)\varepsilon d\varepsilon=\int_0^{\varepsilon_{to}}k_4\varepsilon^2d\varepsilon+\int_{\varepsilon_{to}}^{\varepsilon_{tu}-\varepsilon_{cp}}[\sigma_{to}+k_5(\varepsilon-\varepsilon_{to})]\varepsilon d\varepsilon$$

$$=\frac{1}{3}k_4\varepsilon_{to}^3+\frac{1}{2}\sigma_{to}[(\varepsilon_{tu}-\varepsilon_{cp})^2-\varepsilon_{to}^2]$$
$$+\frac{1}{6}k_5[2(\varepsilon_{tu}-\varepsilon_{cp})^3-3\varepsilon_{to}(\varepsilon_{tu}-\varepsilon_{cp})^2+\varepsilon_{to}^3] \tag{5.41}$$

当$\begin{cases}\varepsilon_{to}\leqslant\dfrac{h-x_a}{x_a}\varepsilon_{cp}\leqslant\varepsilon_{tu}\\ x_a\leqslant\dfrac{\varepsilon_{cp}}{\varepsilon_{cp}+\varepsilon_y}h_0\end{cases}$，即$\dfrac{\varepsilon_{cp}}{\varepsilon_{tu}+\varepsilon_{cp}}h\leqslant x_a\leqslant\dfrac{\varepsilon_{cp}}{\varepsilon_y+\varepsilon_{cp}}h_0$时：

$$B=\int_0^{\frac{h-x_a}{x_a}\varepsilon_{cp}}\sigma_t(\varepsilon)d\varepsilon=\int_0^{\varepsilon_{to}}k_4\varepsilon d\varepsilon+\int_{\varepsilon_{to}}^{\frac{h-x_a}{x_a}\varepsilon_{cp}}[\sigma_{to}+k_5(\varepsilon-\varepsilon_{to})]d\varepsilon$$
$$=\frac{1}{2}k_4\varepsilon_{to}^2+\sigma_{to}\left(\frac{h-x_a}{x_a}\varepsilon_{cp}-\varepsilon_{to}\right)+\frac{1}{2}k_5\left(\frac{h-x_a}{x_a}\varepsilon_{cp}-\varepsilon_{to}\right)^2 \tag{5.42}$$

$$D=\int_0^{\frac{h-x_a}{x_a}\varepsilon_{cp}}\sigma_t(\varepsilon)\varepsilon d\varepsilon=\int_0^{\varepsilon_{to}}k_4\varepsilon^2 d\varepsilon+\int_{\varepsilon_{to}}^{\frac{h-x_a}{x_a}\varepsilon_{cp}}[\sigma_{to}+k_5(\varepsilon-\varepsilon_{to})]\varepsilon d\varepsilon$$
$$=\frac{1}{3}k_4\varepsilon_{to}^3+\frac{1}{2}\sigma_{to}\left[\left(\frac{h-x_a}{x_a}\varepsilon_{cp}\right)^2-\varepsilon_{to}^2\right]+ \tag{5.43}$$
$$\frac{1}{6}k_5\left[2\left(\frac{h-x_a}{x_a}\varepsilon_{cp}\right)^3-3\varepsilon_{to}\left(\frac{h-x_a}{x_a}\varepsilon_{cp}\right)^2+\varepsilon_{to}^3\right]$$

当$\dfrac{h-x_a}{x_a}\varepsilon_{cp}\leqslant\varepsilon_{to}$，即$x_a\geqslant\dfrac{\varepsilon_{cp}}{\varepsilon_{to}+\varepsilon_{cp}}h$时：不满足大偏压条件（一般情况下$\varepsilon_{to}<\varepsilon_y$）。

3）适用条件

为了保证截面为大偏心受压破坏，即截面ECC发生破坏时受拉钢筋应力达到其抗拉强度设计值，截面ECC受压区高度应满足：$x_a\leqslant\dfrac{\varepsilon_{cp}}{\varepsilon_{cp}+\varepsilon_y}h_0$。

3. 小偏心受压时正截面承载力计算

1）计算公式

如图5.8（a）所示当偏心距比较大时，截面部分受压部分受拉（$x_a<h$），此时根据平截面假定，远离轴向力一侧的钢筋应力为：

$$\frac{\varepsilon_s}{\varepsilon_{cp}}=\frac{h_0-x_a}{x_a} \tag{5.44}$$

$$\varepsilon_s=\frac{h_0-x_a}{x_a}\varepsilon_{cp} \tag{5.45}$$

$$\sigma_s=E_s\varepsilon_s=\frac{h_0-x_a}{x_a}E_s\varepsilon_{cp}\leqslant f_y \tag{5.46}$$

由力的平衡$\Sigma N=0$，得：

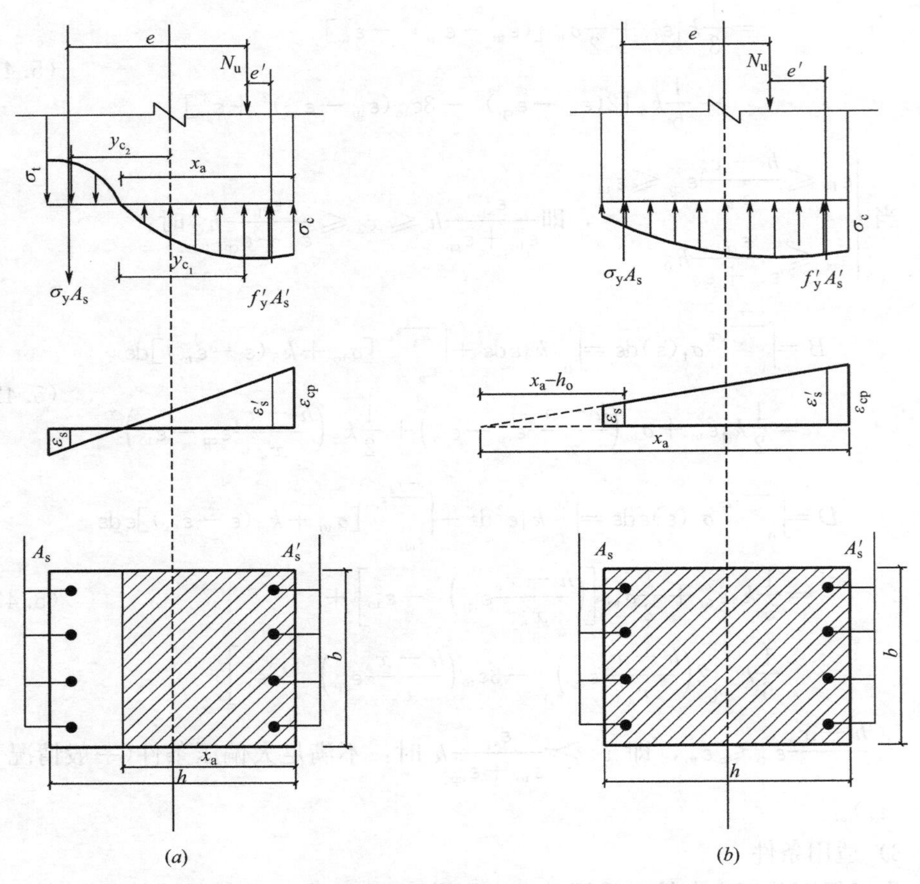

图 5.8 矩形截面小偏心受压正截面承载力计算简图

(a) 部分截面受压；(b) 全截面受压

$$
\begin{aligned}
N &= \int_0^{x_a} b\sigma_c(\varepsilon)\mathrm{d}x - \int_{x_a}^{h} b\sigma_t(\varepsilon)\mathrm{d}x + f'_y A'_s - \sigma_s A_s \\
&= \frac{bx_a}{\varepsilon_{cp}}\left[\int_0^{\varepsilon_{cp}} \sigma_c(\varepsilon)\mathrm{d}\varepsilon - \int_0^{\frac{h-x_a}{x_a}\varepsilon_{cp}} \sigma_t(\varepsilon)\mathrm{d}\varepsilon\right] + f'_y A'_s - \sigma_s A_s \\
&= \frac{bx_a}{\varepsilon_{cp}}(A-B) + f'_y A'_s - \sigma_s A_s
\end{aligned}
\tag{5.47}
$$

由力矩平衡$\Sigma M=0$，对截面形心取矩，得：

$$
\begin{aligned}
M = &\int_0^{x_a} b\sigma_c(\varepsilon)\left(\frac{h}{2}-x\right)\mathrm{d}x + \int_{x_a}^{h} b\sigma_t(\varepsilon)(x-\frac{h}{2})\mathrm{d}x \\
&+ f'_y A'_s\left(\frac{h}{2}-a'_s\right) + \sigma_s A_s\left(\frac{h}{2}-a_s\right)
\end{aligned}
$$

$$=\frac{bx_{a}}{\varepsilon_{cp}}\left(\frac{h}{2}-x_{a}\right)\left[\int_{0}^{\varepsilon_{cp}}\sigma_{c}(\varepsilon)\mathrm{d}\varepsilon-\int_{0}^{\frac{h-x_{a}}{x_{a}}\varepsilon_{cp}}\sigma_{t}(\varepsilon)\mathrm{d}\varepsilon\right]$$

$$+b\left(\frac{x_{a}}{\varepsilon_{cp}}\right)^{2}\left[\int_{0}^{\varepsilon_{cp}}\sigma_{c}(\varepsilon)\varepsilon\mathrm{d}\varepsilon+\int_{0}^{\frac{h-x_{a}}{x_{a}}\varepsilon_{cp}}\sigma_{t}(\varepsilon)\varepsilon\mathrm{d}\varepsilon\right]$$

$$+f_{y}'A_{s}'\left(\frac{h}{2}-a_{s}'\right)+\sigma_{s}A_{s}\left(\frac{h}{2}-a_{s}\right) \tag{5.48}$$

$$=\frac{bx_{a}}{\varepsilon_{cp}}\left(\frac{h}{2}-x_{a}\right)(A-B)+b\left(\frac{x_{a}}{\varepsilon_{cp}}\right)^{2}(C+D)$$

$$+f_{y}'A_{s}'\left(\frac{h}{2}-a_{s}'\right)+\sigma_{s}A_{s}\left(\frac{h}{2}-a_{s}\right)$$

如图5.8（b）所示，当偏心距较小时，全截面受压，此时根据平截面假定，远离轴向力一侧的钢筋应力为：

$$\frac{\varepsilon_{s}}{\varepsilon_{cp}}=\frac{x_{a}-h_{0}}{x_{a}} \tag{5.49}$$

$$\varepsilon_{s}=\frac{x_{a}-h_{0}}{x_{a}}\varepsilon_{cp} \tag{5.50}$$

$$\sigma_{s}=E_{s}\varepsilon_{s}=\frac{x_{a}-h_{0}}{x_{a}}E_{s}\varepsilon_{cp}\leqslant f_{y} \tag{5.51}$$

截面任一点的应变为：

$$\varepsilon=\frac{x_{a}-x}{x_{a}}\varepsilon_{cp}，\ 0\leqslant x\leqslant h \tag{5.52}$$

由力的平衡$\sum N=0$，得：

$$N=\int_{0}^{h}b\sigma_{c}(\varepsilon)\mathrm{d}x+f_{y}'A_{s}'+\sigma_{s}A_{s}=\frac{bx_{a}}{\varepsilon_{cp}}\int_{\frac{x_{a}-h}{x_{a}}\varepsilon_{cp}}^{\varepsilon_{cp}}\sigma_{c}(\varepsilon)\mathrm{d}\varepsilon+f_{y}'A_{s}'+\sigma_{s}A_{s}$$

$$=\frac{bx_{a}}{\varepsilon_{cp}}E+f_{y}'A_{s}'+\sigma_{s}A_{s} \tag{5.53}$$

式（5.53）中，$E=\int_{\frac{x_{a}-h}{x_{a}}\varepsilon_{cp}}^{\varepsilon_{cp}}\sigma_{c}(\varepsilon)\mathrm{d}\varepsilon$。

由力矩平衡$\sum M=0$，对截面形心取矩，得：

$$M=\int_{0}^{h}b\sigma_{c}(\varepsilon)\left(\frac{h}{2}-x\right)\mathrm{d}x+f_{y}'A_{s}'\left(\frac{h}{2}-a_{s}'\right)-\sigma_{s}A_{s}\left(\frac{h}{2}-a_{s}\right)$$

$$=\frac{bx_{a}}{\varepsilon_{cp}}\left(\frac{h}{2}-x_{a}\right)\int_{\frac{x_{a}-h}{x_{a}}\varepsilon_{cp}}^{\varepsilon_{cp}}\sigma_{c}(\varepsilon)\mathrm{d}\varepsilon+b\left(\frac{x_{a}}{\varepsilon_{cp}}\right)^{2}\int_{\frac{x_{a}-h}{x_{a}}\varepsilon_{cp}}^{\varepsilon_{cp}}\sigma_{c}(\varepsilon)\varepsilon\mathrm{d}\varepsilon$$

$$+f_{y}'A_{s}'\left(\frac{h}{2}-a_{s}'\right)-\sigma_{s}A_{s}\left(\frac{h}{2}-a_{s}\right)$$

$$=\frac{bx_a}{\varepsilon_{cp}}\left(\frac{h}{2}-x_a\right)E+b\left(\frac{x_a}{\varepsilon_{cp}}\right)^2F+f'_yA'_s\left(\frac{h}{2}-a'_s\right)-\sigma_sA_s\left(\frac{h}{2}-a_s\right) \quad (5.54)$$

式（5.54）中，$F=\int_{\frac{x_a-h}{x_a}\varepsilon_{cp}}^{\varepsilon_{cp}}\sigma_c(\varepsilon)\varepsilon\mathrm{d}\varepsilon$。

2）参数计算

当$\begin{cases}\varepsilon_{to}\leqslant\dfrac{h-x_a}{x_a}\varepsilon_{cp}\leqslant\varepsilon_{tu}\\ x_a\geqslant\dfrac{\varepsilon_{cp}}{\varepsilon_{cp}+\varepsilon_y}h_0\end{cases}$，即$\dfrac{\varepsilon_{cp}}{\varepsilon_y+\varepsilon_{cp}}h_0\leqslant x_a\leqslant\dfrac{\varepsilon_{cp}}{\varepsilon_{to}+\varepsilon_{cp}}h$ 时：B 值同式（5.42），D 值同式（5.43）。

当$\begin{cases}\dfrac{h-x_a}{x_a}\varepsilon_{cp}\leqslant\varepsilon_{to}\\ x_a\leqslant h\end{cases}$，即$\dfrac{\varepsilon_{cp}}{\varepsilon_{to}+\varepsilon_{cp}}h\leqslant x_a\leqslant h$ 时：

$$B=\int_0^{\frac{h-x_a}{x_a}\varepsilon_{cp}}\sigma_t(\varepsilon)\mathrm{d}\varepsilon=\int_0^{\frac{h-x_a}{x_a}\varepsilon_{cp}}k_4\varepsilon\mathrm{d}\varepsilon=\frac{1}{2}k_4\left(\frac{h-x_a}{x_a}\varepsilon_{cp}\right)^2 \quad (5.55)$$

$$D=\int_0^{\frac{h-x_a}{x_a}\varepsilon_{cp}}\sigma_t(\varepsilon)\varepsilon\mathrm{d}\varepsilon=\int_0^{\frac{h-x_a}{x_a}\varepsilon_{cp}}k_4\varepsilon^2\mathrm{d}\varepsilon=\frac{1}{3}k_4\left(\frac{h-x_a}{x_a}\varepsilon_{cp}\right)^3 \quad (5.56)$$

当$\dfrac{h-x_a}{x_a}\varepsilon_{cp}\geqslant\varepsilon_{tu}$，即$x_a\leqslant\dfrac{\varepsilon_{cp}}{\varepsilon_{cp}+\varepsilon_{tu}}h$ 时：不满足小偏压条件。

当$0\leqslant\dfrac{x_a-h}{x_a}\varepsilon_{cp}\leqslant\varepsilon_{co}$，即$h\leqslant x_a\leqslant\dfrac{\varepsilon_{cp}}{\varepsilon_{cp}-\varepsilon_{co}}h$ 时：

$$E=\int_{\frac{x_a-h}{x_a}\varepsilon_{cp}}^{\varepsilon_{cp}}\sigma_c(\varepsilon)\mathrm{d}\varepsilon=\int_{\frac{x_a-h}{x_a}\varepsilon_{cp}}^{\varepsilon_{co}}k_1\varepsilon\mathrm{d}\varepsilon+\int_{\varepsilon_{co}}^{\varepsilon_{cp}}[\sigma_{co}+k_2(\varepsilon-\varepsilon_{co})]\mathrm{d}\varepsilon$$

$$=\frac{1}{2}k_1\left(\varepsilon_{co}{}^2-\left(\frac{x_a-h}{x_a}\varepsilon_{cp}\right)^2\right)+\sigma_{co}(\varepsilon_{cp}-\varepsilon_{co})+\frac{1}{2}k_2(\varepsilon_{cp}-\varepsilon_{co})^2 \quad (5.57)$$

$$F=\int_{\frac{x_a-h}{x_a}\varepsilon_{cp}}^{\varepsilon_{cp}}\sigma_c(\varepsilon)\varepsilon\mathrm{d}\varepsilon=\int_{\frac{x_a-h}{x_a}\varepsilon_{cp}}^{\varepsilon_{co}}k_1\varepsilon^2\mathrm{d}\varepsilon+\int_{\varepsilon_{co}}^{\varepsilon_{cp}}[\sigma_{co}+k_2(\varepsilon-\varepsilon_{co})]\varepsilon\mathrm{d}\varepsilon$$

$$=\frac{1}{3}k_1\left(\varepsilon_{co}{}^3-\left(\frac{x_a-h}{x_a}\varepsilon_{cp}\right)^3\right)+\frac{1}{2}\sigma_{co}(\varepsilon_{cp}{}^2-\varepsilon_{co}{}^2)+\frac{1}{6}k_2(2\varepsilon_{cp}{}^3-3\varepsilon_{co}\varepsilon_{cp}{}^2+\varepsilon_{co}{}^3) \quad (5.58)$$

当$\varepsilon_{co}\leqslant\dfrac{x_a-h}{x_a}\varepsilon_{cp}\leqslant\varepsilon_{cp}$，即$x_a\geqslant\dfrac{\varepsilon_{cp}}{\varepsilon_{cp}-\varepsilon_{co}}h$ 时：

$$E=\int_{\frac{x_a-h}{x_a}\varepsilon_{cp}}^{\varepsilon_{cp}}\sigma_c(\varepsilon)\mathrm{d}\varepsilon=\int_{\frac{x_a-h}{x_a}\varepsilon_{cp}}^{\varepsilon_{cp}}[\sigma_{co}+k_2(\varepsilon-\varepsilon_{co})]\mathrm{d}\varepsilon$$

$$=\sigma_{co}\left(\varepsilon_{cp}-\frac{x_a-h}{x_a}\varepsilon_{cp}\right)+\frac{1}{2}k_2\left[(\varepsilon_{cp}-\varepsilon_{co})^2-\left(\frac{x_a-h}{x_a}\varepsilon_{cp}-\varepsilon_{co}\right)^2\right] \quad (5.59)$$

$$F=\int_{\frac{x_a-h}{x_a}\varepsilon_{cp}}^{\varepsilon_{cp}}\sigma_c(\varepsilon)\varepsilon\,d\varepsilon=\int_{\frac{x_a-h}{x_a}\varepsilon_{cp}}^{\varepsilon_{cp}}[\sigma_{co}+k_2(\varepsilon-\varepsilon_{co})]\varepsilon\,d\varepsilon$$

$$=\frac{1}{2}\sigma_{co}\left[\varepsilon_{cp}{}^2-\left(\frac{x_a-h}{x_a}\varepsilon_{cp}\right)^2\right]+\frac{1}{6}k_2\left[2\varepsilon_{cp}{}^3-3\varepsilon_{co}\varepsilon_{cp}{}^2\right. \tag{5.60}$$

$$\left.-2\left(\frac{x_a-h}{x_a}\varepsilon_{cp}\right)^3+3\varepsilon_{co}\left(\frac{x_a-h}{x_a}\varepsilon_{cp}\right)^2\right]$$

3）适用条件

为了保证截面为小偏心受压破坏，即截面ECC发生破坏时受拉钢筋应力没有达到其抗拉强度设计值，截面ECC受压区高度应满足：$x_a \geqslant \frac{\varepsilon_{cp}}{\varepsilon_{cp}+\varepsilon_y}h_0$。

5.1.2.3 *N-M* 曲线

1. ECC材料参数

根据已有试验[3] 测得ECC的材料参数如表5.1所示。

ECC单轴受力本构模型参数 **表5.1**

受拉本构模型参数		受压本构模型参数	
ε_{t0}	0.00021	ε_{c0}	0.00133
σ_{t0}	3.0MPa	σ_{c0}	25.53MPa
ε_{tu}	0.03	ε_{cp}	0.004
σ_{tu}	4.5MPa	σ_{cp}	38.3MPa
—	—	ε_{cu}	0.006

2. 其他参数（结合后文的组合柱试件试验参数）

试件截面 $b\times h=250\text{mm}\times250\text{mm}$；$a_s=a_s'=35\text{mm}$；

纵筋配筋率为1.50%，$f_y=f_y'=460\text{N/mm}^2$，$E_s=2\times10^5\text{MPa}$。

将以上数据代入本节各公式中，计算得到不同受压区高度下 x_a 与 N、M 的关系式，并绘制出曲线，如图5.9所示。

从图5.9中可以看出：

（1）峰值压应变控制下的 *N-M* 曲线（A_1-B_1-C）包络极限压应变控制下的 *N-M* 曲线（A_2-B_2-C），故将曲线（A_1-B_1-C）定义为 *ECC* 柱的破坏曲线；

（2）不论是哪种压应变控制，随着受压区高度 x_a 的增大，N_u 逐渐增大；在曲线 C-B_i 段，产生大偏心受压破坏，在曲线 B_i-C 段，产生小偏心破坏，B_i 点产生界限破坏。在 A_i 点，截面发生轴心受压破坏；在 C 点，截面发生受弯破坏；

（3）当 N 确定时，只有一个 M 与之对应；而当 M 确定时，却有一个或者两个 N 与之对应。

5.1.2.4 ECC柱正截面性能理论公式验证

为验证本节所给出的R/ECC柱正截面承载力的计算公式，本节将结合本节相关参数，采用有限元软件ATENA进行数值模拟。为建模方便，本节将只进行偏心距分别为25mm、50mm、75mm、100mm及125mm的5个模型进行模拟，其示意图如图5.10所示，模拟结果见表5.2及图5.11。

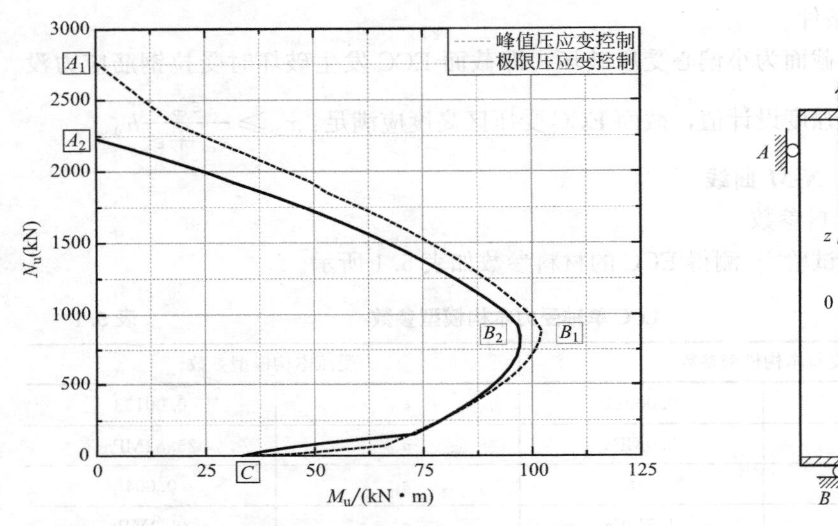

图5.9 峰值与极限压应变控制下的*N*-*M*关系曲线　　图5.10 ECC柱偏心受压示意图

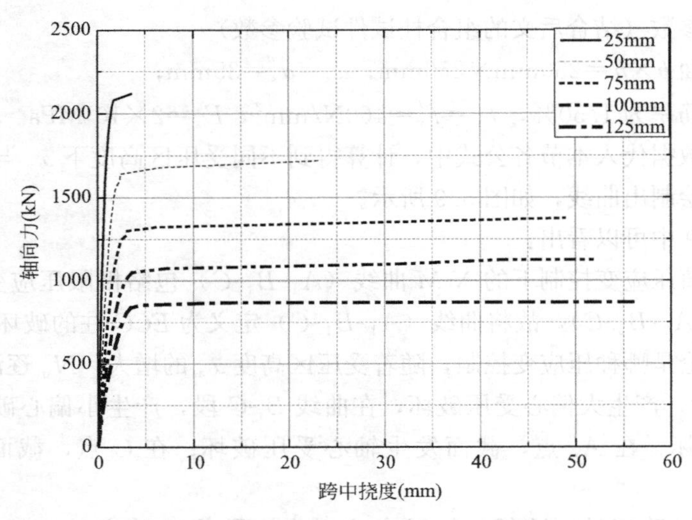

图5.11 不同偏心距下轴向力与柱跨中挠度关系

ECC柱理论公式计算值与模拟值比较　　表5.2

偏心距(mm)	计算值		模拟值		误差
	N(kN)	M(kN·m)	N(kN)	M(kN·m)	
25	1925.45	48.14	2080.00	52.00	8.03%
50	1488.94	74.45	1600.00	80.00	7.46%
75	1191.57	89.37	1275.00	95.63	7.00%
100	976.03	97.60	1050.00	105.00	7.58%
125	812.60	101.58	825.00	103.13	1.53%

由图5.11及表5.2可知，计算所得的5种偏心距对应的轴向力及弯矩均小于模拟得到的结果，偏心距为25mm的试件的模拟结果与计算结果误差最大为8.03%，偏心距为125mm的试件的计算误差最小为1.53%。这是由于有限元数值模型与理论上的偏心构件有一定的差异，以及曲线进入平台时仍采用荷载加载会产生一定的误差，因此计算结果偏小是合理的。总体而言，本章推导的R/ECC柱正截面承载力计算公式是正确的，具有较好的适用性。

5.1.3 ECC柱正截面性能参数分析

5.1.3.1 ECC材料极限拉应变

考虑到ECC材料组成配比和制作工艺等的影响，ECC材料的极限拉应变会有所不同，其范围在1%～7%不等[4]。因此，本文选择的ECC单轴拉本构关系如图5.12所示。对于图5.12（*a*），各组ECC的极限抗拉强度相同，而极限拉应变分别为1%、2%、3%、4%，各组的受拉应变硬化路径是不同的；对于图5.12（*b*），各组ECC的受拉应变硬化路径相同，而极限拉应变分别为1%、2%、3%、4%，相应的极限抗拉强度也随着极限拉应变而变化。

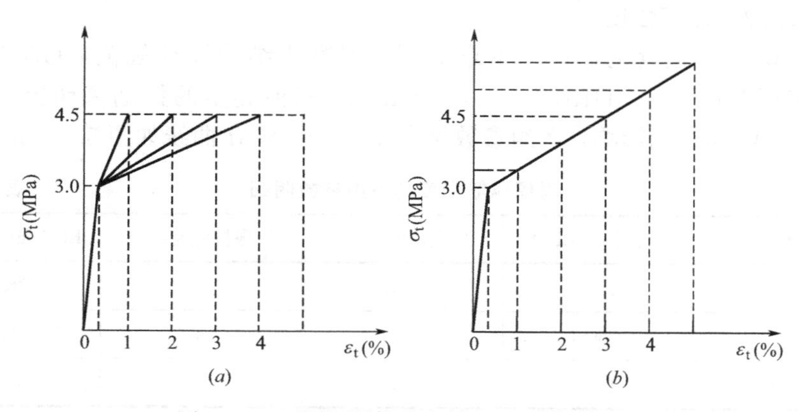

图5.12 不同极限拉应变的ECC受拉模型

对于图 5.12 两种不同的 ECC 受拉本构模型，不同 ECC 极限拉应变下的 ECC 柱 *N*-*M* 曲线如图 5.13 所示。可以看出：

（1）图 5.13 两种不同的 ECC 受拉本构对 *N*-*M* 曲线的影响基本是一致的；

（2）对于小偏压部分以及部分偏心距较小的大偏压，4 组曲线完全重合；对于偏心距较大的大偏压部分，4 组曲线有所波动，表明 ECC 的极限拉应变对 *N*-*M* 曲线的影响主要在偏心距较大的大偏压部分；

（3）当偏心距较大时，随着极限拉应变的增加（1%～3%），*N*-*M* 曲线越往下凸，包络的范围越大；

（4）对于 ECC 极限拉应变为 3%及 4%的两条 *N*-*M* 曲线，其曲线的走势、包络的范围基本一致，表明当极限拉应变达到一定值时，ECC 材料的极限拉应变对 *N*-*M* 曲线的影响不大。

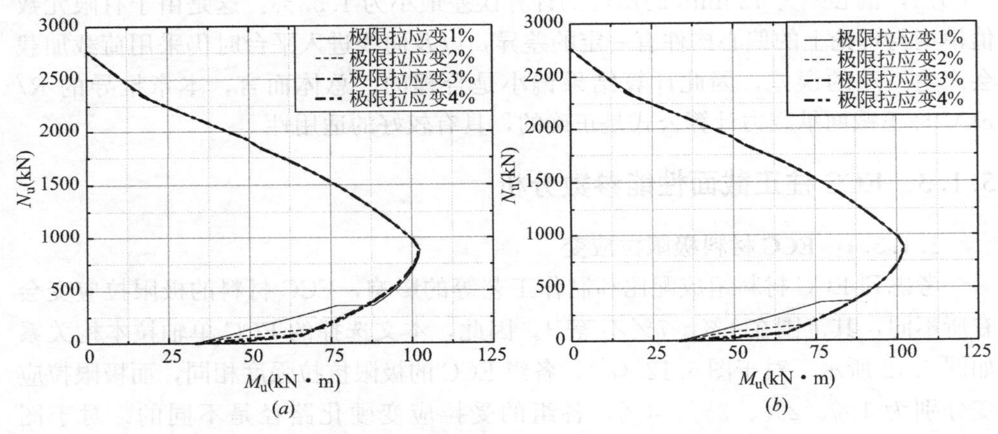

图 5.13 不同 ECC 极限拉应变下的 ECC 柱 N_u-M_u 曲线

（*a*）对应图 5.12（*a*）；（*b*）对应图 5.12（*b*）

5.1.3.2 纵筋强度

为分析纵筋强度的影响，本章参照《混凝土结构设计规范》GB 50010—2010，采用 HRB335、HRB400 以及 HRB500 三种类型的钢筋来研究其对 R/ECC 柱 *N*-*M* 曲线的影响，各组参数见表 5.3，其 *N*-*M* 曲线如图 5.14 所示。

考虑纵筋强度的各组参数明细 **表 5.3**

纵筋类型	纵筋强度(MPa)	纵筋配筋率(%)	极限拉应变(%)	ECC 强度(MPa)
HRB335	300	1.50	3	38.3
HRB400	360	1.50	3	38.3
HRB500	435	1.50	3	38.3

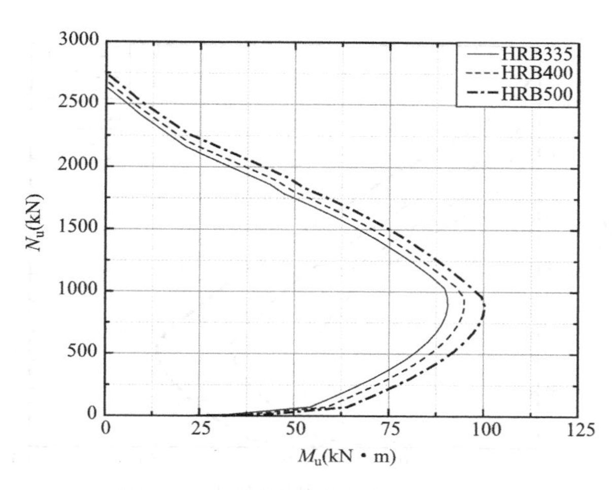

图 5.14　不同纵筋强度的 N-M 曲线

从图 5.14 中可以看出：随着纵筋强度的增加，N-M 曲线向外扩展，曲线内侧包络的范围越来越大，表明纵筋强度的提高，有利于提高截面的承载力，且 N-M 曲线向外扩大且基本上为一组平行的曲线。

5.1.3.3　纵筋配筋率

纵筋的面积直接影响到 N-M 曲线，为研究纵筋配筋率对 ECC 柱承载力的影响，本节通过改变纵筋配筋率大小来研究其对 N-M 曲线的影响，各组参数见表 5.4，其 N-M 曲线如图 5.15 所示。

考虑纵筋配筋率的各组参数明细　　表 5.4

纵筋强度(MPa)	纵筋配筋率(%)	极限拉应变(%)	ECC 强度(MPa)
460	0.84	3	38.3
460	1.50	3	38.3
460	2.34	3	38.3
460	3.65	3	38.3

从图 5.15 中可以看出：随着纵筋配筋率的提高，轴向承载力和抗弯能力增大，曲线内侧包含的面积增大，表明配筋率的增加，有利于提高截面的承载力。

5.1.3.4　ECC 强度

本节将 ECC 强度分别取为 30MPa、40MPa 以及 50MPa，其他参数保持一致的三组参数来研究 ECC 强度对 N-M 曲线的影响，各组参数见表 5.5，其 N-M 曲线如图 5.16 所示。

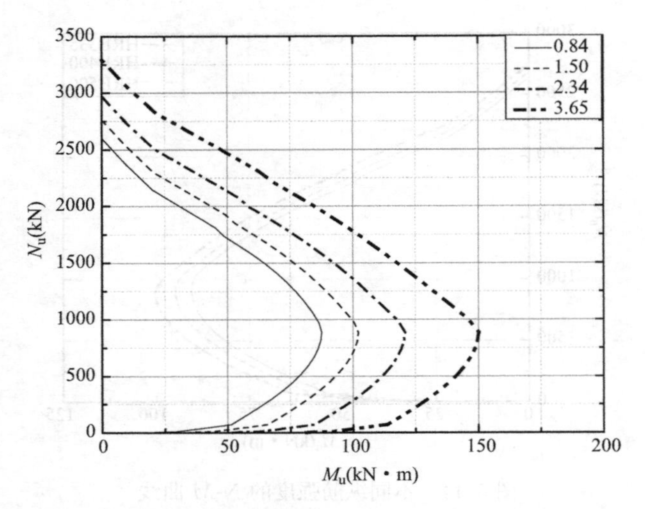

图 5.15　不同配筋率下 ECC 柱的 N-M 曲线

考虑 ECC 强度的各组参数明细　　表 5.5

纵筋强度(MPa)	纵筋配筋率(%)	极限拉应变(%)	ECC 强度(MPa)
460	1.50	3	30
460	1.50	3	40
460	1.50	3	50

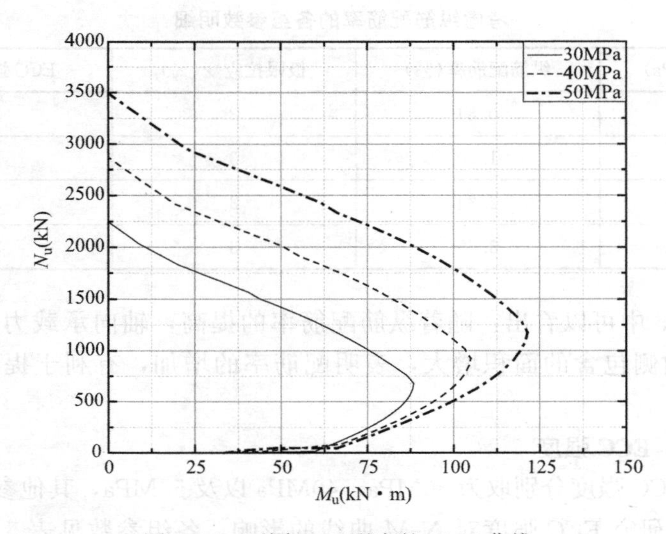

图 5.16　不同 ECC 强度的 N-M 曲线

从图 5.16 中可以看出：随着 ECC 强度的增加，曲线向外扩展，曲线内侧包含的面积增大，表明 ECC 强度的提高，有利于提高截面承载力；随着 ECC 强度的增加，界限点逐渐向右上方延伸。

5.1.3.5 不对称配筋对正截面性能的影响

为研究截面不对称配筋对 N-M 曲线的影响，本节通过保持靠近轴向力一侧纵筋配筋率不变，改变远离轴向力一侧纵筋配筋率的方法来研究其影响，各组参数见表 5.6，其 N-M 曲线如图 5.17 所示。

考虑不对称配筋的各组参数明细　　表 5.6

纵筋强度(MPa)	靠近轴向力一侧纵筋配筋率(%)	远离轴向力一侧纵筋配筋率(%)	极限拉应变(%)	ECC 强度(MPa)
460	0.75	0.42	3	38.3
460	0.75	0.57	3	38.3
460	0.75	0.95	3	38.3
460	0.75	1.17	3	38.3

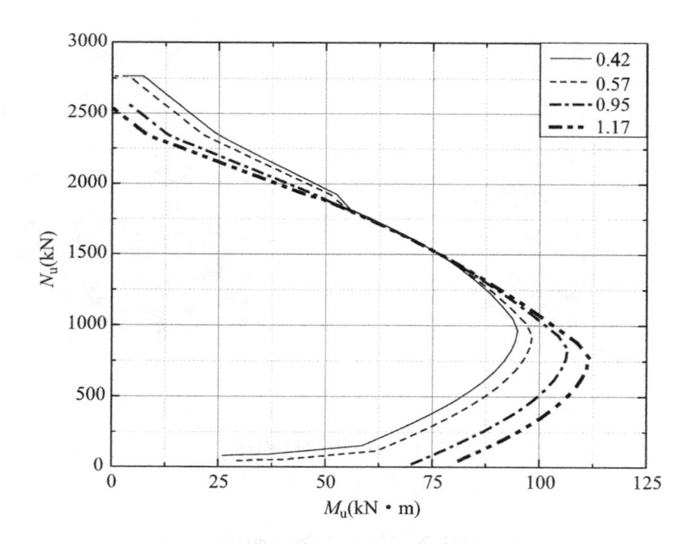

图 5.17 不同受压配筋率的 N-M 曲线

从图 5.17 中可以看出：随着远离轴向力一侧纵筋配筋率的增加，截面发生纯弯破坏时的极限弯矩增大；N-M 曲线整体有往右下方向压缩的趋势；界限点向右下角延伸。

5.2 RC/ECC组合柱压弯性能数值分析

5.2.1 模型建立

本节基于ATENA有限元软件对ECC柱、RC/ECC组合柱和普通钢筋混凝土柱（RC柱）的受力性能进行系统的数值分析。材料采用本构与本书其他章节类似，在此不再说明。本节建立的压弯模型为全RC柱、全ECC柱和ECC高度为1.2h的组合柱。模型的截面尺寸为$b \times h = 250\text{mm} \times 250\text{mm}$，高$l = 1100\text{mm}$（长柱）及600mm（短柱），加载点距基础梁顶面距离为1000mm及500mm，截面的纵筋配筋率为1.50%，箍筋间距均为200mm，模型图如图5.18所示，各参数见表5.7及表5.8。模拟采用位移控制加载，以便收敛。

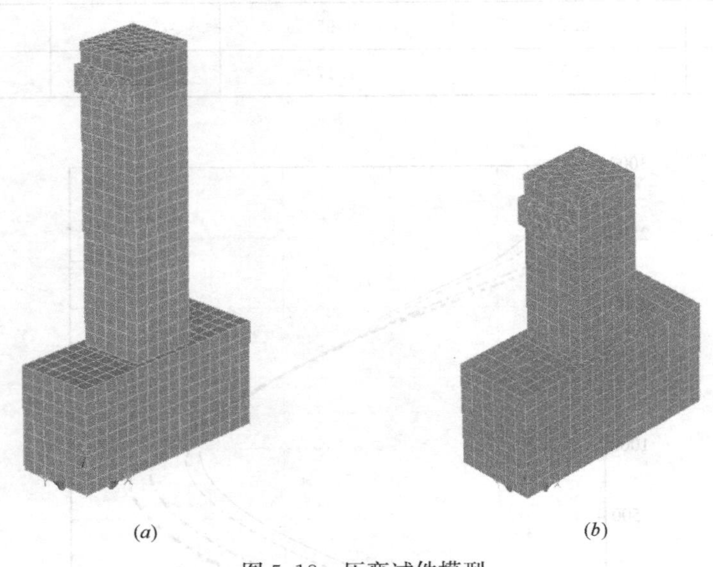

图5.18 压弯试件模型

（a）长柱系列；（b）短柱系列

长柱系列的各组参数明细　　表5.7

试件	轴压比	ECC高度	纵筋配筋率（%）	纵筋强度（MPa）	体积配箍率（%）	混凝土强度（MPa）	ECC强度（MPa）
RC柱	0.23	0	1.50	460	0.668	38.19	38.3
组合柱	0.23	1.2h	1.50	460	0.668	38.19	38.3
ECC柱	0.23	l	1.50	460	0.668	38.19	38.3

短柱系列的各组参数明细 表5.8

试件	轴压比	ECC高度	纵筋配筋率（%）	纵筋强度（MPa）	体积配箍率（%）	混凝土强度（MPa）	ECC强度（MPa）
RC柱	0.45	0	1.50	460	0.668	38.19	38.3
组合柱	0.45	1.2h	1.50	460	0.668	38.19	38.3
ECC柱	0.45	l	1.50	460	0.668	38.19	38.3

5.2.2 模拟结果及分析

5.2.2.1 长柱模拟结果与分析

图5.19及表5.9列出了长柱系列各模型模拟结果对比，RC/ECC组合柱与ECC柱不论是在荷载位移曲线上还是裂缝开展形态上，都有很大程度的相近。与RC柱相比，组合柱、ECC柱的峰值荷载分别提高了31.42%、35.83%，极限位移分别提高了31.44%、35.83%。从表5.9中可以看出，在加载的各个过程中，组合柱和ECC柱的最大裂缝宽度均小于RC柱，可见，ECC材料能够起到较好地限制裂缝宽度的能力。当位移加载至2mm时，RC柱的裂缝宽度约为0.25mm，接近于规范规定的室内正常环境中裂缝宽度0.3mm的限值，而此时，组合柱和ECC柱的裂缝宽度仅为RC柱的0.4倍、0.12倍。峰值点过后，RC柱的裂缝宽度已经达到约1.63mm，远超过组合柱的0.64mm和ECC柱的0.40mm，表明ECC材料与钢筋具有较好的变形协调能力，且ECC的持续受力，使得裂缝宽度不会出现突变，减缓了柱刚度的退化。

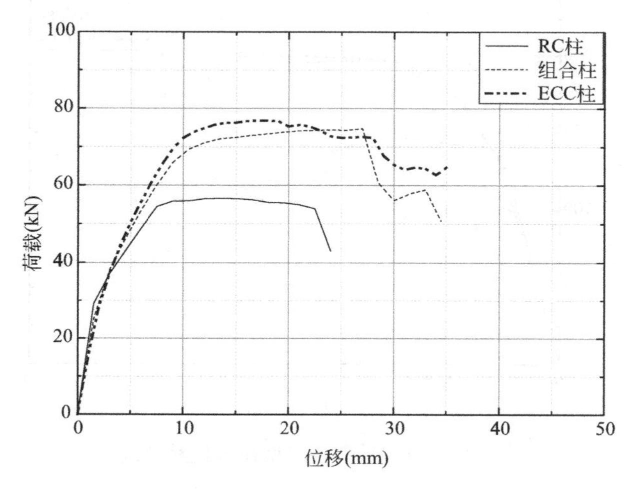

图5.19 长柱系列各模型荷载位移曲线

长柱系列各模型计算结果比较 表 5.9

试件	2mm			峰值			极限		
	位移(mm)	荷载(kN)	最大裂缝宽度(mm)	位移(mm)	荷载(kN)	最大裂缝宽度(mm)	位移(mm)	荷载(kN)	最大裂缝宽度(mm)
RC柱	2.00	29.17	0.25	14.00	56.58	1.63	23.31	48.09	1.96
组合柱	2.00	25.21	0.10	24.00	74.36	0.64	28.23	63.21	1.14
ECC柱	2.00	28.42	0.03	18.00	76.85	0.40	30.32	65.32	0.87

5.2.2.2 短柱模拟结果与分析

短柱系列各模型模拟结果如图 5.20 及表 5.10 所示。RC 柱由于斜向裂缝开展过大，柱发生剪切破坏。与长柱类似，RC/ECC 组合柱与 ECC 柱不论是在荷载位移曲线上还是裂缝开展形态上，都有很大程度的相近。与 RC 柱相比，组合柱与 ECC 柱的峰值荷载分别提高了 36.29%、38.13%，极限位移分别提高了 40.39%、43.57%。表 5.10 给出了 RC 柱、组合柱和 ECC 柱在加载过程中各个阶段的裂缝宽度最大值。从表 5.10 中可以看出，在加载过程中，组合柱和 ECC 柱的最大裂缝宽度也均小于 RC 柱。当位移加载至 2mm 时，RC 柱的裂缝宽度约为 0.73mm，是组合柱和 ECC 柱裂缝宽度的 4.87 倍、4.56 倍。峰值点过后，RC 柱的裂缝宽度已经达到约 1.91mm，是组合柱和 ECC 柱裂缝宽度的 1.46 倍、1.62 倍。

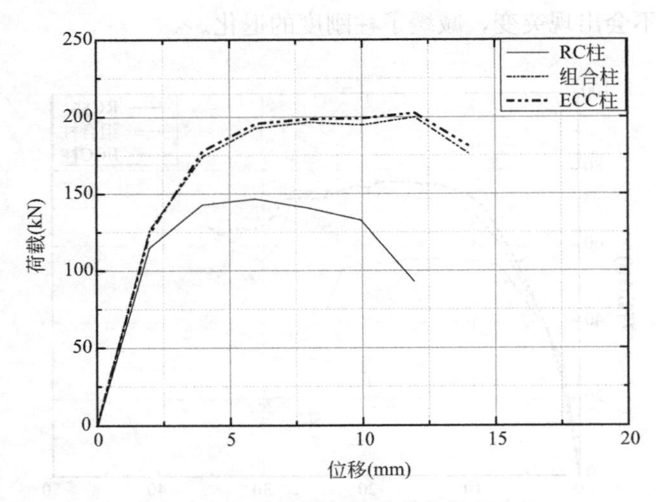

图 5.20 短柱系列各模型荷载位移曲线

短柱系列各模型计算结果比较 表 5.10

试件	2mm			峰值			极限		
	位移（mm）	荷载（kN）	最大裂缝宽度（mm）	位移（mm）	荷载（kN）	最大裂缝宽度（mm）	位移（mm）	荷载（kN）	最大裂缝宽度（mm）
RC 柱	1.98	114.80	0.73	5.96	146.60	1.91	10.35	124.61	2.08
组合柱	2.00	126.40	0.15	11.99	199.80	1.31	14.53	169.83	1.63
ECC 柱	1.99	124.20	0.16	11.93	202.50	1.18	14.86	172.13	1.22

5.2.3 RC/ECC 组合柱压弯性能参数分析

本节将进一步分析 ECC 高度、轴压比和体积配箍率三个参数对 RC/ECC 组合柱的压弯性能影响进行数值分析，为后续组合柱抗震性能的研究提供参考。

5.2.3.1 ECC 高度

从上一节模拟结果可以看出，ECC 高度为 $1.2h$ 的 RC/ECC 组合柱与 ECC 柱的压弯性能相差不大，结果表明距离柱根一定高度以上的 ECC 材料的材料性能在很大程度上没得到充分发挥，换句话说，这部分的材料仍可以采用混凝土，以达到降低成本、提高结构构件性价比的目的。为得到经济合理的 ECC 高度，本节选取了 ECC 高度分别为 $0.4h$、$0.8h$、$1.2h$ 和 l 的 4 个 RC/ECC 组合柱作为研究对象，研究 ECC 高度对 RC/ECC 组合柱压弯性能的影响。各组参数见表 5.11，其模拟结果如图 5.21 及表 5.12 所示。

考虑 ECC 高度的各组参数明细 表 5.11

试件编号	轴压比	ECC 高度	纵筋配筋率（%）	纵筋强度（MPa）	体积配箍率（%）	混凝土强度（MPa）	ECC 强度（MPa）
Z-1	0.23	$0.4h$	1.50	460	0.668	38.19	38.3
Z-2	0.23	$0.8h$	1.50	460	0.668	38.19	38.3
Z-3	0.23	$1.2h$	1.50	460	0.668	38.19	38.3
Z-4	0.23	l	1.50	460	0.668	38.19	38.3

不同 ECC 高度下组合柱计算结果比较 表 5.12

试件编号	ECC 高度	2mm 时位移（mm）	2mm 时荷载（kN）	峰值位移（mm）	峰值荷载（kN）	极限位移（mm）	极限荷载（kN）
Z-1	$0.4h$	2.00	27.71	18.00	60.04	25.44	51.03
Z-2	$0.8h$	2.00	26.34	14.00	65.85	25.73	55.98
Z-3	$1.2h$	2.00	25.21	24.00	74.36	28.23	63.21
Z-4	l	2.00	28.42	18.00	76.85	30.32	65.32

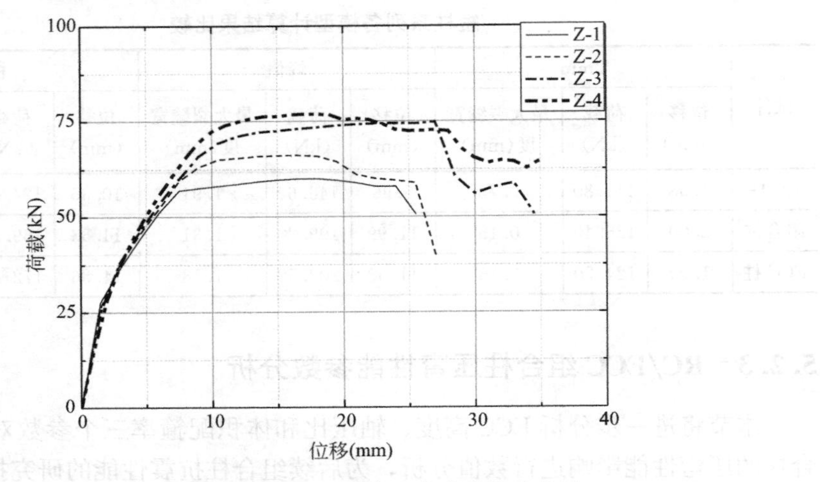

图 5.21　不同 ECC 高度下组合柱的荷载位移曲线

从图 5.21 及表 5.12 可以看出，在一定范围内，随着 ECC 高度的增加，组合柱的峰值荷载逐渐增大，而极限位移也有所增加，但增加幅度不一；Z-3 各方面的参数指标与 Z-4 相差不大，其中 Z-3 的峰值荷载是 Z-4 的 0.968 倍，极限位移是 Z-4 的 0.931 倍；而 Z-2 的峰值荷载、极限位移均为 Z-4 的 0.857 倍，表明 ECC 高度在 1.2h 左右的组合柱即可到达全 ECC 柱的性能效果。

5.2.3.2　轴压比

随着轴压比的增加，普通混凝土柱大致呈现峰值荷载不断增加、极限位移不断减小的趋势。与此同理，本节选取了 0.23、0.45 和 0.68 三组轴压比作为研究参数，研究轴压比对 RC/ECC 组合柱压弯性能的影响。各组参数见表 5.13，其模拟结果如图 5.22 及表 5.14 所示。

考虑轴压比的各组参数明细　　**表 5.13**

轴压比	ECC 高度	纵筋配筋率（%）	纵筋强度（MPa）	体积配箍率（%）	混凝土强度（MPa）	ECC 强度（MPa）
0.23	1.2h	1.50	460	0.668	38.19	38.3
0.45	1.2h	1.50	460	0.668	38.19	38.3
0.68	1.2h	1.50	460	0.668	38.19	38.3

从图 5.22 及表 5.14 可以看出，随着轴压比的增加，组合柱的峰值荷载逐渐增加，而极限位移却逐渐减小；与轴压比为 0.23 的组合柱相比，轴压比为 0.45 和 0.68 的组合柱的峰值荷载分别提高了 18.17%、34.88%，极限位移分别降低了 10.34%、34.61%，表明轴压比的增加，组合柱由延性破坏转向脆性破坏，且极限位移随轴压比的增加而下降。

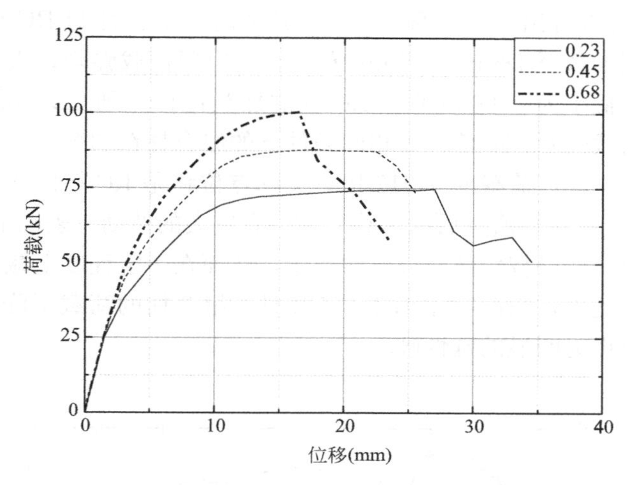

图 5.22 不同轴压比下组合柱的荷载位移曲线

不同轴压力下组合柱计算结果比较 表 5.14

轴压比	初裂位移 (mm)	初裂荷载 (kN)	峰值位移 (mm)	峰值荷载 (kN)	极限位移 (mm)	极限荷载 (kN)
0.23	2.00	25.21	24.00	74.36	28.23	63.21
0.45	2.00	26.23	17.99	87.87	25.31	74.69
0.68	2.00	25.86	16.00	100.30	18.46	82.26

5.2.3.3 配箍率

前文试验结果表明，ECC具有较高的抗剪强度，可以部分替代箍筋的作用。本节选取了体积配箍率分别为0.445%、0.668%及1.335%的三组配箍率作为研究参数，研究ECC材料对抗剪承载力的贡献。各组参数见表5.15，其模拟结果如图5.23所示。

考虑配箍率的各组参数明细 表 5.15

轴压比	ECC高度	纵筋配筋率 (%)	纵筋强度 (MPa)	体积配箍率 (%)	混凝土强度 (MPa)	ECC强度 (MPa)
0.23	0	1.50	460	0.445	38.19	38.3
0.23	1.2*h*	1.50	460	0.445	38.19	38.3
0.23	0	1.50	460	0.668	38.19	38.3
0.23	1.2*h*	1.50	460	0.668	38.19	38.3
0.23	0	1.50	460	1.335	38.19	38.3
0.23	1.2*h*	1.50	460	1.335	38.19	38.3

从图 5.23 可以看出，当配箍率为 0.445%时，组合柱与 RC 柱箍筋间距较大，当位移分别加载至 18mm、15mm 左右时均出现荷载骤降，表现出较突然的脆性破坏；当配箍率为 0.668%时，RC 柱的加载位移达到 22.5mm 左右时，荷载下降到峰值荷载的 0.799 倍，而相同条件下的组合柱在加载位移达到 27mm 左右时，荷载突降至峰值荷载的 0.812 倍，突降点位移是 RC 柱的 1.2 倍；另外与 RC 柱相比，组合柱在峰值过后的荷载下降段有较大的波动，表明 ECC 材料具有一定的抗剪能力，可以替代部分箍筋的作用，从而在一定程度上减小试件发生脆性破坏的可能。此外，当配箍率为 1.335%时，组合柱的荷载下降段较 RC 柱更为平缓，表现出更为明显的延性破坏。

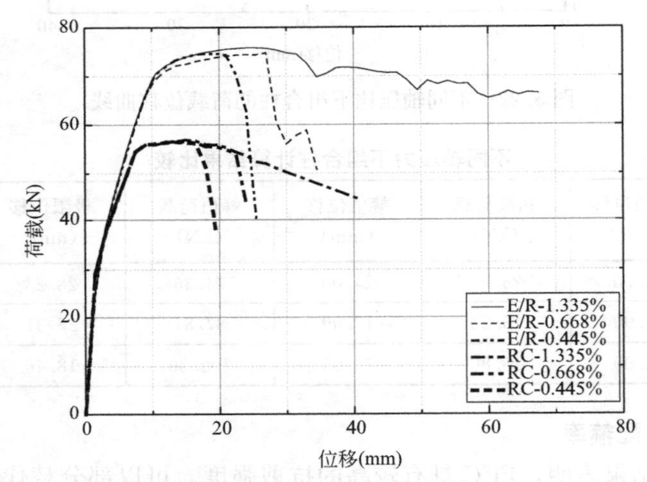

图 5.23 不同体积配箍率下 RC 柱与组合柱（E/R）的荷载位移曲线

5.3 RC/ECC 组合柱构件抗震性能

5.3.1 试验设计与实施

本试验的主要目的是研究 RC/ECC 组合框架柱在压、弯、剪共同作用下的抗震性能，主要对剪跨比、轴压比、体积配箍率和基体材料（RC/ECC）四个参数进行试验研究，详见表 5.16 及图 5.24。图 5.25 为试件的配筋情况，另外，本试验的纵筋与箍筋强度等级均采用 HRB400 级；柱纵筋配筋率为 1.50%；柱、基础梁保护层厚度分别为 25mm、30mm。

试验参数　　表 5.16

试件编号	材料	剪跨比	试验轴压比	体积配箍率(%)
S1	RC	2.0	0.60	1.78
S2	ECC	2.0	0.60	1.78
S3	组合 ER	2.0	0.60	1.78
S4	组合 ER	2.0	0.60	0.89
S5	RC	4.0	0.30	1.78
S6	ECC	4.0	0.30	1.78
S7	ECC	4.0	0.30	0.89
S8	组合 ER	4.0	0.30	1.78
S9	组合 ER	4.0	0.60	1.78

注：RC——混凝土柱；ECC——ECC 柱；组合 ER——RC/ECC 组合柱。

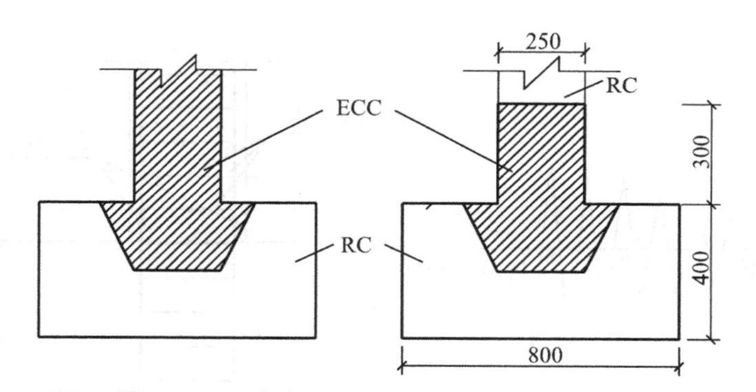

图 5.24　试件 ECC 材料布置图

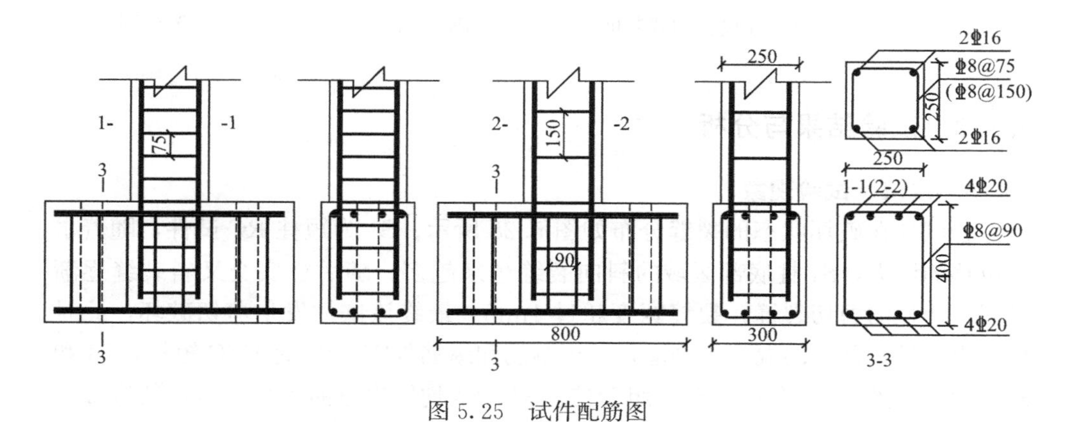

图 5.25　试件配筋图

本试验采用强度等级为 C30 的商品混凝土，混凝土和 ECC 经自然条件下养护 28 天后的立方体抗压强度分别为 36.28 和 29.03MPa。本试验中所有钢筋的强度等级均为 HRB400 级。其中，柱、基础梁均对称配筋；箍筋直径均为 8mm，钢筋材性见表 5.17。预埋型钢及钢板均为 Q235 级钢；螺栓为 10.9 级普通螺栓。

钢筋材性 表 5.17

钢筋直径	公称截面积(mm^2)	屈服强度 f_y(MPa)	极限强度 f_u(MPa)
8	50.3	467.5	610.0
16	201.1	462.5	607.5
20	314.2	462.5	602.5

本试验加载时，先施加竖向设计荷载并持荷 2min，然后保持竖向荷载值不变，采用位移的变幅等幅混合加载制度，如图 5.26 所示。当水平荷载降至拉力或推力最大值的 85%时认定试件破坏，停止试验。纵筋及箍筋具体的应变片布置见图 5.27。

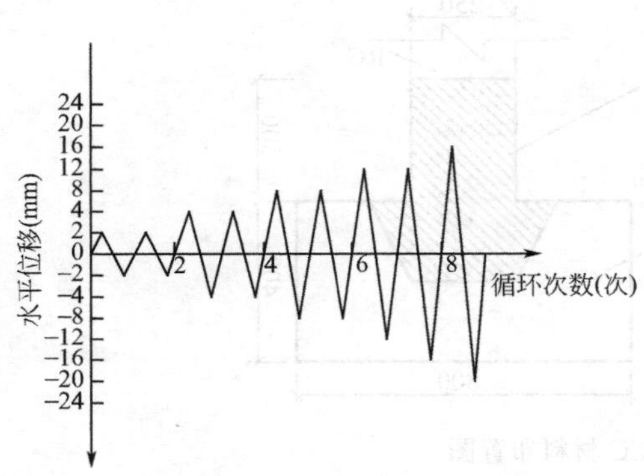

图 5.26 位移变幅等幅混合加载制度

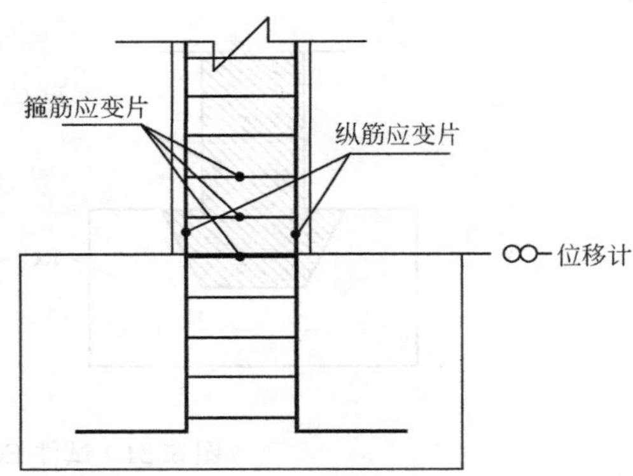

图 5.27 应变片/位移计布置示图

5.3.2 试验结果与分析

5.3.2.1 试验现象

各试件在破坏状态的裂缝分布如图 5.28 所示。S1 为短柱 RC 试件，随着水平位移的增大，S1 柱底部区域的斜向裂缝越来越多。随后柱底交叉斜裂缝逐渐发展成明显的剪切裂缝，裂缝宽度超过 1mm。最终该试件发生剪切破坏，此时柱底出现较大面积的混凝土剥落，柱根箍筋和纵筋外露。S2 为 ECC 短柱，S3 和 S4 均为不同配箍率的 RC/ECC 组合柱。S2～S4 均发生弯曲破坏，试件的底部区域出现多条细裂缝，柱底水平裂缝在破坏状态时开展较大。因此，将 ECC 材料应用于整个柱或柱底区域，可以显著提高柱试件的抗剪强度，避免短柱过早发生剪切破坏。S4 中因箍筋数量减少，柱底区域出现较多细小的对角裂缝，但其承载能力和变形能力均未见下降。

S5～S9为长柱，S5为RC试件，S6和S7为不同配箍率的ECC柱，S8和S9为不同轴压比的RC/ECC组合柱。所有长柱试件均发生弯曲破坏，其中S5在破坏时出现混凝土压碎，同时试件底部存在明显的对角斜裂缝。而S6～S9均未出现ECC剥落现象，当荷载降至峰值荷载的85%时，试件未发生ECC压碎或钢筋断裂。对于RC/ECC组合柱，当混凝土中的弯剪斜裂缝到达ECC-混凝土界面时，该裂缝在ECC内分散为多个细裂缝。由于轴压力的增加，S9的完整性明显高于S5～S8。

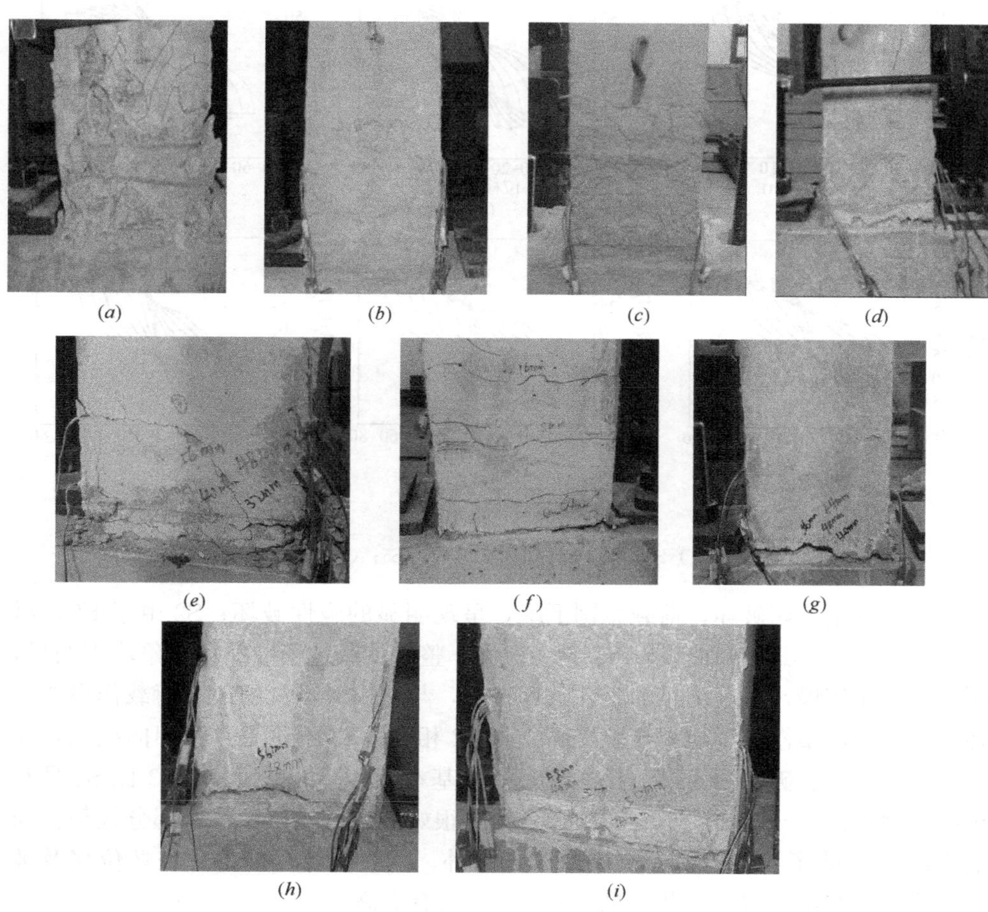

图5.28 裂缝分布及破坏形式

(*a*) S1；(*b*) S2；(*c*) S3；(*d*) S4；(*e*) S5；(*f*) S6；(*g*) S7；(*h*) S8；(*i*) S9

5.3.2.2 滞回曲线

图5.29为各试件的滞回曲线。对于短柱试件，从整体上看4根短柱的滞回曲线大致都呈弓字形。S1滞回曲线略显狭窄，到了加载后期，由于剪切裂缝开

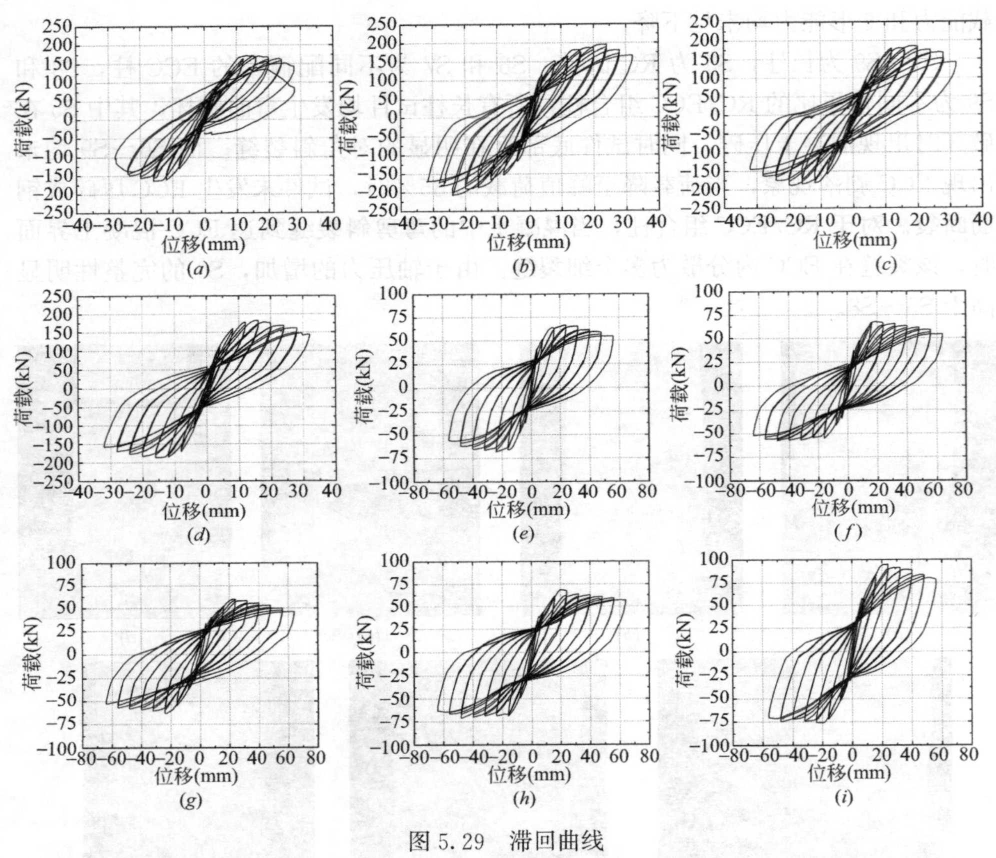

图 5.29　滞回曲线

(*a*) S1；(*b*) S2；(*c*) S3；(*d*) S3；(*e*) S4；(*f*) S5；(*g*) S6；(*h*) S7；(*i*) S8

展过大，发生剪切破坏，荷载急剧下降，呈现明显的脆性破坏；S2 由于 ECC 材料优越的性能，其滞回曲线较 S1 更为饱满，整个加载过程中捏拢现象均不明显，刚度退化比较慢，呈现明显的延性破坏特征，与此同时承受的往复荷载作用的循环次数增多，塑性变形能力显著提高。与 S2 相比，S3 不论是在滞回曲线上，还是在破坏位移、破坏模式以及耗能能力上都基本相似。由此可见，S3 比 S2 具有更高的性价比；与 S3 相比，由于 ECC 具有很好的抗剪能力，可以部分代替箍筋的作用，S4 除了耗能能力上有略微的偏低外，两者在滞回曲线、破坏位移及破坏模式上等基本相似。由此可见，S4 比 S3 具有更高的性价比。

对于长柱试件，与 S5 相比，S6、S7、S8 承受的往复荷载作用的循环次数更多，耗能更大。与此同时，后面三者的破坏位移、破坏模式以及耗能能力上均很相似。由此可见，柱根部采用 ECC 替代混凝土的同时加大箍筋间距比普通钢筋混凝土柱具有更好的抗震性能。与低轴压试件相比，S9 的滞回曲线略显狭窄，捏拢现象特别显著，到了加载后期，由于高轴压的影响，荷载急剧下降。

5.3.2.3　骨架曲线及延性分析

图5.30为各试件的骨架曲线。对于短柱试件，S2、S3和S4的骨架曲线均比S1包络的范围大，与此同时，S3与S4的骨架曲线包络的范围、曲线的走势等几乎相近；同理，从表5.18可以看出，S2的峰值荷载比S1要高出26.25%，而低配箍的S4的峰值荷载也比S1高出11.13%，这表明ECC材料的应用可以在一定程度上提高框架柱的抗剪承载力，并且能够部分代替箍筋的作用，表现出更好的结构性能。与S1相比，S2、S3及S4的极限位移及延性系数均有一定程度的提高，其中极限位移增加最多的为S2的19.78%，而延性增加最多的为S4的32.37%，这主要是因为S4配置箍筋较少，屈服时侧移较小，而ECC的桥连作用提高了S4的极限位移。

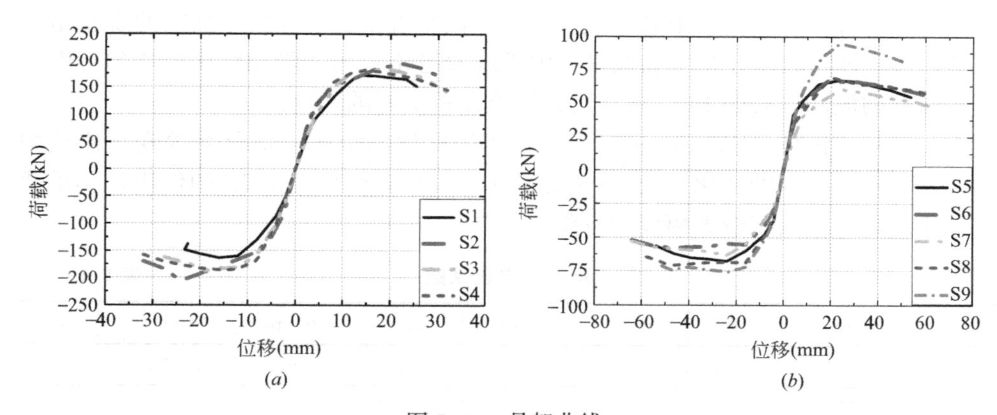

图5.30　骨架曲线

(*a*) 短柱；(*b*) 长柱

特征荷载及位移　　表5.18

试件	ρ_{sv} (%)	屈服状态		峰值状态		破坏状态		延性系数
		P_y (kN)	Δ_y (mm)	F_p (kN)	Δ_p (mm)	$F_{0.85}$ (kN)	$\Delta_{0.85}$ (mm)	
S1	1.78	143.50	9.48	163.67	16.08	139.12	26.34	2.78
S2	1.78	156.50	9.51	206.64	24.11	175.64	31.55	3.32
S3	1.78	160.20	9.49	185.29	18.58	157.50	28.55	3.01
S4	0.89	156.69	7.83	181.88	15.07	154.59	28.83	3.68
S5	1.78	55.62	10.35	66.56	23.27	56.57	50.12	4.84
S6	1.78	51.54	9.72	66.19	24.98	56.26	59.17	6.09
S7	0.89	44.18	10.82	59.94	23.89	50.95	55.66	5.15
S8	1.78	51.01	11.44	68.72	20.08	58.41	57.09	4.99
S9	1.78	77.52	13.95	94.99	23.68	80.74	50.57	3.63

对于长柱试件，S5、S6 和 S8 三者的正向骨架曲线上升段及峰值荷载极其相近；与 S5 相比，S6 和 S8 正向骨架曲线的下降段相近，且较为缓慢，表明强度衰减缓慢，变形大。S6 和 S7 反向骨架曲线的下降段相近，比较缓慢，表现出较好的延性。与 S8 相比，轴压比较大的 S9，由于有较好的柱端约束，刚度较大，试件的峰值荷载有明显地增加，但曲线下降段较为陡峭，说明其强度衰减较快，且衰减幅度较大，延性相对较差。S6、S7、S8 与 S5 相比，延性系数分别提高了 25.83%、6.4%及 3.1%；而与 S8 相比，S9 的延性系数下降了 27.25%。

5.3.2.4 承载力退化分析

从表 5.19 可以看出，部分试件的承载力退化系数出现大于 1 的现象。对于短柱试件，S1 在位移为 28mm 时，承载力退化系数突降，为上一位移级的 0.955 倍，此时试件已经达到极限破坏状态，这与试验观察到试件破坏加剧的现象是一致的。S2、S3 和 S4 在整个加载过程中承载力退化系数下降相对比较均匀，没有较大幅度的波动，表明 ECC 柱、组合柱能保持更好的稳定性。

对于长柱试件，S5～S8 这四个低轴压的试件的承载力退化系数变化比较均匀，没有较大幅度的变化；而 S9 虽然处于高轴压，但由于 ECC 的作用，其承载力退化系数没有出现较大幅度的下降。

承载力退化系数　　表 5.19

试件	2mm	4mm	8mm	12mm	16mm	20mm	24mm	28mm
S1	0.9798	0.9504	0.9664	0.9611	0.9653	0.9603	0.9652	0.9214
S2	0.9556	0.9665	0.9570	0.9613	0.9549	0.9548	0.9654	0.9501
S3	0.9587	1.0003	0.9519	0.9763	0.9542	0.9547	0.9510	0.9451
S4	1.0017	0.9797	0.9645	0.9711	0.9528	0.9585	0.9653	0.9483
试件	4mm	8mm	16mm	24mm	32mm	40mm	48mm	56mm
S5	0.9765	0.9673	1.0144	0.9696	0.9511	0.9658	0.9477	—
S6	0.8843	0.9597	0.9670	0.9794	0.9628	0.9616	0.9754	0.9545
S7	1.0434	0.9632	0.9790	0.9545	0.9637	0.9616	0.9544	0.9439
S8	0.9799	0.9744	0.9909	0.9299	0.9680	0.9605	0.9446	0.9658
S9	1.0028	0.9950	0.9943	0.9580	0.9715	0.9674	0.9733	—

5.3.2.5 刚度退化分析

图 5.31 为各试件刚度随位移的变化曲线，随着循环次数的增加，试件的刚度显著退化，后期趋于平稳。对于短柱试件，整个加载过程中，S2 的刚度均比 S1 的刚度大，表明 ECC 材料的优越性能，限制了较大裂缝的开展，保持了试件在加载过程中完整性，体现了 ECC 材料较普通混凝土更优越的耐损伤性能。

对于长柱试件，S5 的刚度退化最快；S9 的刚度退化也较明显，这说明轴压比对刚度退化的影响较大，在较高轴压作用下，刚度退化较快。当位移加载至16mm之后，S7和S6的刚度近乎相同，表明减少箍筋对RC/ECC组合框架柱的抗侧刚度影响较小。

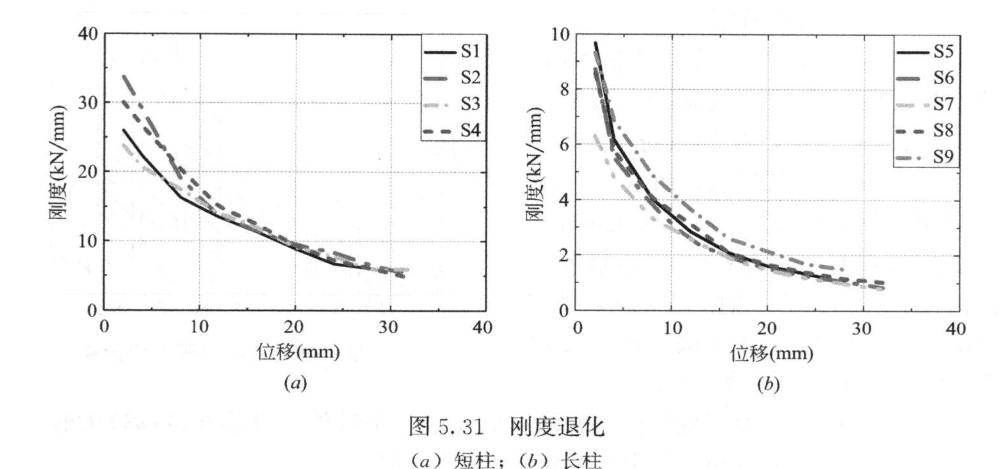

图5.31 刚度退化

(*a*) 短柱；(*b*) 长柱

5.3.2.6 耗能能力

图5.32为各试件的累计耗能随位移的变化曲线。对于短柱试件，S2、S3、S4的最终累计耗能分别比S1高出43.88%、44.15%、40.18%，其主要原因为：①纤维的桥连作用及ECC开裂后持续发挥作用避免钢筋在开裂处的应力集中；②框架柱的能量耗散能力主要取决于钢筋的塑性变形。对于S1，由于加载过程中，较早地发生了混凝土剥离、脱落以及钢筋屈服等导致了纵筋的塑性变形不能得到充分发挥；而对于S2～S4，整个加载过程中，ECC未出现剥落现象，ECC与钢筋之间良好的协同作用及试件的完整性保证了钢筋塑性性能的充分发挥。

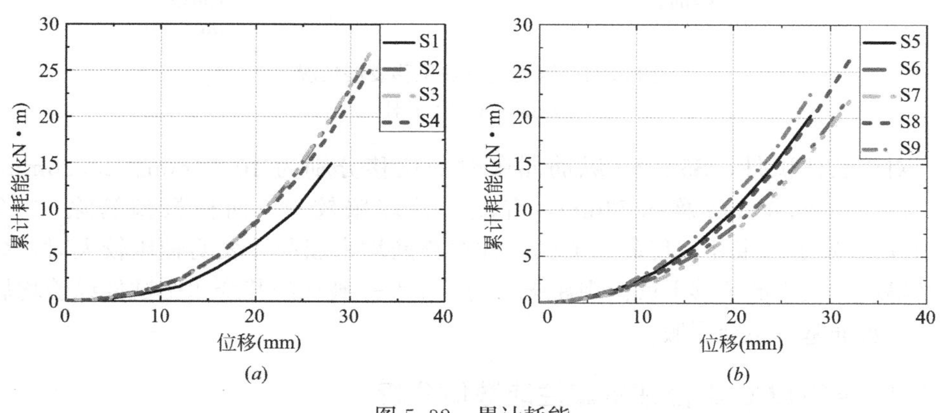

图5.32 累计耗能

(*a*) 短柱；(*b*) 长柱

对于长柱试件，各试件的最大累计耗能相比，S6、S7、S8 分别比 S5 高出 10.24%、7.91%、29.87%，表明 ECC 材料可以提高框架柱的耗能能力；S8 比 S9 高出 16.14%，表明试件的轴压比越小，其累计耗能能力越好。

5.3.2.7 应变分析

图 5.33 为试件钢筋首次屈服对应位移，图 5.34 为箍筋应变随位移发展情况。对于短柱试件，S1 的纵筋在位移为 6.69mm 左右时开始屈服，而 S2、S3 和 S4 的纵筋分别在 9.89mm、10.02mm 和 10.96mm 左右时屈服；S1 柱根箍筋在位移为 15.16mm 左右时屈服，而其他三个试件的柱根箍筋均未屈服，表明 S1 纵筋及柱根箍筋由于裂缝的开展，在位移较小时就已经屈服，最后发生剪切破坏，而其他三个试件的纵筋在位移较大时屈服，其箍筋未屈服，这可能是由于裂缝开展使得箍筋开裂所致。

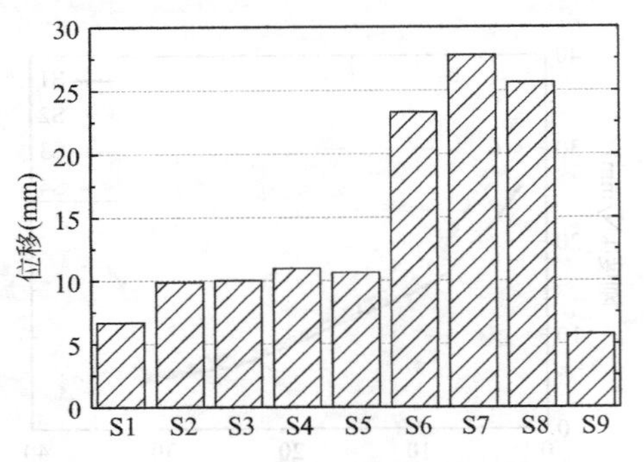

图 5.33 试件钢筋首次屈服对应位移

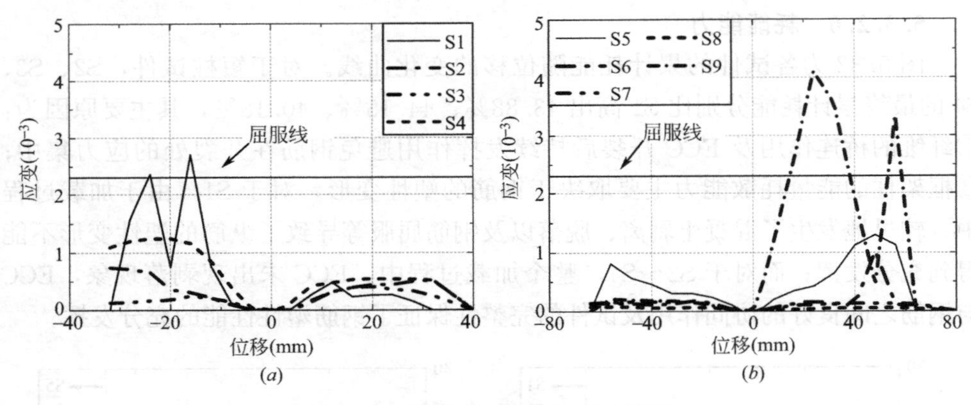

图 5.34 箍筋应变随位移发展情况

(*a*) 短柱；(*b*) 长柱

对于长柱试件，S5～S9 纵筋屈服时的位移分别为 10.64mm、23.26mm、27.77mm、25.60mm 及 5.76mm，混凝土柱屈服较早；而柱根箍筋除 S9 在 14.46mm 发生屈服外，其余 4 个试件柱根箍筋均未屈服，表明轴压较大时，纵筋及箍筋在较小的位移下就出现屈服，而发生弯矩破坏的其余 4 个试件纵筋均屈服，而箍筋基本不会屈服。

5.3.3 RC/ECC 组合柱抗震性能数值分析

本节利用通用有限元分析软件 MSC. MARC，建立 RC/ECC 组合柱的非线性有限元模型，将模拟结果与低周反复荷载下的RC/ECC组合柱抗震性能试验的结果进行了对比，并分析不同参数（轴压比、ECC高度及配箍率）对组合柱抗震性能的影响，模拟试件采用的材料本构和单元模型见前文。

5.3.3.1 模拟结果与分析

本文以第5.2.3节中的试验试件S6和S8为例，采用有限元软件进行有限元模拟，将得到的滞回曲线与试验进行对比分析的同时，比较其骨架曲线与累计耗能的差别。其中，各材料本构参数均通过材料的材性试验测得。

1.滞回曲线与骨架曲线的对比

模拟的滞回曲线、骨架曲线与试验结果对比如图5.35所示。

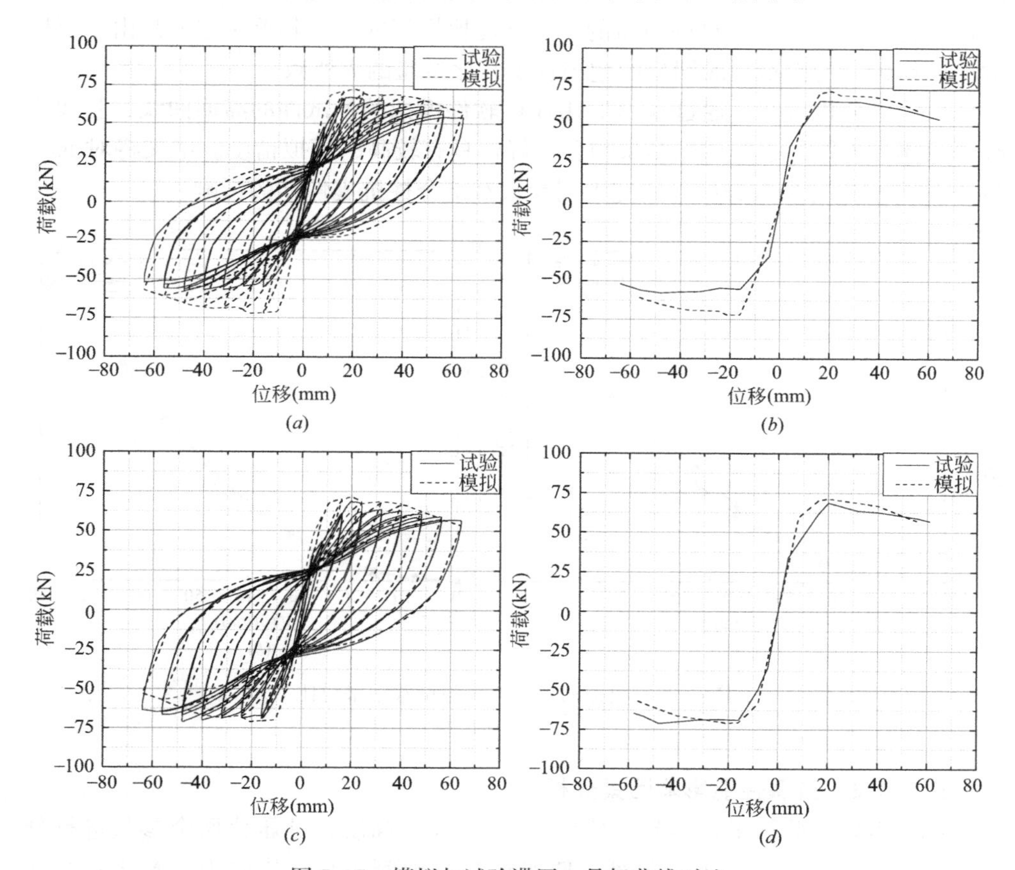

图5.35 模拟与试验滞回、骨架曲线对比

（*a*）S6滞回曲线；（*b*）S6骨架曲线；（*c*）S8滞回曲线；（*d*）S8骨架曲线

从图5.35中可以看出，两试件的试验与模拟结果基本吻合。试件S8（图5.35*c*和图5.35*d*）的滞回曲线和骨架曲线试验与模拟结果符合地较好，两者的正反向加载卸载路径、屈服荷载、极限荷载、骨架曲线的走势等基本相近；而试

件 S6（图 5.35*a* 和图 5.35*b*）的滞回曲线和骨架曲线试验与模拟结果略有些差距，主要体现在滞回曲线包络的面积大小，即峰值荷载的大小略有差别，而骨架曲线的走势、加载卸载路径等却很相近。这主要是由于数值计算模型中未有效考虑钢筋的粘结滑移，且材料的本构模型不能完全反映材料在加载后期的软化行为以及试件本身的缺陷等因素造成的。

2. 累计耗能对比

模拟的累计耗能与试验结果对比如图 5.36 所示可以看出，试件 Z-5 累计耗能的试验值与模拟结果基本一致，在位移为 40mm 之前，两者之间存在一定的差距，但在 40mm 之后，两者基本上一致，最终的耗能差异为 0.34%。而试件 Z-3 在位移为 24mm 之后，试验所得的累计耗能比模拟的小，其差别主要是由于模拟的滞回环包络的面积（滞回环的饱满程度）比试验的大所致。

由以上分析可知，通过 MSC. MARC 软件模拟的各试件的滞回曲线、骨架曲线以及累计耗能等，与试验结果吻合较好，具有较高的模拟精度。本文将对 RC/ECC 组合柱进行参数分析，研究不同参数对组合柱抗震性能的影响。

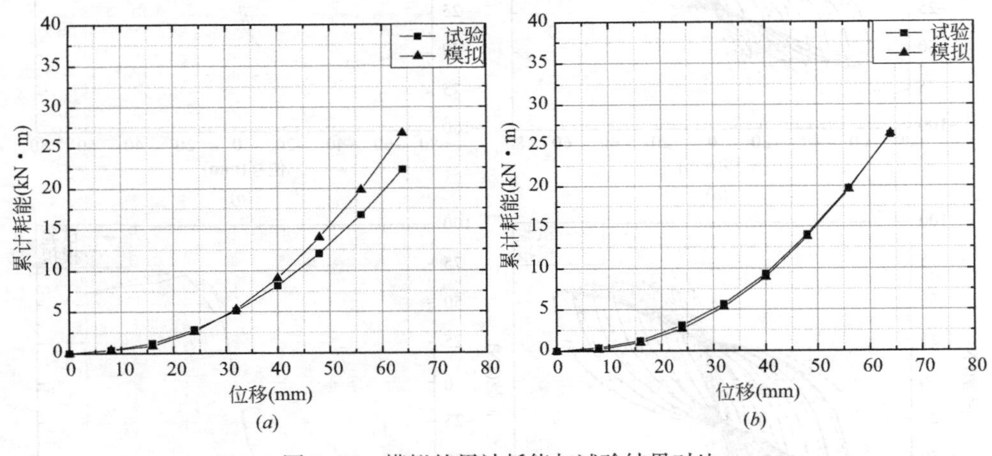

图 5.36　模拟的累计耗能与试验结果对比

（*a*）S6；（*b*）S8

5.3.3.2　抗震性能影响因素分析

综合考虑试验结果，本节将从组合柱的 ECC 高度、轴压比两个参数进行分析，各参数信息见表 5.20；另外，ECC 强度与混凝土强度均取为 30MPa；纵筋配筋率为 1.50%，其强度为 460MPa，体积配箍率为 0.668%。

模拟试件参数明细　　表 5.20

试件编号	剪跨比	ECC 高度	轴压比
CZ-1	4.0	0	0.30

续表

试件编号	剪跨比	ECC高度	轴压比
CZ-2	4.0	0.4h	0.30
CZ-3	4.0	0.8h	0.30
CZ-4	4.0	1.2h	0.30
CZ-5	4.0	l	0.30
CZ-6	4.0	1.2h	0.45
CZ-7	4.0	1.2h	0.60

1. ECC高度

图5.37为各试件的骨架曲线，图5.38为各试件的刚度退化情况。表5.21为各模拟试件的最终累计耗能及特征位移值情况，可以看出CZ-1（RC柱）及CZ-2基本相近，均为20.2kN·m左右；而当ECC高度增至200mm时，CZ-3的累计耗能增长至24.93kN·m，是CZ-1的1.23倍；当ECC高度为1.2h时，CZ-4的累计耗能与CZ-5（ECC柱）相近，为CZ-5的0.98倍。与CZ-1相比，CZ-2的峰值荷载高于CZ-1，表明ECC材料发挥了一定的抗剪作用。CZ-4的峰值荷载及极限位移分别是CZ-5的0.96倍和0.96倍，表明ECC高度在1.2h左右的效果接近于全部为ECC的效果。

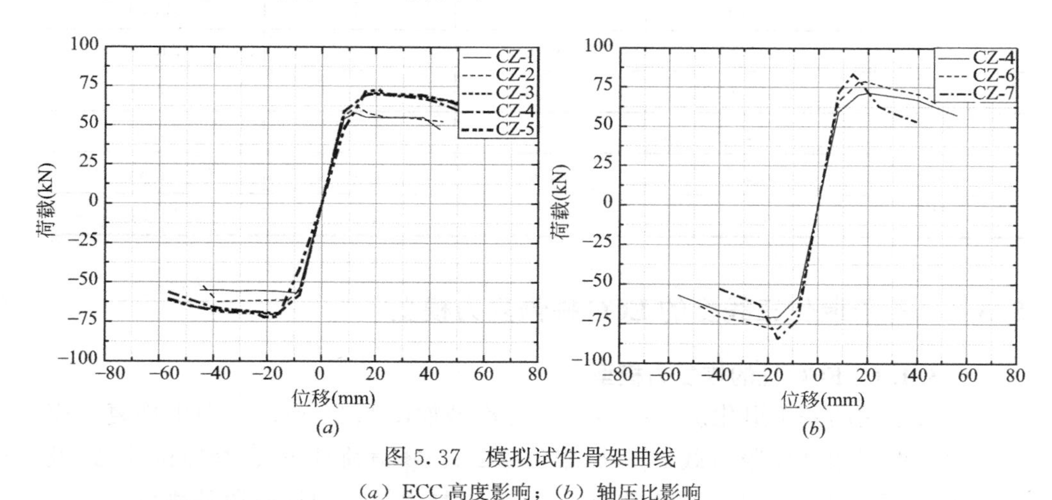

图5.37 模拟试件骨架曲线

（a）ECC高度影响；（b）轴压比影响

2. 轴压比

随着轴压比的增加，CZ-6、CZ-7的累计耗能与CZ-4相比，分别下降了24.2%、43.0%，极限位移分别下降了9.4%、59.0%；而峰值荷载分别增加了5.4%、16.7%；此外，轴压比越大，骨架曲线下降段越来越陡，刚度退化速度越来越快。

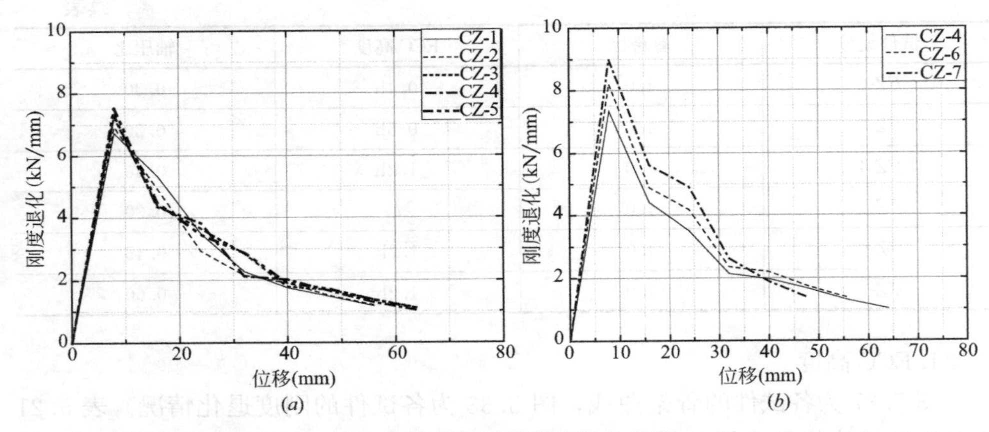

图 5.38 模拟试件刚度退化曲线

(*a*) ECC 高度影响；(*b*) 轴压比影响

模拟试件结果比较 表 5.21

试件编号	峰值荷载（kN）	极限位移（mm）	延性系数	最终累计耗能（kN·m）
CZ-1	57.81	42.10	4.40	20.21
CZ-2	62.17	42.51	6.75	20.20
CZ-3	70.82	59.16	6.50	24.93
CZ-4	69.98	50.33	5.81	26.27
CZ-5	72.65	52.61	7.35	26.70
CZ-6	78.53	45.06	5.67	19.83
CZ-7	83.36	20.41	2.17	14.91

5.3.4 基于退化三线型的 ECC 柱恢复力模型

5.3.4.1 ECC 柱的恢复力模型

本文采用的基于退化的三线型恢复力模型如图 5.39 所示，图中恢复力模型的骨架曲线包括屈服荷载 F_y、屈服位移 Δ_y、峰值荷载 F_u、峰值位移 Δ_u 及刚度退化 K_3（$K_3=\alpha K_1$；α 为常数；K_1 为恢复力模型弹性阶段的刚度）五个参数。

通过前文的试验及有限元模拟发现，试验所采用的组合柱试件在各方面的性能指标都与全 ECC 柱的性能相近，因此本文将以 5.3.2 节的部分试验数据（S3、S4、S7、S8、S9）为基础，研究 R/ECC 柱的恢复力模型，具体的试验试件参数见 5.3.2 节。

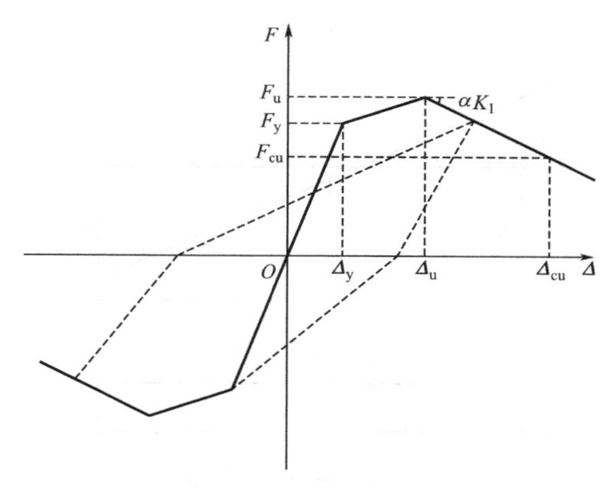

图 5.39 三线型恢复力模型

1. 屈服荷载 F_y

由于ECC材料抗拉强度较低，故不考虑ECC材料的抗拉强度的作用，以简化计算公式。类似于钢筋混凝土压弯构件的屈服定义，本节关于R/ECC柱屈服的定义为根部截面受拉钢筋屈服或截面外缘ECC达到峰值压应变。通过对混凝土受压区高度系数的计算公式[5]进行参数分析发现，混凝土受压区边缘的应变介于0～0.002不等，基于已有的针对ECC材料受压本构的研究[2]（图5.40），对ECC柱进行分析时，需考虑 $\varepsilon_c < \varepsilon_{co}$ 和 $\varepsilon_{co} < \varepsilon_c < \varepsilon_{cp}$（$\varepsilon_c$ 为ECC受压区边缘的应变）两种情况。

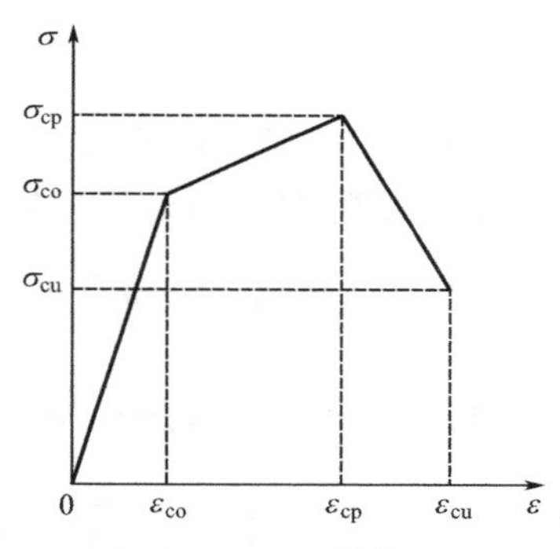

图 5.40 ECC简化压缩拉伸双折线模型

图5.40中，ε_{co}、σ_{co} 为弹性极限压应变及其对应的弹性极限压应力；ε_{cp}、σ_{cp} 为峰值压应变及其对应的峰值压应力；ε_{cu}、σ_{cu} 为极限压应变及其对应的极限压应力。

1）当 $\varepsilon_c < \varepsilon_{co}$ 时

如图5.41所示，根据平截面假定，有：

$$\frac{\varepsilon_y}{\varepsilon'_s}=\frac{h_0-x}{x-a'_s},\ \frac{\varepsilon_y}{\varepsilon'_c}=\frac{h_0-x}{x} \tag{5.61}$$

$$f'_c=\frac{\eta}{1-\eta}\frac{f_y}{\alpha_E},\ \sigma'_s=\frac{\eta h_0-a'_s}{(1-\eta)h_0}f_y \tag{5.62}$$

式（5.62）中，$\alpha_E=\dfrac{\varepsilon_{co}}{\sigma_{co}}E_s$，$\eta$ 为截面受压区高度系数。

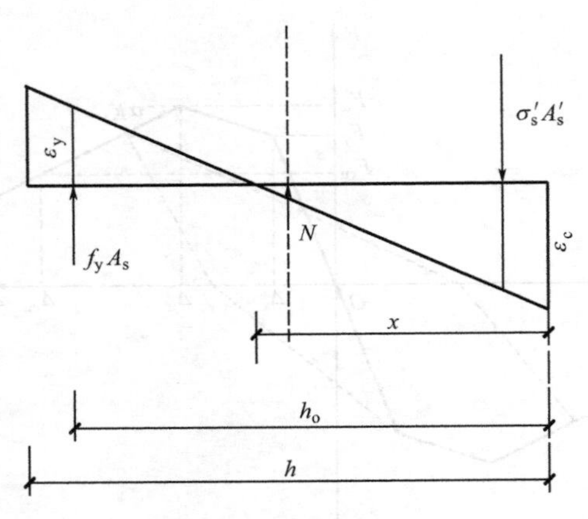

图 5.41　截面应变分布

根据力平衡，有：

$$f_yA_s+N=\sigma'_sA'_s+\frac{1}{2}f'_cxb \tag{5.63}$$

式 (5.63) 中，$N=n_0f_cbh_0$。

将上述各式代入式 (5.64)，有：

$$f_yA_s+n_0bh_0f_c=\frac{\eta h_0-a'_s}{(1-\eta)h_0}f_yA'_s+\frac{1}{2}\frac{\eta}{1-\eta}\frac{f_y}{\alpha_E}\eta h_0b \tag{5.64}$$

对式 (5.64) 进行一定的整理：$\rho_t=\dfrac{A_s+A'_s}{bh_0}$，$\alpha_f=f_y/f_c$，有：

$$\frac{1}{2}\left[\frac{h_0+a'_s}{(1-\eta)h_0}-\frac{2\eta}{1-\eta}\right]\alpha_f\rho_t+n_0=\frac{1}{2}\frac{\eta^2}{1-\eta}\frac{\alpha_f}{\alpha_E} \tag{5.65}$$

$$\eta^2+2\left(\frac{n_0}{\alpha_f}+\rho_t\right)\alpha_E\eta-\left[\frac{2n_0}{\alpha_f}+\left(1+\frac{a'_s}{h_0}\right)\rho_t\right]\alpha_E=0 \tag{5.66}$$

$$\eta=\left\{\left[\left(\frac{n_0}{\alpha_f}+\rho_t\right)\alpha_E\right]^2+\left[\frac{2n_0}{\alpha_f}+\left(1+\frac{a'_s}{h_0}\right)\rho_t\right]\right\}^{1/2}-\left(\frac{n_0}{\alpha_f}+\rho_t\right)\alpha_E \tag{5.67}$$

2) 当 $\varepsilon_{co}<\varepsilon_c<\varepsilon_{cp}$ 时

需考虑 $\varepsilon'_s\leqslant\varepsilon'_y$。则，当 $\begin{cases}\varepsilon_{co}<\varepsilon_c<\varepsilon_{cp}\\ \varepsilon'_s\leqslant\varepsilon'_y\\ \varepsilon_c=\dfrac{\eta}{1-\eta}\varepsilon_y\end{cases}$，即 $\varepsilon_{co}<\varepsilon_c<\dfrac{h}{h_0-a'_s}\varepsilon_y$ 时：

如图 5.42 所示，根据平截面假定，有：

$$\frac{\varepsilon_y}{\varepsilon_{co}}=\frac{h_0-x}{a_1},\ a_2=x-a_1,\ \frac{\varepsilon_y}{\varepsilon_c}=\frac{h_0-x}{x} \tag{5.68}$$

即：
$$a_1=\frac{\varepsilon_{co}}{\varepsilon_y}(h_0-x)=\frac{\varepsilon_{co}}{\varepsilon_y}(1-\eta)h_0,$$

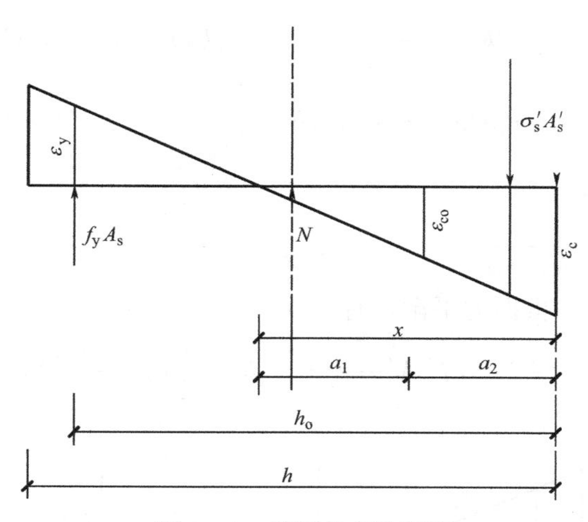

图 5.42 截面应变示意图

$$a_2=\eta h_0-\frac{\varepsilon_{co}}{\varepsilon_y}(1-\eta)h_0=\left[\eta-\frac{\varepsilon_{co}}{\varepsilon_y}(1-\eta)\right]h_0,$$

$$\varepsilon_c=\frac{\eta}{1-\eta}\varepsilon_y,\ f'_c=\frac{\sigma_{cp}-\sigma_{co}}{\varepsilon_{cp}-\varepsilon_{co}}\left(\frac{\eta}{1-\eta}\varepsilon_y-\varepsilon_{co}\right)+\sigma_{co} \tag{5.69}$$

根据力平衡，有：

$$f_yA_s+N=\sigma'_sA'_s+\frac{1}{2}\sigma_{co}a_1b+\frac{1}{2}(\sigma_{co}+f'_c)a_2b \tag{5.70}$$

将上述各式代入式（5.60），有：

$$f_yA_s+n_0bh_0f_c=\frac{\eta h_0-a'_s}{(1-\eta)h_0}f_yA'_s+\frac{1}{2}\sigma_{co}\frac{\varepsilon_{co}}{\varepsilon_y}(1-\eta)h_0b$$
$$+\frac{1}{2}\left[\sigma_{co}+\frac{\sigma_{cp}-\sigma_{co}}{\varepsilon_{cp}-\varepsilon_{co}}\left(\frac{\eta}{1-\eta}\varepsilon_y-\varepsilon_{co}\right)+\sigma_{co}\right]\left[\eta-\frac{\varepsilon_{co}}{\varepsilon_y}(1-\eta)\right]h_0b \tag{5.71}$$

对式（5.61）进行一定的整理：$\alpha_{fco}=\dfrac{\alpha_{co}}{f_c}$，$k_1=\varepsilon_{co}/\varepsilon_y$，$k_2=\dfrac{\sigma_{cp}-\sigma_{co}}{\varepsilon_{cp}-\varepsilon_{co}}\dfrac{\varepsilon_y}{f_c}$，有：

$$\frac{1}{2}\left[\frac{h_0+a'_s}{(1-\eta)h_0}-\frac{2\eta}{1-\eta}\right]\alpha_f\rho_t+n_0$$
$$=\frac{1}{2}\sigma_{fco}k_1(1-\eta)+\frac{1}{2}\left[2\sigma_{fco}+k_2\left(\frac{\eta}{1-\eta}-k_1\right)\right](\eta-k_1(1-\eta)) \tag{5.72}$$

则：
$$\eta=\frac{-B+(B^2-4AC)^{1/2}}{2A} \tag{5.73}$$

式（5.73）中，$A=\dfrac{1}{2}\sigma_{f_{co}}k_1-\dfrac{1}{2}(2\sigma_{f_{co}}-k_1k_2-k_2)(1+k_1)$，$B=n_0+\sigma_f\rho_t-$

$\sigma_{f_{co}}k_1+\frac{1}{2}(2\sigma_{f_{co}}-k_1k_2-k_2)k_1+\frac{1}{2}(2\sigma_{f_{co}}-k_1k_2)(1+k_1)$，$C=-n_0-\frac{1}{2}(1+a'_s/h_0)\alpha_f\rho_t+\frac{1}{2}\sigma_{f_{co}}k_1-\frac{1}{2}(2\sigma_{f_{co}}-k_1k_2)k_1$。

3）当$\varepsilon'_s>\varepsilon'_y$时

取$\varepsilon'_s=\varepsilon'_y$，此时$\frac{h}{h_0-a'_s}\varepsilon_y<\varepsilon_c<\varepsilon_{cp}$。

如图5.43所示，根据力平衡，有：

$$f_yA_s+N=f'_yA'_s+\frac{1}{2}\sigma_{co}a_1b+\frac{1}{2}(\sigma_{co}+f'_c)a_2b \tag{5.74}$$

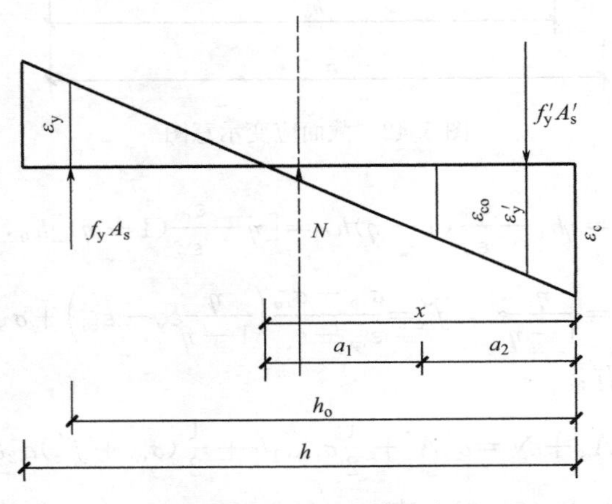

图5.43　截面应变分布

对式（5.74）进行一定的整理有：

$$n_0=\frac{1}{2}\sigma_{f_{co}}k_1(1-\eta)+\frac{1}{2}\left[2\sigma_{f_{co}}+k_2\left(\frac{\eta}{1-\eta}-k_1\right)\right](\eta-k_1(1-\eta)) \tag{5.75}$$

则：

$$\eta=\frac{-B+(B^2-4AC)^{1/2}}{2A} \tag{5.76}$$

式（5.76）中，$A=\frac{1}{2}\sigma_{f_{co}}k_1-\frac{1}{2}$（$2\sigma_{f_{co}}-k_1k_2-k_2$）（$1+k_1$），$B=n_0-\sigma_{f_{co}}k_1+\frac{1}{2}$（$2\sigma_{f_{co}}-k_1k_2-k_2$）$k_1+\frac{1}{2}$（$2\sigma_{f_{co}}-k_1k_2$）（$1+k_1$），$C=-n_0+\frac{1}{2}\sigma_{f_{co}}k_1-\frac{1}{2}$（$2\sigma_{f_{co}}-k_1k_2$）$k_1$。

4）对截面受压钢筋中心取矩

$$M_y=f_yA_s(h_0-a'_s)+N(h/2-a'_s)-M_c \tag{5.77}$$

式中，M_c为受压区ECC对受压钢筋中心的弯矩。

当$\varepsilon_c<\varepsilon_{co}$时，$M_c=b\left(\frac{1}{2}f'_c x\right)\left(\frac{1}{3}x-a'_s\right)=b\left(\frac{1}{2}\frac{\eta^2}{1-\eta}\frac{f_y}{\alpha_E}h_0\right)\left(\frac{1}{3}\eta h_0-a'_s\right)$

当$\varepsilon_{co}<\varepsilon_c<\varepsilon_{cp}$时，

$$M_c=b\left(\frac{1}{2}\sigma_{co}a_1\right)\left(x-a'_s-\frac{2}{3}a_1\right)+b\left(\frac{1}{2}(\sigma_{co}+f'_c)a_2\right)\left(x-a'_s-\frac{2f'_c+\sigma_{co}}{3(f'_c+\sigma_{co})}a_2\right)$$

$$=b\left(\frac{1}{2}\sigma_c\frac{\varepsilon_{co}}{\varepsilon_y}(1-\eta)h_0\right)\left(\eta h_0-a'_s-\frac{2}{3}\frac{\varepsilon_{co}}{\varepsilon_y}(1-\eta)h_0\right)$$

$$+b\left(\frac{1}{2}(\sigma_{co}+f'_c)\left(\eta-\frac{\varepsilon_{co}}{\varepsilon_y}(1-\eta)\right)h_0\right)$$

$$\left(\eta h_0-a'_s-\frac{2f'_c+\sigma_{co}}{3(f'_c+\sigma_{co})}\left(\eta-\frac{\varepsilon_{co}}{\varepsilon_y}(1-\eta)\right)h_0\right)$$

5）对于剪切型框架柱

屈服荷载F_y与截面屈服弯矩有如下的关系：

$$F_y=M_y/H \tag{5.78}$$

式中 M_y——构件底部截面屈服弯矩；

H——构件的计算长度。

根据上述计算公式计算得到的屈服荷载计算值与试验值如表5.22所示。

屈服荷载计算值与试验值比较 **表5.22**

试件编号	S3	S4	S7	S8	S9
计算值F_{y1}	183.03	183.03	64.59	64.59	91.51
试验值F_{y2}	160.2	156.69	44.18	51.01	77.52
F_{y1}/F_{y2}	0.8753	0.8561	0.6840	0.7898	0.8471

从表5.22可以看出，试件S6和S8的计算值与试验值相差较大，其他试件都比较接近。为使本文提出的恢复力模型能更好地接近实际情况，本文对计算值做考虑轴压比n_0的修正。定义：$x=n_0$，$y=F_y/F_{y1}$，其中F_y为修正值。将上述各试件的数据进行回归分析得到的修正值与试验值关系如表5.23所示。

屈服荷载修正值与试验值比较 **表5.23**

试件编号	S3	S4	S7	S8	S9
修正值F_y	157.32	157.32	47.60	47.60	78.65
试验值F_{y2}	160.2	156.69	44.18	51.01	77.52
F_y/F_{y2}	0.9820	1.0040	1.0773	0.9331	1.0146

注：修正公式为$y=0.4087x+0.6143$。

从表5.23可以看出，修正后各试件屈服荷载的计算值与试验值都很接近。将表5.23注解代入式（5.78），得到屈服荷载的计算公式为：

$$F_y=(0.4087n_0+0.6143)M_y/H \tag{5.79}$$

2. 屈服位移 Δ_y

试件屈服前处于弹性阶段，屈服位移理论值可由屈服定义和平截面假定确定：

$$\Delta_y=\frac{l^2 f_y}{3h_0(1-\eta)E_s} \tag{5.80}$$

根据上述计算公式计算得到的屈服位移计算值与试验值如表 5.24 所示。

屈服位移计算值与试验值比较 **表 5.24**

试件编号	S3	S4	S7	S8	S9
计算值 Δ_{y1}	1.579	1.579	5.1915	5.1915	1.579
试验值 Δ_{y2}	9.4899	7.8332	10.8161	11.4459	13.9513
Δ_{y1}/Δ_{y2}	0.1664	0.2016	0.4800	0.4536	0.1132

从表 5.24 可以看出，各试件屈服位移的计算值与试验值都相差很大，这主要是由于试件屈服时已经发生开裂现象，此时试件的刚度较初始刚度已经发生较大地改变，使得结果离散性较大，因此本文在式（5.80）的基础上采用回归分析的方法计算屈服位移。根据试验结果，考虑轴压比 n_0 和剪跨比 λ 对屈服位移的影响，将各试件的数据进行回归分析得到的屈服位移计算值与试验值关系如表 5.25 所示。

屈服位移计算值与试验值比较 **表 5.25**

试件编号	S3	S4	S7	S8	S9
计算值 Δ_y	8.6616	8.6616	11.1308	11.1308	13.9512
试验值 Δ_{y1}	9.4899	7.8332	10.8161	11.4459	13.9513
Δ_y/Δ_{y1}	0.9127	1.1058	1.0291	0.9725	1.0000

回归得到的屈服位移计算公式为：

$$\Delta_y=(-11.2474+22.3048n_0+1.6750\lambda)\Delta'_y \tag{5.81}$$

从表 5.25 可以看出，采用式（5.81）计算得到的屈服位移值与试验值基本接近，故式（5.81）不需要再进行进一步的修正。

3. 峰值荷载 F_u

当 R/ECC 柱达到峰值荷载时，截面的应变分布如图 5.44 所示，此时根部截面受拉钢筋屈服，截面外缘 ECC 达到峰值压应变。

根据平截面假定，有：

$$x=\frac{\varepsilon_{cp}}{\varepsilon_{cp}+\varepsilon_s}h_0,\ a_1=\frac{\varepsilon_{co}}{\varepsilon_{cp}+\varepsilon_s}h_0,\ a_2=\frac{\varepsilon_{cp}-\varepsilon_{co}}{\varepsilon_{cp}+\varepsilon_s}h_0 \tag{5.82}$$

由截面力矩平衡，有：

$$M_u=f_yA_s(h_0-a'_s)+N(h/2-a'_s)-M_c \tag{5.83}$$

式（5.83）中，M_c 为受压区 ECC 对受压钢筋中心的弯矩，其表达式如下：

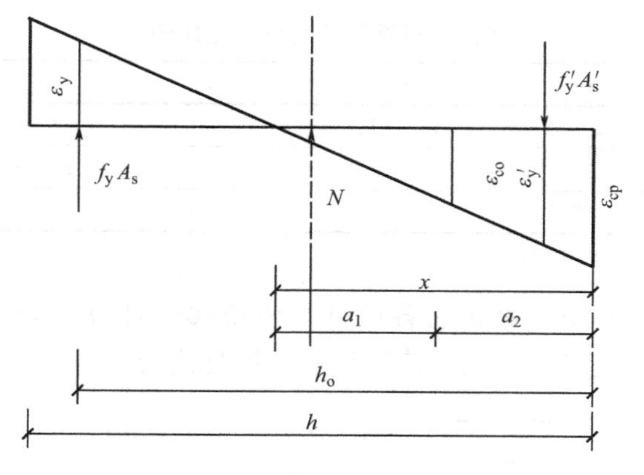

图 5.44　截面应变分布图

$$M_c=b\left(\frac{1}{2}\sigma_{co}a_1\right)\left(x-a'_s-\frac{2}{3}a_1\right)+b\left(\frac{1}{2}(\sigma_{co}+\sigma_{cp})a_2\right)\left(x-a'_s-\frac{2\sigma_{cp}+\sigma_{co}}{3(\sigma_{cp}+\sigma_{co})}a_2\right)$$
$$=b\left(\frac{1}{2}\sigma_{co}\frac{\varepsilon_{co}}{\varepsilon_{cp}+\varepsilon_s}h_0\right)\left(\frac{\varepsilon_{cp}}{\varepsilon_{cp}+\varepsilon_s}h_0-a'_s-\frac{2}{3}\frac{\varepsilon_{co}}{\varepsilon_{cp}+\varepsilon_s}h_0\right)$$
$$+b\left(\frac{1}{2}(\sigma_{co}+\sigma_{cp})\frac{\varepsilon_{cp}-\varepsilon_{co}}{\varepsilon_{cp}+\varepsilon_s}h_0\right)\left(\frac{\varepsilon_{cp}}{\varepsilon_{cp}+\varepsilon_s}h_0-a'_s-\frac{2\sigma_{cp}+\sigma_{co}}{3(\sigma_{cp}+\sigma_{co})}\frac{\varepsilon_{cp}-\varepsilon_{co}}{\varepsilon_{cp}+\varepsilon_s}h_0\right) \tag{5.84}$$

对于压弯构件，轴向力的存在会产生 $P-\Delta$ 效应，为简化计算，本文根据试验数据，考虑轴压比 n_0、剪跨比 λ 的影响，对各试件的数据进行回归分析得到的峰值荷载计算公式为：

$$F_u=(10.6515-10.0459n_0+0.0834\lambda)M_u/H \tag{5.85}$$

根据上式计算得到的峰值荷载计算值与试验值如表 5.26 所示。

峰值荷载计算值与试验值比较　　表 5.26

试件编号	S3	S4	S7	S8	S9
计算值 F_u	183.58	183.58	64.33	64.33	94.99
试验值 F_{u1}	185.29	181.88	59.94	68.72	94.99
F_u/F_{u1}	0.9908	1.0094	1.0732	0.9361	1.0000

根据表 5.26 可以看出，峰值荷载计算值与试验值基本接近，可以直接采用公式计算，不需要修正。

4. 峰值位移 Δ_u

由于峰值位移计算时需要考虑诸多因素的影响（如材料特性、剪切、滑移、二阶效应等），为此，本节基于试验数据，定义：$x=n_0$，$y=(\Delta_u-\Delta_y)/\Delta_y$，对峰值位移 Δ_u 做考虑轴压比 n_0 的修正。将上述各试件的数据进行回归分析得到的修正值与试验值关系如表 5.27 所示。

峰值位移修正值与试验值比较　　表 5.27

试件编号	S3	S4	S7	S8	S9
计算值 Δ_u	16.1168	16.1168	21.9862	21.9862	25.9593
试验值 Δ_{u2}	18.5759	15.0707	23.8932	20.0792	23.6834
Δ_u/Δ_{u2}	0.8676	1.0694	0.9202	1.0950	1.0961

注：修正公式为 $y=-0.3818x+1.0898$。

从表 5.27 可以看出，修正后各试件峰值位移的计算值与试验值都很接近。将表 5.27 注解结合定义，得到峰值位移的计算公式为：

$$\frac{\Delta_u-\Delta_y}{\Delta_y}=-0.3818n_0+1.0898 \tag{5.86}$$

5. 退化刚度 K_3

恢复力模型的下降段为一斜直线，其刚度可以采用下式计算得到：

$$K_3=\alpha K_1 \tag{5.87}$$

式中

α——刚度退化系数；

K_1——恢复力模型弹性阶段的刚度值。

本文将基于试验数据，采用回归的方法进行刚度退化系数 α 的确定，其回归结果计算值与试验值如表 5.28 所示。

刚度退化计算值与试验值比较　　表 5.28

试件编号	S3	S4	S7	S8	S9
计算值 K_3	−2.1585	−2.1585	−0.2806	−0.2806	−0.6700
试验值 K_{3-1}	−2.7855	−1.9841	−0.2830	−0.2785	−0.5300
K_3/K_{3-1}	0.7749	1.0879	0.9915	1.0076	1.2641

注：刚度退化系数 $\alpha=-0.1774n_0-0.0124$，n_0 为轴压比。

结合式（5.67）及表 5.28 注解，可以得到刚度退化计算公式：

$$K_3=(-0.1774n_0-0.0124)K_1 \tag{5.88}$$

6. 卸载刚度 K_u

已有的大量试验研究表明，弹性阶段的卸载刚度基本和弹性刚度平行，即$K_u=K_e$。当荷载处于强化和退化阶段时，卸载刚度逐渐变小，因此需对其进行修正。另外，有文献表明，当荷载超过屈服荷载时，卸载刚度基本呈指数关系退化[7]：

$$K_u=a\left(\frac{\Delta}{\Delta_y}\right)^b K_e \tag{5.89}$$

式中 a、b 均为常数。

定义：$y=K_u/K_e$，$x=\Delta/\Delta_y$，对各试件试验数据进行拟合，其结果如图 5.45 所示。

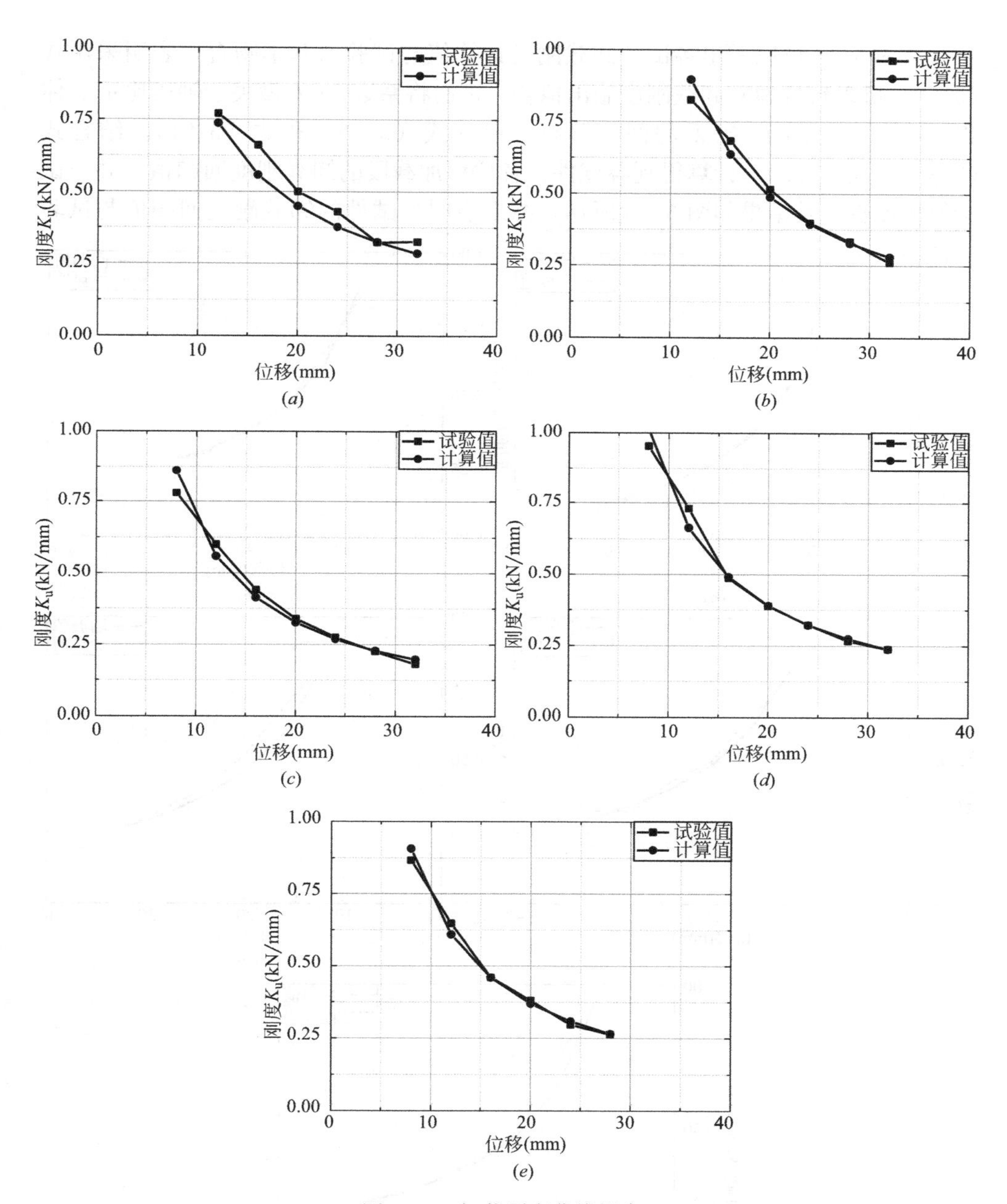

图 5.45 卸载刚度曲线拟合

(a) S3：$K_u = 1.0109\left(\frac{\Delta}{\Delta_y}\right)^{-0.9692} K_e$；(b) S4：$K_u = 1.3226\left(\frac{\Delta}{\Delta_y}\right)^{-1.1904} K_e$；

(c) S3：$K_u = 1.4791\left(\frac{\Delta}{\Delta_y}\right)^{-1.0437} K_e$；(d) S4：$K_u = 1.2655\left(\frac{\Delta}{\Delta_y}\right)^{-1.0600} K_e$；

(e) S5：$K_u = 1.0372\left(\frac{\Delta}{\Delta_y}\right)^{-0.9811} K_e$

从图 5.45 可以看出各试件卸载刚度计算值与试验值基本吻合，表明采用式(5.79) 可以较好地对卸载刚度做出拟合。进而将系数 a 、b 做关于轴压比 n_0、体积配箍率 λ_v 及剪跨比 λ 的回归分析，得到式（5.80）和式（5.81）。结合式(5.80)、式（5.81）计算得到各试件在各位移加载段的卸载刚度回归值，并与试验值相比较，其结果如图 5.46 所示，结果表明各试件的卸载刚度回归值与试验

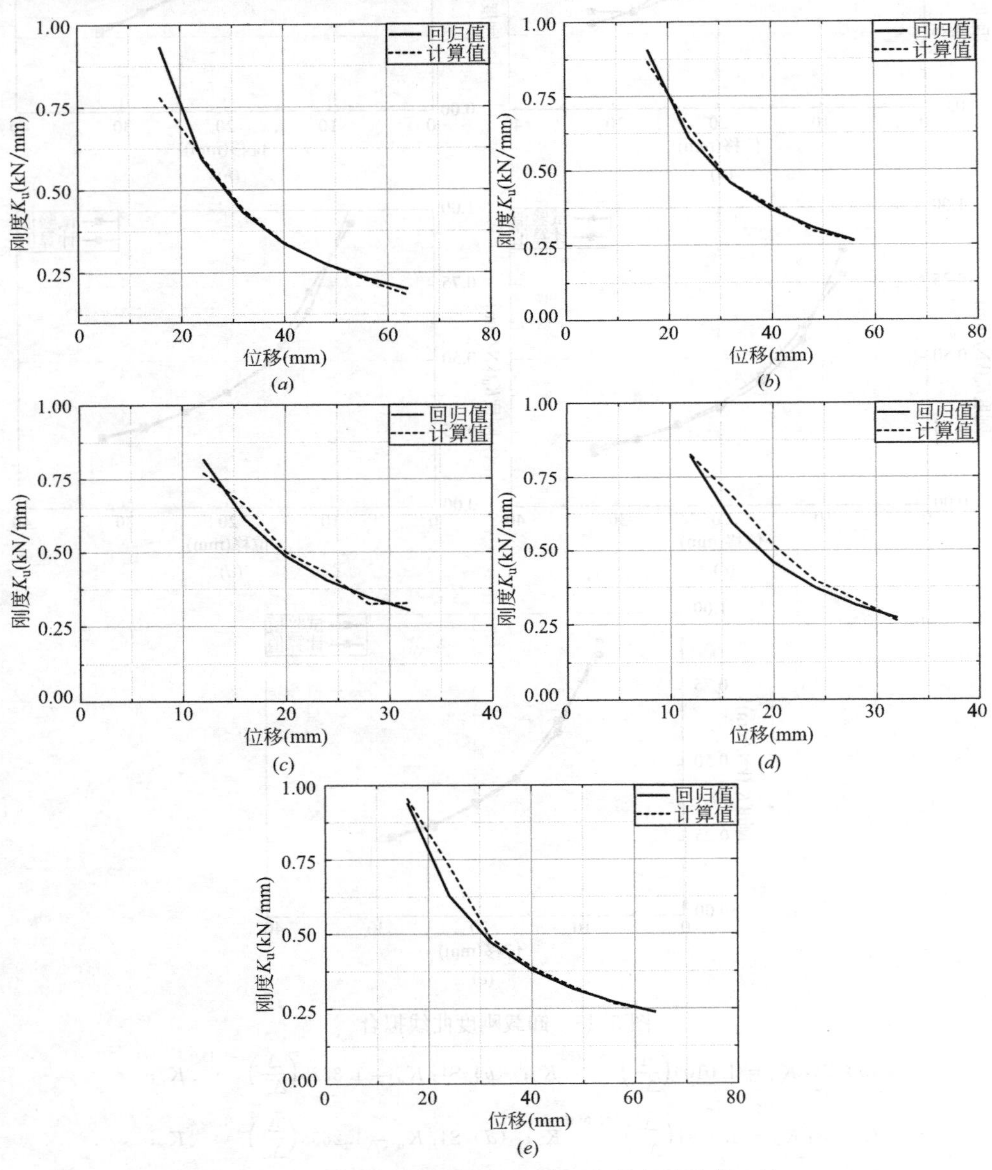

图 5.46　各试件各阶段卸载刚度回归值与试验值比较

(a) S3；(b)；S4；(c) S6；(d) S7；(e) S8

值基本吻合，回归公式具有较强的适用性。

$$a = 1.9665 - 1.0352n_0 - 5.5112\lambda_v - 0.0525\lambda \quad (5.90)$$

$$b = -1.32 + 0.0379n_0 + 13.3427\lambda_v + 0.0197\lambda \quad (5.91)$$

5.3.4.2 滞回规则

已有的关于构件进行低周反复试验的文献[7] 及本文5.3.2节组合柱拟静力试验的滞回曲线可以发现，各个滞回环在正反两个加载方向上，都有相交于某一定点的趋势。

图5.47为恢复力模型的滞回规则，可以表述为：

(1) 当试件处于弹性阶段时，构件在荷载作用下的刚度基本上沿直线（O-A段）行走，此时，如果进行卸载，则刚度沿着O-A段回到原点；当施加反向荷载时，刚度沿着路径O-B方向行走，荷载未超过构件屈服荷载前刚度均沿原路返回。

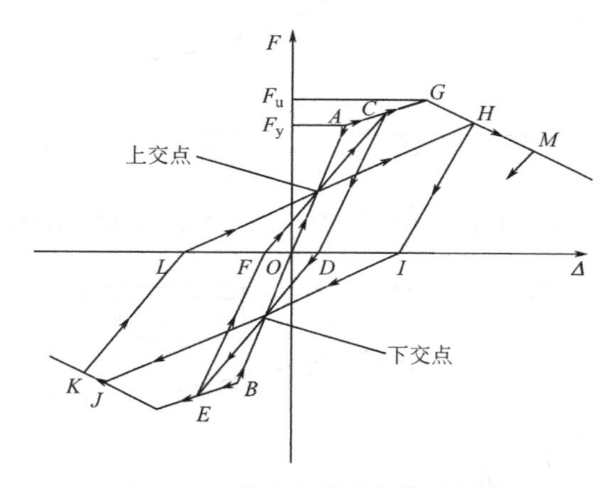

图5.47 恢复力模型的滞回规则

(2) 当试件超过屈服荷载时，施加正向荷载，荷载沿着曲线AC行走，在未到达峰值位移点G之前卸载，卸载刚度将沿CD下降直至零，随后施加反向荷载，荷载经过下交点向E点行走；卸载时，卸载刚度沿着曲线的EF段行走，此时，EF与CD的卸载刚度平行。

(3) 反向卸载到零时再施加正向荷载，荷载经过上交点向C点方向行走，与骨架曲线相交后沿着曲线CG行走，此时已完成第一个滞回环的行走路线，随后的每一个滞回环都是按照上述规则进行循环，直至破坏。

5.3.4.3 各参数指标计算值与试验值的比较

为验算本节得到的R/ECC柱恢复力模型修正的计算公式的准确性，本文将采用修正的计算公式计算试件S6恢复力模型的各特征点，并与试验结果作比较，进而根据这些特征点作出恢复力模型的骨架曲线，并与试验的骨架曲线作比较，其结果如表5.29及图5.48和图5.49所示。

试件 S6 各参数指标计算值与试验值比较　　表 5.29

	屈服荷载(kN)	屈服位移(mm)	峰值荷载(kN)	峰值位移(mm)	刚度退化 K_3
计算值	47.60	11.13	64.33	21.99	−0.28
试验值	51.54	9.72	66.19	24.98	−0.23
计算值/试验值	0.9235	1.1451	0.9719	0.8803	1.2205

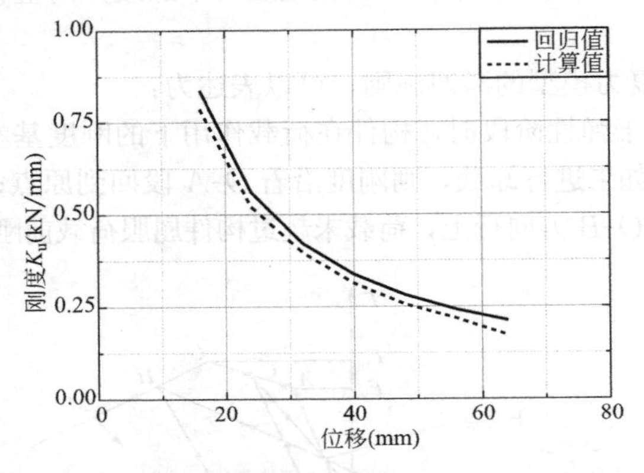

图 5.48　试件 S6 各阶段卸载刚度回归值与试验值比较

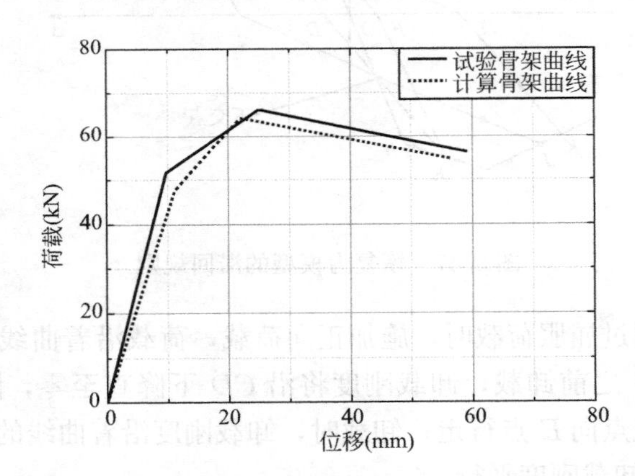

图 5.49　试件 S6 试验骨架曲线与计算骨架曲线对比

从图 5.49 中可以看出，计算的骨架曲线和试验的骨架曲线较为符合。在屈服阶段以前，屈服荷载和屈服位移的计算值均小于试验值，其中，屈服荷载的计算值是试验值的 0.9235 倍，而屈服位移的计算值与试验值相差较为明显，为试验值的 1.1451 倍；而在屈服后进入塑性阶段后计算值逐渐接近试验值，峰值荷载的计算值是试验值的 0.9719 倍，两者误差均在合理范围内，且骨架曲线较为接近，表明通过修正的公式计算 R/ECC 柱的恢复力模型具有一定的适用性，可以进一步进行更深入的研究和探索，为 R/ECC 结构在抗震领域的应用奠定基础。

5.4　本章小结

将ECC材料应用于柱构件中，能显著提高建筑结构的承载力、延性及抗震性能等，本章对R/ECC柱和RC/ECC组合柱的力学性能进行研究，并得到了以下结论：①建立了R/ECC柱在轴压和偏压下的承载力计算公式，并绘制出R/ECC柱的N_u-M_u曲线，得到不同参数对N_u-M_u曲线的影响；②对RC/ECC组合柱压弯性能进行数值模拟，模拟结果表明ECC材料在柱底区域的应用可以有效控制柱在受力过程中的裂缝宽度，提高构件延性和承载力，而ECC高度为1.2h的组合柱可取得等同全ECC柱的性能效果；③低周反复荷载作用下，ECC材料在RC短柱中的使用可使构件的破坏模式从剪切破坏转变为弯曲破坏。与RC柱相比，RC/ECC组合柱、R/ECC柱均具有更好的延性和耗能能力；④通过理论计算和试验数据的回归分析，建立了R/ECC柱恢复力模型。

5.5　参考文献

[1] Tetsushi Kanda，Zhong Lin，Li V. C. Tensile stress-strain modeling of pseudo strain hardening cementitious compositites [J]. Journal of Materials in Civil Engineering，2005 (5)：147-156.

[2] 罗敏. PVA纤维增强水泥基复合材料优化设计及力学性能研究 [D]. 东南大学，2011.

[3] Fang Yuan，Jinlong Pan，C. K. Y. Leung. Flexural Behaviors of ECC and Concrete/ECC Composite Beams Reinforced with Basalt Fiber-Reinforced Polymer. J. Compos. Constr. 2013. 17：591-602.

[4] Li V. C. Engineered Cementitious Composites-Tailored Composites Through Micromechanical Modeling，in Fiber Reinforced Concrete：Present and the Future. Eds. N. Banthia et al，ASCE，Montreal，1998，64-97.

[5] 欧进萍，何政，吴斌，邱法维. 钢筋混凝土结构基于地震损伤性能的设计 [J]. 地震工程与工程振动，1999，19 (1)：21-30.

[6] 徐伟栋. 配置高强钢筋的混凝土柱抗震性能研究 [D]. 上海：同济大学，2007.

[7] 陈俊涵. R/ECC柱和ECC/RC组合柱力学性能和抗震性能试验和理论研究 [D]. 东南大学，2014.

第6章

钢筋增强ECC组合节点力学性能

结构在地震荷载作用下的性能主要取决于结构的梁、柱及节点等关键部位的延性，即在保证结构承载能力的情况下保持较大的塑性变形能力。框架节点除了承担梁、柱及板传递的竖向荷载外，在地震和风荷载作用下同时还承担着水平荷载，处于复杂的应力状态。框架节点在结构中起着传递和分配内力、保证结构整体性的作用，但同时节点又是框架中最薄弱、最易受损的部位之一。

以往震害表明，节点区在水平地震荷载和竖向压力的作用下，容易产生交叉斜裂缝，发生剪切破坏，进而影响整个结构的承载力[1]。节点的延性与横向钢筋的配置密切相关，箍筋能够有效约束核心混凝土，防止纵向钢筋的屈曲，进而在提高构件抗剪承载力的同时，延缓混凝土的压碎和剥落[2]。虽然通过增加箍筋的配置数量能有效提高结构在反复荷载作用下的承载力和延性，但由此也会产生两方面的问题：一方面混凝土梁、柱端及梁-柱节点区致密的箍筋不仅会给现场施工带来困难，而且容易造成这些关键部位混凝土振捣不密实而带来安全隐患；另一方面，钢筋与混凝土之间的变形行为存在很大差异，钢筋的延性变形和混凝土固有的脆性变形特性导致两者的非协调变形，容易导致界面粘结劣化与失效、纵向劈裂裂缝的产生和混凝土剥落，进而影响构件整体的塑性变形能力。用 ECC 材料代替普通混凝土能够很好地解决这一问题。Fisher 和 Li[3] 的研究结果表明，在塑性变形阶段，钢筋与 ECC 之间变形协调，界面粘结应力就能够大大降低，从而有效减少了纵向劈裂裂缝和混凝土剥落的发生。国外学者也对采用钢筋增强 ECC 梁[4]、柱[5] 构件及框架结构[6] 进行了循环荷载下的力学性能，证明了钢筋增强 ECC 构件具有良好的抗震性能，配筋 ECC 构件在剪切力作用下还具有高强度、高延性及高耗能等特性[7-9]。

为了澄清 ECC 材料对钢筋混凝土梁柱节点受力和抗震性能提升的内在机理，本章介绍了钢筋增强混凝土/ECC 组合梁-柱节点的抗震性能试验、抗震性能数值分析及抗剪承载力计算等相关内容，具体包括：①以配箍率、轴压比及是否在节点区使用 ECC 为参数，对 6 根钢筋增强混凝土/ECC 组合梁-柱节点构件进行了低周反复荷载作用下的试验研究，通过对各指标的分析，综合评估了 ECC 材料对梁-柱节点抗震性能的影响；②基于有限元软件 MSC. MARC，采用纤维梁单元法对各梁-柱节点构件在低周反复荷载作用下的受力特征进行了数值模拟，并与试验结果相对比；③分析了 RC/ECC 组合梁-柱节点核心区在外力作用下的受力机理，提出了预测其抗剪承载力的合理简化计算模型。

6.1　钢筋增强ECC组合节点抗震性能试验

6.1.1　试验方案

6.1.1.1　试件设计

由于ECC材料中的高水泥用量和纤维的使用，其每立方米成本是普通混凝土的4倍左右[10]，故在整个结构中使用ECC是不经济的。对于钢筋混凝土框架结构，ECC可用于结构的关键受力部位，充分利用ECC材料优越的变形能力以提高建筑结构的抗震性能。为此，本试验设计的RC/ECC组合梁-柱节点构件只在梁、柱端及节点区使用ECC材料，其他区域使用普通混凝土。浇筑组合梁-柱节点构件时，为了避免在加载过程中ECC层与混凝土层界面产生横向裂缝导致承载力失效，采取的浇筑方案是：先浇筑节点核心区及梁、柱端ECC区域，并在表面设置纵横槽以增加两种材料的界面咬合力；在ECC浇筑约1小时后，即在ECC材料进入初凝阶段后再浇筑混凝土区域。ECC材料的浇筑范围如图6.1所示，梁、柱端ECC材料的使用范围是基于受弯构件正截面屈服强度来选定的：假定梁构件长度为L，RC构件正截面的屈服弯矩为M_{y1}，R/ECC构件正截面屈服弯矩为M_{y2}，则对于如图6.1所示的RC/ECC组合构件，要充分发挥ECC材料优越的抗震性能，使得梁端ECC部分而不是梁身混凝土部分率先出现塑性铰，ECC的浇筑长度l必须满足以下关系式：

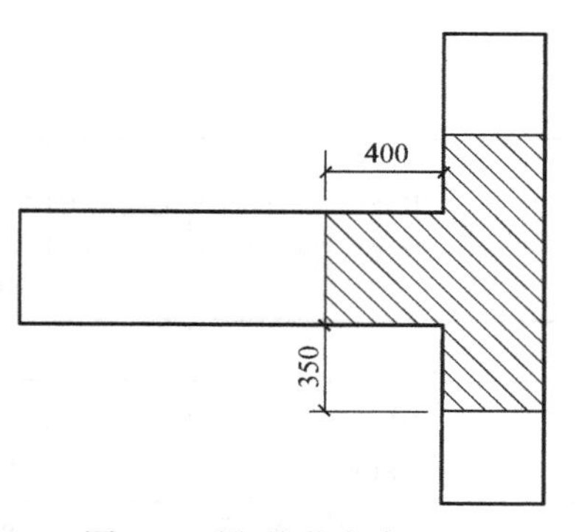

图6.1　梁-柱节点中ECC使用区域示意图

$$\frac{M_{y1}}{L-l}>\frac{M_{y2}}{L} \tag{6.1}$$

$$l>\frac{(M_{y2}-M_{y1})L}{M_{y2}} \tag{6.2}$$

$$l_{cr}=\frac{(M_{y2}-M_{y1})L}{M_{y2}} \tag{6.3}$$

ECC浇筑长度只要略大于式（6.3）的临界长度l_{cr}时，组合构件便能在端部ECC截面首先屈服，而不是在混凝土截面发生屈服，在充分发挥ECC材料高延性特性的同时使得ECC使用量最小以达到效率最大化。综合基于截面条带法及有限元法的受弯构件正截面承载力计算方法[11] 及式（6.3），本章选定的梁端ECC浇筑长度为400mm，同时柱端也浇筑了350mm长度ECC以保证节点区的剪切裂缝不至于延伸至混凝土段，如图6.1所示。

本试验设计了四根RC/ECC组合梁-柱节点构件及两根普通RC梁-柱节点构件。试验模型选自常规框架结构中的边节点。为研究节点核心区的抗剪承载力，各试件均按照“强构件，弱节点”的原则进行设计，即保证梁和柱的承载能力要大于节点核心区。梁-柱节点的试验参数包括配箍率（0、0.69%和1.04%）、轴压比（0.2和0.3）及节点区是否使用ECC材料。试验的主要参数如表6.1所示。试件S-1和S-2分别为节点区无箍筋和节点区配箍率为0.69%的RC梁-柱节点；试件S-3和S-4分别为节点区无箍筋和节点区配箍率为0.69%的RC/ECC组合梁-柱节点；试件S-1～S-4的轴压力为350kN，对应的轴压比为0.2。试件S-5为与S-4配筋相同的组合节点，但在柱顶施加了更大的轴向力（525kN，对应的轴压比为0.3）；试件S-6较S-4在节点区多配置了一根横向钢筋，节点区配箍率为1.04%。除节点核心区外，所有试件的梁、柱配筋都相同。试件的配筋详图如图6.2所示。

试件主要参数表 **表6.1**

编号	组合形式	节点区配箍率(%)	轴向压力(kN)	屈服		极限		破坏		位移延性系数
				P_y (kN)	Δ_y (mm)	P_{max} (kN)	Δ_{max} (mm)	P_u (kN)	Δ_u (mm)	
S-1	RC	0	350	75.3	16.2	102.4	37.8	87.0	47.9	2.96
S-2	RC	0.69	350	80.2	15.3	107.0	47.3	90.9	64.8	4.25
S-3	RC/ECC	0	350	83.1	13.5	119.2	26.9	101.9	64.2	4.76
S-4	RC/ECC	0.69	350	99.7	12.7	128.5	26.7	109.2	83.8	6.26
S-5	RC/ECC	0.69	525	97.6	11.9	125.6	20.0	106.7	84.5	7.10
S-6	RC/ECC	1.04	350	96.5	13.3	119.7	26.6	101.7	74.6	5.63

6.1.1.2 材料属性

ECC是一种具有假应变硬化性能和超高延性的水泥基材料，为了明确ECC材料的延性性能参数，对其进行了单轴拉伸试验，试件的尺寸为350mm×50mm×15mm，试验装置如图6.3所示。图6.4为ECC材料单轴拉伸应力-应变曲线，从图中可以看出，ECC材料平均抗拉强度超过5MPa，极限拉应变接近4%，表现出了良好的延性性能。同时对混凝土和ECC进行了单轴压缩试验，试验测得ECC和混凝土的抗压强度分别为49.6MPa和52.4MPa，弹性模量分别为18.50GPa和34.49GPa。试验中采用了直径为8mm和20mm的两种钢筋，表6.2列出了钢筋的屈服强度（f_y）、极限强度（f_u）和弹性模量（E_s）。

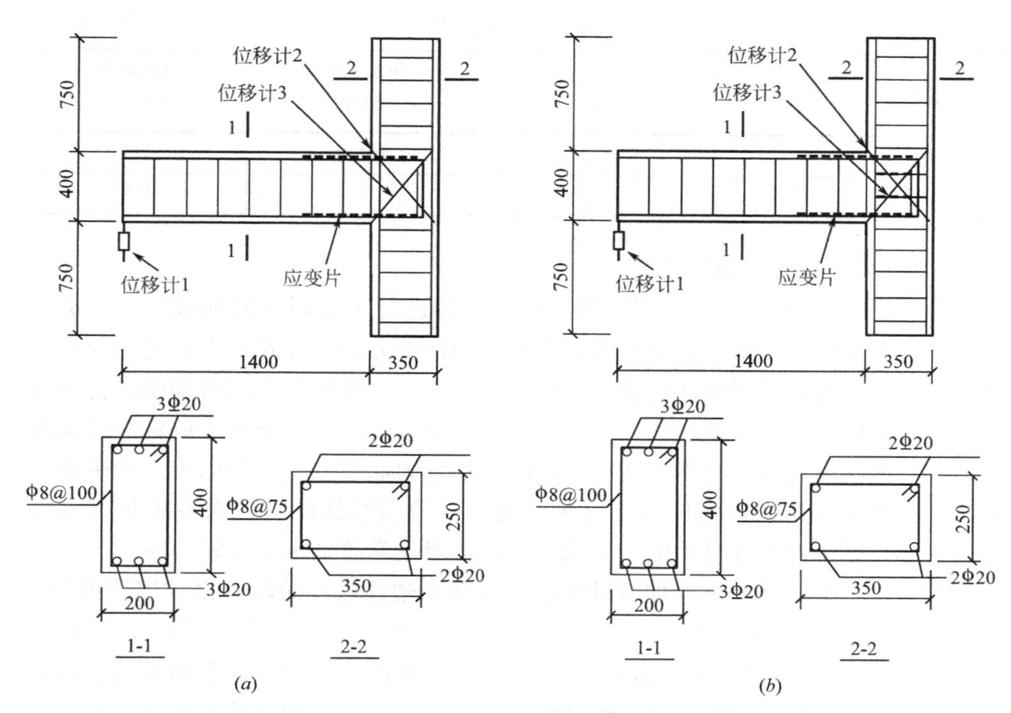

图 6.2　梁-柱节点试件配筋及测点布置图

(a) S-1，S-3；(b) S-2，S-4，S-5，S-6

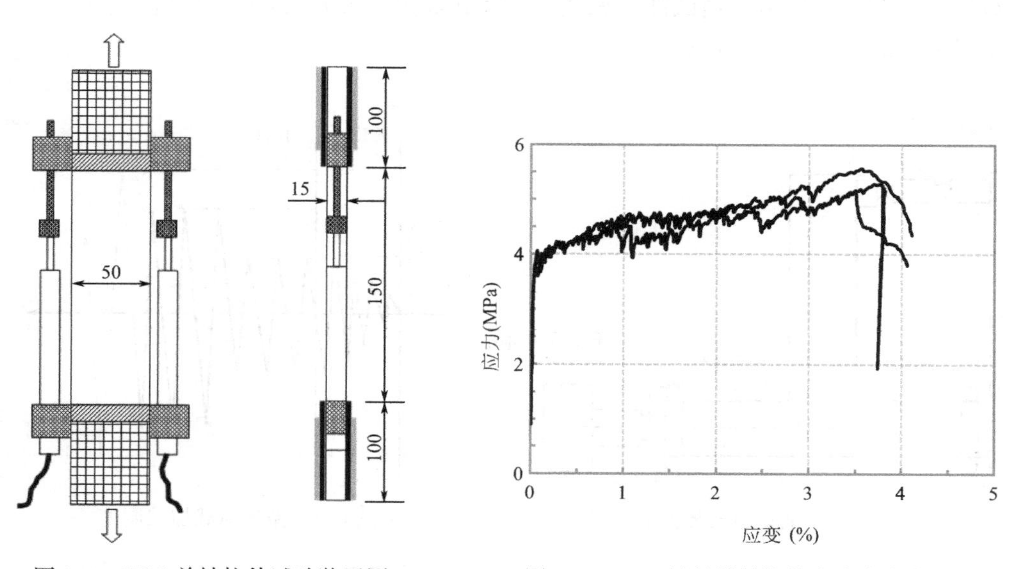

图 6.3　ECC 单轴拉伸试验装置图

图 6.4　ECC 材料单轴拉伸应力应变曲线

钢筋的力学参数　　表 6.2

钢筋类型	直径 (mm)	屈服强度 f_y(MPa)	极限强度 f_u(MPa)	弹性模量 E_s(GPa)
光圆箍筋	8	407.5	454.8	181
变形纵筋	20	359.4	541.6	187

6.1.1.3　测试及加载方案

为了研究梁-柱节点的抗震性能，对各试件进行了低周反复加载试验。试验加载装置图如图 6.5 所示。节点加载方案采用伪静力加载方式，先通过千斤顶对柱子施加轴压力以考虑竖向荷载的影响，然后在正、反两个方向对梁端进行反复加载和卸载以模拟水平地震作用。在节点构件安装时，把柱子水平放置在铰支座上，左侧抵住反力墙。将钢绞线的一端固定在反力墙中，另一端固定于水平钢梁上，在右侧柱端和钢梁间放置千斤顶，通过张拉钢绞线的方法对柱施加轴向压力。最后，通过安装在反力墙上的水平作动器对梁端施加水平反复荷载。

对于每一个试件，试验加载过程包括弹性和塑性循环阶段。试件屈服前分 4 级加载至预估屈服荷载 P_y（80kN），前三级荷载每级增量为 $0.25P_y$，加载至 $0.75P_y$ 后，荷载增加幅度降为 $0.05P_y$，每级荷载循环一周。当梁端纵向受拉钢筋进入屈服阶段后，即停止荷载控制加载，记录屈服荷载和位移，并改用位移控制加载。位移加载幅值增幅为 1 倍的屈服位移 Δ_y，每级荷载循环三周。试验加载制度如图 6.6 所示。当试件的承载力下降到最大承载力的 85%时终止试验，并定义此荷载为试件破坏荷载。

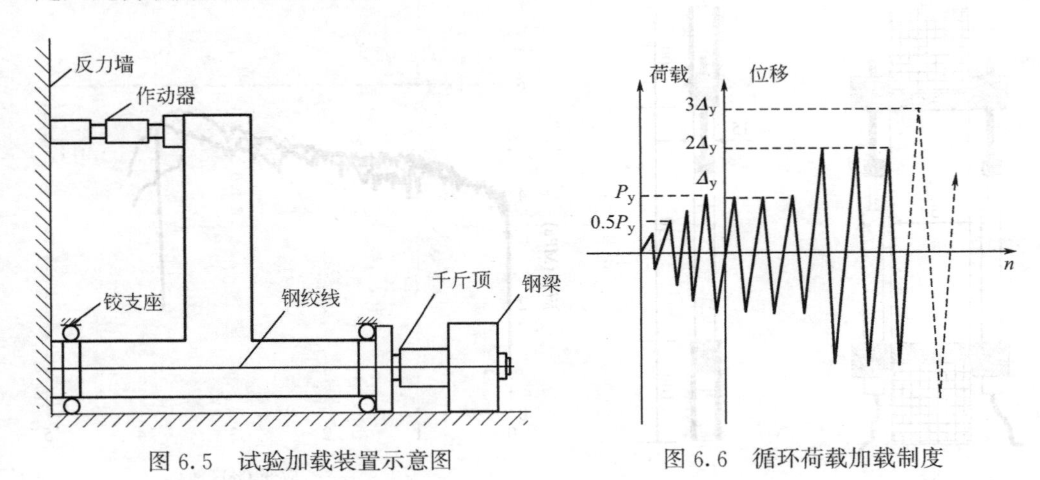

图 6.5　试验加载装置示意图　　图 6.6　循环荷载加载制度

图 6.2 中显示了试验测试仪器布置情况。其中 1 号位移传感器用来量测梁顶加载处的位移，2 号和 3 号传感器布置在节点区对角线方向，用来量测节点区的

剪切变形。在节点区至梁高400mm范围内的梁纵筋上等间距（80mm）布置应变片，同时在节点区箍筋两侧各布置2个应变片，用于观测梁段纵筋和节点区钢筋的受力情况。在加载过程中，用TDS数据采集仪记录钢筋应变变化情况，并且通过外置位移计和作动器荷载传感器观测并记录试件的荷载-位移曲线。

6.1.2 试验结果与分析

6.1.2.1 试验现象

试件S-1（RC节点构件，节点区无箍筋）在屈服前，从梁根部至梁段800mm范围内出现了弯曲裂缝，裂缝间距与梁箍筋间距相近，约为100mm。裂缝大都延伸到了梁中截面位置，少数裂缝与对面裂缝相连，贯通整个梁截面。在节点区出现了贯通整个柱截面的45°斜裂缝。在位移为16.2mm时构件屈服，屈服荷载为75.3kN。构件屈服后，梁身的裂缝基本无变化，但节点区的裂缝数量迅速增多，且宽度不断增大，在$2\Delta_y$时最大裂缝宽度接近5mm。伴随着噼啪声，节点核心区的混凝土不断剥落，在位移为16.2mm时达到承载力极限状态，峰值荷载为102.4kN。当位移加至$3\Delta_y$时，梁纵筋处的纵向劈裂裂缝也非常明显，承载力下降到了极限荷载的85%，节点区的X形剪切裂缝宽度达到15mm，发生明显的剪切破坏。试件S-1的最终破坏形态如图6.7所示。

试件S-2（RC节点构件，节点区两根箍筋）在屈服前，沿梁身800mm范围内出现了弯曲裂缝，裂缝宽度和延伸范围与试件S-1类似，节点核心区出现剪切裂缝，但是宽度明显小于S-1屈服前的裂缝宽度。在水平荷载为80.2kN时构件屈服，屈服位移为15.3mm。屈服后，梁身的裂缝沿45°角方向延伸，并与另一侧的裂缝相连，形成交叉形弯剪斜裂缝。在$2\Delta_y$时，梁端裂缝的宽度明显增大，达3mm左右，节点核心区的剪切裂缝数量也明显增多。在水平位移达到$3\Delta_y$时，主要以距离梁端100mm和150mm两处的裂缝发展为主，宽度达到了5mm，并与另一侧300mm和450mm处的裂缝相连，形成X形交叉斜裂缝。在位移为15.3mm时达到承载力极限状态，峰值荷载为107.0kN。当位移达到$4\Delta_y$时，梁端的裂缝宽度增大，梁身的裂缝基本无变化，节点区的裂缝数量增多，原有裂缝宽度变大，且在梁纵筋位置处产生了纵向劈裂裂缝，混凝土剥落现象非常明显。试件在$5\Delta_y$位移时节点区发生剪切破坏，试件的最终破坏形态如图6.7所示。与S-1相比，S-2的破坏并没有集中在节点区，而是节点区、梁端和梁身均发生了明显的破坏现象。

试件S-3（RC/ECC构件，节点区无箍筋）的初裂荷载约为40kN，初始裂缝出现在混凝土与ECC交接处。屈服前，ECC梁段出现了3～4条裂缝，裂缝宽度很小，平均延伸长度约40mm。在混凝土梁段，沿梁身1000mm范围内出现间距为100mm的弯剪斜裂缝，其中两条贯通整个梁截面，裂缝宽度明显大于ECC

梁段，节点区未发现裂缝。屈服后，混凝土梁段的裂缝继续延伸，与另一侧形成交叉斜裂缝，ECC梁段出现细密裂缝，裂缝数量多但宽度小。在水平位移达到$2\Delta_y$时，梁端的裂缝宽度4mm，节点核心区也出现了数条贯穿整个柱截面的腹剪斜裂缝，但裂缝宽度很小。S-3在位移为13.5mm时达到承载力极限状态，峰值荷载为119.2kN。当位移加至$4\Delta_y$时，ECC梁段和节点区出现了大量细密裂缝，梁端裂缝宽度达10mm。在$5\Delta_y$阶段，节点核心区一条斜裂缝突然增大，宽度达15mm，试件进入破坏阶段。S-3在$6\Delta_y$位移时发生剪切破坏，试件的最终破坏形态如图6.7所示。试件S-3直至$6\Delta_y$时才发生剪切破坏，较S-1延性得到了明显地提高。

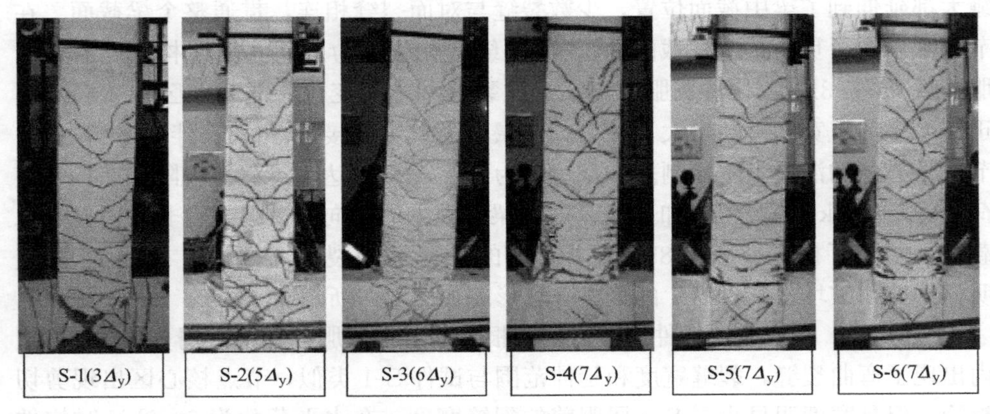

图6.7　各试件破坏时的裂缝形态

试件S-4（RC/ECC构件，节点区两根箍筋）在屈服前，混凝土梁段沿梁身850mm范围内出现弯剪斜裂缝，裂缝延伸至中截面附近，ECC梁段出现了少数细裂缝，平均延伸长度约50mm，在节点核心区没有出现裂缝。在荷载为99.7kN时构件屈服，屈服位移为12.7mm。在水平位移达到$2\Delta_y$时，梁端部出现了一条约3mm宽的裂缝，但并没有贯穿梁截面，裂缝端部分散成了大量细密裂缝。混凝土梁段的裂缝继续延伸，剪切裂缝发展明显，形成了3组X形裂缝，节点区出现了两条45°斜裂缝，但宽度很小。当位移为$3\Delta_y$时，梁端裂缝宽度发展至8mm，但是裂缝的延伸并不连续，裂缝端部的细密裂缝延伸一定长度后又聚集成一条宽度很大的裂缝。在（4～6）Δ_y阶段，在反复荷载作用下，整个梁段沿梁端截面发生整体平动，节点区仍然只有少数几条细裂缝。试件在$7\Delta_y$位移时因梁纵向钢筋被拉断而发生弯曲破坏，试件的最终破坏形态如图6.7所示。与S-2相比，S-4的节点区始终没有发生破坏，梁端塑性铰得到了充分发展。此时ECC和箍筋已经足以提供节点区的抗剪承载力，而无需再在节点区增加箍筋来提高节点区抗剪承载力。

试件 S-5（RC/ECC 构件，节点区两根箍筋）柱端施加的竖向荷载为 525kN，在试件屈服前，ECC 梁段出现了数条细小的弯曲裂缝，混凝土梁段则出现了交叉形弯剪斜裂缝。S-5 的屈服荷载为 97.6kN，屈服位移为 11.9mm。屈服后裂缝的发展主要集中在纵筋发生屈服的梁端部。位移超过 $4\Delta_y$ 后，梁端在水平荷载作用下发生整体平移，并且由于反复荷载的作用，在位移为 $7\Delta_y$ 时梁纵向钢筋被拉断。S-5 发生破坏时的荷载为 106.7kN，对应的位移为 84.5mm。S-5 的破坏形态与 S-4 类似，梁端的塑性铰均得到了充分的发展。试件的最终破坏形态如图 6.7 所示。

试件 S-6（RC/ECC 构件，节点区三根箍筋）的裂缝发展过程和最终的破坏形态都与 S-4 及 S-5 类似。当梁顶水平位移为 13.3mm 时屈服，屈服荷载为 96.5kN。由于试件最终发生梁端弯曲破坏，因此节点区多配置的箍筋对试件最终破坏形态几乎没有影响，破坏形态与 S-4 类似（见图 6.7）。构件破坏时对应的荷载和位移分别为 101.7kN 和 74.6mm。各试件在屈服点、极限点和破坏点处的特征值见表 6.1。

6.1.2.2 滞回曲线

图 6.8 给出了各试件滞回曲线。对于 S-1，节点区的剪力仅由混凝土和纵向钢筋承担，导致节点区的混凝土在压剪受力状态下的过早开裂。当位移仅为 $2\Delta_y$ 时，剪切裂缝宽度迅速增大、节点区混凝土不断剥落，说明构件已经开始进入破坏阶段。从图 6.8（*a*）中不难看出，滞回环的“捏拢”现象严重，属于明显的脆性破坏特征。相比之下，S-2 的滞回环比 S-1 更加稳定、更加饱满，没有出现明显的“捏拢”现象。节点区的箍筋不仅直接参与抗剪作用、对节点区的混凝土起到一定的约束作用，而且能够限制梁纵向钢筋的受压屈曲变形。

ECC 是一种具有高延性和优越损伤容限力的材料，并且与纵向钢筋具有类似的拉伸硬化特性。对于 R/ECC 构件，钢筋与 ECC 之间变形协调，界面粘结应力就能够大大降低，从而有效减少了纵向劈裂裂缝和混凝土剥落的发生[3]；另外，在抗压强度相同的情况下，ECC 较混凝土具有更高的抗剪承载力[12]。从图 6.8 中可以看出，对于未配置箍筋、均发生剪切破坏的梁-柱节点构件 S-1 和 S-3，RC/ECC 组合节点 S-3 的承载力和延性均高于 RC 节点 S-1，滞回曲线更加饱满，说明用 ECC 材料替代混凝土能够显著提高节点构件的抗震性能。与节点区配置了箍筋的 RC 节点（S-2）相比，S-3 的极限承载力仍要高出 11.4%（表 6.1），且滞回环更加丰满，说明 ECC 材料的使用可有效提高节点的抗剪强度和能量耗散能力，起到代替箍筋的作用。

从图 6.8 中还可以看出，与 S-2 相比，S-4 的承载力、变形能力及滞回环的饱满度均要明显优于 S-2。由于 ECC 和箍筋的双重增强效果，S-4 节点抗剪承载力得到了很大的提升，与 S-2 相比，S-4 的最终破坏形态由节点区剪切脆性破坏

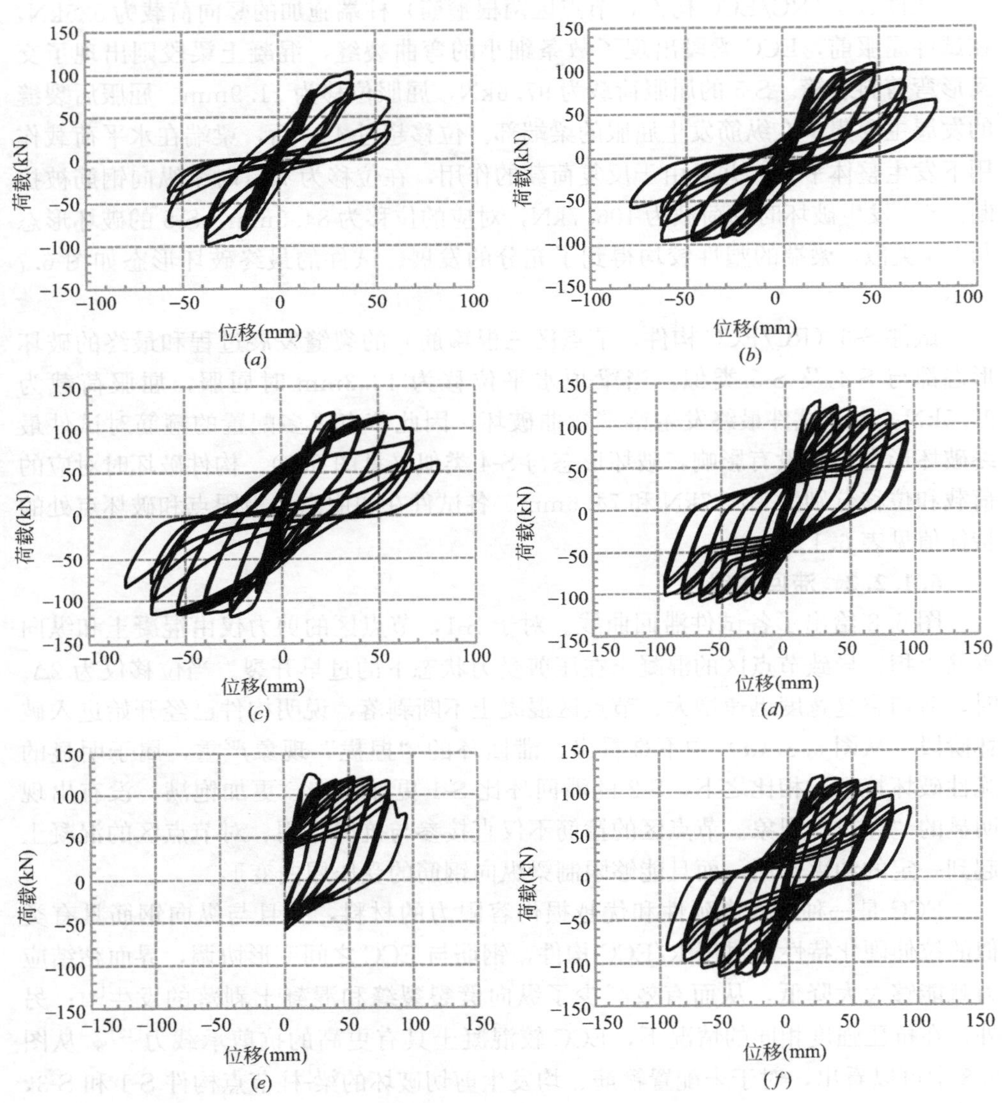

图 6.8 各试件滞回曲线

(*a*) S-1；(*b*) S-2；(*c*) S-3；(*d*) S-4；(*e*) S-5；(*f*) S-6

转移变为梁端塑性铰充分发展的弯曲破坏，并且节点区的裂缝数量和宽度均很小。S-5 及 S-6 的滞回曲线形状与 S-4 类似，说明当构件均发生梁端弯曲破坏时，增加柱的轴向荷载和节点区箍筋数量对节点构件的抗震性能影响不大。

6.1.2.3 骨架曲线

图 6.9（*a*）为节点区未配置箍筋构件的荷载-位移骨架曲线。由于混凝土的过早失效，RC 节点构件（S-1）骨架曲线在达到极限荷载后迅速下降。相比之

下，RC/ECC组合节点构件（S-3）具有更高的极限荷载，骨架曲线也更长，下降段更平缓，曲线所包围的面积更大，耗能能力更强。这主要是因为ECC材料的使用提高了节点的承载力和延性，即使S-3节点区最终也发生了剪切破坏。

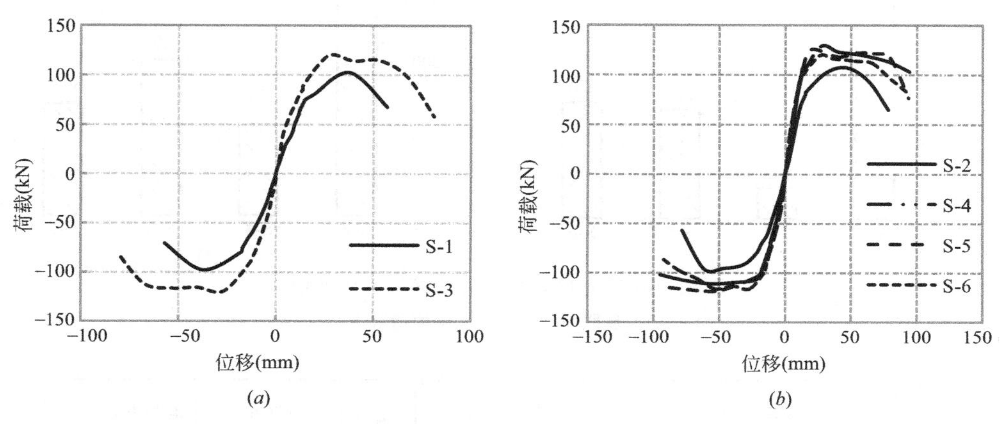

图6.9　各试件荷载-位移骨架曲线

（a）节点区未配箍试件；（b）节点区配箍试件

对于节点区配置了箍筋的节点构件，荷载-位移骨架曲线如图6.9（b）所示。从图中可以看出，RC/ECC组合节点构件（S-4、S-5和S-6）的骨架曲线比RC节点构件（S-2）表现得更稳定，特别是在塑性变形阶段。根据试验结果，S-2的破坏阶段开始于梁端，而最终因节点区抗剪承载力不足而发生破坏；而S-4～S-6因ECC对节点区抗剪承载力的增强而在梁端发生弯曲破坏，说明ECC材料的使用能够有效提高节点区的承载力和变形能力。从图6.9（b）还可以看出，S-5、S-6与S-4的骨架曲线形状非常接近，说明当节点区抗剪承载力大于梁端抗弯承载力时，柱端轴压力及节点区配箍率的增加对节点构件的承载力和变形能力已无明显影响。

6.1.2.4　应变分析

图6.10列出了节点区箍筋在屈服荷载和极限荷载下的最大应变值。RC节点在屈服荷载作用下已经出现明显裂缝，最大应变值为1243$\mu\varepsilon$，而RC/ECC组合节点试件在屈服时，节点区裂缝宽度非常小，ECC承担了大部分剪切荷载，因此箍筋最大应变值要明显小于S-2。极限荷载时，S-2节点区裂缝宽度较大，箍筋应变已经超过了屈服应变值（1922$\mu\varepsilon$），而S-4、S-5和S-6节点区裂缝宽度依然很小，因而箍筋应变值维持在较低水平。峰值荷载下S-2节点区箍筋的最大应变值分别为S-4、S-5及S-6的2.31、1.69和2.34倍。

图6.11为试件S-2和S-4在各级荷载下梁纵筋的应变分布曲线。对于S-2，由于梁身在荷载水平很低的情况下便出现了裂缝，裂缝处的钢筋应变较大，裂缝

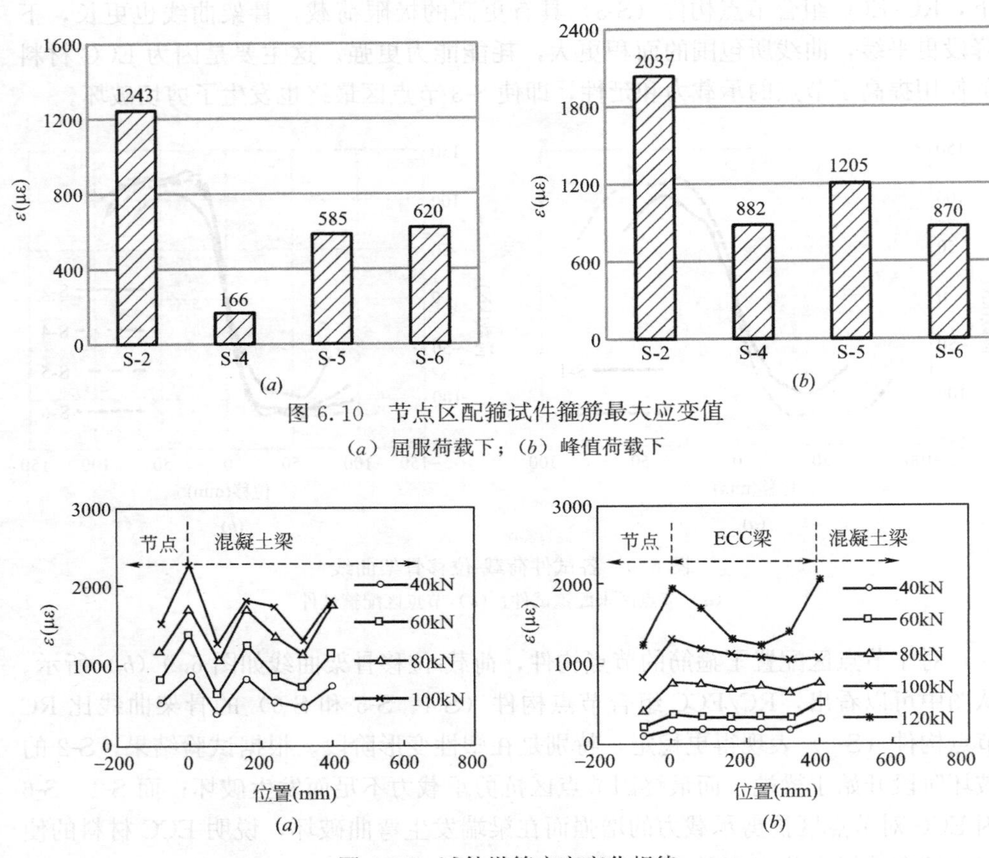

图 6.10　节点区配箍试件箍筋最大应变值

(*a*) 屈服荷载下；(*b*) 峰值荷载下

图 6.11　试件纵筋应变变化规律

(*a*) S-2；(*b*) S-4

处钢筋应力必须通过粘结力传递给附近的混凝土，钢筋应变分布不均匀，因此出现了如图 6.11 所示的锯齿状的应变分布图。相比之下，在荷载小于 100kN 时，试件 S-4 的应力分布都非常均匀。对于混凝土构件 S-2，一旦出现裂缝，便很快丧失抗拉承载力，裂缝截面处的拉应力只能由纵筋单独承担；然而对于 ECC 构件 S-4，即使开裂，裂缝宽度很小，裂缝截面处的应力依然能够通过纤维进行传递，界面粘结力始终很小。当荷载大于 100kN 时，ECC 梁出现主裂缝，钢筋应变分布也开始呈锯齿状变化。从图 6.11 中还可以看出，在相同荷载下，试件 S-4 的纵筋应变值要明显小于 S-2，例如，在荷载为 100kN 时，S-4 的最大应变只有 1299$\mu\varepsilon$，而此时 S-2 的最大应变达 2244$\mu\varepsilon$。这主要归因于 ECC 材料的应变硬化特性及 ECC 与纵向钢筋之间的协同变形工作机理。

6.1.2.5　剪切变形分析

本章中试件是按照“强构件、弱节点”设计的，因此对节点剪切变形进行了重点分析。梁端加载处总位移可以看成是梁、柱弯曲和剪切变形引起的位移 Δ_{bc} 与节点剪切变形产生的位移 Δ_{pz} 之和。图 6.12 为节点核心区的剪切变形计算方法示意图。节点区在水平剪力作用下产生剪切变形，形状由矩形变成菱形。试验过程中，通过位移计测量节点核心区对角线方向的伸长和收缩量，位移计的布置如图 6.2 所示，节点区对角线方向的平均伸缩量可按下列公式计算：

$$\overline{X}=\frac{|\delta_1+\delta_1'|+|\delta_2+\delta_2'|}{2} \tag{6.4}$$

式中，δ_1、δ_1'、δ_2 和 δ_2' 为节点区对角线方向的伸缩量，如图 6.12 所示。

节点区剪切角可按下式计算：

$$|\gamma_{\text{shear}}|=\alpha_1+\alpha_2=\frac{\sqrt{a^2+b^2}}{2ab}\overline{X} \tag{6.5}$$

式中，α_1 和 α_2 分别为节点区长度方向和宽度方向的剪切角，a 和 b 为节点区的长和高，如图 6.12 所示。

图 6.13 为各试件节点区在不同受力阶段的剪切角计算结果。可以看出，S-1 在 $3\Delta_y$ 时节点区剪切角便达到 0.017rad，发生剪切破坏。S-2 和 S-3 剪切角的变化趋势相同，均是由于节点区剪切角太大而发生破坏，但延性比 S-1 明显增强；而 S-4 的节点区未发生破坏，剪切角始终保持在 0.004rad 以下，处于弹性受力阶段，体现了 R/ECC 节点优越的抗剪承载力。由于 S-5 和 S-6 破坏前节点区裂缝宽度都很小，剪切角均保持在 0.006rad 以下。

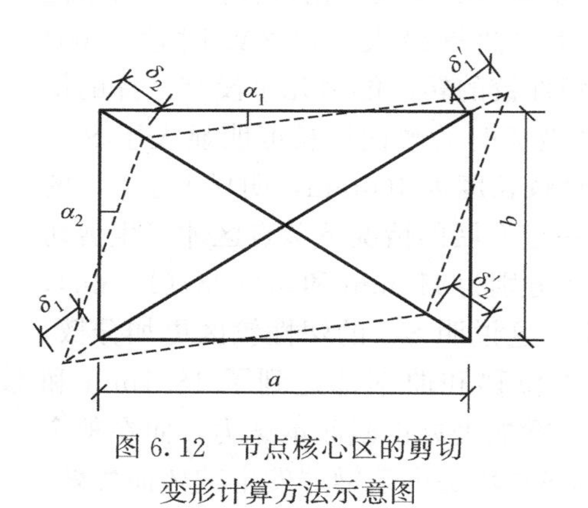

图 6.12 节点核心区的剪切变形计算方法示意图

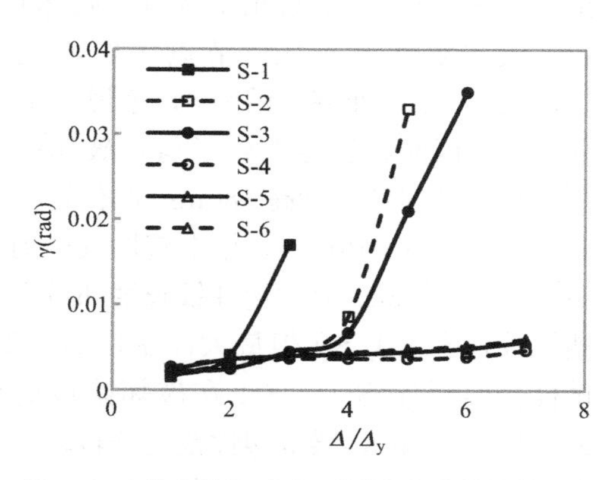

图 6.13 节点核心区在不同受力阶段的剪切角

在梁表面和节点区每隔 20mm 预先设置记录点，用数码相机采集试件屈服、极限和破坏三个阶段的图像，通过图像处理软件得到各记录点的坐标值，由各点与梁中心线的偏差便可得到各试件沿梁高方向的位移变化情况，如图 6.14 所示，纵坐标“0”处表示梁柱交接面，负值表示节点区。梁段侧移沿梁高方向的变化规律用多项式拟合，还可以得出各位置处的曲率。以往试验结果表明，数码相机

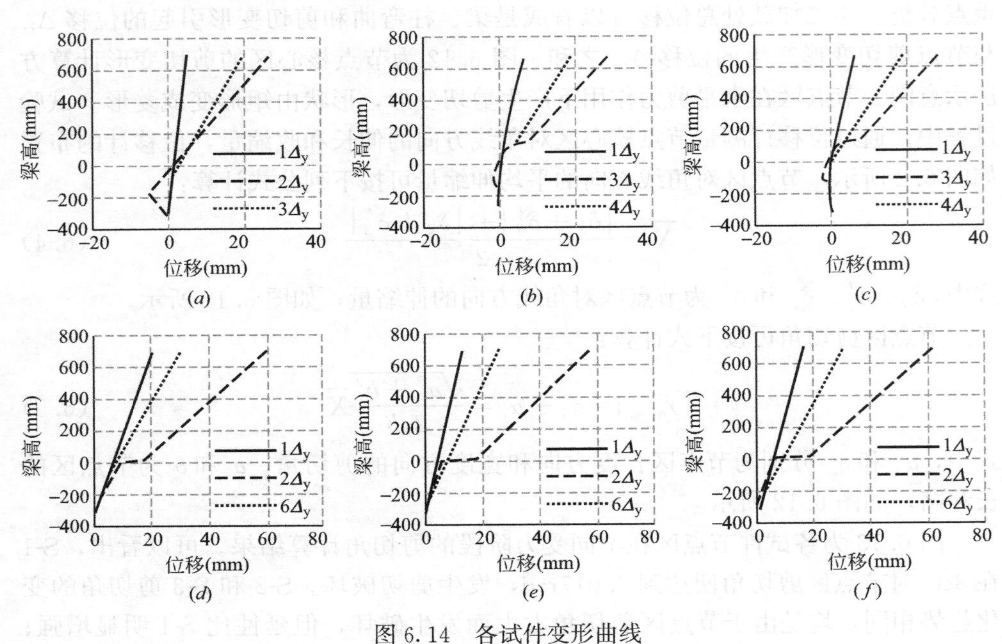

图 6.14 各试件变形曲线

(a) S-1；(b) S-2；(c) S-3；(d) S-4；(e) S-5；(f) S-6

的像素达到 1150×960，那么误差能够控制在 0.5mm 以内。从图 6.14 中可以看出，从 S-1 至 S-4 表现出了从节点破坏到梁端破坏的发展变化过程。S-1 的塑性铰区域主要在节点区，节点区中心位置处的曲率最大，在 $3\Delta_y$ 时达 0.004 (1/mm)，梁端曲率几乎为 0，这说明梁端塑性铰的转动能力几乎没有发挥的情况下节点区便就已经发生了剪切破坏；S-2 破坏时的塑性铰长度明显大于 S-1，从节点区延伸到了梁高 180mm 的位置，塑性铰长度为 460mm，明显大于 S-1 的塑性铰长度（320mm），梁端塑性铰得到了一定发展的情况下节点区才发生剪切破坏。S-3 在 $3\Delta_y$ 时的塑性铰长度和最大曲率分别为 410mm 和 0.0035（1/mm），塑性铰长度大于 S-1 但最大曲率比 S-1 要小，这说明 S-3 的塑性铰区更加分散，试件变形更加均匀。S-4 在破坏阶段的梁端位移和曲率都达到了 18.1mm 和 0.031（1/mm），梁端塑性铰充分转动，直至梁端丧失正截面承载力，而在整个加载过程中节点区未发现破坏现象。S-5 和 S-6 均是由于梁端发生破坏而失效，破坏时梁端的位移分别为 12.4mm 和 11.1mm。

6.1.2.6 延性及耗能性能

框架节点的延性可以用位移延性系数（μ）来衡量。位移延性系数即为水平荷载下降至 85％峰值强度时对应位移值与屈服荷载对应位移值的比值。表 6.1 中列出了各试件的延性系数。对于节点区未配置箍筋的试件，S-3 的延性系数为 S-1 的 1.61 倍，这是由于在节点区 ECC 的使用提高了构件的变形能力。节点区箍筋的配置对构件的延性有明显的提升作用，S-2 和 S-4 的位移延性系数分别为 S-1 和 S-3 的 1.44 和 1.32 倍。另外，RC/ECC 节点构件 S-4、S-5 及 S-6 的位移延性系数分别为相同配筋下 RC 节点构件 S-2 的 1.47、1.67 及 1.32 倍，这主要是由于 ECC 材料的高抗剪强度及良好的约束效果。柱端轴向荷载的增加能够阻碍梁端和节点区裂缝的相互渗透，因而 S-5 的延性系数要大于 S-4。S-6 的延性系数小于 S-4，说明节点区配箍率达到一定程度后，再增加箍筋的数量就很难保证基体的浇筑质量，反而不利于构件的延性。

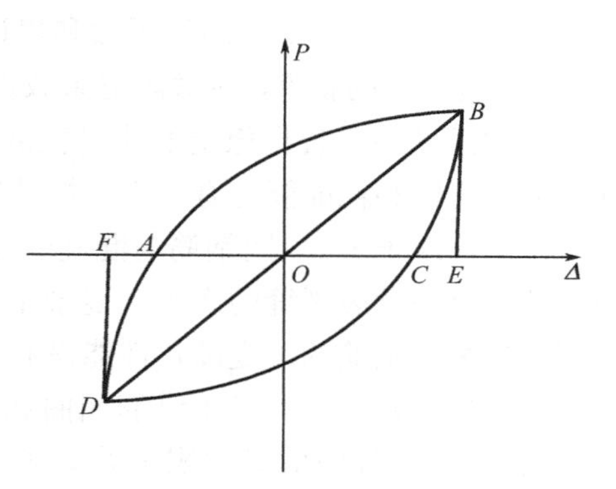

图 6.15 滞回环与能量耗散

等效阻尼系数 ξ_{eq} 是用来评估梁-柱节点抗震性能的一个重要分析参数[13]，可以直观地表达构件的塑性能量耗散能力，ξ_{eq} 可以通过如图 6.15 所示的简化滞回环来进行计算，并可表示为：

$$\xi_{eq}=\frac{1}{2\pi}\frac{S_{ABC}+S_{CDA}}{S_{OBE}+S_{ODF}} \tag{6.6}$$

式中 S_{ABC}、S_{CDA}——滞回环的面积，表示一个完整滞回环的塑性耗散能；

S_{OBE}、S_{ODF}——给定位移水平下的总应变能，如图 6.15 所示。

图 6.16 及图 6.17 分别为各试件等效阻尼系数与累计能量耗散随 Δ/Δ_y 的变化关系曲线。从图中不难看出，对于节点区无箍筋的试件 S-1 与 S-3，S-1 在 $3\Delta_y$ 时达到极限荷载，之后因节点区剪切脆性破坏而表现出了很低的能量耗散能力。然而，S-3 在达到峰值荷载之后仍表现出了稳定的能量耗散能力，直至位移为 64.2mm

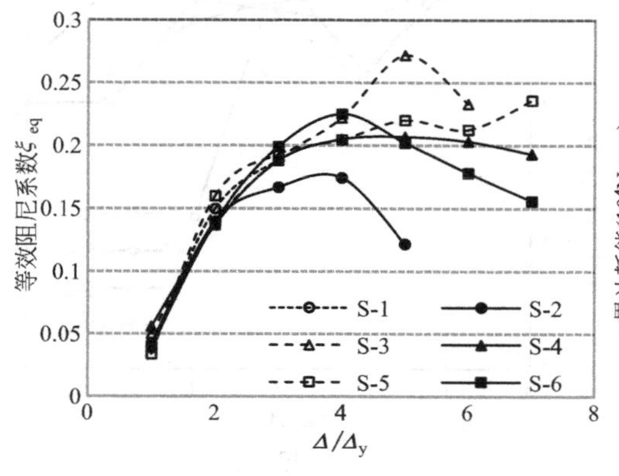

图 6.16 各试件等效阻尼系数 ξ_{eq} 随 Δ/Δ_y 变化曲线

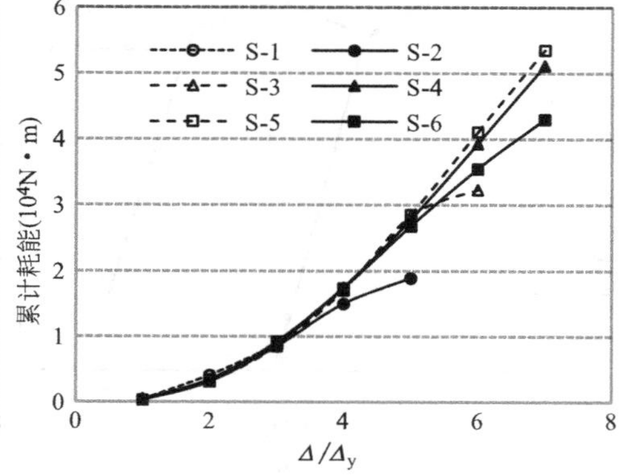

图 6.17 试件的累计耗能随 Δ/Δ_y 变化曲线

时节点区发生剪切破坏。由于ECC材料的拉伸应变硬化特性，S-3节点区的抗剪强度和延性都得到了很大的提升，最终的累计耗能是S-1的3.7倍。

对于节点区配置了箍筋的试件，从S-2与S-4的对比中可以看出，在位移为$4\Delta_y$之前，两试件的等效阻尼系数和累计能量耗散非常接近。之后，试件S-2由于节点区混凝土的剥落，等效阻尼系数迅速下降，能量耗散能力降低，而试件S-4在$7\Delta_y$之间始终表现出稳定的能量耗散能力。除了ECC材料本身的延性变形特性对节点延性和耗能能力有一定的提升作用外，纵向钢筋稳定的塑性变形也起了重要作用。对于S-2，因钢筋与混凝土之间的非协调变形而引起的界面粘结劣化与失效、纵向劈裂裂缝的产生、混凝土剥落以及纵向钢筋的屈曲现象非常明显，从而导致纵向钢筋的应变硬化性能没有充分发挥的时候试件便宣告破坏，而S-4在试验过程中始终没有发生纵筋屈曲和ECC剥落，钢筋的塑性变形能够得到充分发展。S-5破坏时的等效阻尼系数和累计耗能均大于S-4，说明轴压比的增加能够一定程度上提高构件的耗能能力。S-6的能量耗散能力要弱于S-4，主要原因可能是节点区配箍率的增加影响了ECC的浇筑质量。

6.1.2.7 承载力及刚度退化分析

在位移幅值不变条件下，结构构件承载力随反复加载次数增加而降低的特性称为承载力退化。结构的承载力退化可以用承载力降低系数来衡量，计算式如下：

$$\lambda_i=\frac{Q_j^i}{Q_j^1} \tag{6.7}$$

式中 Q_j^i——位移延性系数为j时，第i次加载循环的峰值点荷载值；

Q_j^1——位移延性系数为j时，第1次加载循环的峰值点荷载值。

各节点试件平均承载力退化情况如图6.18所示。随着梁端位移荷载的增加，

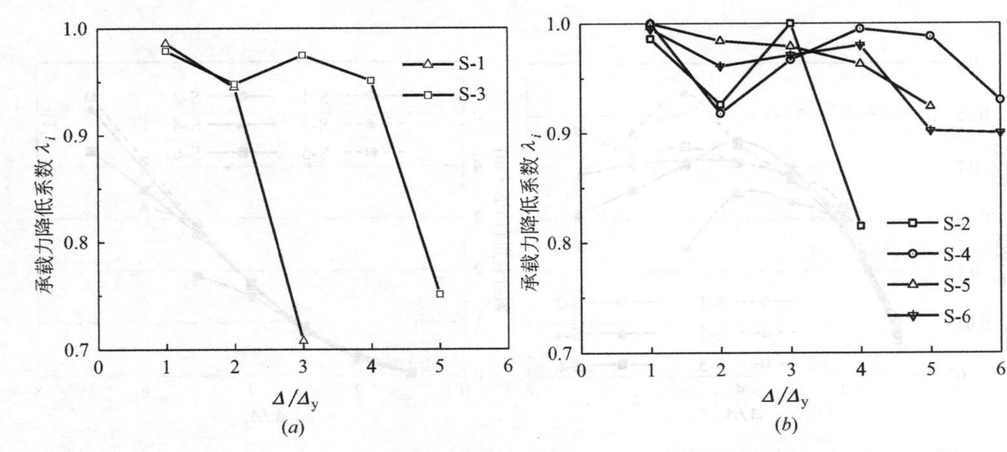

图6.18 承载力降低系数λ_i-Δ/Δ_y曲线

(a) 节点区未配箍试件；(b) 节点区配箍试件

各试件将发生承载力退化现象。S-1、S-2、S-3 分别在 $3\Delta_y$、$4\Delta_y$ 和 $5\Delta_y$ 时承载力退化最快，破坏较为突然，这与试验中观察到的现象一致。其中 S-1 的退化最为明显，配有箍筋的 S-2 则有所改善，而 S-3 在 $5\Delta_y$ 时节点区裂缝迅速开展并发生剪切破坏。对于另外 3 个节点，其承载力退化曲线在总的平缓降低趋势中不断出现反复现象，表现出延性破坏的特征。

在位移幅值不变的情况下，结构构件刚度也将随着反复加载次数的增加而降低。结构的刚度退化可以取同一级变形下的环线刚度来表示，环线刚度的计算式如下：

$$K_i = \frac{\sum_{i=1}^{n} Q_j^i}{\sum_{i=1}^{n} \mu_j^i} \tag{6.8}$$

式中 Q_j^i——位移延性系数为 j 时，第 i 次循环点的峰值荷载值；

μ_j^i——位移延性系数为 j 时，第 i 次循环点的峰值变形值。

各节点在不同梁端位移下的环线刚度计算结果如图 6.19 所示。对比各条曲线后发现，采用 ECC 材料的节点刚度要明显强于普通混凝土节点，且在循环加载的后期曲线下降较为平缓，这说明 ECC 材料通过限制节点裂缝开展和延缓刚度衰减使得节点后期的刚度退化减缓，让节点在更大的变形下保持较高的承载力，从而提高节点的延性和残余强度。

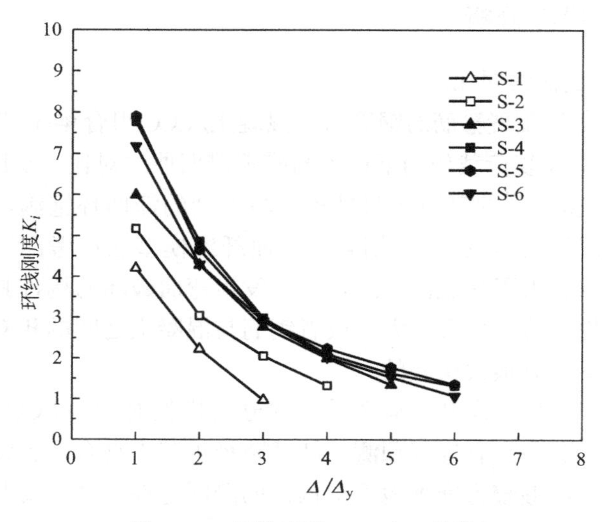

图 6.19 环线刚度 K_i-Δ/Δ_y 曲线

6.2 钢筋增强ECC组合节点抗震性能数值分析

6.2.1 模型建立

本节使用MSC. MARC有限元分析软件、基于纤维梁单元法对上节中介绍的4根节点区配箍的梁-柱节点构件进行数值模拟，将得到的滞回曲线、骨架曲线及耗能曲线等与试验结果进行对比分析。ECC材料在往复荷载下的拉、压本构模型在基于单轴往复加载的试验结果上建立[11,14]，而钢筋与混凝土材料的本构模型采用基于MSC. MARC软件二次开发的THUFIBER程序中的本构模型[4,11]。材料的材性参数与6.1节中试验参数相同，钢筋参数$k_1=4$，$k_2=25$，$k_3=40$，$k_4=1.33$。按照构件试验过程中实际的约束条件对节点施加约束，即柱底端允许转动，柱顶端允许转动及沿轴力方向施加平动，柱其他方向全都约束住，梁端则是无约束的自由状态。首先在柱顶上施加预定的轴向力，然后在梁端施加反复荷载，位移加载制度与试验一致。本模型将每个截面划分成36根基体纤维和与纵向钢筋数目相同的钢筋纤维。采用位移增量加载法实现梁-柱节点在复杂受力状态下的计算分析。分析过程中采用严格的力和位移收敛准则，收敛容差为0.5%。

6.2.2 模拟结果与分析

6.2.2.1 滞回曲线对比

图6.20为节点区配置箍筋的钢筋增强混凝土/ECC组合梁-柱节点（S-2、S-4、S-5和S-6）在低周反复荷载作用下试验与模拟滞回曲线对比。从图6.20（*a*）中可以看出，S-2模拟得到的滞回环明显较试验得到的滞回环饱满，这是因为试件S-2最终发生的是节点区混凝土剪切破坏，而纤维模型法仅考虑了截面弯矩与轴力之间的关系，且引入了平截面假定，对于发生弯曲破坏的构件具有很好的准确性，但是如果构件的剪切变形过大，或者钢筋与混凝土之间的相对滑移很大，那么基于材料的模型是有很大误差的。

从图6.20（*b*）可以看出，本文采用的分析模型对RC/ECC组合梁-柱节点在往复荷载下的承载力具有良好预测，卸载路径也基本吻合，各级位移下的残余变形也非常接近，能够较为准确地模拟构件的滞回特性。这主要归功于本文所使用的钢筋本构合理地考虑了钢筋的硬化特性和Bauschinger效应，并且ECC在反复荷载作用下的本构模型较为真实地反映了材料的力学性能。相比于模拟得到的滞回环，试验得到的滞回环捏拢效果更加明显。当试验中剪切变形较大或钢筋与基体之间的粘结滑移作用较为明显时，均会导致滞回环捏拢，而纤维模型法引入了平截面假定，对这些因素的影响是难以具体考虑的。由于试件S-4最终发生的是梁端弯曲破坏，因此试验与模拟得到的极限承载力滞回曲线差距较小。

图6.20（*c*）中，模拟结果与试验结果较好地符合，卸载的路径基本一致，再加载路线试验结果有一定的差异，模拟得到的滞回曲线更加饱满。由于轴压比均较小（0.2～0.3），试件S-4与S-5的模拟滞回曲线基本一致，与试验得到的结论一致。

从图6.20（*d*）中可以看出，试件S-6模拟结果与试验结果偏差较S-4及S-5稍大。本章通过核心混凝土的约束作用来考虑箍筋的影响，箍筋数量越多，核心混凝土的强度及极限变形便越大，因此模拟得到的试件极限承载力及耗能也较大；而在试验浇筑过程中，过多的箍筋会在一定程度上影响浇筑质量，因此导致试件S-6的承载力和耗能反而低于S-4。

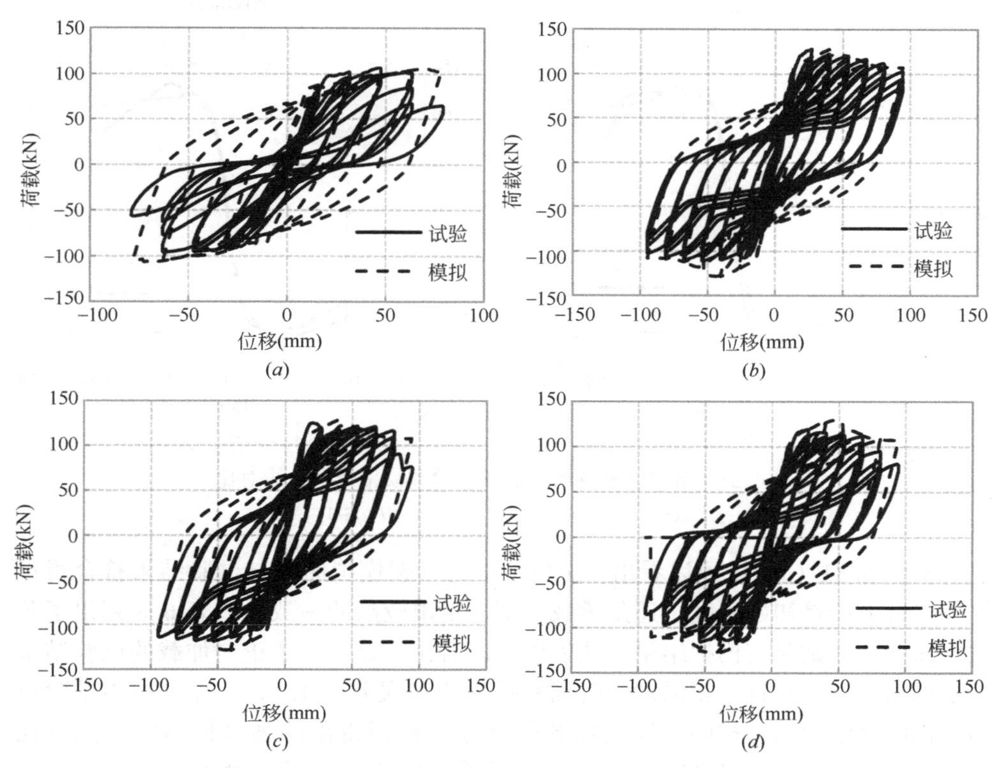

图6.20 节点区配置箍筋试件试验和模拟滞回曲线对比

（*a*）S-2；（*b*）S-4；（*c*）S-5；（*d*）S-6

6.2.2.2 骨架曲线对比

图6.21为试件在低周反复荷载作用下骨架曲线试验与模拟结果。从图6.21

(*a*)可以看出，试件 S-2 通过模拟得到的骨架曲线的刚度比试验结果要大，并且模拟骨架曲线的下降段不明显，这主要是因为试件 S-2 实际发生的是节点区剪切破坏，而模拟过程中认为是因梁、柱端抗弯承载力不足而发生破坏。

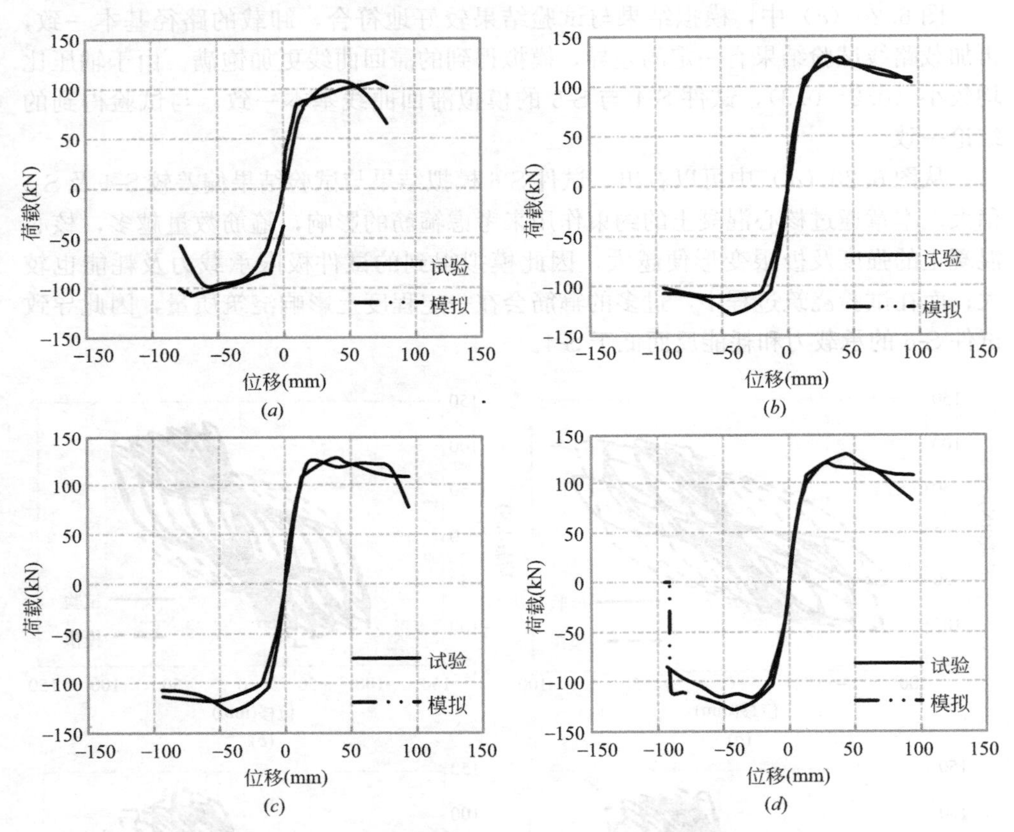

图 6.21　节点区配置箍筋试件试验和模拟骨架曲线对比

(*a*) S-2；(*b*) S-4；(*c*) S-5；(*d*) S-6

从图 6.21 (*b*) 中可以看出，试件 S-4 的骨架模拟曲线与试验结果符合得很好，二者无论是初始刚度，还是承载力都表现出较高的一致性。表 6.3 列出了各试件强度指标试验与模拟结果，从表中可以看出，试件 S-2 正向加载的试验结果与模拟结果非常接近，正向加载时屈服强度相对误差为 1.7%，而模拟与试验得出的正向极限承载力相同。反向加载的试验与模拟得出的强度值差距较大（在 10%左右），而差距产生的主要原因是试验得到的正向和反向承载力不一致，与试验加载过程中的误差有关。图 6.21 (*c*) 中 S-3 的骨架模拟曲线与试验结果总体相符得较好，初始刚度基本一致，正向屈服强度和极限强度的相对误差分别为 2.3%和 2.1%。图 6.21 (*d*) 为节点区配箍率较大的试件 S-6 的骨架曲线。从图中可以看出，骨架曲线的初始刚度基本吻合，但承载力差距较大，正向屈服强度和极限强度的相对误差分别为1.5%和7.5%，而反向屈服强度和极限强度的相对误差分别达到了8.5%和9.7%。总体而言，对于钢筋增强混凝土/ECC组合梁-柱节点试件，模拟结果体现出了较好的精度。数值分析结果很好地预测了往复荷载作用下受弯构件的初始刚度和承载能力，反向加载得到的极限荷载相对误差稍大（略高于10%），其他强度指标的预测误差都在10%以内（表6.3）。

各试件屈服荷载与极限荷载试验与模拟对比　　表6.3

		S-2		S-4		S-5		S-6	
		f_y (kN)	f_u (kN)	f_y (kN)	f_u (kN)	f_y (kN)	f_u (kN)	f_y (kN)	f_u (kN)
试验	正向	80.2	107.0	99.7	128.5	97.6	125.6	96.5	119.7
	反向	80.2	95.5	90.2	110.6	90.2	118.2	90.2	115.8
模拟	正向	84.3	107.0	98.0	128.5	99.4	128.3	98.0	129.4
	反向	84.9	107.2	98.6	128.2	98.7	128.2	98.6	128.2
相对误差	正向	4.9%	0	1.7%	0	2.3%	2.1%	1.5%	7.5%
	反向	5.5%	10.9%	8.5%	13.7%	1.8%	7.8%	8.5%	9.7%

6.2.2.3 累计耗能对比

图6.22为各试件在往复荷载作用下累计耗能曲线试验与模拟结果。从图6.22（*a*）可以看出，试件S-2耗能曲线的模拟结果与试验结果差距较大，并且随着位移的增大差距也越来越大。试验过程中，S-2最终发生的是剪切破坏，因此模拟得到的滞回曲线很难准确预测试件的加卸载路径、残余变形及强度，因此导致模拟得到的最终耗能（43.38kN·m）是试验结果（18.93kN·m）的2.29倍。

从图6.22（*b*）可以看出，S-4在位移为$4\Delta/\Delta_y$之前，耗能曲线的模拟结果与试验结果相符得较好，而随着位移的增大差距也慢慢变大。这是因为在位移达到$4\Delta/\Delta_y$之后，梁端出现了主裂缝，钢筋与混凝土之间滑移明显；再加上在接近破坏阶段时，混凝土梁端的剪切变形也越来越显著，最终的累计耗能差异为14.8%。从图6.22（*c*）可以看出，除了最后一个荷载循环外，试件S-5的计算与试验累计耗能-位移曲线几乎重合。当节点构件进入破坏阶段时，纯弯段的裂缝宽度较大，并且最终试件因梁端纵筋的拉断而发生破坏，钢筋与ECC之间的粘结滑移现象比较明显，试验所得到的滞回曲线捏拢效应较模拟曲线明显，导致试验结果与模拟结果的偏差稍大，最终累计耗能误差为10.8%。说明本文采用的分析方法及材料本构模型对ECC/混凝土组合梁-柱节点在往复荷载作用下的累计耗能能力有较为准确地预测。

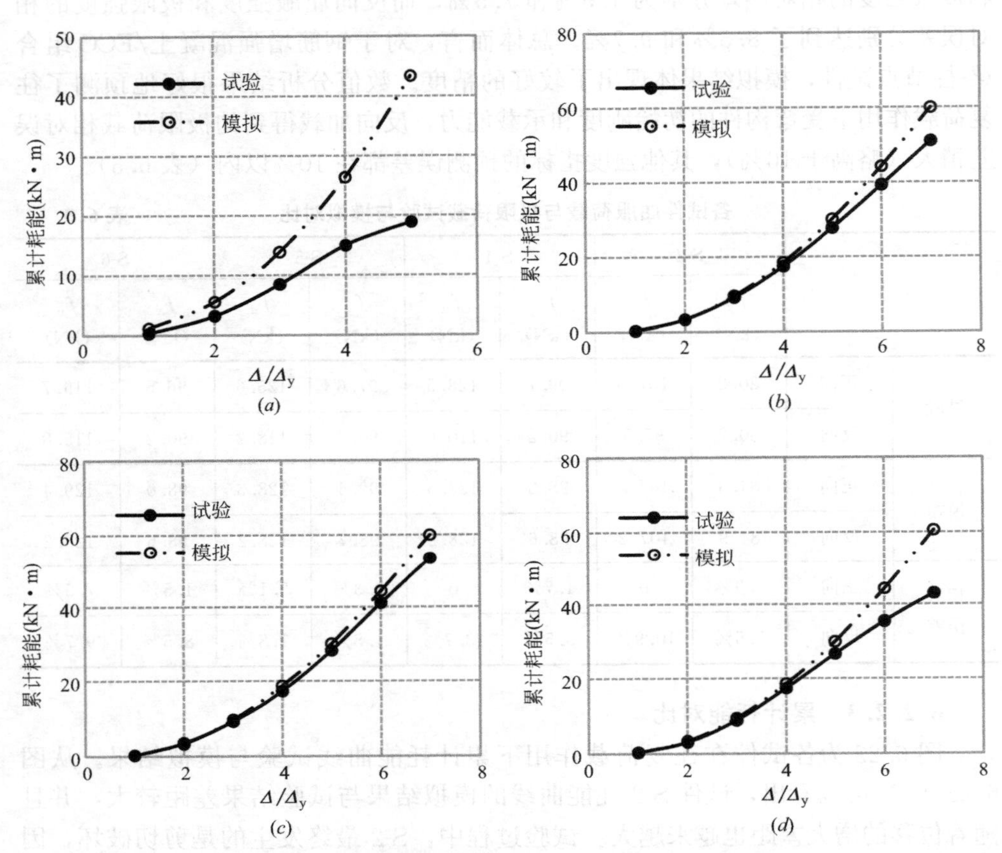

图 6.22 节点区配置箍筋试件试验和模拟累计耗能曲线对比

(a) S-2；(b) S-4；(c) S-5；(d) S-6

同样，由于纤维梁单元无法考虑配箍率对试件浇筑质量的影响，在试件 S-6 的位移达到 $4\Delta/\Delta_y$ 之后，模拟得到的累计耗能要大于试验值，见图 6.22（d）。S-6 的最终累计耗能模拟结果与试验结果的差异为 29.1％。

基于有限元软件 MSC. MARC，采用纤维梁单元法模拟得到的滞回曲线、骨架曲线和累计耗能曲线体现了钢筋增强混凝土/ECC 组合梁-柱节点在往复荷载作用下的受力特性，与试验结果吻合较好。但值得特别注意的是，对于发生弯曲破坏且钢筋与基体间滑移不明显的钢筋增强 ECC 构件，模拟精度更高；而对于发生剪切破坏的构件，试验与模拟结果相差较大。总体来说，本文所采用的材料本构模型及分析方法能够较为准确地反映钢筋增强 ECC/混凝土组合梁-柱节点构件在往复荷载作用下的滞回特性，可以用于钢筋增强 ECC 受弯构件抗震性能的数值模拟和受力行为预测。

6.3　钢筋增强ECC组合节点抗剪承载力计算

6.3.1　节点核心区受力机理分析

6.3.1.1　钢筋混凝土节点核心区受力模型

1. 桁架模型

核心区开裂前，剪力主要由混凝土承担，剪力分布较为均匀，当节点出现沿对角方向多条平行裂缝后，节点的剪力主要由作为水平拉杆的箍筋、作为竖向拉杆的柱纵筋以及作为斜向压杆的混凝土承担，形成如图6.23所示的桁架模型。

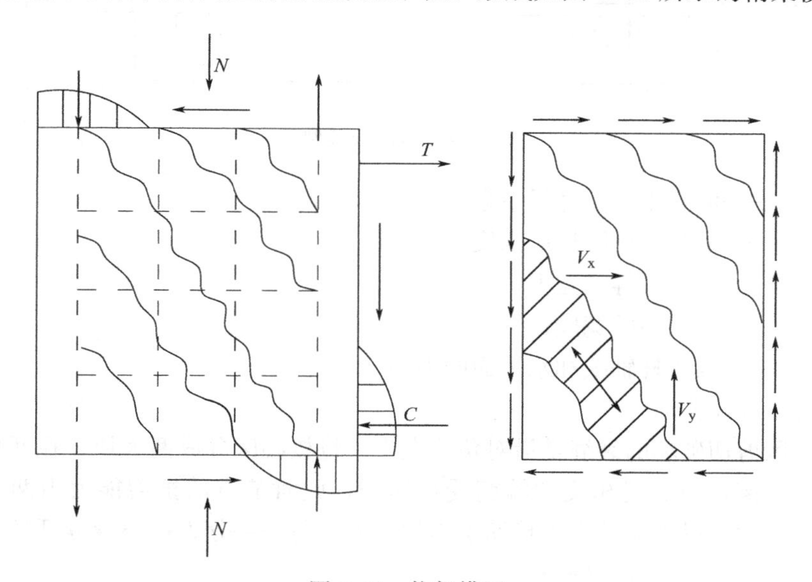

图6.23　桁架模型

2. 斜压杆模型

如图6.24所示，由于边节点一侧没有梁，故节点上下柱端截面和一侧梁端截面受压区的混凝土压力传入节点核心区形成如图所示的主压应力迹线，可等效为近似对角方向的斜压杆机构；当梁筋发生粘结滑移后，有一部分梁筋拉力经由梁筋的90°弯弧和竖直段传给弯弧内侧的混凝土，该压力与此处柱端竖直方向的混凝土压力合成后，使得边节点的斜压杆机构基本沿直线方向。

按照斜压杆机理，节点核心区的抗剪强度可由混凝土斜压杆极限抗压强度的水平分量确定：

$$V_j = 0.8 f_c a b_c \cos\theta \tag{6.9}$$

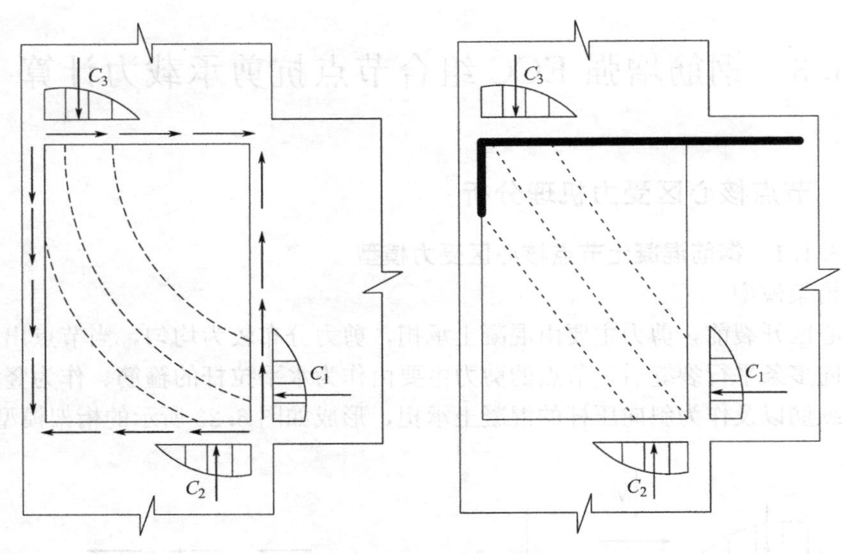

图 6.24　斜压杆模型

式中　0.8——混凝土强度降低系数；

f_c——混凝土极限抗压强度；

a——斜压杆等效宽度；

b_c——柱截面的宽度；

θ——斜压杆轴线和水平面的夹角。

3. 剪摩擦模型

核心区剪切破坏的裂缝常沿对角线发生，将核心区分成两大块，在两块之间产生滑动摩擦，与裂缝相交的箍筋受拉屈服，此时节点的抗剪能力由两部分组成：一部分为穿过裂缝的水平箍筋承担的剪力；另一部分为被裂缝分开的混凝土之间的摩擦力；如图 6.25 所示。

根据剪摩擦模型的机理，节点的抗剪强度由混凝土和箍筋作用之和求得，表达式如下：

$$V_j=V_c+V_s=0.7\left(N+\frac{\sum M_b}{h_c-a_s}\right)\cos^2\theta+f_y\frac{A_{sh}}{s}(h_b-a_s) \tag{6.10}$$

式中　0.7——摩擦系数；

N——柱轴向力；

h_c——柱截面有效高度；

h_b——梁截面有效高度；

M_b——邻近节点的梁端弯矩；

a_s——混凝土保护层厚度。

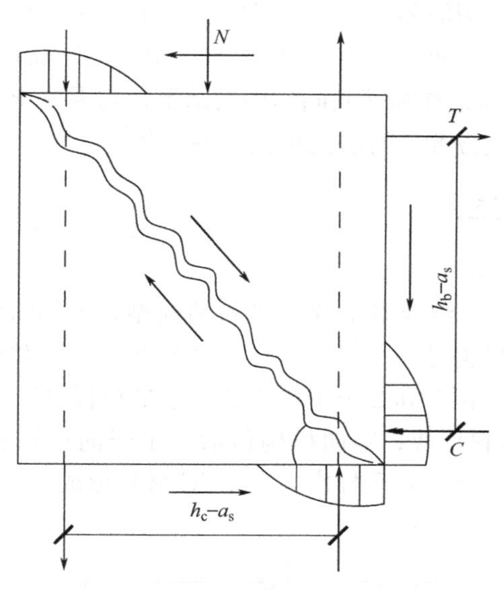

图 6.25　剪摩擦模型

对于普通钢筋混凝土节点：由于框架节点在受力初期就存在上述三种受力模型的共同作用，只是在不同的时期所占的比重不同，因此要分析节点的受力形式就要综合考虑这三种机理的共同作用。

6.3.1.2　钢筋增强 ECC 组合节点受力机理分析

对于 RC/ECC 组合梁-柱节点，节点的剪力主要由 ECC 材料和箍筋共同承担，以试件 S4 为例，上一节介绍的传力机理可以很好地解释 RC/ECC 组合梁-柱节点的破坏过程。

节点核心区在 ECC 材料开裂前，处于弹性阶段，此时箍筋的应力很小，主要由 ECC 来抗剪，即核心区的斜压力由节点对角方向形成的 ECC 斜压杆来承担。随着荷载的不断增大，节点核心区在较大的斜压力和斜拉力的作用下，形成了对角方向的斜裂缝，此时基体虽然开裂，但是内部的纤维将发挥桥连作用，阻止 ECC 表面的裂缝继续变宽，在原有裂缝的末端出现众多沿原方向的微小裂缝，在反复加载中裂缝基本可以闭合，裂缝间的纤维在限制裂缝宽度的同时消除了裂缝末端的应力集中现象。随着反复加载的继续，ECC 表面沿对角斜裂缝处的纤维有部分被拔出，桥连作用逐渐降低，阻裂能力下降，局部裂缝将逐渐变宽。此处的箍筋应力将迅速增大，与柱纵筋形成桁架机构，主要承担着节点核心区的剪力传递，在其他裂缝宽度较小处，由于纤维的阻裂作用，ECC 斜压杆的受力机制可以继续维持，实现桁架和局部斜压杆共同作用机制。随着梁纵筋的反复拉压，梁端纵筋进入屈服阶段，直至最后发生塑性铰破坏，箍筋也未屈服，且节点没有出现较宽的贯通主裂缝，仅在主斜裂缝的两侧分布着众多平行的细密斜裂缝，两个方向的细密斜裂缝相互交叉，呈网状分布。且在加载过程中，除少数较宽裂缝外，其他小裂缝均可以基本实现闭合。因此 RC/ECC 组合梁-柱节点的受力过程是 ECC、箍筋和梁柱纵筋共同作用的结果，与混凝土材料有所不同，ECC 在提高节点的抗剪强度方面，有着无可比拟的优势[15]。

6.3.2 计算模型建立

6.3.2.1 宏观模型

图 6.26 为 RC/ECC 组合梁-柱节点的抗剪模型，由斜向机构、水平机构以及竖向机构组成。斜向机构是一个斜向压杆，由节点核心区对角方向的 ECC 形成；水平机构包括 1 个水平拉杆和 2 个平缓压杆，水平拉杆由节点水平钢筋形成，平缓压杆由斜向 ECC 材料形成；竖向机构包括 1 个竖向拉杆和 2 个陡压杆，竖向拉杆由柱中竖向钢筋组成，陡压杆由斜向 ECC 材料形成。

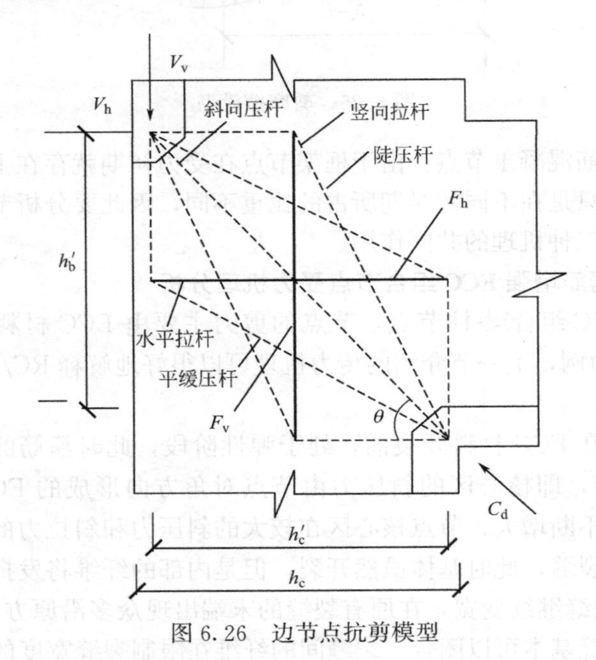

图 6.26 边节点抗剪模型

斜压杆与水平轴向的夹角：

$$\theta = \arctan\left(\frac{h'_b}{h'_c}\right) \tag{6.11}$$

斜压杆的有效作用面积

$$A_s = a_s \times b_s \tag{6.12}$$

式中 h'_b——梁最外侧纵筋中心线间的距离；

h'_c——柱最外侧纵筋中心线间的距离；

其中文献［16］建议：$a_s=\sqrt{a_b^2+a_c^2}$；

a_b——梁的受压区厚度，考虑到梁截面受压区由于保护层的脱落而逐渐减小，因此计算 a_s 时不考虑 a_b；

a_c——柱的受压区厚度，文献［17］建议 $a_c=(0.25+0.85N/A_g f_c')h_c$；

N——柱的轴压力；

A_g——柱的截面积；

f_c'——ECC材料的抗压强度；

b_s——节点的有效宽度，即柱截面的宽度。

6.3.2.2　力的平衡

由于在拉杆屈服之后斜压杆可以继续承担传递剪力的作用，故本模型把斜压杆ECC材料的压碎破坏作为节点核心区破坏的判断标准。要得到节点核心区的抗剪承载力，首先就要确定 C-C 截面处ECC材料的压应力 σ_{dmax}。

如图6.26和图6.27所示，模型受到的外荷载为水平剪力 V_h、竖向剪力 V_v 以及对角斜向压力 C_d，整个模型满足受力平衡：

$$V_h=C_d\cos\theta \tag{6.13}$$

$$V_v=C_d\sin\theta \tag{6.14}$$

$$\frac{V_v}{V_h}=\frac{h_b'}{h_c'}=\tan\theta \tag{6.15}$$

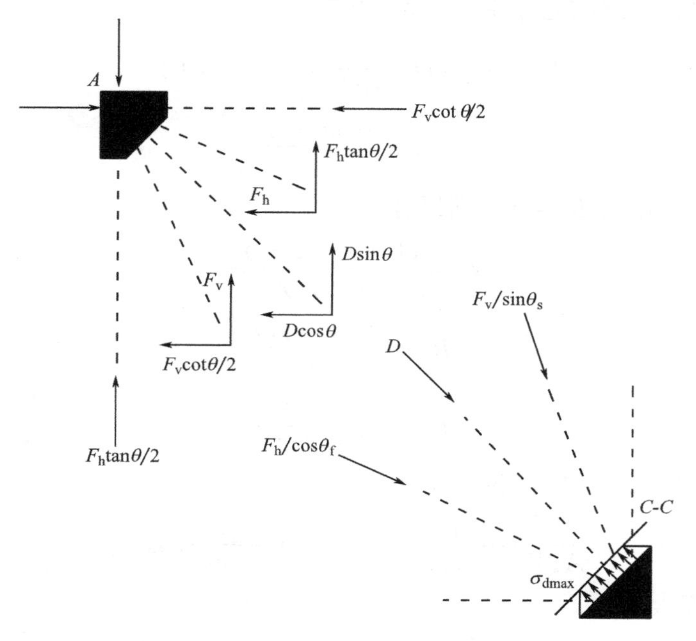

图6.27　节点受力平衡

点 A 处满足受力平衡得：

$$C_{\mathrm{d}}=D+\frac{F_{\mathrm{h}}}{\cos\theta}+\frac{F_{\mathrm{v}}}{\sin\theta} \tag{6.16}$$

可以看出模型的斜向压力 C_{d} 由斜向机构、水平机构、竖向机构三部分承担，为了得到三种机构各自承担的斜向压力，在这里假设：

$$D:\frac{F_{\mathrm{h}}}{\cos\theta}:\frac{F_{\mathrm{v}}}{\sin\theta}=R_{\mathrm{d}}:R_{\mathrm{h}}:R_{\mathrm{v}} \tag{6.17}$$

式中　D——对角方向 ECC 材料的压力；

F_{h}——水平拉杆的拉力；

F_{v}——竖向拉杆的拉力；

R_{d}、R_{h}、R_{v}——分别为斜向 ECC、水平钢筋和竖向钢筋各自承担的斜向压力的比例。

根据 Schafer 的研究[18]，当不考虑竖向钢筋作用时，节点水平剪力由水平机构和斜向机构承担，此时：

$$R_{\mathrm{h}}:R_{\mathrm{d}}=\frac{F_{\mathrm{h}}}{\cos\theta}:D=\gamma_{\mathrm{h}}:(1-\gamma_{\mathrm{h}}) \tag{6.18}$$

$$\gamma_{\mathrm{h}}=\frac{2\tan\theta-1}{3} \tag{6.19}$$

同理，当节点不考虑水平钢筋的作用时：

$$R_{\mathrm{d}}:R_{\mathrm{v}}=D:\frac{F_{\mathrm{v}}}{\sin\theta}=(1-\gamma_{\mathrm{v}}):\gamma_{\mathrm{v}} \tag{6.20}$$

$$\gamma_{\mathrm{v}}=\frac{2\cot\theta-1}{3} \tag{6.21}$$

因为 $R_{\mathrm{d}}+R_{\mathrm{h}}+R_{\mathrm{v}}=1$，所以有：

$$R_{\mathrm{d}}=\frac{(1-\gamma_{\mathrm{h}})(1-\gamma_{\mathrm{v}})}{1-\gamma_{\mathrm{h}}\gamma_{\mathrm{v}}} \tag{6.22}$$

$$R_{\mathrm{h}}=\frac{\gamma_{\mathrm{h}}(1-\gamma_{\mathrm{v}})}{1-\gamma_{\mathrm{h}}\gamma_{\mathrm{v}}} \tag{6.23}$$

$$R_{\mathrm{v}}=\frac{\gamma_{\mathrm{v}}(1-\gamma_{\mathrm{h}})}{1-\gamma_{\mathrm{h}}\gamma_{\mathrm{v}}} \tag{6.24}$$

因此可以得到 C-C 截面的压应力：

$$\sigma_{\mathrm{dmax}}=\frac{1}{A_{\mathrm{s}}}\left[D+\frac{F_{\mathrm{h}}}{\cos\theta_{\mathrm{f}}}\cos(\theta-\theta_{\mathrm{f}})+\frac{F_{\mathrm{v}}}{\sin\theta_{\mathrm{f}}}\cos(\theta_{\mathrm{s}}-\theta)\right] \tag{6.25}$$

化简之后得：

$$\sigma_{\mathrm{dmax}}=\frac{1}{A_{\mathrm{s}}}\left[D+\frac{F_{\mathrm{h}}}{\cos\theta}(1-\frac{\sin^2\theta}{2})+\frac{F_{\mathrm{v}}}{\sin\theta}(1-\frac{1-\cos^2\theta}{2})\right] \tag{6.26}$$

6.3.2.3　材料本构及变形协调

ECC材料开裂后受压本构关系采用类似混凝土的表达式，只考虑上升段为：

$$\sigma_{\mathrm{d}}=\zeta f'_{\mathrm{c}}\left[\left(\frac{-\varepsilon_{\mathrm{d}}}{\zeta\varepsilon_{0}}\right)-\left(\frac{-\varepsilon_{\mathrm{d}}}{\zeta\varepsilon_{0}}\right)^{2}\right]\left(\frac{-\varepsilon_{\mathrm{d}}}{\zeta\varepsilon_{0}}\leqslant 1\right) \tag{6.27}$$

式中　ζ——ECC材料的极限抗压强度软化系数。

当节点极限压应力σ_{dmax}小于ECC抗压强度$\zeta f'_{\mathrm{c}}$时，节点可以继续承载直到达到$\zeta f'_{\mathrm{c}}$，此时ECC的主压应力和主压应变满足下式：

$$\sigma_{\mathrm{d}}=\zeta f'_{\mathrm{c}} \tag{6.28}$$

$$\varepsilon_{\mathrm{d}}=\zeta\varepsilon_{0} \tag{6.29}$$

钢筋的本构关系满足理想弹塑性模型：

$$f_{\mathrm{s}}=E_{\mathrm{s}}\varepsilon_{\mathrm{s}}(\varepsilon_{\mathrm{s}}<\varepsilon_{\mathrm{y}}) \tag{6.30}$$

$$f_{\mathrm{s}}=f_{\mathrm{y}}(\varepsilon_{\mathrm{s}}\geqslant\varepsilon_{\mathrm{y}}) \tag{6.31}$$

因此拉杆的拉力为：

$$F_{\mathrm{h}}=A_{\mathrm{t}}E_{\mathrm{s}}\varepsilon_{\mathrm{h}}\leqslant F_{\mathrm{yh}} \tag{6.32}$$

$$F_{\mathrm{v}}=A_{\mathrm{t}}E_{\mathrm{s}}\varepsilon_{\mathrm{v}}\leqslant F_{\mathrm{yv}} \tag{6.33}$$

在不同坐标系统中，二维连续单元体的平均应变应满足莫尔圆应变协调关系，因而主压应变ε_{d}、主拉应变ε_{r}、水平应变ε_{h}、竖向应变ε_{v}应满足如下关系：

$$\varepsilon_{\mathrm{d}}+\varepsilon_{\mathrm{r}}=\varepsilon_{\mathrm{h}}+\varepsilon_{\mathrm{v}} \tag{6.34}$$

6.3.2.4　模型简化

对钢筋混凝土牛腿的研究表明，抗剪强度与水平箍筋呈双线性关系，存在一个箍筋用量的临界值，当牛腿的箍筋用量小于这个值，其抗剪能力会随着水平箍筋的增加而呈线性增加；大于这个值，牛腿的抗剪能力则会以明显低于前者的速度缓慢增长，因为此时多余箍筋的作用仅仅是抑制了混凝土开裂后强度软化的效应。

类似的规律也适用于RC/ECC组合梁-柱节点，本节在计算节点的抗剪承载力时将忽略超过临界值的多余拉杆的作用，拉杆用量达到临界值时，节点的斜向压力达到最大值。对于拉杆没有达到临界值的情况，节点强度按线性内插计算得到。

当节点受到拉杆和斜压杆的共同作用时，拉杆会使得更多的ECC材料参与抗剪，与斜压杆共同承担节点的斜向压力。拉杆的作用可以通过拉压杆系数K来体现：

$$K=\frac{C_{\mathrm{d}}}{\sigma_{\mathrm{dmax}}\times A_{\mathrm{s}}}=\frac{D+\dfrac{F_{\mathrm{h}}}{\cos\theta}+\dfrac{F_{\mathrm{v}}}{\sin\theta}}{D+\dfrac{F_{\mathrm{h}}}{\cos\theta}\left(1-\dfrac{\sin^{2}\theta}{2}\right)+\dfrac{F_{\mathrm{v}}}{\sin\theta}\left(1-\dfrac{1-\cos^{2}\theta}{2}\right)}\geqslant 1 \tag{6.35}$$

在受剪分析时，节点区的受力结构有四种组合方式，分别为：斜向机构、斜向-水平机构、斜向-竖向机构、完全机构。

对于斜向机构，斜向压力 C_d 仅由斜压杆承担，所以压杆系数 $K_d=D/D=1$。

如图 6.28 所示为水平拉杆和斜压杆组成的斜向-水平机构，当 ECC 达到抗压强度时，拉杆还处于弹性阶段，此时拉杆对于斜向抗压强度的增强作用可以用 $\overline{K}_h$ 表示：

$$\overline{K}_h=\frac{(1-\gamma_h)+\gamma_h}{(1-\gamma_h)+\gamma_h(1-\frac{\sin^2\theta}{2})}\geqslant 1 \tag{6.36}$$

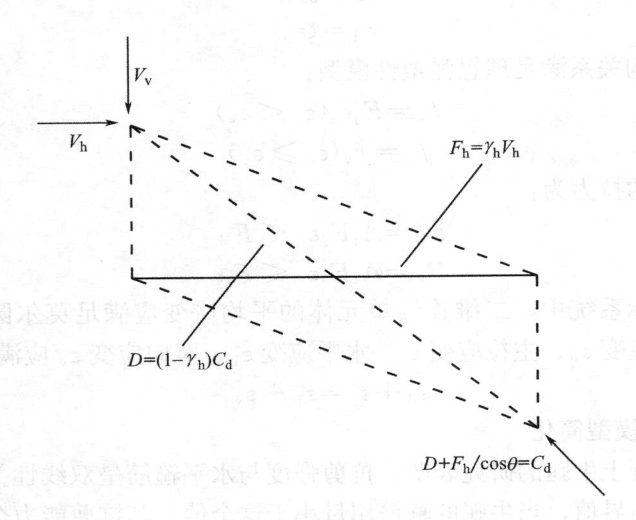

图 6.28 斜向-水平机构

进一步简化得：

$$\overline{K}_h\approx\frac{1}{1-0.2(\gamma_h+\gamma_h^2)} \tag{6.37}$$

水平拉杆达到临界值时的拉力：

$$\overline{F}_h=\gamma_h\times(\overline{K}_h\zeta f'_c A_s)\times\cos\theta \tag{6.38}$$

对于水平拉杆不足的情况，$\overline{K}_h$ 通过线性差值计算得到：

$$K_h=1+(\overline{K}_h-1)\times F_{yh}/\overline{F}_h\leqslant\overline{K}_h \tag{6.39}$$

同理得到竖向拉杆的拉压杆系数

$$\overline{K}_v=\frac{(1-\gamma_v)+\gamma_v}{(1-\gamma_v)+\gamma_v(1-\frac{\cos^2\theta}{2})}\geqslant 1 \tag{6.40}$$

$$\overline{F}_v=\gamma_v\times(\overline{K}_v\zeta f'_c A_s)\times\sin\theta \tag{6.41}$$

若考虑三种机构同时作用时，则拉压杆系数：

$$\overline{K}=\frac{R_{\mathrm{d}}+R_{\mathrm{h}}+R_{\mathrm{v}}}{R_{\mathrm{d}}+R_{\mathrm{h}}(1-\frac{\sin^{2}\theta}{2})+R_{\mathrm{v}}(1-\frac{1-\cos^{2}\theta}{2})}\geqslant 1 \tag{6.42}$$

简化之后得：

$$\overline{K}=K_{\mathrm{d}}+(\overline{K}_{\mathrm{h}}-1)+(\overline{K}_{\mathrm{v}}-1)=\overline{K}_{\mathrm{h}}+\overline{K}_{\mathrm{v}}-1 \tag{6.43}$$

当拉杆配筋不足时，拉压杆系数：

$$K=K_{\mathrm{h}}+K_{\mathrm{v}}-1 \tag{6.44}$$

在本书中，将节点区混凝土斜向压应力达到最大时的剪力定义为节点的抗剪承载力，此时节点名义斜向抗压强度 $C_{\mathrm{d,n}}=K\zeta f_{\mathrm{c}}'A_{\mathrm{s}}$，节点的水平抗剪强度计算值即为 $V_{\mathrm{n}}=K\zeta f_{\mathrm{c}}'A_{\mathrm{s}}\cos\theta$。

6.3.2.5 ECC抗压强度软化系数 ζ

在双轴拉-压作用下，ECC材料受拉方向裂缝的开展将会引起受压方向极限抗压强度的软化，ζ 就是用来表征软化程度的系数，它主要受到ECC受拉方向的应变 ε_{r} 影响。如果水平和竖向钢筋屈服时的应变取为0.002时，则根据前文所述的应变协调关系可以确定 ε_{r} 的取值在0～0.004之间，根据国外对双轴拉-压作用下ECC材料本构关系的研究，当受拉方向的应变在0.004以内时，ECC材料受压强度仅有较小的退化，因而在这里假定 ζ 的取值为0.9。

6.3.3 计算模型验证

这里将利用本章的RC/ECC组合梁-柱节点抗剪承载力计算模型，结合上节所假定的ECC极限抗压强度软化系数 ζ，对试件S-3和S-4两个RC/ECC组合梁-柱节点进行抗剪承载力计算，由于试验节点的柱中部没有纵向钢筋，所以忽略纵向拉杆对节点抗剪能力的增强作用。抗剪承载力的计算值与试验值如表6.4所示。

抗剪承载力的计算值与试验值对比 **表6.4**

试件	ECC抗压强度 f_{c}'	箍筋屈服强度 f_{y}	轴压比 $N/A_{\mathrm{g}}f_{\mathrm{c}}'$	受力箍筋面积 A_{t}	破坏模式	试验值 $V_{\mathrm{j,test}}$	计算值 V_{n}
S-3	52.1	407.1	0.2	0	节点剪切破坏	320.1	308.7
S-4	52.1	407.1	0.2	200.96	梁端弯曲破坏	383.4	481.98

对于节点破坏的试件，试验值即为极限抗剪承载力，由计算结果可知，S-3的试验值与计算值的误差为3.5%，可见本文的抗剪计算承载力公式比较准确。S-4为梁端破坏，所以在试件破坏时，节点的承载力远未达到极限，由计算值远大于试验值可以看出这一点。所以在结构设计中，对于采用RC/ECC组合梁-柱节点的结构，其抗剪承载力设计值可以按照下式来确定：

$$V_{\mathrm{j}} \leqslant K\zeta f'_{\mathrm{c}} A_{\mathrm{s}} \cos\theta / \gamma_{\mathrm{RE}} \tag{6.45}$$

式中　γ_{RE}——节点的抗震调整系数。

6.4　本章小结

本章提出将ECC材料用于梁、柱端及节点区核心区域，其他区域使用普通混凝土组成的RC/ECC组合梁-柱节点构件。以配箍率、轴压比及是否在节点区使用ECC为参数，对6根钢筋增强混凝土/ECC组合梁-柱节点构件进行了低周反复荷载作用下的试验研究，通过对各构件破坏形态、滞回曲线、骨架曲线、应变变化规律、剪切变形规律、延性及能量耗散、承载力及刚度退化等抗震性能指标的分析，综合评估了ECC材料对梁-柱节点抗震性能的影响；然后采用纤维模型对各梁-柱节点构件在低周反复荷载作用下的受力特征进行了数值模拟；最后分析了RC/ECC组合梁-柱节点核心区在外力作用下的受力机理，提出了预测其抗剪承载力的合理计算模型，得出了以下结论：

（1）对于节点核心区未配置箍筋的梁-柱节点构件，ECC材料优越的拉伸和剪切变形能力使得其在节点区的使用能够显著提高构件的承载力、延性和耗能。

（2）对于节点区合理配箍的梁-柱节点构件，将ECC材料替代节点区的混凝土，能够使得构件从因节点区抗剪承载力不足而发生的剪切破坏形态转变为因纵向钢筋变形过大而发生的梁端弯曲破坏形态，并且有效提高了构件的承载力、变形能力和能量耗散能力。

（3）由于在节点区配置了箍筋的RC/ECC构件均发生梁端弯曲破坏，增加柱构件的轴压比和增加节点区配箍率并不能明显改善构件的滞回性能。由于柱轴压比的增加能够延迟并阻碍裂缝从梁端向节点区的扩张延伸，因此能够小幅度提高构件的延性；而增加节点核心区的配箍率可能影响到了节点区ECC的浇筑质量，因而累计耗能反而有小幅度下降。

（4）基于有限元软件MSC. MARC，采用纤维梁单元法对节点区配箍筋的梁-柱节点在往复荷载作用下的受力特性进行了数值模拟。对于发生剪切破坏的RC节点构件，模拟结果与试验结果偏差较大，数值模型有待进一步改进；而对于延性较好的RC/ECC组合梁-柱节点，模拟结果与试验结果的偏差保持在一定合理范围。总体来讲，本文所采用的材料本构模型及分析方法能够较为准确地反映RC/ECC组合梁-柱节点构件在往复荷载作用下的滞回特性，可以用于RC/ECC组合梁-柱节点抗震性能的数值模拟和受力行为预测。

（5）节点的抗剪是以ECC代表的斜压杆机制和水平及竖向钢筋代表的桁架机制共同作用的结果，其中ECC材料中的纤维提供了裂缝两侧基体的桥连作用，使得裂缝可以稳定地均匀开展，极大地推迟了节点区主裂缝开展的时间，在地震作用下可以吸收更多的能量，实现结构的延性破坏。

（6）基于斜压杆-桁架模型，考虑了节点核心区 ECC 材料在双轴拉-压作用下的受力特征，提出了一种简化的计算模型来预测 RC/ECC 组合梁-柱节点的抗剪承载力。利用本模型计算得到的预测值与试验值符合较好，因而可为 RC/ECC 组合梁-柱节点抗震设计提供参考。

6.5 参考文献

[1] Ghobarah A，Said A. Shear strengthening of beam-column joints [J]. Engineering Structure，2002，24 (7)：881-888.

[2] Waston S，Zahn F A，Park R. Confining reinforcement of concrete columns [J]. ACI Journal of Structural Engineering，1994，120 (6)：1798-1823.

[3] Fischer G，Li V C. Influence of matrix ductility on tension-stiffening behavior of steel reinforced engineered cementitious composites [J]. ACI Structural Journal，2002，99 (1)，104-111.

[4] Yuan F，Pan J L，Dong L T，et al. Mechanical behaviors of steel reinforced ECC or ECC/concrete composite beams under reversed cyclic loading [J]. Journal of Materials in Civil Engineering，2013，DOI：10.1061/(ASCE) MT.1943-5533.0000935.

[5] Fischer G，Li V C. Effect of matrix ductility on deformation behavior of steel reinforced ECC flexural members under reversed cyclic loading conditions [J]. ACI Structural Journal，2002，99 (6)，781-790.

[6] Ficsher G，Li V C. Intrinsic response control of moment resisting frames utilizing advanced composite materials and structural elements [J]. ACI Structural Journal，2003，100 (2)，166-176.

[7] Canbolat B A，Parra-montesinos G J，Wight J K. Experimental study on the seismic behavior of high-performance fiber reinforced cement composite coupling beams [J]. ACI Structural Journal，2005，102 (1)，159-166.

[8] Kanda T，Watanabe S，Li V C. Application of pseudo strain hardening cementitious composites to shear resistant structural elements [C]. Proceeding. FRAMCOS-3，1998，pp. 1477-1490.

[9] Fukuyama H，Matsuzaki Y，Nakano K，et al. Structural performance of beam elements with PVA-ECC [C]. Proceeding of High Performance Fiber

Reinforced Cement Composites 3（HPFRCC3），1999，531-542.

[10] Cheung Y N. Investigation of concrete components with a pseudo-ductile layer [D]. Doctoral Dissertation. Hong Kong：Hong Kong University of Science and Technology，2004.

[11] 袁方. 钢筋增强 ECC/混凝土组合框架结构抗震性能研究 [D]. 南京：东南大学，2014.

[12] Marshall D B，Cox B N. A J-integral method for calculating steady-state matrix cracking stresses in composites [J]. Mechanics of Material，1988 (7)：127-133.

[13] Chopra A K. Dynamics of structures - theory and applications to earthquake engineering. New Jersey：Prentice Hall，1995，3：94-100.

[14] Kesner W P，Billington S L. Investigation of ductile cement based composites for seismic strengthening and retrofit [J]. Fracture Mechanics of Concrete Structures，Proceedings of the Fourth International conference on Fracture Mechanics of Concrete and Concrete Structures，Cachan，France，2001，May-June，pp. 65-72.

[15] 许准. ECC/RC 组合梁柱边节点的抗震性能试验和理论研究 [D]. 南京：东南大学，2012.

[16] Zhang，L.，and Jirsa，J. O.，Study of Shear Behavior of Reinforced Concrete Beam-Column Joints，PMFSEL Report No. 82-1，University of Texas at Austin，Feb. 1982，118 pp.

[17] Paulay，T.，and Priestley，M. J. N.，Seismic Design of Reinforced Concrete and Masonry Buildings，John Wiley and Sons，1992，744 pp.

[18] Schafer，K. Strut-and-tie models for the design of structural concrete. Notes of Workshop，Dept. of Civil Engineering，National Cheng Kung Univ.，Tainan，Taiwan.

第 7 章

RC/ECC组合框架结构抗地震倒塌能力分析

建筑结构在地震过程中的连续倒塌给广大人民群众的生命和财产安全造成了极大的危害，虽然我国在唐山地震后就提出了“小震不坏，中震可修，大震不倒”的三水准抗震设防目标，但大多建筑主要依靠结构的概念设计和构造措施来保证“大震不倒”的设防要求[1]。同时地震强度和性质具有不确定性，例如汶川地震中极震区实际烈度要高出规范设防烈度 3～4 度[2]，因此即使按照抗震设防烈度对框架结构进行设计，也不能完全避免结构在小概率发生的大震乃至巨震下的整体坍塌。因此，RC 框架结构在大震及巨震作用下的抗倒塌能力仍值得深入研究。

基于 ECC 材料的拉伸应变硬化特性、细密裂缝开展机制及较强的损伤容限能力，本章提出将 ECC 材料用于 RC 框架结构的关键受力区域组成 RC/ECC 组合框架结构，其主要研究内容包括：①通过纤维模型法对 RC/ECC 组合框架结构在地震荷载作用下的倒塌过程进行模拟，通过对楼层侧移分布、层间剪力分布以及各楼层柱构件累计能量耗散等抗震性能指标的分析，考察 ECC 材料对框架结构倒塌过程和破坏机理的影响；②采用基于增量动力分析（IDA，Incremental dynamic analysis）的结构抗倒塌易损性分析方法，定量评价 RC/ECC 组合框架结构的抗地震倒塌能力和抗倒塌安全储备，并与按现行规范设计的不同抗震设防烈度的 RC 框架结构进行对比，提出提高建筑结构抗震性能的相关建议。

7.1 RC/ECC 组合框架连续倒塌过程计算分析

7.1.1 数值模型

7.1.1.1 结构布置

根据我国现行的《建筑抗震设计规范》GB 52011—2010（2016 年版）[3]，采用 PKPM 软件设计了一栋 6 层的框架结构，结构布置图如图 7.1 所示。底层层高 4.1m，其他楼层层高均为 3.6m，结构总高度为 22.1m。结构的设计地震烈度为 7 度（对应的地震波峰值加速度为 0.1g，50 年内超越概率为 10%），地震分组为第一组，Ⅱ类场地，框架的抗震等级为一级。楼面恒荷载标准值取为 $6kN/m^2$，办公室活荷载标准值取为 $2kN/m^2$，走廊活荷载标准值取为 $3.5kN/m^2$，屋面恒荷载标准值取为 $7kN/m^2$，屋面活荷载取雪荷载 $0.5kN/m^2$。柱截面尺寸由轴压比及最大层间位移角限值控制，梁、柱配筋由 PKPM 软件计算结果，并按构造配筋和规范规定限值给出，框架结构构件尺寸及配筋布置如表 7.1 所示。框架梁柱纵筋均采用 HRB400 级钢筋，箍筋采用 HRB335 级钢筋，混凝土轴心抗压强度为 20MPa。

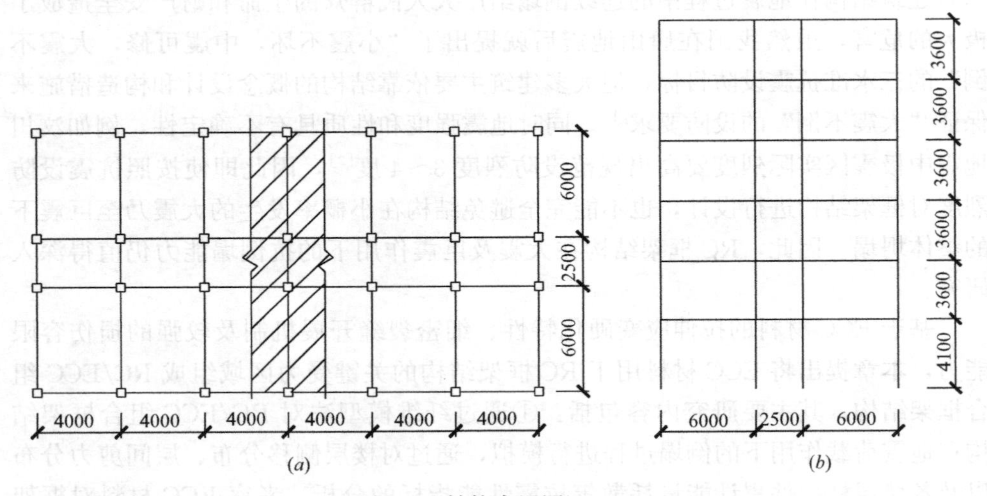

图 7.1 结构布置图（mm）
（a）平面图；（b）立面图

6 层框架结构构件尺寸及配筋布置 **表 7.1**

楼层	柱尺寸（mm×mm）	角柱配筋	中柱配筋	4/6m 跨度梁尺寸（mm×mm）	梁配筋		2.5m 跨度梁尺寸（mm×mm）	梁配筋
					6m 跨度	4m 跨度		2.5m 跨度
1	400×400	4Φ18	4Φ22	200×450	2Φ18	2Φ16	200×300	2Φ16
2	400×400	4Φ16	4Φ18	200×450	2Φ18	2Φ14	200×300	2Φ16
3	400×400	4Φ16	4Φ18	200×450	2Φ18	2Φ12	200×300	2Φ14
4	300×400	4Φ16	4Φ16	200×450	2Φ16	2Φ12	200×300	2Φ14
5	300×400	4Φ16	4Φ16	200×450	2Φ16	2Φ10	200×300	2Φ12
6	300×400	4Φ16	4Φ16	200×450	2Φ12	2Φ10	200×300	2Φ10

共设计 4 种类型的框架结构，其具有相同的构件尺寸和配筋，主要考察参数为基体强度和类型。表 7.2 列出了各类框架结构的参数信息。各框架结构编号分别代表的意义如下：RC-20 为按照规范设计、基体轴心抗压强度为 20MPa 的 RC

框架；RC-40为基体轴心抗压强度为40MPa的RC框架；R/ECC-40为基体轴心抗压强度为40MPa的R/ECC框架；RC/ECC-40为基体轴心抗压强度为40MPa的RC/ECC组合框架，ECC只在底层柱及四层梁-柱节点区域使用，ECC在节点区使用范围包括节点核心区及分别突出梁、柱端400mm和375mm，如图7.2所示。

框架结构参数信息表　　**表7.2**

框架编号	基体轴心抗压强度 f_c(MPa)	基体类型
RC-20	20	Concrete
RC-40	40	Concrete
R/ECC-40	40	ECC
RC/ECC-40(组合)	40	底层柱和四层节点区使用ECC

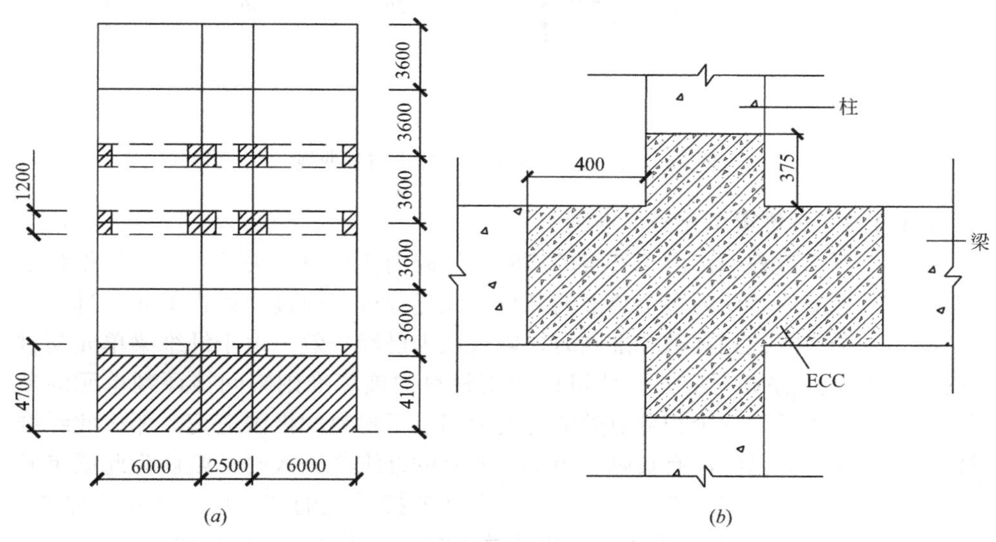

图7.2　ECC使用区域示意图（mm）
（a）在框架中使用区域；（b）节点区使用区域

7.1.1.2　材料本构关系及地震波输入

本章采用大型通用有限元软件MSC.MARC进行模拟分析。梁柱构件采用具备一维材料本构的纤维梁单元进行模拟。在纤维梁单元中，将每个梁截面划分成36根基体纤维和4根钢筋纤维。材料性质通过单轴应力-应变关系进行描述，将自编的材料本构关系程序嵌入有限元软件MSC.MARC的子程序UBEAM中。其中钢筋本构模型及混凝土本构模型采用汪训流模型[4]，对ECC材料，基于其单轴往复加载下的试验结果[5]，对拉、压应力-应变曲线进行简化，建立其往复荷载下的拉、压本构模型[6]。楼板采用四节点壳单元，由于楼板不是本算例关注的主要部分，为了减小计算量，楼板混凝土材料采用弹性本构模型。

选取 Hollister（1961，1028 Hollister City Hall）地震波作为地震荷载输入，地震动加速度时程曲线如图 7.3 所示。对图 7.3 中的地震波进行比例调整，使其峰值加速度（PGA）取为 400gal，与 8 度抗震设防的大震峰值加速度相对应。由于框架结构 Y 方向跨度较 X 方向小，Y 方向的侧移刚度便小于 X 方向，因此将对框架结构弱侧，即 Y 方向施加地震动。分析过程中采用严格的力和位移收敛准则，收敛容差为 0.5%。

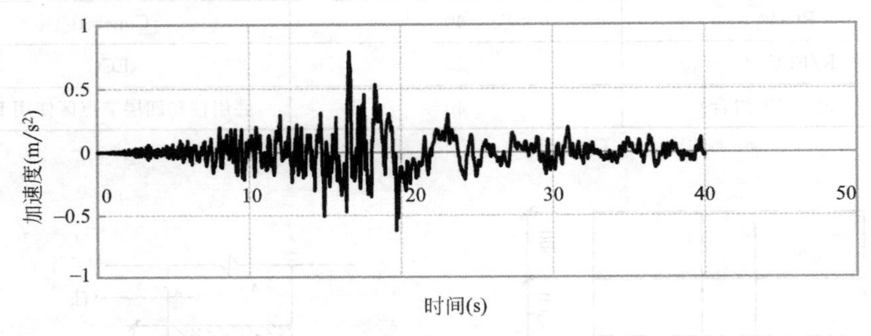

图 7.3　Hollister 地震动加速度时程曲线

7.1.1.3　纤维梁单元破坏准则

在结构倒塌过程中，由于纤维的拉断或压碎而使得单元失效，进而使得整个结构从一个连续体转变为多个离散的部分。此过程可以通过“死亡单元”进行模拟，即当一个单元达到其破坏准则时，则被认为已经失效。由于纤维梁单元与材料的应力-应变关系相对应，因此可以运用材料的破坏准则来间接评判单元的破坏准则。当纤维任何一个积分点处的应变值超过了材料的极限应变，那么此纤维对杆件的刚度计算已经没有贡献。当单元所有的纤维都失效时，则认为此梁单元在整个结构中已经“死亡”，此时，程序默认连接单元的节点脱离了整个结构，“孤立”节点无刚度，其刚度表达式也从整个结构的刚度矩阵中自动去除。

对于长细比较大、以弯曲破坏为主的杆系构件，一般因基体的压碎失效及纵向钢筋的拉断或受压屈曲变形而失效。本章采用如下材料失效准则[7]：

（1）对于非约束混凝土，当受压应变超过 0.0038 时，则被认为发生压碎失效；对于约束混凝土，当受压曲线软化段接近 0 时，则被认为发生压碎失效；

（2）根据 ECC 材料单轴压缩试验结果，对于非约束 ECC，当受压应变超过 0.006 时，则被认为发生压碎失效；对于约束 ECC，当受压应变超过 0.018 时，则被认为发生压碎失效；

（3）根据钢筋拉伸试验结果，对于受拉纵筋，当拉应变超过 10%时，则被认为发生受拉破坏；

（4）对于受压纵筋，当无箍筋约束时，压应变超过0.5%时被认为发生受压屈曲失效；当有箍筋约束时，压应变超过1.0%时被认为发生受压屈曲失效。

结构倒塌是一个非常复杂的非线性动力过程，以往受到计算能力的限制，一般以间接手段，如层间位移角超过1/50作为结构倒塌的判据。随着计算手段的发展，先进的结构非线性分析工具已经可以准确模拟结构直至倒塌的整个非线性过程，包括相应的材料非线性、几何非线性、接触非线性等。本章直接以倒塌的真实物理定义“结构丧失竖向承载力而不能维持保障人员安全的生存空间”作为倒塌的判断依据。当结构大部分单元，特别是柱单元出现“死亡单元”时，结构会发生直观的连续倒塌破坏；而当结构进入倒塌阶段后，位移也会不断增大，在计算分析中，当结构构件坠落（竖向位移）超过1/3层高，也视为倒塌已经充分发展。

7.1.2　模拟结果与分析

7.1.2.1　结构倒塌过程及破坏机理

图7.4为框架结构RC-20在屈服和倒塌等特征点时的整体变形情况。$t=11.44s$时，5层梁-柱节点区域首先发生屈服，紧接着顶部三层梁柱构件发生大面积屈服。$t=17.12s$时，底层柱由于变形较大而整体进入屈服阶段。在此过程中，底层和四层的层间侧移较为明显，被认为是框架结构的薄弱层。这是因为底层柱承担的轴压力较大，在地震荷载作用下承受的剪力也较大，而柱截面尺寸在四层发生突变造成层间位移较相邻层大。随着水平地震加速度的不断增大，底层柱的侧移不断增大，水平地震荷载和因水平侧移和竖向荷载引起的附加弯矩也不断增大。最终，底层柱因无法继续承担剪力和弯矩的共同作用而发生破坏。当$t=19.7s$时，底层柱单元完全失效，节点脱离地面固定端，框架结构发生整体倒塌。

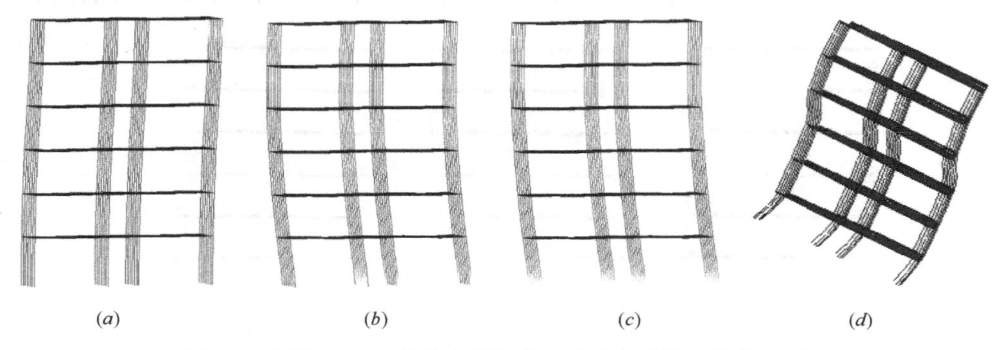

图7.4　框架RC-20整体变形情况（图中变形均已放大10倍）

（a）初始屈服时（$t=11.44s$）；（b）底层柱开始屈服时（$t=17.08s$）；

（c）底层柱全屈服时（$t=17.12s$）；（d）薄弱层出现最大层间位移时（$t=19.7s$）

图 7.5 为框架结构 RC-40 在屈服和破坏等特征点时变形情况。$t=16s$ 时，4 层梁-柱节点区域首先发生屈服，紧接着顶部三层梁柱构件发生大面积屈服。$t=17.74s$ 时，底层柱由于层间剪力较大而完全进入屈服阶段。最终 $t=20.64s$ 时，由于柱截面尺寸的突变，4 层出现明显大于其他楼层的最大层间位移。与框架 RC-20 相比，RC-40 最终未发生倒塌，但由于 4 层最大层间位移角过大，震后几乎不可修复。由于混凝土轴心抗压强度的提高，框架 RC-40 底层柱的轴压比随之变小，防止了因水平地震荷载和竖向轴力共同作用下引起的单元失效，从而避免了倒塌的发生。

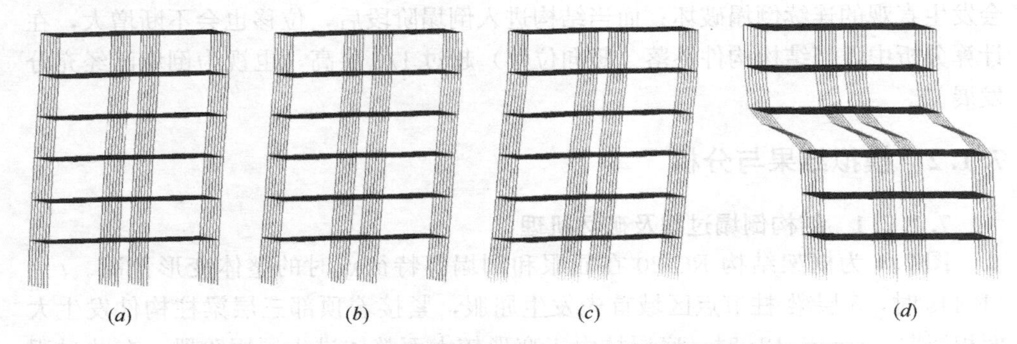

图 7.5　框架 RC-40 整体变形情况（图中变形均已放大 10 倍）

（a）初始屈服时（$t=16s$）；（b）底层柱开始屈服时（$t=17.7s$）；

（c）底层柱全屈服时（$t=17.74s$）；（d）薄弱层出现最大层间位移时（$t=20.64s$）

框架 R/ECC-40 在地震荷载作用下的变形过程如图 7.6 所示。由于 ECC 材料的弹性模量较低、质量较小，当 $t=14.72s$ 时，底层柱便首先发生屈服。之后，随着层间剪力的不断增大，底层柱在 $t=17.96s$ 完全进入屈服阶段。相比于 RC-40，ECC 材料在节点区的运用使得四层柱抗剪承载力得到了增强，最大层间位移角得到了显著降低。而底层柱由于较大的水平剪力和轴向压力的共同作用，

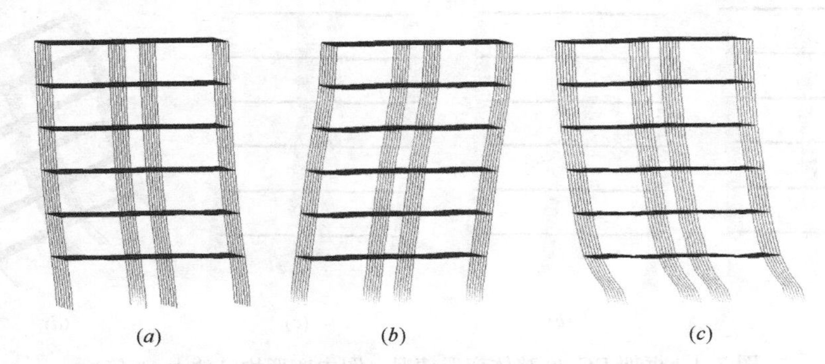

图 7.6　框架 R/ECC-40 整体变形情况（图中变形均已放大 10 倍）

（a）初始屈服时，底层柱同时开始屈服（$t=14.72s$）；（b）底层柱全屈服时（$t=17.96s$）；

（c）薄弱层出现最大层间位移时（$t=20s$）

层间侧移仍然较为明显，属于明显的薄弱层。

由RC框架（RC-20和RC-40）及R/ECC框架（R/ECC-40）的模拟分析可知，即使ECC全部取代混凝土，仍不可避免产生明显的薄弱层，其主要原因在于楼层的能量耗散分布规律并不能因材料的替换而发生根本变化。因此，提出只对底层柱和四层节点区使用ECC材料进行增强，其他区域使用混凝土，组成RC/ECC组合框架结构（RC/ECC-40）。RC/ECC-40在地震荷载作用下的变形过程如图7.7所示。t=16.24s时，5层的中柱首先发生屈服。随后，顶部三层柱构件纵筋发生大面积屈服。t=17.94s时，底层柱由于层间剪力较大而完全进入屈服阶段。最终t=19.8s时，底层产生最大层间位移。相比于基体强度相同的RC框架（RC-40）和R/ECC框架（R/ECC-40），RC/ECC-40未出现明显的薄弱层，变形沿楼层的分布更加均匀，达到了较为理想的损伤模式。由此说明ECC材料的选择性运用不仅能够提高构件的抗震性能，而且通过对RC/ECC组合框架结构进行优化设计，能够实现“可控”的耗能分布模式，使得结构的薄弱层变得不再明显。

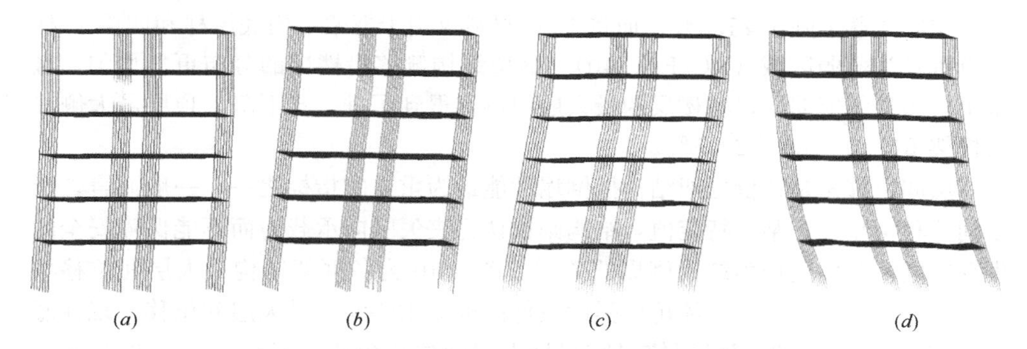

图7.7　框架RC/ECC-40整体变形情况（图中变形均已放大10倍）

(*a*)初始屈服时（t=16.24s）；(*b*)底层柱开始屈服时（t=17.72s）；

(*c*)底层柱全屈服时（t=17.94s）；(*d*)薄弱层出现最大层间位移时（t=19.8s）

7.1.2.2　变形分析

传统RC框架的抗震性能取决于主要受力构件，在强震作用下，期望框架柱或梁-柱节点在发生显著塑性变形时，承载力仍能维持不变或不发生明显下降，以避免因能量耗散能力不足而发生楼层或结构整体倒塌。图7.8为各框架结构薄弱层层间位移最大时的整体变形情况。图中的云图表示构件的损伤程度，颜色越浅，则表示构件的损伤越严重。从图中可以看出，当薄弱层出现层间最大位移时，各框架结构构件都发生大面积屈服，特别是底层柱，已经完全进入屈服状态。然而，各框架的损伤程度大不相同。对于RC框架RC-20，底层柱的承载力因塑性变形的增加而迅速下降，从而导致框架结构在t=19.7s发生倒塌。

图7.9为各框架结构最大楼层侧移沿楼层分布曲线。从图中可知，RC-20因底层柱坍塌而导致底层最大楼层侧移达到了1.791m，远大于其他未倒塌框架结

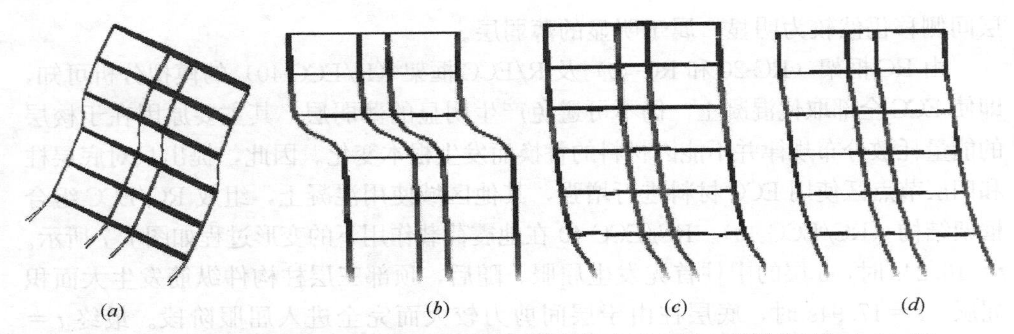

图 7.8 各框架结构薄弱层层间位移最大时的整体变形（图中变形均已放大 10 倍）
（a）RC-20；（b）RC-40；（c）R/ECC-40；（d）RC/ECC-40

构顶层的最大楼层侧移值。将提高混凝土轴心抗压强度至 40MPa（RC-40），有效避免了框架结构倒塌现象的发生，其中四层的层间侧移最为明显，属于明显的薄弱层；将 ECC 材料完全替代混凝土（R/ECC-40），薄弱层依然存在，但顶层最大层间侧移下降了 21.3%；而将 ECC 材料仅用于框架结构底层柱和四层梁-柱节点等较为薄弱区域（RC/ECC-40），框架结构侧移沿楼层的分布更加均匀，且未出现明显的薄弱层，各楼层的最大层间侧移得到了进一步下降，顶层最大侧移较框架 RC-40 下降了 29.5%。

层间位移角是评价框架结构抗倒塌性能最为重要的指标之一，一般而言，当层间位移角超过了某一特定值，结构则被认为丧失竖向承载力而不能保障安全的生存空间，并以此作为结构倒塌的依据。图 7.10 为各框架结构最大层间位移角沿楼层分布曲线。对于基体抗压强度较低的框架 RC-20，最大层间位移出现在底层，结构因最终发生倒塌而使得底层最大层间位移角达到了 0.44；随着基体轴心抗压强度的提高，框架 RC-40 的薄弱层出现在四层，其最大层间位移角达到了 0.12，楼层侧移接近倒塌水平；框架 R/ECC-40 的薄弱层出现在底层，最大层间

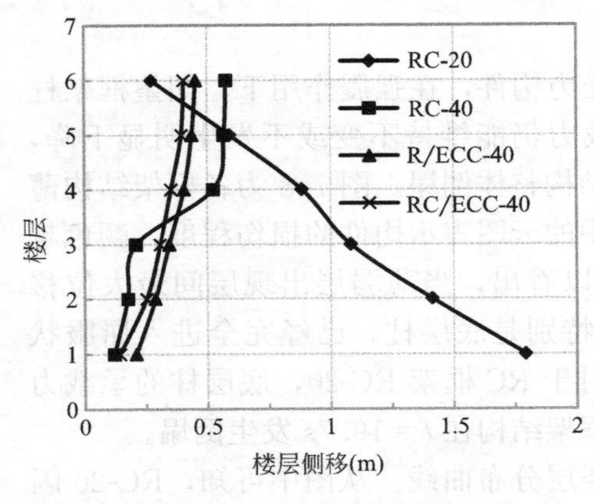

图 7.9 各框架最大楼层侧移沿楼层分布

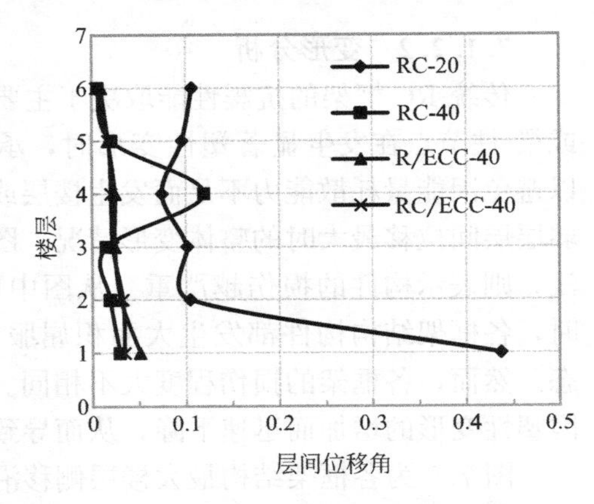

图 7.10 各框架最大层间位移角沿楼层分布

位移角为0.05，相比于同等基体强度的框架RC-40得到了显著下降，这主要归因于R/ECC构件（柱或节点）较RC构件更为优越的承载力、变形能力和能量耗散能力[8,9]；将ECC材料用于框架结构较薄弱的区域（RC/ECC-40），底层最大层间位移角（0.035）得到了进一步降低，且由于底层和四层得到了加强，地震荷载作用下的侧移也随之减小。

7.1.2.3 底层层间剪力-位移曲线

一般来说，在地震荷载作用下，底层柱通常被鉴别为建筑结构最为薄弱的环节，其因承载力不足而发生的失效通常是不可修复的，甚至会引起建筑结构的整体倒塌。图7.11为各框架结构底层层间剪力-位移曲线。由图可知，对于框架RC-20，底层柱承载力在达到峰值点后便随着塑性变形的增大迅速降低，耗能能力急剧下降，进而导致柱单元的失效和结构的整体倒塌；随着基体强度的提高，底层柱的承载力也随着提高，且在地震荷载作用下抗剪承载力未出现显著下降，避免了因底层柱承载力不足而发生的倒塌。

图7.12为各框架结构最大层间剪力沿层高分布曲线。由图可知，框架RC-20底层最大层间剪力为4412.8kN，而框架RC-40则达到了5902.4kN。当ECC材料用于底层柱时（R/ECC-40或RC/ECC-40），底层柱承受的最大剪力提高了12.2%，达到最大剪力之后，框架R/ECC-40和RC/ECC-40的底层层间剪力随着侧移的继续增加而基本保持不变。框架R/ECC-40和RC/ECC-40层间剪力-位移曲线包络的面积也要明显大于框架RC-40，说明ECC材料的运用使得底层柱的能量耗散能力得到了显著增强，这主要归功于ECC材料优越的变形能力。同时各框架结构的层间剪力几乎随着层高线性降低，这主要是由于楼层越高，柱承受的轴向压力越小，在地震荷载作用下的层间剪力也便越小。

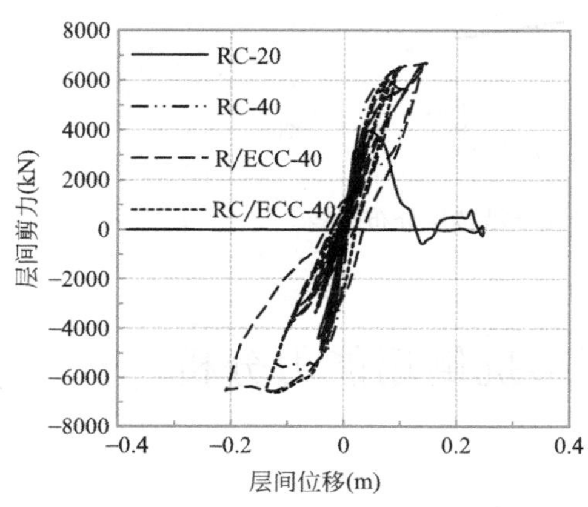

图7.11 各框架底层层间剪力-位移曲线

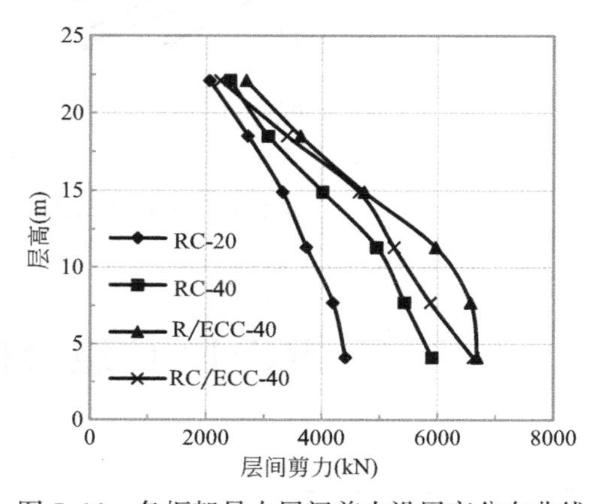

图7.12 各框架最大层间剪力沿层高分布曲线

7.1.2.4 延性及耗能分析

图7.13为框架各楼层柱构件耗能沿楼层分布曲线。从图中可以看出，对于

框架 RC-20，底层和四层均发生了显著的塑性变形，能量耗散主要集中于此层，并最终因底层柱的能量耗散能力不足而导致楼层的倒塌。对于框架 RC-40，四层的层间位移角最大，此层柱构件的塑性耗能达到了 1462.3kN・m，占结构总耗能的 57.8%。由于薄弱层的塑性变形过大，能量耗散集中，造成极大的安全隐患，因此这种耗能分布与损伤模式是不可取的。用 ECC 材料整体替代混凝土，框架结构的耗能机制并不能发生改变。框架 R/ECC-40 的能量耗散仍然集中在薄弱层，底层柱构件的塑性耗能达 1620.4kN・m，占据了整体结构耗能的 66.7%。相比之下，组合框架 RC/ECC-40 的能量耗散沿楼层的分布最为均匀。结构在地震荷载作用下未出现明显的薄弱层，其他各层较好地分担了薄弱层的塑性能量耗散，实现了强震作用下框架结构“可控”的耗能分布模式，沿楼层均匀的耗能分布也使得层间最大位移角和最大剪力得到了降低。因此，将 ECC 选择性运用于框架结构形成 RC/ECC 组合框架结构，并对其进行优化设计，能够实现框架结构合理的能量耗散机制，进而获得优越的抗震性能。

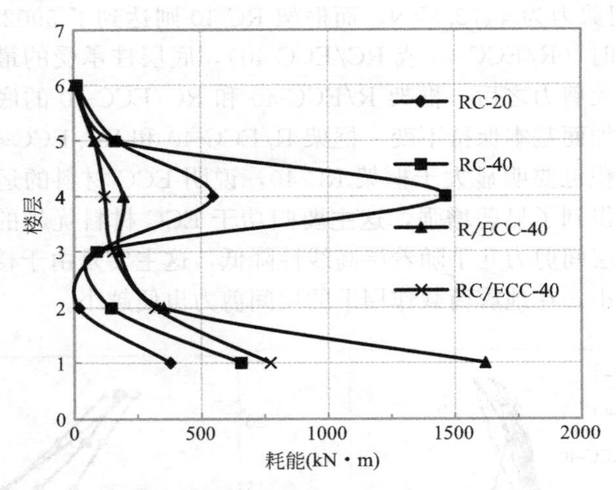

图 7.13 各框架结构柱构件耗能沿楼层分布曲线

7.2 RC/ECC 组合框架抗倒塌能力分析

7.2.1 模型建立

7.2.1.1 结构布置

根据我国现行《建筑抗震设计规范》GB 50011—2010（2016 年版）[3]，采用

PKPM软件设计了6层的框架结构，结构布置如图7.14所示。底层层高4.5m，其他层高均为3.6m，结构总高度为22.5m。共设计4种类型的框架结构，其设计地震烈度分别取为7度（对应的地震波峰值加速度为0.1g）、7.5度（对应的地震波峰值加速度为0.15g）、8度（对应的地震波峰值加速度为0.2g）和8.5度（对应的地震波峰值加速度为0.3g），地震分组为第一组，Ⅱ类场地，框架的抗震等级为一级。楼面恒荷载标准值取为6kN/m^2，教室活荷载标准值取为2kN/m^2，走廊活荷载标准值取为3.5kN/m^2，屋面恒荷载标准值取为7kN/m^2，屋面活荷载取雪荷载0.5kN/m^2。柱截面尺寸由轴压比和最大层间位移角限值控制，框架结构构件尺寸如表7.3所示。梁柱配筋由PKPM软件计算结果并按构造配筋和规范规定限值给出，图7.15列出了中间榀框架的配筋信息。框架梁柱纵筋均采用HRB400级钢筋，箍筋采用HRB335级钢筋，混凝土轴心抗压强度为40MPa。

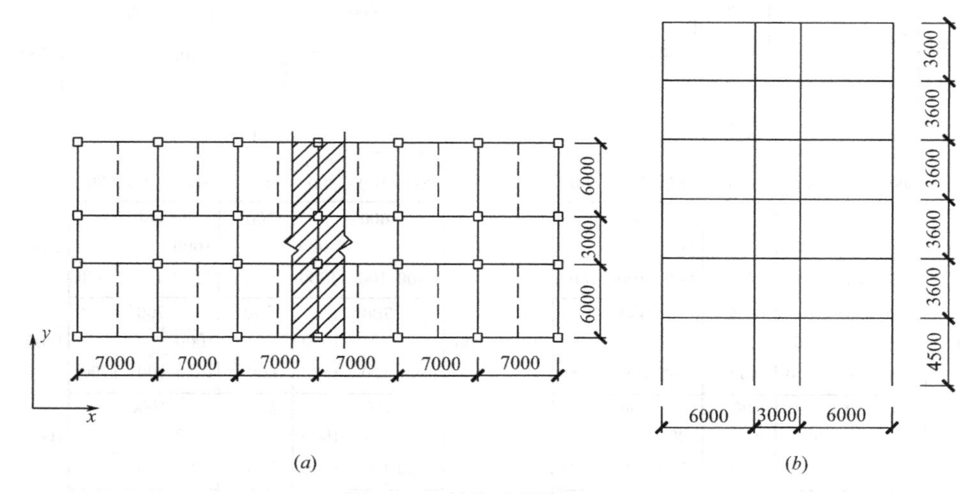

图7.14 结构布置图（mm）

（a）平面图；（b）立面图

框架结构构件尺寸 **表7.3**

构件	抗震设防烈度(SFI)			
	7	7.5	8	8.5
柱截面(mm)	500×500	550×550	600×600	700×700
6/7m跨度梁截面(mm)	250×600	250×600	300×700	3000×700
3m跨度梁截面(mm)	150×250	150×250	200×300	200×300
次梁(mm)	250×600	250×600	250×600	250×600

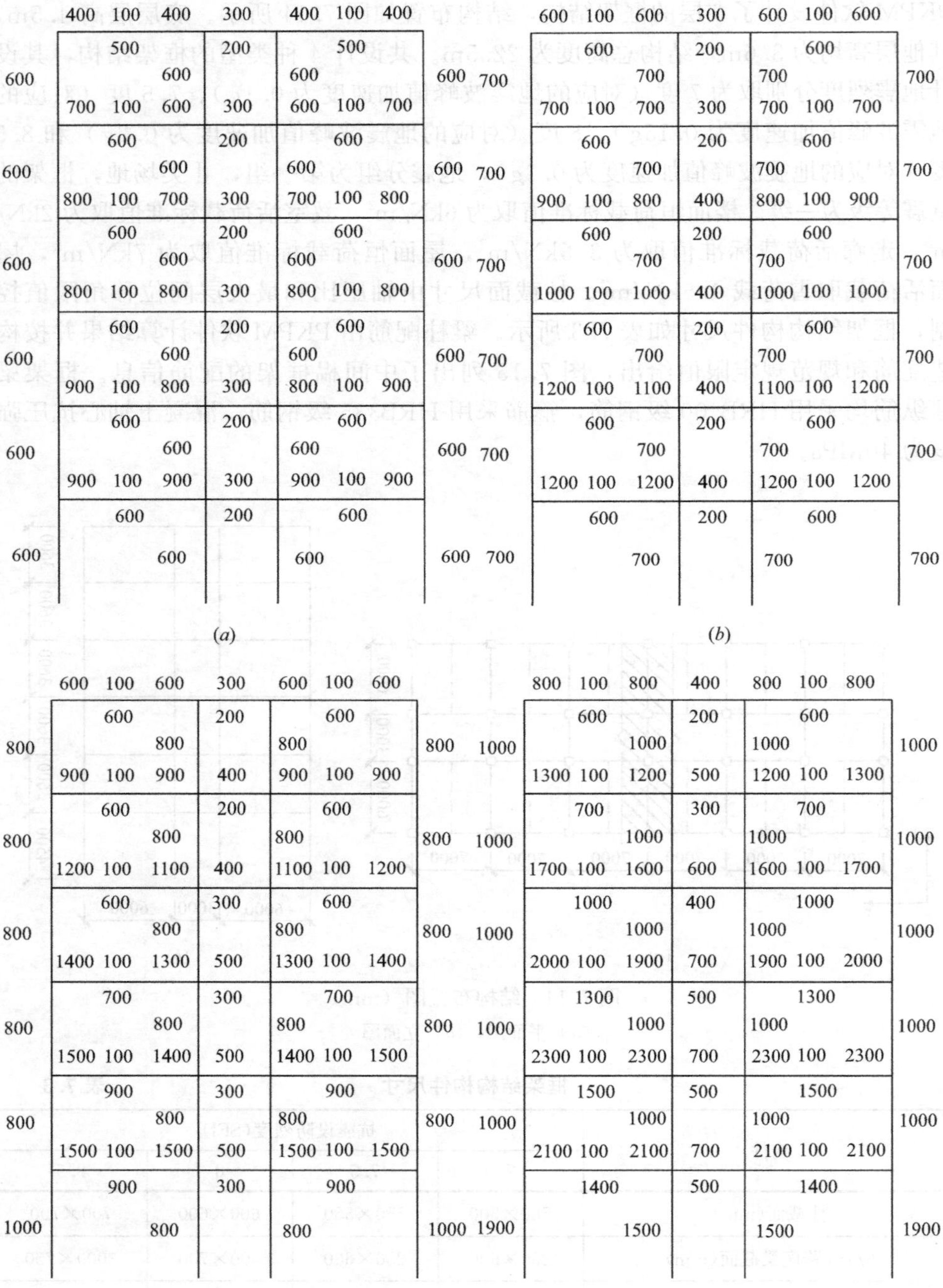

400 100 400 300 400 100 400
500 200 500
600 600 600 600 700
700 100 600 300 600 100 700
600 200 600
600 600 600 600 700
800 100 700 300 700 100 800
600 200 600
600 600 600 600 700
800 100 800 300 800 100 800
600 200 600
600 600 600 600 700
900 100 800 300 800 100 900
600 200 600
600 600 600 600 700
900 100 900 300 900 100 900
600 200 600
600 600 600 600 700

(a)

600 100 600 300 600 100 600
600 200 600
700 700 700
700 100 700 300 700 100 700
600 200 600
700 700 700
900 100 800 400 800 100 900
600 200 600
700 700 700
1000 100 1000 400 1000 100 1000
600 200 600
700 700 700
1200 100 1100 400 1100 100 1200
600 200 600
700 700 700
1200 100 1200 400 1200 100 1200
600 200 600
700 700 700

(b)

600 100 600 300 600 100 600
600 200 600
800 800 800 800 1000
900 100 900 400 900 100 900
600 200 600
800 800 800 800 1000
1200 100 1100 400 1100 100 1200
600 300 600
800 800 800 800 1000
1400 100 1300 500 1300 100 1400
700 300 700
800 800 800 800 1000
1500 100 1400 500 1400 100 1500
900 300 900
800 800 800 800 1000
1500 100 1500 500 1500 100 1500
900 300 900
1000 800 800 1000 1900

(c)

800 100 800 400 800 100 800
600 200 600
1000 1000 1000
1300 100 1200 500 1200 100 1300
700 300 700
1000 1000 1000
1700 100 1600 600 1600 100 1700
1000 400 1000
1000 1000 1000
2000 100 1900 700 1900 100 2000
1300 500 1300
1000 1000 1000
2300 100 2300 700 2300 100 2300
1500 500 1500
1000 1000 1000
2100 100 2100 700 2100 100 2100
1400 500 1400
1500 1500 1900

(d)

图 7.15　不同抗震设防烈度下 RC 框架梁柱配筋（mm^2）

（a）SFI-7；（b）SFI-7.5；（c）SFI-8；（d）SFI-8.5

表 7.4 列出了各类框架结构的参数信息。框架结构编号分别代表的意义如下：RC代表钢筋混凝土框架，RC/ECC代表钢筋增强ECC/混凝土组合框架，数字代表框架的设计抗震设防烈度。对于RC/ECC组合框架，ECC只在底层柱及四层梁-柱节点区域使用，ECC在节点区使用范围包括节点核心区及分别突出梁、柱端400mm和375mm，如图7.16所示。

框架结构参数信息表　　表 7.4

试件编号	设防烈度(SFI)	基体类型
RC-7	7	混凝土
RC-7.5	7.5	混凝土
RC-8	8	混凝土
RC-8.5	8.5	混凝土
RC/ECC-7	7	仅在底层柱和节点区使用ECC
RC/ECC-7.5	7.5	仅在底层柱和节点区使用ECC
RC/ECC-8	8	仅在底层柱和节点区使用ECC
RC/ECC-8.5	8.5	仅在底层柱和节点区使用ECC

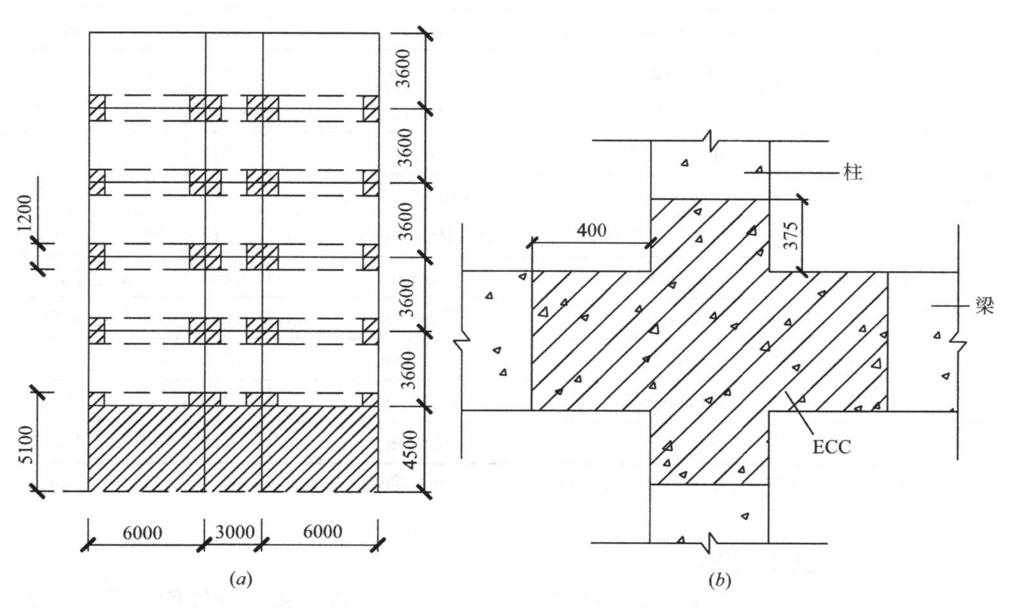

图 7.16　ECC使用区域示意图（mm）

(a) 在框架中使用区域；(b) 节点区使用区域

7.2.1.2　地震动输入

结构抗倒塌易损性分析需要采用大量地震动输入进行增量动力分析（IDA），

以反映地震动的随机特性影响。ATC-63[10] 规定地震记录不少于20条，并建议了地震动选取原则。本章选取了21条强震记录作为分析所用的地震动输入，如表7.5所示。所选取的地震动震级均大于6.5级，峰值加速度均大于0.2g，并且同一地震事件不超过两条记录。

地震动输入 **表7.5**

	震级	年份	地震名称	记录站	*PGA* (*g*)	*PGV* (cm/s)	*PGD* (cm)
1	6.93	1989	Loma Prieta	Anderson dam(downstream)	0.269	22.2	7.00
2	6.93	1989	Loma Prieta	Capitola	0.374	34.5	7.21
3	6.53	1979	Imperial Valley-06	Delta	0.242	26.3	12.75
4	6.53	1979	Imperial Valley-06	Aeropuertomexicali	0.357	44.2	10.36
5	6.9	1995	Kobe	Shin-Osaka	0.271	41.8	7.36
6	6.9	1995	Kobe	Kakogawa	0.356	31.9	10.02
7	6.69	1994	Northridge-01	Hollywood-Willoughby Ave	0.208	24.4	4.77
8	7.62	1999	Chi-chi,Taiwan	TCU049	0.281	44.8	66.32
9	7.62	1999	Chi-chi,Taiwan	CHY024	0.278	52.9	43.61
10	7.14	1999	Duzce-Turkey	Duzce	0.519	79.5	48.25
11	7.13	1999	Hectormine	Hector	0.336	37.0	13.49
12	7.51	1999	Kocaeli-Turkey	Duzce	0.283	52.1	37.92
13	7.51	1999	Kocaeli-Turkey	Yarimca	0.279	48.2	43.03
14	6.54	1987	Superstition Hills-02	El Centro Imp. Co. Cent	0.308	51.9	22.25
15	6.54	1987	Superstition Hills-02	Poe Road(temp)	0.312	28.3	9.96
16	7.37	1990	Manjil-Iran	Abhar	0.209	47.2	25.56
17	6.5	1976	Friuli	Tolmezzo	0.318	28.7	4.56
18	7.28	1992	Landers	Lucerne	0.716	142.9	254.18
19	7.28	1992	Landers	Yermo Fire Station	0.222	53.1	45.27
20	7.01	1992	Capemendocino	Cholame-Shandon Array #5	0.416	39.1	23.77

注：所有强震记录来源于太平洋地震工程研究中心提供的数据库（http：//peer. berkeley. edu/smcat/index. html）。

7.2.1.3 结构数值模型

采用有限元软件MSC. MARC对框架结构进行计算分析。梁柱构件采用具备一维材料本构的纤维梁单元进行模拟，而楼板则用壳单元进行模拟，为了简化计算，楼板材料被定义为弹性本构关系。在纤维梁单元中，将每个梁截面划分成36根基体纤维和4根钢筋纤维。材料性质通过单轴应力-应变关系进行描述，纤维截面的变形认为服从平截面假定，将自编的材料本构关系程序嵌入有限元软件

MSC. MARC的子程序UBEAM中。在对结构进行地震分析之前，先对结构进行模态分析，补充模型的阻尼信息。采用Rayleigh阻尼模型，阻尼比为5%。由于框架结构Y方向跨度较X方向小，Y方向的侧移刚度便小于X方向，因此将对框架结构弱侧，即Y方向施加地震动。分析过程中采用严格的力和位移收敛准则，收敛容差为0.5%。

7.2.1.4 结构抗倒塌能力评价方法介绍

1. 地震动强度指标（IM，Intensity measure）

结构抗倒塌易损性分析首先需要选用合适的地震动强度指标（IM）对地震动输入进行归一化处理。在结构工程领域，地震对结构破坏能力的大小主要与地面振动的幅值、频谱特性和强震持时有关。目前结构抗震分析和设计中运用比较广泛的地震动强度指标是地面峰值加速度（*PGA*），但近年来的研究和震害经验表明，以*PGA*为强度指标对短周期结构的相关程度高，但对中长期结构相关性有所降低[11]。ATC-63建议以结构基本周期对应的谱加速度$S_a(T_1)$作为地面运动强度指标，该指标由Bazzurro[12]提出。与传统的*PGA*指标相比，采用$S_a(T_1)$指标可大大降低结构地震响应分析结果的离散性，且与现行抗震规范具有较好的衔接，但缺点在于不如PGA指标直观。故本章同时选用了*PGA*和$S_a(T_1)$作为地震动强度指标分别进行了倒塌易损性分析。

2. 抗倒塌储备系数（*CMR*）

美国应用技术委员会（ATC，Applied Technology Council）开展了一项名为“建筑结构抗震性能指标评估”的研究计划（ATC-63计划）[10,13]，引入了倒塌储备系数（CMR，Collapse Margin Ratio）。选取不少于20条的地震记录，在某一地震强度下，对结构分别进行弹塑性动力时程分析，得到该地震动强度下结构的倒塌概率；逐步变换地震动强度，得到结构相应的倒塌概率；最后按某一概率模型进行参数估计，得到结构易损性曲线，如图7.17所示。当结构在某一地面运动强度下，有50%的地震波输入造成了结构的倒塌，则该地面运动强度就是结构体系的平均抗倒塌能力。若以$S_a(T_1)$作为地面强度指标，结构的倒塌储备系数*CMR*为：

$$CMR=\frac{S_a(T_1)_{50\%\mathrm{collapse}}}{S_a(T_1)_{\mathrm{MCE}}} \tag{7.1}$$

$$S_a(T_1)_{\mathrm{MCE}}=\alpha(T_1)_{\mathrm{MCE}}g \tag{7.2}$$

若以PGA为地面强度指标，结构倒塌储备系数*CMR*为：

$$CMR=\frac{S_a(T_1)_{50\%\mathrm{collapse}}}{PGA_{\mathrm{MCE}}} \tag{7.3}$$

式中 $S_a(T_1)_{50\%\ \mathrm{collapse}}$——有50%地震输入出现倒塌对应的地面运动强度；

$S_a(T_1)_{\mathrm{MCE}}$——罕遇地震下结构基本周期对应的谱加速度；

$\alpha(T_1)_{MCE}$——规范规定对于周期 T_1 的罕遇地震下水平地震影响系数；

PGA_{MCE}——规范规定的罕遇地震下地面运动强度。

一般来说，$S_a(T_1)_{50\%\ collapse}$ 代表结构实际的抗地震倒塌能力，而 $S_a(T_1)_{MCE}$ 为结构可能遇到的地面运动强度。因此，*CMR* 可以看作是结构在遭遇高于本地区基本设防烈度地震作用下的抗倒塌安全储备系数，即 *CMR* 值越大，结构在地震作用下的倒塌概率更低，安全性更高。

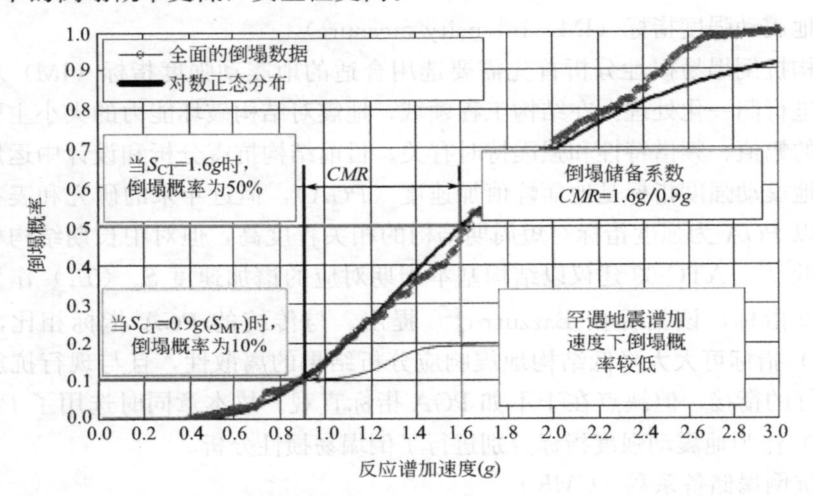

图 7.17 结构典型倒塌易损性曲线[13]

7.2.2 以地震波峰值加速度为地面强度指标的抗倒塌性能分析

7.2.2.1 结构抗倒塌易损性分析结果

图 7.18 列出了以地震波峰值加速度 *PGA* 为地面运动强度，各框架结构“IDA

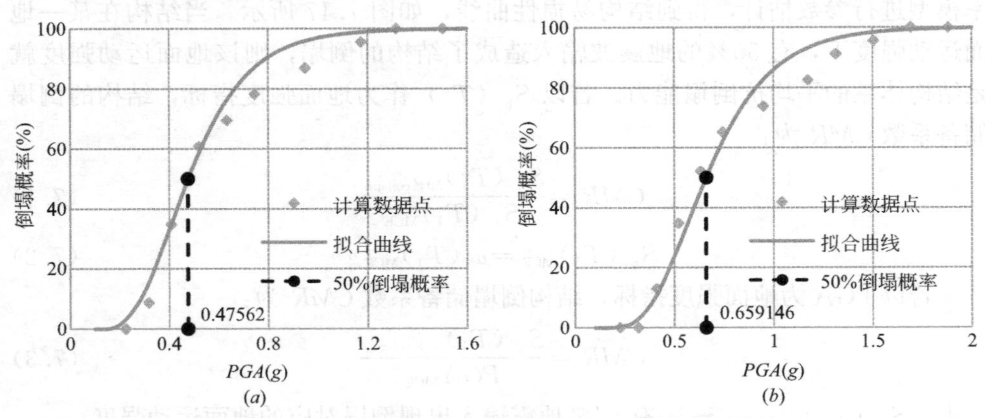

图 7.18 以 *PGA* 为地面强度指标的结构倒塌易损性曲线（一）

(*a*) RC-7；(*b*) RC/ECC-7

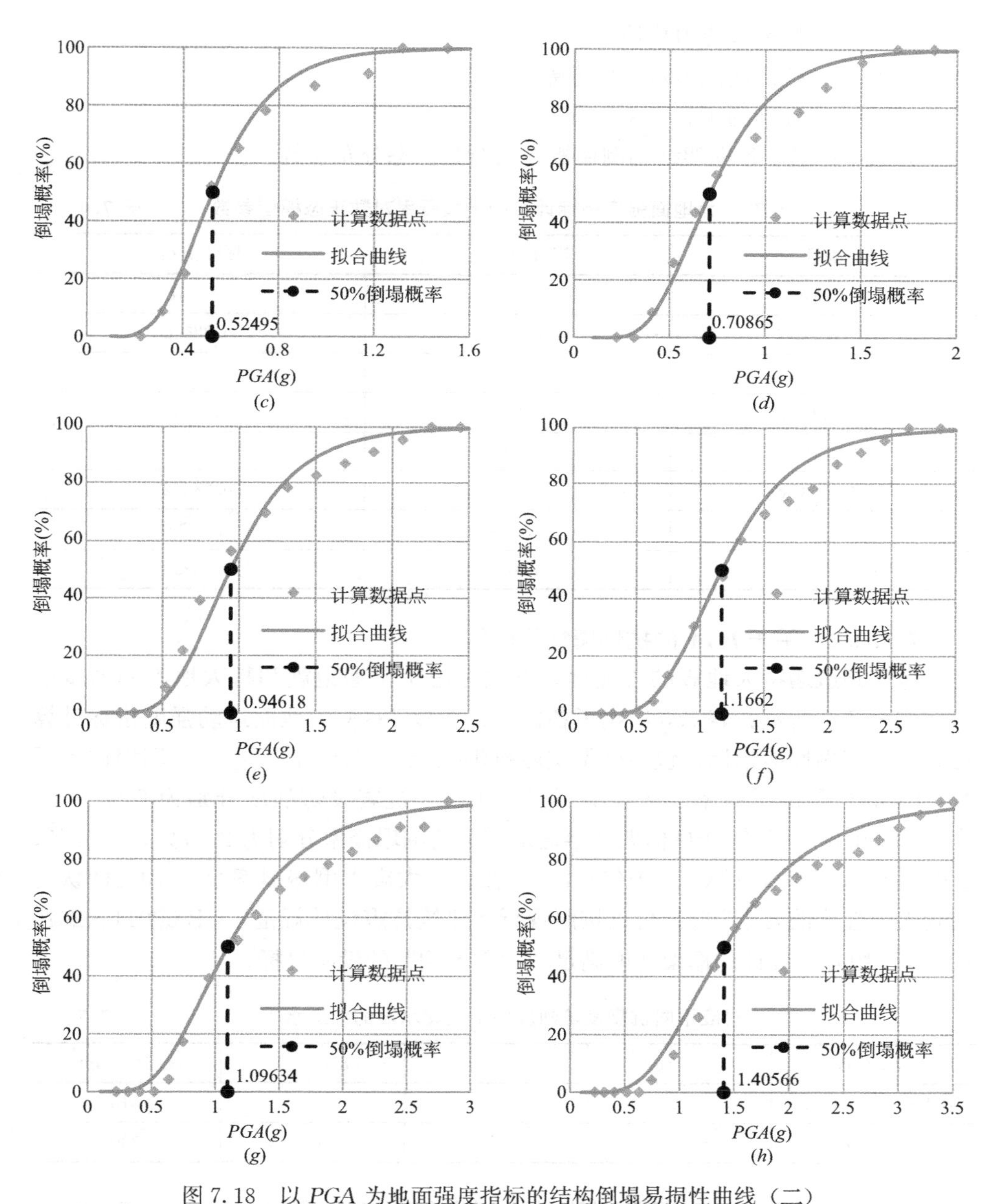

图 7.18 以 PGA 为地面强度指标的结构倒塌易损性曲线（二）

(c) RC-7.5；(d) RC/ECC-7.5；(e) RC-8；(f) RC/ECC-8；(g) RC-8.5；(h) RC/ECC-8.5

点”的计算结果。框架结构的倒塌易损性曲线可以通过对数正态累积分布函数（CDF，cumulative distribution function）进行拟合，其函数可以表示为：

$$F_{\mathrm{R}}(PGA)=\Phi[\ln(PGA/m_{\mathrm{R}})\zeta_{\mathrm{R}}] \tag{7.4}$$

式中　m_R——抗倒塌能力均值；

ζ_R——抗倒塌能力对数标准差；

Φ——标准的正态概率积分。

表 7.6 列出了各框架结构倒塌概率的对数正态分布参数。

以 *PGA* 为地面强度指标计算的倒塌概率对数正态模型参数　　表 7.6

编号	均值 $m_R(g)$	标准差 ζ_R
RC-7	0.476	0.3957
RC/ECC-7	0.659	0.38546
RC-7.5	0.525	0.38416
RC/ECC-7.5	0.709	038116
RC-8	0.946	0.37365
RC/ECC-8	1.166	0.38402
RC-8.5	1.096	0.45736
RC/ECC-8.5	1.406	0.46292

7.2.2.2　基于 *PGA* 的抗倒塌性能评估

考虑到遭遇特大地震的可能性，本文考虑了罕遇地震和特大地震的烈度取值，如表 7.7 所示。表 7.8 给出了各框架结构以 *PGA* 为地面运动强度指标计算得到的抗倒塌性能指标，包括框架实际抗倒塌能力（$PGA_{50\%\text{collapse}}$）、倒塌储备系数（*CMR*）和倒塌概率。从表中可以看出，当抗震设防烈度分别为 7 度、7.5 度、8 度和 8.5 度时，RC 框架在罕遇地震下的倒塌概率分别为 2.57%、8.52%、1.06%和 4.07%。ATC-63 报告建议，“在设防大震下倒塌概率小于 10%即认为达到大震性能的要求”[10]，可见按照现行《建筑抗震设计规范》GB 50011—2010（2016 年版）[3] 设计的框架能够满足“大震不倒”的设防目标。

对应不同抗震设防烈度各个地震水准的烈度水平　　表 7.7

设防烈度	7(0.1g)	7.5(0.15g)	8(0.2g)	8.5(0.3g)
罕遇地震 *PGA*(gal)	220	310	400	510
特大地震 *PGA*(gal)	400	510	620	730

以 *PGA* 为地面强度指标计算的各框架结构抗倒塌性能指标　　表 7.8

设防烈度	7(0.1g)		7.5(0.15g)		8(0.2g)		8.5(0.3g)	
模型编号	RC	RC/ECC	RC	RC/ECC	RC	RC/ECC	RC	RC/ECC
轴压比	0.51		0.56		0.45		0.36	
$PGA_{50\%\text{collapse}}$(m/s^2)	4.76	6.59	5.25	7.09	9.46	11.66	10.96	14.06

续表

设防烈度	7(0.1g)		7.5(0.15g)		8(0.2g)		8.5(0.3g)	
模型编号	RC	RC/ECC	RC	RC/ECC	RC	RC/ECC	RC	RC/ECC
轴压比	0.51		0.56		0.45		0.36	
PGA_{MCE}(m/s^2)	2.2	2.2	3.1	3.1	4.0	4.0	5.1	5.1
CMR	2.16	3.00	1.69	2.29	2.37	2.92	2.15	2.76
倒塌概率(%)(MCE)	2.57	0.22	8.52	1.50	1.06	0.27	4.71	1.43
倒塌概率(%)(ME)	33.09	9.75	47.01	19.41	12.90	5.00	18.70	7.85

图7.19为以PGA为地面运动强度指标各框架结构抗倒塌性能对比。从图中可以看出，无论是RC框架还是RC/ECC组合框架结构，框架的实际抗倒塌能力均随着抗震设防烈度的增加而提高，但并非随着烈度线性增长。框架RC-7的实际抗倒

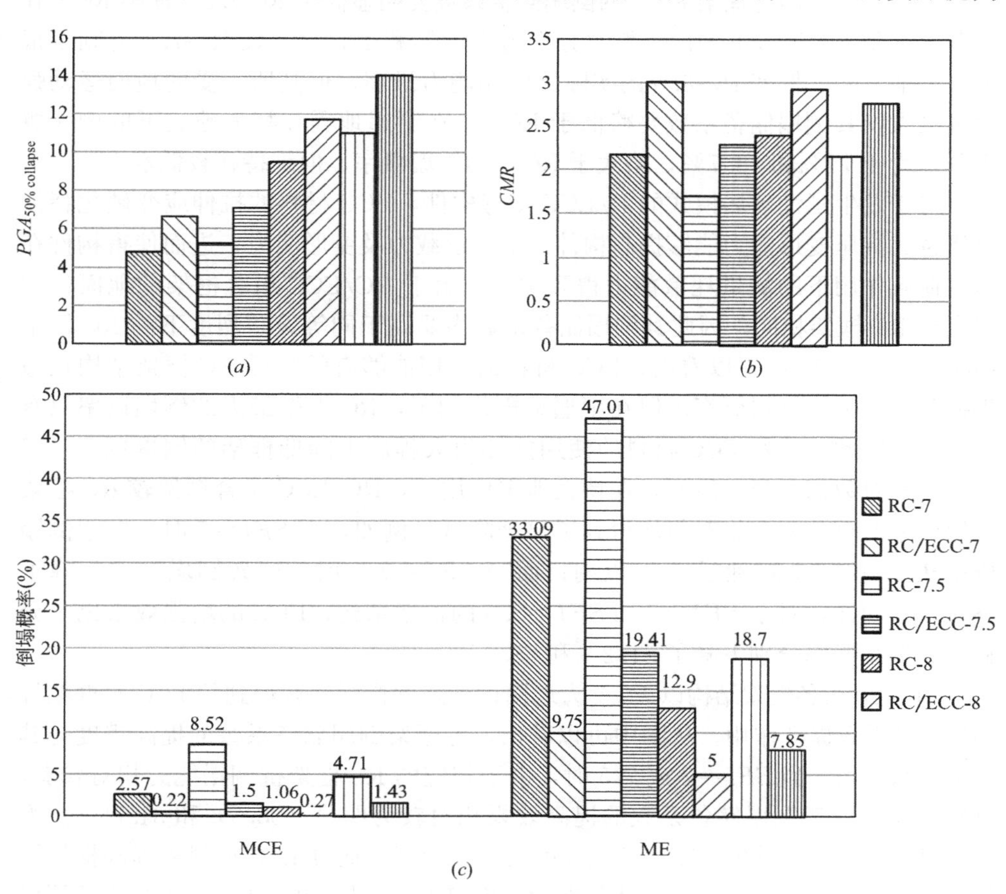

图7.19 以PGA为地面强度指标的各框架结构抗倒塌性能对比

(a) $PGA_{50\%\mathrm{collapse}}$；($b$) 倒塌储备系数$CMR$；($c$) 罕遇地震和特大地震下的倒塌概率

塌能力最低，50%地震输入出现倒塌对应的地震波峰值加速度（$PGA_{50\%\text{collapse}}$）为 4.76m/s^2。当抗震设防烈度提高到 7.5 度时，由于框架 RC-7.5 的轴压比较大，其实际抗倒塌能力并未得到明显提升，$PGA_{50\%\text{collapse}}$ 也仅为 5.25m/s^2。因层间位移角限值的影响，框架 RC-8 柱截面尺寸较大，轴压比下降为 0.45，其 $PGA_{50\%\text{collapse}}$ 达到了 9.46m/s^2。框架 RC-8.5 的轴压比最小，抗震设防烈度最高，因而其实际抗倒塌能力也相对最高。

对于 SFI=7 和 SFI=7.5 的 RC 框架结构，实际抗倒塌能力差距很小。随着烈度的增加，框架遭遇的地面运动强度也成比例增加，导致框架 RC-7.5 倒塌储备系数明显小于框架 RC-7，在特大地震下的倒塌概率也由 33.09%提高到了 47.01%，已远远超过了可接受范围。由于轴压比较小，框架 RC-8 的实际抗倒塌能力（$PGA_{50\%\text{collapse}}$）较 RC-7.5 提高了 80.2%，而在大震下的地面强度仅较 RC-7.5 提高了 28.9%，因此框架 RC-8 的倒塌储备系数要明显高于 RC-7.5。框架 RC-8 在罕遇地震和特大地震下的倒塌概率分别为 1.06%和 12.9%，较 RC-7.5 得到了很大程度地下降。框架 RC-8.5 的实际抗倒塌能力最高，但其所承受的地面运动强度也最大，其倒塌储备系数要略低于 RC-8，在罕遇地震和特大地震下的倒塌概率分别为 4.71%和 18.7%，略大于 RC-8 的倒塌概率，但维持在较低水平。

对于发生延性破坏模式的 R/ECC 受弯构件，ECC 材料的拉伸应变硬化特性及优越的抗压变形能力能够提高构件的抗弯承载力及变形能力，进而使得构件在地震荷载作用下的能量耗散能力得到增强。由于 RC/ECC 组合框架的地面运动强度与 RC 框架相同，因此其倒塌储备系数均要高于同等设防烈度下的 RC 框架结构。从图 7.19 中可以看出，ECC 材料的使用能够有效降低 RC 框架结构在地震荷载作用下的倒塌概率。但在罕遇地震作用下，RC 框架最大的倒塌概率只有 8.52%，因此，虽然 ECC 材料的使用能够很大程度上降低框架的倒塌概率，但降低的绝对数值有限。然而，在特大地震作用下，RC/ECC 组合框架较 RC 框架倒塌概率的百分率和绝对值均得到了显著降低，例如，当 $SFI=7$ 时，框架倒塌概率从 33.09%下降到了 10%以内；而当 $SFI=7.5$ 时，框架倒塌概率下降了 58.7%。同样，对于 $SFI=8$ 和 $SFI=8.5$ 的框架结构，ECC 的增强效果也十分显著，倒塌概率分别下降了 61.2%和 58.0%。

图 7.20 为各框架结构以 PGA 为地面运动强度指标计算得到的 ECC 对框架抗倒塌储备系数提升作用。从图中可以看出，各框架倒塌储备系数的提高程度与其 SFI 关系密切。当 $SFI=7$ 或 7.5 时，由于相应的 RC 框架抗倒塌能力相对较弱，ECC 材料对框架倒塌储备系数的提高效果相对较为明显（38.5%和 34.7%）。因此，对于我国抗震设防烈度小于 7.5 度的广大地区，通过 ECC 材料来提高框架结构的倒塌储备系数具有广阔应用前景。而当 $SFI=8$ 时，由于 RC 框架结构的倒塌储备系数本来就较高（$CMR=2.41$），因而倒塌储备系数的增长率较小（23.2%）。

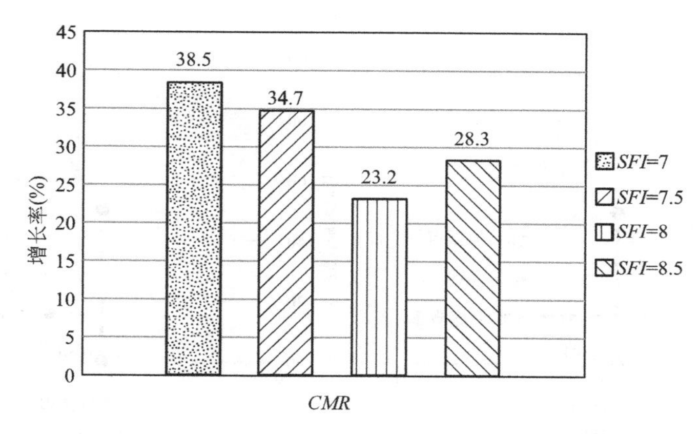

图 7.20 以 *PGA* 为地面强度指标计算的 ECC 对框架倒塌储备系数提升作用

7.2.3 以基本周期对应谱加速度为地面强度的抗倒塌性能分析

7.2.3.1 结构抗倒塌易损性分析结果

同样，基于增量动力法以结构基本周期对应谱加速度 S_a（T_1）作为地面运动强度指标对框架结构的抗倒塌性能进行了分析。图 7.21 列出了各框架结构的“IDA 点”计算结果，运用对数正态累积分布函数（CDF，cumulative distribution function）对框架结构的倒塌易损性曲线进行拟合，如图 7.21 所示。对数正态累积分布函数可以表示成：

$$F_R(S_a(T_1))=\Phi[\ln(S_a(T_1)/m_R)\zeta_R] \quad (7.5)$$

式中 m_R——抗倒塌能力均值；

ζ_R——抗倒塌能力对数标准差；

Φ——标准的正态概率积分。

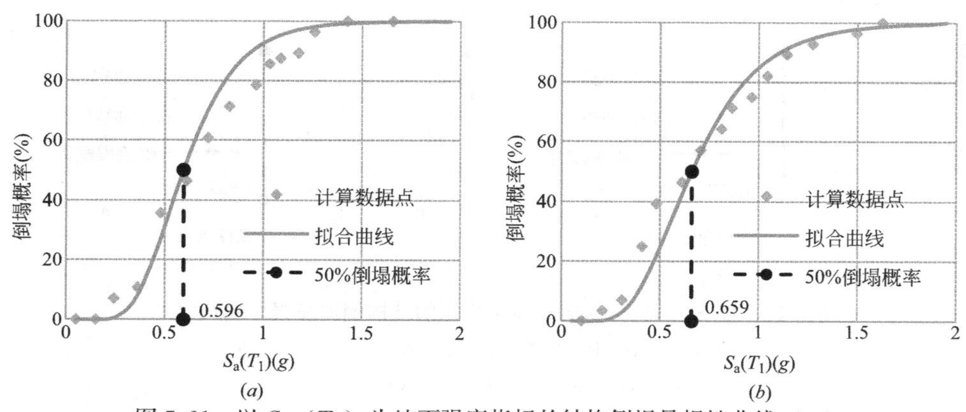

图 7.21 以 S_a（T_1）为地面强度指标的结构倒塌易损性曲线（一）

（*a*）RC-7；（*b*）RC/ECC-7

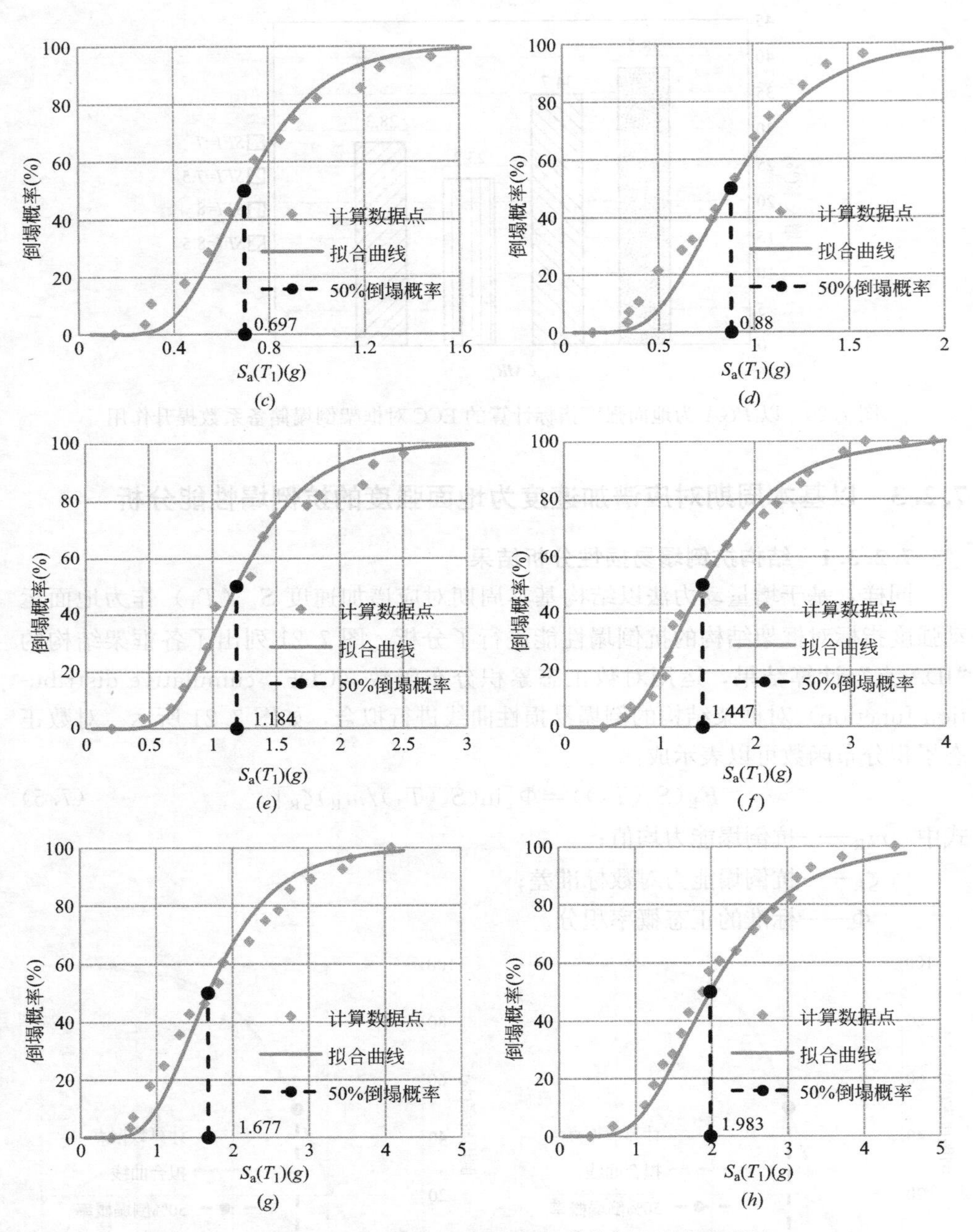

图 7.21 以 S_a（T_1）为地面强度指标的结构倒塌易损性曲线（二）

（c）RC-7.5；（d）RC/ECC-7.5；（e）RC-8；（f）RC/ECC-8；

（g）RC-8.5；（h）RC/ECC-8.5

表 7.9 列出了各框架结构倒塌概率的对数正态分布参数。

以 S_a（T_1）为地面强度指标计算的倒塌概率的对数正态模型参数　表 7.9

编号	$m_R(g)$	ζ_R
RC-7	0.596	0.35684
RC/ECC-7	0.659	0.40323
RC-7.5	0.697	0.45208
RC/ECC-7.5	0.880	0.40306
RC-8	1.184	0.36578
RC/ECC-8	1.447	0.43658
RC-8.5	1.677	0.40251
RC/ECC-8.5	1.983	0.39828

7.2.3.2 基于 S_a（T_1）的抗倒塌性能评估

表 7.10 给出了各框架结构以 S_a（T_1）为地面强度指标计算得到的抗倒塌性能指标。从表中可以看出，RC/ECC 组合框架在大震作用下的地震影响系数要小于同等抗震设防烈度下 RC 框架的地震影响系数。与混凝土材料相比，ECC 材料密度更小，并且弹性模量更低，用于框架结构中，会使得组合框架的刚度和质量均较 RC 框架要低。因此，RC/ECC 框架结构自振周期较大，在地震荷载作用下会表现得比 RC 框架更柔，导致其地震影响系数也更小。

以 S_a（T_1）为地面强度指标计算得到的各框架结构抗倒塌性能指标　表 7.10

地震烈度	7(0.1g)		7.5(0.15g)		8(0.2g)		8.5(0.3g)	
编号	RC	RC/ECC	RC	RC/ECC	RC	RC/ECC	RC	RC/ECC
轴压比	0.51		0.56		0.45		0.36	
基本周期(s)	1.19	1.40	1.00	1.22	0.91	1.02	0.87	1.02
$S_a(T_1)_{50\%collapse}(m/s^2)$	5.84	6.46	6.83	8.62	11.60	14.18	16.43	19.43
$S_a(T_1)_{MCE}(m/s^2)$	1.66	1.44	2.79	2.33	4.30	3.89	5.98	5.16
CMR	3.52	4.49	2.45	3.70	2.70	3.65	2.75	3.77
倒塌概率(%)(MCE)	0.26	0.33	3.66	0.48	0.15	0.16	0.16	0.03
倒塌概率(%)(ME)	16.35	10.78	24.49	8.80	3.85	2.62	1.94	0.61

图 7.22 为以 S_a（T_1）为地面强度指标的结构抗倒塌性能对比。从图中可以看出，RC 框架的实际抗倒塌能力均随着抗震设防烈度的增加而提高，在同等设防烈度下，ECC 材料的使用有助于框架结构的抗倒塌能力。对于框架 RC-7，50%地震输入出现倒塌对应的地面强度（S_a（T_1）$_{50\%collapse}$）为 5.84m/s^2。当抗震设防烈度为 7.5 度时，由于框架 RC-7.5 的轴压比较大，地震荷载下底层柱等主要受力构件的延性降低，RC-7.5 的实际抗倒塌能力较 RC-7 并未得到明显提

升，$PGA_{50\%collapse}$ 也仅为 6.83m/s²。框架 RC-8 的设计因受层间位移角的限制，柱截面取值较大，轴压比下降为 0.45，其 S_a（T_1）$_{50\%collapse}$ 达到了 11.6m/s²。框架 RC-8.5 的轴压比较其他框架要低，因而其实际抗倒塌能力也相对最高。在同等抗震设防烈度下，ECC 材料的使用能够有效提高 RC 框架结构的抗倒塌能力及倒塌储备系数，并降低在罕遇地震和特大地震下的倒塌概率。分析结果与以 *PGA* 为地面运动强度指标的结果类似。

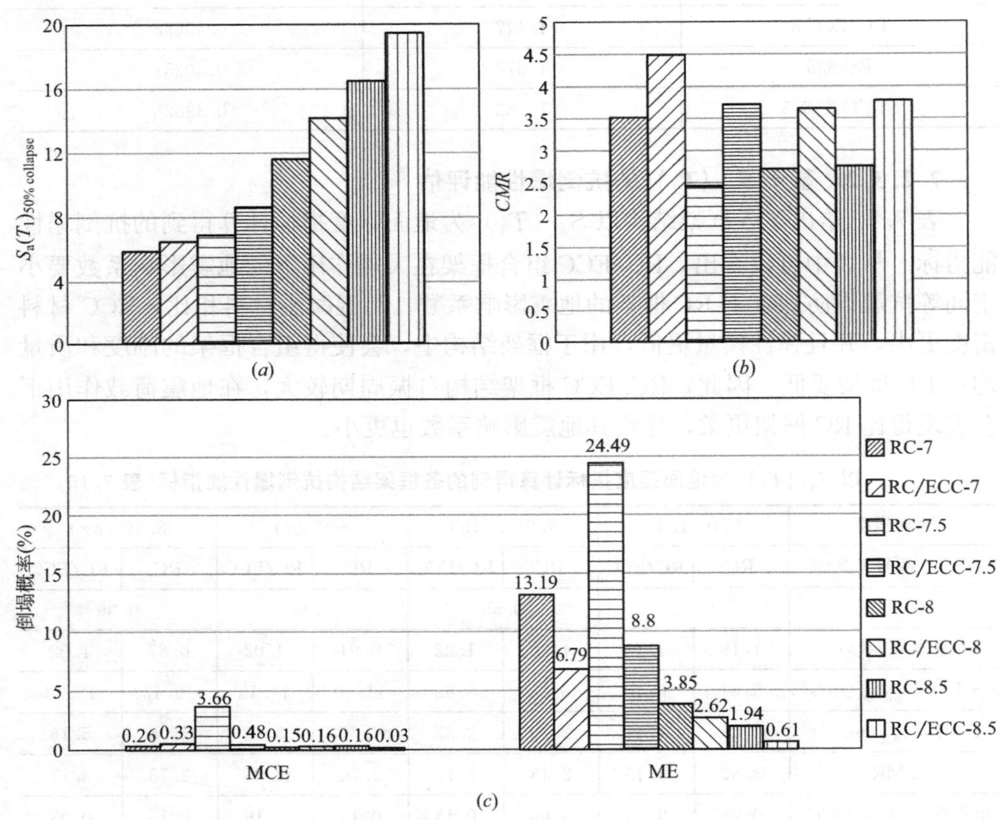

图 7.22　以 S_a（T_1）为地面强度指标的结构抗倒塌性能指标

（*a*）$PGA_{50\%collapse}$；（*b*）倒塌储备系数 *CMR*；（*c*）罕遇地震和特大地震下的倒塌概率

图 7.23 为各框架结构基于地面运动强度 S_a（T_1）计算得到的 ECC 对框架抗倒塌储备系数提升情况。从图中可以看出，各框架倒塌储备系数的提高程度与其 *SFI* 关系密切。当 *SFI* 为 7.5 时，由于相应的 RC 框架抗倒塌能力相对较弱，ECC 材料对框架倒塌储备系数的提高效果相对最为明显，实际抗倒塌能力和倒塌储备系数分别提高了 26.21%和 51.02%。因此，对于我国抗震设防烈度为 7.5 度的广大地区，通过 ECC 材料来提高框架结构的倒塌储备系数具有广阔应用前

景。另外，对于同等抗震设防烈度下的框架结构，ECC材料的使用使得RC框架倒塌储备系数的提高程度较抗倒塌能力更为明显。当*SFI*分别为7、7.5、8或8.5时，S_a（T_1）$_{50\%collapse}$分别提高了10.62%、26.21%、22.24%和18.26%，而*CMR*分别提高了27.56%、51.02%、35.19%和37.09%。由于RC/ECC框架的自振周期较大，在大震下的地震运动强度小于同等设防烈度的RC框架，其实际遭遇的地面运动强度也会相对更弱，因此倒塌储备系数*CMR*的提高程度会更大。

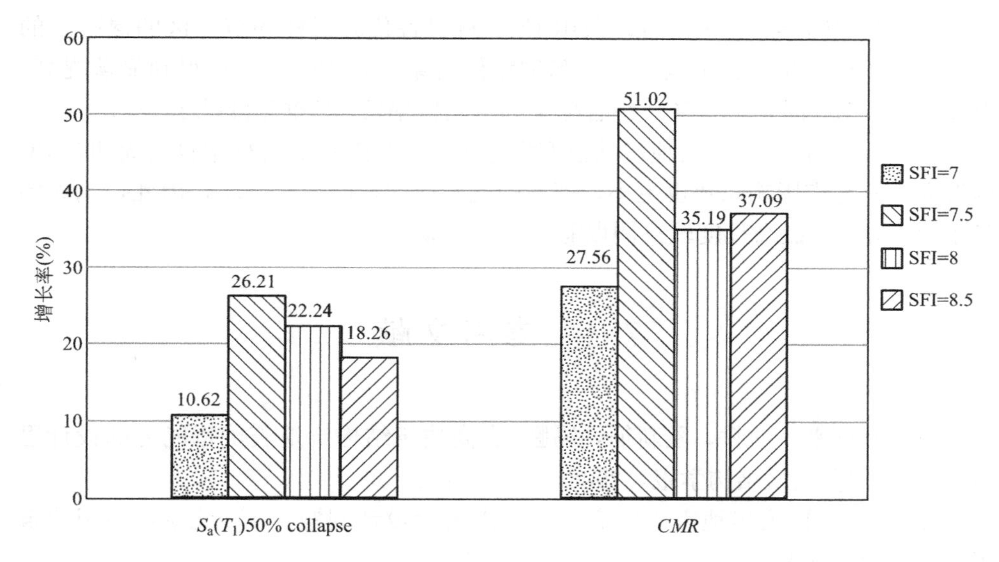

图7.23 以S_a（T_1）为地面强度指标计算的ECC对框架抗倒塌性能提升作用

7.3 本章小结

本章对不同基体强度的RC框架、R/ECC框架及RC/ECC组合框架进行了弹塑性时程分析，基于其损伤破坏模式、变形、层间位移角、层间剪力及耗能分布的分析，提出一种能够保证在强震作用下实现“可控”耗能分布及合理损伤模式的RC/ECC组合框架结构。并分别以地震峰值加速度和结构基本周期对应的谱加速度为地震强度指标，对不同抗震设防烈度下的RC框架及RC/ECC组合框架进行了抗倒塌易损性分析，主要结论如下：

（1）当RC框架混凝土轴心抗压强度从20MPa提高至40MPa时，底层柱的承载力和能量耗散能力得到了增强，避免了结构发生倒塌。然而，由于RC构件延性和耗能能力相对较低，存在明显的薄弱层。

(2) 采用ECC整体替代混凝土时，框架构件的承载力和耗能能力均得到显著提高，虽仍存在薄弱层，但其能量耗散沿楼层的分布更为均匀，且薄弱层最大层间位移角较同等材料强度的RC框架降低了57.5%。

(3) 对于将ECC材料仅用于框架的薄弱区域的RC/ECC组合框架，其薄弱环节得到了显著增强，能量耗散沿楼层的分布更加均匀，实现了在强震作用下“可控”耗能分布及合理损伤模式。底层最大层间位移角比整体使用ECC材料的框架降低了32.2%，抗震性能得到进一步增强。

(4) 当*SFI*=7或7.5时，采用ECC材料替代底层柱和节点区的混凝土的RC/ECC组合框架，其抗倒塌能力和倒塌储备系数较RC框架均得到显著提高。例如*SFI*=7.5时，RC/ECC组合框架的倒塌概率较RC框架降低了58.7%。

(5) 采用S_a(T_1)为地震动强度指标时，RC/ECC组合框架自振周期较RC框架大，其地震影响系数也更小，遭遇的地面运动强度相对更弱，因此，倒塌储备系数*CMR*的提高程度较抗倒塌能力更为明显。

7.4 参考文献

[1] 叶列平，曲哲，陆新征，冯鹏. 提高建筑结构抗地震倒塌能力的设计思想与方法 [J]. 建筑结构学报，2008，29 (4)：42-50.

[2] 王亚勇. 汶川地震震害启示：抗震概念设计问题 [A]. 北京：中国建筑工业出版社，2008.

[3] 中华人民共和国住房和城乡建设部. 建筑抗震设计规范 GB 50011—2010 (2016年版). 北京：中国建筑工业出版社，2016.

[4] 汪训流. 配置高强钢绞线无粘结筋混凝土柱复位性能的研究 [D]. 北京：清华大学，2007.

[5] Kesner W P，Billington S L. Investigation of ductile cement based composites for seismic strengthening and retrofit [J]. Fracture Mechanics of Concrete Structures，Proceedings of the Fourth International conference on Fracture Mechanics of Concrete and Concrete Structures，Cachan，France，2001，May-June，pp. 65-72.

[6] 袁方. 钢筋增强ECC/混凝土组合框架结构抗震性能研究 [D]. 南京：东南大学，2014.

[7] Lu X，Lu X Z，Guan H，Ye L P. Collapse simulation of reinforced concrete high-rise building induced by extreme earthquakes [J]. Earthquake Engineering and Structural Dynamics，2013，42：705-723.

[8] Fischer G，Li V C. Effect of matrix ductility on deformation behavior of steel reinforced ECC flexural members under reversed cyclic loading conditions [J]. ACI Structural Journal，2002，99 (6)，781-790.

[9] Yuan F，Pan J L，Xu Z，et al. A comparison of engineered cementitious composites versus normal concrete in beam-column joints under reversed cyclic loading [J]. Materials and Structures，2013，46 (1-2)，145-159.

[10] Applied Technology Council，Federal Emergency Management Agency. Quantification of building seismic performance factors [R]. America：FEMA，2008.

[11] 叶列平，马千里，缪志伟，陆新征. 抗震分析用地震动强度指标的研究 [J]. 地震工程与工程振动，2009，29 (4)：9-22.

[12] Bazzurro P，Cornell C A，Shome N. Three proposals for characterizing MDOF non-linear seismic response [J]. Journal of Structural Engineering，1998，124 (11)：1281-1289.

[13] Kircher C A，Heintz J A. The ATC-63 Project [J]. Building Safety Journal，2008：40-43.

第8章 装配式RC/ECC组合框架基本构件抗震性能

装配式混凝土框架结构通常是指梁、柱、楼板部分或全部采用预制构件，再进行连接形成整体的结构体系。与传统的现浇混凝土框架相比，装配式混凝土框架结构的整体性及抗震性能较差。多次地震灾害表明，在整体倒塌的装配式混凝土框架结构中，预制梁、柱构件破坏较轻，主要的倒塌原因是框架结构内各个预制构件间的连接破坏。这些连接节点必须具有足够的强度以抵御地震时产生的最大内力，并且必须具有足够的延性来适应地震引起的弹性或塑性变形，从而保证上下柱以及左右梁之间的应力传递。与此同时，混凝土材料的固有缺陷也阻碍了装配式混凝土框架结构在抗震设防区域的应用。因此在装配式混凝土框架结构的局部区域，如底层柱、梁柱节点和预制构件的塑性铰部位和连接部位等采用超高延性纤维增强水泥复合材料（Engineered Cementitious Composites，简称 ECC）代替混凝土材料，形成装配式钢筋增强 RC/ECC 组合框架结构，可以实现装配式框架结构“小震不坏、中震可修、大震不倒”的抗震设防目标，提高装配式框架的抗震性能。

针对以上研究目标，本章主要开展以下研究工作：①通过低周反复加载试验研究装配式 RC/ECC 组合柱的抗震性能，基于 ATENA 软件对 RC/ECC 组合柱的力学性能和破坏机理进行分析；②通过低周反复加载试验和有限元模拟研究装配式 RC/ECC 组合节点的抗震性能，并分析 ECC 强度和 ECC 弹模折减对装配式节点受力性能的影响。

8.1 采用灌浆套筒连接钢筋的装配式柱抗震性能试验

8.1.1 试验设计与实施

本次试验共设计了 3 个试件，包括一个现浇试件和 2 个装配式试件，其中 CIP 代表现浇试件，GPC 代表灌浆套筒装配式 RC 柱试件，GPE 代表灌浆套筒装配式 RC/ ECC 组合柱试件。现浇柱与装配式柱的尺寸及配筋相同，具体信息见图 8.1。装配式柱在柱底和基础梁顶面交界处有一 20mm 厚的坐浆层。相关文献[1] 的研究结果表明，当 RC/ECC 组合柱中 ECC 的使用高度达到 1.2 倍的柱截面高度时，RC/ECC 组合柱可以取得与全 ECC 柱相近的抗震性能，故本试验中 ECC 高度为 500mm。

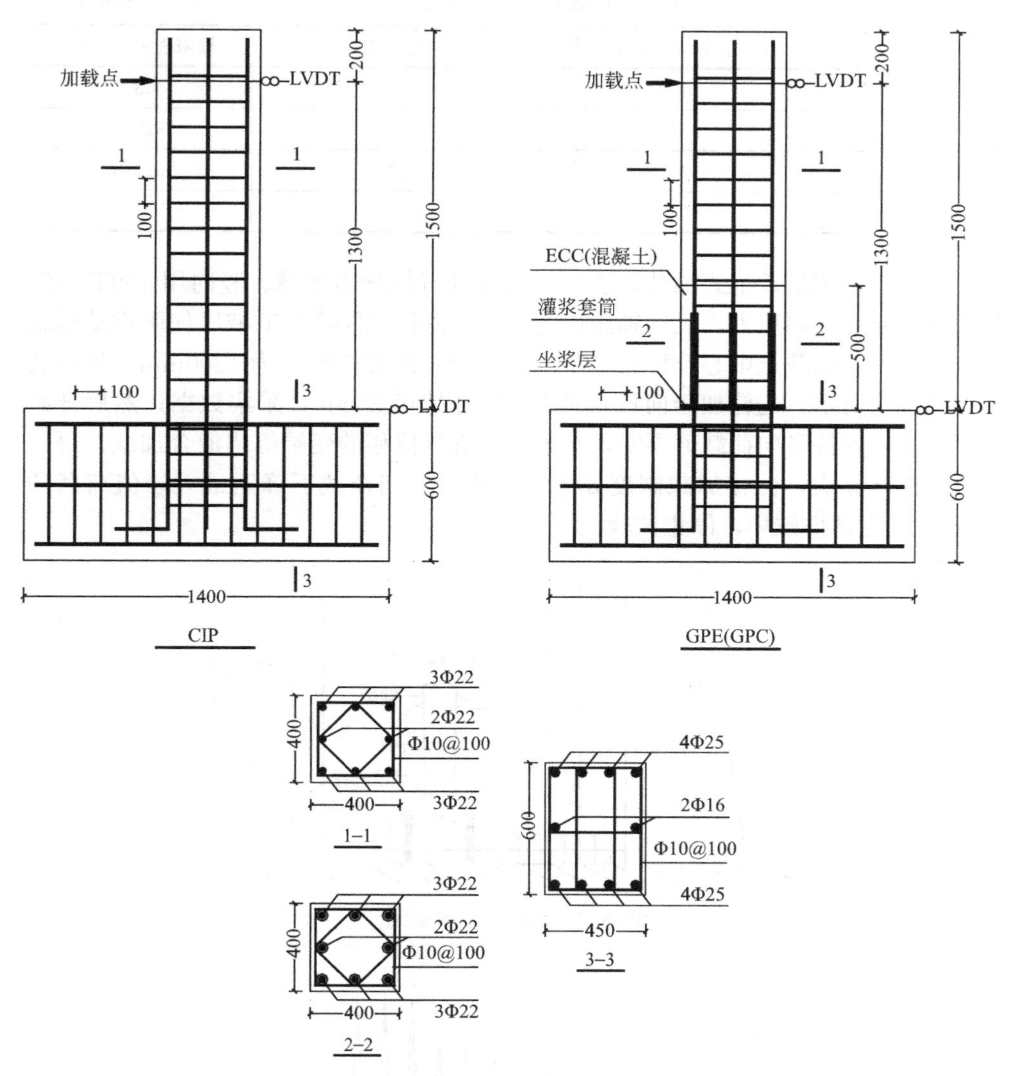

图 8.1　试件尺寸及配筋图

试件 GPC、GPE 采用本课题组自行研发的灌浆套筒[2]。本试验需要连接的钢筋直径为 22mm，相应的套筒长度为 370mm，套筒外径为 48mm，内径为 39mm，连接钢筋在套筒中的锚固长度可达到 8 倍的钢筋直径。该套筒采用的无缝钢管的屈服强度和极限强度分别为 395MPa 和 495MPa，弹性模量为 2.05×10^5 MPa。ECC、混凝土立方体抗压强度分别为 30.56MPa 和 38.19MPa，灌浆料抗折强度平均值为 14.4MPa，抗压强度平均值为 84.7MPa。本试验中所有钢筋均采用 HRB400 级钢筋，在试验前对使用的钢筋进行了拉伸力学性能试验，试验结果见表 8.1。

钢筋材料力学性能　　表 8.1

直径（mm）	面积（mm^2）	屈服强度（MPa）	极限强度（MPa）
10	78.5	495.0	643.2
16	201.0	462.5	622.9
22	379.9	461.1	621.5
25	490.6	431.1	591.5

本试验采用悬臂梁式加载方法对柱试件进行拟静力加载。竖向用 100T 的液压千斤顶施加轴向压力，试件轴压比为 0.2。水平方向用 50T 液压伺服作动器施加往复荷载，加载点中心到柱底（基础梁顶面）的竖向距离为 1300mm。加载装置如图 8.2 所示。先施加竖向设计荷载 P_0 并持荷 2 min，采集数据；然后开始正式试验，保持竖向荷载值不变，水平方向进行位移的变幅等幅混合加载。每一级位移循环 3 次，位移加载制度如图 8.3 所示。当荷载下降至最大峰值荷载的 85% 时认定试件破坏，停止试验。

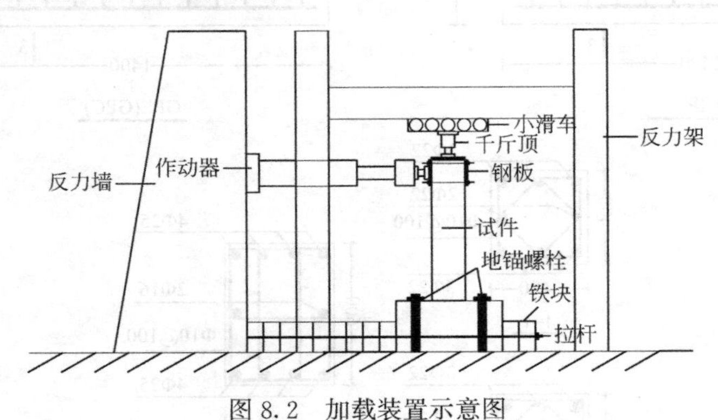

图 8.2　加载装置示意图

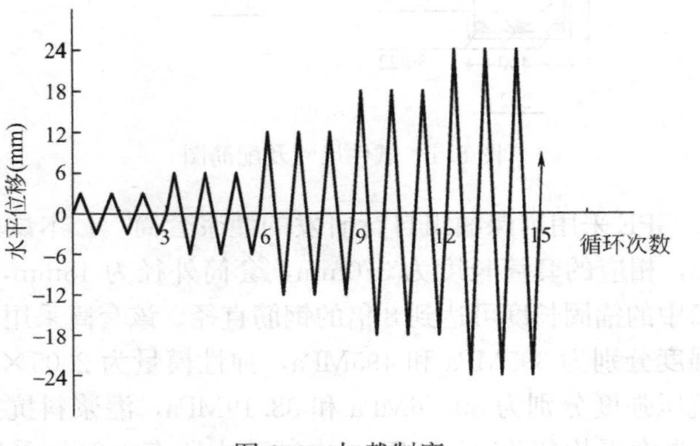

图 8.3　加载制度

8.1.2 试验结果与分析

8.1.2.1 试验现象

图8.4依次列出了3个柱试件的破坏形态及裂缝分布情况。从图中可以看到，所有试件均发生弯曲破坏，其中现浇柱CIP破坏时裂缝开展明显，裂缝宽度较大，柱底部混凝土已被压碎，混凝土保护层出现较严重的剥落，可以看到裸露在外的箍筋。装配式柱GPC的破坏现象与现浇柱CIP类似，柱底和坐浆层混凝土被压碎。由于灌浆套筒外壁光滑，与混凝土的粘结强度较低，柱左侧已经压碎的混凝土沿着套筒外壁发生严重剥落，可以看到柱内的灌浆套筒。与现浇柱CIP相比，装配式柱GPC在套筒预埋区域的裂缝数量相对较少且裂缝宽度得到降低，这是因为套筒的存在大幅度地增加了这一区域的截面刚度。同理，由于柱截面刚度的突变，套筒顶部区域的混凝土出现了一条较宽的水平裂缝。由于坐浆层处新旧混凝土粘结强度的不足，柱底水平裂缝开展严重，裂缝宽度可达5mm。与之类似，装配式组合柱GPE在坐浆层与ECC的交界面处也出现了大裂缝。然而由于ECC良好的裂缝控制能力，柱身ECC区域裂缝较细密，套筒顶部区域水平裂缝的宽度也得到了大幅度的降低。当装配式组合柱的位移达到18mm且位于第三个循环时，ECC与混凝土交界面处出现细小的水平裂缝。该处裂缝的产生是由先浇筑的ECC与后浇筑的混凝土之间的粘结强度不足导致的。但随着位移的增大，该处裂缝缓慢增长，直至试件破坏，也未沿着交界面形成贯通裂缝。这说明ECC与混凝土交界处虽然开裂较早，但对构件的整体性能和最终破坏形态影响很小。因为纤维的桥联作用，在整个加载过程中组合柱未见ECC基体的剥落，仅在坐浆层出现了轻微的混凝土压碎。

8.1.2.2 滞回曲线

各试件的滞回曲线如图8.5所示。各个试件在屈服前处于弹性阶段，加载和卸载曲线基本呈线性变化，残余变形较小。随着加载位移逐渐增加，曲线斜率随着荷载反复加载而逐渐降低，残余变形增大，滞回效应逐渐明显。由于所有柱试件均发生弯曲破坏，故在加载后期试件的滞回环较为饱满。

试件CIP为现浇试件，在整个加载过程中滞回环大致呈梭形，捏缩现象不明显，且包络的面积较大，具有较好的耗能。该试件良好的滞回行为依赖于钢筋的屈服和混凝土的不断退化。与之相比，装配式RC柱GPC的滞回行为较差，尤其是在最后一个加载循环，滞回环呈现弓形，出现一定的捏缩现象。这是因为在加载过程中，试件GPC底部坐浆层裂缝开展较大，且坐浆层存在截面刚度突变的情况，此处的受拉钢筋出现严重的应力集中现象。而其他区域的钢筋应变发展缓慢，极大地降低了钢筋屈服区域的长度。坐浆层裂缝的开展也加重了钢筋与混凝土的粘结滑移，进一步降低了构件的滞回性能。装配式组合柱GPE也存在坐

图 8.4 柱试件破坏形态

(*a*) 试件 CIP；(*b*) 试件 GPC；(*c*) 试件 GPE

浆层大裂缝开展的问题，但其滞回曲线比试件 CIP 更加饱满。由于拉伸硬化和超高韧性，ECC 材料的塑性变形能力本就比混凝土优越。在加载过程中，试件 GPE 柱身一直保持完整，未发生 ECC 剥落现象，使得 ECC 材料的变形能力得到充分发挥。因此，即便试件 GPE 是装配式柱，它也可以取得比普通混凝土现浇柱更优异的滞回性能。

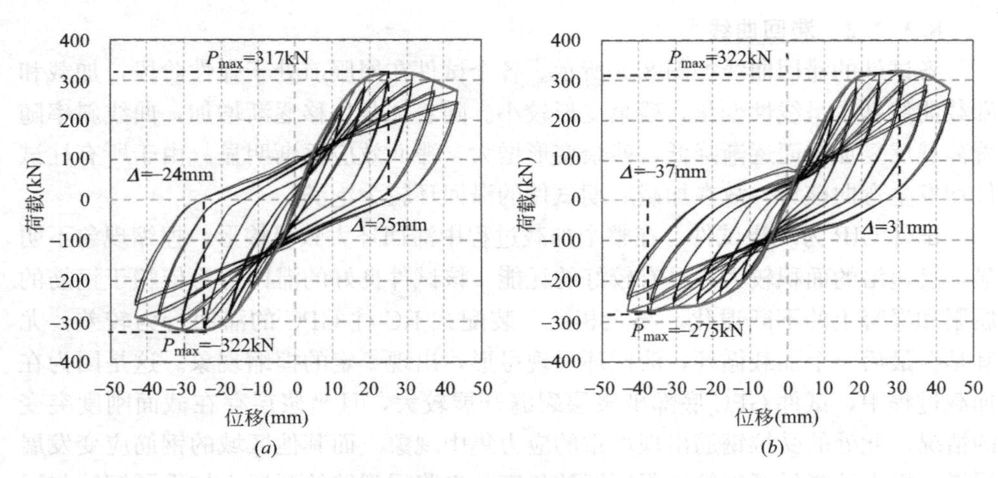

图 8.5 荷载位移曲线（一）

(*a*) 试件 CIP；(*b*) 试件 GPC

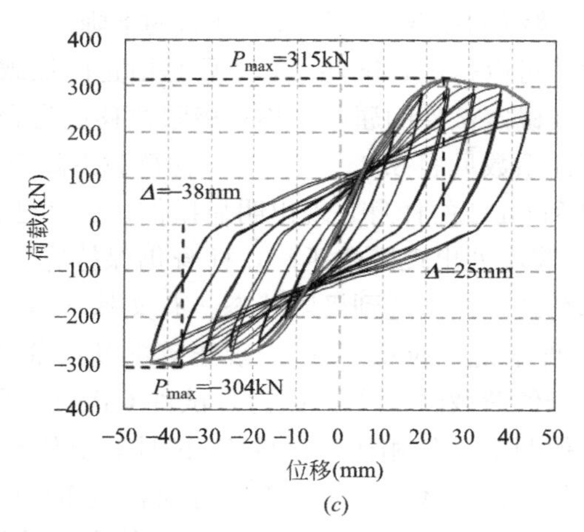

(c)

图 8.5　荷载位移曲线（二）
（c）试件 GPE

8.1.2.3　骨架曲线与延性分析

各试件的骨架曲线如图 8.6 所示，从图中可以看出，试件 CIP、GPC 及 GPE 的骨架曲线较为相似，表明装配式柱采取的连接方法可靠。在达到峰值荷载后，试件 CIP 的承载力因混凝土的压碎而逐渐下降。与之相比，试件 GPC 和 GPE 承载力下降较缓慢，尤其在反向的骨架曲线上。但当正向的加载位移大于 37mm 时，这两个装配式柱的侧向荷载迅速下降。在正向的加载位移达到 43mm 时，两试件的侧向荷载已下降至峰值荷载的 85%，加载停止。试件在反复加载的过程中，混凝土和 ECC 不断退化会导致承载力的下降。但对于装配式柱而言，当基体材料逐渐丧失承载力后，钢套筒会迅速形成截面骨架，承担截面所受的大部分荷载，因此装配式柱的承载力下降在早期比现浇柱缓慢。在加载后期，试件 GPC 因混凝土与套筒粘结能力的不足，混凝土迅速剥落，承载力大幅度下降。而

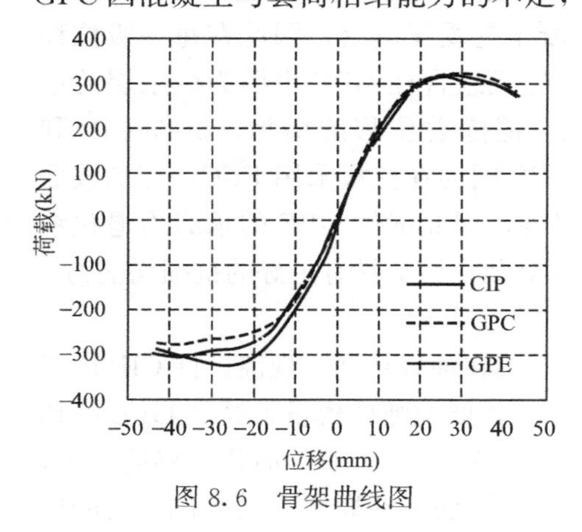

图 8.6　骨架曲线图

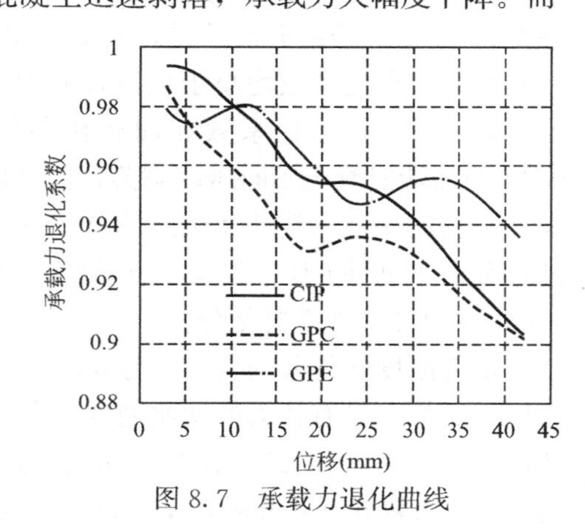

图 8.7　承载力退化曲线

试件 GPE 则是因为坐浆层的压碎失效导致承载力的下降。

由试件的骨架曲线可以得出，试件失效主要是由正向加载时承载力退化导致的，故以正向骨架曲线确定试件的屈服位移和极限位移更为合理。柱试件的特征荷载、特征位移及延性系数见表 8.2。三个试件在荷载下降至峰值荷载的 85%后停止加载，试件 CIP 和 GPC 的柱身表现出明显损伤，构件已无法继续承担荷载，但试件 GPE 只是在坐浆层处出现轻微压碎，柱身仍保持完整，这表明试件 GPE 仍可以继续承担外部荷载，还未达到极限状态。有文献[3] 表明，对于 ECC 构件或者 RC/ECC 组合构件来说，应将 ECC 出现压碎的状态作为构件的极限状态，此时荷载大致下降至峰值荷载的 70%。因此，试件 GPE 的延性系数无法从此次试验中得出，但与其他两个试件相比，试件 GPE 具有更优越的变形能力。从表中可以看出，现浇柱的延性系数为 2.71，稍大于装配式 RC 柱的延性（延性系数为 2.63）。ECC 材料较低的抗压强度导致试件 GPE 的最大承载力稍小于试件 CIP 和 GPC。

试件特征位移值及延性系数　　表 8.2

试件	屈服位移 (mm)	屈服荷载 (kN)	峰值位移 (mm)	峰值荷载 (kN)	极限位移 (mm)	极限荷载 (kN)	延性系数
CIP	16.09	294.18	24.72	317.11	43.63	285.82	2.71
GPC	16.55	285.80	30.71	321.59	43.58	277.93	2.63
GPE	17.47	278.45	24.89	315.36	—	—	—

8.1.2.4 承载力退化分析

3 个试件的承载力退化分析如图 8.7 所示。加载初期的塑性变形都非常小，所以承载力退化系数都接近于1。随着加载位移的增加，裂缝不断发展，试件逐渐进入塑性状态，承载力退化系数大致呈降低趋势。在加载过程中，装配式 RC 柱 GPC 坐浆层裂缝开裂严重，套筒外壁混凝土易受压剥落，因此在每一级位移下其承载力退化系数均小于现浇柱 CIP。装配式组合柱 GPE 也因为坐浆层的过早开裂，承载力退化系数在加载初期较低。但随着位移的增加，试件 CIP 和 GPC 的柱端混凝土不断压碎剥落，而试件 GPE 因为在柱根采用 ECC，在加载后期柱身仍能保持完整性和较高的抗压残余强度，因此试件 GPE 的承载力退化系数逐渐大于试件 CIP，说明试件 GPE 在反复荷载作用下具有更好的抗损伤能力。

8.1.2.5 刚度退化分析

试件刚度随位移的变化趋势如图 8.8 所示。在加载初期，现浇试件 CIP 由于整体性更好，具有较大的初始刚度。由于 ECC 较低的弹性模量，试件 GPE 的初始刚度分别为试件 GPC 和 CIP 初始刚度的 90%和 80%。随着加载位移的增加，3 个试件的裂缝不断开展，基体材料出现退化，钢筋逐渐屈服，因此试件的刚度都在逐渐下降。其中，现浇试件 CIP 的刚度下降速度最快，这是因为装配式柱 GPC 和 GPE 的灌浆套筒刚度较大，在加载过程中应变发展非常缓慢，极大地延缓了柱构件整体刚度的下降。由于 ECC 良好的裂缝控制和受压下保持截面完整的能力，试件 GPE 的刚度退化程度最轻。当位移达到 43mm 时，3 个试件的刚度接近，再次表明了装配式柱具有可靠的抗震性能。

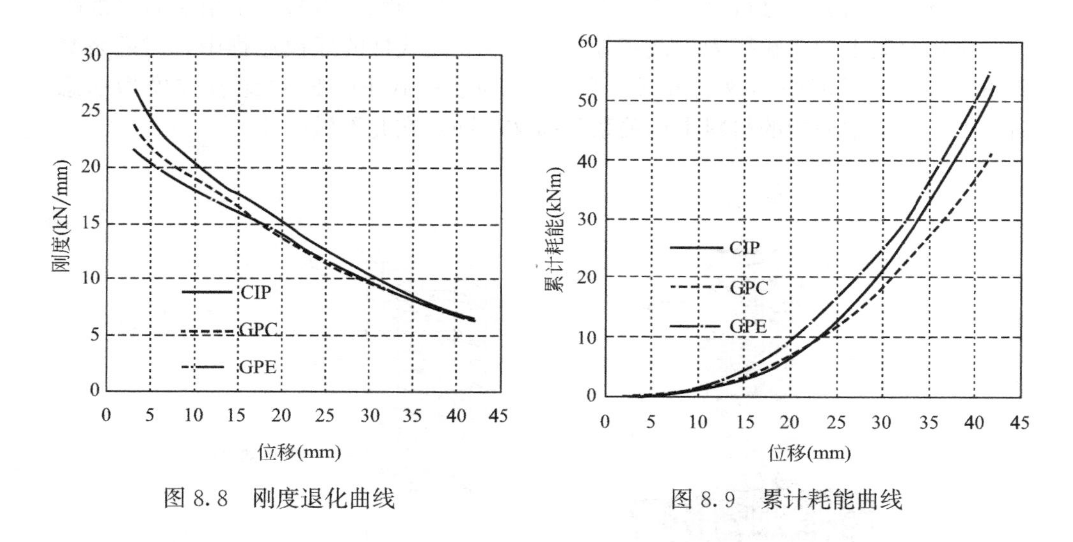

图 8.8 刚度退化曲线

图 8.9 累计耗能曲线

8.1.2.6 耗能分析

计算所得各试件的累计耗能如图 8.9 所示。从表 8.2 的屈服位移计算结果可知，当试件位移小于 15mm 时，所有构件都未进入屈服状态，故三者的累计耗能接近，试件 GPE 耗能稍大，此时试件的耗能能力完全取决于材料的内在性能。但当试件位移加载到 20mm 时，构件已进入屈服状态。3 个试件在反复荷载作用下出现明显的滞回行为，累计耗能迅速增加。与试件 GPC 相比，试件 CIP 展现了良好的耗能能力，且两者累计耗能的差异随位移逐渐增大。这可能是因为装配式柱在基底裂缝处出现了严重的应变集中和钢筋滑移，构件的塑性铰长度较小，耗能较差。同时在反复加载的过程中，装配式柱的柱身可能会沿着基底裂缝发生类似于刚体转动的行为，极大地降低了构件的耗能能力。而现浇柱在侧向力作用下会呈现出明显的弯曲变形，通过柱底较大范围内的混凝土压碎和钢筋屈服来耗散能量。虽然试件 GPE 也是装配式柱，但其累计耗能大于其他两个试件。ECC 材料具有比混凝土更加优越的滞回能力，随着 ECC 材料细密裂缝的开展，PVA 纤维不断从基体内拔出，故而耗能增加较快。在最后一个加载循环内，试件 GPE 的累计耗能比 GPC 提高 34%，充分说明了在装配式柱中使用 ECC 可以有效增加其耗能能力。

8.1.3 灌浆套筒装配式柱力学性能数值分析

8.1.3.1 模型建立与验证

本节利用 ATENA 对灌浆套筒装配式柱的力学性能进行模拟。模拟试件的几何尺寸、配筋情况与试验试件相同，见图 8.1。在建模过程中各材料的非线性行为及各材料之间的接触行为，如钢筋与混凝土之间的粘结滑移，坐浆层后浇混凝土与原有混凝土的接触行为均被充分考虑。在装配式柱的建模过程中，对灌浆套筒的模拟采用了钢筋等效的方式，图 8.10 为装配式 RC/ECC 组合柱模型示意图。本节模拟中采用的材料本构关系与前文相同，在此不做赘述。

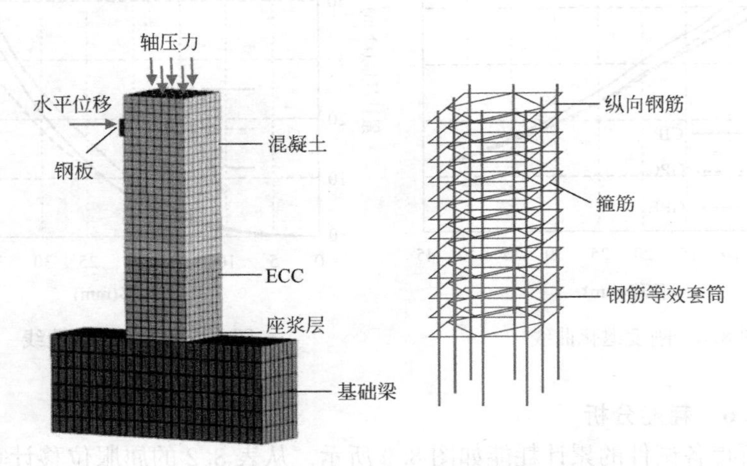

图 8.10 装配式 RC/ECC 组合柱模型示意图

本节采用了实体单元对装配式柱的力学性能进行模拟分析，若在建模时将柱内预埋的 8 个灌浆套筒以实体单元的形式建立，会对整体模型的网格划分、计算时间及收敛情况带来困难。因此，为简化计算过程，增加结果的收敛程度，本节采用了简化方法对装配式柱内的灌浆套筒进行模拟，即直接采用钢筋替代灌浆套筒连接区段，具体形式如图 8.11 所示。等效钢筋的直径与被连接钢筋直径相同。

为简化模拟过程，对套筒采取了半模型（图 8.12），套筒下端（即实际连接中套筒的中心位置）固定在钢板 1 上，在钢板 2 上表面中心处施加拉力或压力。钢筋与灌浆料之间考虑粘结滑移，钢套筒与灌浆料之间未考虑滑移，这是因为实际灌浆套筒内部嵌入了锥状体，使套筒体内径沿洞口方向缩小。当钢筋在拉力作用下，套筒体内部的水泥灌浆料虽有向外滑动的趋势，但实际滑移较小，因此在此次模拟中忽略不计。通过监测钢板 2 上施加的力 F 和钢筋 A 点至套筒底部 C 点的变形（Δ_{AC}），计算得到连接区域的应力（σ_{AB}）、应变（ε_{AB}），如式（8.1）、式（8.2）所示。

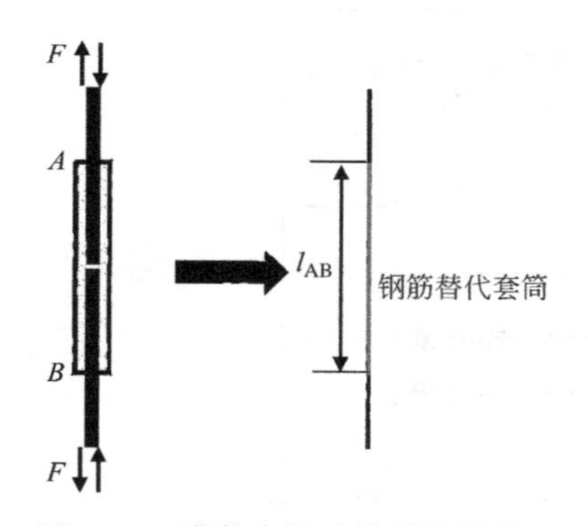

图 8.11 灌浆套筒连接的简化模型

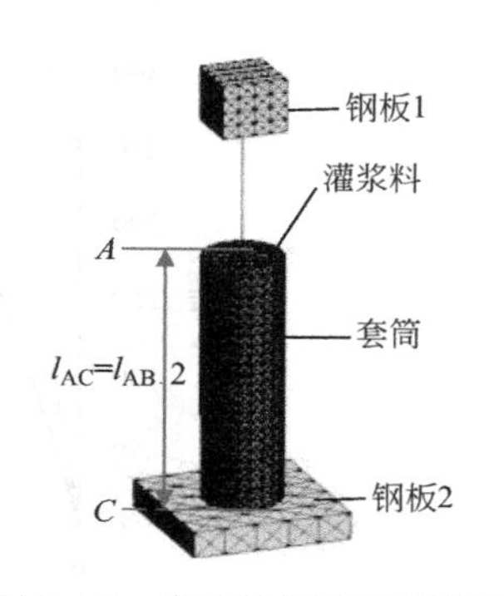

图 8.12 套筒拉伸模型示意图

$$\varepsilon_{AB}=\varepsilon_{AC}=\Delta_{AC}/l_{AC} \tag{8.1}$$

$$\sigma_{AB}=F/A_s \tag{8.2}$$

将本次模拟得到的荷载位移曲线与试验得到的骨架曲线进行对比，并同时比较了其裂缝发展模式，模拟和试验结果对比见图 8.13 和图 8.14。从荷载位移曲线上可以看到，模拟结果较好地符合了试验结果，但也略有差异：一是模拟得到的极限位移比试验结果大；二是到达峰值荷载后，构件承载力的下降速度有差异。装配式柱在模拟过程中，承载力下降非常缓慢，直至坐浆层被压碎，承载力才出现大幅度下降，而试验中构件承载力的下降速度较快。试验和模拟采用的不同加载模式是导致这些差异出现的根本原因。模拟采用了静力加载，而试验采用了低周反复荷载进行加载，试验构件在加载过程中出现损伤累积，导致其承载力退化加快，极限位移降低，这一现象与 Bandelt and Billington[4] 的研究成果相符。

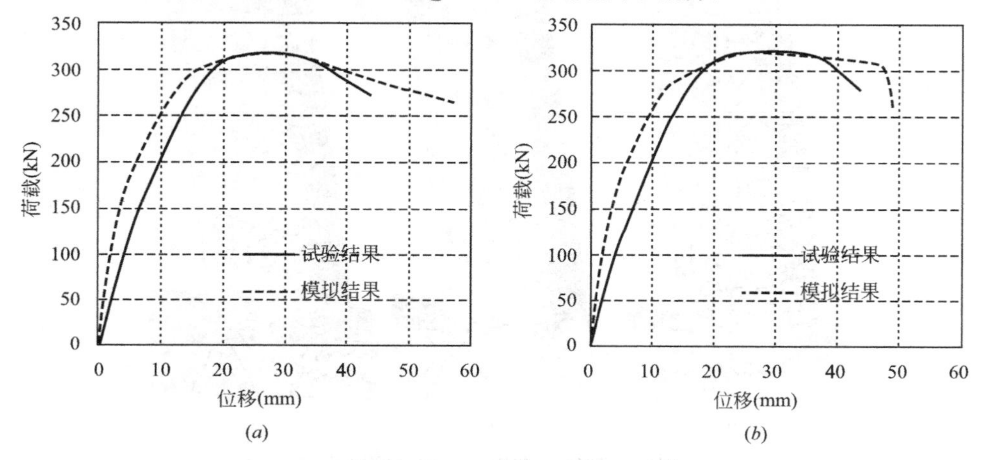

图 8.13 试件试验模拟对比（一）

（a）CIP；（b）GPC

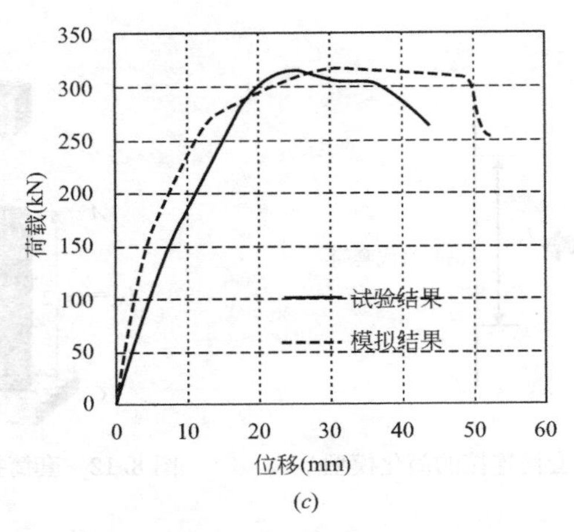

图 8.13 试件试验模拟对比（二）

（c）GPE

由于混凝土材料的裂缝开展具有一定的随机性，模拟得到的构件裂缝分布模式与试验结果不完全相同。但两者的裂缝分布规律大致相似，比如：试验和模拟结果都表明现浇柱 CIP 在破坏时的裂缝数量多于装配式柱 GPC；试件 GPC 在坐浆层处、套筒区域的中间部位及套筒顶部附近均出现了宽度较大的裂缝。通过对比可知，该模拟结果具有一定的可靠性，可以较准确地模拟现浇柱与灌浆套筒装配式柱的力学性能。

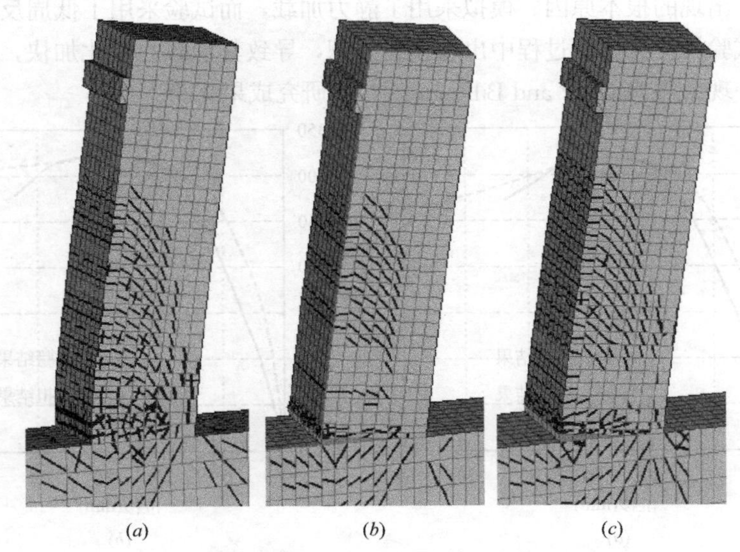

图 8.14 模拟所得裂缝分布模式（裂缝宽度大于 0.01mm）

（a）CIP；（b）GPC；（c）GPE

8.1.3.2　装配式组合柱的破坏机理分析

由于轴压比对装配式柱的力学性能影响较大，为了更加全面地了解装配式组合柱的力学性能，本节分别比较了在低轴压（轴压比为 0.2）和高轴压（轴压比为 0.6）下现浇柱（CIP-0.2，CIP-0.6）与装配式 RC 柱（GPC-0.2，GPC-0.6）、装配式 RC/ECC 组合柱（GPE-0.2，GPE-0.6）的力学性能差异。

1. 荷载位移曲线

图 8.15 为各试件的荷载位移曲线，从图中可以看出装配式柱的承载力下降速度稍缓于现浇柱。这是因为装配式柱中的套筒可增加截面刚度，分担截面所受压力，在柱受压侧混凝土逐渐退出工作后，套筒仍可承担荷载。轴压比增加，装配式柱的峰值荷载明显增加。高轴压装配式柱（试件 GPC-0.6 与 GPE-0.6）的峰值荷载比低轴压装配式柱的峰值荷载（GPC-0.2 与 GPE-0.2）分别提高 25% 和 30%，而现浇柱（CIP-0.6）的峰值荷载仅提高了 10%。这是因为轴压比的增加延缓了钢筋的屈服，同时导致受压区套筒和受压钢筋应变的增加，套筒对承载力的提升作用也越加明显。试件 CIP-0.6 与 GPC-0.6 的极限位移均小于 CIP-0.2 与 GPC-0.2，这与之前的研究成果相符，即轴压比的提高会降低构件的变形能力。然而试件 GPE-0.6 的极限位移却稍大于试件 GPE-0.2，与其他试件的规律相反。这是因为低轴压装配式柱的柱底裂缝宽度和深度均较大，在位移为 50mm 时，试件 GPE-0.2 的柱底裂缝宽度已达到 8.7mm。较大的裂缝开展使柱底截面受压区高度迅速降低，导致试件 GPC-0.2 与 GPE-0.2 坐浆层基体被压碎，承载力下降。随着轴压比的提高，装配式柱柱底裂缝的发展得到限制，试件 GPE-0.6 的破坏临界截面（基体压应变最大）从柱底向上移动，进入柱身 ECC 部分。ECC 材料优越的抗压性能得到充分利用，构件延性得到大幅度提高。

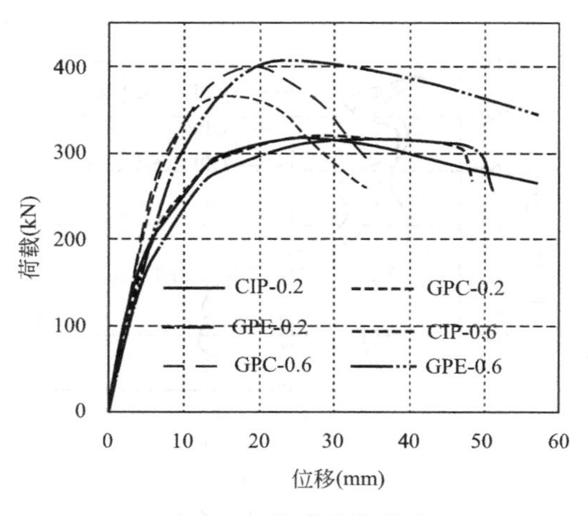

图 8.15　荷载位移曲线

2. 曲率分布分析

由于轴压比对构件曲率的分布形态无明显影响，仅仅改变了曲率大小，图 8.16 仅给出轴压比为 0.6 时各试件截面曲率沿柱身高度变化情况。从图中可以发现，试件 CIP-0.6 与 GPC-0.6 的曲率在某些位置出现极值点，并且随着位移的增加，极值点处的曲率迅速增大，而其他部位的曲率变化较小。与试件 GPC-0.6 相比，CIP-0.6 曲率极值点的分布较为分散，充分说明了现浇柱裂缝开展较多，呈现出良好的耗能模式。而装配式 RC 柱则主要依靠套筒区域中部和柱底裂缝处曲率的增加进行耗能。若将构件曲率大幅度增加的范围定义为塑性铰区域，可以得出试件 GPC-0.6 的塑性铰区域集中，耗能较差。因为 ECC 材料良好的裂缝控制能力，试件 GPE-0.6 的曲率分布非常均匀，曲率沿着柱身向上逐渐减小。当位移达到 23mm 时，试件 GPE-0.6 的最大曲率仅为 0.023/m，小于试件 CIP-0.6 和 GPC-0.6 最大曲率值的一半，充分说明了 ECC 材料的使用降低柱身的集中损伤，增加构件的塑性铰长度，实现合理耗能。

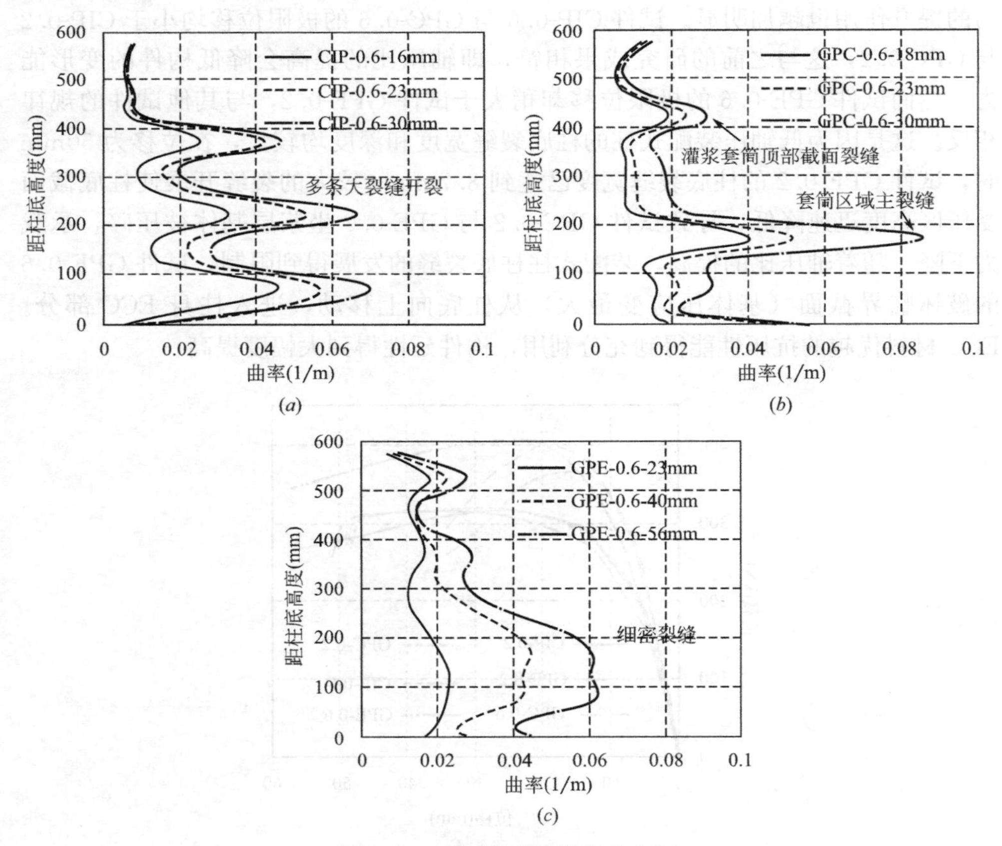

图 8.16 截面曲率沿柱身分布图

(a) CIP-0.6；(b) GPC-0.6；(c) GPE-0.6

3. 受拉钢筋最大应变分析

图8.17为各试件钢筋最大拉应变随位移变化情况，装配式柱钢筋最大拉应变出现在坐浆层处，而现浇柱钢筋最大拉应变出现在距柱底100mm的截面附近。从图中可知轴压比为0.2时，钢筋应变发展非常快，尤其是装配式柱，最大拉应变可达到0.04。在相同位移下装配式RC/ECC组合柱的钢筋应变稍小于装配式RC柱。随着轴压比增加，现浇柱和装配式柱的钢筋应变都得到降低，但装配式柱降低的程度更大。轴压比为0.6时，在加载前期，RC/ECC组合柱的钢筋应变稍小于装配式RC柱。当位移大于25mm时，组合柱的钢筋应变开始大于装配式RC柱，并且两者差距越来越大。这是因为装配式RC柱的承载力在位移为25mm时开始下降，钢筋应变发展缓慢，而组合柱承载力仍在上升，导致其钢筋应变不断增加。

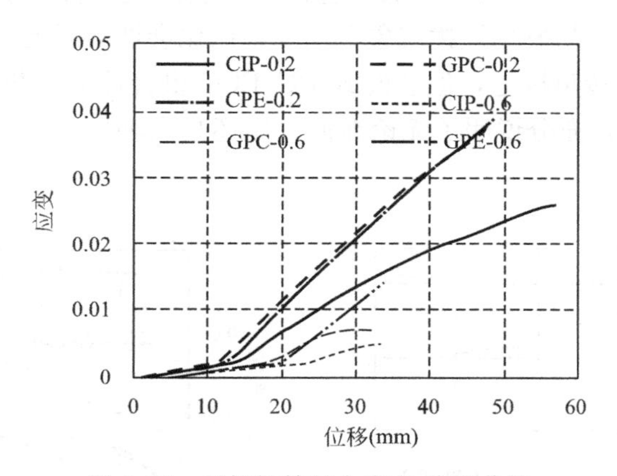

图8.17 受拉钢筋最大应变-位移曲线

4. 柱-基础界面处转角分析

在加载过程中，现浇柱和装配式柱的柱底均会发生转动，产生随位移增加的截面转角。对于装配式柱，柱底转角更为明显，因为严重的坐浆层开裂会使装配式柱在水平力作用下，沿着界面受压中心处发生刚性转动，这种刚性转动会使构件位移得到大幅度增加，最终构件的延性增加，但其耗能能力并未得到提升。有研究结果表明，柱与基础界面处的转角通常至少要占到构件总变形的15%～20%，甚至会达到50%[5]。本文以转角比例系数R来评估柱底转角占构件变形的百分比：

$$R=\theta_1/\theta_2 \tag{8.3}$$

式中 θ_1——柱-基础界面处转角；

θ_2——柱顶侧向转角，即为柱顶水平向位移与柱高的比值。

图8.18为各试件的柱-基础界面处转角与柱顶所受荷载的关系。从图中可知，现浇柱的柱底转角远小于装配式柱，两者之间的差别在弹性阶段较小；当构

件进入塑性阶段后，装配式柱柱底转角迅速增大，其随荷载的变化规律与柱顶位移基本一致。对现浇柱而言，柱底转角在构件屈服后增长速度稍有加快，一旦荷载出现降低，柱底转角也随之降低。装配式 RC 柱与装配式 RC/ECC 组合柱的柱底转角基本相同。轴压比增加，柱底转角大幅度减小。图 8.19 为各试件的转角比例系数随柱顶位移的变化关系。现浇柱的转角比例系数 R 在构件的弹性阶段大约为 20%，随后因柱底转角的增加速度远小于柱顶位移的增加速度，R 呈现降低趋势，反映该构件是主要以柱身弯曲变形进行耗能。在加载过程中，尤其是构件进入弹塑性阶段，现浇柱呈现良好的耗能能力，并且转角比例系数 R 与轴压比的大小无明确关系。装配式 RC 柱与装配式 RC/ECC 组合柱的转角比例系数 R 在弹性阶段分别约为 30%与 20%，并随侧移的增加而增加。轴压比增加，装配式柱的转角比例系数 R 明显降低。这说明了装配式构件耗能性能较弱，若在反复荷载作用下，较易发生捏拢现象，增加轴压比会增加耗能能力。在整个加载过程中，虽然柱底转角接近，但装配式 RC/ECC 组合柱的转角比例系数 R 始终小于装配式 RC 柱，充分说明了无论在低轴压还是高轴压下，组合柱均呈现更好的耗能形态。

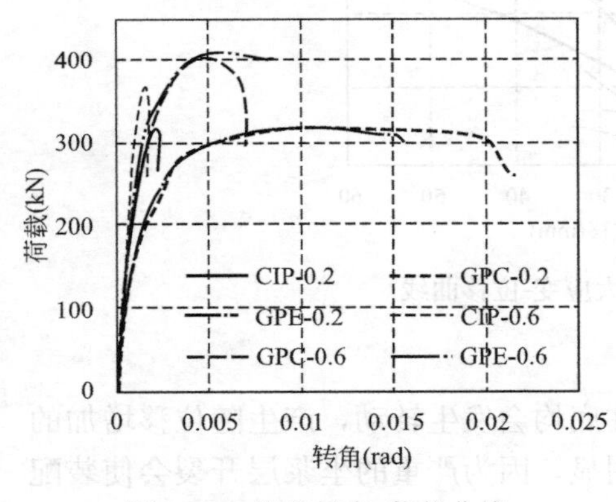

图 8.18 柱底转角-荷载曲线

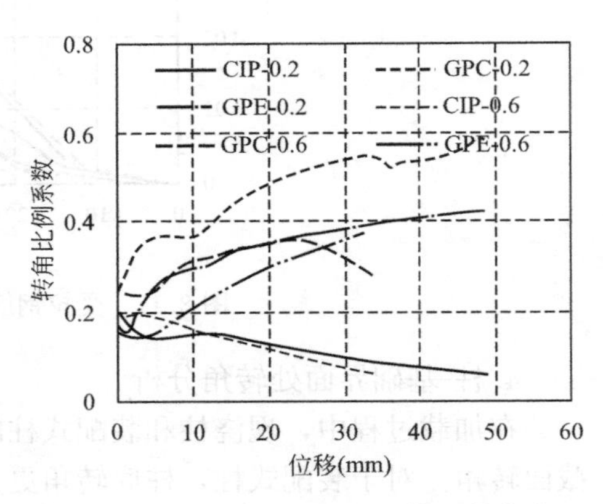

图 8.19 柱顶位移-转角比例系数曲线

5. 基体压应变分布分析

图 8.20 给出极限状态下柱身基体压应变分布云图。若混凝土或 ECC 的压应变大于材料极限压应变，则认为该部分基体已压碎。混凝土和 ECC 的极限压应变分别取为 0.006 和 0.018。当轴压比为 0.2 时，装配式柱柱底应力集中，因此装配式柱基体压碎区域的长度远小于现浇柱。随着轴压比提高，柱身基体压碎区域的长度增加，尤其是装配式 RC 柱，压碎区域长度从 170mm 增加到 450mm，大于现浇柱的压碎区域长度，并且高轴压比下的装配式柱在套筒顶部截面附近有明显的损伤集中。无论在哪种轴压比下，装配式 RC/ECC 组合柱的压碎区域最

小。由此可以得出轴压比越大，装配式柱越容易在套筒顶部出现压碎现象。而在高轴压比的装配式柱中使用 ECC 材料可以有效避免基体的过早压碎，大幅度提升构件的变形能力。

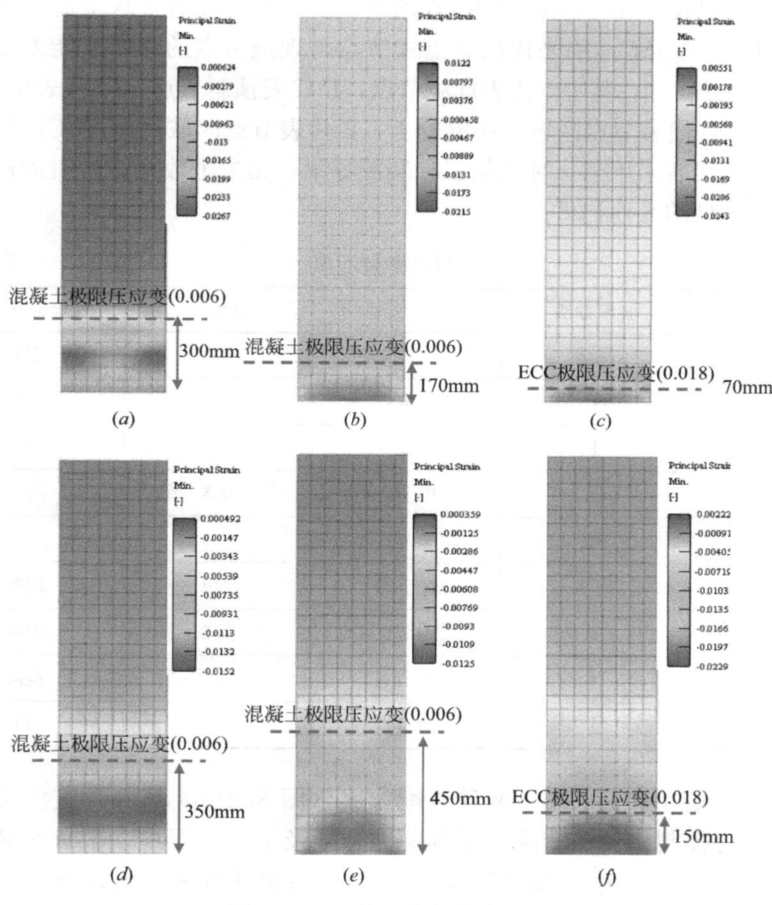

图 8.20 基体压应变分布云图

(*a*) CIP-0.2；(*b*) GPC-0.2；(*c*) GPE-0.2；(*d*) CIP-0.2；(*e*) GPC-0.2；(*f*) GPE-0.2

8.2 装配式 RC/ECC 组合节点抗震性能试验

8.2.1 试验设计与实施

8.2.1.1 节点试件装配方案与尺寸

考虑到框架结构中不同位置的节点具有不同的受力情况，本试验设计了 5 个中节点试件和 4 个边节点试件。在中节点试件中，分别考虑了两种装配方案（PMC1 与 PMC2）与 ECC 材料的使用（PME1 与 PME2）对装配式节点的影响。在边节点试件中，分别考虑了 ECC 材料的使用（PSE1）与轴压比（PSC1 与 PSC12）对装配式节点的影响。同时在两组试验中分别设置了现浇的中节点和边节点试件 JMC 与 JSC，用来比较装配式节点与现浇节点的力学性能差异。各试件参数信息见表 8.3，其中 J 代表现浇节点，P 代表预制节点；M 代表中节点，S 代表边节点；C 代表节点区域使用混凝土，E 代表节点区域使用 ECC；第一个数字 1 或 2 分别代表采用第一种或第二种装配方案；第二个数字 2 代表该构件的轴压比大于同类型的其他构件。

试件各参数汇总 **表 8.3**

试件	装配方法	节点类型	轴压比	节点区材料
JMC	现浇	中节点	0.3	混凝土
PMC1	Ⅰ	中节点	0.3	混凝土
PME1	Ⅰ	中节点	0.3	ECC
PMC2	Ⅱ	中节点	0.3	混凝土
PME2	Ⅱ	中节点	0.3	ECC
JSC	现浇	边节点	0.2	混凝土
PSC1	Ⅰ	边节点	0.2	混凝土
PSC12	Ⅰ	边节点	0.4	混凝土
PSE1	Ⅰ	边节点	0.2	ECC

试验的装配式节点采用了两种装配方案（图 8.21），第一种装配方案在梁柱节点处进行预制构件的装配，即预制叠合梁及上、下层柱，节点区域采用混凝土或者 ECC 后浇，梁下部纵筋采用 U 形筋搭接的方式。此种连接方法较为传统，力学性能可靠，但装配时施工较为麻烦。第二种装配方案在梁端处和柱反弯点处进行装配，节点区域预制。梁下部纵筋在梁端依旧采用 U 形筋搭接。同时为保证梁端塑性铰外移一段距离，在预制柱中穿出 4 根加强钢筋。梁上部纵筋也从预制柱中穿出，因此需要预制柱中预留孔洞。第二种装配方案因节点预制，可以充分保证节点区力学性能，同时竖向构件的装配无须使用模板，施工速度加快。但此类节点的整体性较差，梁端与柱侧面新旧混凝土的交界处极易形成薄弱面，力学性能有待进一步验证。这两种装配式节点均采用了叠合梁，且采用了灌浆套筒来连接预制柱中钢筋。试验试件的具体尺寸与配筋信息见图 8.22。

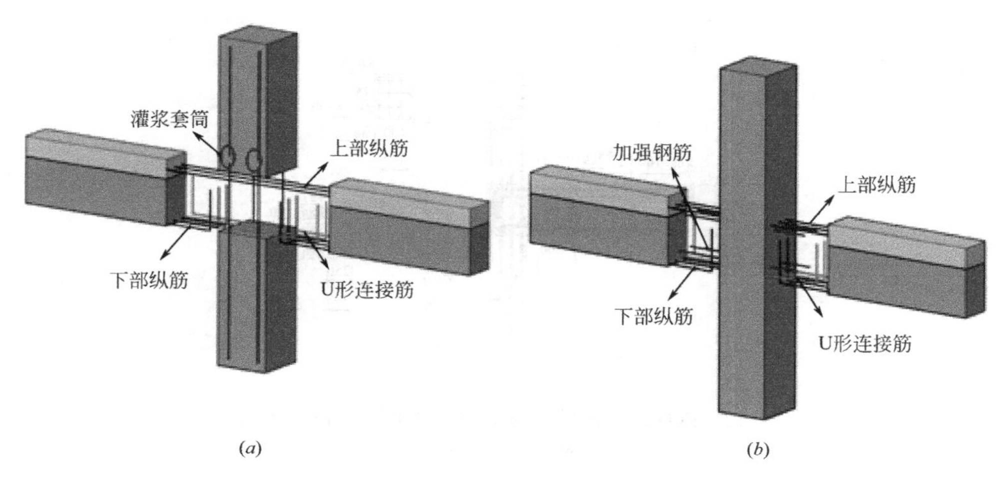

图 8.21 装配方案

(*a*) 第一种装配方案；(*b*) 第二种装配方案

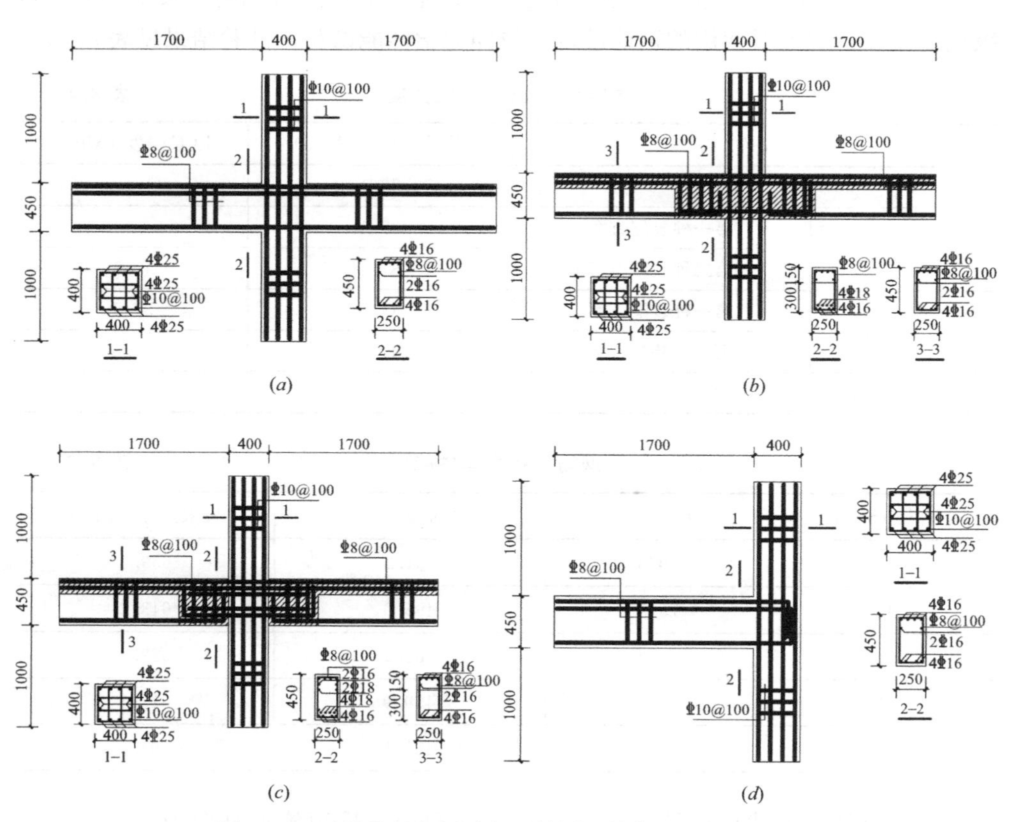

图 8.22 试件的几何尺寸与配筋图（单位：mm）（一）

(*a*) 试件 JMC；(*b*) 试件 PMC1 与 PME1；(*c*) 试件 PMC2 与 PME2；(*d*) 试件 JSC

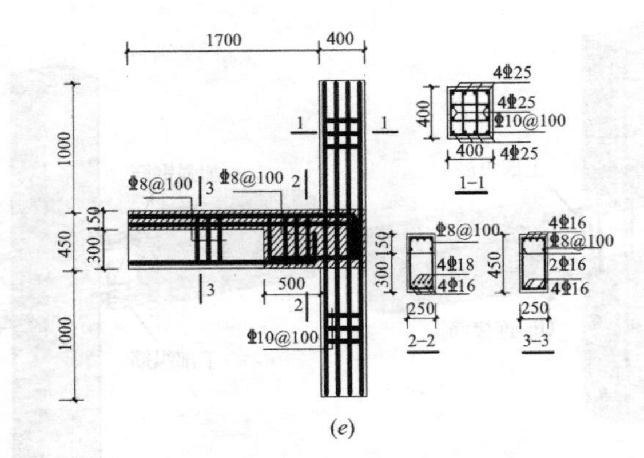

图 8.22　试件的几何尺寸与配筋图（单位：mm）（二）

(*e*) 试件 PSC1 与 PSE1

8.2.1.2　试件材料性能与加载制度

混凝土和 ECC 标准立方体强度见表 8.4。本试验中所有钢筋均采用 HRB400 级钢筋，在试验前对使用的钢筋进行了拉伸力学性能试验，试验结果见表 8.5。

混凝土及 ECC 抗压强度　　　　**表 8.4**

试件		混凝土强度（MPa）	ECC 强度（MPa）
预制梁		39.1	—
预制柱	第一种装配方案	39.1	—
	第二种装配方案	37.1	40.5
后浇区域	第一种装配方案	44.0	37.2
	第二种装配方案	41.2	35.5
现浇试件		39.0	—

钢筋材料力学性能　　　　**表 8.5**

直径（mm）	面积（mm^2）	屈服强度（MPa）	极限强度（MPa）
8	50.3	501.2	639.4
10	78.5	495.0	643.2
16	201.0	462.5	622.9
18	254.3	459.9	612.1
25	490.6	431.1	591.5

试验具体的加载装置见图 8.23。柱顶处利用千斤顶施加轴向力，柱顶及柱底两侧均放置钢筋以模拟柱在楼层反弯点处的铰接状态。试件东西两侧梁端为自

由端，并设置反力架，为梁端提供竖向加载力。梁端采用位移加载，因此在加载段处布置位移计，以监测加载过程中位移的变化情况。正式加载预设轴压力并开始试验。在试件东西两侧梁端同时施加反对称荷载，采用位移加载的方式。每级加载位移增加 10mm 并循环两次，具体的加载制度见图 8.24。当梁端施加的竖向荷载下降至峰值荷载的 85%时，认为试件破坏，停止加载。试验试件钢筋应变片的布置如图 8.25 所示。

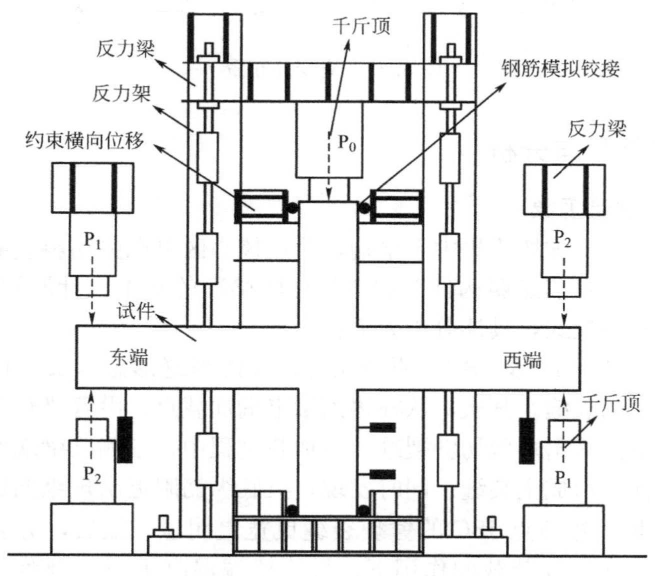

图 8.23　试验加载装置

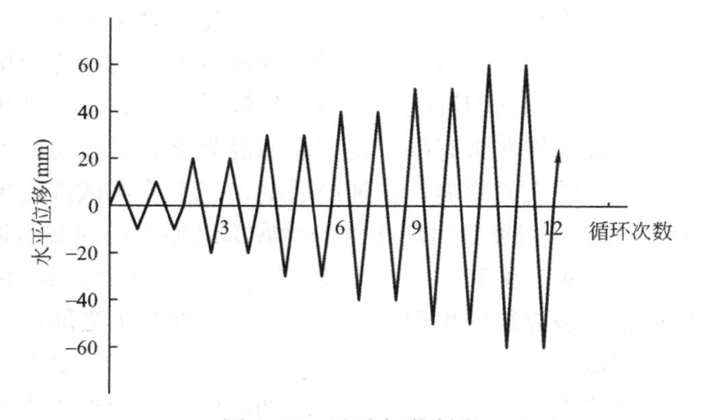

图 8.24　试验加载制度

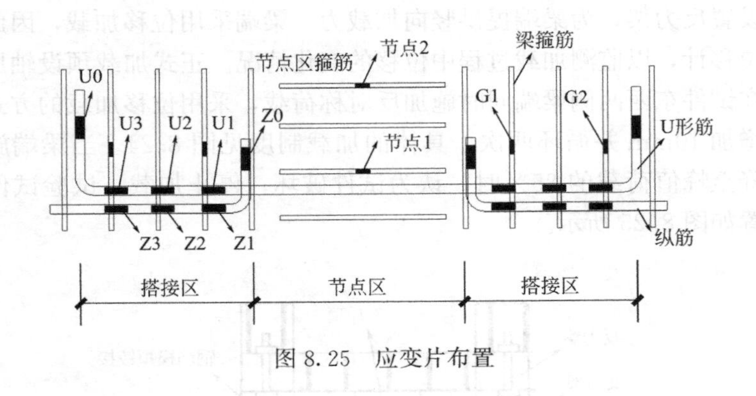

图 8.25　应变片布置

8.2.2　试验结果与分析

8.2.2.1　试验现象

所有试件的主要破坏均集中于梁端，节点核心区出现剪切斜裂缝，但宽度较小。试件实现了“强节点弱构件”和“强柱弱梁”的基本设计原则。图 8.26 为各试件的具体破坏模式，具体分析如下：

(1) 现浇试件 JMC 及 JSC：两个现浇试件的裂缝形态和破坏模式相似。首先，梁端出现弯曲裂缝。其次，从柱边到梁末端加载点，沿着梁长出现均匀分布的弯曲裂缝。节点区出现剪切斜裂缝。在加载过程中，东侧梁梁端原有弯曲裂缝不断变宽、延伸，形成主裂缝。同时发现，梁底纵筋附近出现纵向劈裂裂缝。相对于中节点 JMC，边节点 JSC 的劈裂裂缝更宽更明显。最后，劈裂裂缝与梁端的主裂缝交汇。在反复荷载的作用下，最终梁端混凝土压碎剥落，宣告试件破坏，此时荷载已下降至峰值荷载的 85%。

(2) 采用第一种装配方法的 RC 节点 PMC1、PSC1 及 PSC12：该装配式节点的裂缝发展和破坏模式与现浇试件较为相似。首先在梁端出现弯曲裂缝，接着节点核心区出现剪切斜裂缝。随后，预制梁与现浇节点之间，叠合梁与现浇层之间均出现裂缝。该组试件的新旧混凝土界面开裂较早，但裂缝宽度小，且随着梁末端位移的增加，裂缝开展非常有限，说明新旧混凝土界面较弱的粘结力并没有对构件的力学性能产生较大的影响。在加载后期，三个节点试件均出现明显的劈裂裂缝，试件 PCM1 的劈裂裂缝出现在西侧梁底部纵筋的锚固端附近，并沿钢筋方向向西发展。试件 PSC1 及 PSC12 的劈裂裂缝大概长 400mm，裂缝端头与竖向的弯曲裂缝连通。劈裂裂缝的出现说明梁底纵筋与混凝土之间出现了较大的粘结滑移。最终，该组试件均因混凝土的压碎而宣告破坏。试件 PSC1 与 PSC12 的主要差别在于梁端弯曲裂缝首次出现时对应的加载位移，分别为 10mm 和 20mm 时，说明较高的轴压力对裂缝的出现与开展有一定的抑制作用。

(3) 采用第一种装配方法的 RC/ECC 组合节点 PME1、PSE1：当加载位移达到10mm时，试件PME1与PSE1的梁端出现极小的微裂缝。继续加载，当位移达到20mm左右时，混凝土与ECC的交界面处出现了0.3～0.4mm宽的裂缝。但在整个试验过程中，该处裂缝并没有进一步扩展。ECC的弹性模量约为混凝土的1/2～2/3，因此在加载过程中混凝土和ECC之间存在不协调变形并导致两基体交界面开裂，而不是存在界面粘结失效。由于PVA纤维的桥联作用，该组节点ECC区域的裂缝细密。比较图8.26（*b*）与图8.26（*c*），可以明显发现试件PME1节点区的裂缝数量多于试件PMC1，但裂缝宽度明显得到降低。相似现象也可在梁端及边节点试件上见到。以试件PME1为例，该试件西侧梁上部现浇层出现一弯曲裂缝，随着位移的增加，该裂缝不断向下发展，当裂缝到达预制构件的ECC区域时，该弯曲裂缝分解为多条细密裂缝，随后再继续向下发展。同时，由于ECC细密裂缝开展及假应变硬化的特性，钢筋和ECC基体可达到变形协调，两种材料之间的粘结较好，滑移量少。因此在整个试验过程中试件PME1与PSE1均未出现纵向劈裂裂缝。由于ECC良好的抗压变形能力，该组试件在加载过程中未出现ECC的压碎与剥落。最终，梁柱交界面附近的梁端裂缝不断发展，PVA纤维被拉断或者拔出，随着位移的增加裂缝宽度迅速增加，形成主裂缝。因钢筋与ECC之间未出现劈裂裂缝和粘结滑移破坏，该裂缝处的钢筋应变集中，导致承载力不断下降。需要注意的是，Fischer等人[8]认为ECC试件或者RC/ECC组合试件应以ECC的压碎或者主裂缝处钢筋的拉断作为试件失效的标准，此时的破坏荷载大约为峰值荷载的50%～75%。由于试验设备的限制，当外部荷载降低到峰值荷载的85%时，试验已经停止。尽管如此，与装配式RC节点相比，组合节点表现出更大的极限位移和承载力。据此推断，本文提出的组合节点在实际情况下的延性应优于试验结果。

（4）采用第二种装配方法的RC节点PMC2：当位移达到20mm时，试件PMC2的梁端才出现弯曲裂缝，弯曲裂缝出现时间要晚于采用第一种装配方案的节点PMC1与PSC1。在此之前，节点核心区已出现剪切斜裂缝，但宽度较小。这说明由于加强钢筋的存在，梁端的开裂荷载得到提高。梁上肉眼可见的弯曲裂缝首先出现在距离柱边200mm的区域内，充分说明了加强钢筋可以使该节点在加载的初期阶段实现损伤外移。随着加载位移的增加，柱边与梁端新旧混凝土交界面处出现竖向裂缝，该裂缝宽度明显大于其他弯曲裂缝。随后，试件PMC2出现纵向劈裂裂缝，长度大约为400mm，并且该劈裂裂缝的宽度要明显大于试件PMC1的劈裂裂缝，说明试件PMC2的钢筋与混凝土滑移量更大。最终梁端混凝土压碎，试验停止。

（5）采用第二种装配方法的RC/ECC组合节点PME2：在加载前期，该试件的裂缝开展模式与试件PME1相似，靠近柱边的梁端ECC区域裂缝细密开展。当位移加载到40mm时，东侧梁后浇ECC区域出现了两条宽度较大的斜向裂缝，并且ECC基体出现了向外鼓曲的现象。由于新旧ECC界面的粘结能力不足，东西两侧梁的根部均出现了明显的竖向裂缝。梁底部的纵筋发生较大的变形，最终承载力下降至峰值荷载的85%，停止试验。

图 8.26 各试件裂缝发展及破坏模式

(*a*) JMC；(*b*) PMC1；(*c*) PME1；(*d*) PMC2；(*e*) PME2；(*f*) JSC；(*g*) PSC1；(*h*) PSC12；(*i*) PSE1

8.2.2.2 滞回曲线与延性分析

图8.27为各试件的荷载-位移曲线，对于中节点试件，选取西侧梁测得的数据进行分析。由于试件梁截面并非对称配筋，因此试件的荷载-位移曲线在正反向存在差异。与装配式节点相比，现浇试件的滞回曲线更加饱满，捏缩效应不明显。随着位移的增加，梁端形成塑性铰，滞回环的包络面积逐渐增大。现浇试件具有良好的耗能能力（图8.27*a*、*f*）。试件PMC1和PSC1的正向承载力低于现浇节点，尤其是中节点PMC1，其正向承载力约为其对比现浇试件的90%。这两个装配式节点的滞回环在加载后期出现了轻微的捏缩现象，这主要是由梁底纵筋与混凝土出现粘结滑移所致。但其仍表现出较为稳定的滞回特性，滞回环相对饱满（图8.27*b*、*g*）。从图8.27（*h*）中可以看出试件PSC12的正向承载力要高于试件PSC1，滞回环也比试件PSC1更加饱满，但二者差别不是很大。这说明了当节点试件发生弯曲破坏时，提高轴压力对节点滞回行为的影响并不明显。试件PME1和PSE1在节点核心区采用ECC（图8.27*c*、*i*），尽管ECC的抗压强度低于现浇混凝土，但这两个试件的承载力分别比试件PMC1和PSC1提升22%和35%。这是因为混凝土材料开裂较早，其抗拉强度对构件承载力的贡献较低。但ECC材料具有拉伸硬化的特性，并且细密裂缝开展的状态使组合节点的截面刚度大于RC节点，从而提升构件的承载力。同时钢筋与ECC的协调变形有效减小了钢筋的粘结滑移，从而减少滞回环的捏缩效应。因此，试件PME1和PSE1的滞回环比试件PMC1和PSC1更加稳定与饱满。加载位移越大，这种差异就越明显，表明在采用第一种装配方法的装配式节点中应用ECC材料可以显著提高节点的能量耗散能力。试件PMC2在前两个加载循环内滞回曲线不饱满，残余变形很小，说明此时构件基本处于弹性状态。加强钢筋的存在提高了梁截面的配筋率，并且延缓了钢筋的屈服。试件PMC2的正向承载力基本与现浇节点相当，比试件PCM1提升12%。在加载位移达到40mm后，试件PMC2的滞回曲线出现了非常明显的捏缩现象，这与试验过程中试件PCM2出现严重的劈裂裂缝现象相吻合。采用第二种装配方案的节点在加载时，梁柱交界面开裂，造成此处钢筋应力集中。因此与采用第一种装配方案的节点相比，梁内纵筋与U形连接筋更容易发生滑移（图8.27*d*）。因试件PME2的纵筋滑移量相对较小，该试件的滞回环在加载后期明显比试件PMC2更加饱满。虽然有加强钢筋的存在，但是试件PME2的承载力小于试件PME1，正向承载力也比试件PMC2低7%。图8.27（*e*）的试验现象可以解释试件PME2承载力较低的原因。试件PME2的西侧梁在正向加载过程中，梁柱交界面处出现了非常明显的齐口裂缝。新旧基体材料的粘结力包括化学粘结力和物理粘结力，因为ECC材料无粗骨料，凿毛之后的界面粗糙度远不如混凝土，导致界面物理粘结力较弱。同时在试件浇筑时，ECC材料较为黏稠，浆体化学粘结力也小于新旧混凝土间的化学粘结力，导致试件

PME2 的梁柱交界面过早开裂，无法体现 ECC 抗拉性能对承载力的提升作用。

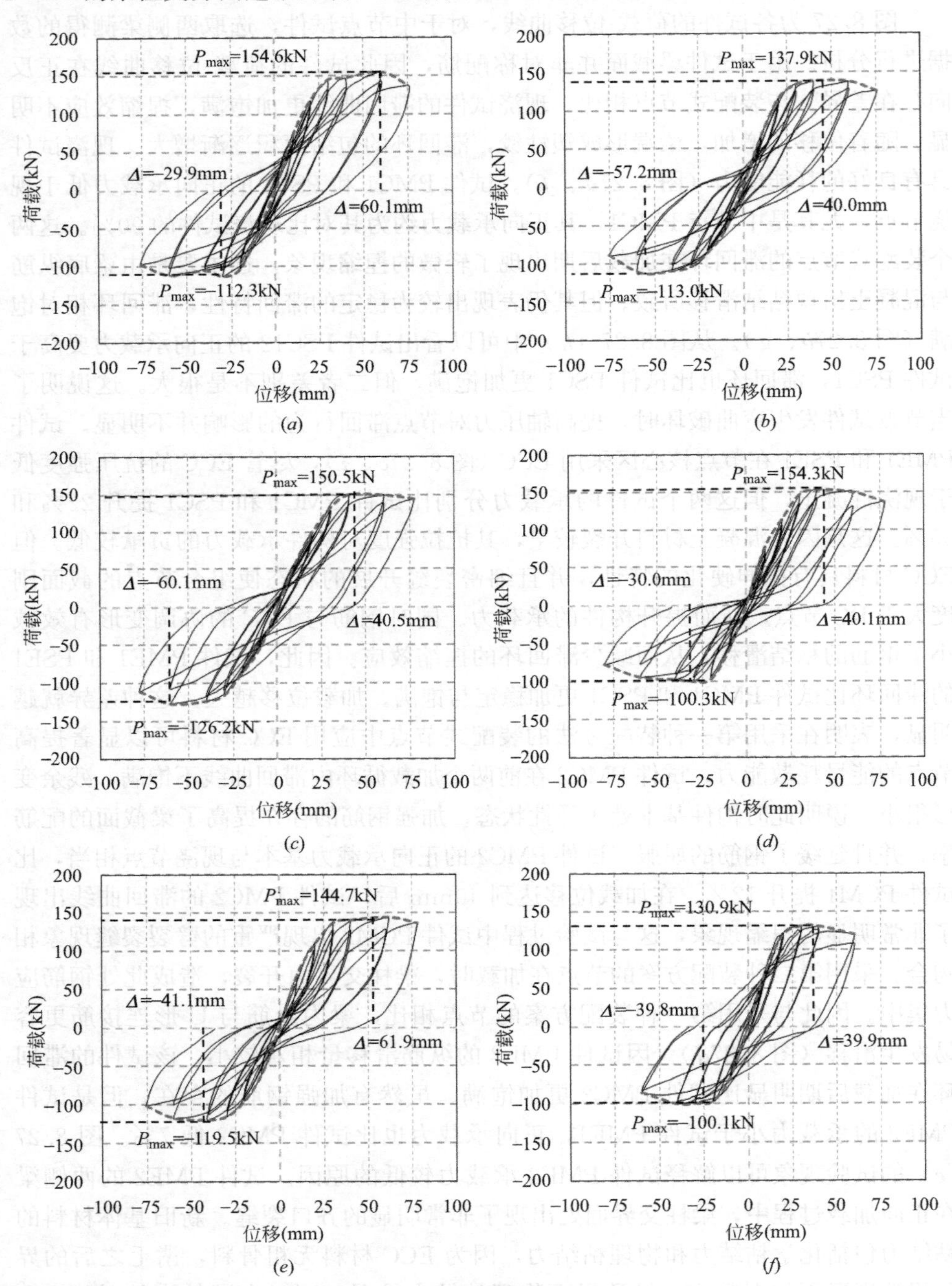

图 8.27 荷载-位移曲线（一）

(*a*) JMC；(*b*) PMC1；(*c*) PME1；(*d*) PMC2；(*e*) PME2；(*f*) JSC

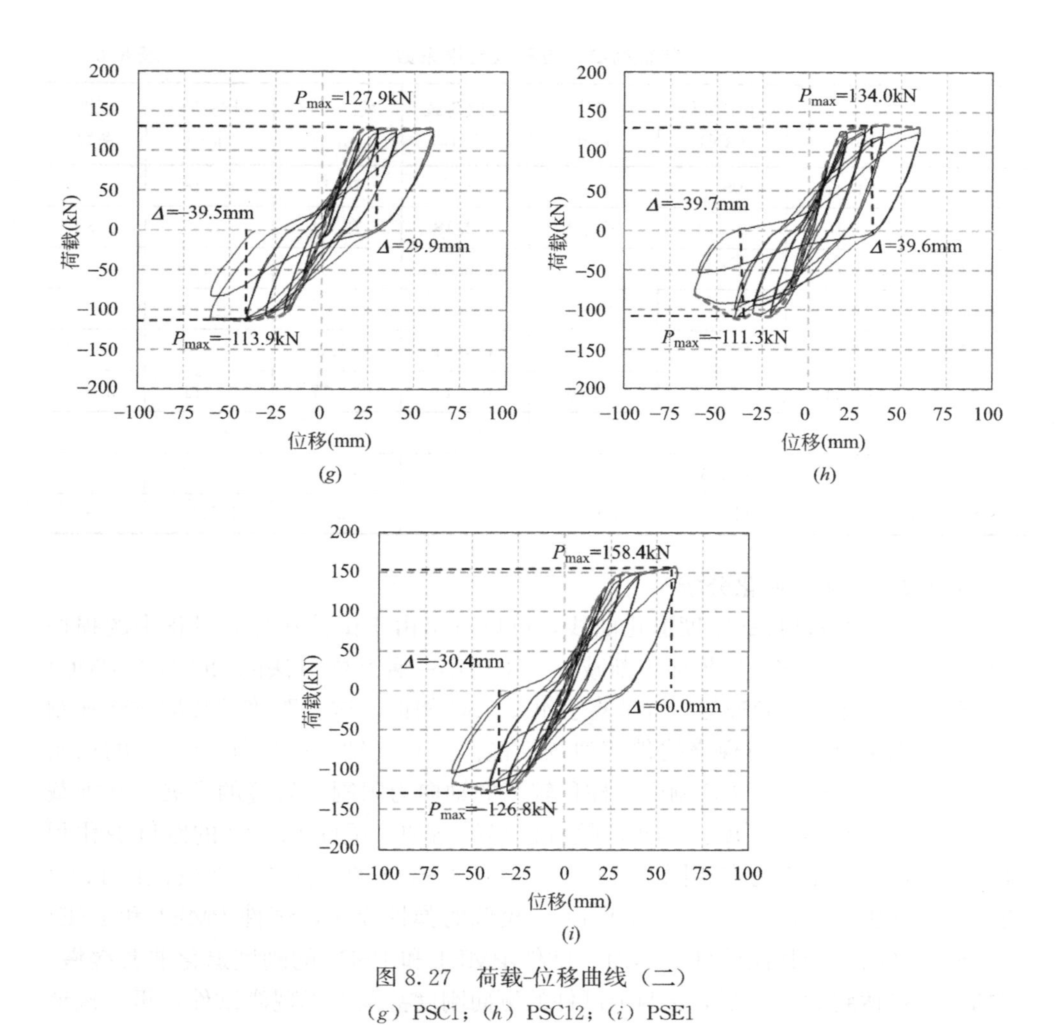

(*g*)

(*h*)

(*i*)

图 8.27　荷载-位移曲线（二）

（*g*）PSC1；（*h*）PSC12；（*i*）PSE1

因为各构件的西侧梁均是在负向加载时承载力下降至峰值荷载的85%，因此表8.6列出了各构件的负向特征荷载及相应位移。对于停止加载时已经达到极限状态的现浇节点和装配式RC节点，表8.6给出了延性系数。但因装配式RC/ECC组合节点时在试验终止时，未达到其极限状态，因此未给出该试件的延性系数。从表8.6中可知，装配式节点的屈服位移要大于现浇节点，搭接纵筋提升截面配筋率，延缓构件屈服。但装配式RC节点的极限位移与现浇节点接近，因此装配式RC节点的延性系数均小于现浇节点。由于试件梁端及节点核心区的细密裂缝开展，装配式RC/ECC组合节点的屈服位移要大于装配式RC节点。ECC材料的应用能在加载初期有效降低钢筋的应变，并增加构件的变形能力。

特征荷载、位移及延性系数　　表 8.6

试件	屈服位移 (mm)	屈服荷载 (kN)	峰值位移 (mm)	峰值荷载 (kN)	最终位移 (mm)	最终荷载 (kN)	延性系数
JMC	21.47	105.57	29.86	112.33	76.13	95.48	3.55
PMC1	25.19	97.74	57.22	112.18	72.84	95.35	2.89
PME1	28.46	108.96	60.07	126.23	80.81	107.30	—
PMC2	24.27	91.45	29.98	100.28	85.24	74.40	3.07
PME2	26.13	105.27	41.05	119.51	101.56	75.13	—
JSC	16.31	90.17	39.76	100.13	60.17	85.11	3.69
PSC1	20.60	105.82	39.50	113.92	60.19	96.83	2.92
PSC12	20.77	103.52	39.69	111.29	59.50	94.56	2.86
PSE1	22.20	110.34	30.36	126.75	60.40	107.74	—

8.2.2.3 刚度退化分析

图 8.28 为各试件的刚度退化曲线，可以看出由于试件在加载过程中的损伤累积，刚度随着位移的增加而不断减小。采用第一种装配方法的 RC 节点 PMC1 和 PSC1 的刚度退化趋势与现浇节点 JMC、JSC 相似，这表明该种装配方法在刚度退化方面可以实现与现浇构件相似的性能。具有高轴压的试件 PSC12 的初始刚度大于试件 PSC1 的初始刚度，柱顶较高的轴向力限制了裂缝的发展，在加载初期可有效提升构件刚度。然而，随着位移的增加，试件 PSC12 的刚度退化程度更加明显。这是因为在相同的位移下，试件 PSC12 的基体压应变较试件 PSC1 更大，构件更容易压碎失效。由于 ECC 较低的弹性模量，试件 PME1 和 PSE1 的初始刚度略小于其他试件。然而，试件 PME1 和 PSE1 的刚度退化非常缓慢。当加载位移达到 30mm 后，这两个试件的侧向刚度甚至大于现浇试件，再一次证明了 ECC 材料具有优越的抗损伤性能，可有效提高构件刚度，防止结构在地震中坍塌。由于加强钢筋的存在，试件 PMC2 和 PME2 的初始刚度稍大于试件 PMC1 和 PME1。但因梁柱交界面处的开裂，这两个节点的刚度退化程度稍大于其他试件。在加载后期，试件 PMC2 和 PME2 的刚度与现浇节点非常接近，说明采用该种装配方案的节点在遭受地震作用之后，仍可取得与现浇节点相同的刚度。对比试件 PMC2 和 PME2，可以发现试件 PME2 刚度退化更缓慢。

8.2.2.4 承载力退化分析

随着混凝土的不断退化和钢筋的屈服，各试件的承载力退化系数随着位移的增加而降低，反映结构损伤的逐步累积。由图 8.29 可知，各试件的承载力退化系数相差很小。现浇节点 JMC、JSC 与装配式 RC/ECC 组合节点 PME1、PSE1 有相对较高的承载力退化系数。在中节点试件中，试件 PME1 的承载力退化系数

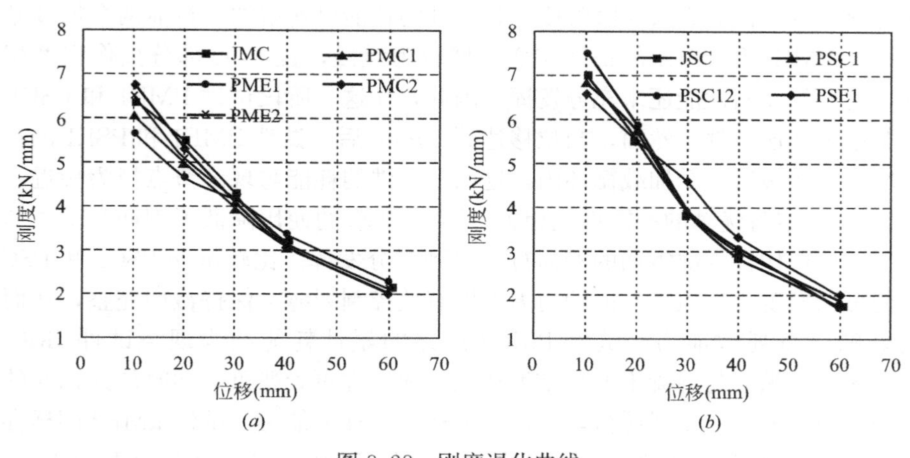

图 8.28　刚度退化曲线

(a) 中节点试件；(b) 边节点试件

明显高于试件 PMC1，充分说明 ECC 的应用增强了结构的抗损伤能力。因为梁柱交界面的过早破坏，试件 PMC2 的承载力退化系数稍小于试件 PMC1，这也证明了第一种装配方法可取得较优越的抗震性能。试件 PME2 的承载力退化系数小于现浇试件 JMC，但仍高于试件 PMC1 和 PMC2。边节点试件与中节点试件基本遵循相似的规律，试件 PSC12 的承载力退化系数要小于试件 PSC1，表明轴压力的增加可加快构件承载力的退化。

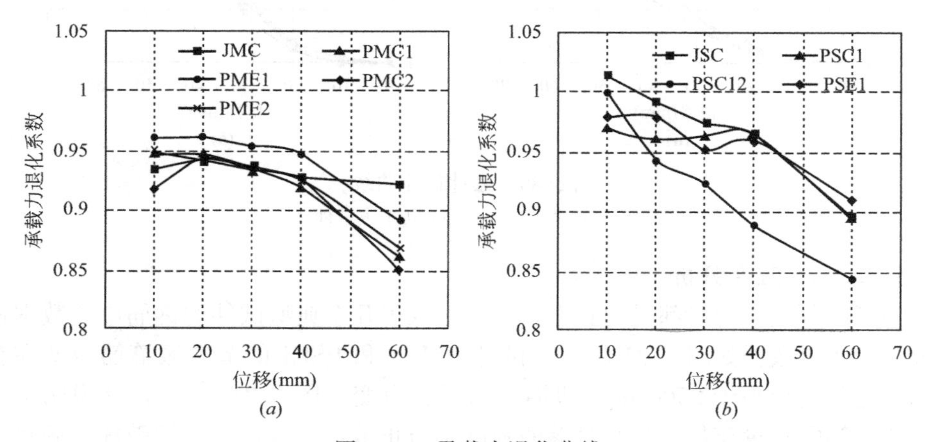

图 8.29　承载力退化曲线

(a) 中节点试件；(b) 边节点试件

8.2.2.5　耗能分析

图 8.30 为各试件的累计耗能曲线。这几个试件表现出非常相似的能量耗散过程。在第一个加载循环内，各构件的能量耗散较小。随着损伤的发展，混凝土

不断退化，更多钢筋进入屈服阶段，各构件的耗能迅速增加。在前两个加载循环内，试件 PME1 和 PSE1 的钢筋应变发展较为缓慢，且 ECC 部分损伤程度相对较低，构件的滞回性能还未充分发挥。因此，在这一阶段试件 PME1 和 PSE1 的耗能要小于其他试件。然而，当位移达到 40mm 后，试件 PME1 和 PSE1 的耗能迅速增加。在最后一个加载循环内，这两个试件的耗能与现浇节点极为接近。这与 ECC 材料本身优越的滞回性能相关，同时 ECC 的使用降低了钢筋与基体的粘结滑移，使得构件内部钢筋的滞回行为得到充分发挥。比较试件 PSC1 和 PSC12 的耗能可以发现，柱顶较高的轴向力可以有效控制裂缝，保持截面完整，从而提供更好的能量耗散能力。试件 PMC2 最终的累计耗能约为现浇试件 JMC 的 78%。该构件纵筋与混凝土的粘结滑移比其他构件更为严重，同时加强钢筋的存在使得梁内纵筋应变发展缓慢，从而降低构件的耗能能力。试件 PME2 同样存在这些问题，但是因为 ECC 材料的使用，试件 PME2 的最终累计耗能比试件 PMC2 提高了 13%。

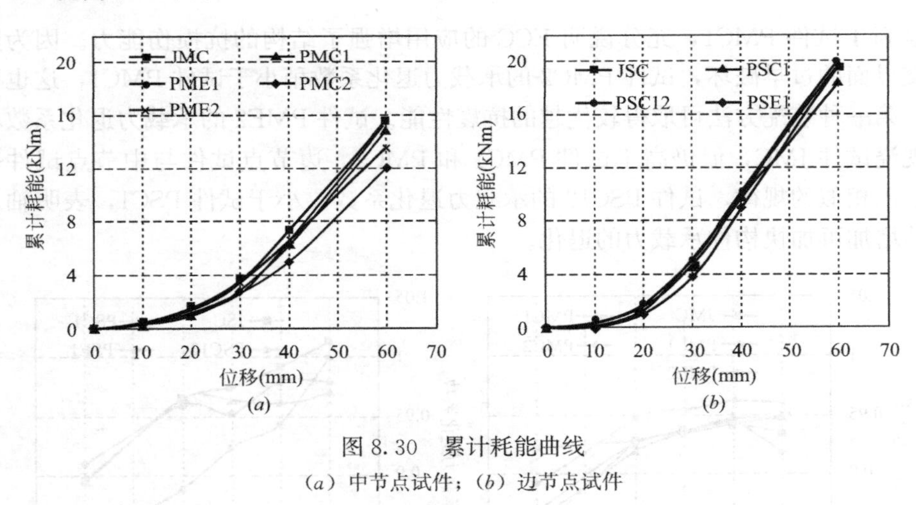

图 8.30　累计耗能曲线

(*a*) 中节点试件；(*b*) 边节点试件

8.2.2.6　应变分析

为了解各试件的局部受力状态，本节选取了几个典型试件的钢筋应变数据进行分析，所得数据如图 8.31 所示。试件 PMC1 和 PSE1 的节点区箍筋应变在整个加载过程内均小于 2500 $\mu\varepsilon$，即钢筋的屈服应变（图 8.31*a*、*b*），这说明了节点区的箍筋配置量充足，具有足够的强度来防止节点区域发生剪切破坏，满足抗震设计中“强节点、弱构件”的设计要求。试件 PMC1 与 PME1 的梁端箍筋应变值较小（图 8.31*c*、*d*），箍筋并未达到屈服，表明梁端截面的设计满足抗震设计中“强剪弱弯”的设计要求。装配式 RC/ECC 组合节点 PME1 的箍筋应变始终低于试件 PMC1，大多在 0 ~ 900$\mu\varepsilon$ 之间。这是因为 ECC 具有比普通混凝土更好的抗剪性能[6]，在加载过程中 ECC 可协调箍筋一起承担剪力，也表明在

ECC构件中可适当降低箍筋用量。由图8.31（e）与图8.31（f）可知，试件PME1与PSE1的纵向钢筋都已屈服，梁端塑性铰区钢筋的塑性变形较大。试件PME1的U2与U3、Z2与Z3，试件PSE1的U2与U3、Z1与Z3在加载过程中表现出相似的规律，即同一根钢筋不同位置处的应变在位移较小时数值接近，但位移较大时数值相差较大。这是因为位移较小时，ECC呈多裂缝开裂，ECC与钢筋的协同变形使得钢筋应变分布比较均匀。但到加载后期ECC区域会出现一条大裂缝，此处的PVA纤维被拉断或者拔出，而此时基体与钢筋并没有发生严重的粘结滑移。此时钢筋的应变分布会非常不均匀。RC节点的钢筋应变分布规律应与之相反，在加载前期钢筋应变分布不均匀，后期则会因钢筋的粘结滑移导致钢筋应变分布变得均匀。但遗憾的是，在测量过程中RC节点的钢筋应变片过早发生了破坏，采集的应变数据非常有限，在此不做对比说明。

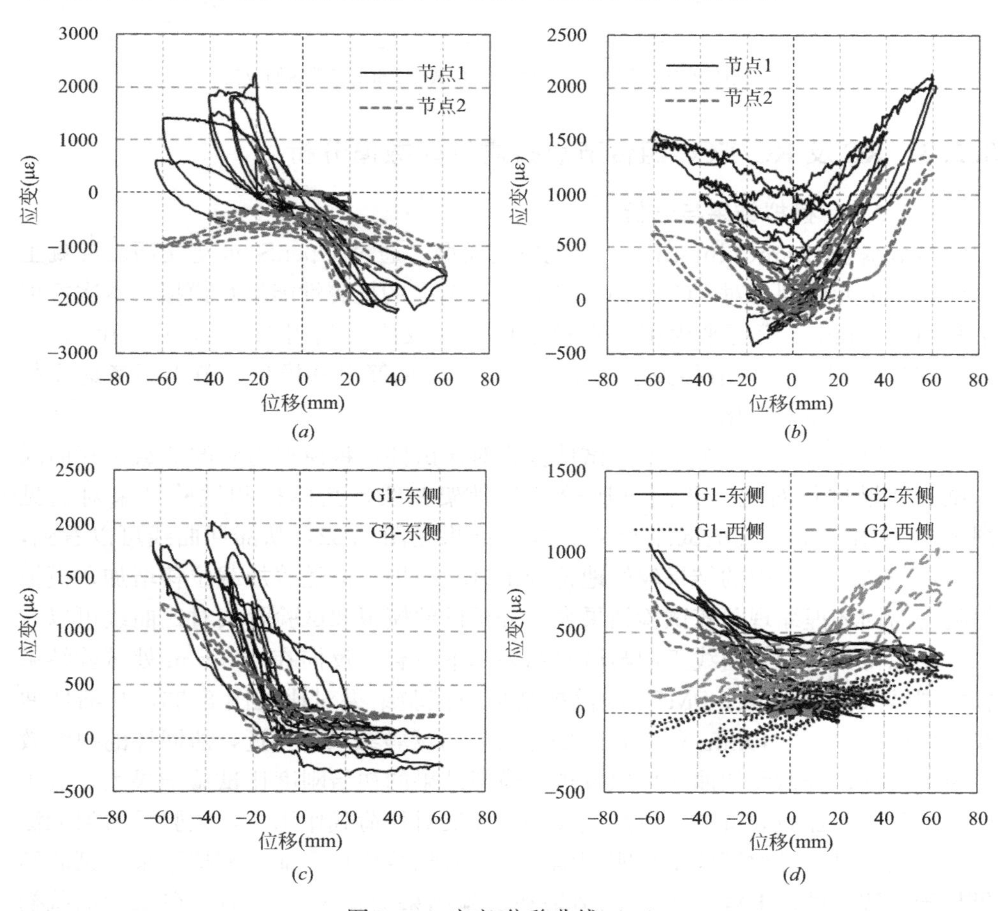

图8.31 应变-位移曲线（一）

（a）试件PMC1节点区箍筋应变；（b）试件PSE1节点区箍筋应变；

（c）试件PMC1梁端箍筋应变；（d）试件PME1梁端箍筋应变

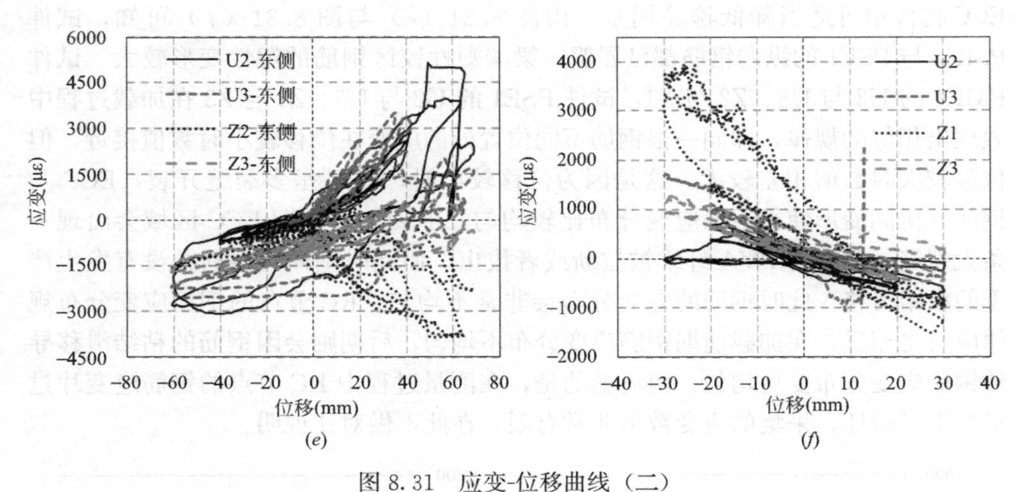

图 8.31 应变-位移曲线（二）

（e）试件 PME1 梁端纵筋应变；（f）试件 PSE1 梁端纵筋应变

8.2.3 RC 及 RC/ECC 组合节点抗震性能数值分析

8.2.3.1 模拟结果与分析

本节基于 BeamColumnJoint 宏观单元模型，通过 OpenSees 建立钢筋混凝土梁柱节点单元模型，对 RC 和 RC/ECC 组合节点的抗震性能进行模拟。本次模拟中利用 Pinching4 模型来模拟节点核心区剪切反应，利用 Eligehausen 和 Hawkins 提出的钢筋应力-滑移关系的模型[7,8] 建立钢筋滑移模型，节点不考虑反复荷载下剪力传递的退化。

本次模拟选取了 5 个中节点试件作为对比试件，将模拟得到的荷载位移曲线与试验结果进行对比，并同时比较了其骨架曲线，其模拟和试验结果对比见图 8.32～图 8.36。现浇试件 JMC 的模拟结果见图 8.32，从滞回曲线可以看到，试验加载初期，模拟的结果较好地符合了试验结果，但随着加载位移增加，模拟得到的滞回环捏缩现象较试验结果大。分析试件模拟和试验骨架对比曲线可以看到，模拟得到的骨架曲线正向与试验结果基本重合，反向在－20mm 处试验结果较模拟结果偏大。试件 PMC1 的模拟结果与试验结果对比见图 8.33，从滞回曲线对比可以看到，40mm 和 60mm 的滞回环与试验结果很接近，滞回环的捏缩效应模拟较好。分析骨架曲线可以发现，模拟结果的初始刚度比试验结果大，这主要是由于试验加载装置的抗侧刚度较小，在反对称荷载作用下，试验反力架无法完全固定柱身，导致试验结果刚度偏小。随着加载位移增加，模拟结果与试验结果趋于一致。试件 PMC2 的模拟结果和试验结果对比见图 8.34，在试验加载初期，滞回环模拟与试验结果较为接近；但当加载到后期试件接近失效时，模拟结果较试验结果偏大，主要是由于试验过程中混凝土剥落，导致承载力严重下降，而模拟无法考虑到这点，故出现偏差。试件 PME1 的模拟对比结果见图 8.35，从滞回曲线对比可以发现，模拟结果的滞回环较试验结果捏拢，滞回环包络的面积较试验结果小，说明该 ECC 本构关系定义偏于保守，没有充分考虑 ECC 材料的抗损伤能力，低估了 ECC 的耗能作用。对比模拟和试验的骨架曲线，可以看到模拟的初始刚度仍较试验结果偏大。试件 PME2 的模拟与试验对比结果见图 8.36。从滞回曲线可以看到，在加载初期，滞回环的模拟比较接近，当模拟 60mm 及 80mm 滞回环时，滞回环包络面积模拟结果明显比试验结果小，模拟未能充分考虑 ECC 材料的优异耗能。对比分析骨架曲线，正向加载模拟结果大于试验结果，主要是模拟过多地考虑了加强钢筋的作用。

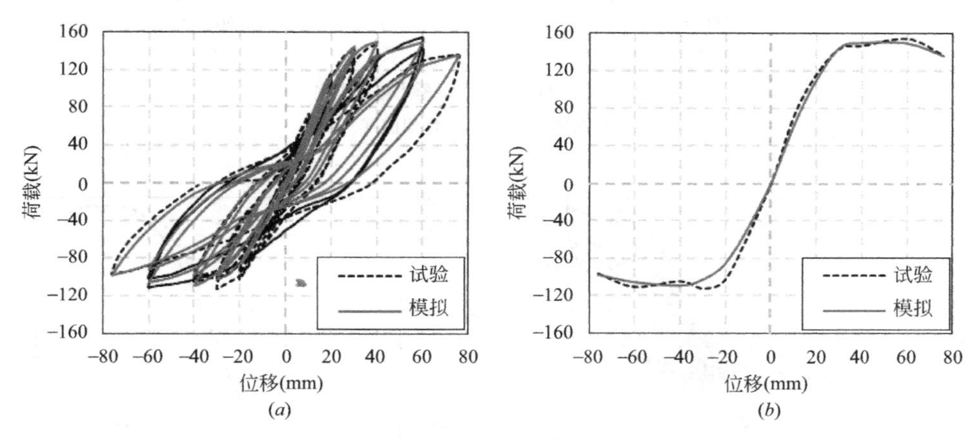

图 8.32　试件 JMC 试验模拟对比

（*a*）滞回曲线；（*b*）骨架曲线

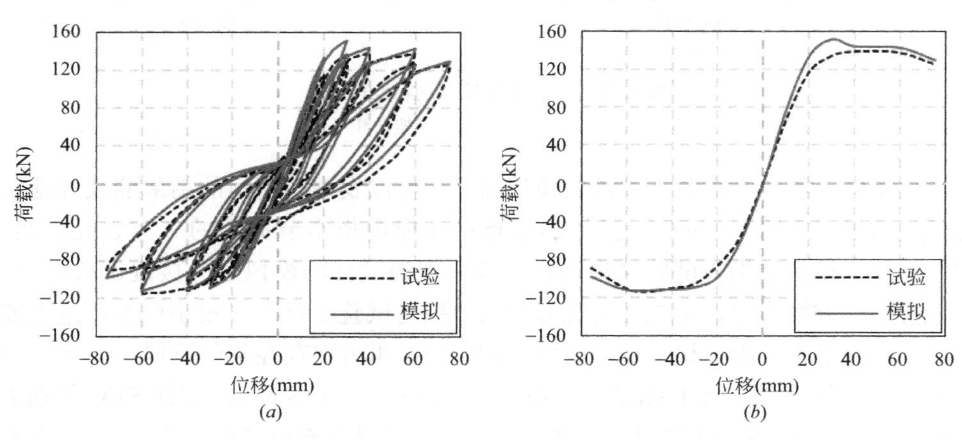

图 8.33　试件 PMC1 试验模拟对比

（*a*）滞回曲线；（*b*）骨架曲线

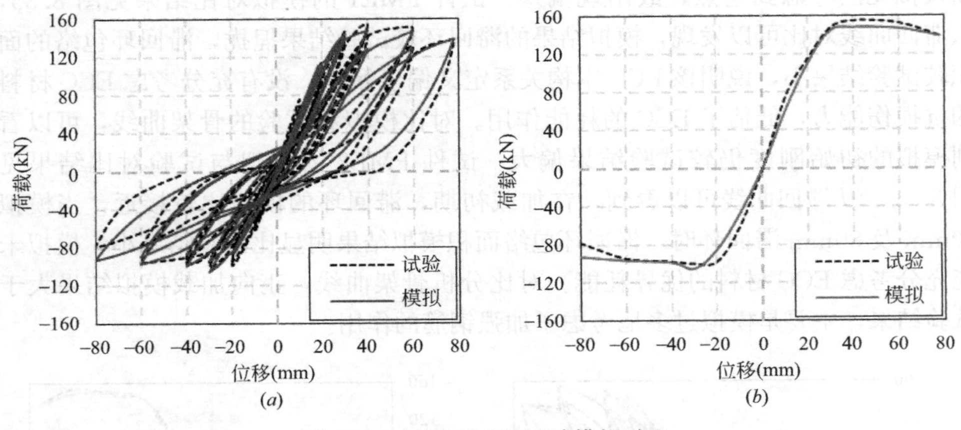

图 8.34 试件 PMC2 试验模拟对比

(a) 滞回曲线；(b) 骨架曲线

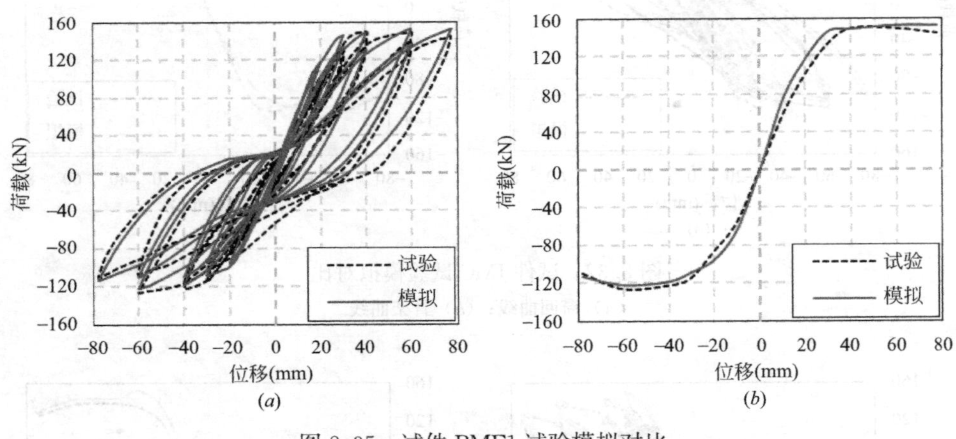

图 8.35 试件 PME1 试验模拟对比

(a) 滞回曲线；(b) 骨架曲线

从整体上看 5 个中节点试件的模拟结果，可以发现，模拟的结果能较好地拟合试验结果，表明 OpenSees 提供的节点单元能模拟本节提出的 2 类装配方案。但仔细分析模拟结果与试验结果可以发现：现浇试件的模拟最为接近试验结果，第一类装配方案次之，第二类装配方案的模拟与试验结果存在较小误差，这主要是由于第一类方案更加接近现浇试件，同时第二类方案存在加强钢筋，受力更加复杂。从试件 PME1 和 PME2 的模拟结果可以看到，OpenSees 中的 ECC 单轴本构模型能较好地模拟 ECC 材料的受力特性，但其没有充分考虑 ECC 材料细密裂缝开展机制以及优越的抗损伤能力，导致滞回环比实际结果捏拢，结果偏于保守。

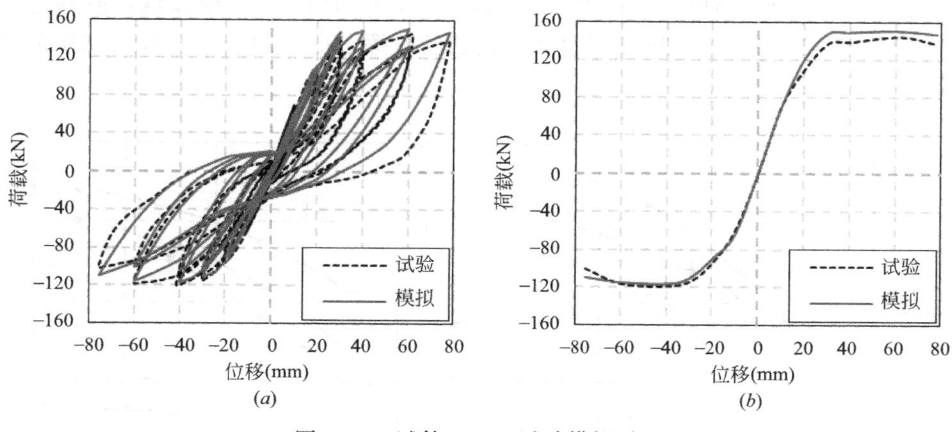

图 8.36　试件 PME2 试验模拟对比

（a）滞回曲线；（b）骨架曲线

8.2.3.2　抗震性能影响因素分析

由于试验数量是有限的，为了更加全面地了解 ECC 对装配式梁柱节点性能的影响，本节通过 OpenSees 建立的梁柱节点模型进行了参数分析。在参数分析中，模型的几何尺寸、配筋等均与第 3 章试验部分试件相同。通过 OpenSees 有限元分析了不同参数（ECC 强度、ECC 弹模折减）对装配式梁柱节点力学性能的影响。

1. ECC 强度

从 8.2.2 试验结果可知，后浇高强混凝土抗压强度均高于 ECC 的抗压强度，导致试验过程中无法比较同一抗压强度下，不同后浇基体材料对试件力学性能的影响；同时，为了探究 ECC 材料强度提高对节点受力性能影响的规律，本小节对 ECC 强度进行了参数分析。

本小节选取 3 类装配式节点模型 PME1、PME2、PMC1，分别取其后浇基体立方体抗压强度为 20MPa、25MPa、30MPa、35MPa、40MPa、45MPa 和 50MPa，比较在不同立方体抗压强度下，模型的屈服强度和峰值强度，其结果可见图 8.37，其中，当后浇混凝土强度达到 45MPa 和 50MPa 时，计算结果不收敛，故略去分析。图 8.37（a）表示不同基体立方体抗压强度对节点屈服强度的影响，从图中可以看出，随着基体强度的增加，装配式节点的屈服强度增加，但增加的效果越来越不明显；不同的基体材料和不同的装配方式对基体抗压强度增加的敏感程度不同。当基体材料立方体抗压强度为 20MPa 时，三者的屈服强度相差不大，说明当基体材料强度过低时，不能充分发挥加强钢筋和 ECC 的作用；但随着基体材料抗压强度地增加，屈服荷载出现了不同程度的增长，对比分析 PME1 和 PME2，可以发现 PME2 由于加强钢筋的作用，屈服荷载在后期仍能较快增长；对比分析 PME1 和 PMC1，可以发现，由于 ECC 弹模较低，故其进入屈服阶段较混凝土晚，在进入屈服后，钢筋已发挥了更大的作用，故其屈服荷载较混凝土高。

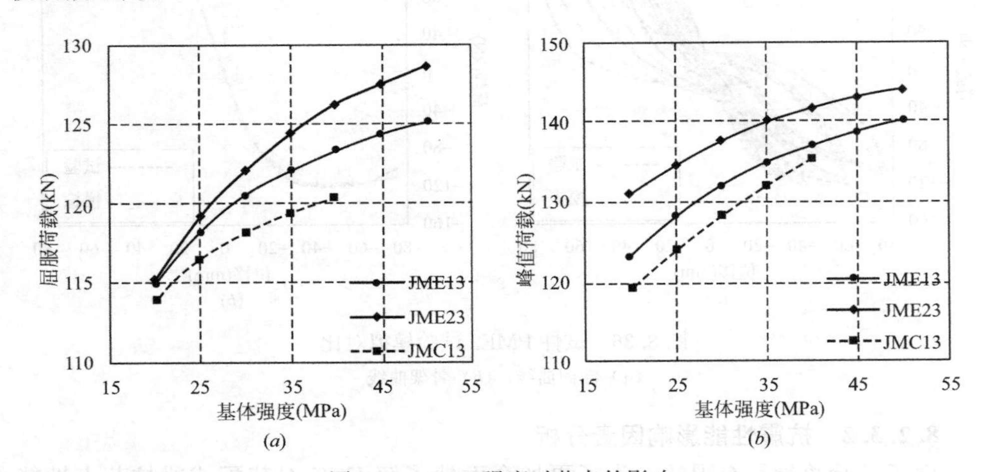

图 8.37　ECC 强度对节点的影响

(*a*) 不同基体强度对屈服荷载影响；(*b*) 不同基体强度对峰值荷载影响

从图 8.37 (*b*) 可以知道，随着后浇基体材料抗压强度增加，3 类试件的峰值荷载均增加，但增长情况各不相同：后浇混凝土试件 PMC1 随着混凝土强度提高，峰值荷载接近线性提高，增长最快；后浇 ECC 试件 PME1 随着 ECC 强度提高，峰值荷载提高效果越来越不明显，主要原因是即使 ECC 强度较弱时，但其压应变较大，仍能充分发挥钢筋的强化作用，故其峰值荷载仍较大，而随着 ECC 强度的提高，钢筋却没有增加，故其峰值荷载增加有限；后浇 ECC 并加配加强钢筋的试件 PME2 随着 ECC 强度的提高，峰值荷载增加最不明显，主要是即使在基体强度较低时，由于加强钢筋的存在，峰值荷载仍然较大。

对比分析 3 类模型的峰值荷载，可以看到，同一抗压强度下，带加强钢筋的模型 PME2 峰值荷载最大，后浇 ECC 模型 PME1 次之，后浇混凝土模型 PMC1 最小；此外，分析 PME1 和 PMC1 可知，为了达到相近的峰值荷载，后浇混凝土需比后浇 ECC 提高一个强度等级。

2. ECC 弹模折减

由于 ECC 材料中不含有粗骨料，胶凝材料用量较大，因此在装配式构件中使用 ECC 作为后浇材料时，干燥收缩较为明显，造成 ECC 弹性模量的降低。因此，本小节选取了 2 类装配式节点模型 PME1 和 PME2，分别考虑了四种不同的弹性模量折减系数（0、5%、10%和 15%）对节点刚度比和强度比的影响，如表 8.7 所示。此处的刚度比和强度比指的是模拟计算值与试验结果的比值，刚度指模型骨架曲线计算得到的屈服荷载与屈服位移的比值。

表 8.7 列出了模型 PME1 在 4 种不同情形下的刚度比和强度比，情形 1 代表 ECC 弹模未进行折减，从中可以看到模拟得到的刚度比试验结果大约 20%，但屈服强度和峰值强度与试验结果较为接近，分别比试验结果小约 5%和 3%。从表 8.7 可以看到，试件 PME1 的刚度随着 ECC 弹性模量的减小而缓慢降低，并且降低幅度趋于减小；当 ECC 弹性模量折减 15%时，会导致模型 PME1 刚度降低约 2.5%；ECC 弹性模量折减同样会导致模型 PME1 屈服强度和峰值强度的降低，但降低的幅度并不大，例如，当模型中 ECC 弹模折减 15%时，模型 PME1 的屈服强度降低了约 2.1%，峰值强度降低了约 2%。

表 8.7 同样列出了模型 PME2 不同情形下的刚度比和强度比，随着 ECC 弹模的减小，模型 PME2 亦表现出类似模型 PME1 的规律；但与模型 PME1 相比，模型 PME2 受 ECC 弹模的影响较模型 PME1 更小，主要是由于第二类装配方案加配了加强钢筋，相比较 ECC 弹模，加强钢筋对节点的刚度和强度影响更大。

ECC 弹模折减对刚度比和强度比影响 **表 8.7**

试件	情形	弹模折减(%)	刚度比	屈服强度比	峰值强度比
JME13	1	0	1.20	0.95	0.97
	2	5	1.18	0.94	0.96
	3	10	1.17	0.93	0.96
	4	15	1.17	0.93	0.95
JME23	1	0	1.09	0.96	0.97
	2	5	1.09	0.95	0.97
	3	10	1.08	0.95	0.97
	4	15	1.08	0.95	0.97

8.3 本章小结

将 ECC 材料应用于装配式框架结构中，能显著提高装配式构件的承载力、延性及抗震性能等，本章对装配式 RC/ECC 组合柱和组合节点的力学性能进行研究，并得到了以下结论：①低周反复荷载作用下，灌浆套筒连接钢筋的装配式柱可取得与现浇柱相似的承载力和骨架曲线；与现浇柱和装配式 RC 柱相比，装配式 RC/ECC 组合柱拥有更优越的变形能力、抗损伤能力和耗能能力；②在低轴压的装配式柱中，ECC 材料的使用可改善构件曲率分布模式并减少损伤区域；在高轴压的装配式柱中，ECC 材料的使用可有效提升构件的延性和承载力；③低周反复荷载作用下，ECC 材料在装配式节点中的使用可阻止劈裂裂缝的产生，有效改善构件的滞回行为，增加耗能能力；④在装配式 RC/ECC 组合节点中，ECC 强度的增加可提升构件的承载力，ECC 弹模的折减对节点初始刚度和强度有较小影响。

8.4 参考文献

［1］ Shan Q F，Pan J L，Chen J H. Mechanical behaviors of steel reinforced ECC/concrete composite columns under combined vertical and horizontal loading. Journal of Southeast University (English Edition)，2015，31 (2)：259-265.

［2］ ACI 318. Building code requirements for structural concrete，American Concrete Institute；Farmington Hills，MI，USA，2011.

［3］ Xu L，Pan J L and Chen J L. Mechanical Behavior of ECC and RC/ECC Composite Columns under Reversed Cyclic Loading. Journal of Materials in Civil Engineering. 2017，29 (9)：04017097.

［4］ Bandelt M J，Billington S L. Impact of Reinforcement Ratio and Loading Type on the Deformation Capacity of High-Performance Fiber-Reinforced Cementitious Composites Reinforced with Mild Steel. ASCE J Struct Eng，2016，142 (10)：04016084.

［5］ Haber Z B，Saiidi M S，Sanders D H. Seismic Performance of Precast Columns with Mechanically Spliced Column-Footing Connections. ACI Struct J，2014，111 (3)：639-650.

［6］ Lepech M D，Li V C. Sustainable pavement overlays using engineered cementitious composites. International Journal of Pavement Research and Technology，2010，3 (5)：241-250.

［7］ Eligehausen R，Popov E P，Bertero V V. Local bond stress-slip relationships of deformed bars under generalized excitations［R］. EERC Report，University of California，Berkeley，1982.

［8］ Hawkins N M，Lin I J，Jeang F L. Local bond strength of concrete for cyclic reversed loadings［C］// Bartos P ed. Bond in Concrete. London：Applied Science Publishers Ltd，1982：151-161.

第9章 装配式RC/ECC组合框架结构抗震性能

前文的研究结果表明装配式RC/ECC组合构件可取得等同现浇或比现浇构件更优越的力学性能，因此可以预知装配式RC/ECC组合框架也应具有较好的整体性和抗震性能。在装配式混凝土框架结构中使用ECC材料后，首先能够使构件进行充分的弹塑性变形，显著提高构件所需延性，增强结构在地震中的能量耗散；其次，ECC材料具有良好的抗损伤性能。在弹塑性变形阶段，钢筋与ECC之间可以协调变形，界面粘结应力能够大大降低，从而减少纵向劈裂裂缝和混凝土剥落的发生，确保结构或构件即使发生较大的变形还能保持较好的刚度和强度，有效保证结构的整体性。为推广装配式混凝土框架结构在高烈度地震区域的应用，需要对装配式RC/ECC组合框架的抗震性能进行定量的分析与评估。

针对以上研究目标，本章主要开展以下研究工作：①对已有装配式框架结构的拆分方案和连接方式进行优化，简化结构的装配过程，并明确ECC材料在装配式框架中的使用位置；②通过低周反复加载试验和有限元模拟研究装配式RC/ECC组合平面框架的抗震性能，并分析不同参数对装配式RC/ECC组合平面框架的影响；③通过振动台试验研究装配式RC/ECC组合空间框架的动力特性和损伤机理；④通过有限元模拟对装配式RC/ECC组合框架结构进行静力推覆分析，得到采用不同装配方法的组合框架在不同地震水准下的性能信息，对其进行抗震性能评估。

9.1 装配式框架结构的拆分及连接方案

9.1.1 装配式框架结构的拆分方案

9.1.1.1 结构拆分的基本要求

装配式结构的拆分方案直接影响到预制构件的形式以及整体结构的力学性能，为保证拆分方案的合理，装配式结构在进行构件拆分的时候应满足以下四个要求：一是应使拆分位置的受力合理，拆分位置处通常存在钢筋连接及新旧混凝土界面，该部位的力学性能一般要弱于预制构件。因此拆分位置宜选在结构内力较小处，并且尽量避免在结构塑性铰位置进行拆分，从而保证结构具有合理的耗能机制。二是充分考虑预制构件的生产能力、道路运输和施工现场的吊装能力。预制构件的尺寸过大，形状不规则会增加运输难度及成本。因此应尽量减少带节点预制的 T 形或十字形构件。同时预制构件的吊装通常是现场施工过程中耗时最多的工序，因此结构拆分位置的选择应使构件的提升、定位和放置省时。三是应减少连接数量，降低连接处施工难度。预制构件拆分数量过多会影响结构的整体性能，并导致施工现场的作业量增加。连接处施工的简便可以有效保证连接质量，快速施工，合理节省费用。四是尽量满足预制构件标准化的设计要求，减少预制构件规格，从而加快施工进度、降低成本并利于装配式结构的推广。

9.1.1.2 装配式框架的拆分方案设计

根据上述拆分要求，本文对装配式框架的拆分方案进行分析。现有装配式框架结构多把拆分位置选在梁柱节点处，并采用单梁、单柱式或多层柱的预制构件，具体做法如图 9.1（*a*）所示。这种拆分方法的预制构件外形简单，重量较小，便于生产、运输及安装，是目前装配式框架结构应用较多的一种方式，也是本文推荐的拆分方案之一。但该方案的梁、柱构件在节点区域连接并后浇，导致节点处构造较为复杂，钢筋经常出现锚固空间不足的情况，施工质量也难以得到保证。同时节点区域的受力本就比梁柱构件更为复杂，容易发生脆性的剪切破坏。因此在大震作用下，节点连接区域极有可能先于预制构件发生破坏，结构难以实现“强节点弱构件”和“强剪弱弯”，且结构的整体性能容易出现不足。

为保证梁柱节点区的施工质量和力学性能，可将梁柱节点区与框架柱一起预制，框架柱与框架梁的拆分位置可分别位于楼层中部和梁端，具体形式如图 9.1（*b*）所示。在这种拆分方案中，框架柱于楼层的反弯点处进行拆分，使薄弱的连接部位避开弯矩较大处，保证了预制柱连接的有效性。该拆分方案的预制构件类型与第一种拆分方案类似，形式简单统一，预制构件的运输和吊装成本较小。同时预制构件也可做成单梁、多层柱的形式，减少了预制构件的数量，加快了施工进度。但此拆分方法使预制梁与预制柱的连接位于梁端的塑性铰区，连接部位需要有足够的强度和变形能力来实现大震中的内力传递和能量耗散。同时新旧混凝土界面出现在梁柱交界面上，极易发生连接破坏，因此该装配方法对连接质量和可靠性要求较高。

第三种拆分方案与第二种拆分方案相似，只是将预制梁的拆分位置向梁跨中移动一段距离，如图 9.1（*c*）所示。这种做法使预制梁的连接区域离开塑性铰区，降低了结构对连接质量的要求，也保证了梁柱节点区良好的力学性能。但此种拆分方案导致预制柱的构造较为复杂，对构件生产要求高且不利于构件运输，因此这种拆分方案在工程中的应用程度要低于前两种拆分方案。

9.1.2 装配式框架构件的连接方案

针对上文提出的三种装配式框架拆分方案，本节提出相应的连接方法对预制

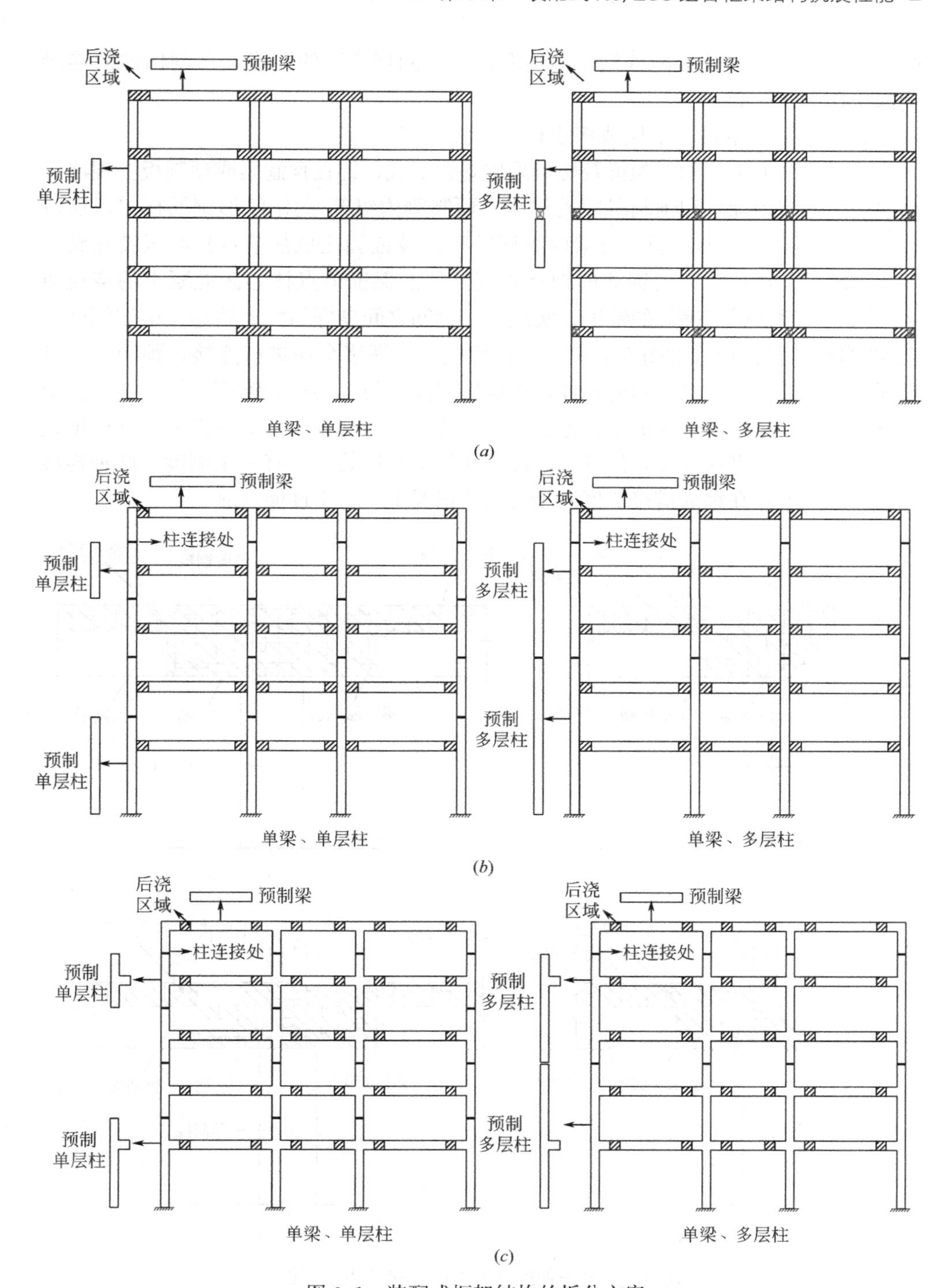

图9.1 装配式框架结构的拆分方案

(*a*) 方案一（节点连接）；(*b*) 方案二（梁端连接）；(*c*) 方案三（梁内连接）

构件进行连接。为使装配式框架结构取得“等同现浇”的性能，预制构件的连接全部采用湿式连接。

1. 方案一（单梁、单层或多层柱、节点连接）

此种拆分方案中的框架梁及楼板采用叠合形式，即在预制梁或预制板上现浇一层混凝土，使现浇层和预制层形成整体。预制梁内纵筋采用U形钢筋搭接，通过在节点区内引入U形钢筋，将梁内纵筋的搭接及锚固区域从节点核心区转移到梁端，缓解了节点核心区内钢筋的拥挤程度，从而保证节点核心区混凝土的浇筑质量。同时为增加梁端钢筋的锚固，实现搭接钢筋之间良好的内力传递，梁端钢筋向上90°弯折，具体形式如图9.2所示。框架柱采用灌浆套筒进行连接，预制柱下端预埋灌浆套筒，上端纵向钢筋外伸，在楼层层高处与下层柱的钢筋进行连接。由于节点区域需后浇，若预制框架柱做成多层柱的形式，预制柱层间连接节点处应增设交叉钢筋，并与纵筋焊接，保证该连接处在运输和吊装时具有一定刚度。此种连接方法较为传统，在钢筋搭接长度满足要求的情况下，力学性能可靠。

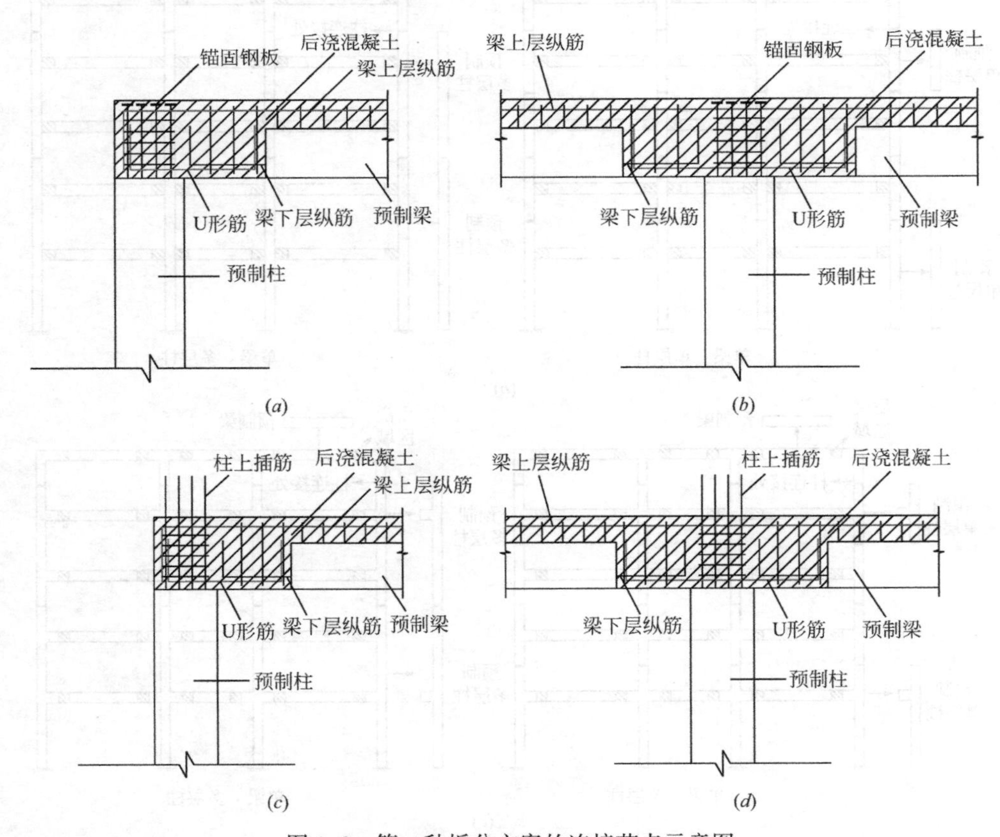

图9.2 第一种拆分方案的连接节点示意图

(*a*) 顶层边节点；(*b*) 顶层中节点；(*c*) 中间层边节点；(*d*) 中间层中节点

2. 方案二（单梁、单层或多层柱、梁端连接）

此拆分方案中框架梁及楼板采用叠合形式，预制梁内纵筋采用U形钢筋搭接，框架柱及柱身节点区域一起在工厂预制，预制柱内纵筋采用灌浆套筒连接，具体的节点连接形式如图9.3所示。预制中柱的节点区域预留孔洞，方便梁上层钢筋、U形钢筋及加强钢筋穿过节点，预制边柱节点区域的各水平纵筋与柱身一起预制。梁端区域的后浇导致新旧混凝土界面出现在梁柱交界面上，因此为避免梁柱界面过早发生破坏，在节点部位设置加强钢筋，使梁端塑性铰向梁内移动一段距离。

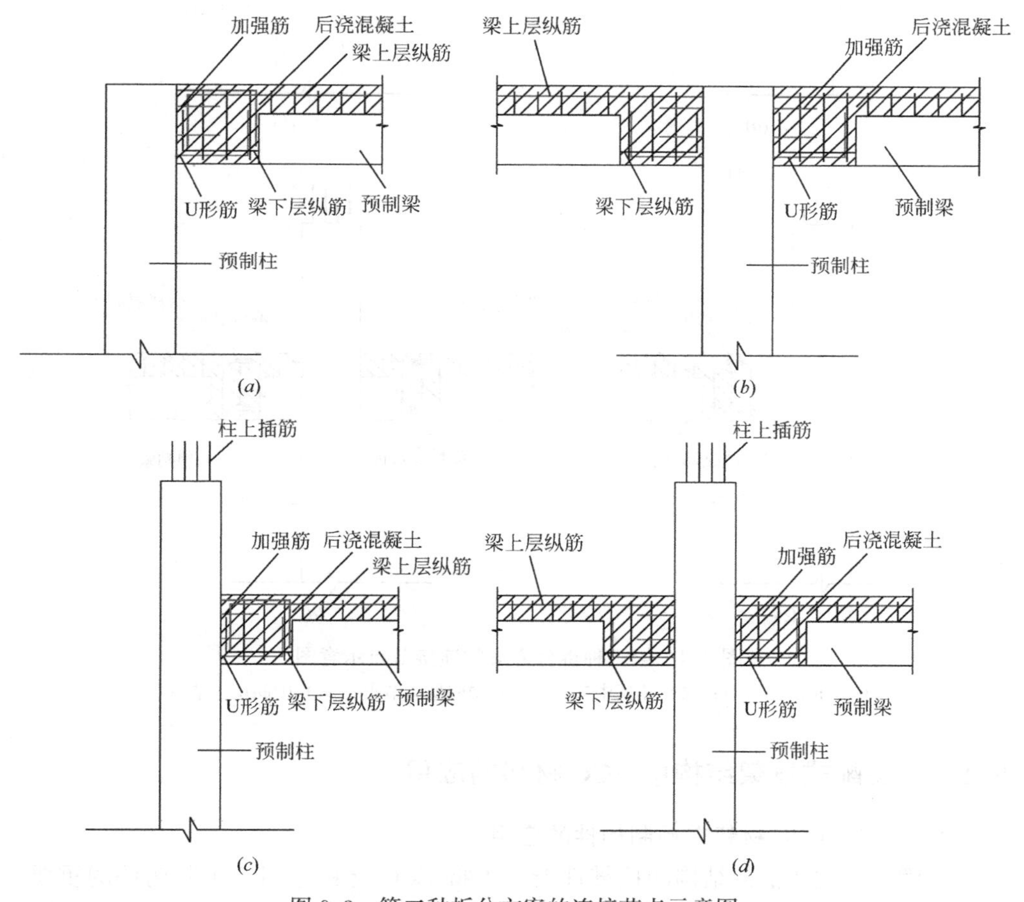

图9.3　第二种拆分方案的连接节点示意图

(*a*) 顶层边节点；(*b*) 顶层中节点；(*c*) 中间层边节点；(*d*) 中间层中节点

3. 方案三（单梁、单层或多层柱、梁内连接）

此拆分方案中框架梁及楼板采用叠合形式，预制梁内纵筋采用灌浆套筒连接，框架柱及梁端节点区域一起在工厂预制，预制柱内纵筋采用灌浆套筒连接，具体的节点连接形式如图9.4所示。因预制梁纵筋采用灌浆套筒连接，钢筋的连接长度得到降低，框架梁内后浇区域的范围要小于方案一及方案二。

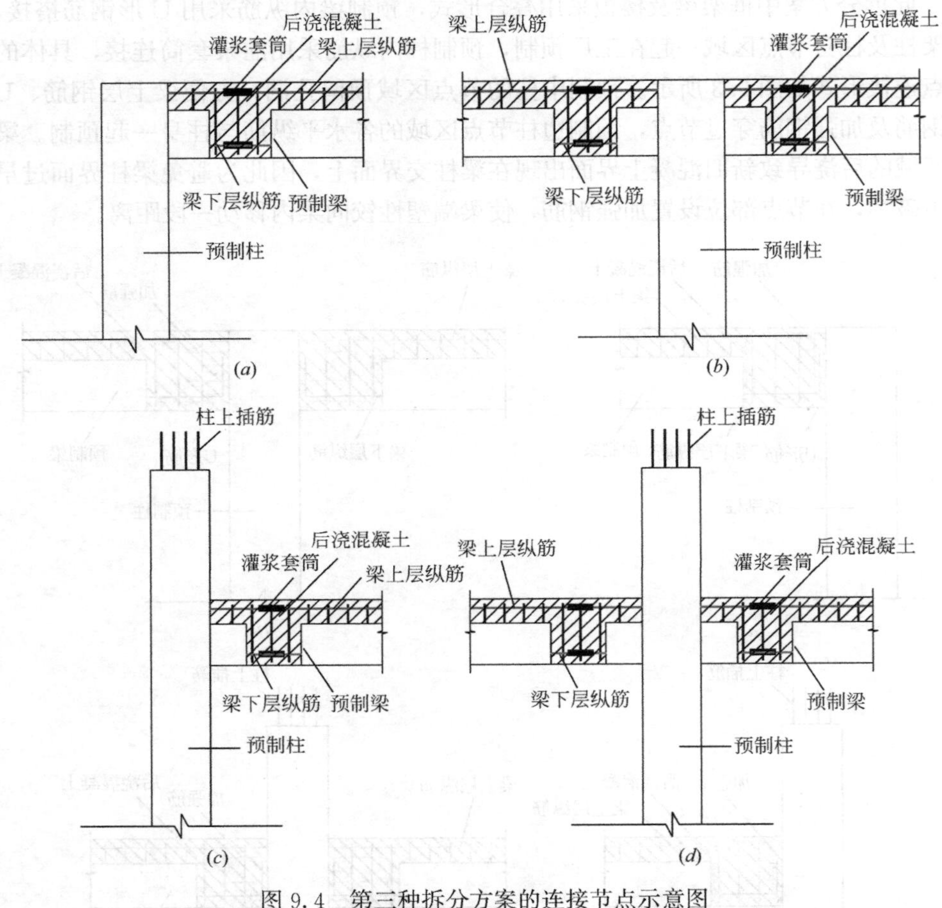

图 9.4　第三种拆分方案的连接节点示意图

（*a*）顶层边节点；（*b*）顶层中节点；（*c*）中间层边节点；（*d*）中间层中节点

9.1.3　装配式框架结构中 ECC 材料的应用

9.1.3.1　ECC 材料在预制构件的应用

为增强装配式框架结构的抗震性能，可将 ECC 材料应用于预制构件的重要部位，如梁柱节点区，梁端、柱端塑性铰区等，增强构件在地震作用下的承载力、延性及耗能。

1. 预制柱

第一种拆分方案中的预制柱不带节点预制，因此可将 ECC 应用于预制柱的上下端部，具体形式如图 9.5（*a*）所示。ECC 在柱端的浇筑长度为 l_{p}，即该构件的塑性铰区长度，在无法得知具体塑性铰长度的情况下，塑性铰长度可取为

1.0h（h 为预制柱截面高度）。第二种拆分方案中的预制柱带节点预制，因此可将 ECC 应用于预制柱的柱身节点区及其附近区域，具体形式如图 9.5（b）所示。ECC 在柱中的浇筑长度为 $2\times l_{\mathrm{p}}+h_{\mathrm{b}}$（$h_{\mathrm{b}}$ 为预制梁截面高度）。在无法得知具体塑性铰长度的情况下，塑性铰长度可取为 1.0h（h 为预制柱截面高度）。第三种拆分方案中的预制柱带节点及梁端预制，因此除柱身节点区使用 ECC，梁端也提倡用 ECC 浇筑，有效增强梁端的耗能能力。节点区柱身 ECC 的使用范围与方案二中相同，梁端 ECC 浇筑长度为 l_{p}。

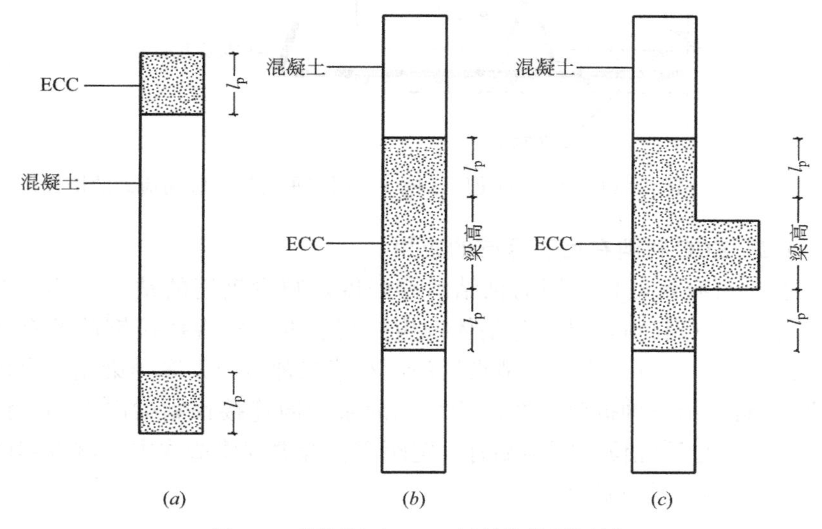

图 9.5　预制柱中 ECC 材料的使用区域

（a）方案一；（b）方案二；（c）方案三

2. 预制梁

在本章采用的三种拆分方案中，框架梁的端部均为后浇或与预制柱一同预制，因此预制梁采用普通 RC 梁即可。对于承受较大竖向荷载或对耐久性有较高要求的装配式框架结构而言，可在预制梁下部使用 ECC 材料，有效增强构件的抗弯承载力并控制梁底裂缝的发展。图 9.6 为预制梁中 ECC 的使用区域。

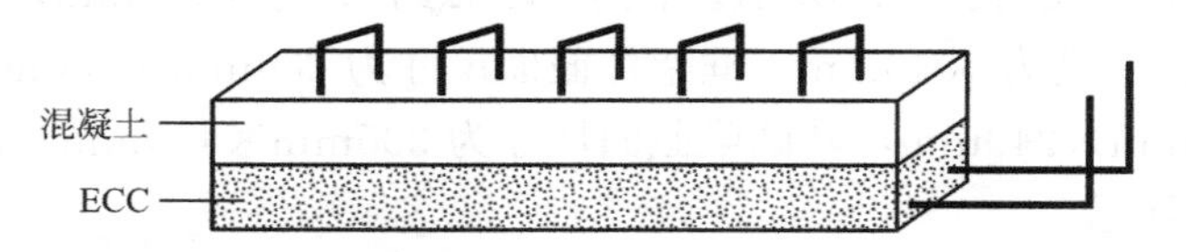

图 9.6　预制梁中 ECC 材料的使用区域（适用于承受较大竖向荷载的框架）

3. 预制板

预制叠合楼板为装配式框架结构中普遍采用的楼板形式，楼板主要承受竖向荷载作用，并且无需对楼板进行抗震计算。因此在装配式框架中，一般预制叠合楼板用普通 RC 楼板即可满足受力要求。但对于承受较大竖向荷载或对耐久性有较高要求的楼板来说，如总厚度可达到 1000mm 的地下室顶板及底板，此时叠合楼板可做成 RC/ECC 组合楼板形式（图 9.7），有效提高楼板抗弯承载力，并降低楼板高度。同时 ECC 材料在预制板底部的使用可以大幅度降低板底裂缝宽度，提升楼板的防水抗渗性能。

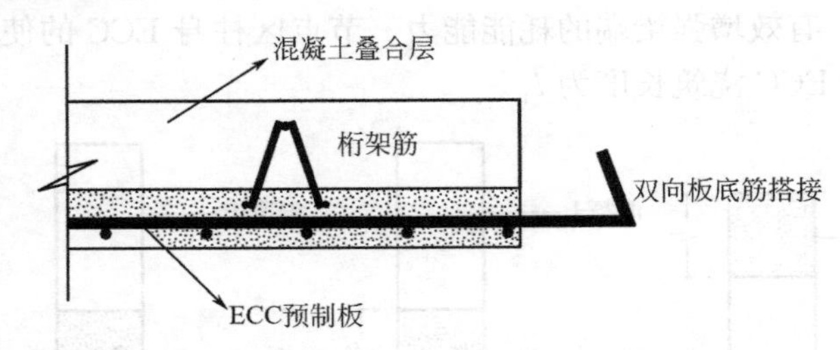

图 9.7　预制板中 ECC 材料的使用区域（适用于承受较大竖向荷载的楼板）

9.1.3.2　ECC 材料在后浇区域的应用

ECC 材料可有效提高钢筋的粘结滑移强度，减少钢筋的粘结滑移。因此在后浇区域使用 ECC 材料，可避免基体发生劈裂裂缝，实现搭接钢筋的有效内力传递。因此在第一种拆分方案的节点后浇区和第二种拆分方案的梁端后浇区推荐使用 ECC 材料。第三种拆分方案由于采用灌浆套筒连接预制梁内纵筋，钢筋连接具有可靠性，且后浇位置距梁端有一定距离。考虑到建造成本，该方案的梁内后浇区域采用混凝土浇筑即可。

9.2　装配式 RC/ECC 组合框架抗震性能试验

9.2.1　试验设计与实施

本试验选取了轴压比及配箍率作为研究变量，设计了 4 榀框架，具体参数设置及各试件编号如表 9.1 所示。试验框架跨度为 2400mm，首层层高为 1090mm，二层层高为 1040mm；框架柱截面尺寸为 200mm×250mm，框架梁截面尺寸为 130mm×240mm，基础梁截面尺寸为 300mm×400mm，试验框架模型概况如图 9.8 所示。

试验参数　　表 9.1

试件编号	试件类型	轴压比	柱箍筋配置
RC-1	现浇混凝土框架	0.2	全长ф8@100
ER-2	装配式 RC/ECC 组合框架	0.2	全长ф8@100

续表

试件编号	试件类型	轴压比	柱箍筋配置
ER-3	装配式RC/ECC组合框架	0.4	全长Φ 8@100
ER-4	装配式RC/ECC组合框架	0.2	底层柱及节点区Φ 8@200

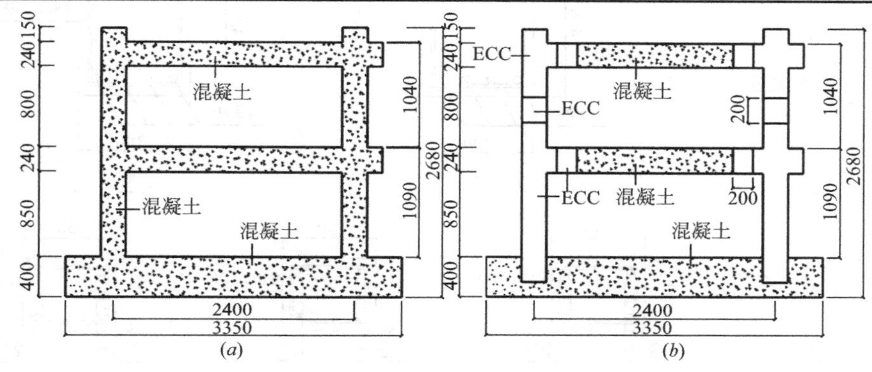

图 9.8　试验框架概况

(*a*) 现浇混凝土框架；(*b*) 装配式RC/ECC组合框架

本试验将柱的拆分位置选为层高的1/2处，使薄弱部位避开弯矩最大处，以提高结构构件的安全性。梁的拆分位置距离梁端一段距离，避开梁柱交界面。柱与柱之间采用型钢进行连接，即下部柱的上端预埋一块H型钢，在上部柱的下端预埋两块角钢，H型钢与角钢之间通过螺栓连接固定；柱纵向钢筋之间的连接采用滚轧直螺纹套筒进行连接；梁纵向钢筋采用搭接焊连接，之后在连接区域浇筑ECC，完成构件连接处的施工。图9.9以试件ER2、ER3为例，给出装配式框架的施工图。

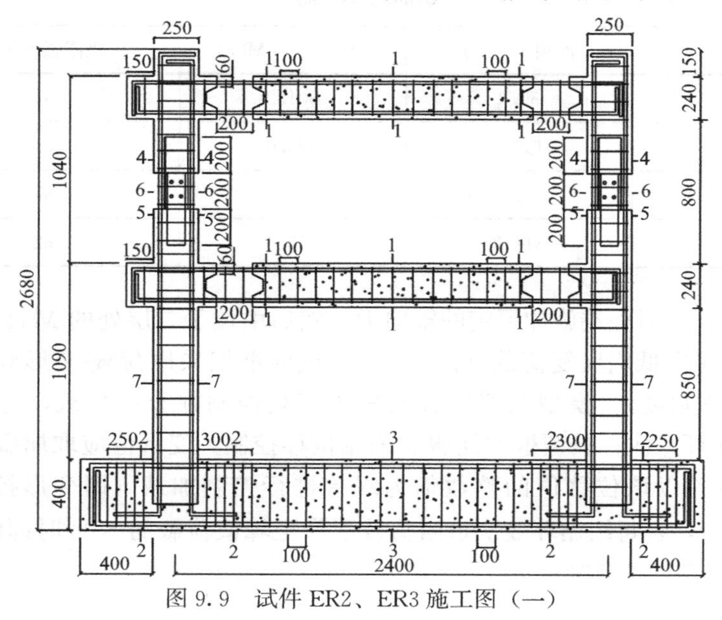

图 9.9　试件ER2、ER3施工图（一）

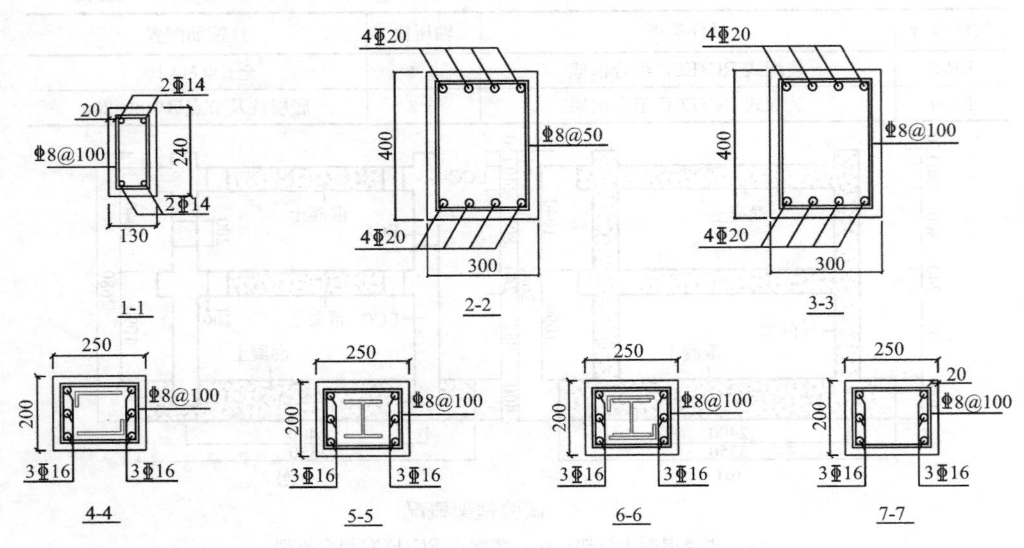

图 9.9 试件 ER2、ER3 施工图（二）

预制 ECC 柱和后浇 ECC 连接区的 ECC 材料立方体抗压强度分别为 30.9MPa 和 29.8MPa，试验试件采用 C40 普通混凝土，立方体抗压强度为 39.5MPa。试件采用强度等级为 HRB400 的纵向受力钢筋，钢筋材性见表 9.2。连接 H 型钢及角钢为 Q235 钢，连接螺栓为 8.8 级普通螺栓。

钢筋力学性能 **表 9.2**

直径（mm）	面积（mm^2）	屈服强度（MPa）	极限强度（MPa）
8	50.3	501.2	640.0
14	153.9	495.0	643.0
16	201.1	520.0	668.0
20	314.2	455.0	623.0

试验时，先对柱端施加恒定的轴向力，然后由位于二层处的 MTS 作动器对框架施加水平向低周反复荷载（图 9.10）。试验框架采用荷载-变形双控制方法（即混合加载制度）。模型框架屈服前采用荷载控制并分级加载，每级荷载为 10kN，且循环一次；模型框架屈服后采用位移控制，变形值应取屈服时试件的最大位移值并以该位移值的整数倍为级差进行控制加载（即变形控制为 Δ_y、$2\Delta_y$、$3\Delta_y$…），且每级循环 3 次，当荷载下降至峰值荷载的 85%时即停止加载，图 9.11 为试件的加载制度。

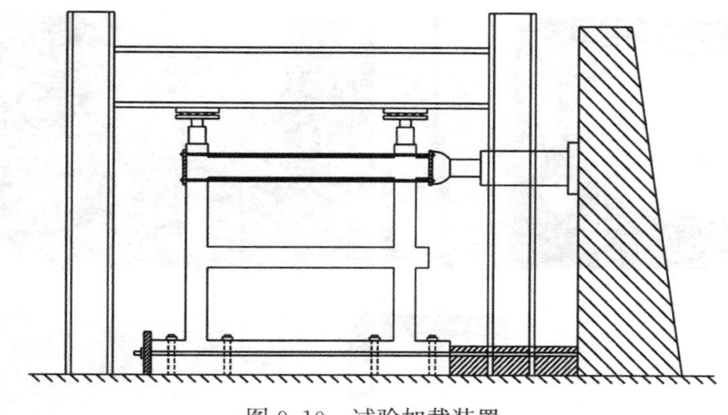

图 9.10　试验加载装置

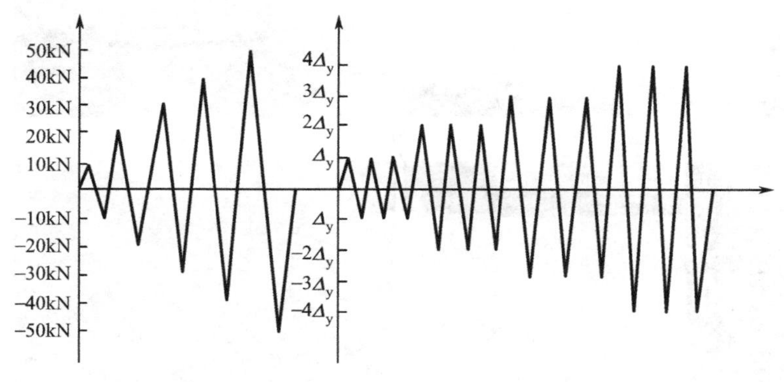

图 9.11　加载制度

9.2.2　试验结果与分析

9.2.2.1　试验现象

各试件的破坏形态如图 9.12 所示。对于 RC-1，位移加载到 $6\Delta_y$ 时，梁端、柱端出现较大裂缝，往复荷载施加过程中，混凝土不断剥落，一层梁右端、二层梁左端底部纵筋外露。$7\Delta_y$ 时，一层柱根、梁端混凝土大面积剥落，柱根纵筋外露、压曲，并且出现钢筋拉断声，导致该级荷载第三个循环突然剧烈下降至 100kN 以下，故认为此时框架已达到极限状态，停止加载。对于 ER-2，位移加载到 $4\Delta_y$ 时，柱根及梁端主裂缝开展较大，二层柱底侧面新增较多斜裂缝。$5\Delta_y$ 时，仅柱受拉侧出现若干条水平裂缝。$6\Delta_y$ 时，节点区新增斜裂缝，梁端、柱根部裂缝宽度开展较大，此时荷载已下降到峰值荷载的 85%，停止加载。对于 ER-3，位移加载到 $4\Delta_y$ 时，柱受拉侧裂缝增加，侧面出现大量弯剪斜裂缝，二层梁柱节点斜裂缝增加，二层柱下侧出现横向贯通裂缝。$8\Delta_y$ 时，梁端连接处界面裂

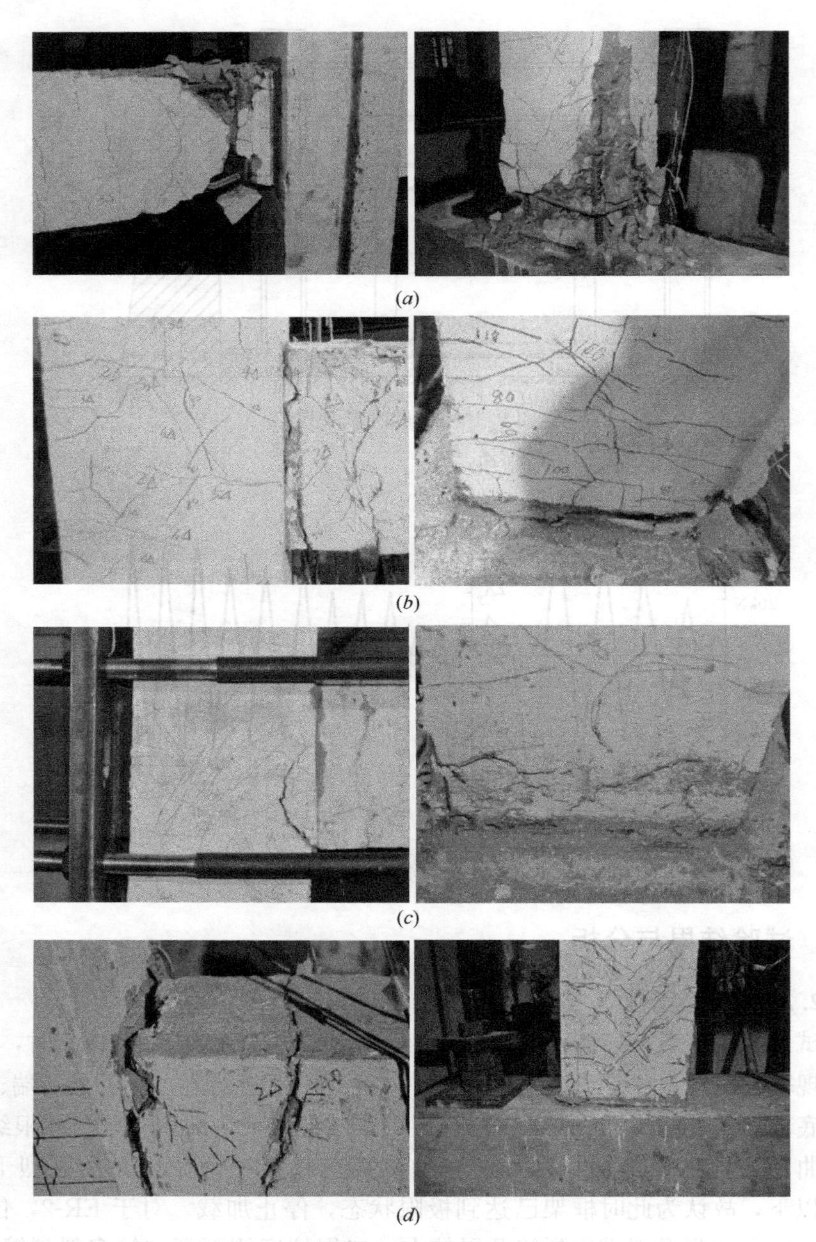

图 9.12　试件破坏情况

(*a*) RC-1；(*b*) ER-2；(*c*) ER-3；(*d*) ER-4

缝宽达 5mm，二层梁柱节点边缘出现宽约 5mm 裂缝。$11\Delta_y$ 时，柱底部、梁端及梁连接区界面裂缝宽度开展较大，荷载下降至峰值荷载 85%以下，停止加载。对于 ER-4，位移加载到 $4\Delta_y$ 时，柱与柱交界处、梁柱交接处、新梁端连接区端部界面裂缝明显增大，柱受拉两侧裂缝主要沿水平向。$5\Delta_y$ 时，柱根部的裂缝宽达 10mm，且贯穿整个截面；一层柱上的裂缝数量远远多于节点区及梁。$6\Delta_y$ 时，节点区裂缝数量继续增多，但仍以梁柱端部裂缝为主，荷载下降至峰值荷载85%以下，停止加载。

在试验过程中，四榀框架在塑性铰出现顺序、裂缝开展、最终破坏形式上均有不同之处。观察试验现象，可得到如下结论：

(1) RC-1、ER-2、ER-3 塑性铰先出现于一、二层梁端，再出现于柱根，试验直至破坏，其他柱端均未出现塑性铰，而 ER-4 柱根塑性铰的出现要稍早于部分梁端，其余与之相同。基本符合“强柱弱梁”的抗震设计原则。

(2) RC-1 节点区仅出现少量斜裂缝，ER-2、ER-4 节点区出现若干细密斜裂缝，由于轴压力和水平峰值荷载有较大提高，ER-3 二层节点区裂缝数量和宽度明显多于 ER-2 和 ER-4，最终破坏时在二层左节点靠近梁端处出现了一条明显的主裂缝，且四榀框架均为发生剪切破坏，符合“强剪弱弯”的抗震设计原则。ER-2 在柱上形成的微裂缝明显多于 RC-1。由于 ER-4 箍筋配置少，在柱上出现弯剪斜裂缝，同时在柱上形成的微裂缝稍大于 ER-3。由于轴压力的增大，ER-3 破坏时柱上的裂缝数量略少于 ER-2 与 ER-4。

(3) RC-1 最终破坏形式为梁端、柱根处混凝土压碎、剥落。虽然其加载到了 $7\Delta y$，但是在该级荷载下的第二个循环，峰值荷载较第一个循环下降 11%，第三个循环较第一个循环下降了 27%，说明了此时框架已经达到承载能力极限状态，峰值荷载大幅下降也说明了普通混凝土框架的耐损伤能力较差。而 RC/ECC 组合框架是由于连接界面裂缝开展过大以及梁端柱根部弯曲受拉破坏，并未出现剥离现象，在梁端及柱端仍然很好地保证了截面的完整性。

9.2.2.2　滞回曲线

由试验得到的四个试件顶层梁端荷载-位移滞回曲线如图 9.13 所示。四榀框架的滞回曲线整体表现大致为弓形，其中 ER-2 的捏拢程度稍大于 RC-1，由于装配式框架在连接处裂缝开展较宽，钢筋滑移较大。ER-4 的捏拢程度稍大于 ER-2，由于 ER-4 底层柱及节点少配置了箍筋，受到了更大的剪切影响；对于卸载刚度，RC-1、ER-2、ER-4 下降较明显，也明显小于 ER-3，说明轴压比的增大增强了边界约束条件，使得卸载刚度增大并且衰减缓慢；对于极限位移，ER-2 与 ER-4 相同，均大于 RC-1，说明 ECC 较混凝土具有更好的变形能力。ER-3 小于 ER-2，说明轴压比的增大使得极限变形能力下降；随着位移量的增大，四榀框架的滞回曲线不断向水平轴倾斜，残余变形值不断增大。

9.2.2.3　骨架曲线及延性分析

由框架试验的滞回曲线得到的骨架曲线如图 9.14 所示。对比屈服前的骨架曲线，ER-2 的整体刚度略小于 RC-1，主要是由于 ECC 的弹性模量低于普通混

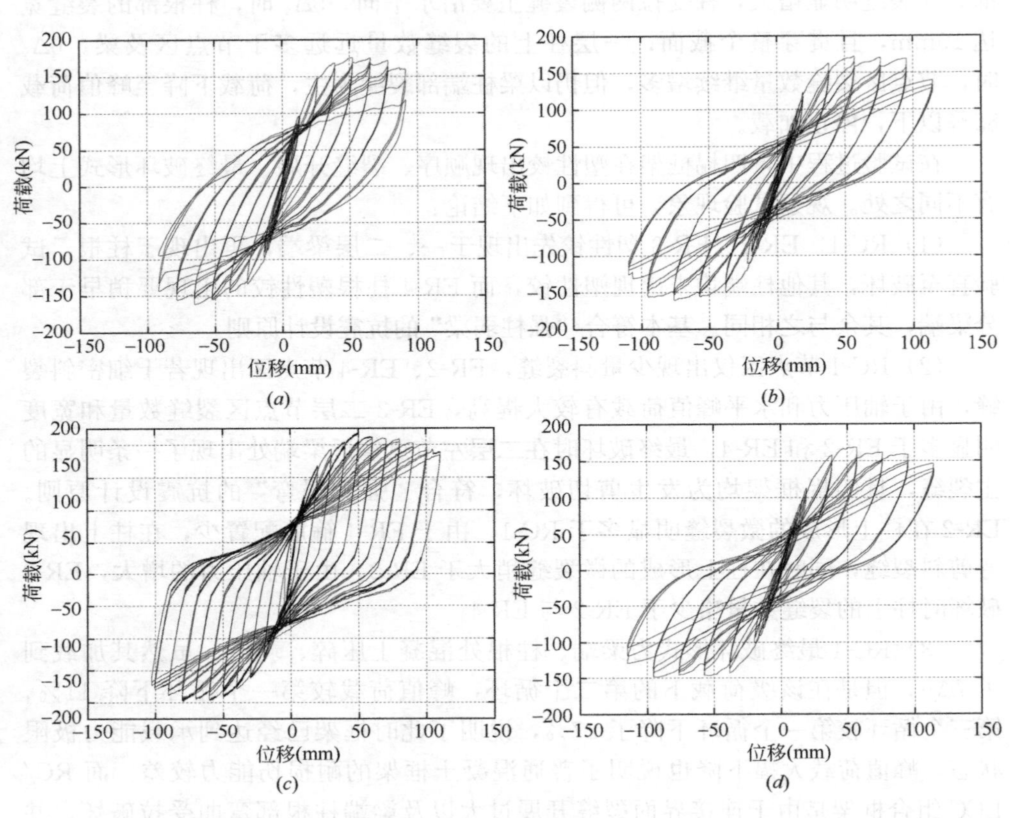

图 9.13 滞回曲线

(*a*) RC-1；(*b*) ER-2；(*c*) ER-3；(*d*) ER-4

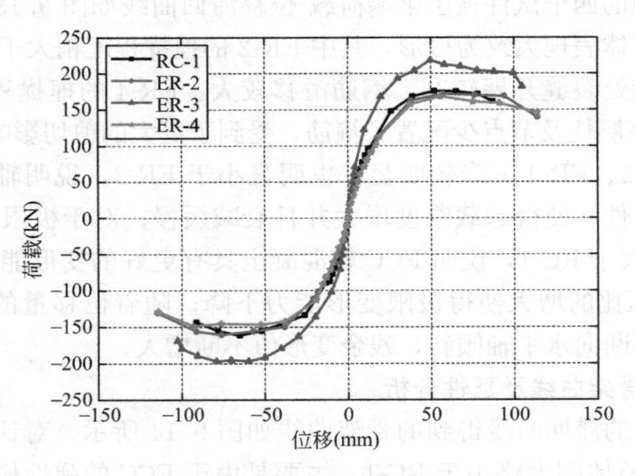

图 9.14 骨架曲线

凝土；ER-3 的加载刚度明显大于 ER-2，说明轴压力的提高使得框架的整体刚度也得到了较大提高；框架屈服前 ER-4、ER-2 骨架曲线基本重合，没有差别，但是屈服后，减少箍筋配置的 ER-4 骨架曲线略低于 ER-2，直至破坏。

框架试件的位移延性系数如表 9.3 所示，ER-2、ER-3、ER-4 延性系数的平均值比 RC-1 大 19.1%。因此装配式 RC/ECC 组合框架的延性大于普通混凝土框架，具有更好的抗震性能；ER-3 延性系数略小于 ER-2，相差不到 1%，说明轴压比从 0.2 增大至 0.4 时，对框架延性基本没有影响；ER-2 延性系数小于 ER-4，说明底层柱及节点区箍筋配置减少后，其延性反而增大。

特征荷载和延性系数 **表 9.3**

试件	屈服位移 (mm)	屈服荷载 (kN)	峰值荷载 (kN)	极限位移 (mm)	极限荷载 (kN)	延性系数
RC-1	31.4	100	175.8	87.0	161.3	2.77
ER-2	35.6	110	172.0	114.6	140.0	3.22
ER-3	32.2	140	218.3	102.6	182.1	3.19
ER-4	32.7	100	168.7	114.2	142.0	3.49

9.2.2.4 刚度退化分析

图 9.15 为各框架的刚度退化情况，从中可以看出：整个试验过程中，ER-2 的刚度均小于 ER-3，说明轴压比的增大对框架抗侧刚度起到了较大的提升作用。但是从刚度退化速度上看，ER-3 的刚度下降速度较 ER-2 略快。在第一个位移控制加载级，RC-1 的刚度大于 ER-2、ER-4，主要是由于 ECC 材料刚度比混凝土小较多，同时装配式框架的整体性较差。当位移大于 39mm 后，RC-1 与 ER-2 的刚度相当，均略大于 ER-4，当位移大于 78mm 后，RC-1 的刚度开始小于 ER-2，说明 RC-1 的损伤累计严重，刚度下降速度超过 ER-2，因此体现了 ECC 较普通混凝土具有更优越的耐损伤性。每级荷载下 ER-4 刚度平均比 ER-2 小 7%，说明在一层柱及节点减少箍筋配置对框架的抗侧刚度稍有影响，但影响有限。

9.2.2.5 耗能能力

图 9.16 为各框架的等效黏滞阻尼系数随加载位移的变化情况，RC-1 的耗能能力大于 ER-2、ER-4，主要由于装配式框架在试验中连接区裂缝开展比较严重，滞回曲线的捏拢程度较 RC-1 明显。ER-3 耗能能力大于 ER-2，说明在一定范围内增大轴压比可显著提高框架的耗能能力。

RC-1、ER-2、ER-3 的耗能能力都随位移的增大而增强，说明结构的耗能主要在塑性变形阶段。ER-4 的耗能能力开始时增强，但当位移超过 95mm 后，其耗能能力有所下降。主要由于 ER-4 在底层柱和一层节点箍筋配置较少，受到的剪切影响较大，在加载后期，导致滞回曲线的捏拢程度大于 ER-2，使耗能能力下降。

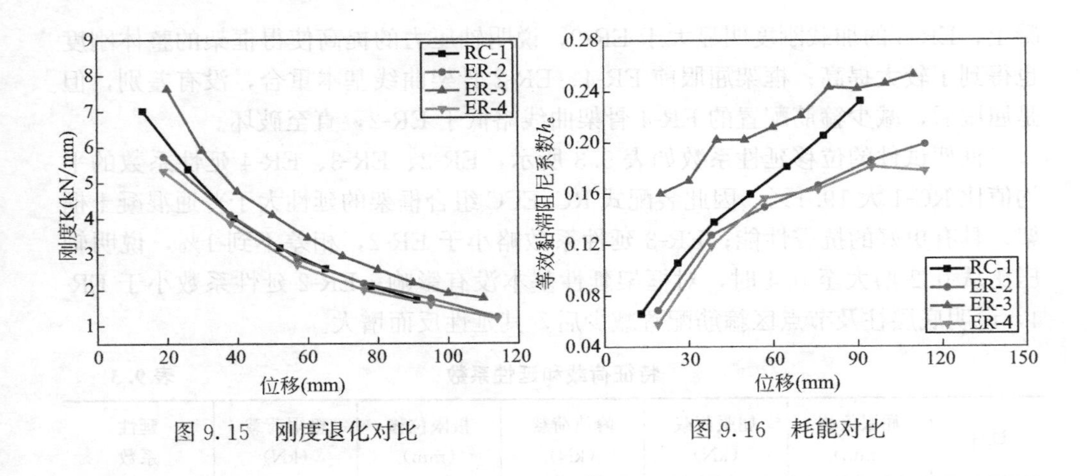

图 9.15 刚度退化对比　　　　图 9.16 耗能对比

9.2.3 抗震性能数值分析

本节利用通用有限元分析软件 MSC. MARC，建立 RC/ECC 组合框架的非线性有限元模型，将模拟结果与低周反复荷载下的 RC/ECC 组合框架抗震性能试验的结果进行了对比，并分析不同参数对组合框架抗震性能的影响，模拟试件采用的材料本构和单元模型见前文。

9.2.3.1 模拟结果与分析

本文以 9.2.2 节中的试验试件 ER-2 为例，采用有限元软件进行有限元模拟，将得到的滞回曲线与试验进行对比分析的同时，比较其骨架曲线、累计耗能与刚度退化的差别。其中各材料本构参数均从通过材料的材性试验测得。

1. 滞回曲线与骨架曲线的对比

模拟的滞回曲线、骨架曲线与试验结果对比如图 9.17 所示。

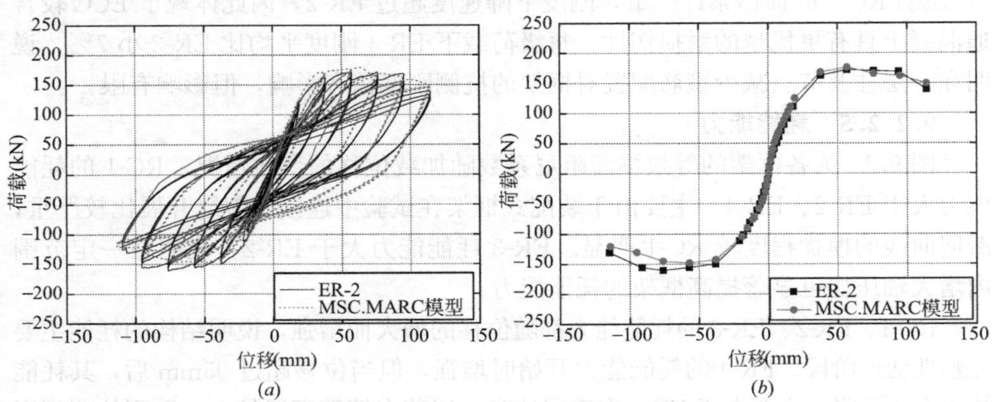

图 9.17 ER-2 模拟与试验滞回、骨架曲线对比

(*a*) 滞回曲线；(*b*) 骨架曲线

从骨架曲线上看，模拟结果在开裂前与试验结果基本吻合。开裂后，RC/ECC组合框架的模拟结果在正向与试验结果吻合良好，在负向则是在框架屈服之后，模拟结果的骨架曲线略低于试验结果，峰值荷载和极限荷载与试验结果的相对误差仅分别为8.1%和8.6%。由于所建模型按整体浇筑考虑，故其未能反映实际试件在连接界面的开裂破坏，导致模拟滞回曲线较试验滞回曲线略饱满，同时卸载及再加载时的刚度也稍大于试验结果。

2. 耗能与刚度退化的对比

图9.18为试件ER-2模拟与试验耗能与刚度退化的对比。对于试件ER-2，在位移约为60mm、40mm、50mm和70mm之前由模拟结果分别计算的等效黏滞阻尼系数均略小于试验结果；在70mm之后，模拟结果大于试验结果。模拟结果在耗能上与试验结果的差别主要是由于模型假设为整体浇筑的RC/ECC组合框架，未能考虑试验的装配式RC/ECC组合框架在连接界面处的破坏，因此模拟滞回曲线比试验滞回曲线饱满，计算所得耗能稍大。试件的刚度退化情况试验结果和模拟结果吻合良好。

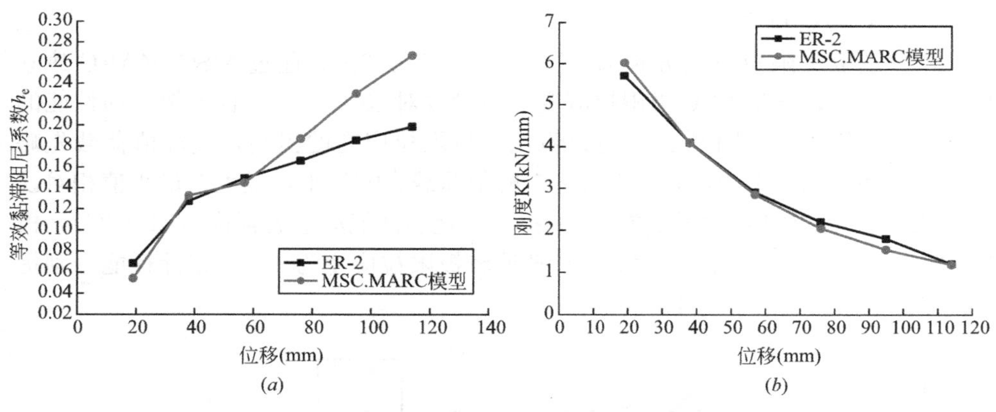

图9.18 ER-2模拟与试验耗能、刚度退化对比

(a) 耗能对比；(b) 刚度对比

9.2.3.2 力学性能影响因素分析

1. 轴压比

本节通过MSC. MARC建立了轴压比分别为0.1、0.2、0.4、0.6、0.8的有限元模型，计算结果的骨架曲线如图9.19所示。由结果分析可以看出，就峰值荷载而言，当框架柱的轴压比从0.1增大到0.2、0.4时，其值不断提高；当轴压比从0.4增加至0.6、0.8时，其值逐渐降低。各轴压比下，由模型计算的累计耗能如图9.20所示。从计算结果可以看出，轴压比为0.1时，累计耗能最大，当轴压比上升至0.2时，累计耗能下降了13.6%，轴压比上升至0.4时，累计耗能较轴压比为0.2时提高8.9%。随着轴压比继续升高至0.6，累计耗能较轴压

比为 0.4 时大幅下降了 62%，轴压比升高至 0.8，累计耗能较轴压比为 0.6 时大幅下降了 66.4%。因此轴压比对 RC/ECC 组合框架的耗能性能有较大影响，尤其是较高轴压比下，将导致框架耗能能力显著下降。

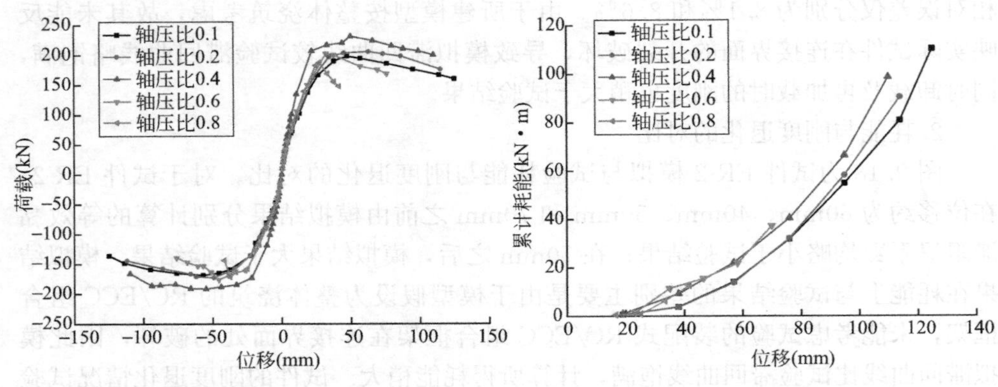

图 9.19 不同轴压比下的骨架曲线

图 9.20 轴压比对耗能的影响

2. ECC 极限拉应变

本文选取极限拉应变分别为 1%、3%、5%、7%，通过 MSC. MARC 建立的有限元模型，分析 ECC 极限拉应变这一参数对 RC/ECC 组合框架滞回性能的影响。从计算结果（图 9.21）可以看出，极限拉应变的提高，使峰值荷载先略有上升，随后稍微下降，总体而言，对峰值荷载影响较小，最大与最小值相对误差仅 4.6%。随着 ECC 极限拉应变的提高，耗能性能亦显著提高（图 9.22），极限拉应变为 3%、5%与 7%时的累计耗能较极限拉应变为 1%的累计耗能分别提高了 25.6%、103.5%与 174.0%。

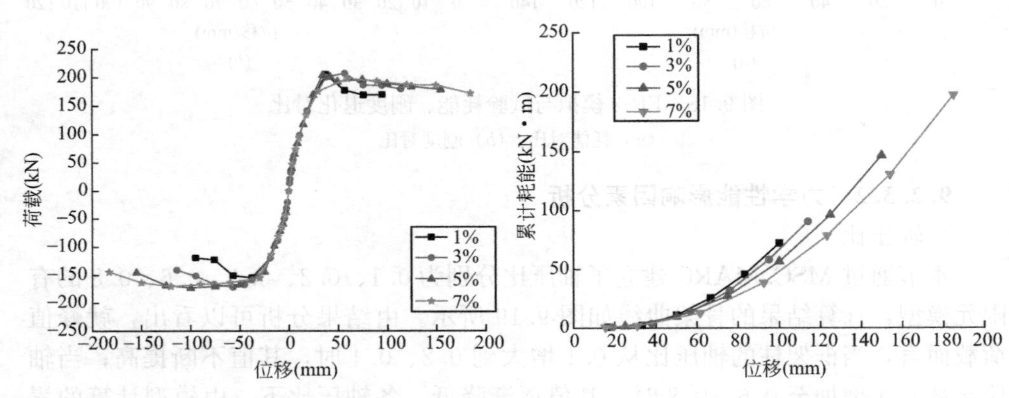

图 9.21 不同 ECC 极限拉应变下的骨架曲线

图 9.22 ECC 极限拉应变对耗能的影响

3. ECC 抗拉强度

对于 ECC 抗拉强度，分别选取了 3MPa、4MPa、5MPa 作为其有限元分析计算参数。从计算结果（图 9.23）可知，当 ECC 的极限抗拉强度增大时，RC/ECC 组合框架的峰值荷载在正向和负向均有提高，且在正向抗拉强度为 4MPa 和 5MPa 时的峰值荷载较抗拉强度为 3MPa 的峰值荷载分别提高了 1.2%和 5.6%；在负向抗拉强度为 4MPa 和 5MPa 时的峰值荷载较抗拉强度为 3MPa 的峰值荷载分别提高了 7.8%和 14.4%。可见该参数的变化对峰值荷载在正向的影响较负向稍小。由图 9.24 可知，ECC 抗拉强度的提高使得 RC/ECC 组合框架的耗能也略有增加，抗拉强度为 4MPa 时，最终累计耗能较抗拉强度为 3MPa 增大 6.0%，抗拉强度为 5MPa 时，最终累计耗能较抗拉强度为 4MPa 增大 6.4%。

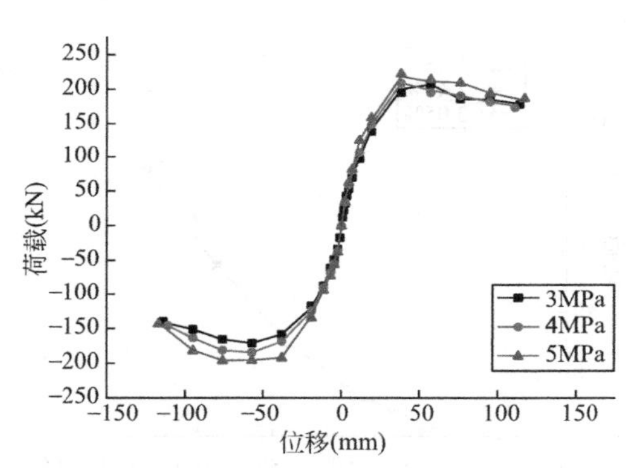

图 9.23　不同 ECC 抗拉强度下的骨架曲线

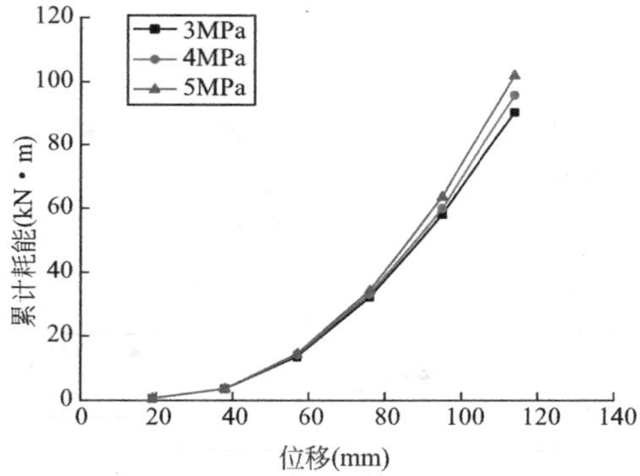

图 9.24　ECC 抗拉强度对耗能的影响

4. 钢筋强度

本节分别分析了钢筋屈服强度为 335MPa、400MPa 及 500MPa 时 RC/ECC 组合框架的滞回性能，根据图 9.25 可知，随着钢筋强度的增大，RC/ECC 组合框架的峰值荷载不断增大。由图 9.26 可知，强度为 400MPa 与 500MPa 时，累计耗能基本相同，较强度为 335MPa 时的累计耗能提高了 12.1%。

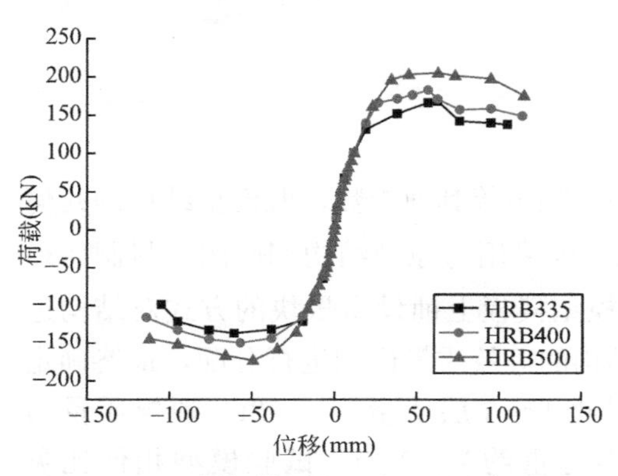

图 9.25　不同钢筋屈服强度下的骨架曲线

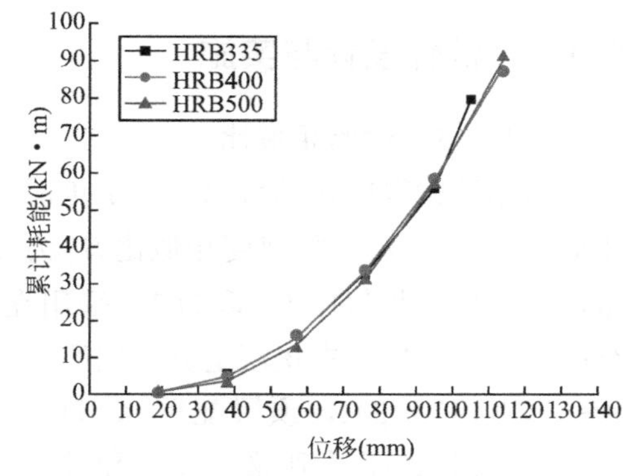

图 9.26　钢筋屈服强度对耗能的影响

5. 柱配筋率

对于柱全部纵筋配筋率，分别考虑了配筋率为 1.85%、2.41%及 3.05%时对 RC/ECC 组合框架滞回结果的影响，计算结果如图 9.27 所示。配筋率由 1.85%增加至 2.41%及 2.41%增至 3.05%，峰值荷载分别增大 9.0%和 6.4%，纵筋配筋率的提高使得 RC/ECC 组合框架的峰值荷载增大。当柱配筋率从 1.85%增加至 2.41%及 2.41%增加至 3.05%时（图 9.28），最终累计耗能分别增加了 5.5%和 5.7%。随着柱配筋率的提高，RC/ECC 组合框架的耗能有明显的增大。

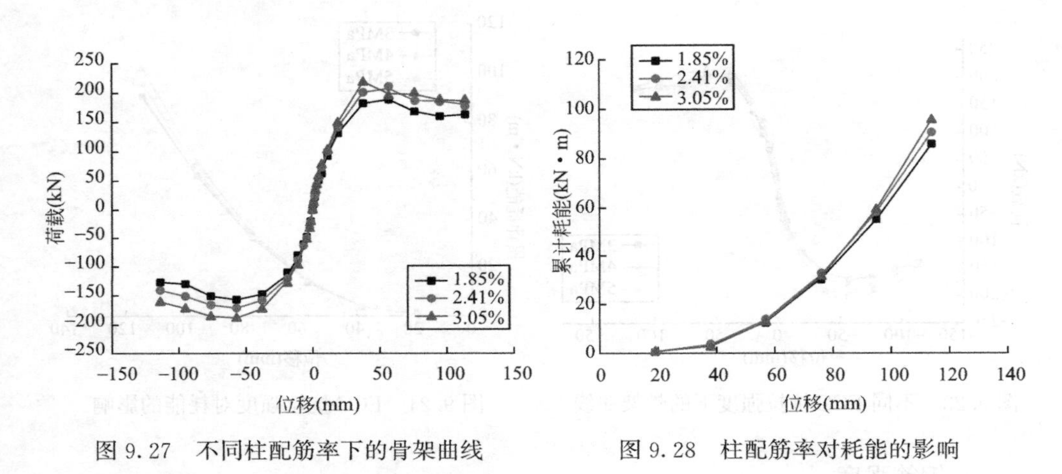

图 9.27　不同柱配筋率下的骨架曲线　　图 9.28　柱配筋率对耗能的影响

9.3　装配式 RC 框架及 RC/ECC 组合框架振动台试验

9.3.1　试件设计与实施

9.3.1.1　试验相似比

根据试验室的振动台尺寸、承重能力、噪声等其他参数，取模型结构的几何相似比 S_L 为 1/3，加速度相似比 S_a 为 2；因采用与原型结构相同的材料制作模型，弹性模量相似比 S_E 取为 1。采用在模型楼板上铺设质量块的方式对结构进行配重，附加质量在楼层上分配按原型结构的等效质量比例进行分配，最终确定 1～3 层配重 1.94t，顶层配重 0.97t。因此 1～3 层质量为 2.72t，顶层质量为 1.75t，加上底座基础梁质量，整个模型总重约为 13.6t，试验模型相似比见表 9.4。

试验模型相似比　　**表 9.4**

类型	物理量	理论相似关系	模型相似关系	备注
几何特性	长度 L	S_L	0.333	首先确定
	线位移 x	$S_x=S_L$	0.333	
	角位移 θ	$S_\theta=S_x/S_L$	1	
	面积 A	$S_A=S_L^2$	0.111	
材料特性	弹性模量 E	S_E	1	首先确定
	应力 σ	$S_\sigma=S_E$	1	
	应变 ε	$S_\varepsilon=S_\sigma/S_E$	1	
	泊松比 υ	S_υ	1	
	剪切模量 G	$S_G=S_E$	1	
	剪应变 γ	S_γ	1	
	剪应力 τ	$S\tau=S_G S_\gamma$	1	
	质量密度 ρ	$S_\rho=S_E S_L^{-1} S_a^{-1}$	1.5	
荷载	剪力 V	$S_V=S_E S_L^2$	0.111	
	弯矩 M	$S_M=S_E S_L^3$	0.037	
	地震作用 F	$S_F=S_E S_L^2$	0.111	
动力性能	质量 m	$S_m=S_\rho S_L^3$	0.056	
	刚度 k	$S_k=S_E S_L$	0.333	
	阻尼 c	$S_c=S_m/S_T$	0.136	
	时间 T	$S_T=S_L^{1/2} S_a^{-1/2}$	0.408	
	频率 f	$S_f=S_L^{-1/2} S_a^{1/2}$	2.119	
	加速度 a	S_a	2	首先确定
	速度 v	$S_v=S_a^{1/2} S_L^{1/2}$	0.816	
竖向相似常数	应力 σ	$S_\sigma=S_E/S_a$	0.5	存在重力失真
	应变 ε	$S_\varepsilon=S_\sigma/S_E$	0.5	
	剪力 V	$S_V=S_E S_L^2/S_a$	0.056	
	弯矩 M	$S_M=S_E S_L^3/S_a$	0.019	
	地震作用 F	$S_F=S_E S_L^2/S_a$	0.056	

9.3.1.2　模型概况

此次试验共设计了两个模型结构，一个为装配式 RC 框架，一个为装配式 RC/ECC 组合框架。为降低工程造价，ECC 材料只在组合框架的节点区和底层柱使用。两个模型试件的尺寸及配筋完全相同，但 RC 框架的节点区和底层柱采用了加密的箍筋。试验模型跨度为 2000mm×2000mm，层高为 1000mm，梁截面尺寸为 85mm×170mm，柱截面尺寸为 150mm×150mm，基础梁截面尺寸为 300mm×400mm。楼板为 50mm 厚，采用直径为 6mm 的细铁丝双层双向配筋，间距为 80mm，具体的尺寸及配筋信息见图 9.29、图 9.30。

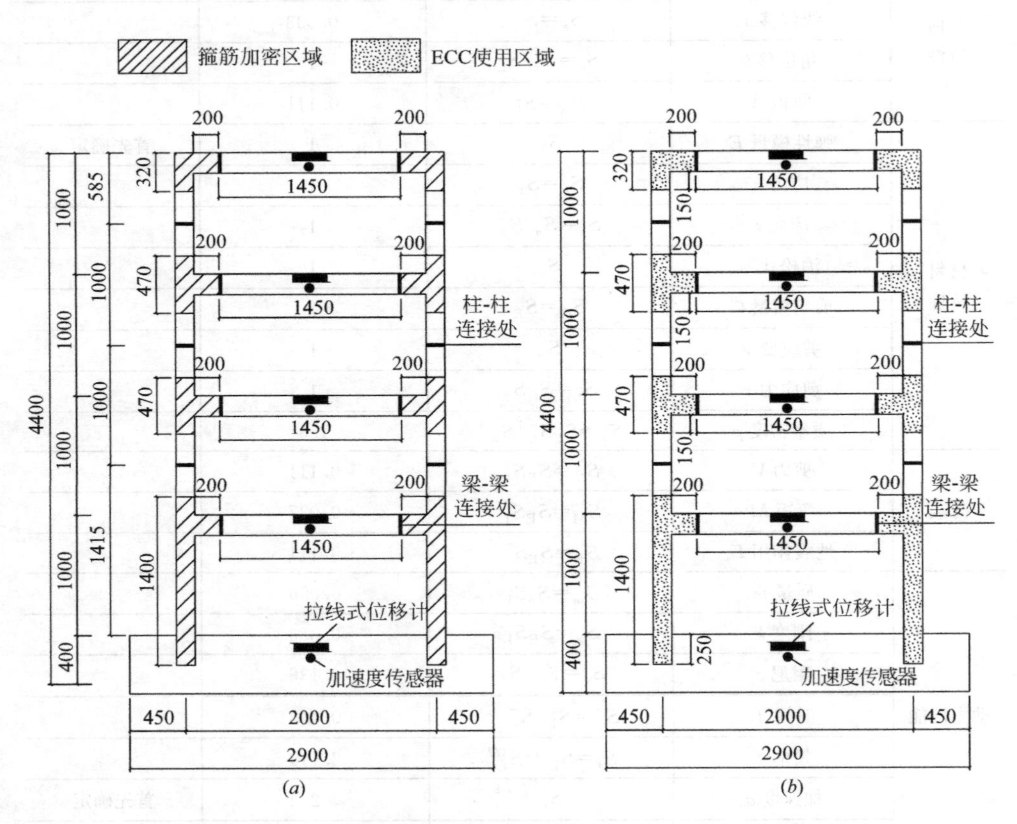

图 9.29　试验模型立面尺寸图

（a）RC 框架；（b）RC/ECC 组合框架

本试验的框架模型均采取了本章 9.1 节中所提出的第三种拆分方案和装配方法。该框架选择将节点在工厂进行预制，结构在梁、柱反弯点处进行拆分。根据有限元软件进行内力分析，柱的反弯点取为层高的 1/2 处，梁的反弯点距离柱内侧 200mm。同时考虑到底层柱的重要性，底层柱未进行拆分，同第二层柱一起预制，模型具体的拆分位置如图 9.29 所示。

试件中采用的 ECC 和混凝土标准立方体抗压强度分别为 35.53MPa 和 33.73MPa，灌浆料 28d 抗折强度平均值为 8.35MPa，抗压强度平均值为 81.2MPa。本试验中梁、柱、基础梁配置的纵向钢筋均采用 HRB400 级钢筋具体性能见表 9.5。

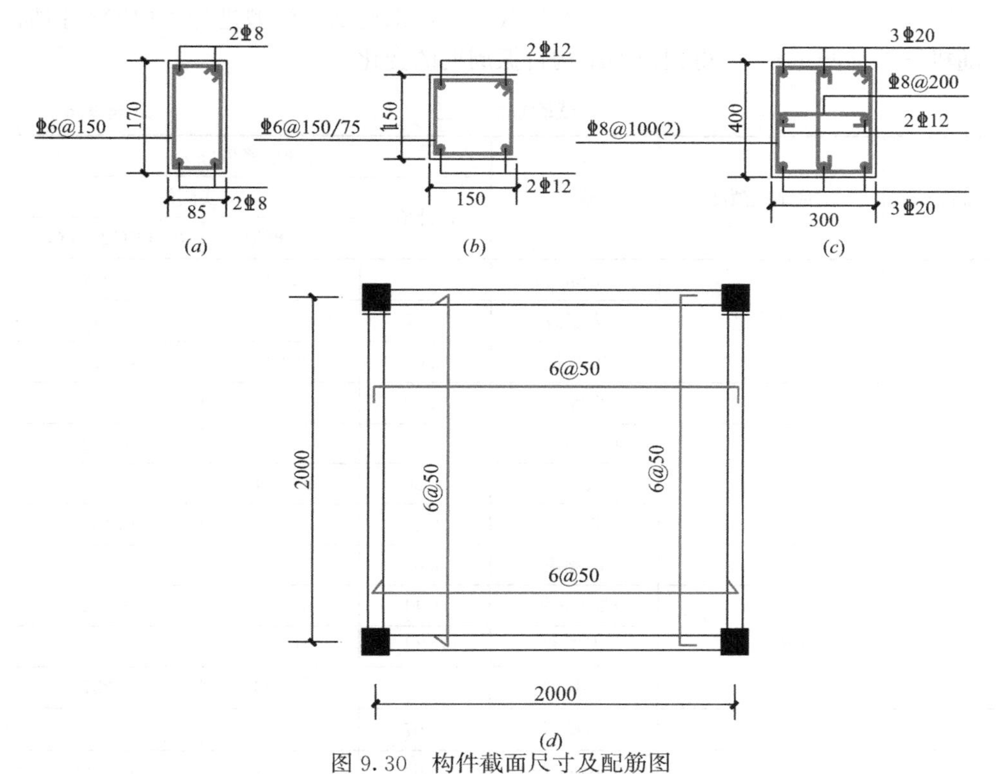

图 9.30 构件截面尺寸及配筋图

(*a*) 梁截面；(*b*) 柱截面；(*c*) 基础底梁截面；(*d*) 楼板配筋

钢筋材料力学性能 **表 9.5**

直径 (mm)	面积 (mm^2)	屈服强度 (MPa)	极限强度 (MPa)
6	28.3	179.3	235.6
8	50.2	501.2	640.0
12	113.0	495.0	643.0
20	314.2	462.5	621.7

9.3.1.3 加载过程

综合规范规定和原型结构特性，选择 2 条实际地震波 Castaic 波、Taft 波和 1 条人工波对试验模型进行加载。为得到试验模型在不同地震烈度下的损伤情况，本试验对两个模型结构分别进行了 9 个工况的加载。设定原型结构所经历的加速度峰值从 7 度多遇地震（0.35g）开始，至 0.75g 结束。由于加速度相似比系数为 2，因此试验模型经历的加速度峰值从 0.7g 开始逐渐增加到 1.5g，具体加载工况如表 9.6 所示。在每个工况加载前后，都对试验模型进行了白噪声扫描（随机波振动测试），以得到模型结构自振周期的变化。

试验加载工况 **表 9.6**

加载工况	对应地震烈度	输入	加速度峰值(g)		
			设计值	实测值	
				RC 框架	RC/ECC 组合框架
1	7 度多遇	Castaic 波	0.07	0.033	0.028
		人工波	0.07	0.027	0.033
		Taft 波	0.07	0.040	0.044
		白噪声	0.07	—	—
2	7 度中遇	Castaic 波	0.20	0.098	0.112
		人工波	0.20	0.134	0.106
		Taft 波	0.20	0.160	0.160
		白噪声	0.07	—	—
3	7 度罕遇	Castaic 波	0.44	0.344	0.292
		人工波	0.44	0.303	0.310
		Taft 波	0.44	0.353	0.357
		白噪声	0.07	—	—
4		Castaic 波	0.60	0.451	0.352
		人工波	0.60	0.410	0.477
		Taft 波	0.60	0.411	0.482
		白噪声	0.07	—	—
5	8 度罕遇	Castaic 波	0.80	0.657	0.486
		人工波	0.80	0.551	0.631
		Taft 波	0.80	0.556	0.669
		白噪声	0.07	—	—
6		Castaic 波	1.00	0.806	0.584
		人工波	1.00	0.689	0.784
		Taft 波	1.00	0.712	0.854
		白噪声	0.07	—	—
7	9 度罕遇	Castaic 波	1.24	0.967	0.731
		人工波	1.24	0.883	0.939
		Taft 波	1.24	0.888	0.966
		白噪声	0.07	—	—

续表

加载工况	对应地震烈度	输入	加速度峰值(g)		
			设计值	实测值	
				RC框架	RC/ECC组合框架
8		Castaic波	1.50	1.130	1.008
		人工波	1.50	1.037	1.085
		Taft波	1.50	1.052	1.156
9		白噪声	0.07	—	—

9.3.2 试验结果与分析

9.3.2.1 试验现象与分析

1.装配式RC框架

在工况1（设计输入加速度峰值为0.07g）与工况2（设计输入加速度峰值为0.2g）结束后，发现无明显裂缝产生，表明模型仍处于弹性状态。在工况3后（设计输入加速度峰值为0.44g），在二层柱连接区出现了水平裂缝，从柱外侧向内延伸，长度约为120mm，宽度约0.2mm。同时模型东西向（振动台振动方向）的一、二层梁连接区也出现了个别微小的竖向裂缝，裂缝自梁下端向上端延伸，长度约为110mm，宽度约为0.2mm。在一、二层梁端出现了两条很短、倾斜角度较小的斜裂缝，从梁顶向下发展，宽度较小。说明在工况3输入的地震波作用下，各连接处首先开裂，因其为新旧混凝土交界处，粘结强度较低。工况4作用后（设计输入加速度峰值为0.6g），更多的连接区裂缝出现，在节点区也开始出现两条很短的斜裂缝，同时底层柱的中下部出现一条水平裂缝。在工况5之后（设计输入加速度峰值为0.8g），底层柱中下部的水平裂缝稍有增加，在一、二、三层东西向的框架梁梁端出现受拉裂缝，从梁上端往下延伸。在工况3中出现的梁端裂缝宽度增大，且向下发展，直至梁底部。同时在一层梁梁端出现一条斜裂缝，说明在此工况下，框架梁受到的地震损伤较大。工况6输入完成后（设计输入加速度峰值为1.0g），连接区裂缝数量增加，但是长度和宽度上基本没有发展，底层柱中下部裂缝大量增加，梁端出现更多的斜裂缝，呈45°倾角。节点区开始出现倾斜度较小的斜裂缝。一、二层梁端裂缝宽度达到3mm。工况7（设计输入加速度峰值为1.24g）输入完成后，节点区水平裂缝，斜裂缝数量均增加，其中水平裂缝长度较短，斜裂缝长度较长，贯穿整个节点区，角度约为45°。在一、二、三层个别梁端发现上部混凝土被压碎的现象。这说明梁端先于其他部位出现塑性铰，达到破坏。工况8（设计输入加速度峰值为1.5g）因输入加速度峰值很大，结构晃动幅度大，但裂缝发展缓慢，只在节点区和梁端有少量的裂缝出现。在此阶段，结构刚度已大幅度下降，结构对地震作用的响应也相应减小。

2. 装配式 RC/ECC 组合框架

前三个工况下装配式 RC/ECC 组合框架裂缝的发展情况与 RC 框架基本相似。工况 4 结束后，更多的裂缝在梁连接区出现，同时预制柱 ECC 与混凝土交界面处出现开裂。工况 5 结束后，一、二层框架柱上裂缝增多，框架柱上水平裂缝的数量大于同等条件下装配式 RC 框架柱上裂缝数量。但同时发现，组合框架节点区域基本找不到肉眼可见的裂缝，这一现象与装配式 RC 框架完全相反。这一现象可归因于 ECC 材料良好的裂缝控制能力，即便在较大的水平地震作用下，ECC 部分裂缝开展的宽度仍然较小。在地震波停止加载、模型结构回到原位后，出现的微小裂缝随即闭合，不易发现。在工况 6 和工况 7 的地震波作用下，柱上裂缝稍有增加。一二层东西向框架梁的梁端裂缝宽度增加，并有部分梁端裂缝从梁顶延伸到梁底。工况 8 结束后，梁端主裂缝形成，裂缝宽度达到 2mm，在整个加载过程中未见混凝土或 ECC 的压碎与剥落，模型结构的最终破坏形态如图 9.31 所示。

由上述现象可知，两个模型结构的连接区均较早开裂，但裂缝发展有限，裂缝宽度小，虽然对结构出现部分损伤，但对结构最终的抗震能力并无多大影响。连接区依旧保持了良好的完整性，证明此种连接方法的可靠性。但仍可采取一定的措施延缓连接区裂缝的出现，如采用喷砂法或者高压水射法代替人工凿毛来增强预制构件连接截面的粗糙度，或者增强连接区域混凝土或 ECC 的强度来增强新旧混凝土界面的粘结性能。由于节点区受力复杂，装配式 RC 框架在节点区出现了较多的斜裂缝，但是由于良好的构造措施（箍筋加密），模型结构并没有在节点区发生剪切破坏，而是在梁端出现混凝土压碎，满足了抗震规范中“强剪弱弯”“强节点弱构件”的要求。作为对比，装配式 RC/ECC 组合框架在节点区并未采用加密的箍筋，但节点区无明显裂缝，同时梁端也未出现基体压碎现象，充分证明了 ECC 材料的使用可以提高装配式框架的抗损伤能力。在地震作用下，模型结构的底层柱受到的弯矩和剪力最大，因此相对于其他层的框架柱，底层柱在中下部出现了较多的水平裂缝。但是由于底层为现浇结构，且基础底梁刚度很大，对其约束性很好，底层柱未出现混凝土压碎现象，保证了结构竖向构件的抗震和承重能力。

9.3.2.2 自振频率及阻尼比分析

1. 自振频率分析

对每个工况下 Taft 波及白噪声扫描后的模型结构进行动力响应分析，模型结构的自振频率随基底加速度峰值的变化关系见图 9.32。随着地震动强度的增加，模型结构的自振频率不断下降，说明模型在地震波振动下产生开裂，损伤逐渐加重，并且结构刚度也随之下降。对于装配式 RC 框架，基本频率随加速度峰

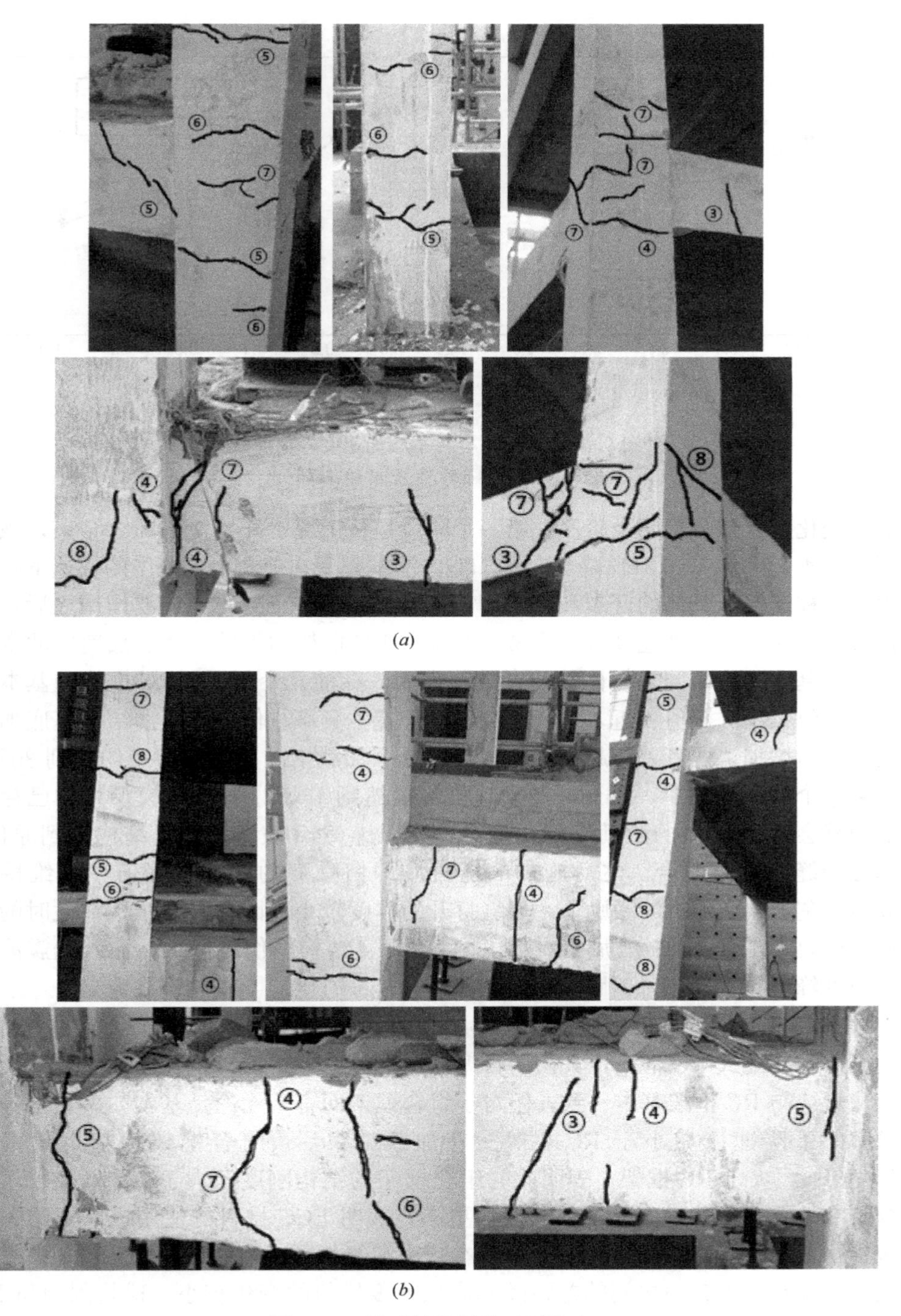

(*a*)

(*b*)

图 9.31　模型结构最终破坏状态

(*a*）装配式 RC 框架；(*b*）装配式 RC/ECC 组合框架

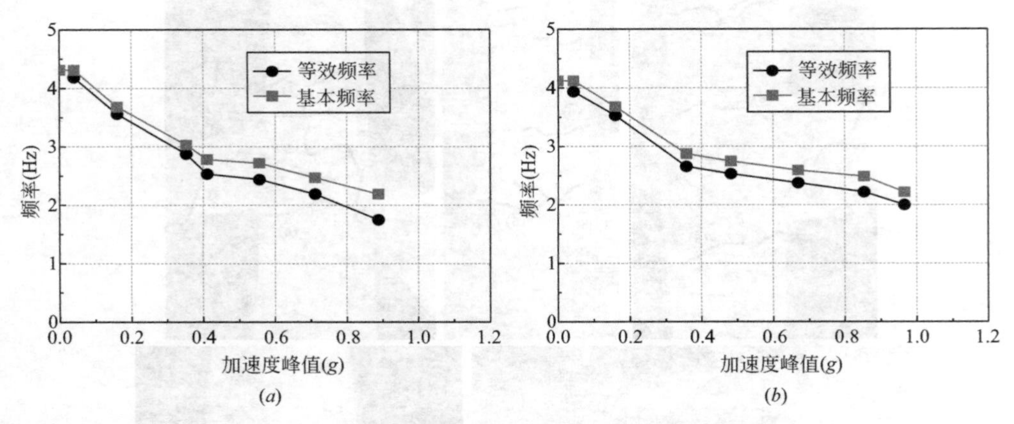

图 9.32 自振频率与基底加速度峰值曲线

(*a*)装配式 RC 框架;(*b*)装配式 RC/ECC 组合框架

值的变化可近似分为两个阶段:第一个阶段是从工况 1 开始至工况 3 结束,该框架的基本频率从 4.313Hz 降至 3.031Hz。基本频率在前 3 个工况中的快速下降是由梁、柱连接区基体的开裂和部分钢筋屈服导致。在工况 4 地震波作用之后,该框架基本频率的降低速度逐渐变缓。装配式 RC 框架的等效频率随加速度的变化趋势与基本频率相同。但比较两者数值发现,在前几个工况,RC 框架的基本频率和等效频率的数值相近,等效频率稍小于基本频率。但随着模型结构基底加速度的不断增加,两者差距越来越大,在第 8 个加载工况后两者差距约达到 30%。在第 8 个加载工况中,Taft 波的加速度峰值达到 1.052g,此时模型结构已存在的裂缝会随 Taft 波的激励打开并延伸发展。待 Taft 波结束后,结构回到原位,部分裂缝会重新闭合。之后施加的随机波即白噪声的加速度峰值一直维持在 0.07g 左右。在随机波激励下,裂缝打开的程度较小,因此模型结构在此时的结构刚度要大于 Taft 波激励时的结构刚度。并且结构损伤越严重,输入地震波的加速度峰值越大,两者差距也就越明显。

ECC 材料的弹性模量比混凝土小,因此装配式 RC/ECC 组合框架的初始刚度要小于装配式 RC 框架,其初始自振频率也比后者稍低。组合框架的自振周期变化规律与 RC 框架基本一致,但对于组合框架而言,无论是基本频率还是等效频率的下降速度均小于 RC 框架。在加载结束后,组合框架的基本频率为 2.188Hz,大于 RC 框架,表明此时组合框架的结构刚度已大于 RC 框架。组合框架在地震波加载过程中受到的损伤更小,表明 ECC 材料的使用提高了结构的抗损伤能力。同时发现组合框架的基本频率和等效频率之间的差距不如 RC 框架明显,并且两个频率之间的差距随基底加速度峰值的变化较小。这是因为与 RC 框架相比,组合框架的裂缝开展程度较小,尤其是在 ECC 区域。随着地震波激励增大,该框架裂缝数量不断增加,但裂缝宽度无明显变化。因此在大烈度地震的作用下，裂缝的展开和闭合现象不如RC框架明显，导致该框架的两种频率相差不大。

2. 阻尼比分析

从图9.33可看出模型阻尼比变化趋势，RC框架与RC/ECC组合框架初始阻尼比分别为7.341%和7.181%，并随着输入地震波加速度峰值的增大，阻尼比逐渐增大。在材料的弹性阶段，结构没有滞回行为，等效阻尼比只是结构材料的固有特性。因此，两种模型在弹性阶段内具有相似的等效阻尼比。在混凝土开裂后，由于裂缝表面之间的相互摩擦，等效阻尼比增大。随后模型框架达到弹塑性阶段。随着混凝土的退化、钢筋的屈服和构件塑性变形的发展，等效阻尼比不断增大。此时阻尼比的数值直接反映了结构的滞回特性和耗能能力。随着地震波加速度的增加，RC/ECC组合框架的阻尼比逐渐高于RC框架，且两者差距越来越大。在工况8地震波的激励下，RC/ECC组合框架等效阻尼比为17.836%，为RC框架等效阻尼比的1.2倍。这一差异表明，装配式RC/ECC组合框架比装配式RC框架具有更好的滞回性能，在梁柱节点和底柱中采用ECC可以大大提高结构的耗能能力。

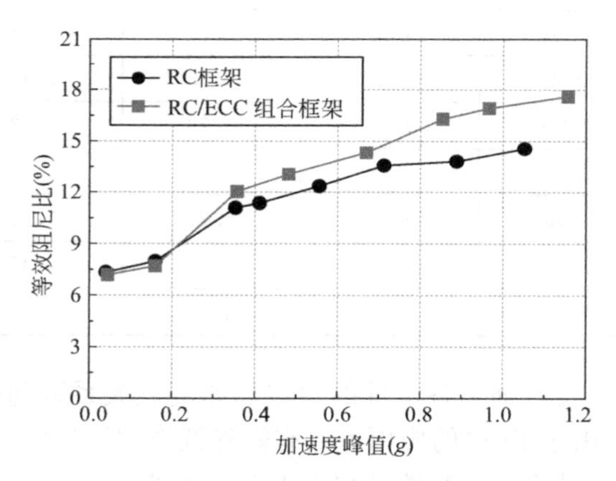

图9.33 阻尼比与基底加速度峰值曲线

9.3.2.3 加速度响应分析

1. 加速度放大系数

动力放大系数是指结构动力响应加速度峰值与输入地震动加速度峰值之比，本节以Taft波，给出RC框架和RC/ECC组合的加速度动力放大系数。由表9.7可知，模型结构的动力放大系数基本随着楼层的增加逐渐增大，即结构的动力响应与高度成正比。但随着工况的增加，每一层的加速度放大系数基本呈现减小的趋势，这是由于随着地震强度的增大，结构出现裂缝，越来越多的钢筋进入屈服。结构损伤逐渐累积，刚度不断下降。阻尼比增大，模型结构逐渐向塑性发展，使得结构的动力响应降低，因此其动力放大系数也不断减小。

Taft 波各工况下楼层各处动力放大系数 **表 9.7**

RC 框架加载工况	加速度放大系数				
	底座	一层	二层	三层	四层
1	1.00	1.55	3.12	3.62	4.13
2	1.00	1.54	2.37	3.07	4.22
3	1.00	1.55	2.06	2.68	3.73
4	1.00	1.69	2.10	2.54	3.35
5	1.00	1.52	1.75	2.00	2.65
6	1.00	1.35	1.50	1.64	2.24
7	1.00	1.19	1.27	1.42	1.93
8	1.00	1.18	1.25	1.36	1.86
组合框架加载工况	加速度放大系数				
	底座	一层	二层	三层	四层
1	1.00	1.48	2.30	3.11	3.80
2	1.00	1.21	2.05	3.11	3.81
3	1.00	1.39	1.93	2.46	3.55
4	1.00	1.41	1.72	2.13	2.86
5	1.00	1.23	1.42	1.67	2.31
6	1.00	1.06	1.21	1.41	2.06
7	1.00	1.05	1.17	1.47	1.97
8	1.00	1.04	1.26	1.51	1.85

图 9.34 为 Taft 波激励下各试件的顶层加速度放大系数随荷载工况的变化。从图 9.34 中可知，由于 ECC 的应用可以有效降低模型结构的顶层加速度，因此 RC/ECC 组合框架的动力放大系数最初小于 RC 框架。然而，随着基底加速度峰值（*PGA*）的增加，钢筋混凝土框架的损伤和刚度退化更为严重，其动态放大系数的下降速度快于 RC/ECC 组合框架。在最后两种加载工况下，RC 框架和 RC/ECC 组合框架的动力放大系数较为接近。

2. 基底剪力

图 9.35 为模型结构在 Taft 波激励下底层所受的剪力峰值与输入加速度峰值的变化关系。随着输入地震波峰值的增加，各框架的最大基底剪力逐渐增加，但其增加幅度不断减小，图中曲线逐渐变缓。在整个加载过程中，RC/ECC 组合框架的基底剪力峰值始终大于 RC 框架，并且两者差距越来越大。在前几个加载工况中，两个模型结构的自振周期均小于 Taft 波的卓越周期。RC/ECC 组合框架

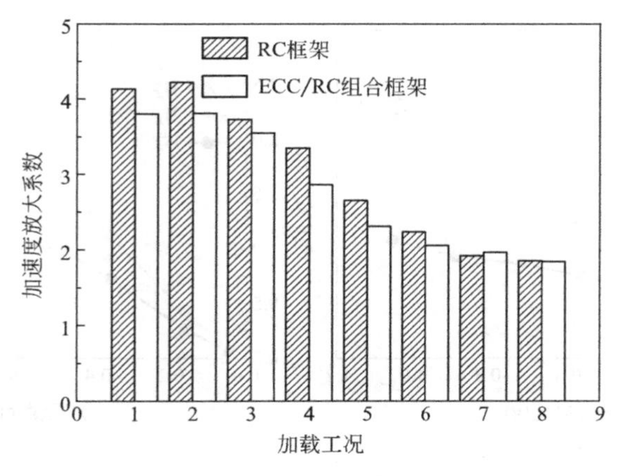

图 9.34　Taft 波激励下顶层加速度放大系数的变化

的自振周期更接近 Taft 波的卓越周期。因此与 RC 框架相比，组合框架具有更大的地震响应。随后结构的自振周期逐渐增大，逐渐大于卓越周期，特别是对于损伤严重的 RC 框架。因此，RC/ECC 组合框架由于其较大的刚度，基底剪力仍然大于 RC 框架。

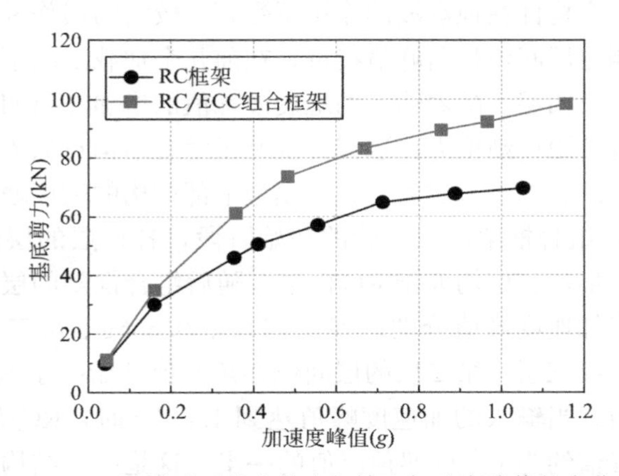

图 9.35　Taft 波激励下基底剪力与输入加速度峰值的变化关系

9.3.2.4　位移响应分析

图 9.36 为模型结构在 Taft 波激励下各楼层层间位移角峰值随输入的加速度峰值的变化关系。在侧向力的作用下，框架结构通常会呈现“剪切变形”的特点，即随着楼层高度的增加，各楼层的层间位移角逐渐减小，从而使底层成为结构的薄弱层。对于本试验的两个模型结构，第二层至第四层基本遵循框架结构剪切变形的规律。但由于底层柱底部约束较大，底层侧向刚度大于其他楼层侧向刚度，其层间位移角小于第二层层间位移角。

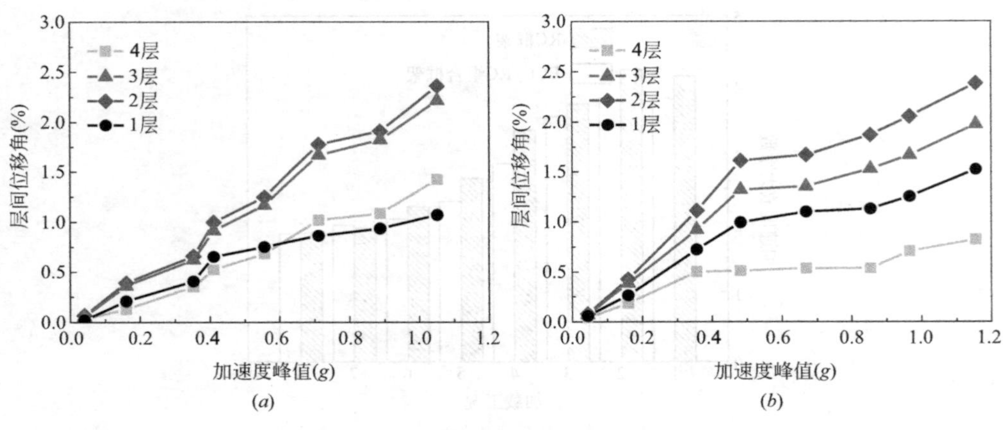

图 9.36 Taft 波激励下层间位移角的变化

(a) RC 框架；(b) RC/ECC 组合框架

对于 RC 框架，各楼层的层间位移角峰值随加速度峰值基本呈线性增加。在各加载工况下，RC 框架第二层和第三层层间位移角峰值接近，第三层稍小于第二层。但第二层的抗侧力构件所受的剪力要大于第三层，说明了第三层刚度相对较低，该楼层的各个构件在地震波的作用下受到了较大的损伤并开裂。同时该模型的第一层与第四层层间位移角峰值接近，在前几个加载工况下，第一层的层间位移角峰值稍大于第四层。随着输入的地震波峰值的增加，第四层层间位移角开始大于底层，两者差距逐渐增大。这充分说明了随着结构自振周期的增大，模型上部受到高阶振型的影响越来越大，致使模型上部结构的破坏增加。

对于 RC/ECC 组合框架，在试验的初始阶段，各楼层的层间位移角峰值随加速度峰值迅速增加，其值均大于 RC 框架。随后组合框架的层间位移角增长速度大幅度降低。当加速度峰值分别达到 $0.411g$、$0.556g$、$0.712g$ 时，RC/ECC 组合框架第四层、第三层、第二层的层间位移角峰值开始小于 RC 框架对应楼层的层间位移角峰值。当输入的加速度峰值达到 1.056g 时，RC/ECC 组合框架顶层的层间位移角峰值约为 RC 框架顶层值的一半。这是因为结构顶层所受的轴力较低，RC 框架顶层各构件的裂缝在较大地震波的作用下会大幅度加宽和扩展，使其抗侧刚度降低。而 RC/ECC 组合框架在节点区采用了 ECC 材料，顶层构件裂缝开展非常小，在振动时开展幅度很小，有限延缓了其刚度退化。同时因组合框架的底层柱全部采用 ECC 材料，ECC 较低的弹性模量使得该模型的底层刚度与其他层刚度的差异不如 RC 框架明显。因此，在整个加载过程中，顶层的层间位移峰值始终小于底层。这一结果也表明，在框架结构中采用 ECC 材料可以大幅度降低顶层位移，延缓损伤的发展。在整个加载过程中，模型结构的层间位移角均未出现层间突变的现象，这充分说明了模型结构并没有明显的薄弱层出现。

9.3.3　基于推覆分析的装配式 RC 及 RC/ECC 组合框架抗震性能评估

9.3.3.1　装配式混凝土框架的推覆分析

为更真实地体现装配式框架和现浇框架的性能差异，本章利用有限元前后处理软件 GID-11.0 对现浇和装配式混凝土框架进行实体单元建模，总共建立了 7 个框架模型，分别为现浇框架 CIP，采用第一种拆分方案及相应装配方法的装配式 RC 框架 PRC-1 和装配式 RC/ECC 组合框架 PRE-1，采用第二种拆分方案及相应装配方法的装配式 RC 框架 PRC-2 和装配式 RC/ECC 组合框架 PRE-2，采用第三种拆分方案及相应装配方法的装配式 RC 框架 PRC-3 和装配式 RC/ECC 组合框架 PRE-3，具体的拆分方案及装配方法见 9.1 节。这 7 个模型均为四层单跨的平面框架结构，构件尺寸及配筋情况完全相同，具体见图 9.37。在对结构

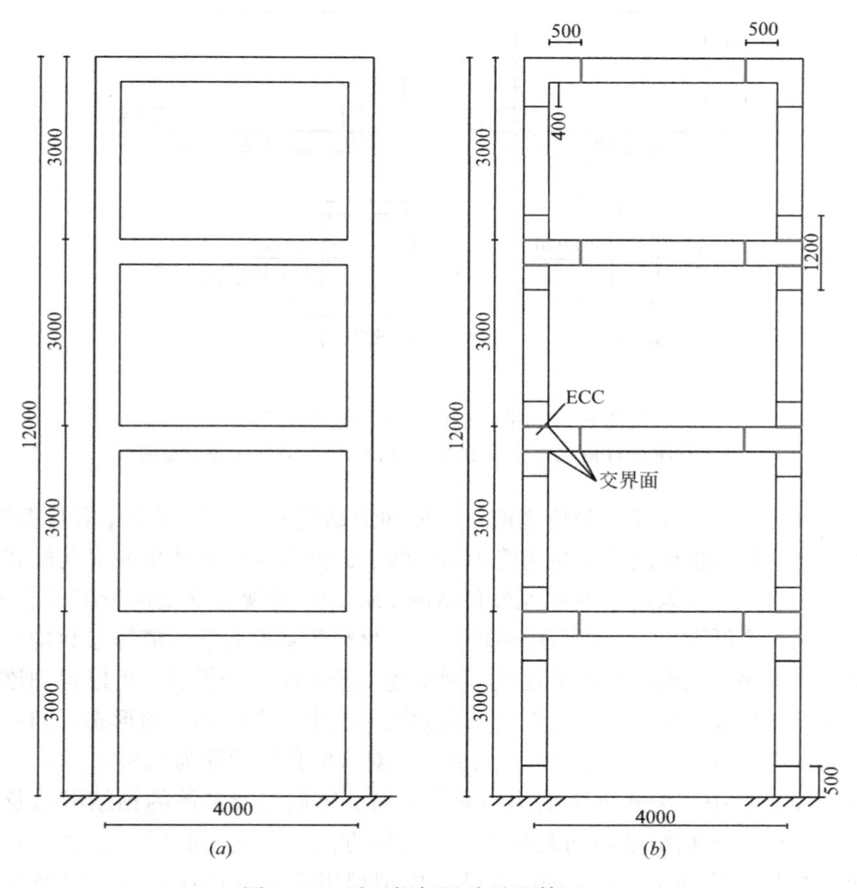

图 9.37　平面框架尺寸及配筋（一）

(*a*) CIP；(*b*) PRE-1 (PRC-1)

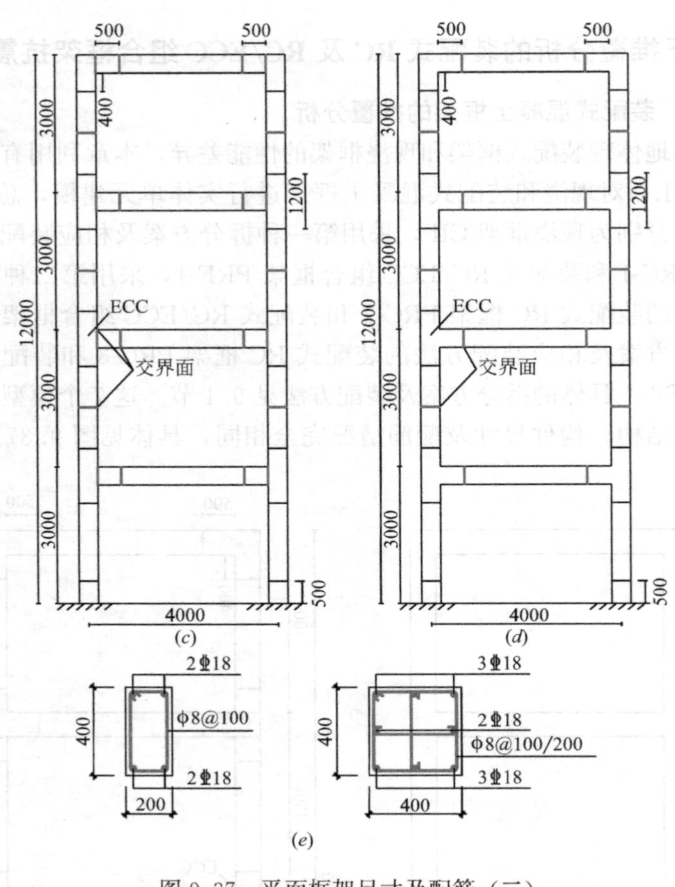

图 9.37 平面框架尺寸及配筋（二）
(*c*) PRE-2 (PRC-2)；(*d*) PRE-3 (PRC-3)；(*e*) 梁柱截面配筋

进行不同设防水准下性能点分析之前，需要知道结构的第一振型及相应自振周期，这样才能将结构的推覆曲线转化为能力谱曲线。因此在采用实体单元对装配式框架进行模拟之前，本节采用了有限元软件 MSC. MARC 对现浇框架进行了模态分析。此次分析采用了纤维单元，模型中截面尺寸和材料的基本力学性能等参数均写入用户定义的子程序，其他模拟细节在此不做赘述。经过模态分析后，可以得到该框架结构的第一振型及相应的自振周期。结构的第一振型基本呈倒三角形态，归一化后的振型向量为 $(1, 0.829, 0.536, 0.188)^T$，对应的自振周期为 0.38s。

在建模过程中装配式框架结构的灌浆套筒、钢筋与及基体的粘结滑移及新旧混凝土之间的界面粘结削弱均充分考虑，具体方法见前文。底层柱柱底为固端约束，每层柱柱顶施加 12kN 的轴向荷载以模拟楼板荷载的传递，具体模型及边界条件见图 9.38。对于多层的框架结构，第一振型起控制作用，并且结构的第一振型与倒三角形类似，且第一振型的自振周期小于 0.5s，因此本节采用倒三角形加载模式对结构进行推覆分析。框架模型采用的混凝土和 ECC 材料的轴心抗压强度均为 30MPa，钢筋的屈服强度和极限强度为 400MPa 和 600MPa，并且装配式 RC/ECC 组合框架的 ECC 使用区域箍筋均未加密。在装配式框架 PRC-1、PRE-1、PRC-2 及 PRE-2 中，梁中搭接钢筋的搭接长度为 450mm，并默认为梁内各纵筋的端部锚固能力充足，不易发生锚固失效。为实现装配式框架 PRC-2 及 PRE-2 梁端的损伤外移，加强钢筋在梁内的锚固长度取为 450mm。

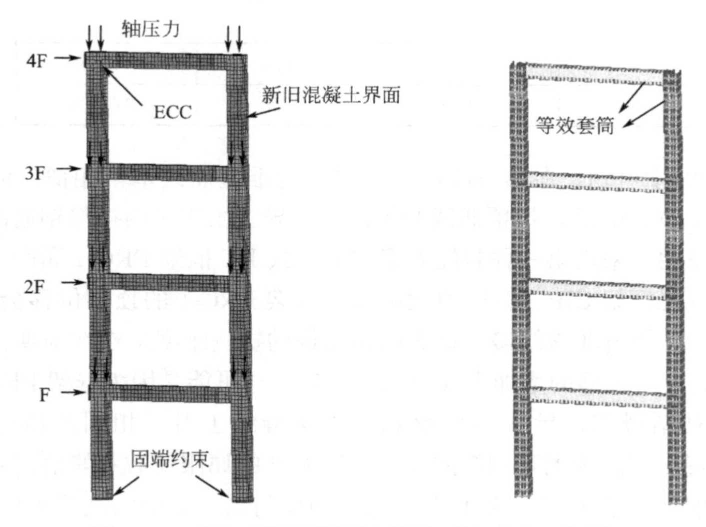

图 9.38　部分有限元模型示意图（以 PRE-3 为例）

9.3.3.2　框架推覆曲线对比

由于采用力加载，无法得到结构的软化段。因此在模拟过程中，当结构的位移突然出现大幅度增加，无法继续增加推覆荷载，结构的柱底出现混凝土压碎时，认为框架结构已达到极限状态，停止加载，各框架的推覆曲线如图 9.39 所示，表 9.8 为各框架结构的特征荷载及延性系数。

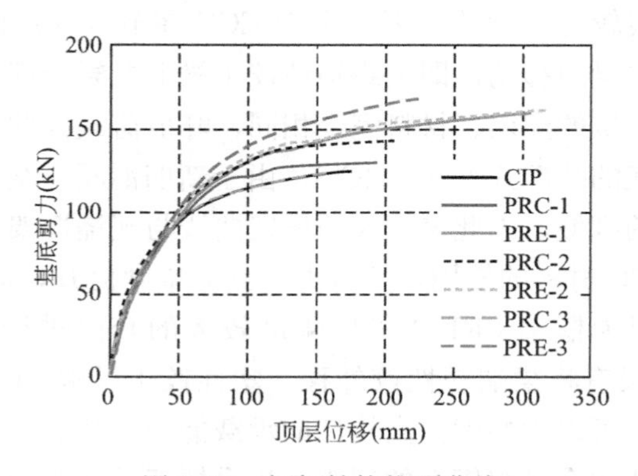

图 9.39　框架结构推覆曲线

框架结构延性系数 **表 9.8**

试件	屈服位移(mm)	屈服荷载(kN)	峰值位移(mm)	峰值荷载(kN)	延性系数
CIP	49.1	94.0	174.7	125.0	3.6
PRC-1	70.8	112.5	193.1	130.0	2.7
PRE-1	74.4	118.0	305.2	159.5	4.1
PRC-2	66.2	115.5	205.7	143.0	3.1
PRE-2	89.2	128.5	318.4	161.5	3.6
PRC-3	46.6	94.0	176.4	124.5	3.8
PRE-3	56.3	109.0	229.0	168.0	4.1

从图 9.39 中可知，在加载前期，各框架的推覆曲线基本相似。但当结构的顶层位移大于 50mm 后，推覆曲线开始出现差异。由于梁内搭接钢筋的存在及柱根部套筒的使用，采用第一种装配方案的装配式 RC 框架 PRC-1 屈服荷载和峰值荷载均大于现浇框架 CIP。但在加载后期，框架 PRC-1 的顶层位移会迅速增加，而此时承载力的提升非常缓慢。这表明该结构的抗侧刚度虽然在前期大于现浇框架 CIP，但其会随位移的增加出现较快的下降，这可能是因为框架 PRC-1 的搭接钢筋出现了粘结滑移，导致后期承载力无法继续上升。相同的情况也在框架 PRC-2 中出现，但因为加强钢筋的使用，PRC-2 的屈服荷载和峰值荷载与 PRC-1 相比，又分别上升了 2.67%和 10%。这个现象与第 5 章中的试验现象有所差别，这是因为在第 5 章节点试验中，加强钢筋的锚固长度较短，在节点受力过程中出现了非常严重的粘结滑移，导致该加强钢筋一起未屈服，无法充分发挥作用。而在本章模拟中，框架 PRC-2 的加强钢筋伸入梁内的距离为 450mm，足够的锚固长度延缓了其粘结滑移的发生，因此该框架的承载力得到了有效提升。框架 PRE-1 和 PRE-2 的推覆曲线较为相似，其峰值荷载分别比现浇框架上升 27.6%和 29.2%。并且即便在加载后期，PRE-1 和 PRE-2 的承载力也在不断上升。这两榀框架的推覆曲线较为相近的原因是由于 ECC 在节点区域的使用，充分使得构件的塑性铰逐渐向梁内移动，即最终塑性铰于梁上混凝土部分的端部形成。此时两榀框架塑性铰区域的配筋、材料完全相同，峰值荷载因此也较为接近。对于采用第三种装配方案的装配式框架 PRC-3，由于新旧混凝土交界面与钢筋连接处均在结构受力较小的区域，因此该框架的推覆曲线与现浇框架 CIP 基本重合。但框架 PRE-3 由于 ECC 材料的使用，承载力得到大幅度提升，甚至高于框架 PRE-1 和 PRE-2。这是因为框架 PRE-3 采用刚度较大的套筒进行梁内钢筋的连接，ECC 材料的使用并没有将梁端塑性铰外移。塑性铰于梁端 ECC 区域形成，ECC 材料优越的力学性能可以大幅度提高构件的承载能力。从表 9.8 中可以看出装配式框架搭接钢筋的使用会延缓钢筋的屈服，提升框架的屈服位移和极限位移。而

ECC材料的使用可以明显降低钢筋应变，从而进一步增加框架的屈服位移。装配式框架结构PRC-1和PRC-2的峰值位移虽然稍大于现浇框架，但因其屈服荷载较大，这两榀框架的延性均低于现浇框架。ECC材料的使用则明显补足了装配式框架的这一缺陷，装配式组合框架的极限变形能力及延性与现浇框架相比，均出现较大幅度的提升。

9.3.3.3 框架的损伤与塑性铰分布

图9.40为各框架结构在极限状态下的基体裂缝及损伤分布，框架的损伤区域主要集中在柱底、梁端及节点区域。从图9.41中可以发现，现浇框架CIP及装配式RC框架PRC-1、PRC-2及PRC-3在节点区均出现了明显的斜向裂缝，且PRC-1和PRC-2节点区域的损伤程度要大于CIP及PRC-3，这可能是因为PRC-1和PRC-2在极限状态受到更大的侧向力所导致。虽然装配式RC/ECC组合框架PRE-1、PRE-2及PRE-3在节点区的箍筋并未加密，但其节点区的斜向裂缝数量与同类型的RC框架相比，得到了明显降低，充分证明了ECC材料可以有效提升节点的抗剪能力，减少节点区域箍筋的使用。框架CIP的梁端裂缝主要集中在梁端距柱边500mm的范围内。PRC-1因梁内钢筋的截断与搭接，使得梁端损伤区域扩大，向梁跨中发展，PRE-1则通过ECC材料的使用充分将损伤区域从梁端转移到梁内混凝土部分。框架PRC-2及PRE-2的加强钢筋也起到了与之类似的效果，但因这两榀框架的新旧混凝土交界面位于梁柱交界处，因此该框架的梁端仍出现了严重的开裂和损伤。框架PRC-3的裂缝与损伤分布与现浇框架相似，梁端裂缝开展严重，损伤较为集中。但框架PRE-3梁上的最大裂缝出现在新旧混凝土交界面处，尤其是第一层和第二层的框架梁，这种情况一是因为交界面的抗拉强度较低，与梁端ECC部分相比，更容易开裂，二是因为此处套筒的存在使得梁截面出现明显的刚度突变。对于柱身裂缝，各框架的底层柱裂缝开展最为严重，但可以发现组合框架的底层柱柱底通过使用ECC材料将损伤上移。除了采用第一种装配方案的装配式框架，其他框架在柱坐浆层处并没有出现明显的水平裂缝。

图9.41为各框架结构在极限状态下的塑性铰分布。现浇框架CIP的塑性铰发展顺序为第二层梁梁端→第一层梁梁端→第三层梁梁端→底层柱柱底→顶层梁梁端。这充分说明了结构具有合理的耗能机制，即梁端塑性铰出现的时间早于柱底，也表明结构具有良好的抗倾覆能力。框架PRC-1和PRC-2塑性铰发展顺序与CIP不同点在于，底层柱塑性铰先于第三层梁梁端出现，且在极限状态顶层梁未出现塑性铰。这是由于搭接钢筋的使用改变了梁截面的配筋率，使得框架结构的梁端承载力得到增强。这也充分说明了装配式框架结构在进行柱端弯矩调整时，应该采用比现浇结构更大的调整系数以实现设计中的“强柱弱梁”。框架PRE-1和PRE-2将柱底的塑性铰上移，推迟了柱端塑性铰出现的时间，因此该

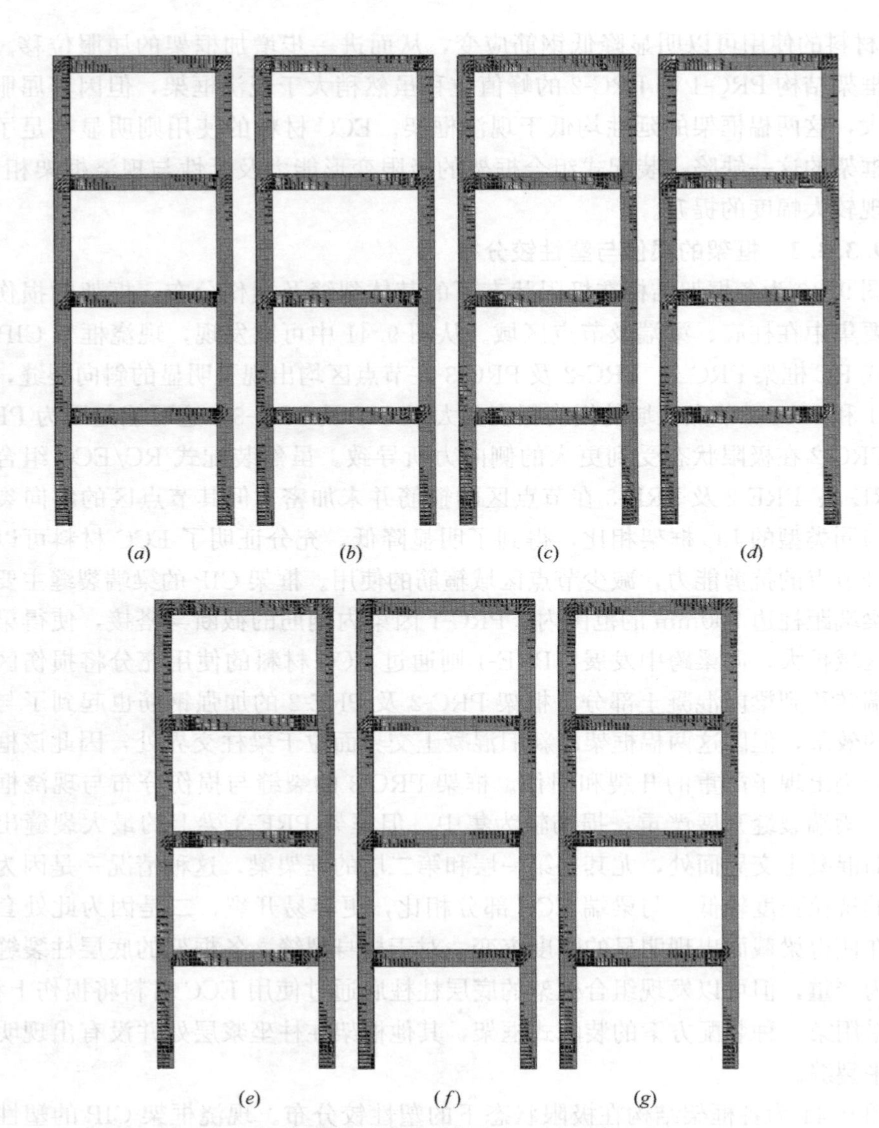

图 9.40　框架结构基体裂缝及损伤分布（裂缝宽度大于 0.05mm）

（*a*）CIP；（*b*）PRC-1；（*c*）PRE-1；（*d*）PRC-2；（*e*）PRE-2；（*f*）PRC-3；（*g*）PRE-3

框架柱端塑性铰的形成晚于第三层梁梁端。框架 PRC-3 和 PRE-3 的塑性铰发展顺序与现浇框架完全相同。

9.3.3.4　不同设防水准下性能点分析

在进行不同地震设防水准下性能点分析之前，需要将结构的基底剪力-顶层位移（V-Δ）曲线转化为能力谱，转化的方法按照式（9.5）～式（9.8）进行，其中第一振型的振型参与系数为 0.2388，单自由度体系在第一振型下的等效质

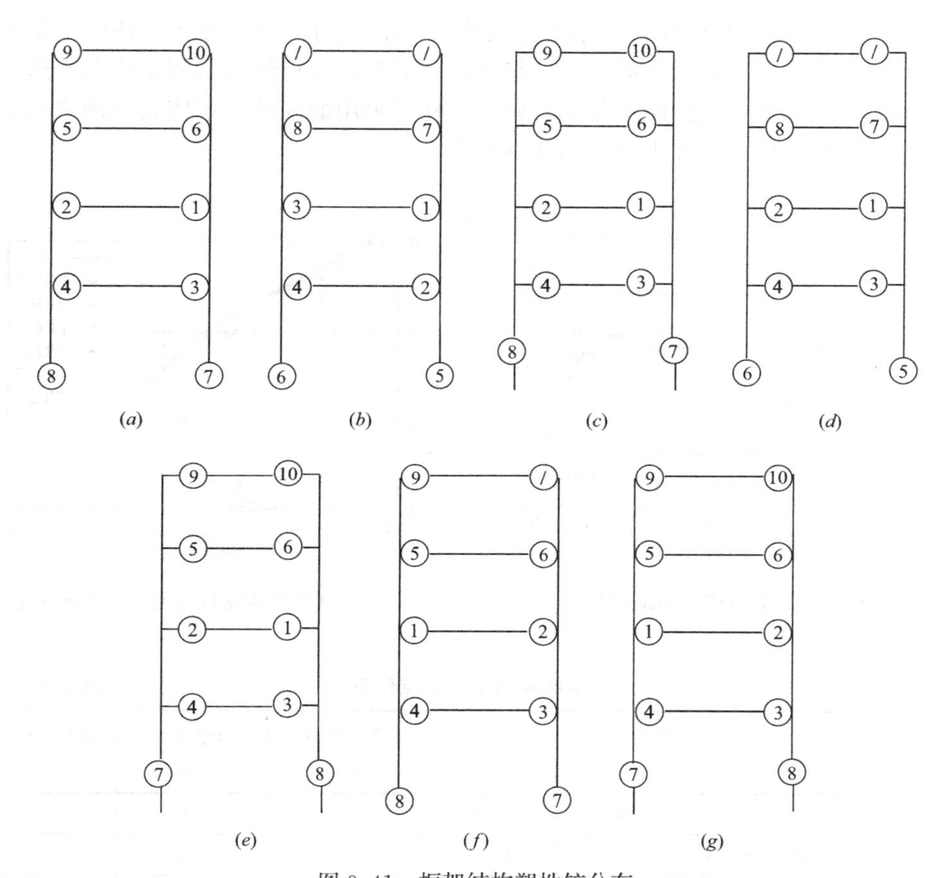

图 9.41 框架结构塑性铰分布

(a) CIP；(b) PRC-1；(c) PRE-1；(d) PRC-2；(e) PRE-2；(f) PRC-3；(g) PRE-3

量为 5520kg，经转化后各框架的能力谱曲线如图 9.42 所示。设定框架结构的场地类别为Ⅱ类，设计分组为第二组，因此场地的特征周期为 0.4s。但在计算 8、9 度罕遇地震作用时，特征周期应增加 0.05s。在进行性能点分析时，首先将规范的反应谱转化为需求谱，然后利用 matlab 编程，采用迭代法求出各框架模型在 8 度多遇、设防、罕遇及 9 度多遇、罕遇地震下的性能点，具体性能点数值如表 9.9 所示。

《建筑抗震设计规范》GB 50011—2010（2016 年版）规定钢筋混凝土框架结构在多遇地震下弹性层间位移角限值为 1/550，在罕遇地震下弹塑性层间位移角限值为 1/50。所有框架结构在 8 度多遇地震下的弹性层间位移角均满足限值要求，并且在 8 度罕遇和 9 度罕遇地震作用下满足弹塑性层间位移角限值要求。各框架结构在同一地震作用性能点处具有相似的顶层位移和最大层间位移角，这表明在不同设防水准地震作用下，装配式框架结构可以做到等同现浇结构的力学性能。图 9.43 为框架结构在 9 度罕遇地震作用下的层间位移角分布，各框架结构的层间位移角均出现先增大后减小的趋势，在第二层取得最大层间位移角。这个规律与上节振动台试验的结果相同，底层柱柱底采用的固端约束使其抗侧刚度大于其他层，而结构二层往上呈“剪切型变形”。

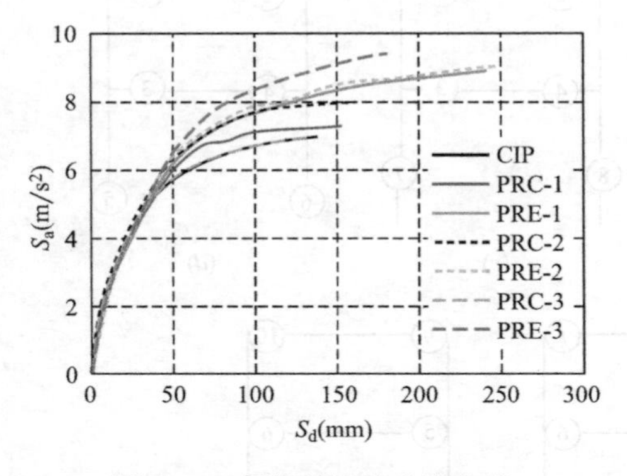

图 9.42　框架结构能力谱曲线

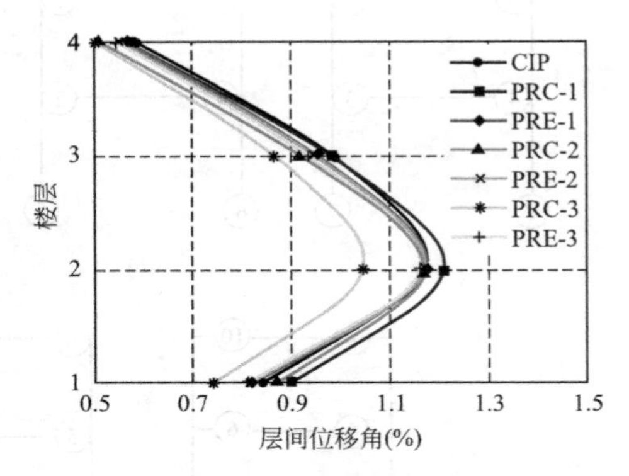

图 9.43　框架结构层间位移角（9 度罕遇）

框架结构结构性能点信息　　　　**表 9.9**

框架类别	地震作用	谱加速度 (m/s²)	谱位移 (mm)	顶点位移 (mm)	基底剪力 (kN)	最大层间位移角(%)
CIP	8 度多遇	1.56	4.10	5.21	28	0.06
	9 度多遇	3.13	14.36	18.24	56	0.20
	8 度设防	3.80	21.16	26.86	68	0.29
	8 度罕遇	6.00	58.64	74.49	107.5	0.82
	9 度罕遇	6.48	84.61	107.49	116	1.17
PRC-1	8 度多遇	1.45	3.83	4.86	26	0.05
	9 度多遇	3.13	13.97	17.75	56	0.19
	8 度设防	3.91	21.75	27.63	70	0.30
	8 度罕遇	6.65	65.69	83.45	119	0.91
	9 度罕遇	6.90	86.32	109.65	123.5	1.21
PRE-1	8 度多遇	1.68	6.70	8.51	30	0.09
	9 度多遇	2.90	14.23	18.07	52	0.20
	8 度设防	3.80	22.14	28.13	68	0.31
	8 度罕遇	6.84	65.48	83.18	122.5	0.92
	9 度罕遇	7.40	82.98	105.41	132.5	1.17

续表

框架类别	地震作用	谱加速度 (m/s^2)	谱位移 (mm)	顶点位移 (mm)	基底剪力 (kN)	最大层间位移角(%)
PRC-2	8度多遇	1.56	4.28	5.44	28	0.06
	9度多遇	3.24	13.54	17.20	58	0.19
	8度设防	4.02	20.38	25.89	72	0.28
	8度罕遇	6.84	64.29	81.67	122.5	0.91
	9度罕遇	7.37	81.97	104.12	132	1.17
PRE-2	8度多遇	1.56	6.15	7.82	28	0.09
	9度多遇	3.02	14.57	18.51	54	0.20
	8度设防	3.80	21.16	26.88	68	0.29
	8度罕遇	6.98	65.56	83.28	125	0.93
	9度罕遇	7.51	82.22	104.45	134.5	1.17
PRC-3	8度多遇	1.68	4.66	5.92	30	0.07
	9度多遇	3.02	12.92	16.41	54	0.18
	8度设防	4.02	22.27	28.29	72	0.30
	8度罕遇	6.09	60.99	77.47	109	0.86
	9度罕遇	6.37	74.57	94.73	114	1.04
PRE-3	8度多遇	1.68	6.74	8.57	30	0.09
	9度多遇	3.02	14.72	18.70	54	0.20
	8度设防	3.91	22.09	28.06	70	0.31
	8度罕遇	7.09	60.98	77.46	127	0.86
	9度罕遇	7.93	81.50	103.54	142	1.16

9.4 本章小结

通过对装配式框架结构连接方法的改进及ECC材料在结构关键部位的应用形成新型的装配式RC/ECC组合框架结构，可充分发挥装配式混凝土结构质量好、施工快捷、节能环保的优势，并有效利用ECC超高延性和优越的耗能及抗损伤能力，提高装配式混凝土框架结构的抗震性能。本章对装配式RC/ECC组合框架的抗震性能进行研究，并得到了以下结论：①针对装配式框架结构，提出可靠的结构拆分方案和构件连接方法，并明确ECC在装配式框架结构中的应用位置，确保结构具有良好的整体性和抗震性能；②低周反复荷载作用下，装配

RC/ECC组合框架的延性和抗损伤能力均强于RC现浇框架，ECC材料极限拉应变和柱纵筋配筋率（适筋范围内）可明显提高RC/ECC组合框架的延性和耗能能力；③地震波激励下，装配式RC/ECC组合框架的变形能力、耗能能力及抗损伤能力均强于装配式RC框架；④ECC材料在装配式框架中的使用可显著提高节点区的抗剪承载力，有效增加框架结构的承载力、变形能力及延性。采用不同连接方法的装配式框架，在不同性能点处都可取得等同现浇的抗震性能。

9.5 参考文献

[1] 马涛. 装配整体式RC/ECC组合框架抗震性能研究[D]. 东南大学，2013.

[2] 许荔. 装配式RC和RC/ECC组合框架结构抗震性能和设计方法研究[D]. 东南大学，2019.